3판

선박 기관 개론

이상일 · 이진욱 · 이상득 · 오세진 · 정진아 · 정은석 · 김성완 지음

GS인터비전

머리말

최근 조선·해운 경기가 호황을 누리면서 선박관련 기초 교육의 수요가 많이 발생하고 있으며, 관심이 집중되고 있으며 조선·해운에 기초지식이 부족한 많은 신규인력이 투입되면서 애로점이 발생하고 있다. 특히, 해운·조선관련 분야는 다른 분야와는 달리 관련 전공자가 아니면 쉽게 접근하기가 어려운 분야로 많은 분들이 어려움을 겪고 있을 것으로 판단된다.

선박관련 교육은 특수한 분야에만 한정되어 왔으며, 교육과정을 이수 후 국가의 해기면허를 취득하여 선박운항을 주요 임무로 하는 해기교육기관에만 교육한 경우가 많았다. 하지만 최근 몇 년간은 승선을 위한 해기사 교육과정을 이수하는 학생만 아니라 장차 조선·조선기자재 분야에서 일할 학생과 현재 조선기자재·선급·해운업체·조선소·중공업 등에서 근무하는 분들도 선박기관의 기초교육을 이수하는 사례가 많이 발생하여왔다.

하지만 선박기관의 실무에 대한 기초교육을 위한 체계적이고 정형화된 교재의 개발은 매우 소홀하게 취급되어져 왔으며 교육을 담당하는 교원 개개인의 능력이나 주관적인 판단에 따라서 교육내용이나 교육의 질이 크게 좌우되고 있는 것이 현 실정이다. 이와 같은 교육현실을 감안할 때 효과적인 선박기관의 실무기초 교육의 수행을 위한 선박기관 실무기초 교재의 개발이 시급히 이루어져야 할 중요한 사안이라고 판단하여 본 교재의 집필에 착수하게 되었다.

이 책은 기관공학을 전공하는 해기교육기관의 학생들 및 선박의 기관에 대한 교육의 필요성이 있는 분들을 위한 체계적인 기초 교재이다. 이 교재의 집필을 위하여 2007년부터 자료 수집을 시작하였으며 더불어 한국해양대학교 운항훈련원에 근무하는 교수들이 집필진으로 참여하여 승선실습 교육을 하면서 축적된 실무지식을 위주로 본 교재를 출판하게 되었다.

앞으로 이 교재가 선박기관의 기초에 관심 있는 모든 분들께 많은 도움이 되었으면 하는 바람이며 본 교재의 미흡한 부분은 지속적으로 보완하고 개정토록 하겠으며, 이 책을 출판하기까지 도움을 주신 많은 분들에게 감사드리고 본서를 이용하시는 분들의 기탄없는 질책과 충고를 바라마지 않습니다.

2009. 7.

저자 일동

개정판을 출판하면서

초판을 출판한지 벌써 3년여의 시간이 경과하였고, 출판당시 조선·해운 경기는 호황이었으나 개정판을 발행하는 현시점은 산업계가 많은 어려움을 겪는 것을 보니 격세지감을 느낍니다.

선박기기라는 이름으로 초판을 내면서 많은 사랑을 해주신 점 감사드립니다.

개정판에는 최신의 사진을 첨부하려고 노력하였고 잘못된 부분을 수정하여 출판하게 되었습니다.

앞으로도 이 책이 독자 여러분에게 많은 도움이 되기를 기원합니다.

2012. 9.

저자 일동

3차 개정판을 출판하면서

초판이 발간된 지 16년, 개정판이 발간된 지 13년이라는 시간이 흘렀습니다. 그동안 조선·해운 산업은 수많은 변화를 겪으며 발전을 거듭해 왔습니다. 특히, 기술의 진보와 환경 규제 강화로 인해 조선·해운 분야는 친환경 선박 및 첨단 기술의 적용이 필수적인 시대에 접어들었습니다. 이에 따라 본 교재도 변화된 산업 요구를 충족하고 독자 여러분께 최신의 정보를 제공하기 위해 2025년도 3판을 출간하게 되었습니다.

이번 3판에서는 제목을 선박기기에서 선박기관 개론으로 개정하였고, 다음과 같은 내용을 추가하여 교재의 전문성과 실무적 활용성을 한층 강화하였습니다.

첫째, 최신 기술과 장비의 이해를 돕기 위해 파이프라인 기호, BWMS(선박평형수관리 시스템), SCR(선택적 촉매 환원 시스템)에 대한 내용을 추가하였습니다. 이러한 기술은 선박의 효율적인 운용과 환경 규제 준수에 있어 필수적인 요소로 자리 잡고 있습니다.

둘째, 기존에 다루지 못했던 외연기관에 대한 상세 설명과 함께 메인보일러 및 메인터빈에 대한 심화 내용을 추가하여 선박기관에 대한 기초와 심화학습이 균형을 이루도록 하였습니다.

셋째, 친환경 선박의 중요성이 강조되는 시대적 흐름에 맞춰 친환경 선박 기술과 전자엔진의 개념과 적용 사례를 포함하였습니다. 이는 조선·해운 산업이 나아가야 할 방향을 제시하고 관련 인재들에게 필요한 지식을 제공하기 위함입니다.

넷째, 자율운항선박의 개념 및 발전과정을 추가하였고, 기본적인 파이프라인의 기호와 설명을 추가하였습니다.

이 교재는 처음 선박기관을 접하는 학생들뿐만 아니라 조선·해운 업계 종사자들이 실무에서 활용할 수 있도록 체계적이고 실용적인 정보를 담고자 노력하였습니다. 이번 개정판은 2007년 초판 집필 당시부터 협력해 온 한국해양대학교 운항훈련원의 교수진과 현업 전문가들의 노하우를 바탕으로 작성되었으며, 실습과 이론의 조화를 이루고자 심혈을 기울였습니다.

앞으로도 본 교재가 선박기관의 기초 및 심화 학습에 관심 있는 모든 분에게 유용한 지침서가 되기를 바라며, 미흡한 부분은 독자 여러분의 의견을 반영하여 지속해서 보완하고 개정해 나가겠습니다. 이 책을 출판하기까지 도움을 주신 모든 분께 깊은 감사의 말씀을 드리며, 독자 여러분의 애정 어린 조언과 비판을 겸허히 기다립니다.

2025. 11.

저자 일동

차례

CHAPTER 1

선박의 개요

1.1 선박의 정의 및 역사[1)]

선박 또는 배란 사람이나 물건을 싣고 물에서 항해하는 구조물을 말한다. 그러므로 선박은 물 위에서 떠야 하는 부양성과 여객이나 화물을 실을 수 있는 적재성, 그리고 적재된 것을 목적지까지 운반하는 이동성을 갖추어야 한다. 우리 고유의 용어로는 배라고 표기하며 한자로는 선박(船舶)이라고 하는데, 실무상 이것은 주로 대형선을 의미하고, 단정(丹艇)은 소형선을 의미하나 법규상으로는 공통적으로 선박이라는 어휘로 통일하여 사용된다.

해상에서의 운반체를 영어로는 Ship, Vessel, Boat, Marine Vehicle, Carrier, Freighter, Craft 등의 여러 가지 명칭들이 별다른 구별 없이 사용되고 있으나, 엄밀히 구별하면 Ship은 대형선을 의미하고, Boat는 소형선을 의미하며, Vessel은 대형선과 소형선을 모두 포함하는 의미를 갖는다. 우리나라에서 법률적으로 선박을 정의함에 있어서는 상법, 선박법, 해상교통안전법 등에서 약간씩 서로 다르게 규정하고 있으나, 일반적으로는 사람 또는 물건을 적재하여 항행의 용도에 제공되는 것이라고 정의할 수 있다. 즉, 선박은 부양성(浮揚性), 적재성(積載性) 및 이동성(移動性)의 3가지 특성을 갖는 특수 구조물이라고 말할 수 있는 것이다.

선박과 관련된 각종 해사 법규에서는 적용 목적에 따라 선박을 다르게 정의하고 있다. 해상법에서는 상행위를 비롯한 기타 영리를 목적으로 항행에 사용되는 것을 선박이라고 한다. 선박법에서는 부양력을 가지는 구조물로서 인명과 재화의 적재능력 및 해상을 스스로 항행할 수 있는 것이라 하고 있다. 그리고 해상 교통법에서는 수상 운송의 수단으로 제공되거나 제공 될 수 있는 가동력을 총칭하여 선박이라고 정의한다.

선박 발달의 역사는 인류의 역사와 함께 시작되었다고 추정되지만 그 과정은 자세히 알 수 없다. 다만 세계 최초의 원시적인 선박의 형태는 한 토막의 통나무였으며, 이것이 뗏목(筏, 벌)이 되고, 다시 통나무를 파서 배를 만드는 단계로 발전하였다. 이집트의 나일강 유역에서는 6천 년 전에 벌써 갈대와 비슷한 풀을 엮어서 타고 다닌 기록이 있으며, 그 후에 대나무나 목판으로 골격을 만들고 여기에 목피나 수피(獸皮)를 입혀 배를 만들게 되었고, 마침내는 나무의 골격에 목판을 덧붙인 선박으로 발달하게 되었다. 지금도 남태평양의 원주민들이 사용하고 있는 카누(Canoe)는 통나무를 파서 만든 것이고, 에스키모 인이 사용하고 있는 카약(Kayak)이라는 배는 나무의 골격에 해수(海獸)의 가죽을 입힌 것이다. 세계 최고의 역사를 갖는 이집트시대에는 조선기술도 상당히 진보하였으며, 그 뒤에 융성한 페니키아(Phoenicia)인들은 지중해에서 북해까지 항행하여 해외무역을 하였고, 다시 그리스, 로마시대에는 120인승의 3층 전함이 건조되었다. 선박의 추진방법은 노(櫓)에 의한 인력추진 시대에서 풍력을 이용하는 범선의 시대로 바뀌었고, 15세기 초에 처음으로 3본 마스트의 대양항행 범선이 건조되어 활약하였다. 1492년

1) 항해기초실습(2009), 상학당

그리스토퍼 콜럼버스(Christopher Columbus, 1451-1506)가 신대륙을 발견할 당시에 타고 갔던 산타 마리아(Santa Maria)호는 전장 29미터, 만재배수톤(滿載排水噸) 233톤급의 3본 마스트(Mast)선이었다. 18세기에는 구미제국의 대형 범선들이 세계의 전 해양을 종횡으로 항해하여 범선 항해술을 크게 발달시켰고, 1801년에는 기선(汽船)이 발명되었지만 19세기 중엽까지 범선의 황금시대를 이루었다. 그러나 그 후 기선의 발달에 따라 범선은 점차 쇠퇴하였고, 1821년에는 철선(鐵船, Iron Ship)이 출현하고, 다시 1851년경에는 목철교조선이 출현하였고, 마침내 1873년에는 강선(鋼船, Steel Ship)을 건조하기에 이르렀다. 최근 100여 년 동안에 선체, 기관은 물론 항해계기 등의 경이적인 진보 발전과 함께 항해술 및 선박 운용의 기술도 큰 발전을 계속하여 오늘날과 같은 최첨단 전자장비(電子裝備)를 갖춘 초 자동화선의 출현을 보게 된 것이다.

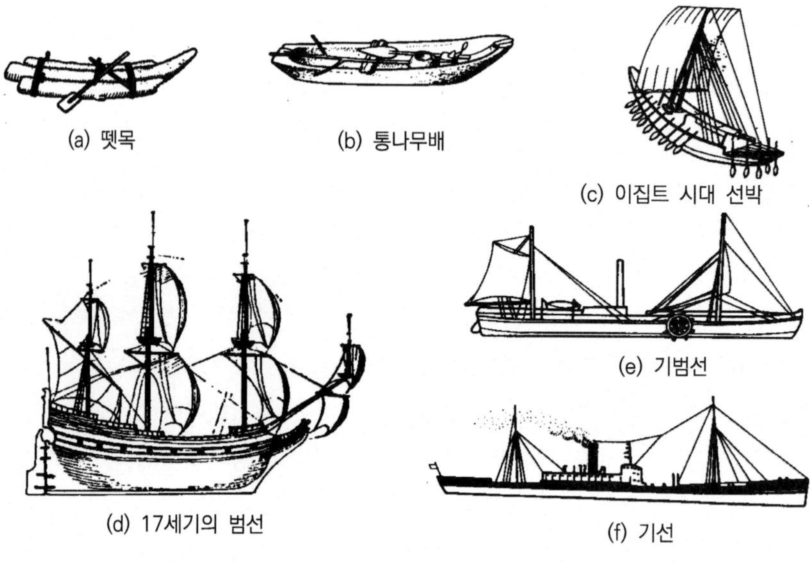

(a) 뗏목 (b) 통나무배 (c) 이집트 시대 선박 (d) 17세기의 범선 (e) 기범선 (f) 기선

그림 1.1 선박의 발달

1.2 선박의 분류

선박은 바다 혹은 강, 내수면 등에서 인력이나 화물 등의 운송 및 다양한 목적으로 사용되는 운송기구로서 오랫동안 사용되어 왔으며, 다양한 형태의 선박이 존재하여 왔다. 따라서 선박은 사용 목적 혹은 형태 등에 따라 다양하게 분류된다. 선박의 종류를 분류할 때 다음의 6가지로 구분할 수 있다.

1.2.1 조선 재료에 의한 분류

① 목선 : 선체의 주요 부분을 목재로 구성하고, 선체 각부를 접합하기 위하여 극히 적은 부분에만 금속을 사용한 선박이다. 주로 소형어선, 범선에서 채용된다.

② 철선 : 1782년 영국에서 발명된 새로운 제철 방법을 계기로 철판이나 철재가 조선에 이용되어 철선이 출현하게 되었다.

③ 강선 : 1858년 베서머(Bessermer)에 의해 제강법이 발명되면서 조선재료로서 철보다 우수한 강을 경제적으로 제조할 수 있게 되었다. 건조와 수리가 용이하며 강도가 강해서 현재 대부분의 선박에서 채용된다.

④ 강화 유리 섬유선 : 유리 섬유를 폴리에스테르 수지에 결합시킨 강화 유리 섬(FRP)를 주요 재료로 하여 건조한 선박이다. 구명정, 소형선에 이용된다.

⑤ 경금속선 : 경금속인 알루미늄 합금을 재료로 하여 건조한 선박이다. 무게가 가볍고 부식에 강하며, 가공하기가 쉬워서 소형선에 이용된다.

1.2.2 추진력에 의한 분류

① 인력에 의한 추진 : 사람의 힘으로 노를 젓거나, 손이나 발로 수차 또는 프로펠러(propeller)를 돌려서 선박을 추진시킨다. 고대의 선박이나 현재의 소형선 또는 구명정 등에서 볼 수 있다.

② 풍력에 의한 추진 : 풍력을 이용하여 돛으로 항해하는 배를 범선이라 한다. 소형어선, 유람선, 실습선 등에서 볼 수 있다.

③ 기계에 의한 추진 : 증기 또는 실린더 내에서 연료를 폭발할 때 나오는 팽창력을 이용하여 선박이 추진된다. 동력을 발생시키는 기관에 따라서 증기 터빈선, 디젤 기관선, 원자력선 등으로 나눌 수 있다.

1.2.3 추진기에 따른 분류

① 외륜선 : 외륜을 선체의 양측 또는 선미에 설치하여, 기계력으로 외륜을 회전시켜 추진력을 얻는 선박을 외륜선이라 한다. 내수로 관광선에서 찾아볼 수 있다.

② 스크루 프로펠러선 : 2~6개의 날개를 가진 프로펠러를 선미에 설치하여, 기계력으로 이것을 회전시켜 선박이 추진된다. 현재 대부분의 선박에 이용된다.

③ 수중익선 : 선저 양쪽에 특수 날개판을 붙여서 고속으로 항주할 때에 선체를 수면으로 떠오르게 함으로써, 저항을 감소시켜 고속으로 항진할 수 있다. 하이드로포일(Hydrofoil)선이라고 하며, 연안 고속 여객선으로 쓰인다.

④ 호버 크라프트 : 수면상에서 압축 공기를 하방으로 분사시켜서 선체를 부상시키며, 선체의 후면 상부에 붙은 프로펠러를 돌려서 선박을 추진시킨다. 공기부양선이라고도 불리며 여객선, 유람선, 순시선 등에 이용된다.

1.2.4 사용목적에 의한 분류

선박을 사용 목적에 따라 분류하면 상선, 어선, 특수선, 군함으로 분류할 수 있는데, 이를 세분하면 표 1.1과 같다. 선박은 용도에 따라 화물(상품)을 싣는 화물선, 사람을 싣는 여객선, 고기를 잡는 어선, 전투를 하는 군함 그리고 실습선, 관공선, 해양 탐사선, 병원선 및 소방선 등 특수한 목적을 가진 선박으로 나눌 수 있다.

표 1.1 사용목적에 의한 분류

<table>
<tr><td rowspan="6">상선</td><td>여객선</td><td>일반 여객선, 호화여객선(Cruise ship), 화객선, 연락선</td></tr>
<tr><td rowspan="5">화물선</td><td>일반 화물선 또는 잡화선</td></tr>
<tr><td>전용선 : 목재 전용선, 광석 전용선, 석탄 전용선, 곡물 전용선</td></tr>
<tr><td>시멘트 전용선, 유류 전용선, 화학물 전용선, 액화 가스 전용선</td></tr>
<tr><td>컨테이너 전용선, 자동차 전용선 등</td></tr>
<tr><td></td></tr>
<tr><td rowspan="5">어선</td><td rowspan="2">어로선</td><td>포경선, 트롤어선, 다랑어 주낙어선, 자망 어선, 건착망 어선</td></tr>
<tr><td>기선 저인망 어선</td></tr>
<tr><td colspan="2">어획물 운반선</td></tr>
<tr><td colspan="2">공모선</td></tr>
<tr><td>특수어선</td><td>어업조사선, 어업지도선, 어업시험선 등</td></tr>
<tr><td>특수선</td><td colspan="2">실습선, 측량선, 준설선, 병원선, 해저 전선 부설선, 예인선, 소방선, 등대선 등</td></tr>
<tr><td>군함</td><td colspan="2">전투함, 보조함 등</td></tr>
</table>

(1) 여객선(Passenger ship) 및 크루즈 선(Cruise ship)

화물이 아닌 사람의 수송을 목적으로 하는 선박으로 여객선과 크루즈선을 들 수 있다. 여객선은 도서지역이나 다른 항구로 승객을 운송하기 위하여 사용되는 선박을 지칭하고 있으며, 크루저선은 여객선과 조금 다르게 선박을 이용하여 관광 및 여가를 즐기기 위하여 고안된 것으로 호텔의 개념과 비슷하다고 할 수 있다.

여객선은 여객의 안전과 신속한 운송에 중점을 두게 되므로 여객 설비, 수밀 격벽 및 이중저 등의 구조와 방화 및 소화 설비 등 인명과 선체의 안전을 위하여 일반 화물선과 비해 높은 기준이 요구된다. 또한 크루저선의 경우 운항 목적이 여가를 즐기는 것이므로 고급 호텔 수준의 다양한 편의 시설이 마련되어 있다.

그림 1.2 여객선

그림 1.3 크루즈선

(2) 화물선

1) 잡화선(General Cargo Ship)

잡화선(General Cargo Ship)은 쌀, 보리, 콩, 옥수수 등의 곡물을 비롯하여 목재, 원당 등의 화물을 나화물 또는 포장화물 상태로 운송하는 일반화물선을 지칭한다. 또한 화물창에 차량 적재용 갑판(Car Deck)을 설치하여 자동차를 운반하거나 선박에 따라 컨테이너 화물을 운송하는 역할도 한다.

일반적으로 화물의 하역 혹은 적재용 카고 크레인이나 데릭 등을 탑재하여 선박에서 하역 및 적재 작업이 가능하다. 한편 곡물류의 적재시 배의 운동에 의하여 화물의 침하와 이동이 발생하며 이로 인하여 선박의 무게 중심이 변하여 횡경사를 일으킬 수 있으므로 적재위치의 제한, 화물 요동 방지판 설치 등의 필요한 작업이 선행된다.

그림 1.4 잡화선

2) 컨테이너 운반선(Container Ship)

LOLO(Lift-on Lift-off)선으로 컨테이너 화물을 전용으로 운송하는 선박이다.

우리가 가장 흔히 볼 수 있는 선박으로 육상의 트레일러에 의해 옮겨지는 컨테이너 만을 실어 나르는 선박을 말하며 우리나라 수출입화물의 대부분을 바로 이 풀 컨테이너 선박을 통하여 운송되고 있다.

이 선박은 컨테이너를 수직으로 포개어 쌓아올릴 수 있는 내부 구조를 가지고 있으며, 컨테이너의 가로 세로 치수에 맞게 4개의 가이드 레일을 두어 화물창에 쉽게 컨테이너를 격납할 수 있다.

그림 1.5 컨테이너 전용선

컨테이너 전용 운반선의 경우에 있어 20피트(ft) 사이즈의 컨테이너를 기준으로 하여 적재 가능한 컨테이너 수를 선박의 크기로 표현하기도 한다. 예를 들어 20피트 컨테이너를 5000개 적재할 수 있는 선박의 경우 5000 TEU(Twenty - foot Equivalent Units)급 컨테이너 전용선이라 한다.

컨테이너 전용선은 여러 화주의 화물을 모아서 동시에 운송이 가능하므로 소량의 화물을 운송하고자 하는 화주에게 적합한 장점을 가지고 있으며, 다양한 화물을 컨테이너에 규격화하여 포장 운송할 수 있다. 따라서 컨테이너 전용선은 일정한 항구에 정기적으로 기항하는 정기선이 주류를 이루고 있으며, 선박의 크기에 비하여 기관이 출력이 상당히 크므로 운항속도가 빠르고 특정한 요일에 기항하는 정요일 서비스가 가능한 점도 장점이다.

3) 자동차 운반선(Car Carrier)

자동차 운반선(Pure Car Carrier)은 자동차를 전용화물로 하여 대량으로 운송할 수 있도록 설계된 선박으로서 화물창은 여러 층의 갑판으로 구성되어 있다. 자동차는 크기에 비하여 중량이 가벼운 특수한 화물이므로 자동차 운반선은 자동차를 선적하기 적당하게 많은 차량용 갑판을 설치하고 있으며, 수선상에 보이는 선체의 크기가 크다. 따라서 수면 하부의 면적에 비하여 수면 상부의 면적이 크기 때문에 바람이 강한 경우 풍압의 영향을 크게 받는다. 이러한 점을 보완하기 위하여 타의 면적을 크게 하고, 선수부에 사이드 스러스트(Side Thruster)를 장착하기도 한다. 한편 자동차 운반선은 간혹 적재 가능한 최대 차량의 수로 그 크기를 표현하기도 한다. 자동차의 하역 및 적재는 선박과 부두 사이에 설치된 램프(Ramp)나 엘리베이터를 통하여 이루어진다. 자동차 및 트럭을 운반하는 선박은 PCTC(Pure Car & Truck Carrier)라 칭한다.

그림 1.6 자동차 전용선

4) 벌크 캐리어(Bulk Carrier)

벌크 캐리어(Bulk Carrier)는 곡물 혹은 철광석, 석탄, 유황, 보크사이트, 석회석 등의 화물을 포장하지 않고 화물창에 적재하여 운송하는 선박을 말한다. 운송하는 화물의 종류에 따라 곡물을 전용으로 운송하는 곡물 운반선(Grain Carrier), 석탄을 전용으로 운반하는 석탄 운반선(Coal Carrier), 광석을 전용으로 운반하는 광석 운반선(Ore Carrier) 등으로 분류할 수 있다.

곡물운반선은 쌀·보리·콩·옥수수 등의 곡물을 화물창에 산적하여 운송하는 선박으로서 선박 특성상 선체가 동요하면 기울어지는 쪽으로 화물도 쏠려 선체가 전복될 위험이 있으므로 선박의 전복을 방지하기 위하여 특수한 설계가 되어 있다.

광석운반선은 철광석, 보크사이트광, 석회석 등을 운반하는 선박을 지칭하는 것으로서 가장 많이 운송되는 화물은 제철원료인 철광석이다. 일반적으로 편도화물을 운송하는 경우가 많으므로 공선으로 귀항하는 때를 대비하여 적당한 양의 물을 적재하기에 충분한 밸러스트 구조를 가지고 있다. 보통의 선형은 선미 기관실형으로, 화물창은 배의 중심선을 따라서 구획 설치되어 있고, 선측은 밸러스트 탱크로 둘러싸여 있다. 운송경비를 절약하기 위하여 대체로 선박이 대형인 반면 대부분 하역 장비가 없는 것이 특징이다.

그림 1.7 벌크캐리어

그림 1.8 광탄선

5) 유조선(Crude Oil Tanker and Product Oil Carrier)

액체화물 운반선은 운송되는 화물의 종류에 따라 원유를 운송하는 유조선(Crude Oil Tanker)과 경유 및 휘발유 등의 석유화학제품 등을 운반하는 석유제품 운반선(Product Tanker)으로 구분할 수 있다.

석유제품 운반선은 석유류로 생산된 석유 화학제품이나 액체 화학제품 등의 화물을 전용으로 운반하는 선박이다.

유조선은 충돌, 좌초 등의 해난이 발생하였을 경우에 화물의 유출의 방지와 오염을 최소화시키기 위하여 이중 선체 구조와 탱크의 크기를 제한하고 있다. 또한 탱크의 폭발 및 화재 방지를 위해 고정식 갑판 포말 소화기와 고정 이너트 가스(Inert Gas System) 장치가 설치되어 있다.

그림 1.9 원유 운반선(VLCC)

그림 1.10 석유 제품 운반선(Product Tanker)

6) 화학제품 운반선(Chemical Tanker)

산업용으로 쓰이는 암모니아, 에틸렌, 폴리에틸렌 등 화학제품을 운송하기 위하여 특수한 구조를 갖춘 선박이다.

화학제품의 다양한 성질과 특성 때문에 구조나 설비가 상당히 복잡하다. 또한 액체 화물은 일반적으로 온도 변화에 따라 부피가 변화하고, 액체의 이동에 따라 선박의 복원성에 문제를 일으키므로 선체는 수밀구조를 비롯한 특수한 구조를 가진다.

그림 1.11 케미컬 탱커

7) 가스 운반선(Gas Carrier)

가스 운반선은 기체 상태의 화물을 압력을 가하거나 냉각시켜 액화 상태로 수송하는 선박으로서 운송하는 가스의 종류에 따라 액화 석유가스 운반선(LPG Tanker)과 액화 천연가스 운반선 (LNG Tanker)의 두 종류로 나눌 수 있다.

그림 1.12 LPG 탱커

그림 1.13 MOSS형 LNG 탱커

액화 석유가스운반선(LPG Tanker)은 부탄, 프로판 등의 석유가스를 운반하는 선박으로서 이러한 가스는 증발하여 기화하면 부피가 250~850배로 증가하게 된다. 따라서 가능한 많은 화물을 운송하기 위하여 액화시켜 운송하게 되며, 화물의 기화를 억제하기위하여 화물 온도를 비점 또는 그 이하로 냉각시키는 구조를 가지고 있다. 화물의 운송 방식에 따라 가압식 LPG 탱커(Full pressurized LPG tanker), 냉동식 LPG 탱커(Full refrigerated LPG tanker) 및 반가압 완전냉동식 LPG 탱커(Semi pressurized full refrigerated LPG tanker)로 나누어진다.

그림 1.14 Membrane형 LNG 탱커

액화 천연가스 운반선(LNG Tanker)은 기체상태의 천연가스를 영하 163℃의 초저온에서 액화하여 운송하는 선박이다. 선체를 저온으로부터 보호하고, 기화하는 가스의 처리 및 화재에 대한 예방책을 고려하여야 한다. 또한 충돌이나 좌초 등의 해난사고로부터 탱크를 보호하기 위하여 선체가 이중 구조로 되어있다. 화물창의 형태에 따라 모스형(Moss Type)과 멤브레인형(Membrane Type) 및 세미멤브레인형(Semi-membrane Type)으로 구분한다. 최근 LNG 운반선은 재액화설비를 장착하여 기화되는 천연가스를 다시 액화하여 화물창으로 보내는 방식을 도입하여 화물의 운송 효율을 높이는 한편 화물 양륙시 본선에서 직접 액화가스를 기화하여 양륙할 수 있는 장비 등을 장착하는 등 다양한 방식으로 진화하고 있다. 이와 더불어 기존의 터빈을 사용한 추진 방식을 디젤기관이나 전기를 이용한 추진방식으로 변화시키고 있다.

(3) 어선(Fishing Vessel)

고기를 잡거나 운반하는 선박 등이 있으며 고기 잡는 방법에 따라 트롤어선, 안강망 어선, 저인망어선, 건착망어선 등으로 분류할 수 있다.

그림 1.15 일반어선

(4) 특수선(Special Purpose Vessel)

특수한 목적을 위해 건조하여 운항되는 선박으로 군함, 경찰선, 병원선, 소방선, 어업지도선, 실습선, 석유시추선, FPSO 등 여러 가지 종류의 선박이 이에 해당 한다.

1) 해양플랜트

드릴십은 해상플랫폼 설치가 불가능한 깊은 수심이나 파도가 심한 해상에서 원유,가스를 시추할 수 있는 선박형태 시추설비로 선박의 기동성과 심해 시추능력을 겸비한 조선과 해양플랜트 기술이 복합된 선박이다.

FPSO(Floating production Storage Offloading)는 부유식 원유생산, 저장, 하역 설비를 말한다. LNG FSRU는 Floating Storage Regasfication Unit의 약자이다.

그림 1.16 Oil Rig

그림 1.17 Drill Ship

그림 1.18 FPSO

그림 1.19 LNG FSRU

그림 1.20 해양플랜트 다양한 예

2) 기타

그림 1.21 RO RO Carrier

그림 1.22 한국해양대학교 실습선

그림 1.23 WIG선

(5) 군함

군함은 전투 목적에 따라 소형 전투함에서부터 구축함, 순양함, 항공모함 및 잠수함 등 여러 가지 형태의 종류가 있다.

그림 1.24 항공모함(Midway호의 전경)

1.2.5 선형에 의한 분류

(1) 선루의 배치 방법에 의한 분류

① 삼도형선(Three island vessel) : 상갑판상에 선수루, 선교루, 및 선미루의 3개의 선루를 가지는 선박이다. 이 형은 선루 배치의 기본형으로서 화물선이나 여객선에 널리 채용되고 있다.

② 변형 삼도형선 : 근래에는 선박이 점차 대형화되고 그 목적과 용도가 복잡화됨에 따라 삼도형선이 변형되어 1개 또는 2개의 선루만 가지는 변형된 삼도형선이 있다. 이 밖에 선수루, 선교루 및 선미루가 배치된 위치 및 변형 여부에 따라 장선수루선, 저선수루선, 및 저선미루선이 있다.

(2) 갑판의 배치 방법에 의한 분류

① 평갑판선(Flush deck vessel) : 건현 갑판을 상갑판으로 하는 선박의 원형인 선박이다. 상갑판 위에 선루는 없고, 다만 기관을 보호하기 위한 기관실 위벽이나 갑판실 같은 간단한 상부 구조물만 있다. 이 형은 범선에서 기선으로 발전하는 최초의 형으로 평수 구역과 같이 파랑이 적은 해면을 항행하는 소형선에 흔히 채용되고 있다.

② 웰 갑판선(Well deck vessel) : 삼도형선의 선교루와 선미루를 연결한 것과 같은 외관을 가지는 선형으로, 마치 긴 선미를 가지는 형을 하고 있으므로 장선미루선이라고도 부른다.

③ 차양 갑판선(Shade deck vessel) : 선루와 선루 사이를 갑판만으로 연결한 선형으로, 이 선형의 특징은 차양 갑판과 제 2갑판 사이의 선측 외판에 큰 통풍용 개구가 있다.

④ 차랑 갑판선(Shelter deck vessel) : 각 선루를 연장하여 상갑판 위에 한 층의 전통 갑판이 설치되어 있는 선형으로, 최상층의 전통 갑판의 폭로부에 상설 폐쇄 장치가 없는 개구가 있다. 이 형은 용적 화물을 운송하는 고속 화물선에 많고, 고가의 잡화 운송에 적합하다.

⑤ 복갑판선(Awning deck vessel) : 보통의 선루보다 가벼운 구조의 선루가 선수에서 선미까지 전통한 선형을 말한다. 복갑판선은 비교적 가벼운 화물을 싣는 경우 또는 상갑판과 제 2갑판 사이에 선실이나 객실을 배치하고 그 하부를 선창으로 하는 경우가 많다.

(3) 법에 따른 분류

1) 외국무역선과 내항선

관세법에는 선박의 자격을 외국무역선과 내항선으로 분류한다. 외국무역선이란, 무역을 위하여 우리나라와 외국간을 왕래하는 선박으로 관세법의 적용을 받는 선박을 말한다. 이 선박은 우리나라의 불개항에는 출입할 수 없고, 개항의 출입에도 세관수속이 필요하다. 내항선이란 국내의 각 항구만을 운항하는 선박을 말한다.

2) 국제항해에 종사하는 선박

국가와 국가간의 항해를 국제항해라 하고, 이에 취항하는 선박을 국제항해에 종사하는 선박이라 한다. 일반적으로, 외국무역선과 함께 외항선이라고 부른다. 국제항해에 종사하는 여객선 및 G/T 500톤 이상의 화물선은 『해상에 있어서의 인명안전을 위한 국제협약(SOLAS 협약)』의 적용을 받는다.

3) 선박법상의 선박

부양력을 가진 구조물로서, 사람이나 물건의 적재능력을 갖추고, 해상을 자항할 수 있는 것이어야 하며 부선, 준설선, 해저자원 굴착선, 기중기선, 등대선 등이 추진기관을 갖지 아니한 경우, 이들은 선박법상의 선박이 아니다.

4) 해상법상의 선박

상행위 기타 영리를 목적으로 항해에 사용되는 선박만을 그 적용 대상으로 하므로 단정, 노도선, 공용선 등은 해상법상의 선박이 아니다.

5) 해상교통 안전법상의 선박

해상운송 수단으로 제공되거나 제공될 수 있는 모든 수상선류를 총칭한다.

1.2.6 친환경 선박

(1) 일반적 정의2)

친환경 선박(Green Ship)이란 선박 운항 과정에서 배출되는 미세먼지, 질소산화물(NOx), 황산화물(SOx)과 같은 대기오염 물질이나 온실가스를 줄이기 위해 친환경 기술을 도입한 선박을 의미한다. 이러한 선박은 전통적인 화석 연료 기반의 추진 방식을 개선하여, 보다 친환경적인 에너지원이나 첨단 환경 보호 기술을 활용함으로써 해양과 대기 환경을 보호하는 역할을 한다.

친환경 선박은 크게 두 가지 방식으로 환경 영향을 줄이는 특징을 갖는다. 첫 번째는 대체 에너지를 동력원으로 사용하여 기존의 화석연료 사용을 최소화하는 방식이다. 예를 들어, 액화천연가스(LNG), 수소, 암모니아, 메탄올 등의 친환경 연료를 활용하거나, 하이브리드 및 전기 추진 시스템을 적용하는 방식이 이에 해당한다. 일부 선박의 경우 태양광이나 풍력 발전 시스템을 보조적으로 활용하여 에너지를 보충하는 기술도 도입되고 있다. 이를 통해 선박에서 배출되는 탄소배출량을 효과적으로 줄이고, 해양 환경 보호에도 기여할 수 있다.

두 번째 방식은 기존 연료를 사용하되, 온실가스 및 공해물질 배출을 저감할 수 있는 첨단 기술을 적용하는 것이다. 예를 들어, 배기가스 저감 장치(Scrubber)를 설치하여 황산화물(SOx) 배출을 줄이거나, 질소산화물 저감 기술(SCR, EGR) 등을 통해 질소산화물(NOx) 배출을 최소화하는 방식이 있다. 또한 선박의 에너지 효율을 극대화하기 위해 선체 설계를 개선하거나, 고효율 추진 시스템을 도입하는 기술도 활용된다. 선박의 하부 마찰 저감을 위한 공기윤활(Air Lubrication) 기술이나, 디지털 운항 최적화 시스템을 도입하여 연료 소비를 절감하는 방식도 친환경 선박 기술의 중요한 요소로 평가된다.

결과적으로 친환경 선박은 단순히 연료를 바꾸는 것에서 나아가, 보다 효율적인 운항 방식과 저탄소·저공해 기술을 통합적으로 활용함으로써 해운산업의 지속가능성을 높이는 중요한 역할을 수행하고 있다. 국제해사기구(IMO)와 각국 정부는 이러한 친환경 선박 기술 개발과 보급을 적극적으로 지원하고 있으며, 향후 더욱 강력한 환경 규제가 시행됨에 따라 친환경 선박의 중요성은 더욱 커질 것으로 예상된다.

2) https://www.kories.org/kor/contents(2025. 2. 4일 검색)

(2) 친환경 연료선박에 관한 IMO 규정

IGC Code는 위험화물을 운반할 때 필요한 안전규정이며, 친환경연료추진선박에 관한 규정은 IGF Code이다. 친환경연료추진선박은 IGC와 IGF Code를 반영하여 선박을 설계해야 한다.

1) IGC Code

IGC Code(International Code for the Construction and Equipment of Ships Carrying Liquefied Gases in Bulk)는 LNG 운반선과 같은 극저온 액화가스를 포함한 위험물질을 대량으로 운반하는 선박의 건조 및 장비 설치에 관한 국제 코드이다.

이 코드는 저온 또는 고압 상태에서 운반되는 위험 화물이 충돌이나 좌초 등의 사고로 인해 화물 탱크가 손상되고, 통제되지 않는 화물 유출이 발생할 위험성을 최소화하기 위해 개발되었다. 만약 이러한 유출이 발생하면, 액화가스의 기화 및 대기 중 확산이 급격히 진행될 수 있으며, 경우에 따라 선박 선체가 부서지는 심각한 손상이 발생할 수 있다.

따라서 IGC Code는 이러한 위험성을 방지하기 위해 선박의 설계, 건조, 장비 및 운항과 관련된 엄격한 기술적 요구사항을 규정하고 있다. 여기에는 이중 선체 구조, 안전한 화물 저장 시스템, 화물탱크 재질 및 절연 요구사항, 통풍 및 환기 시스템, 화재 및 폭발 방지 대책 등이 포함된다.

이 코드의 준수는 국제해사기구(IMO)의 SOLAS 협약(해상인명안전협약)과 연계되며, IMO 회원국의 국적을 가진 선박은 반드시 이를 따라야 한다. IGC Code의 최신 개정 사항은 지속적으로 업데이트되며, 선박의 안전성을 높이기 위해 기술적 발전을 반영하고 있다.

IGC Code의 주요 안전 규정 7가지는 다음과 같다.

① 가스 누출 감지 및 모니터링
가스가 누출될 가능성이 있는 공간과 배관은 지속적으로 감시되어야 한다.

② 엔진룸 내 가스 농도 감지 및 대응
엔진룸 통풍 덕트에서 누출된 가스의 농도가 최저폭발한계(LFL)의 30%에 도달하면 경보가 울려야 하며, 60% LFL에 도달하기 전에 안전장치가 작동하여 가스 농도를 낮춰야 한다.

③ 마스터 가스밸브 자동 차단
가스 누출 농도가 60% LFL에 도달하면 마스터 가스밸브가 자동으로 차단되어 연료 공급이 중단되어야 한다.

④ 이중 구조배관 설치
엔진룸과 연료밸브장치룸의 연료 공급 배관은 이중 구조로 설계하여 가스 누출 시 안전성을 확보해야 한다.

⑤ 강제 통풍 장치 설치
LNG 화물창, 엔진룸, 가스밸브장치룸, 연료준비룸 및 탱크 연료룸과 같은 밀폐 공간뿐만 아니라 이중 구조 배관 및 통풍 덕트 내부에 가스가 축적되는 것을 방지하기 위해 시간당 30회 공기 교환이 가능한 강제 통풍 장치를 설치해야 한다. 또한, 한 개의 장치가 고장 나더라도 충분한 환기 용량을 확보할 수 있도록 최소 두 개의 장치를 마련해야 한다.

⑥ 환기 용량 부족 시 연료 공급 차단
통풍 장치가 고장 나 충분한 환기가 이루어지지 않을 경우, 연료 공급을 자동으로 차단해야 한다.

⑦ 연료탱크 압력 관리
액화가스 연료탱크의 압력이 최대 허용치인 10 bar의 90%에 도달하면 압력배출밸브를 열어 압력을 낮춰야 하며, 최소 두 개 이상의 압력배출밸브를 설치해야 한다.

2) IGF Code

IGF Code(International Code of Safety for Ships Using Gases or Other Low-Flashpoint Fuels)는 LNG 연료추진선박을 비롯하여 메탄올, 암모니아, 수소 등과 같은 저인화점 연료를 엔진 연료로 사용하는 선박의 안전을 규정하는 IMO(국제해사기구) 규정이다. 이 표준 규정은 LNG 운반선, 컨테이너선, 벌크선, 원유운반선, 자동차운반선, 여객선, 크루즈선 등 다양한 선박 유형에 적용된다.

IGF Code에서 규정하는 저인화점 연료 선박의 주요 안전 요건은 다음과 같다.

① 안전한 선박 설계 및 배치
연료탱크 배치, 엔진룸, 가스안전구역, 연료준비룸 등의 설계와 배치를 안전하게 구성해야 한다.

② 연료 저장 및 관련 시스템 안전 기준
연료저장탱크의 배치와 하중을 고려한 안전 설계를 준수해야 하며, 적절한 재료 기준을 적용해야 한다.
잠재적 위험을 방지하기 위해 압력배출밸브, 통풍장치, 연료 적재 한도 및 저장 조건과 관련된 규정을 따라야 한다.

③ 연료 공급 배관 및 벙커링 안전 기준
연료를 공급하는 배관의 재료 및 설계를 신뢰성 있게 구성해야 하며, 안전한 벙커링 절차를 준수해야 한다.

④ 연료공급 시스템의 신뢰성과 안전성 확보
이중화된 연료 공급 시스템을 설치하여 안정적인 공급을 보장해야 한다.
가스 누출 감지 및 통풍 장치를 포함한 설계와 압축기 및 펌프의 안전 운용을 고려해야 한다.

⑤ 주 엔진 및 연료 사용 시스템 운영 규정
메인 엔진, 보일러, 가스터빈 등의 운전 절차와 연료 공급 및 차단 규정을 준수해야 한다.

⑥ 화재 예방 및 소방 시스템
방화 및 소화 시스템을 갖추고, 물분무 장치, 분말소화 장치, 화재 탐지 및 경보 시스템, 연료 준비실 내 소화 장치를 마련해야 한다.

⑦ 폭발 방지 및 위험 구역 관리
선내 위험 구역을 구분하고, 통풍장치, 탱크 연결부, 엔진룸, 연료준비룸, 벙커링룸, 통풍 덕트, 이중 구조 배관 등의 폭발 방지 조치를 수행해야 한다.

⑧ 전기 및 안전 시스템 제어
전기 설비, 벙커링 및 가스탱크 감시 시스템, 벙커링 제어, 가스압축기 감시, 가스 탐지, 화재 탐지, 통풍 시스템 등의 감시 및 안전 장치를 마련하고, 이들의 시험 및 유지 관리를 수행해야 한다.

⑨ 비상 훈련 및 선내 작업 절차
비상 훈련을 포함하여 벙커링, 저장, 운용, 유지보수 등의 작업 절차를 명확히 규정하고 수행해야 한다.

(3) 환경친화적 선박의 개발 및 보급 촉진에 관한 법률상의 정의

법 제2조 제3호에 “환경친화적 선박”이란 다음 각 목의 어느 하나에 해당하는 선박을 말한다.

① 해양오염을 저감하는 기술을 적용하거나 선박에너지효율을 높일 수 있는 기술을 사용하여 설계된 선박으로서 산업통상자원부와 해양수산부의 공동부령(이하 “공동부령”이라 한다)으로 정하는 기준에 적합한 선박

② 액화천연가스 등 공동부령으로 정하는 환경친화적인 에너지를 동력원으로 사용하는 선박

③ 전기 공급원으로부터 충전받은 전기에너지를 동력원(動力源)으로 사용하는 전기추진선박

④ 휘발유 · 경유 · 액화석유가스 · 천연가스 또는 공동부령으로 정하는 연료와 전기에너지(전기 공급원으로부터 충전받은 전기에너지를 포함한다)를 조합하여 동력원으로 사용하는 하이브리드선박

⑤ 수소 등을 사용하여 발생시킨 전기에너지를 동력원으로 사용하는 연료전지추진선박

위의 선박을 기술적으로 분류할 경우 환경친화적 사용 기술, 운항효율향상 기술, 해양오염 저감 기술로 나눌 수 있다.

(4) IMO의 온실가스 감축 대응[3)]

국제해사기구(IMO)는 선박에서 발생하는 온실가스를 감축하기 위해 다양한 기술적 및 운항적 조치를 도입해 왔다. 이러한 조치는 해운산업의 환경적 지속가능성을 높이는 데 중요한 역할을 하고 있으며, IMO는 지속적으로 더욱 강화된 규제를 마련하고 있다.

특히 2011년 7월, IMO는 국제협약인 「MARPOL Annex VI」를 개정하여 선박의 에너지 효율성을 높이기 위한 필수적인 규정을 도입하였다. 이 개정안의 핵심적인 요소로는 신규 건조되는 선박(신조선)에 대해 에너지 효율 설계지수(EEDI, Energy Efficiency Design Index) 기준을 적용하도록 한 점과 모든 선박이 에너지 효율 관리계획(SEEMP, Ship Energy Efficiency Management Plan)을 수립하고 준수하도록 의무화한 점을 들 수 있다. 이후 2013년부터 이 개정안이 본격적으로 발효됨에 따라, 선박에서 발생하는 온실가스 배출량을 체계적으로 관리할 수 있는 기틀이 마련되었다는 점에서 큰 의미를 갖는다.

이후 2018년, IMO는 해운산업의 온실가스 감축을 위한 보다 구체적인 방향성을 제시하기 위해 'IMO 온실가스 감축 초기전략(IMO Initial Strategy)'을 채택하였다. 이 전략에서는 국제 해운산업의 온실가스 감축 목표를 명확히 설정하였으며, 장기적으로 2050년까지 2008년 대비 최소 50%의 온실가스 감축을 달성하겠다는 목표를 제시하였다. 또한 단기 및 중기 목표로, 2030년까지 2008년 대비 최소 40%의 감축을 이루고, 2050년까지는 70% 이상 감축하겠다는 개선 의지를 표명하였다. 이러한 초기전략의 채택은 국제 해운업계가 온실가스 배출 저감을 위한 명확한 방향성을 설정하고, 점진적으로 탄소중립을 실현하기 위한 체계를 갖춰 나가는 중요한 계기가 되었다.

이후 2023년, IMO는 더욱 강력한 감축 목표를 설정하기 위해 기존 초기전략을 상향 조정하는 결정을 내렸다. 2023년 7월 개최된 제80차 해양환경보호위원회(MEPC) 회의에서 IMO는 '2023 IMO 온실가스 감축전략(2023 Strategy)'을 공식 채택하였으며, 이를 통해 기존의 목표보다 더욱 도전적인 감축 방안을 제시하였다. 2023 전략의 핵심은 2050년까지 국제 해운산업의 온실가스 배출량을 '넷제로(Net-zero)'로 만들겠다는 궁극적인 목표를 설정한 것이다. 이를 달성하기 위해 단계적인 감축 목표와 실행 전략을 수립하였으며, 선박의 연료 및 기술 혁신을 촉진하고, 지속 가능한 해운으로의 전환을 가속화하는 데 초점을 맞추고 있다.

이처럼 IMO는 지속적으로 선박의 온실가스 배출을 저감하기 위한 정책을 강화하고 있으며, 초기의 EEDI 및 SEEMP 도입에서부터 보다 강력한 장기 감축 전략 수립에 이르기까지, 전 세계 해운업계가 친환경적이고 지속가능한 방향으로 나아갈 수 있도록 정책적·기술적 지원을 확대해 나가고 있다.

---

3) https://www.kories.org/kor/contents(2025. 2. 4일 검색)

(5) 친환경 선박 규제대응 기술트리[4)]

1) 메탄올 추진선

메탄올 추진선박은 메탄올 연료 특성에 맞도록 이중연료엔진, 연료공급시스템, 연료밸브트레인 설계가 필요하다. 벙커링 시스템과 안전시스템은 일반적 경우와 유사하다. 메탄올 연료추진 선박의 시스템과 장치는 다음과 같다.

- 메탄올 이중연료엔진
- 메탄올 연료탱크
- 메탄올 연료공급시스템 및 연료밸브트레인

2) 암모니아 추진선

암모니아 연료추진선박에서 이중연료엔진, 연료공급시스템. 연료밸브트레인 및 선박 설계특성과 해결과제에 대하여 이해해야 한다.

- 암모니아 이중연료 엔진
- 암모니아 연료탱크
- 암모니아 연료공급시스템 및 연료밸브트레인
- 선박의 암모니아 배출 식별 및 처리

3) 연료전지 추진선박

연료추진선박은 연료전지에 LNG, 메탄올, 암모니아 또는 수소 등 친환경연료를 공급하여 전력을 생산하고, 전기모터를 회전시키고 연결된 샤프트와 프로펠러를 회전시켜 추진하는 선박을 말한다. 일반적인 선박의 엔진 추진방식보다 추진시스템이 복잡하고 운전조건이 까다롭다. 그러나 연료전지는 전기화학적 반응으로 전기를 생산하여 높은 효율을 가지며, NOx와 SOx 배출이 거의 없고 CO_2 배출도 아주 적은 매우 친환경저인 전력 발생 장치이다.

연료전이추진선박의 주요 구성 시스템은 다음과 같다.

- 연료 탱크
- 연료전지시스템
- 배터리시스템
- 연료전지 및 배터리 하이브리드시스템
- 동력전달시스템

---

4) https://www.kories.org/kor/contents(2025. 2. 4일 검색)

1.2.7 자율운항선박

(1) 자율운항선박의 정의

급격한 산업발전 및 융합의 시대라 일컬어지는 제4차 산업혁명 시대가 도래 하면서 과거 오랫동안 큰 변화가 없던 해운산업에도 신기술 도입과 인공지능이라는 새로운 바람이 불어오고 있으며, 국제사회에서도 이에 대한 준비가 한창이다. 특히, 기존의 해운산업의 패러다임을 완전히 바꿀 자율운항선박[5](Maritime Autonomous Surface ship, 이하 "자율운항선박" 또는 "MASS")이 바로 그것이다. 이러한 자율운항선박 운항이 점차 대두됨에 따라 국제연합(United Nations, UN)의 전문기구[6]이자 해운산업계에 지대한 영향을 미치는 국제해사기구(International Maritime Organization, 이하 "IMO")와 자율운항선박 기술개발에 주도적인 역할을 하는 산업계 그리고 당사국 정부를 대행하여 앞으로 자율운항선박을 검사 및 감항성을 책임지는 각 국제공인선박검사기관(Recognized Organization, 이하 "RO")[7]에서는 자율운항선박에 대한 정의를 규정하고 있는데, 그 정의를 살펴보면 내용이나 의미가 조금씩 다르게 규정되어 있음을 확인 할 수 있다. 이는 미래 해사업계에 판도를 변화시킬 자율운항선박 분야에 대해서 선도적인 역할을 하고자 하는 의욕과 욕구를 방증하는 것이라고 할 수 있으며, 이와 관련한 자율운항선박 정의를 IMO 및 각 기관별로 어떻게 정의하고 있는지 살펴봄으로써 자율운항선박의 운항주체 및 운항형태 그리고 나아가 규범적 의미를 내포하고 있는지 자세히 살펴보고자 한다.

1) 국제해사기구의 자율운항선박에 대한 정의

최근까지도 IMO 내에서도 그리고 각 산업계, 연구기관 등에서도 자율운항선박에 대한 명칭 그리고 개념을 스마트선박(Smart Ship), 리모트제어선박(Remote Control Ship), 무인화선박(Unmanned Ship) 및 디지털선박(Digitalized Ship) 등 다양한 의미와 용어로 사용하였으나, IMO MSC 제98차 회의('17.6) 의제 20번 문서에서 아국을 포함한 9개국은 해상에서의 자율운항선박 운용과 관련되는 IMO 규정 검토 작업을 신규로 제안하는 문서[8]를 제출하였고 동 문서에서 처음으로 자율운항선박(Maritime Autonomous Surface ship, 이하 "자율운항선박" 또는 "MASS") 이라는 용어를 사용하였다.

---

5) 자율운항선박에 대한 정의는 아직 국제적으로 정립되어 있지 않지만 일반적으로 단계별로 분류되어 완전자율운항선박 단계(Fully autonomous ship)에 이르러 무인선박(Unmanned ship)의 형태를 말한다고 볼 수 있을 것이다.
6) UN의 기구는 크게 주요기구와 보조기구(Subsidiary Organs)·전문기구(Specialized Agencies)로 구성되어 있으며, 주요기구에는 총회·안전보장이사회·경제사회이사회·신탁통치이사회·국제사법재판소·사무국이 있다. 보조기구는 총회 및 이사회 산하에 설치된 기구를, 전문기구는 국제연합 산하기관은 아니지만 경제사회이사회와의 협정을 통해 각 전문분야에서 정부 간 협력을 증진할 목적으로 설립된 기구를 포함한다.
7) RO(Recognized Organization)는 각 당사국 정부의 공인(Recognition)을 받아 정부를 대신하여 정부(법령)검사(Statutory Survey)까지 수행하는 선박검사기관으로서 대표적으로 각 선급법인을 말한다.
8) MSC 98th agenda item 20(MSC 98/20/2), "Maritime Autonomous Surface Ships Proposal for a regulatory scoping exercise"Submitted by Denmark, Estonia, Finland, Japan, the Netherlands, Norway, the Republic of Korea, the United Kingdom and the United States, 2017.02.27.

그 이전에도 자율운항선박에 관하여 안전·보안·환경적으로 건전하고 지속 가능하도록 IMO의 각종 협약 및 규정의 범위 내에서 신규 규정 제정 및 개정에 대한 필요성을 제기하는 정보 문서[9)]에 자율운항선박을 칭하는 용어들이 Marine Autonomous Systems (MAS), Unmanned Surface Vehicles (USV) and Unmanned Underwater Vehicles (UUV) 등으로 일부 사용되었으나, 현재 IMO 에서는 장기간의 논의 끝에 자율운항선박에 대한 용어를 MASS로 통일하여 사용하고 있다.

이처럼 대상을 지칭하는 함축적인 의미는 같을지 모르나 자율운항선박을 정의하고 표현하기 위한 다양한 단어들이 혼용되어 사용되어 왔고 그 정의가 명확히 정립되어 있지 않은 상태로 논의가 진행되어 오다가 마침내 자율운항선박 규정의 적용범위 분류 검토 작업(RSE)을 본격적으로 시작하기로 한 IMO 제105차 LEG(법률 위원회, Legal Committee, 이하 "LEG")회의('18.4) 및 제99차 MSC회의('18.5)의 작업반(Working Group) 논의결과[10)]로서 "다양한 자동화수준에서 사람의 간섭 없이 독립적으로 운용될 수 있는 선박[11)]"이라고 자율운항선박에 대한 정의를 처음으로 IMO 내에서 도출하였다. 이는 RSE의 목적 및 RSE의 세부적인 작업방법 그리고 작업계획을 수립하기 위한 전제조건으로서의 자율운항선박 및 자동화등급을 선 정립된 정의이긴 하나, IMO 내에서 자율운항선박을 최초로 정의하여 명시한 것으로 큰 의미를 가진다고 할 수 있겠다.

그리고 자율운항선박의 자동화수준은 산업계 및 연구단체 그리고 각 선급마다 그 수준이 상이한 것으로 나타나고 있으나 최종 단계에 있어서의 자율운항선박은 어떠한 형태를 띄고 있더라도 그 운항주체가 종래의 선박과 달리 인적 요소의 배제를 언급하고 있으며, 궁극적으로는 인적 요소의 어떠한 간섭도 없이 독립적으로 운용되어 지는 선박이라고 IMO 에서는 정의하고 있는 것이다.

2) 산업계 및 연구단체의 자율운항선박에 대한 정의

Waterborne TP(Technology Platform)[12)]에서는 자율운항선박에 대하여 앞으로 보다 진화

---

9) MSC 95th agenda item 21(MSC 95/INF.20), "The IMO regulatory framework and its application to Marine Autonomous Systems"Submitted by United Kingdom, IAIN and IMarEST, 2015.04.14.

10) MSC 99th agenda item 22(MSC 99/22), "REPORT OF THE MARITIME SAFETY COMMITTEE ON ITS NINETY-NINTH SESSION"Prepared by IMO Secretariat, 2018.06.05. pp25-36.

11) IMO 사무국이 발표한 MSC 회의 결과보고서에 MASS에 대한 정의를 다음과 같이 기술하고 있다. MASS definitions and concepts of different types and levels of autonomy, automation, operation and manning should be provisional, neutral in terms of technology and developed for the purpose of the exercise only

12) 유럽연합집행기관(European Commission)에 해양산업체의 새로운 기술에 대한 제안 및 의견수렴을 위해 2014년 WATERBORNE TP(Technology Platform) 작업반을 설립하였다. 이 작업반은 해양산업의 기술지원 및 활성화에 기여하며, 새로운 기술에 따른 기준을 제시하기도 한다. WATERBORNE TP의 주요 해양산업 분야에는 신재생기술, 심해저, 해양플랜트, 요트, 크루즈, 해양관광업, 해운, 어업, 해상보안 등이 있다.
(http://www.maritime-rdi.eu/about/about-waterborne/waterborne-blue-growth-pillar, 검색일자: 2019년 1월 22일)

할 과학기술을 바탕으로 한 무선장비 및 통합제어시스템이 선박과 육상에 모두 설치되어 있고, 선원의 운항 및 운항을 조작하는 행위 없이 선박조종 제어시스템에 의존하여 운항될 선박이라고 지칭하고 있다. 또한 이러한 무인선박 또는 자율운항선박은 기술적 분류에 따라 원격 조종(Remote Control)선박, 자동화 선박(Automated Vessel), 자율항해(운항)선박(Autonomous Vessel)으로 나누고 있다[13]. 해당 기관에 따르면 자율운항선박의 모든 의사는 선원이 아닌 인공지능 기능을 갖춘 컴퓨터에 의해 결정되어 지며, 선박이 운항하는 중에 발생한 모든 문제점 및 오류에 대해서 스스로 해결할 수 있도록 설계되는 것을 기본으로 하고 있다. 이와 맞물려, 자율운항선박에서 현재의 선박운항을 책임지는 인적요소는 완전히 결여되는 방향으로 개발될 것이며, 고도의 ICT 및 지능시스템을 바탕으로 궁극적인 무인화 및 자동화를 이루고 이와 같은 기술 수준이 요구된다고 설명하고 있다.[14] 즉, 궁극적으로 완성단계의 자율운항(항해)선박은 육상 선박운항관리자의 관리·감독 및 지시를 받지 않고 철저하게 독립적으로 운항될 수 이른바 하이브리드형 스마트 선박을 말하는 것으로 모든 의사결정은 인공지능형 컴퓨터를 통해 이루어 지며, 선박 운항 중 발생될 수 있는 문제 및 오류를 스스로 해결할 수 있도록 설계되어 있다. 자율항해선박은 운항에 관련된 모든 인적요소는 배제되고, 오로지 고도의 지능시스템을 통해 운항되는 선박으로 말한다.[15]

그리고 육상 및 해상 건설, 건축 설계 전문회사로 저명한 덴마크 람볼(Ramboll)사와 덴마크 법률회사인 코어(CORE)는 자율운항선박이 해상에서 뿐만 아니라 육상에서도 인프라 구축 및 운영시설 확보와 같이 거대한 잠재적 발전 수요가 있다는 것을 인식하고,"선상 또는 그 밖의 어디에서도 결정을 지원하거나 일부 또는 완전히 인적제어와 선박 항해를 대체하여 자동적인 과정 또는 시스템을 가능하게 하는 선박"으로 정의할 것을 제안하기도 하였다.[16]

3) 선급(Classification Society)단체의 자율운항선박에 대한 정의

오늘날 각 선급법인은 선급 고유 규칙에 따른 선급검사(Classification Survey)를 수행할 뿐만 아니라 RO Code[17]에 의하여 각 당사국 정부의 공인(Recognition)을 받아 정부대행검사

13) 최정환·이상일,"상업용 무인선박의 법적 쟁점사항에 관한 연구",「해사법연구」제28권 제3호, 한국해사법학회(2016. 11), 4쪽.

14) 김성현 외(2017. 12), 『국제해사기구 환경/안전규제 동향 파악 및 대응방안 정책연구보고서』, 한 국조선해양플랜트협회, p. 162.

15) Michal Chwedczuk, "Analysis of the Legal Status of Unmanned Commercial Vessels in U.S Admiralty and Maritime Law", Journal of Maritime Law and Commerce, Vol.47 No.2(2016. 4), pp.128-130.

16) 박혜리·박한선·김보람,"자율운항선박 도입 관련 대응정책 방향 연구",「현안연구」2018-07, 13쪽.

17) 2015.1.1. 부로 발효된 RO Code (Code for Recognized Organization, 국제공인선박검사규칙)는 RO의 자격 및 요건 등을 기술한 규정으로서, 1993년 및 1995년 결의서의 내용을 통합하여 2013. 6. 21일 IMO MESC Resolution 349(92))와 MEPC Resolution 237(65))로 채택되어 해상인명안전협약(SOLAS)의 CHAPTER XI-1의 '해사안전을 위한 특별조치'에 규정되어 있다. 각 당사국 정부는 공인선박검사기관(RO)에게 정부의 선박검사 권한을 위탁(delegate)하여 협약에 의해 요구되는 사항에 따라 기국정부(flag state)를 대신하여 자국선박에 대한 법령상의 검사, 인증 및 관련 기술서비스를 제공할 수 있도록 하고 있다

(Statutory Survey)까지 수행하며, 선박의 안전 및 감항성을 확보하기 위한 기술 표준을 스스로 제정함과 동시에 IMO에서 제·개정된 각종 국제협약상의 기술규칙을 각국 선박에 적용하는 중요한 역할을 하고 있다.[18] 따라서, 자율운항선박의 해상교통안전과 관련된 개괄적인 기술개발 방향과 규범적 쟁점을 파악하는데 선급단체의 기술규칙이 도움이 될 것으로 판단되어 그 내용을 간략히 살펴보고자 한다.

첫 번째로 미국선급(ABS, American Bureau of Shipping)에서는 자율운항선박(Autonomous Vessels)을'인적인 중재 없이 업무계획 실행, 해양환경 감지, 환경을 위한 업무조정 및 운항을 결정하는 논리를 가지고 센서, 자동화된 항법 장치 추진 및 보조 시스템을 가지고 있는 해양 선박'으로 정의[19]하고 있다

둘째, 프랑스 선급(BV, Bureau Veritas)은 자율운항선박(Autonomous Ship)을'스마트 선박[20] 과 동일한 역할과 수행능력을 가지는 선박으로서, 인적 요소의 개입여부 없이 의사결정 및 행동을 수행할 수 있는 자율 시스템을 포함하는 선박'으로 정의[21]하고 있으며, 이는 선원이 승선하지 않는 무인선박과 소수의 선원이 승선하는 선박을 포함하고 있다.

셋째, 노르웨이-독일 선급(DNV-GL, Det Norske Veritas - Germanischer Lloyd)은 자율운항선박(Autoremote vessel)을 '선박의 안전하고 효율적인 자동운항을 지원하기 위하여 간단한 결정에서부터 중요한 결정까지 행하는데 다양한 자동화 단계로 구분되어 있으며, 하나 이상의 주요 기능이 육상의 원격제어장치 센터나, 본선에 승선하고 있는 선원으로부터 원격 제어되는 선박'으로 정의[22]하고 있다.

넷째, 영국의 로이드 선급(LR, Lloyd's Register)은 자율운항선박(Cyber-enabled ship)을 '선원에 의하여 통상적으로 통제 되지만, ICT 기술의 발전을 통하여 원격 또는 인적요소의 개입 없이 자동적으로 선박 운항이 모니터링 되거나 이러한 기능이 포함된 설비가 갖춰진 선박'으로 명시[23]하고 있다. 이는 현재의 기술수준과 미래 기술수준을 고려한 것으로 규범적 정의를 한 것이기 보다는 기술적 정의를 포함한 것이라고 판단된다.

다섯째, 일본선급(NK, NIPPON KAIJI KYOKAI)은 자율운항선박(Automated operation systems of ships)을'선박운항과 이와 연관된 부가적인 본선 고유의 업무를 컴퓨터시스템에 의한 자동화 된 조건을 기반으로 실행하고 운항되어지는 선박'으로 정의하고 있다.

---

18) 유진호·이상일, "주요 국제협약상 정부의 선박검사권의 성질과 공인선박검사기관(RO) 위탁제도 일고찰",「해사법연구」제29권 제1호, 한국해사법학회(2017. 03), 71~72쪽.

19) John Jorgensen(2016), "*Autonomous Vessels : ABS'Classification Perspective*", ABS, p.3

20) BV에서 언급하고 있는 스마트 선박이라 함은 선박운항에 필요한 결정을 내리는 데에 도움을 줄 수 있는 방대한 양의 정보와 각종 기기로부터 수집된 정보를 선원에게 제공하는 선박을 말한다.

21) BUREAU VERITAS(2017. 12), "*Guidelines for Autonomous Shipping*", p.5.

22) DNV-GL(2018. 09), Class Guideline, "*Autonomous and remotely operated ships*", p.13.

23) Lloyd's Register (2017. 12), Cyber-enabled ships, "ShipRight procedure assignment for cyber descriptive notes for autonomous & remote access ships", p.6.

마지막으로, 한국선급(KR, Korean Register)은 자율운항선박(Autonomous Ships)을'시스템을 통해 의사결정을 지원하고 선박의 제어 및 관리의 전체 또는 일부를 시스템이 대신할 수 있는 선박'으로 정의[24]하고 있다.

앞서 살펴본 IMO와 EU, 산업계 그리고 각 선급법인에서 자율운항선박 정의를 정리하면 다음의 표 1.2와 같다.

표 1.2 자율운항선박의 개념 및 정의

기관	자율운항선박 정의
IMO	다양한 자동화 수준에서 사람의 간섭 없이 독립적으로 운용될 수 있는 선박
EU (Water born TP)	육상 선박운항관리자의 관리·감독 및 지시를 받지 않고 철저하게 독립적으로 운항될 수 있는 하이브리드형 스마트 선박
Ramboll-CORE	선상 또는 그 밖의 어디에서도 결정을 지원하거나 일부 또는 완전히 인적제어와 선박항해를 대체하여 자동적인 과정 또는 시스템을 가능하게 하는 선박
ABS	인적인 중재 없이 업무계획 실행, 해양환경 감지, 환경을 위한 업무조정 및 운항을 결정하는 논리를 가지고 센서, 자동화된 항법 장치 추진 및 보조 시스템을 가지고 있는 해양 선박
BV	스마트 선박과 동일한 역할과 수행능력을 가지는 선박으로서, 인적 요소의 개입여부 없이 의사결정 및 행동을 수행할 수 있는 자율 시스템을 포함하는 선박
DNV -GL	선박의 안전하고 효율적인 자동운항을 지원하기 위하여 간단한 결정에서부터 중요한 결정까지 행하는데 다양한 자동화 단계로 구분되어 있으며, 하나 이상의 주요 기능이 육상의 원격제어장치 센터나, 본선에 승선하고 있는 선원으로부터 원격 제어 되는 선박
LR	선원에 의하여 통상적으로 통제 되지만, ICT 기술의 발전을 통하여 원격 또는 인적요소의 개입 없이 자동적으로 선박 운항이 모니터링 되거나 이러한 기능이 포함된 설비가 갖춰진 선박
NK	선박운항과 이와 연관된 부가적인 본선 고유의 업무를 컴퓨터 시스템에 의한 자동화 된 조건을 기반으로 실행하고 운항되어지는 선박
KR	시스템을 통해 의사결정을 지원하고 선박의 제어 및 관리의 전체 또는 일부를 시스템이 대신할 수 있는 선박

24) 한국선급 기술규칙 (2019. 02), "자율운항선박지침", 1쪽.

IMO 및 유럽연합 그리고 산업계, 선급법인에서 자율운항선박에 대한 개념 및 정의를 종합적으로 비교 검토해 보면, 그 내용이 유사한 것처럼 보이지만 독자적인 연구와 기술을 바탕으로 미세하게 다름을 확인할 수 있었다. 하지만 자율운항선박에 대한 공통적 정의로서 자율운항선박은 종래의 선박에서 운항주체이자 선박운항에 필수적이었던 인적요소의 배제를 궁극적으로는 언급하고 있으며, 인적요소의 개입여부와 관계없이 고도화된 컴퓨터 시스템을 기반으로 한 자동적, 자율적 결정 시스템을 가지고 운항되어 지는 선박을 지칭한다고 볼 수 있다. 또한, 자율운항선박에는 필연적으로 ICT 기술을 기반으로 운용되어 질 것이 당연한 수순으로 여겨지고 있는 점을 고려하여 그에 대한 보완책으로 사이버 보안 등의 기술적 내용을 함축적으로 담고 있다는 것이 하나의 특징이라고 할 수 있을 것이다.

(2) 자율운항선박의 자율화 단계 및 구성

자율운항선박은 제4차 산업혁명 시대에 따라 미래 해운산업의 새로운 부가가치를 이끌 차세대 기술로 각광받고 있는 동시에 선박소유자와 해사산업 전체에 새로운 패러다임의 도전으로 다가오고 있다.[25] 자율운항선박의 등장과 함께 관련 항만장비 자동화 기반 스마트 항만을 실현하여 초대형 컨테이너선박 처리시간을 40%이상 단축하고 로봇 기반 화물처리 자동화로 화물처리속도 33%이상 향상시킬 수 있을 것으로 예상하고 있다[26]. 또한, 선박운영비용을 22%이상 감축하고 최적안전항로를 제공하여 해양 인적사고를 30% 감축[27] 하는 등 자율운항선박을 도입하여 해상에서의 안전 및 해양환경오염을 경감하고 해운산업의 부가가치 제고 및 보다 신속하고 안전한 화물운송서비스를 제공하는 것이 가능한 시대가 올 것으로 전망하고 있다.

따라서, 본 논문에서는 자율운항선박 정의에 부가하여 IMO 및 덴마크 그리고 각 선급단체에서 규정하고 있는 자율운항선박에 대한 자율화 단계를 살펴봄으로서, 앞으로의 자율운항선박의 발전 방향성 및 그 의미를 조금 더 자세히 파악 해보고자 한다.

---

25) 기존 선박에서 인적요건을 제외하게 될 자율운항선박 운항 측면에서 보면, 인건비가 선박운항 전체비용 측면에서 매우 적은 부분을 차지하고 있다는 점에서 자율운항선박 개발의 진정한 동인이라고 보기는 어렵고 오히려 선박사고의 대부분이 인적 요인(human factor)라는 점에서 선박으로부터 인적 요소를 최소화하고 이를 자동화(automation)로 대체함으로서 선박사고를 줄이고자 하는 기술혁신으로 보거나 전기추진선박이나 연료전지선박 등 생산성을 가미한 친환경선박의 관점에서 접근하는 견해도 존재한다; 한국선급, "한국형 스마트 조선.해운 4.0 어떻게 준비해야 하는가", 해양산업통합클러스트 국회정책세미나 (2018.3.16.)

26) 한국해양수산개발원(KMI), "자율운항 선박, 침체된 해운산업 및 조선 산업의 새로운 성장 동력", VOL.72 2018 February, 7쪽

27) 상게문서

1) 자율운항선박 개발 현황

세계 각국 및 산업계 그리고 연구단체에서는 자율운항선박의 장점을 토대로 자율운항선박 기술개발을 위해 노력하고 있다. 특히, 유럽의 경우 중·소형 선박을 중심으로 자율운항선박을 개발에 박차를 가하고 있으며, 노르웨이 및 핀란드 외에 호르텐(Horten) 및 트롬쇠(Tromsø) 등의 다양한 지역에 테스트베드를 구축하여 지속적으로 데이터를 축적하고 있다고 알려져 있다.[28] 이와 맞물려 노르웨이 Yara Birkeland에서는 2020년까지 완전한 자율운항 및 원격운항이 가능한 수준의 소형 자율운항선박을 개발하고자 하며, 발틱해의 One Sea 프로젝트는 2020년까지 발틱해에서 원격조종이 가능한 선박을 시작으로 2025년에는 상용화가 가능한 자율운항선박을 개발한다고 발표하였다.[29] 또한 자율운항선박 기술개발의 시발점이라고 할 수 있는 롤스로이스는 2020년 선원이 승선하는 원격운항선박을 시작으로 2035년에는 최종적으로 완전자율운항이 가능한 상업용 무인선박을 개발하고자 하며. 우리나라와 가까운 일본의 경우 2019년 태평양에서 원격조종이 가능한 선박의 운항시험을 목표로 관련 기술을 개발 중이며 2025년까지 완전자율운항선박을 개발한다고 발표 하였다.[30] 이처럼 세계 각국 및 산업계 그리고 연구단체에서는 자율운항선박 분야의 선두주자로 자리매김하고자 기술개발에 매진하고 있고, 그 자율화 단계 및 구성을 점차 구체화하기 시작하였다.

2) IMO 및 덴마크에서 제시한 자율운항선박의 자율화 단계 및 구성

기 서술한바와 같이 IMO에서는 자율운항선박에 대한 용어를 MASS로 통일하기로 하였고, 그 정의 또한 명확히 정립하였다. 이와 관련하여, IMO 제99차 MSC회의에서는 MASS의 자율화 단계를 표 1.3과 같이 4단계[31]로 분류하고 있다. 또한, 동 회의에 덴마크가 의제문서로 제출한'자율운항선박 상용화에 대한 법적장애요소 분석'에서도 세부 자율화 등급을 4등급[32]으로 구분하고 있음을 알 수 있다.

---

28) 박혜리·박한선·김보람, 전게문서, 11쪽
29) 이광일, "자율운항선박기술 국제동향", KOSME Webzine 제41권 제5호, 한국마린엔지니어링학회(2017.11), 17쪽.
30) 상게문서
31) MSC 99th Agenda item 5 (MSC 99/WP.9),"REGULATORY SCOPING EXERCISE FOR THE USE OF MARITIME AUTONOMOUS SURFACE SHIPS (MASS)"Report of the working Group, 2018.05.23. p9.
32) M등급(Manual navigation with automated processes and decision support), R등급(Remote controlled vessel with crew on board), RU등급 (remote controlled vessel without crew on board), A등급(Autonomous vessel)으로 구분하고 있다.

표 1.3 IMO의 자율운항선박 자율화 단계

	IMO 자율운항선박의 자율화 단계 구분
1단계	부분적 자율운항지원 자동화 단계 및 선원이 의사결정을 지원하는 기능의 선택 (Ship with automated processes and decision support: Seafarers are on board to operate and control shipboard systems and functions. Some operations may be automated)
2단계	선원이 승선, 원격으로 제어되는 선박, 시스템 고장 시 선원이 대응 (Remotely controlled ship with seafarers on board: The ship is controlled and operated from another location, but seafarers are on board),
3단계	선원이 승선하지 않은 선박으로 원격으로 제어되는 선박, 시스템 고장을 대비하여 Stand-by 기능 구축 (Remotely controlled ship without seafarers on board: The ship is controlled and operated from another location. There are no seafarers on board),
4단계	완전자율운항 선박 (Fully autonomous ship: The operating system of able to make decisions and determine actions by itself)

IMO에서 MASS의 자율화 단계를 4단계로 구분한 것과 덴마크 의제문서상의 자율화 등급을 살펴보면, 그 내용이 매우 유사함을 발견할 수 있고, 이는 사실상 덴마크의 자율화 등급을 IMO에서 구체화된 표현으로 변형하여 자율화 단계를 나눈 것으로, 그 자세한 내용은 의미상 거의 동일하다. 그러므로 본 논문에서는 기본적으로 IMO와 덴마크의 4단계 구분법을 취하여 그 세부 내용을 덴마크에서 구분한 각 등급별로 수동운항선박(M등급), 유인원격운항선박(R등급), 무인원격운항선박(RU등급), 완전자율운항선박(A등급)으로 정하고 이후 본 논문에서의 자율운항선박 규범적 쟁점을 살펴보고자 한다.

3) NFAS 및 선급법인에서 구분한 자율운항선박의 자율화 단계 및 구성

자율운항선박 기술개발은 대부분 국가 주도로 진행하고 있지만, 산업계 및 선급법인 등에서도 시장 선점 및 기술개발 주도를 위하여 각자의 기술력을 바탕으로 각기 다른 자율화 단계를 제시하고 있으며, 앞으로 다가올 자율운항선박 시대를 차근차근 준비하고 있다. 이에 관련 내용을 살펴보면 다음과 같다.

첫 번째, 노르웨이 자율운항선박 포럼(NFAS: The Norewegian Forum forAutonomous Ships)은 자율운항 선박을 크게 두가지 축으로 구분하고 있다. 한 축은 항해선교의 조종 수준이고 나머지 한 축은 선박이나 육상 조정센터라든지 자동 기능이 이행되도록 하는 독립적인 운항상의 자율화 단계를 말한다. 항해선교의 구분은 3가지로 유인 선교, 선내 선원이 있는 무인 선교, 선내 선원이 없는 무인 선교로 분류된다. 운항상의 자율화 등급은 결정 지원, 자동화, 지시된 자율, 완전한 자율의 4가지로 분류하고 있다.[33]

둘째, 미국선급(ABS)에서는 자율운항선박(Autonomous Vessels)의 자율화 단계를 자율운항선박 보다 앞선 자율주행 자동차에서 적용되고 있는 자율화 수준을 차용하고 있다. 이는 미국 연방기관이자 자동차 정책을 총괄하는 산하 도로교통안전국(NHTSA, National Highway Traffic Safety Administration)에서 정의하는 6가지의 단계[34]이다.

셋째, 프랑스 선급(BV)의 자율운항선박(Autonomous Ship) 자율화 단계는 자율운항시스템의 다양한 기능에서 인간과 시스템의 역할을 구분한 것으로, 5가지 단계[35]로 구성되어 있다. 그리고 자율화 단계의 구분은 인간의 정보처리 절차와 판단을 기준으로 자율운항선박을 지배하느냐에 따라 구분하고 있다.

넷째, 노르웨이-독일 선급(DNV-GL) 자율화 단계는 기본적으로 IMO 및 덴마크에서 구분한 4단계를 바탕으로 하고 있다. 다만, 선박운항과 직접적으로 관계된 항해기능(Navigation functions)을 5단계[36]로 구분하여 인간과 컴퓨터 기술의 상호보완적인 관계를 규정하고 있다.

다섯째, 영국의 로이드 선급(LR)은 자율운항선박(Cyber-enabled ship)의 자율화 단계를 7단계[37]로 구분하고 있다. 이는 설계상 스마트 기능을 사용할 수 있는 범위에 따라 연결되고

---

33) 박혜리·박한선·김보람, 전게논문, 17~18쪽

34) ABS에서 기준으로 삼고 있는 NHTSA에서 구분하고 있는 6단계 자율화 등급 :
0 : human control
1 : some functions automated
2 : normal operations automated; human ready to take over
3 : safety-critical functions automated; human present
4 : full autonomy of safety-critical functions and environmental monitoring for duration of trip
5 : full autonomy with no human-available control interfaces

35) BV에서 구분하고 있는 MASS 5단계 자율화 등급 :
0 (Conventional) : human operated
1 (Smart) : human directed
2 (Autonomous) : human delegated
3 (Autonomous) : human supervised
4 (Autonomous) : Fully autonomous, 이상, BUREAU VERITAS(2017. 12), 전게문서, p.6.

36) DNV-GL에서 구분하고 있는 MASS 5단계 자율화 등급 :
M (Manually operated function)
DS (System decision supported function)
DSE (System decision supported function with conditional system execution capabilities)
SC (Self controlled function) :
A (Autonomous function)

37) LR에서 구분하고 있는 MASS 7단계 자율화 등급 :
AL0 (Manual controlled)
AL1 (Decision support on board)
AL2 (Decision support on board or from shore)

세부 자율화 등급은 기술적 유연성, 수동 시스템 대비 제안된 시스템으로 인한 위험(경제성, 안전성, 보안적 위험 여부) 수준, 법적 제약과 같은 요소를 인식하여 복잡하게 결정된다. 또한, 영국선급은 자율화 등급과 내용에 따라 선박을 운항하는 인적요소의 역할을 제시하고 있다.

여섯째, 일본선급(NK)은 자율운항선박(Automated operation systems of ships) 자율화 단계를 현재 운항되어지는 선박 외에 1차 운항결정 주체와 운항결정에 대한 위험성을 최소화하고 상호보완 할 수 있는 2차 결정 주체를 인간과 자동화된 컴퓨터 시스템으로 구분하여 4단계[38]로 제시하고 있다.

마지막으로, 한국선급(KR)은 자율운항선박(Autonomous Ships) 자율화 단계를 선박을 운항하는 주체를 운영자(인간)와 선박을 제어하는 시스템으로 나누고 세부 기능(데이터 수집/분석, 의사결정, 실행)을 어떤 주체가 수행하는지에 따라 5단계[39]로 구분하고 있다.

기 살펴본 자율운항선박의 자율화 단계 세부 내용을 정리하면 표 1.4와 같이 정리 할 수 있다.

AL3 (Execution by operator who monitors and authorises actions),
AL4 (Execution by operator who monitors and is able to intervene),
AL5 (Monitored autonomy),
AL6 (Full Autonomy)

38) NK에서 구분하고 있는 MASS 4단계 자율화 등급(그룹) :
- Ⅰ : 1차 운항 결정을 인간과 자동화된 시스템이 하고 2차 결정은 인간이 수행
- Ⅱ : 1차 운항 결정을 자동화된 시스템이 하고 2차 결정은 인간이 수행
- Ⅲ : 1차 운항 결정을 자동화된 시스템이 하고 2차 결정을 별개의 독립적인 자동화된 시스템이 수행
- Ⅳ : Ⅲ외 부가하여, 선박 운항 분만 아니라 외부 요소에 대한 결정도 자동화된 시스템이 수행

39) KR에서 구분하고 있는 MASS 5단계 자율화 등급(수준) :
- AL 1 : 데이터 수집/분석은 운영자 및 시스템에 의해서 수행될 수 있지만 수집된 정보를 바탕으로 한 의사 결정 및 그 실행은 운영자가 수행한다.
- AL 2 : 시스템의 의해서 데이터가 수집/분석되고 그에 따른 의사 결정 및 실행은 운영자가 수행한다. 시스템은 운영자의 의사 결정에 대하여 운영자를 지원한다.
- AL 3 : 시스템의 의해서 데이터가 수집/분석되고 그에 따른 의사 결정 및 실행도 시스템에 의해 수행된다. 단, 시스템에 의한 의사 결정에 대한 운영자의 확인이 반드시 요구되며, 운영자 확인이 선행되지 않을 경우 해당 의사 결정 사항을 철회한다. 시스템 고장 시 운영자의 대응이 필요하다.
- AL 4 : 시스템의 의해서 데이터가 수집/분석되고 그에 따른 의사 결정 및 실행도 시스템에 의해 수행된다. 시스템에 의한 의사 결정 및 그 실행에 대한 정보를 운영자가 항시 모니터링 한다. 비정상 운용 시나리오(시스템 고장 등)에 대하여 시스템의 대응이 가능하다.
- AL 5 : 완전한 자율수준으로서 데이터 수집/분석, 의사 결정 및 실행 등 모든 기능이 시스템에 의해 수행되며 운영자는 비상상황을 모니터링 한다. 비정상 운용 시나리오(시스템 고장 등)에 대하여 시스템의 대응이 가능하다.

표 1.4 자율운항선박 자율화 단계 비교표

기관	자율화 단계	자율화 구분 내용
IMO	4	선박운항 의사결정 및 지원 주체에 따라 자율화 단계를 세분화 함
NFAS	4	항해선교의 조종 수준과 조정 장소에 의하여 자율화 단계(결정 지원, 자동화, 지시된 자율, 완전한 자율)를 구분 함
ABS	6	선박운항 의사결정 및 판단 주체(인간, 시스템)에 따라 자율화 단계 세분화 함
BV	5	선박운항 지배의 주체(인간, 시스템)에 따라 자율화 단계 세분화 함
DNV-GL	5	선박운항에 대하여 인간과 컴퓨터 기술의 상호보완적인 관계를 바탕으로 자율화 단계 세분화 함
LR	7	선박 자율화 단계는 기술적 유연성, 수동 시스템 대비 제안된 시스템으로 인한 위험 수준, 법적 제약과 같은 요소를 종합적으로 검토하여 세분화 함
NK	5	선박운항의 1차 결정 주체와 이에 대한 판단을 상호 보완 할 수 있는 2차 결정 주체를 인간과 자동화된 컴퓨터 시스템으로 구분하여 자율화 단계를 세분화 함
KR	7	선박 운항 주체를 운영자와 선박을 제어하는 시스템으로 나누고 세부 기능을 어떤 주체가 수행하느냐에 따라 자율화 단계를 세분화 함

IMO를 비롯해 각국 정부 그리고 선급, 산업체 등에서 정의한 자율운항선박 자율화 등급은 대부분 선박의 운항주체가 누구인지 그리고 선박의 시스템 (자동화, 무인화, 완전 자율화)에 따라 크게 4단계에서 7단계로 분류하고 있음을 확인할 수 있다. 그리고 자율화 단계를 어떤 하나의 정립된 개념으로 고려하기 보다는 앞으로 기술 개발을 고려한 조심스러운 자율화 단계 구분법을 취하는 입장이 있는가 하면, 선박 보다 먼저 선행연구가 진행된 자동차 분야의 자율화 수준을 적용하는 곳도 있음을 확인할 수 있었다. 그러나, 상기 단체들에서 공통적으로 유추할 수 있는 자율운항선박의 자율화 단계 구분은 먼저 선박 운항지배가 어떠한 주체에 의하여 행해지는지가 중요한 관건이다. 선박 운항지배가 인간에 의해 행해지는지 고도의 자동화된 컴퓨터 시스템에 의하여 이루어지는지가 중요한 한 축이며, 다른 한 축은 그렇게 이루어진 운항결정에 대한 상호 보완하는 재검증 조치로서 인간에 의한 재검증인지 빅 데이터 기반의 AI 시스템이나 고도의 컴퓨터 시스템에 의한 재검증인지 여부에 따라 자율화 단계를 나뉘고 있다. 하지만, AI 시스템이나 컴퓨터 시스템에 대한 현재의 기술 개발 수준을 일부 고려한 것이라고도 볼 수 있으므로 앞으로 관련 기술 발달과 함께 자율운항선박의 자율화 단계는 언제든지 바뀔 수 있음을 암시하고 있다고 봐도 무방할 것이다.

자율운항선박의 자율화 단계는 현재까지 명확히 정립된 기술 단계라고 주장하기 어려운게 사실이나, 그에 따른 개념 구분을 하는 것이 앞으로의 규범의 적용과 효과분석에 도움이 되는 것 또한 사실이다. 아울러, 자율운항선박의 각 자율화 단계별로 법률적 쟁점을 집중하는 것이 훨씬 효과적이고 덜 소모적이라고 판단된다. 따라서, 본 논문에서는 기술적으로 지나치게 세분화된 자율화 단계 구분법보다는 전 세계 해사산업계의 영향력 및 앞으로의 자율화 단계 사용 가능성 등을 종합적으로 고려하여 IMO와 덴마크에서 구분한 4단계 구분법을 취하고자 한다. 그리고 앞으로 자율운항선박의 해상교통 안전 확보와 관련된 법적 적용과 쟁점사항을 이 4단계 구분법을 기본으로 하여 집중적으로 분석하고 탐구하고자 한다.

CHAPTER 2

선박의 구성

2.1 선박의 기본용어

(1) 선명

선박의 이름으로 우리나라에서는 선박법에 따라 선수양현 및 선미에 선명을 기재하도록 규정하고 있다.

(2) 선박번호(Official number)

선박에는 자동차 번호와 같이 선박 원부에 등록하면 선박번호가 부여되는데, 이 번호를 총톤수순톤수와 함께 판에 조각하여 잘 보이는 곳에 표시하는 것을 의무화하고 있다. 보통은 선교의 아래쪽 중앙부에 붙인다.

(3) 신호부자 또는 호출부호(Signal letter or Call sign)

신호부자 또는 호출부호는 선박법에 의하여 총톤수 100톤 이상의 선박에 첨부하도록 규정된 부호로서, 이것은 무선 통신의 호출부호로서도 사용된다.

(4) 선적항(Port of registry)

선적항은 사람의 본적에 해당하는 것으로서, 선박법에 의하여 우리나라 선박은 항행할 수 있는 수면에 접한 지역의 명칭에 의한 선적항을 정하여, 선미에는 선적항을 표시하도록 규정하고 있다. 선적항은 선박의 등기와 등록을 하고 선박 국적 증서를 교부하는 해운관청을 정하는 표준이 된다. 라이베리아의 몬로비아(Monrovia), 파나마의 파나마(Panama), 키프러스 등이 선적항인 선박의 대부분은 실질적인 선주가 외국에 있으며, 이러한 선박을 편의치적선(Flag of convenience)이라 부른다.

(5) 항속거리(Crusing radius or Range)

연료의 보급없이 연속하여 항행할 수 있는 최장거리를 항속거리라 한다.

(6) 기관출력(Power of Engine)

기관의 출력을 나타내는 단위로 마력이 쓰이는 데, 최근의 국제 조약에서는 마력 대신에 와트가 쓰인다.

(7) 속력(Speed)

배의 속력은 노트(Knot)로 표시하며, 노트는 1시간에 1마일 항해하는 속도이다. 선박에서 사용하는 마일은 해리 또는 마일로 기록하며, 1마일은 1,852 m이다. 영어로는 Nautical Mile(nm)로서 육상마일(1,609 m)과 구별하여 사용한다.

2.2 선체의 구조와 명칭

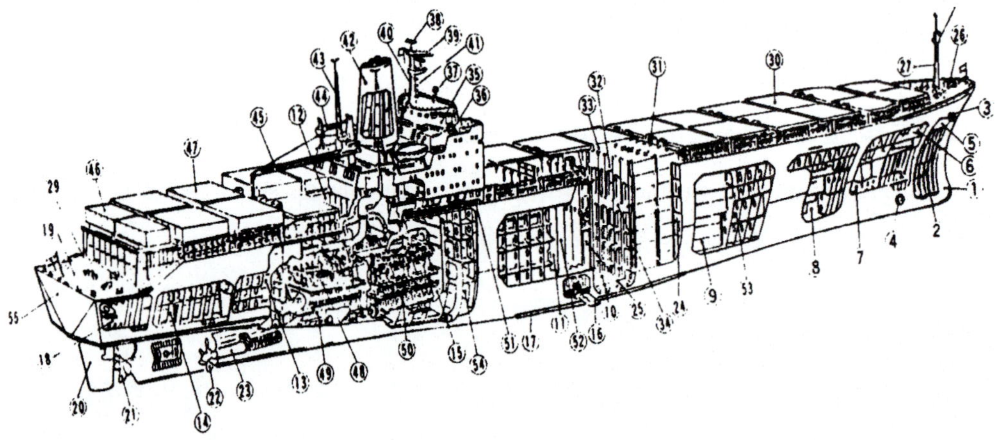

① 구상 선수 Bulbous bow
② 선수 물탱크 Fore peak tank
③ 바우 앵커 Bow anchor
④ 선수 쓰러스터 Bow thruster
⑤ 갑판장 창고 Bos'n store
⑥ 갑판하 통로 Under deck passage
⑦ 제 1 컨테이너 창 No.1 Container hold
⑧ 제 2 컨테이너 창 No.2 Container hold
⑨ 제 3 컨테이너 창 No.3 Container hold
⑩ 제 4 컨테이너 창 No.4 Container hold
⑪ 제 5 컨테이너 창 No.5 Container hold
⑫ 제 6 컨테이너 창 No.6 Container hold
⑬ 제 7 컨테이너 창 No.7 Container hold
⑭ 제 8 컨테이너 창 No.8 Container hold
⑮ 기관실 Engine room
⑯ 안정 핀 Fin stabilizer
⑰ 빌지 킬 Bilge keel
⑱ 조타기실 Steering gear room
⑲ 저선미 갑판 Sunken deck
⑳ 키 Rudder
㉑ 중앙축 프로펠러 Center propeller
㉒ 양현축 프로펠러 Side propeller
㉓ 보싱 Bossing
㉔ 선측 밸러스트 탱크 Side ballast tank
㉕ 심수 밸러스트 탱크 Deep ballast tank
㉖ 윈들러스 Windlass
㉗ 전부 마스트 Foremast
㉘ 크로즈 네스트(감시대) Crow's nest
㉙ 무어링 윈치 Mooring winch
㉚ 해치 커버 Hatch cover
㉛ 선창 통풍 장치 Ventilator for hold
㉜ 셀 가이드 Cell guide
㉝ 플립플롭 Flip-flop
㉞ 컨테이너 서포트 Container support
㉟ 조타실 Wheel house
㊱ 구명 뗏목 Life laft
㊲ 방위측정기 안테나 Direction finder antenna
㊳ 레이더 스캐너 Radar scanner
㊴ 신호 줄 Signal yard
㊵ 레이더 마스트 Radar mast
㊶ 수에즈 운하 신호등 Suez signal light
㊷ 연돌 Funnel
㊸ 안테나 기둥 Antenna pole
㊹ 구명정 Life boat
㊺ 크레인 Crane
㊻ 20' 컨테이너 20' Container
㊼ 40' 컨테이너 40' Container
㊽ 디젤 발전기 Diesel generator
㊾ 중앙측 주 디젤 기관 Center main diesel engine
㊿ 양현측 주 디젤 기관 Side main diesel engine
(51) 선측 사다리 Accommo. ladder
(52) 횡격벽 Trans. BHD
(53) 종격벽 Long. BHD
(54) 기관실 전단 격벽 Fore BHD in Eng. room
(55) 각형 선미 Square stern

그림 2.1 Full Container선의 선체 각부 명칭

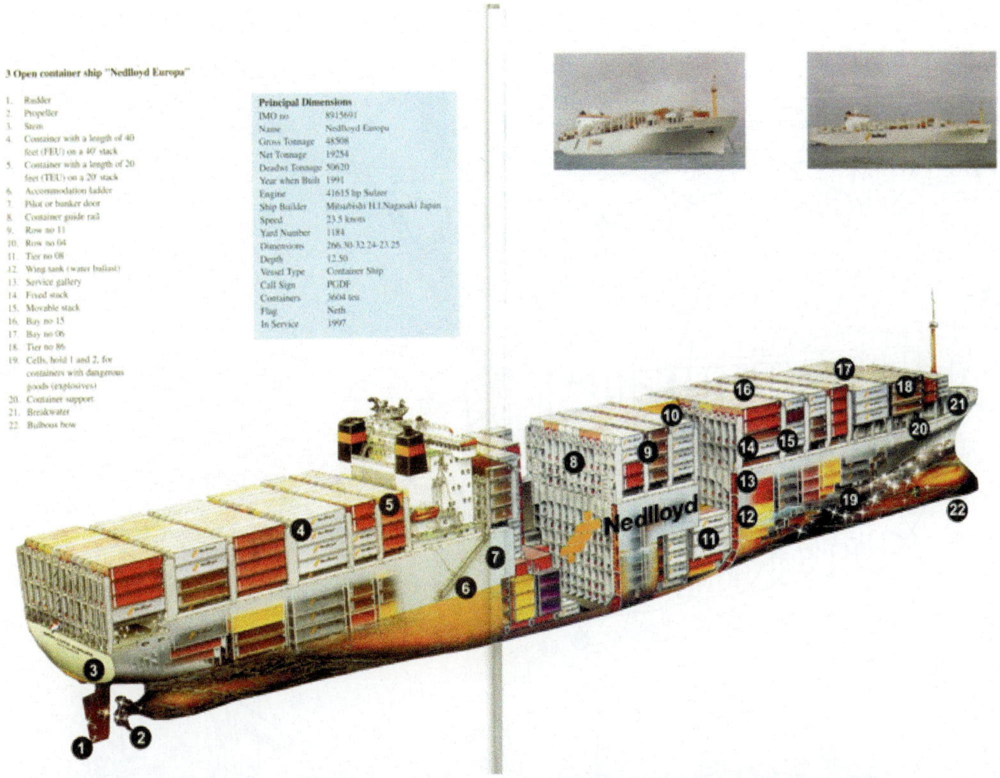

그림 2.2 Full Container 선의 주요 명칭

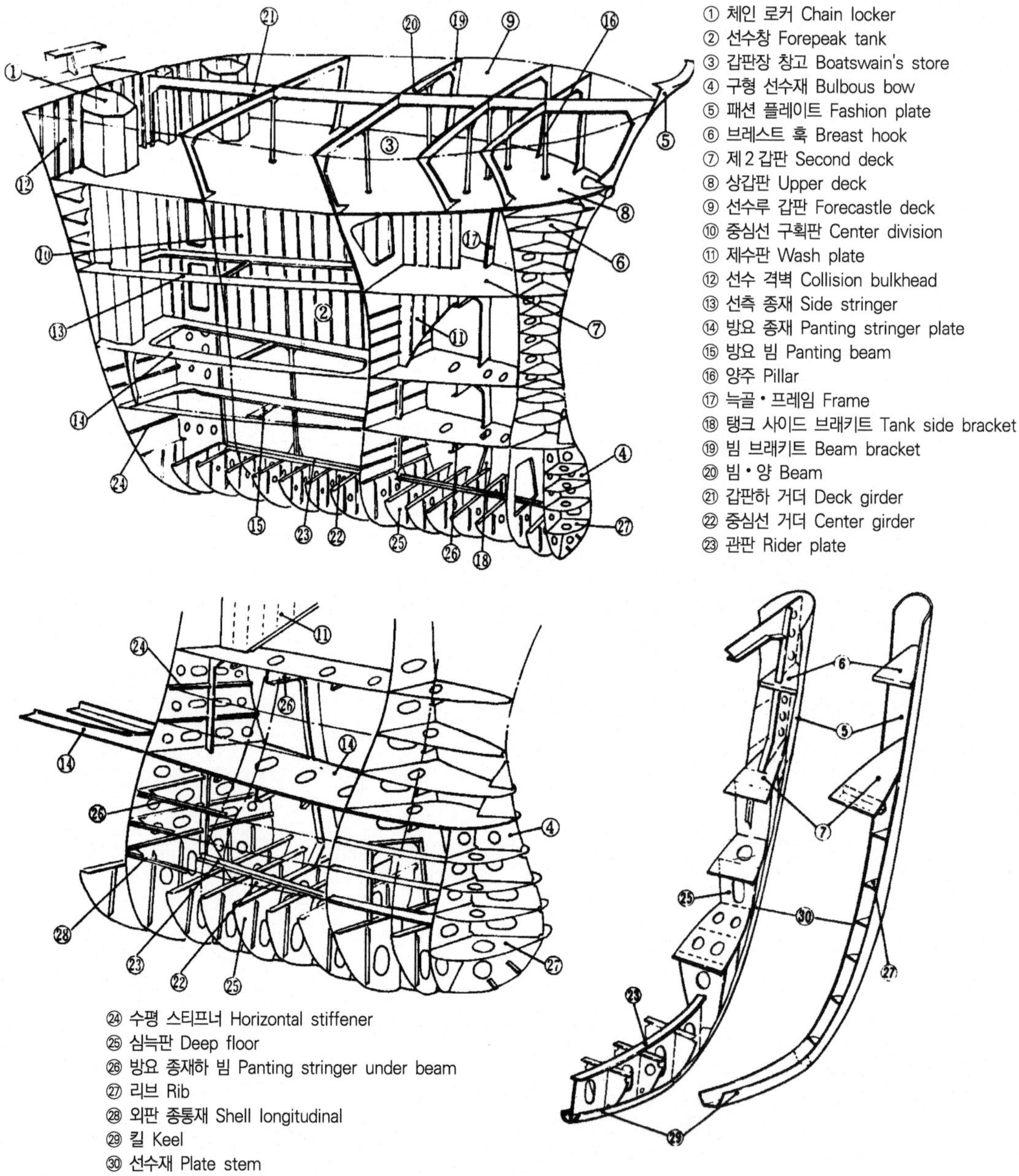

그림 2.3 선체의 선수부의 주요 명칭

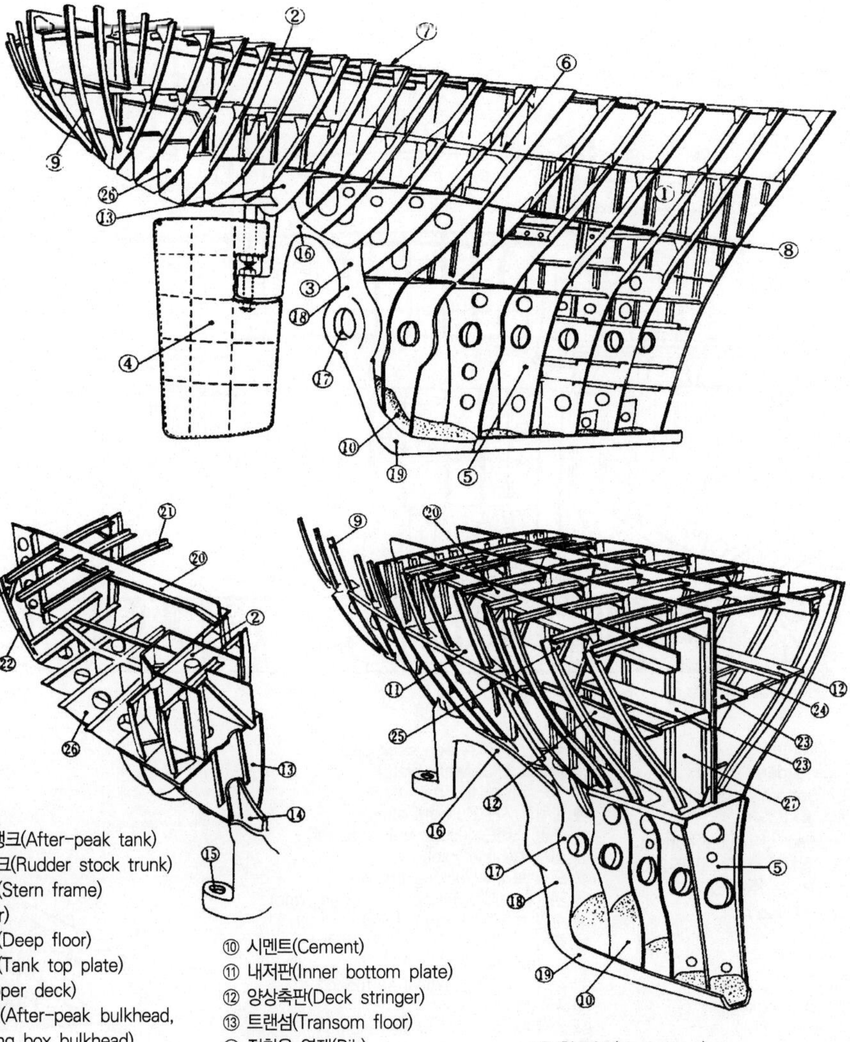

① 선미 물 탱크(After-peak tank)
② 타축 트렁크(Rudder stock trunk)
③ 선미 골재(Stern frame)
④ 키(Rudder)
⑤ 딥 플로어(Deep floor)
⑥ 탱크 정판(Tank top plate)
⑦ 상갑판(Upper deck)
⑧ 선미 격벽(After-peak bulkhead, or Stuffing box bulkhead)
⑨ 캔트 프레임(Cant frame)
⑩ 시멘트(Cement)
⑪ 내저판(Inner bottom plate)
⑫ 양상축판(Deck stringer)
⑬ 트랜섬(Transom floor)
⑭ 접착용 역재(Rib)
⑮ 거젼(Gudgeon)
⑯ 정재・관재(Crown)
⑰ 보스(Boss)
⑱ 프로펠러 포스트(Propeller post)
⑲ 힐 피스(Heel piece)
⑳ 갑판하 거더(Deck girder)
㉑ 갑판 빔(Deck beam)
㉒ 프레임(Frame)
㉓ 팬팅 스프링거(Panting stringer)
㉔ 팬팅 빔(Panting beam)
㉕ 빔 브래킷(Beam bracket)
㉖ 플로어(Floor)
㉗ 제수판(Wash plate)

그림 2.4 선미부의 주요 명칭

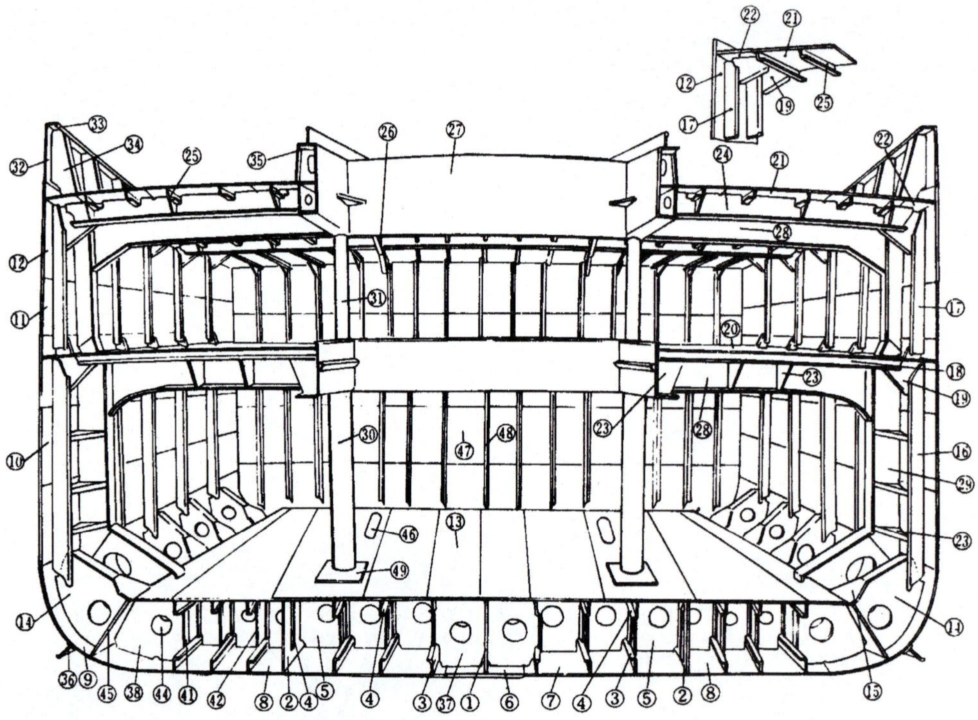

① 중심선 거더(Center grider)
② 측 거더(Side girder)
③ 선저 종통재(Bottom longitudinal)
④ 이중저 정부 롱지
Top longitudinal of double bottom
③과 ④를 합쳐서 롱지 프레임(Long. frame)이라 부르는 수도 있다.
⑤ 실체 늑판(Solid floor)
⑥ 킬(Keel)
⑦ A외판(A strake)
⑧ 선저 외판(Bottom plating)
⑨ 빌지 외판(Bilge strake)
⑩ 선측 외판(Side plating)
⑪ 정부 선측 외판(Top side strake)
⑫ 현측 후판(Sheer strake)
⑬ 내저판(Inner bottom plating)
⑭ 외측 브래킷(Tank side bracket)
⑮ 거세트 판(Gusset plate)
⑯ 창내 프레임(Holo frame)
⑰ 갑판간 프레임(Tween deck frame)
⑱ 제2갑판 빔(2nd deck beam)
⑲ 빔 브래킷(Beam bracket)
⑳ 제2갑판(Second deck)
㉑ 상갑판(Upper deck)
㉒ 양상측판(Stringer plate)
㉓ 트리핑 브래킷(Tripping bracket)
㉔ 특설량(Deck transverse beam)
㉕ 갑판 종통재(Deck longitudinal)
㉖ 갑판하 거더(Deck girder)
㉗ 해치 코밍(Hatch coaming)
㉘ 강력량(Strength beam)
㉙ 웨브 프레임(Web frame)
㉚ 창내 필러(Hold pillar)
㉛ 갑판간 필러(Tween deck pillar)
㉜ 불워크 판(Bulwark plate)
㉝ 핸드 레일(Hand rail)
㉞ 불워크 지주(Bulwark stay)
㉟ 수평 스티프너(Horizontal stiffener)
㊱ 빌지 킬(Bilge keel)
㊲ 도킹 브래킷(Docking bracket)
㊳ 연판측 브래킷(Bracket to margin plate)
㊴ 수밀 늑판(Watertight floor)
㊵ 롱지 프레임 고착 브래킷(Bracket to watertight floor)
㊶ 수직 스티프너(Vertical stiffener)
㊷ 지주(Strut)
㊸ 스캘로프(Scallop, or serration)
㊹ 라이트닝 홀(Lightening hole)
㊺ 마진 플레이트(Margin plate)
㊻ 맨홀(Manhole)
㊼ 수밀 격벽(Watertight stiffener)
㊽ 수직 스티프너(Bulkhead stiffener)
㊾ 2중장(Doubling)

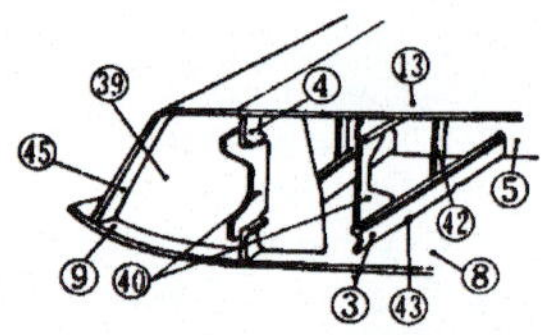

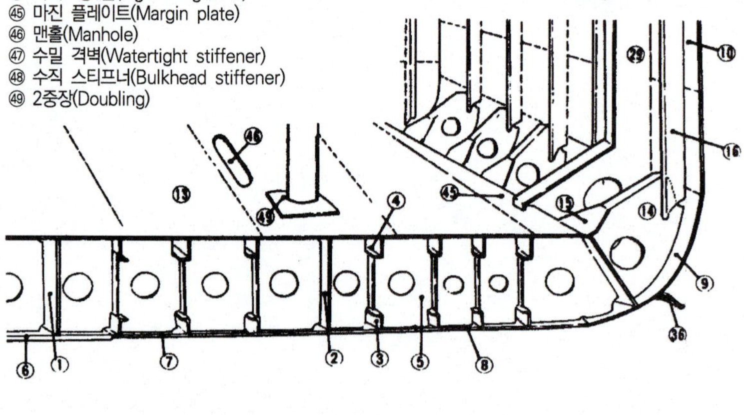

그림 2.5 선체 중앙부의 주요 명칭

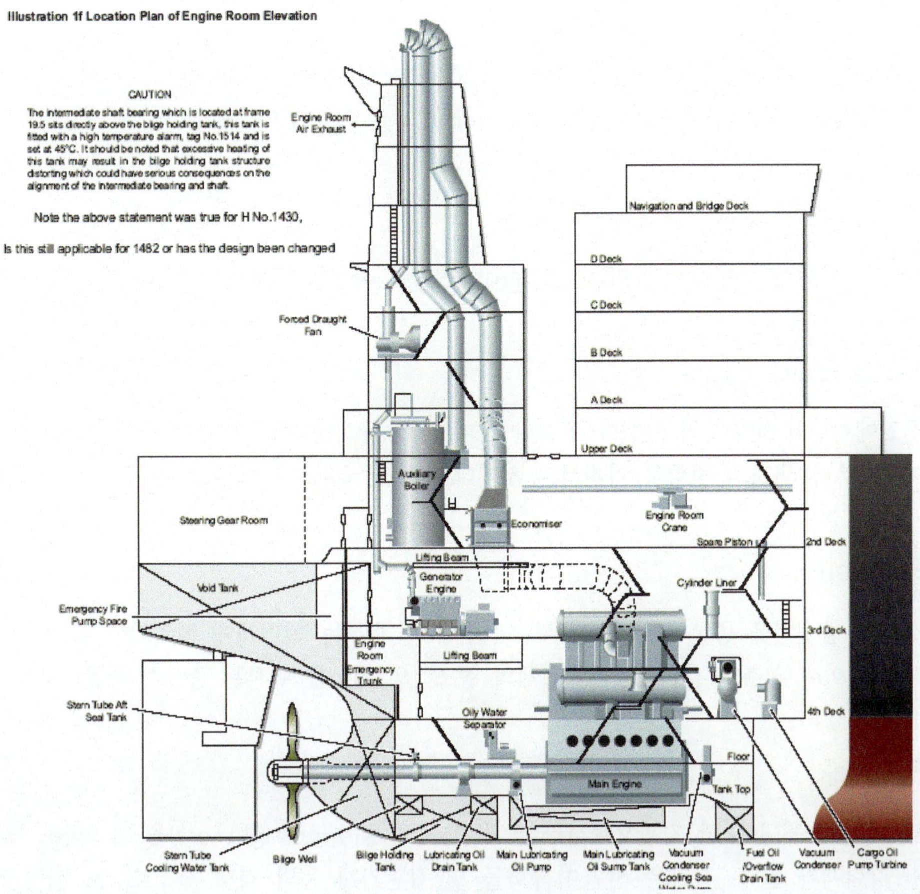

그림 2.6 기관실 및 갑판의 구성

(1) 선체

마스트와 굴뚝을 제외한 배의 주된 부분으로 전부(Fore part), 중앙부(middle part), 후부(Aft part)로 나뉜다.

(2) 선수(Bow)

선수란 전부 마스트가 있는 부근에서부터 배의 앞부분까지를 막연하게 지칭하지만, 맨 앞부분을 말하기도 한다. 영어로는 맨 앞부분을 스템(Stem)이라 하고, 우리말로는 이물이라고 한다.

(3) 선미(Stern)

배의 후부의 뒤쪽 활 모양의 부분을 말하고, 타원형 선미(Ellipitical stern, Knuckle stern, Counter stern)와 순양함형 선미(Cruiser stern) 및 트랜섬 선미(Transom stern)로 나누어진다.

(4) 우현과 좌현

선수를 향하여 오른쪽을 우현(Starboard), 왼쪽을 좌현(Port)이라 한다.

(5) 쿼터(Quarter)

선교에서부터 뒷부분의 양현을 쿼터라 하며, 방향을 가리키는 데에도 쓰인다. 정확한 의미는 선미에서부터 45도의 방향을 가리키는 것이다.

(6) 용골(Keel)

선저의 중심선을 종통하여 그 전부는 선수재에, 후부는 선미재에 접촉되어 있지 않다. 마치 인체에 있어서 척추와 같은 것으로 선체의 종조직의 기초를 이루는 중요한 부분이다.

(7) 갑판(Deck)

갑판은 빔 윗면에 깐 강판으로서 외판과 함께 수밀(Watertightness)을 유지하고 또 중요한 종횡 강력재가 된다. 갑판은 선원·여객·화물 및 갑판기계 등의 적재 장소로, 또 선내 작업장으로 되며, 최상층의 갑판은 선체의 상면을 수밀로 유지하여 선내로의 침수를 막고 풍우와 일광을 막는 역할을 한다.

(8) 외판(Shell plating)

프레임의 와면을 싸서 선체의 외각을 이루는 강판을 총칭하여 외판(Outside plating) 이라 한다. 이는 외부에서의 수압에 대하여 선체를 수밀로 하여 부력을 주며, 또 선체의 강도 특히 종강력을 이루는 중요한 강력재가 된다.

(9) 현호(Sheer)

건현 갑판 현측선(Freeboard deck side line)의 휘어짐을 말하는데, 배의 길이의 중앙을 최저점으로 하여, 이 점을 지나는 수평선을 기준으로 선수미의 갑판선과의 거리를 말한다.

(10) 캠버(Camber)

선체의 중심선에서 갑판보(Deck beam)의 휘어짐을 말한다.

(11) 프레임(Frame)

인체에 비하면 늑골과 같은 것으로 선체의 전체에 걸쳐서 선저에서 선측에 걸쳐 일정한 간격으로 상하로 배열된 재료이다. 프레임의 구조양식은 이를 종방향으로 배치하는 경우(종식 구조)와 횡방향으로 배치하는 경우(횡식 구조)의 두 종류가 있다.

(12) 빔(Beam)

빔은 보통의 선박에서는 횡으로 배치되어 프레임의 상부를 연결하고 선체의 횡방향의 형상을 유지함과 동시에 여기에 갑판을 깔아 갑판상의 중량을 지지하는 마치 대들보와 같은 것으로 선체의 횡강력에 도움을 준다.

(13) 내용골 및 거어더

용골 상부에 접속 설치된 용골의 보강재이다. 단저선에서는 내용골(Keelson)을, 이중저선에서는 중심 거어더(Center Girder)와 사이드 거어더(Side Girder)를 사용하여 보강한다.

2.3 선박용 시설과 물건

「선박안전법」 제2조에서는 선박의 안전을 확보하기 위해 필요한 용어들을 정의하고 있으며, 선박용 물건과 선박용 시설의 개념도 포함된다. 법에서 규정하는 바에 따르면, "선박용 물건"은 선박의 항해 및 승무원의 안전을 위해 배치된 이동 가능한 장비로, 선박이 운항 중이거나 정박 중일 때에도 필요에 따라 사용 및 관리될 수 있는 항목을 포함한다.

"선박용 시설"은 선박의 구조적 안정성과 기능 유지에 필요한 필수적인 설비로, 선박의 건조 단계에서부터 설치되어 운항 중에도 지속적으로 사용되는 고정 장치이다. 즉, 선박용 물건은 필요 시 교체가 가능하지만, 선박용 시설은 선박의 일부로 간주되며 유지·보수가 필요하다는 점에서 차이가 있다.

표 2.1 선박용 물건과 시설의 비교

구분	선박용 물건	선박용 시설
정의	선박에서 사용되지만 이동 및 교체가 가능한 장비 및 기기	선박의 구조적 일부로 고정되어 있는 장치 및 설비
예시	구명조끼, 소화기, 항해용 도구(나침반, 쌍안경), 선내 공구	기관실, 연료탱크, 추진 장치(엔진, 프로펠러), 조타 장치
특징	필요에 따라 추가, 제거, 교체 가능	선박의 구조와 직접 연결되며 고정됨
법적 기준	주로 선박 안전을 위한 보조 장비로 규정됨	선박 건조 시 필수적으로 설치되며 법적 요건을 충족해야 함

선박용 물건과 선박용 시설은 모두 선박의 안전과 운항을 위해 필수적이지만, 이동성과 설치 방식에서 본질적인 차이를 가진다. 「선박안전법」은 이러한 구분을 명확히 하여 선박의 설계, 운영, 유지보수 과정에서 각각의 역할을 다르게 규정하고 있으며, 이를 통해 선박의 안정성과 안전성을 효과적으로 확보하고 있다.

2.4 선박의 요목

2.4.1 선박의 주요 치수

(1) 전장(Length Overall : LOA)

선체에 고정적으로 붙어있는 모든 돌출물을 포함하는 선수 최전단에서 선미 최후단까지 수평거리를 말한다. 전장은 부두 접안 또는 입거 등 선박 조종에 사용되는 길이이다.

(2) 수선간장(Length between Perpendiculars : LBP)

계획만재 흘수선상의 선수재 전면에서 수선면(水線面)에 수직하게 세운 선수수선(船首垂線 : Forward Perpendicular)과 타주재(Rudder Post)의 후면에서 수선면에 수직하게 세운 선미수선(船尾垂線 : Afer Perpendicular)간의 수평거리이다. 강선 규정, 선박 만재 흘수선 규정, 선박 구획 규정 등에 일반적으로 사용하는 길이이다.

(3) 수선장(Length on Water Line : LWL)

계획만재 흘수선상의 물에 잠긴 선체의 선수재 전면으로부터 선미재 후면까지 수평거리이다. 배의 저항, 추진력 계산 등에 이용된다.

(4) 등록장(Registered Length : LREG)

상갑판 보(Beam)상의 선수재 전면으로부터 선미재 후면까지 수평거리이다. 등록장은 선박원부에 등록되고 또한 선박국적증서에 기재되는 길이이다.

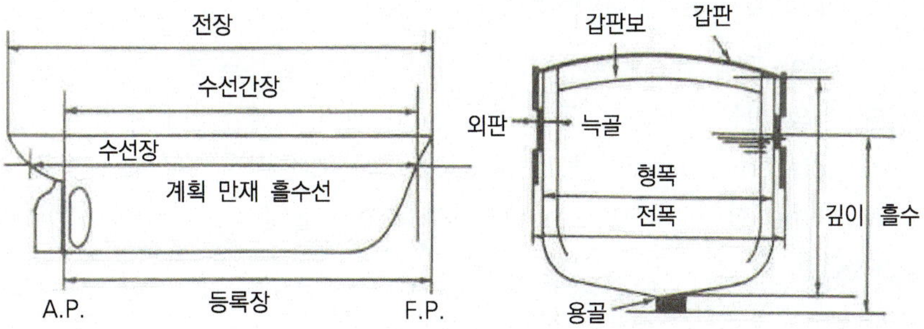

그림 2.7 선박의 주요 치수

(5) 형폭(Moulded Breadth : B)

선박의 외판을 제외한 늑골의 외곽선을 기준으로 수선간 길이의 중앙점에서 계측한 선폭을 말한다. 선박만재 흘수선 규정, 강선 규정, 선박법 등에 사용되는 선폭이다.

(6) 형깊이(Moulded Depth : D)

선체 중앙에 있어서 용골상면(기선 : Base Line)으로부터 건현갑판(또는 상갑판의 보)의 현측 상면까지 수직거리이다. 선박만재 흘수선 규정, 강선 규정, 선박법 등에 사용되는 깊이이다.

2.4.2 선박의 톤수

(1) 총톤수(Gross Tonnage : GT)

총톤수와 순톤수는 선박적량측도법과 선박적량측도규정(Tonnage Measur -ement Rule)에 의하여 계산한다. 총톤수는 측도갑판(1층 또는 2층 갑판을 가진 선박은 상갑판, 3층 이상을 가진 선박은 최하층 갑판에서 제2층에 있는 갑판)하의 적량에 측도갑판상 위폐된 장소의 용적량을 합한 것에서 상갑판에 있는 기관실, 조타실, 취사실 등 선박의 안전, 위생 및 항해 등에 필요한 장소의 용적량을 제외한 총용적량(㎥)에 353/1000을 곱한 것을 말한다.

(2) 순톤수(Net Tonnage : NT)

순톤수는 총톤수에서 기관실, 선원실, 밸러스트 탱크, 창고 등 직접 상행위에 사용되지 않는 장소를 뺀 용적으로서 화물이나 여객 운송 등의 상행위에 사용되는 실제용적이다. 순톤수는 직접 상행위에 사용하는 용적이므로 입항세, 톤세 및 항만시설 사용료 등의 산정 기준이 된다.

(3) 배수톤수(Displacement Tonnage)

배수량은 선박이 물에 잠김으로써 배제된 물의 무게를 말하는 것으로서 선박의 무게에 해당되는 양이다. 배의 화물이나 연료 등을 만재 흘수선까지 적재한 상태의 배수량을 만재 배수량(Loaded Displacement)이라 하고, 순전히 배 자신만의 무게를 경하 배수량(Light Displacement)이라 한다. 배수톤수는 배수량에 톤수를 붙인 것으로 주로 군함의 크기를 표시하는 데 이용된다.

(4) 재화중량톤수(Dead Weight Tonnage : DWT)

선박이 적재할 수 있는 최대의 무게를 나타내는 톤수로서 만재 배수량에서 경하 배수량을 뺀 중량이다. 재화중량톤수는 적재 화물뿐만 아니라 연료유, 청수, 밸러스트, 여객, 선원, 선용품 등 일체가 포함된다. 따라서 선박에 적재할 수 있는 화물량을 구하는 경우 만재 배수량에서 경하 배수량과 상기 열거된 것들의 중량을 공제하여 한다. 재화중량톤수는 상선의 매매와 용선료 산정의 기준이 된다.

(5) 운하톤수(Cannal Tonnage)

수에즈 운하 및 파나마 운하 당국이 운하 통항료의 산정을 위하여 각각 특별한 측도 방버에 의해 선박을 적량을 계산한 운하 통과 요금의 기준이 되는 톤수이다. 파나마 운하 톤수, 수에즈 운하 톤수 등으로 지칭된다.

2.5 선박의 조직

일반적으로 선박은 선박 전체를 지휘 관리하는 선장을 중심으로 하여 갑판부, 기관부 및 통사부의 3개 부서로 구성되어 있다.

갑판부는 선박의 운항계획 및 실행, 화물의 관리, 선내 질서 유지 등의 업무를 담당하고 있으며, 1등 항해사가 갑판부의 부서장이 된다. 2등 항해사 및 3등 항해사는 1등 항해사를 보좌하여 항해 사관이 담당하여야 할 항해 및 정박 당직, 화물관리, 항해 장비 관리, 밸러스트 관리, 청수관리 및 선체 보수 유지, 각종 국제 규칙 및 해도의 유지 관리 등의 업무를 수행하고 있다. 또한 갑판장을 직장으로 하여 갑판수 및 갑판원 등의 부원들이 항해사의 업무를 보좌하며, 1등 항해사의 지휘아래 갑판 정비 작업을 담당한다.

기관부는 기관장이 부서장이 되며, 기관장을 보좌하여 1등 기관사, 2등 기관사 및 3등 기관사로 구성된 기관사관과 조기장을 직장으로 하여 조기수 및 조기원 등의 부원을 구성원으로 하고 있다. 기관부의 주된 업무는 주 추진기관의 유지 보수 및 각종 보조기계의 유지보수, 항해 및 정박 당직, 연료유 및 윤활유의 관리, 선내 공기조화 장치의 관리, 해양오염 방지 및 관련 기기 관리 등으로 선박의 추진과 관련된 기기의 유지 보수 및 항해 유지이다. 1등 기관사는 주 추진기관 및 이와 관련된 보조기계, 윤활유 관리 업무를 담당하고 있으며, 2등 기관사는 발전기 및 관련 보조기계, 연료유 관리 업무를 담당하고, 3등 기관사는 보일러, 냉동기 등을 비롯한 일반적인 보조기계를 담당한다. 또한 1등 기관사는 조기장 및 부원들을 지휘하여 기관 정비 작업 및 일과작업을 계획하고 수행한다.

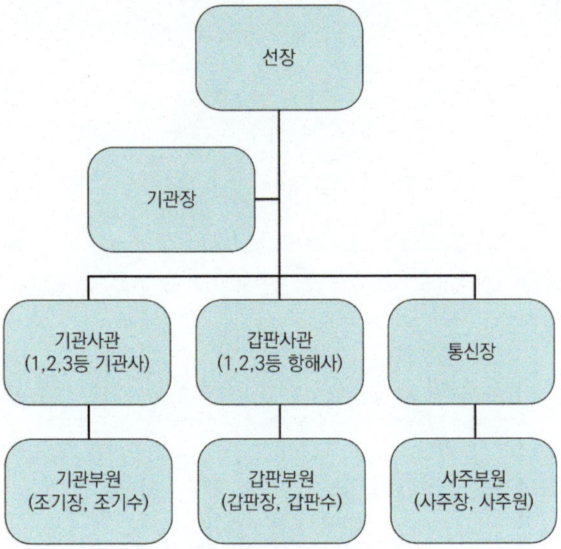

그림 2.8 선박의 조직도

통사부는 통신장을 부서장으로 하여 사주장 및 사주부원으로 구성되며, 주된 업무로는 통신장이 담당하는 통신, 수속, 증서관리 등의 업무와 사주장 및 사주부원들이 담당하는 선내 구성원을 위한 식사준비 및 식당관리 등을 들 수 있다.

오늘날 선박의 조직은 인건비 상승과 다양한 기술의 발전 등으로 인하여 변화를 보이고 있다. 특히 통신기기의 발달로 인하여 전통적인 통신장의 업무가 퇴색되어 대부분의 선박에서 통신장을 두지 않고 항해사가 통신 업무를 담당하고 있다. 또한 효율적인 선박의 유지보수를 위하여 기관장의 업무를 선박유지보수 관리책임자로 확대하여 업무를 분담한다. 이 경우 기관장을 중심으로 하여 1등 항해사와 1등 기관사가 각 부서의 유지보수 관리자가 된다.

CHAPTER

3

기관실 구성

선박의 기관실은 주추진기관인 주기관(Main Engine)과 여러 가지 보조기계(Auxiliary Machinery)로 구성되어 있으며, 주기관은 연료를 연소하는 형태에 따라 내연기관인 디젤엔진(Diesel Engine)과 보일러와 같은 외연기관을 이용한 증기터빈엔진(Steam Turbine Engine)으로 분류된다.

보조기계는 주기관을 제외한 선내 모든 기기를 지칭하지만 통상적으로 선박에서는 발전기관(Generator Engine) 및 송배전 시설과 보일러(Boiler)를 제외한 기기를 통칭한다. 보조기계는 디젤선용 보조기계 및 터빈선용 보조기계와 기관실용 보조기계 및 기관실외 보조기계로 분류하고 있다.

그림 3.1 선박용 주기관

3.1 기관실 배치도

3.1.1 기관실 배치도 기준

(1) 배치의 기준

기관실 배치도는 여러 가지 요건을 감안하여 설계된다.

첫째, 경제적으로 설계한다. 해수 또는 연료의 이송을 최단 거리로 할 수 있도록 고려하여 배치하여야 파이프 라인을 최소로 배치할 수 있다.

둘째, 안전을 고려한다. 예를 들면 고온의 연료를 다루는 기기들은 한곳에 배치하여 화재발생시 진화가 쉽도록 한다. 대표적으로 청정기실의 경우에 청정기와 연료유 펌프 및 각종 히터를 배치하고, 화재시 별도의 소화장치를 독립적으로 작동시킬 수 있도록 배치하는 것이 한 예이다.

셋째, 기능적 고려이다. 해수 펌프는 씨체스트의 위치를 고려하여 대부분 기관실 최하부에 설치하는 경우가 대부분이다. 주기관 관련 펌프는 주기관 주위에 설치하고, 스턴튜브 관련 펌프는 대부분 선미 부분에 설치하는 것이 예이다.

넷째, 기기 또는 탱크 등의 공간을 고려하여 배치하는 경우이다. 연료탱크의 경우 크기 때문에 이중저 탱크에 배치하고, 윤활유 탱크의 경우 상부에 여유공간에 배치하는 등의 경우이다.

(2) 배치도 읽는 법

배치도 상부는 선수[40]를 나타내고, 하부는 선미[41]를 나타내는 것이 일반적이다. 배치도의 오른쪽은 우현(Starboard)[42]이라 칭하고, 왼쪽은 좌현(Port)[43]라 칭한다.

---

40) 중세 유럽의 군함에서 비롯된 것으로 추정된다. 초기 배들은 선수(뱃머리)와 선미에 성벽처럼 높은 구조 물을 만들어 적의 공격을 방어하거나 활을 쏘는 장소로 사용했는데, 이를 "forecastle"(앞쪽 성채)이라 고 불렀다고 한다. 시간이 지나면서 이 구조물이 갑판(Deck)으로 발전하며, 선원들이 머무르는 공간으 로 사용된 것으로 추정한다.

41) 중세 영어 stearn에서 유래했으며, 이는 고대 게르만어에서 "강하게 만들다" 또는 "견고하게 하다"라는 의미를 가진 단어에서 나왔다고 보는 것이 일반적이다. 초기 선박의 선미(stern)는 구조적으로 강하게 만들어졌기 때문에 이런 명칭이 붙었을 것으로 추정하고 있다.

42) 중세 영어 steorbord에서 유래했으며, 이는 고대 노르드어 styri borð ("조종하는 쪽")에서 비롯되었다 고 하는 설이 있다. 과거 배의 조타 장치는 선미(stern)의 오른쪽에 위치했으며, 조타수가 그 방향에서 배를 조종했기 때문에 선박의 오른쪽을 starboard라고 부르게 되었다고한다.

43) 원래는 "larboard"라고 불렸으나, "starboard"와 발음이 비슷하여 혼동을 방지하기 위해 "port"로 변경 되었다고 한다. 이 명칭은 선박이 항구(port)에 접안할 때 주로 왼쪽(좌현)으로 정박하는 전통에서 유래 되었다는 설이 있다.

3.1.2 기관실 배치도의 예(T/S HANBADA)

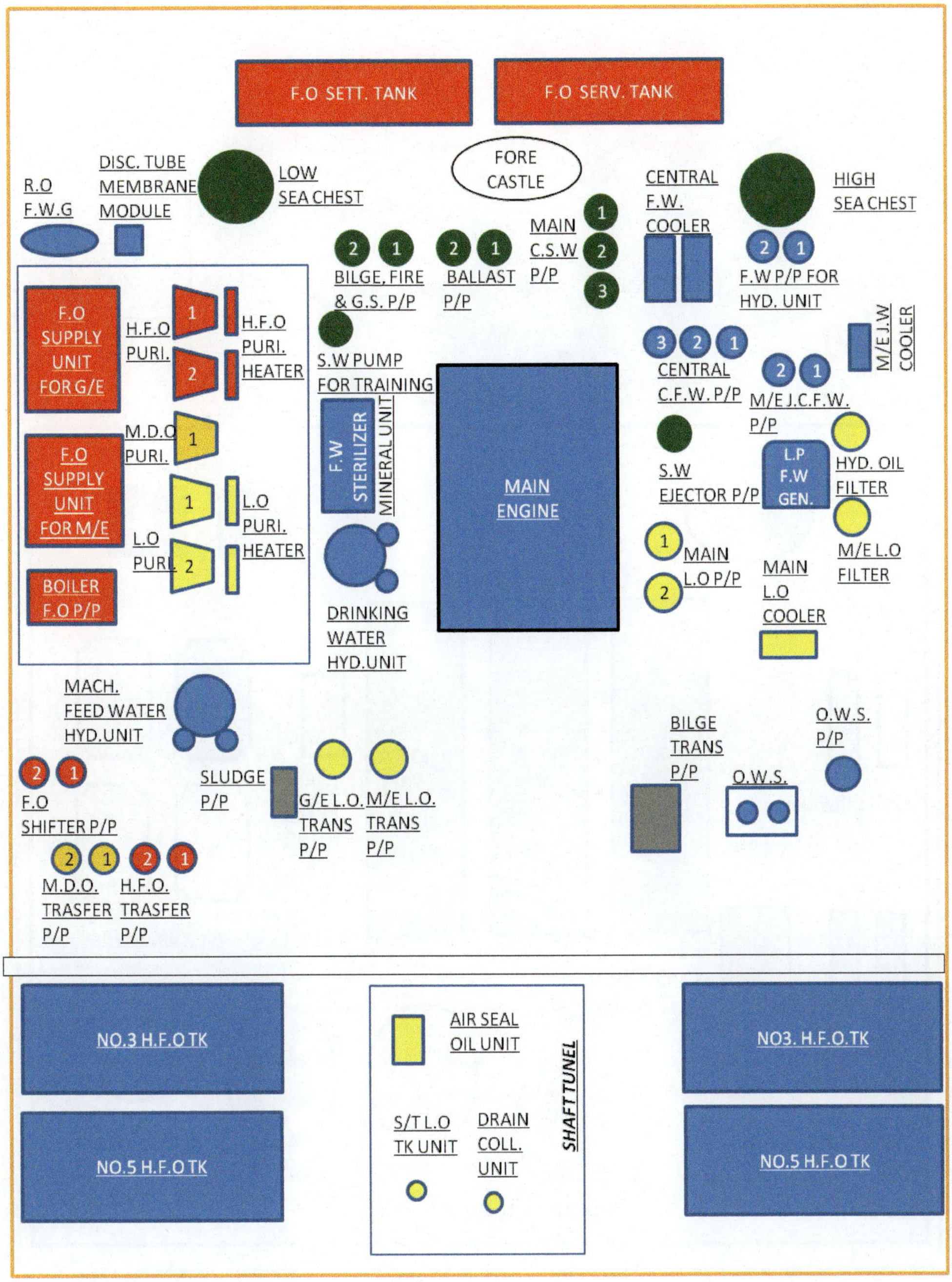

그림 3.2 기관실 배치도 1(T/S HANBADA)

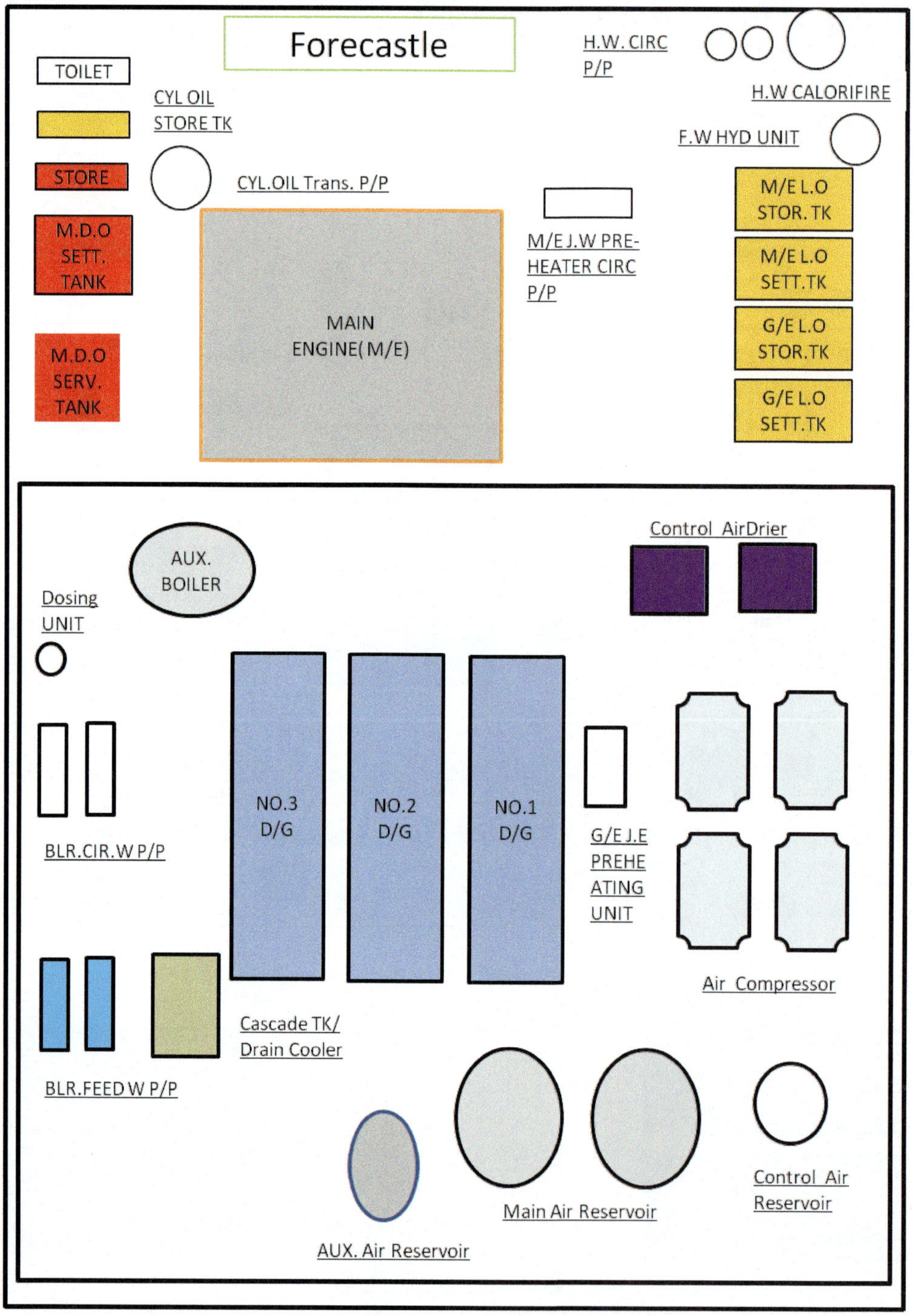

그림 3.3 기관실 배치도 II(T/S HANBADA)

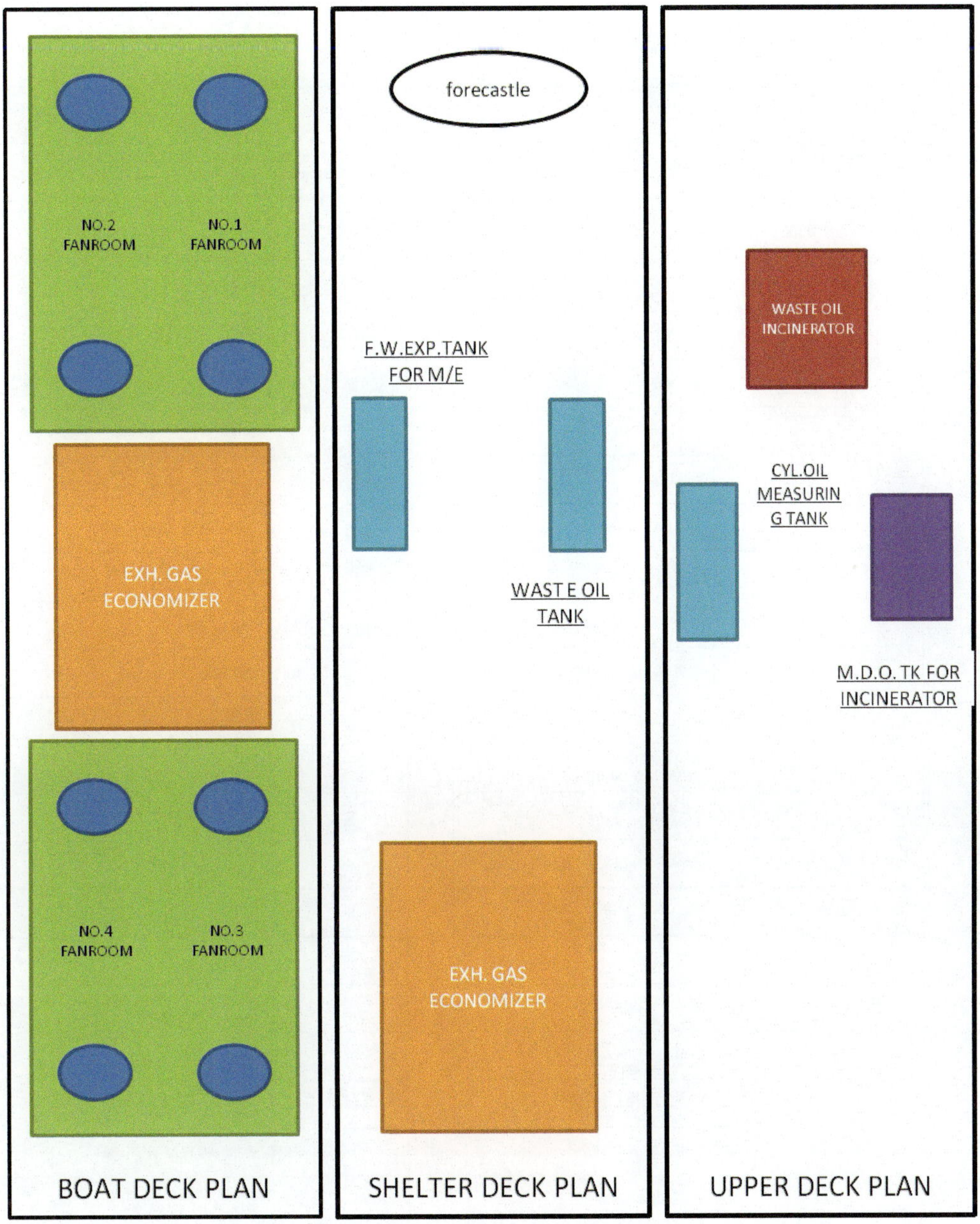

그림 3.4 기관실 배치도 III(T/S HANBADA)

3.2 기관실 파이프라인 기호와 약어

3.2.1 파이프라인 기호 및 약어

	SYMBOL		NAME
LINE			NOT CONNECTED CROSSING PIPES
LINE			CONNECTED CROSSING PIPES
LINE			BRANCH PIPE
LINE			HEATING COIL (PIPE)
LINE			GRATING
LINE			INSULATED PIPE
LINE			STEAM TRACED & INSULATED PIPE
LINE			PIPE GOING UPWARDS
LINE			PIPE GOING DOWNWARDS
LINE			
EXPANSION JOINT		EP	BELLOWS TYPE EXPANSION JOINT
EXPANSION JOINT		EP	DRESSER TYPE EXPANSION JOINT
EXPANSION JOINT		EP	EXPANSION BEND PIPE
EXPANSION JOINT		EP	FLEXIBLE JOINT, FLEXIBLE PIPE JOINT
EXPANSION JOINT			
FITTING		BF	BLIND FLANGE
FITTING		SP	SPECTACLE FLANGE (O:OPEN, ●:SHUT)
FITTING			PENETRATING BULKHEAD AND DECK CROSSING
FITTING		OR	ORIFICE
FITTING		HC	HOSE CONNECTOR
FITTING		HO	HOPPER
FITTING		DS	DECK OR COAMING SCUPPER
FITTING		PG	COAMING (WITH DRAIN PLUG)
FITTING			COAMING (WITHOUT DRAN PLUG)
FITTING			BOSS & PLUG

	SYMBOL		NAME
FITTING		SR	SIMPLEX STRAINER
FITTING		SR	AUTO.CLEAN'G FILTER WITH MANUAL BY-PASS FILTER
FITTING		ST	DUPLEX STRAINER
FITTING		ST	DISC TYPE STEAM TRAP WITH DRAIN PLUG
FITTING		ST	DISC TYPE STEAM TRAP WITH DRAIN COCK
FITTING		ST	FLOAT TYPE STEAM TRAP
FITTING		DT	FLOAT TYPE STEAM TRAP WITH DRAIN COCK
FITTING		HO	DRAIN TRAP
FITTING		MB	MUD BOX
FITTING		RB	ROSE BOX
FITTING		VH	AIR VENT PIPE (WITHOUT WIRENET)
FITTING		VH	AIR VENT PIPE (WITH WIRENET)
FITTING		VH	AIR VENT HEAD (DISC FLOAT TYPE WITHOUT WIRENET)
FITTING		VH	AIR VENT HEAD (DISC TYPE WITH WIRENET)
FITTING			BELLMOUTH
FITTING		VH	AIR VENT HEAD (BONNET TYPE WITHOUT WIRENET)
FITTING		VH	AIR VENT HEAD (BONNET TYPE WITH WIRENET)
FITTING		VH	AIR VENT HEAD (BONNET TYPE WITH FILLING CAP)
FITTING		SH	SOUNDING HEAD WITH CAP
FITTING		SH	SOUNDING HEAD WITH SELF CLOSING VALVE
FITTING		SH	SOUNDING HEAD WITH SELF CLOSING VALVE & SAMPLING COCK
FITTING		NF	NON-RETURN FLAP
FITTING			REDUCER
FITTING			
FITTING			

	SYMBOL		NAME
VALVE AND COCK		SV	STOP VALVE (GLOBE/ANGLE)
		TV	THREE WAY VALVE
		LC	LIFT CHECK VALVE (GLOBE/ANGLE)
		CV	SCREW DOWN STOP CHECK V/V (GLOBE/ANGLE)
		SC	SWING CHECK V/V, SWING CHECK V/V (SANDWICH TYPE)
		RV	PRESSURE REDUCING VALVE
		SF	SAFETY OR RELIEF VALVE (STRAIGHT/ANGLE)
		SL	SELF CLOSING VALVE (STRAIGHT/ANGLE)
		RV	REGULATING VALVE
		BV	BUTTERFLY VALVE
		GV	GATE VALVE
		HV	HOSE VALVE (STRAIGHT/ANGLE)
		CO	2 WAY COCK
		CO	THREE WAY COCK (L-PORT, T-PORT)
		FV	FOOT VALVE
		EV	QUICK OPENING/CLOSING V/V
		RV	PRESSURE REGULATING VALVE
		CO	LOCKED COCK
			SOLENOID VALVE
			REMOTE OPERATED VALVE
		PV	PISTON VALVE (CYLINDER VALVE)
		DV	DIAPHRAGM OPERATED VALVE WITH MANUAL HANDLE
		TC	TEMP. CONTROL VALVE (WAX TYPE)
		MV	ELECTRIC MOTOR VALVE
			WEIGHT LOADED SELF CLOSING VALVE

	SYMBOL		NAME
		RV	A/C CHANGEOVER VALVE (WITH LIMIT SWITCH)
		ST	STORM VALVE
		AF	FLOAT VALVE
		SV	WELDING END VALVE
		TC	TEMP. CONTROL VALVE WITH MANUAL HANDLE
		BV	BALL VALVE
LEVEL GAUGE			SPRING LOAD VALVE
		LG	DIAL TYPE LEVEL GAUGE
		SG	SIGHT GLASS
		LG	GLASS LEVEL GAUGE WITH VALVE AT LOW END. (NORMALLY USED FOR WATER TANK)
		LG	GLASS LEVEL GAUGE WITH SELF CLOSING VALVE AT LOW END.(NORMALLY USED FOR LUB.OIL TANK)
		FG	FLOAT GAUGE (ROD TYPE)
		FG	FLOAT GAUGE (WIRE TYPE)
		MG	MAGNET LEVEL GAUGE WITH VALVE AT LOW END.
		FLG	FLOAT DIAL GAUGE
PUMP			CENTRIFUGAL PUMP
			GEAR, SCREW & MONO PUMP
			HAND PUMP
		FG	FLOAT GAUGE(MAGNETIC TYPE)
ETC	F		FLOW METER
	V		VISCOSIMETER
	SE		SALINITY INDICATOR
	OCM		OIL CONTENT MONITORING SENSOR

3.2.2 작동 장치 약어

	SYMBOL	DESCRIPTION	REMARK
OPERATING DEVICE		HAND OPERATED	
	 TO ..	REMOTE CONTROL	
		SPRING	
	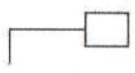	WEIGHT	
	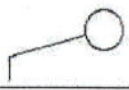	FLOAT	
		PISTON	
		DIAPHRAGM	
		DIAPHRAGM WITH POSITIONER	
		ELECTRIC MOTOR DRIVEN	
		AIR MOTOR DRIVEN	
		HYDR. ACTUATOR DRIVEN	
		FILTER REGULATING VALVE	
	D.P.T	DIFFERENTIAL PRESSURE TRANSMITTER	
	POS.	POSITIONER	

3.2.3 계측기 및 측정기

SYMBOL	NAME	SYMBOL	NAME
———	ELECTRIC WIRING	SE	SALINITY SENSOR
—×—×—×—	CAPILLARY TUBE	SI	SALINITY INDICATOR
—//—//—//—	PNEUMATIC LINE	OMD	OIL MIST DETECTOR
○	LOCAL INDICATOR	TG	TACHO GENERATOR
⊖	REMOTE INDICATOR	XC	UNDEFINED CONTACT
LS	LIMIT SWITCH	PAL	LOW PRESSURE ALARM
PS	PRESSURE SWITCH	PAH	HIGH PRESSURE ALARM
PT	PRESSURE TRANSMITTER	PIAL	LOW PRESSURE ALARM WITH INDICATING
PC	PRESSURE CONTROLLER	DPA	DIFFERENTIAL PRESSURE ALARM
PI	PRESSURE INDICATOR	DPIA	DIFFERENTIAL PRESSURE ALARM WITH INDICATING
DPS	DIFFERENTIAL PRESSURE SWITCH	TAL	LOW TEMPERATURE ALARM
DPT	DIFFERENTIAL PRESSURE TRANSMITTER	TAH	HIGH TEMPERATURE ALARM
TS	TEMPERATURE SWITCH	TIAL	LOW TEMPERATURE ALARM WITH INDICATING
RB	RESISTANCE BULB(PT 100 OHM)	TIAH	HIGH TEMPERATURE ALARM WITH INDICATING
THC	THERMO COUPLE	LAH	HIGH LEVEL ALARM
TC	TEMPERATURE CONTROLLER	LAL	LOW LEVEL ALARM
TI	TEMPERATURE INDICATOR	VAH	HIGH VISCOSITY ALARM
FS	FLOAT LEVEL SWITCH	VAL	LOW VISCOSITY ALARM
LT	LEVEL TRANSMITTER	NFA	NON FLOW ALARM
LC	LEVEL CONTROLLER	SA	HIGH SALINITY ALARM
LI	LEVEL INDICATOR	OA	OIL MIST ALARM
VT	VISCOSITY TRANSMITTER	SHA	SHUT DOWN ALARM
VI	VISCOSITY INDICATOR	SLA	SLOW DOWN ALARM
VC	VISCOSITY CONTROLLER	XA	UNDEFINED ALARM
FS	FLOW SWITCH	DXPI	DUPLEX PRESSURE INDICATOR

3.2.4 도면 기호 및 사진

(1) General Convention Symbol

Symbol	Symbol designation
	Pipe
	Pipe with indication of direction of flow
□	Appliances
○	Indication and measuring instruments

(2) Pipe and pipe joint

Symbol	Symbol designation
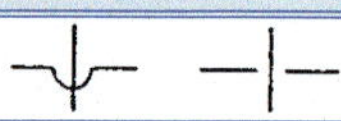	Crossing pipes not connected
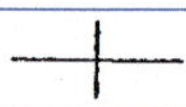	Crossing pipes connected
	Tee pipes
	Flexible joint, Flexible pipes joint

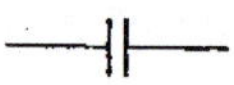	Flanged joint

	Sleeve joint 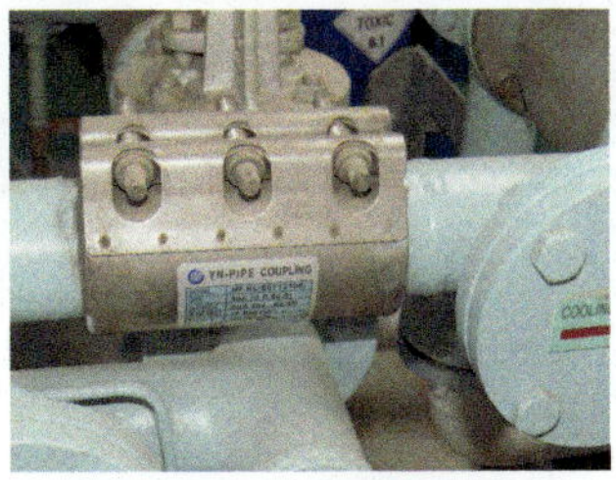
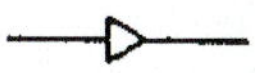	Reducer 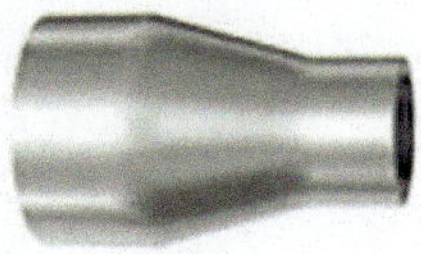
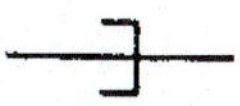	Screwed joint 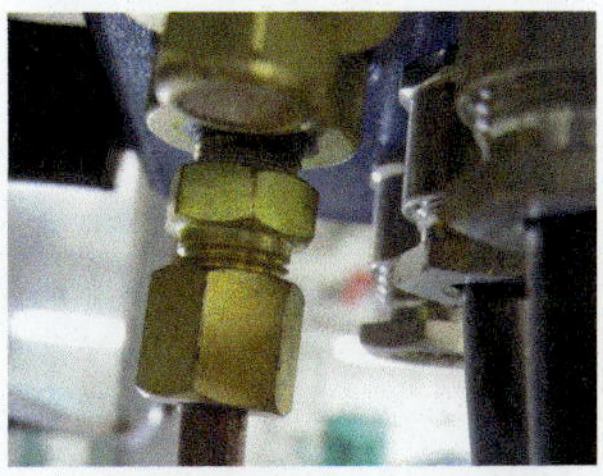
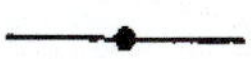	Welded joint 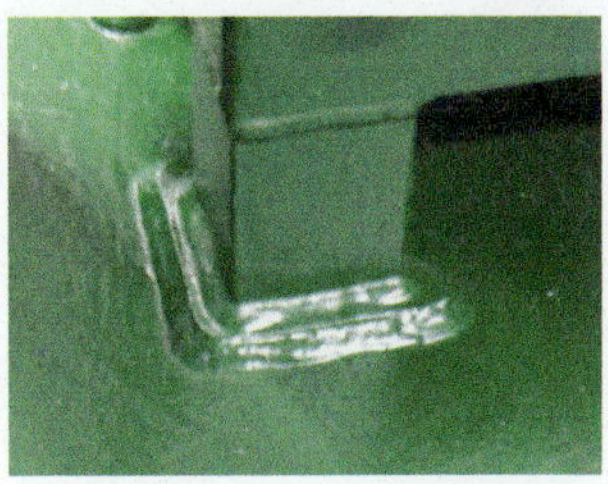

	Joint quick-releasing 
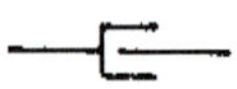	Sleeve type expansion joint 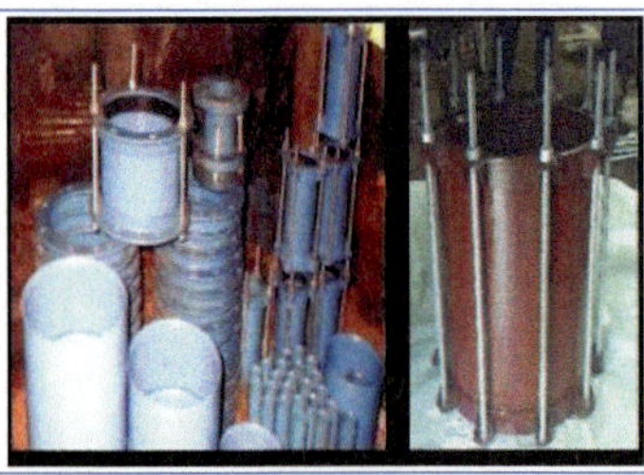
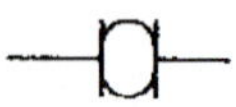	Bellows type expansion joint 
	Dresser(or flexible) type expansion joint 

	Expansion pipe 
	Cap nut 
	Blank flange 
	Spectacle flange 
	Penetrating watertight bulkhead & deck crossing
	Penetrating non-watertight bulkhead & deck crossing

	To bilge(to be released locally) 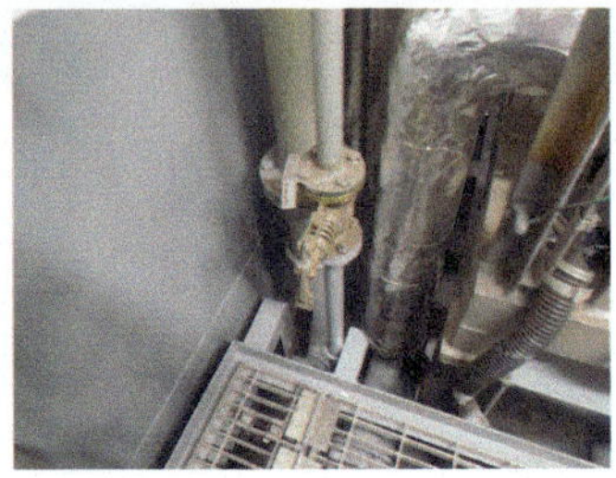
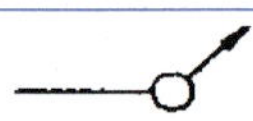	Pipe going upwards
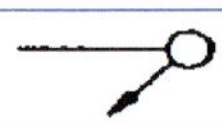	Pipe going downwards
	Orifice 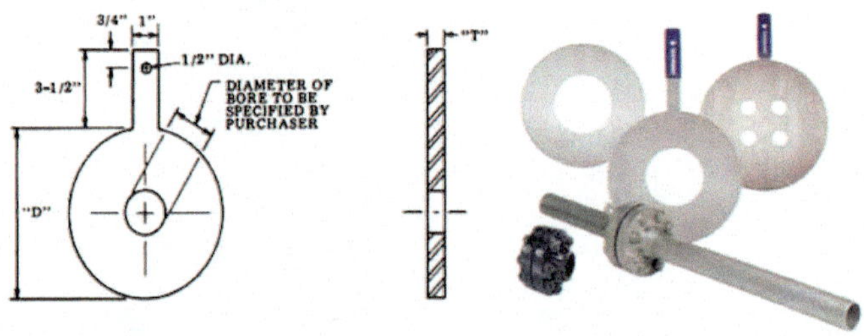
	Off page connector, ex) 22-01(page no.-serial no.)
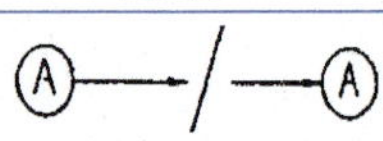	Connected to same marked number (same system drawings)
	Grating 
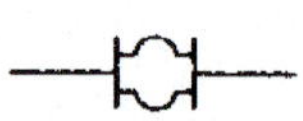	Rubber compensator 

(3) Valves, cocks & flaps

Symbol	Symbol designation
	Valve, straight through 
	Valve, angle 
	Valve, three way 
	Non-Return valve(flap) straight 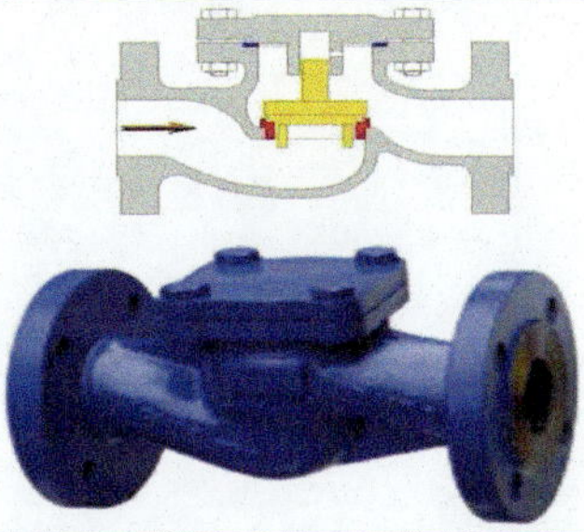

Symbol	Description
	Non-Return valve(flap) angle
	Non-Return valve(flap) straight, screw down 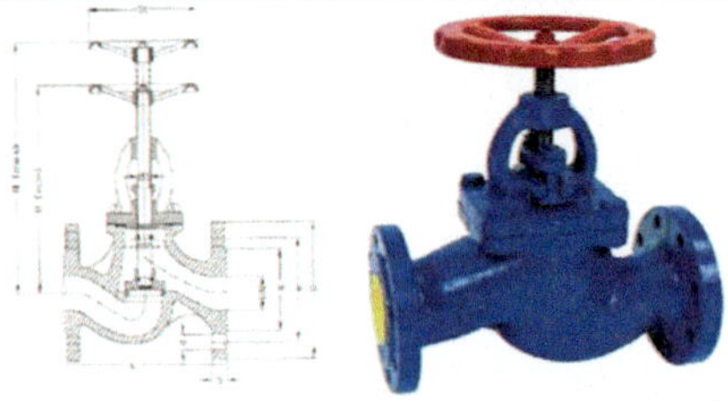
	Non-Return valve(flap) angle, screw down
	Swing, straight through 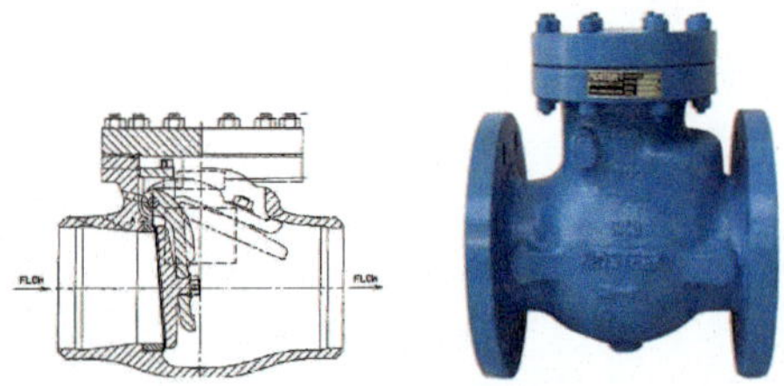
	Swing, angle
	Pressure reducing valve 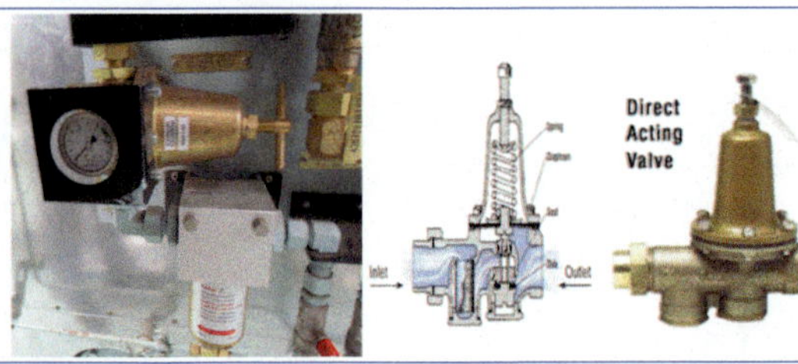
	Safety valve 

	Safety valve angle
	Self-Closing valve straight through 
	Self-Closing valve angle
	Regulating valve 
	Quick-Opening valve 
	Quick-Closing valve 

	Kingston valve 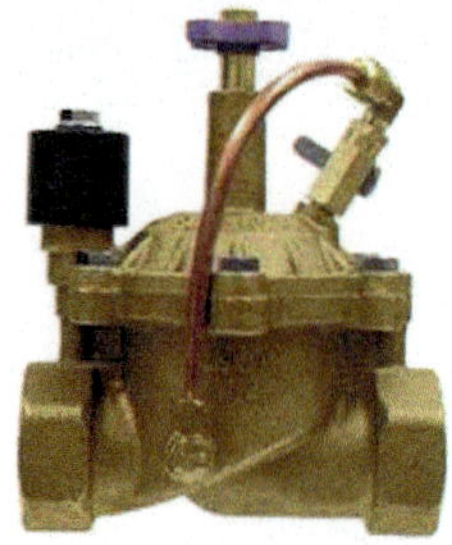
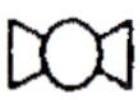	Cock straight through 
	Cock angle
	Cock three-way L-port in plug 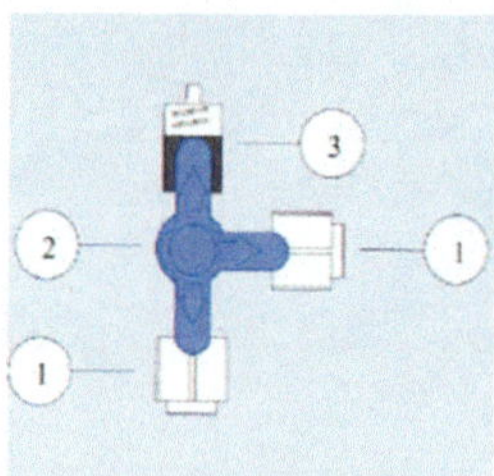 
	Cock three-way T-port in plug
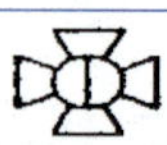	Cock four-way straight through in plug
 	Manifold valve, check valve
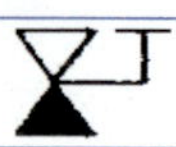	Storm valve straight through

	Storm valve angle  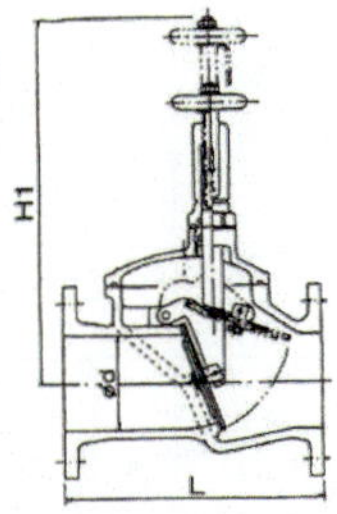
	Air filter regulator 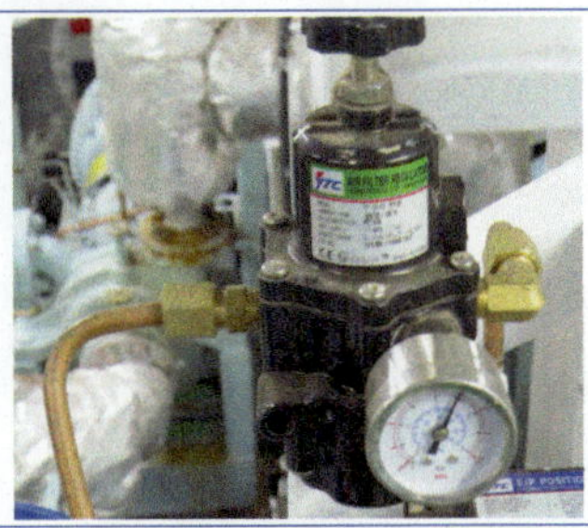
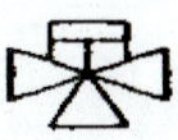	Temperature control valve(wax type) 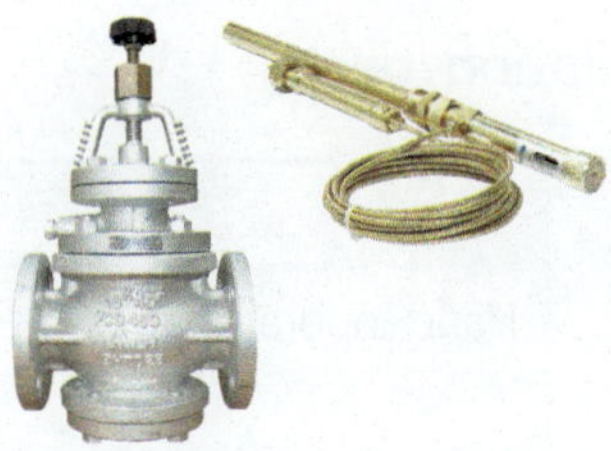
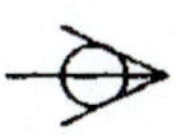	Ball check without spring valve 

<table>
<tr><td rowspan="2"></td><td>Ball check with spring valve</td></tr>
<tr><td>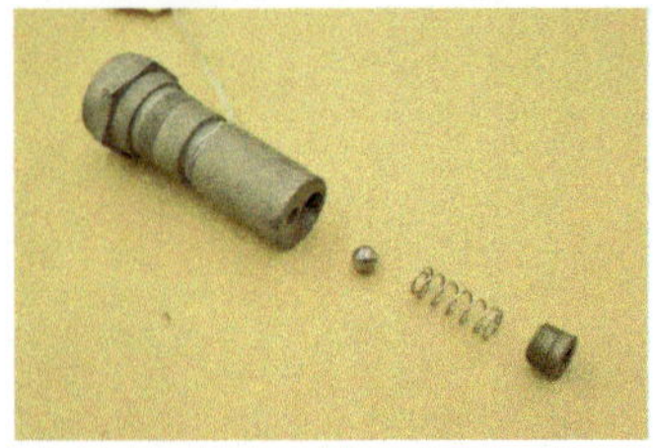</td></tr>
<tr><td rowspan="2"></td><td>Automatic de-aerating valve</td></tr>
<tr><td></td></tr>
</table>

(4) Control & regulation parts

<table>
<tr><th>Symbol</th><th>Symbol designation</th></tr>
<tr><td rowspan="2"></td><td>Hand-operated</td></tr>
<tr><td></td></tr>
<tr><td rowspan="2"></td><td>Remote control</td></tr>
<tr><td>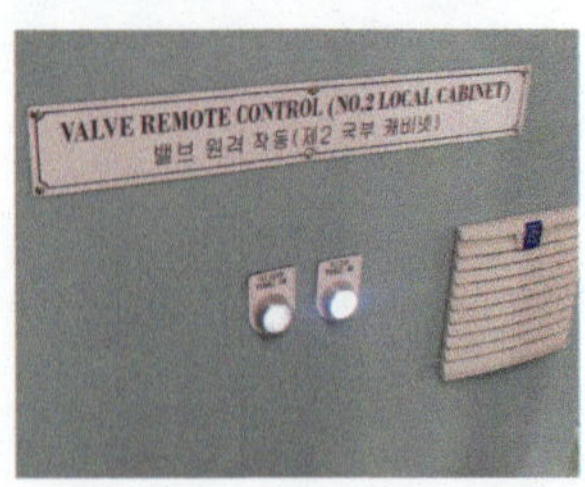
</td></tr>
</table>

Symbol	Description
	Spring 
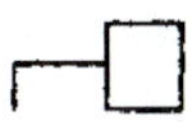	Mass 
	Float 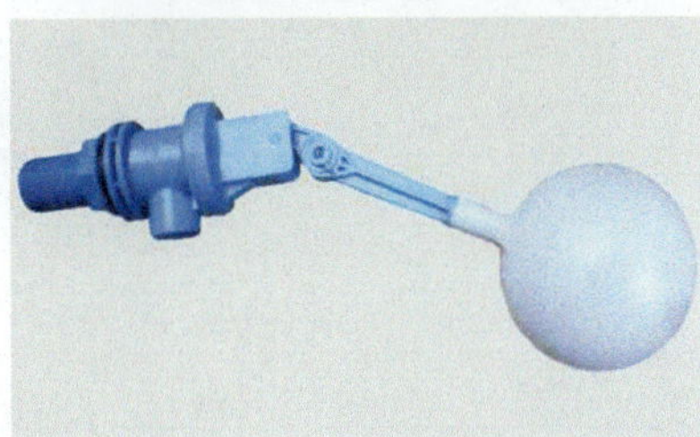
	Pneumatic piston 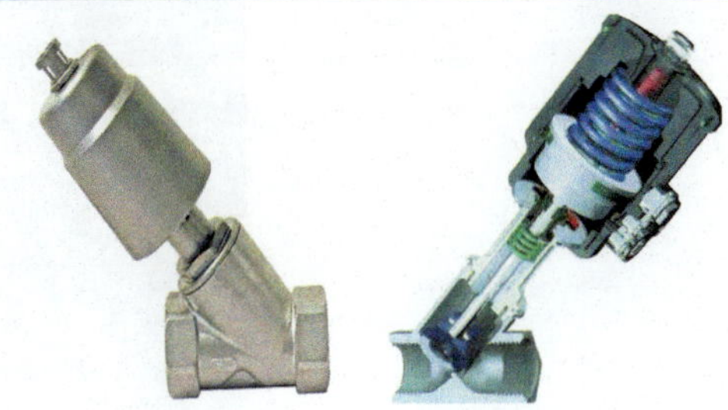

Hydraulic operated

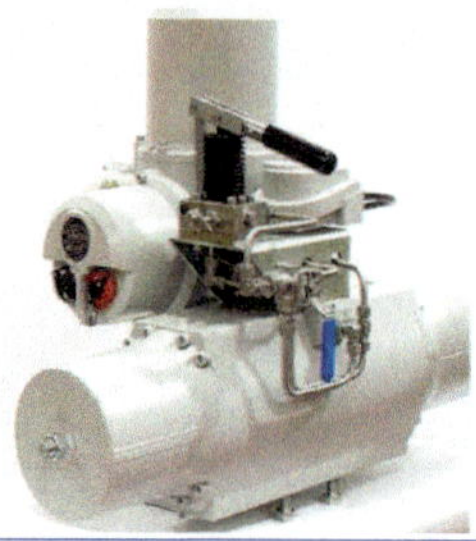

Diaphragm operated

Electric motor driven

Air motor driven

Symbol	Description
	Solenoid actuator 
	Push button 
	Deck stand(reach rod) 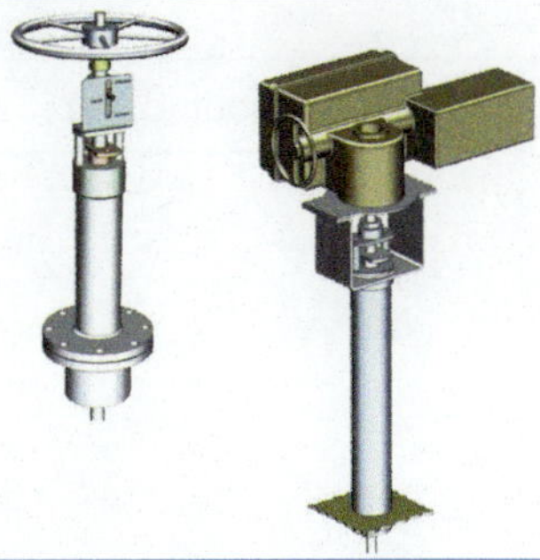
	Deck stand(hydraulic) 

(5) Fittings

Symbol	Symbol designation
	Suction bell mouth 
	Scupper for coaming 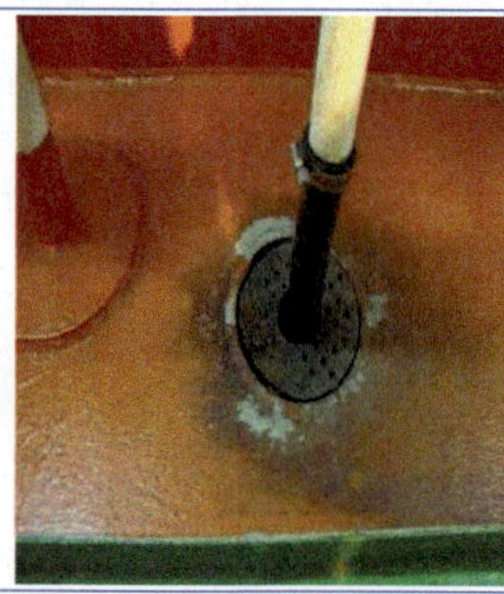
	Hopper without cover 
	Hopper with hinged cover 

	Sounding head with cap 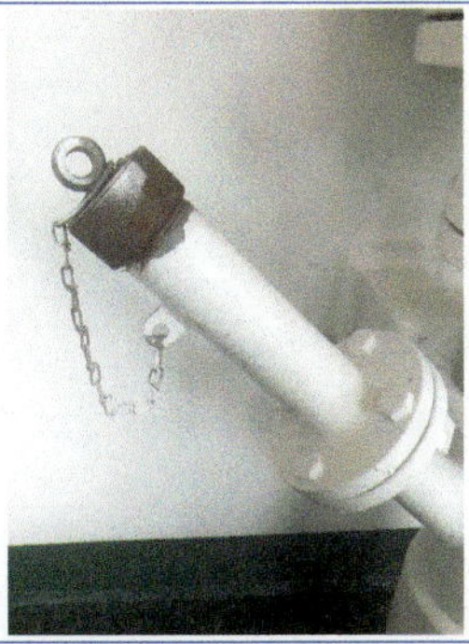
	Sounding head with self closing valve 
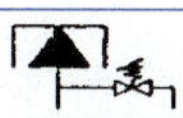	Sounding head with self closing and test cock
	Rose box 
	Observation glass 

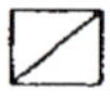	Mud box 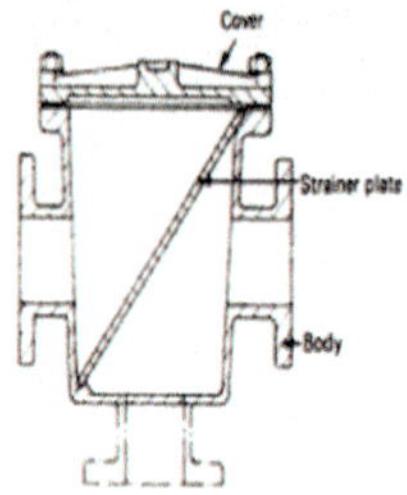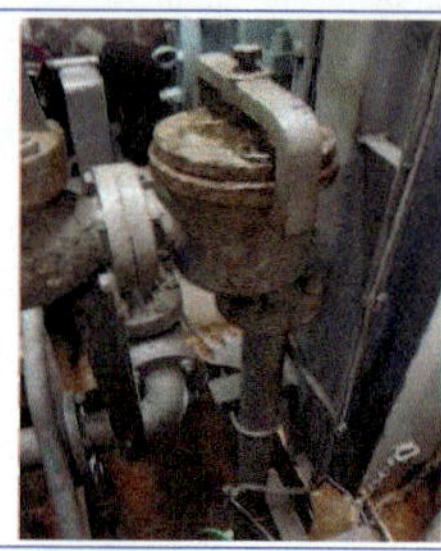
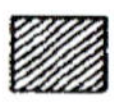	Simplex strainer 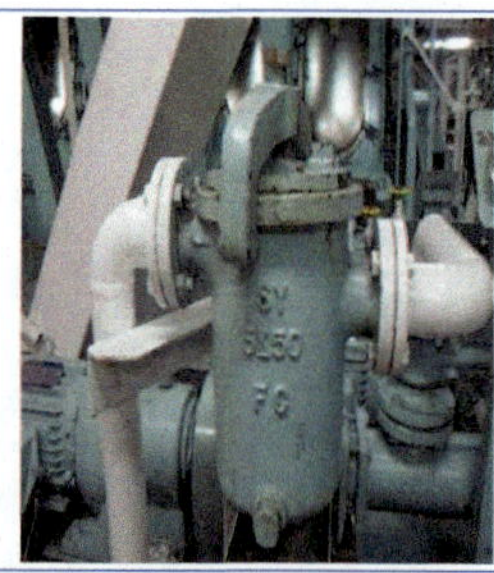
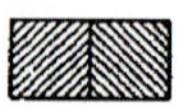	Duplex oil strainer 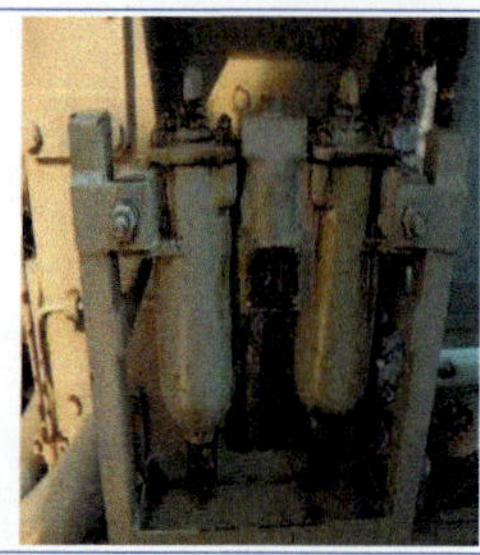
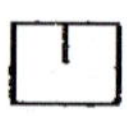	Separator 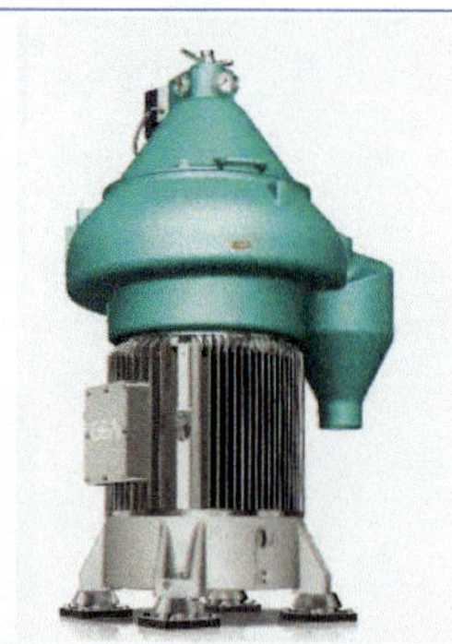

	Drain trap 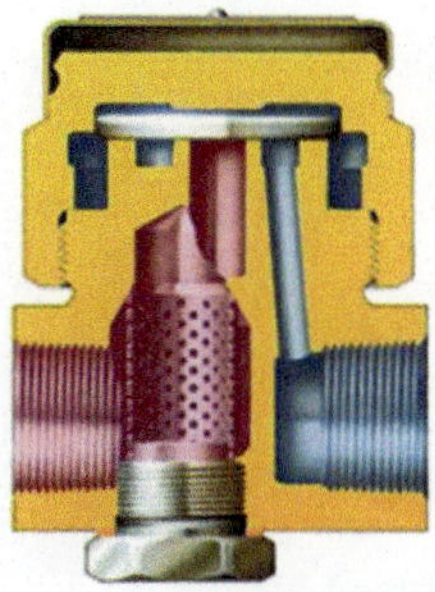 
	Y-type strainer 
	Y-type steam trap with strainer & cock
	Y-type steam trap with strainer & cock, by-pass
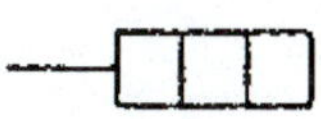	Drain silencer  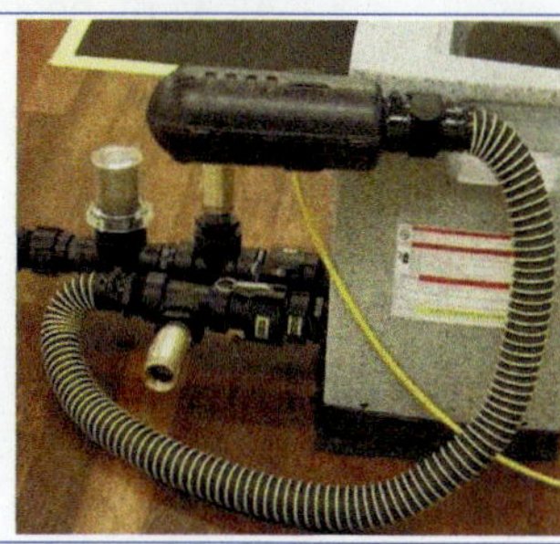
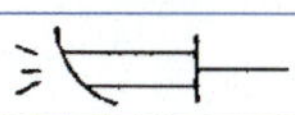	Hull distance piece
	Bilge hat

	Sight glass 
	Fusing plug
	Boss
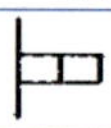	Boss and plug
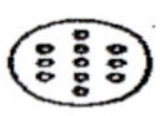	Rose plate 
	Air vent head(goose neck type) 
	Goose neck type air vent pipe head(without wire net)

	Bonnet type air pipe head(with wire net)

	Goose neck type air pipe head(with wire net)
	Bonnet type air pipe head(with wire net)
	Oil tray coaming

	Spool piece
	Air drain trap

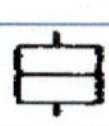	Glycerine pot

<table>
<tr><td rowspan="2"></td><td>Vacuum breaker</td></tr>
<tr><td>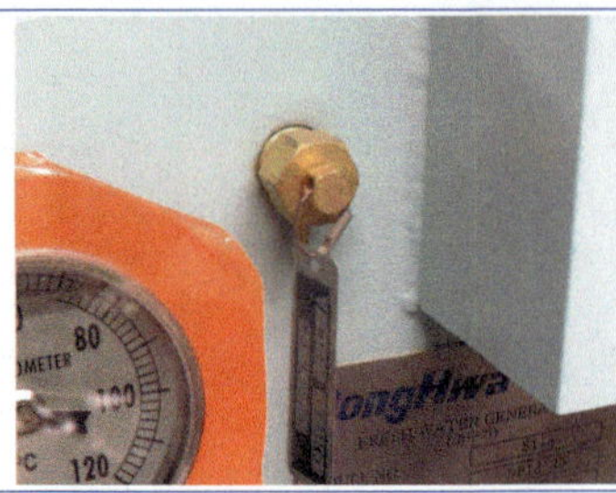 </td></tr>
<tr><td rowspan="2"></td><td>Sounding cap(deck piece type)</td></tr>
<tr><td>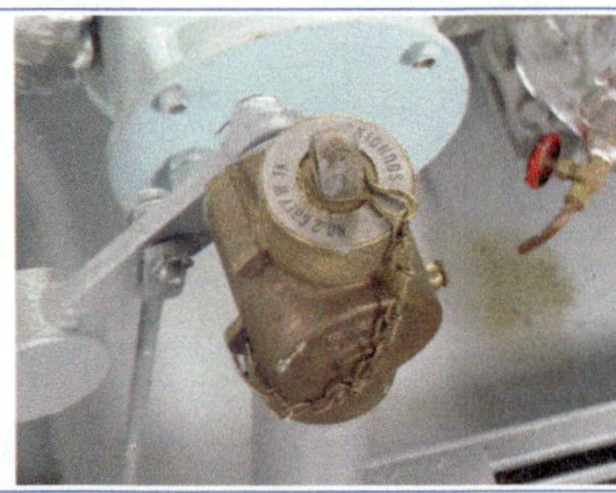 </td></tr>
<tr><td></td><td>Flame screen</td></tr>
<tr><td rowspan="2"></td><td>Scupper with water seal and rose plate</td></tr>
<tr><td> </td></tr>
<tr><td>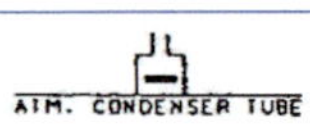</td><td>Burst disc</td></tr>
</table>

(6) pump, Equipment

Symbol	Symbol designation
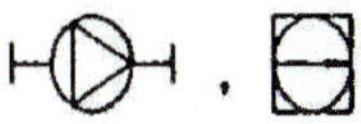	Centrifugal pump 
	Gear pump  
	Screw pump 
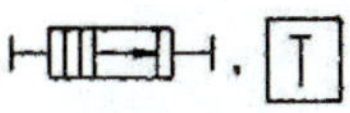	Piston pump 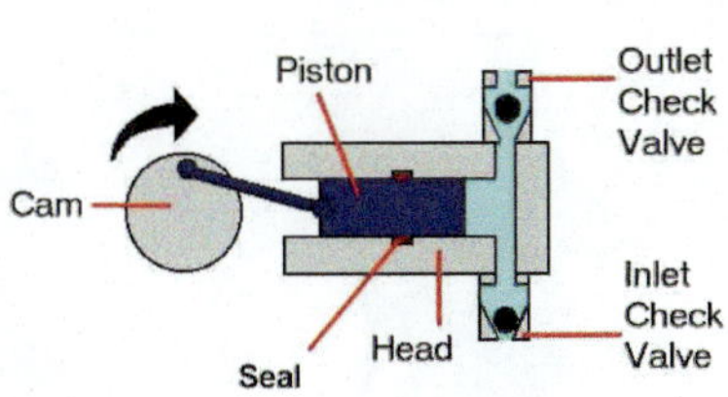 

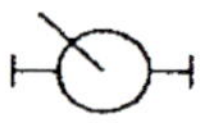	Hand pump 
	Mono pump 
	Air motor driven pump
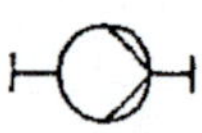	Dosing pump 
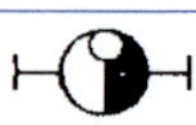	Vane pump
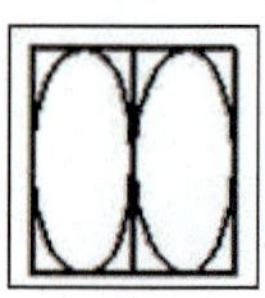	Diaphragm pump 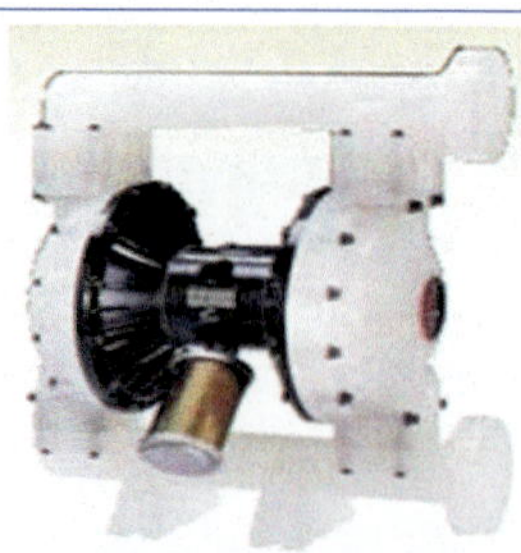 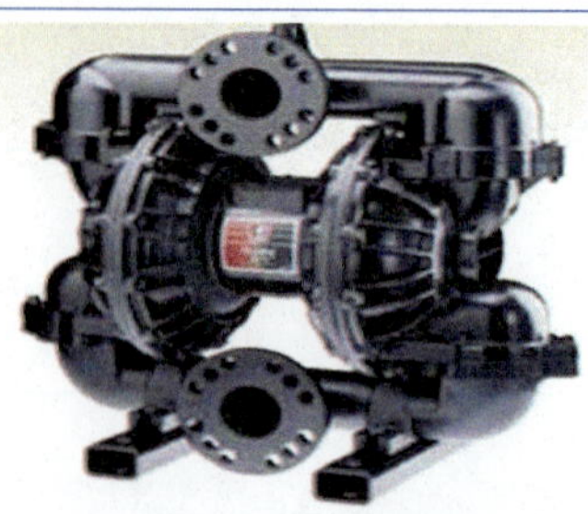

	Vacuum pump
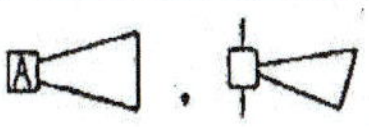	Air horn
	Viscometer 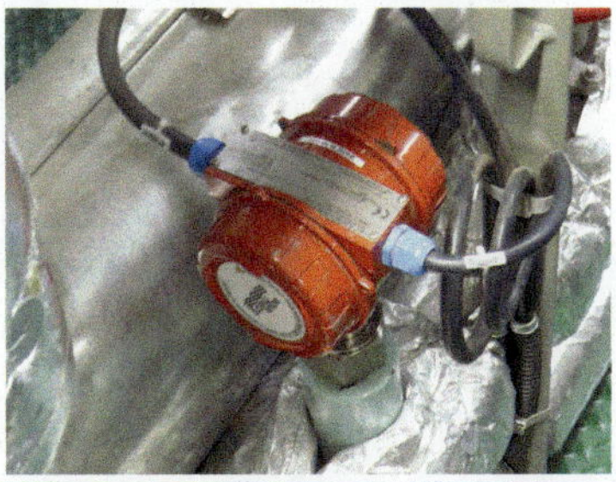
	Flowmeter 
	Ejector, eductor
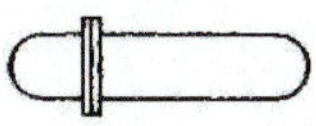	Heat exchanger(shell & tube type) 

	Heat exchanger(plate type)

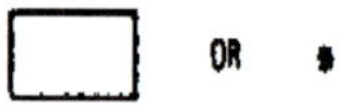	Maker supply item
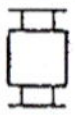	Silencer with spark arrester(for exhaust gas)

(7) Control & Instrument

Symbol	Symbol designation
	Hydraulic oil line
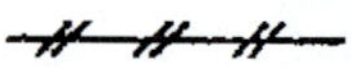	Control air line
	Capillary tube
	Electric wiring
	Insulation
	Steam tracing & insulation
	Heating coil
	Electric coil
	Auxiliary switch
	Change over switch box
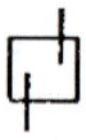	Seal pot
	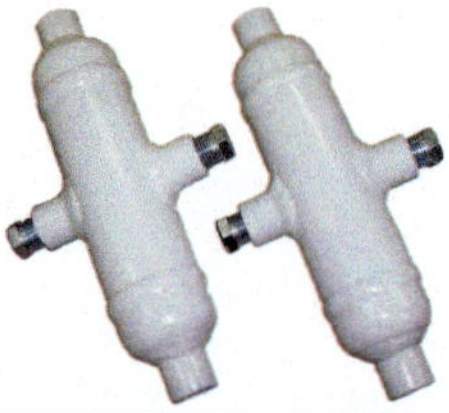

	Loop seal
○	Local instrument
⊖	Remote control instrument
	Glass level gauge(○:open, θ:close, ●:self closing valve) 
	Flat level gauge(○:open, θ:close, ●:self closing valve) 
	Float type level gauge(dial float/float) type 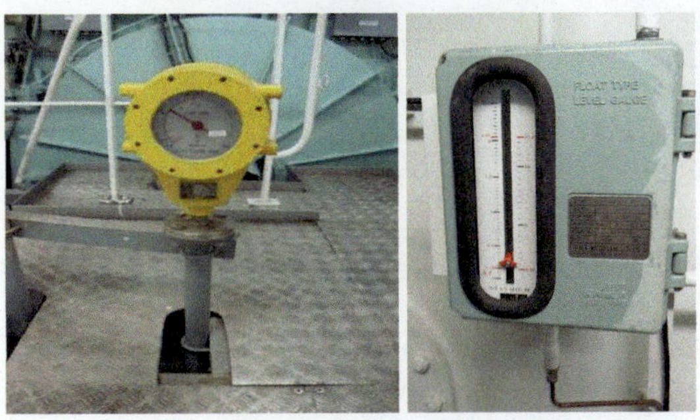

<table>
<tr><td rowspan="2">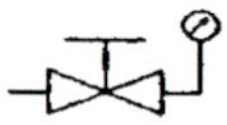</td><td>Content type level gauge</td></tr>
<tr><td></td></tr>
<tr><td rowspan="2"></td><td>Manometer</td></tr>
<tr><td></td></tr>
</table>

(8) Instrument symbol list

- CI - Compound gauge
- DPI - Differential pressure indicator

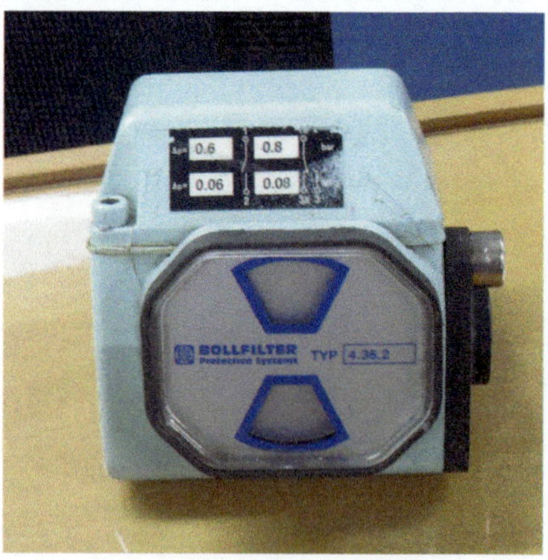

- DPS - Differential pressure switch
- DPT - Differential pressure transmitter

- FD - Flow detector
- FS - Flow switch
- FT - Flow transmitter
- IL - Indication lamp
- LI - Level indicator
- LIC - Level indicator controller
- LAL - Level alarm low

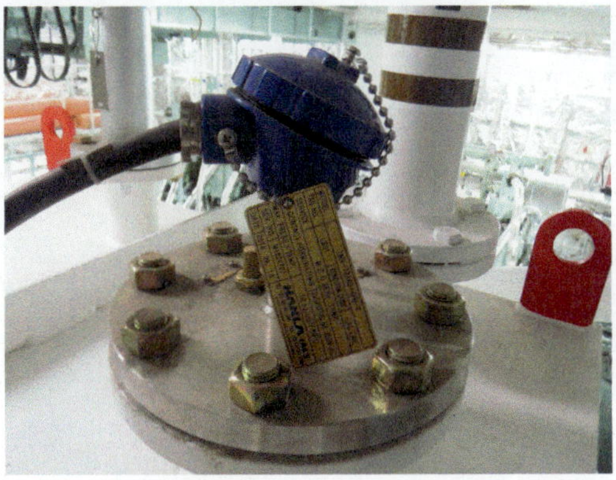

- LAH - Level alarm high

- LIAL - Level indicator alarm low
- LIAH - Level indicator alarm high
- LIAHL - Level indicator alarm high low
- LIAHH - Level indicator alarm high high
- LS - Level switch

- LT - Level transmitter

- ODAH - Oil detector alarm high

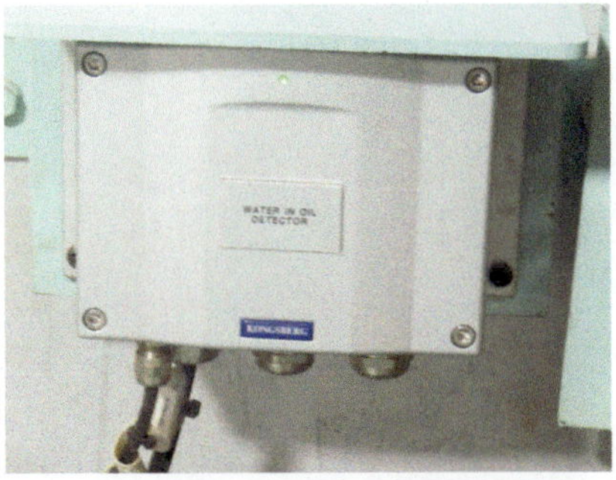

- PAL - Pressure alarm low
- PAH - Pressure alarm high
- PI - Pressure indicator

- PIAL - Pressure indicator alarm low
- PIAH - Pressure indicator alarm high
- PIAHL - Pressure indicator alarm high low
- PIC - Pressure indicator controller
- PS - Pressure switch

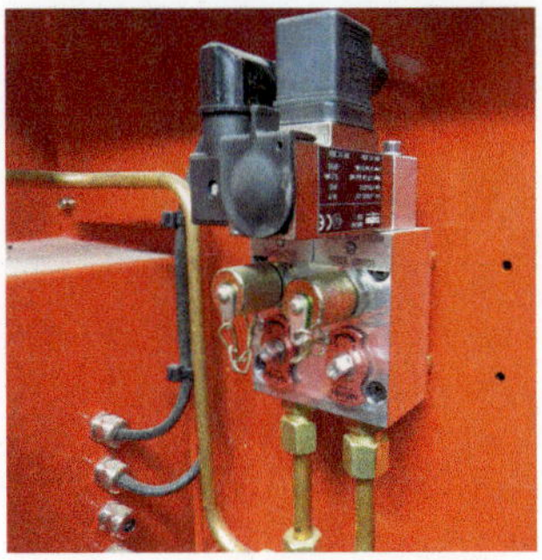

- PT - Pressure transmitter

- SAH - Salinity alarm high
- SD - Salinity detector
- SI - Salinity indicator

- SOD - Smoke detector

- SV - Solenoid valve

- TAL - Temperature alarm low
- TAH - Temperature alarm high
- TI - Temperature indicator-

- TIAL - Temperature indicator alarm low
- TIAH - Temperature indicator alarm high
- TIAHL - Temperature indicator alarm high low

- TIC - Temperature indicator controller

- TS - Temperature switch

- TT - Temperature transmitter

- VAL - Viscosity alarm low
- VAH - Viscosity alarm high
- VCA - Vacuum alarm

- VCI - Vacuum indicator

- VI - Viscosity indicator

- VT - Viscosity transmitter

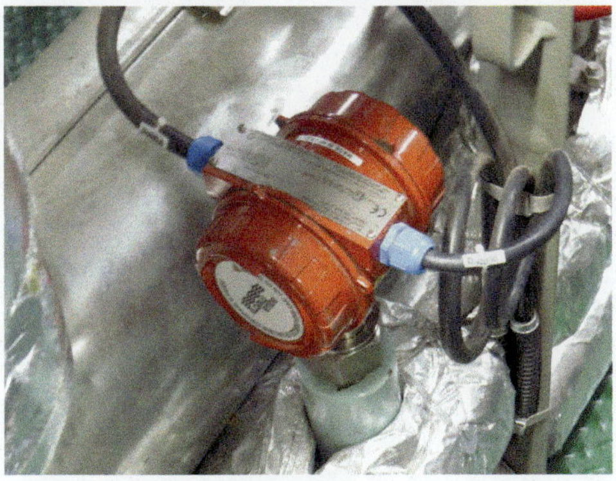

- XS - Auxiliary unspecified switch

- PI - Position indicator

- LS - Limit switch

(9) Pipe treatment symbol

- AA - Acid pickling
- AG - Acid pickling + galvanizing
- AP - Acid pickling + painting
- BP - Blasting + painting
- PPH - Power tool + phosphate
- P(S)P - Power tool or sweeping + painting
- NO - No treatment
- APH - Acid pickling + phosphate
- AO - Acid pickling + oiling

(10) Abbreviation

- A/B - Above base line
- A/C - Air conditioner

- ACCOM. - Accommodation

- A.C./H - Air changes per hour
- A/E - Auxiliary engine
- AFT - After
- AIR CLR(A.C) - Air cooler

- A.P - Air pipe
- APPX. - Approximately
- A.P.TK - After peak tank
- ARR. - Arrival
- ATM. - Atmosphere
- AUTO. - Automatic
- AUX. - Auxiliary
- A.V - Angle valve
- A/V - Air vent

- AVR – Automatic Voltage Regulation
- BA. - Ballast
- BCC - Ballast control console
- B.C.C - Bridge control console
- B.C.D.B - Battery charging and discharging board

- B.F - Blank flange

- BFLY V/V - Butterfly valve

- BG - Bilge
- BHD - Bulk head

- B.H.TK - Bilge holding tank
- B.L - Base line
- BLK - Block

- BLR - Boiler

- BLWG - Blowing
- BRG - Bearing

- BSN STORE - Bosun store
- B.V.I - Bearing vibration indicator
- B.W - Bilge well

- B/W - Butt welding
- B.W.L - Ballast water line

- C.C.C - Cargo control console
- C.C.P - Chart console port
- C.C.R - Cargo control console
- C.C.S - Chart console starboard
- C/D - Cofferdam

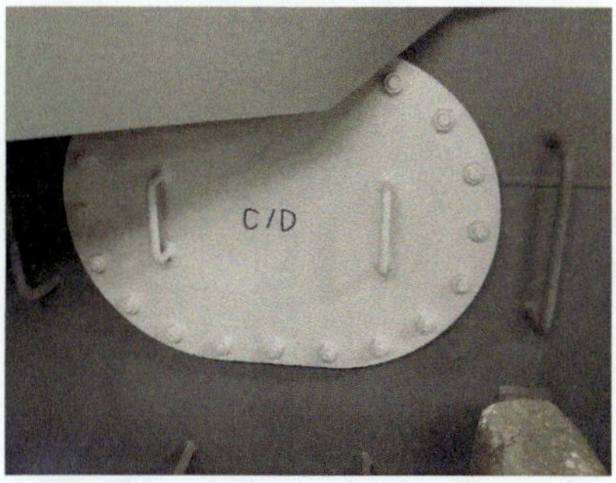

- CERT. - Certificate
- CENT. - Centrifugal
- C.F.W - Cooling fresh water

- CHEM. - Chemical

- CH-OVER - Change over
- C/H - Cargo hold
- CIRC. - Circulating

- CLASS - Classification society
- CLENG - Cleaning
- CLR - Cooler

- C.L - Center line
- C/L - Chain locker
- COMP. - Compressor

- COMP. AIR - Compressed air
- COMP. BLR - Composite boiler
- COMP'T - Compartment
- COND. - Condensate
- COND'R – Condenser

- CONN. - Connection
- C.O.P.T - Cargo oil pump turbine
- C.O.(T.) - Cargo oil (tank)

- CO_2P - CO_2 fire extinguishing pipe

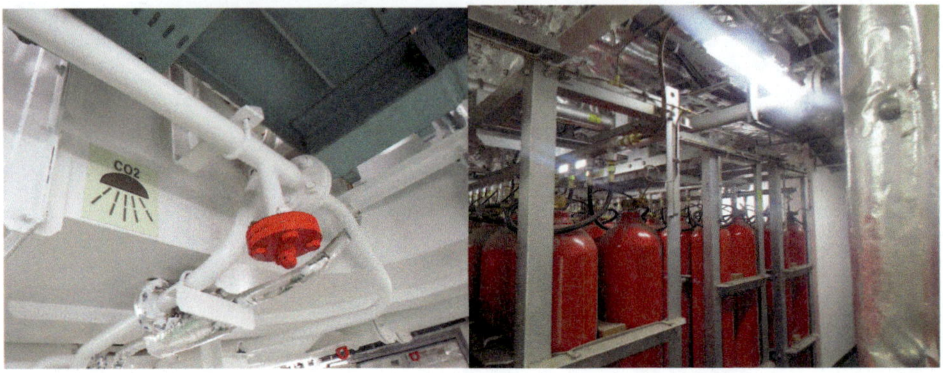

- C.P - Control panel

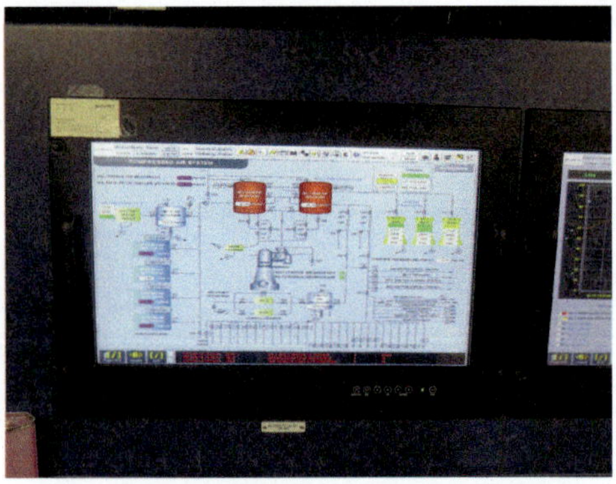

- C.P.P - Controllable pitch propeller

- C/S - Camshaft

- CST - Centistokes
- C.S.W - Cooling sea water

- C.T.S - Chart table space
- CYL. - Cylinder

- D/B(D.B) - Double bottom
- D.B.W.B.T - Double bottom water ballast tank

- D/E - Dynamo engine

- DEP. - Departure
- DET. - Detail
- DIA. - Diameter
- DISCH. - Discharge
- DK - Deck
- D/K - Duct keel
- DMCR - Derated maximum continuous rating
- DN - Down

- D.P - Drain pipe

- DRIV'G W. - Driving water
- DRN - Drain

- DWG - Drawing
- E.C.C - Engine control console

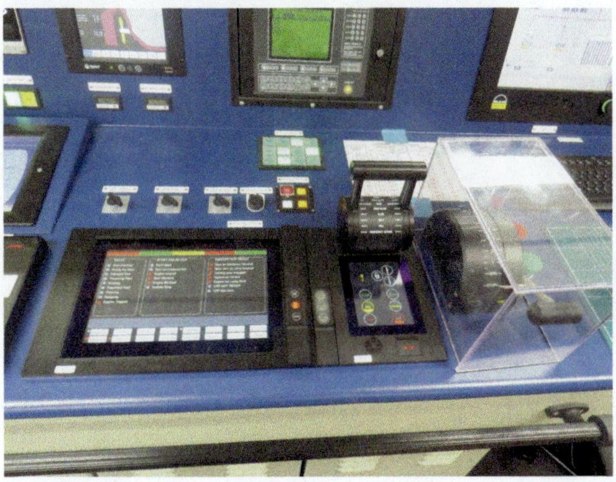

- E.C.P - Electric cable pipe

- E.C.R - Engine control room

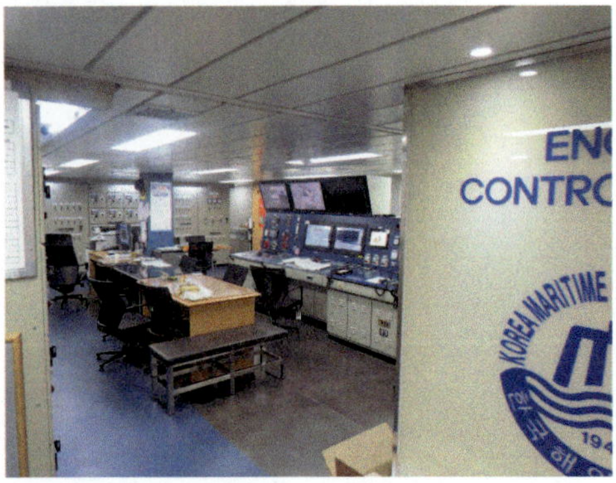

- E.F.P - Emergency fire pump
- E.G.B - Exhaust gas boiler
- E.G.E - Exhaust gas economizer
- E.G.P - Exhaust gas pipe
- EJEC. - Ejector

- ELE. - Electric
- ELEV. - Elevation
- EM'CY - Emergency
- ENG. - Engine

- E.R - Engine room
- E.R.W - Electric resistance welding
- E/R O/H CRANE - Engine room overhead crane
- E.S.B - Emergency switch board

- EXH. - Exhaust
- EXP. - Expansion

- EXP. JOINT - Expansion joint

- F'CLE - Forecastle
- FIL'G - Filling
- FLG - Flange
- FLR - Floor
- FLUS'G - Flushing
- FM - From
- F/M - Flow meter

- F.O - Fuel oil

- F.P.P - Fixed pitch propeller

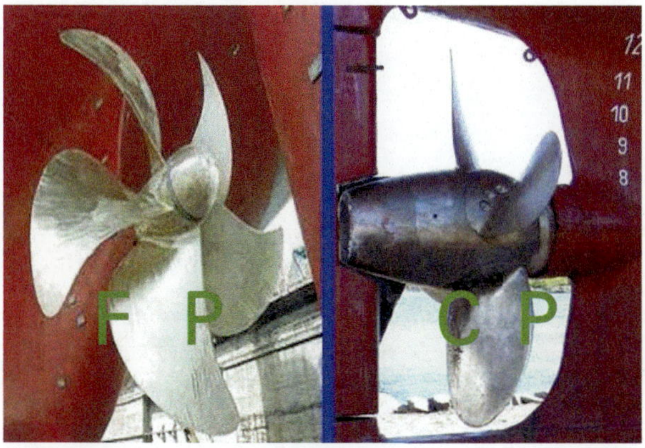

- F.P.TK - Fore peak tank
- FR. - Frame
- FRP - Fiberglass reinforced plastic
- FTR – Filter

- F.W - Fresh water

- F.W. CLR - Fresh water cooler

- FWD. - Forward
- F.W.E - Finished with engine
- G.A - General arrangement

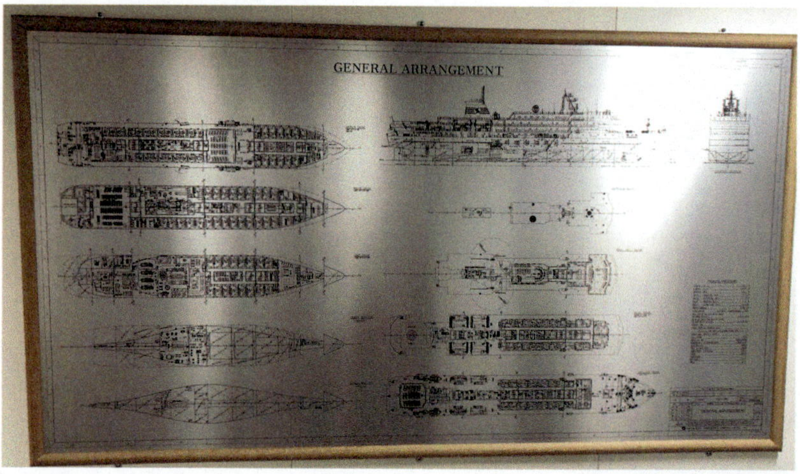

- GALV. - Galvanized
- G.C - Glass cloth
- GEN. - general

- GEN'TR - Generator

- G.E - Generator engine
- GRAV. - Gravity
- G/S - General service
- G.S.I - General stock item
- G.V - Globe valve

- G.W - Glass wool

- H.C - Heating coil
- H/C - Hatch cover
- HTR - Heater

- H.F.O - Heavy fuel oil for marine use

- H-H - High-high
- HORI. - Horizontal
- H.S.C - High sea chest

- H.TEMP.(H.T) - High temperature
- H/W - Hardware
- HYD. - Hydraulic

- HYD. P - Hydraulic oil pipe
- HYDRO. - Hydrophore
- HYDRO. UNIT - Hydrophore unit
- H.P.P - Hydraulic power pack

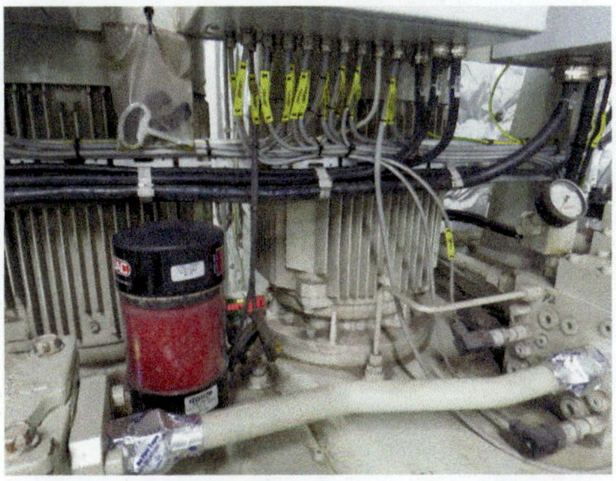

- I.C.C.P - Impressed current cathodic protection
- I.D - Inside diameter
- I.G.(G.)S - Inert gas (generator) system

- INCIN. - Incinerator

- IND. - Indication

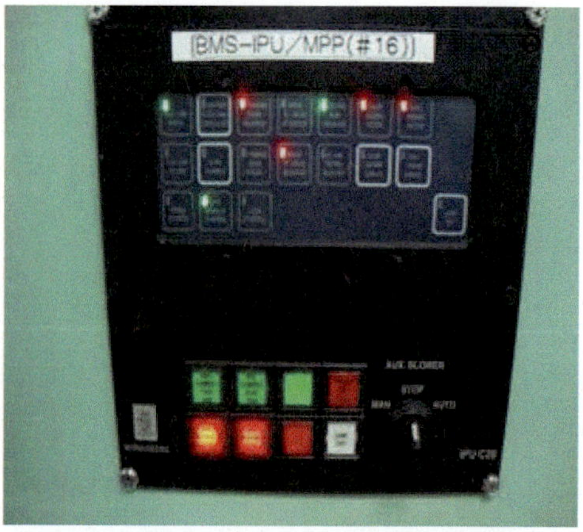

- INDEP. TK. - Independent tank

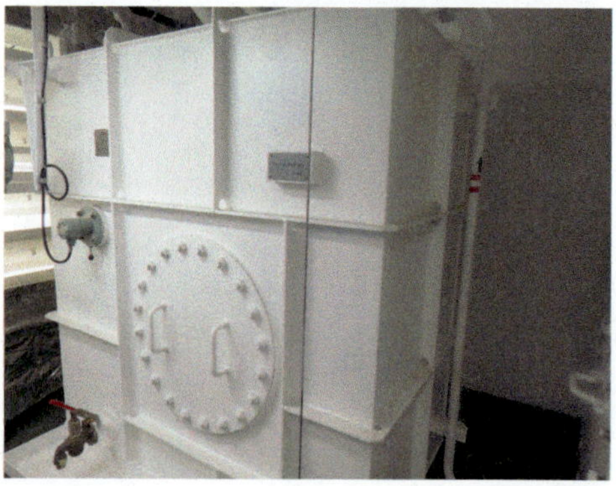

- INL. (IN.) - Inlet

- INST. - Installation
- INTER. - Intermediate
- I.O.P.P - International oil pollution prevention
- ISO. - Isolation

<- Isolation Switch

- J.F.W - Jacket fresh water

- JIS - Japanese industrial standard
- J.W. HTR - Jacket water heater

- K - Kg/cm^2 ($1Kg/cm^2$ = 0.98 bar)
- K/L - Keel laying
- KS - Korea industrial standard
- LBP - Length between perpendicular
- L/C - Launching
- L.C.V - Lower calorific value
- L-L - Low low
- L.O - Marine lubricating oil
- LOA - Length overall
- L.S.C - Low sea chest

- LTR - Litter
- L. TEMP. (L.T) - Low temperature
- LUB. - Lubricating
- L.W.L - Load water line
- MACH. - Machinery
- MAX. - Maximum
- M.A - Machinery arrangement
- MCR - Maximum continuous rating
- M.D.O - Marine diesel oil
- M.E - Main engine

- MEAS'G - Measuring
- MFG. - Manufacturing
- M.G.P.S - Marine growth preventing system

- M/H - Man hole
- MIC. - Micron
- MID. mid - Middle
- MIN. - Minimum
- M.I.P - Mean indicating pressure
- MISC. - Miscellaneous
- MLC - Meter liquid column
- M.S.B - Main switch board

- MT - Metric ton
- MWC - Meter water column
- NAV. - Navigation
- NBR - Natural butadiene rubber
- N.C - Normal close
- N.C.O - Nozzle cooling oil
- NCR - Nominal continuous rating
- N.D - Nominal diameter
- NID - Navigation instrument distribution
- NIL - Navigation light control panel
- NM - Nautical mile
- NMCR - Nominal maximum continuous rating
- NO. - Number

- NON-ASB. - Non-Asbestos
- NOR. - Normal
- NOZ. - Nozzle
- OBS – Observation

- O.C.R - Owner comment request
- O.D - Outside diameter
- ODMS(ODME) - Oil discharge monitoring system(equipment)
- OLI - Outdoor light control panel
- OMD - Oil mist detector

- OPER'G - Operating
- OUTL.(OUT.) - Outlet

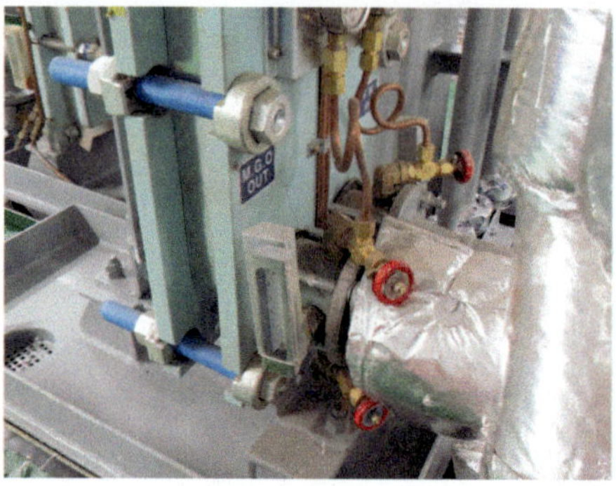

- OVBD – Overboard

- O.W.S - Oily water separator

- P(P) - Port(Port side)
- (PA) - Port side after(AFT)

- P.B - Push button

- (PF) - Port side forward
- P/F - Platform
- POT. - Portable water
- P/P - Pump
- Press. - Pressure
- P & S - Port & starboard
- PURI. - Purifier

- Q/C - Quick closing

- Q'TY - Quantity
- R.C.V(V/V) - Remote control valve

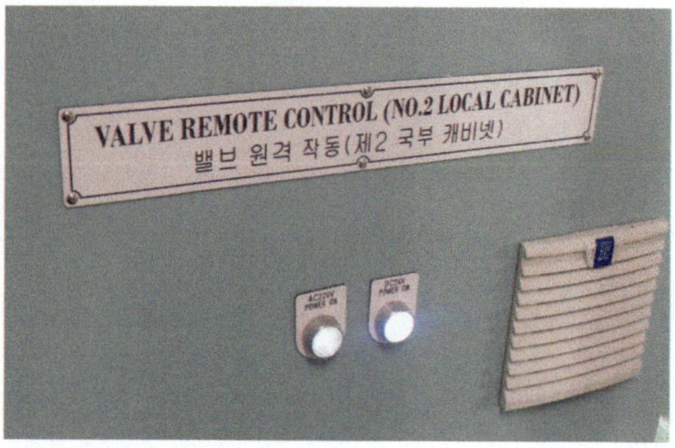

- REDC'G - Reducing
- REFL'G - Refilling
- REG. - Regulation
- REM. CONT. - Remote control
- RESV. - Reservoir
- R.H - Relative humidity
- RM - Room
- RMT – Remote

- RPM - Revolutions per minute

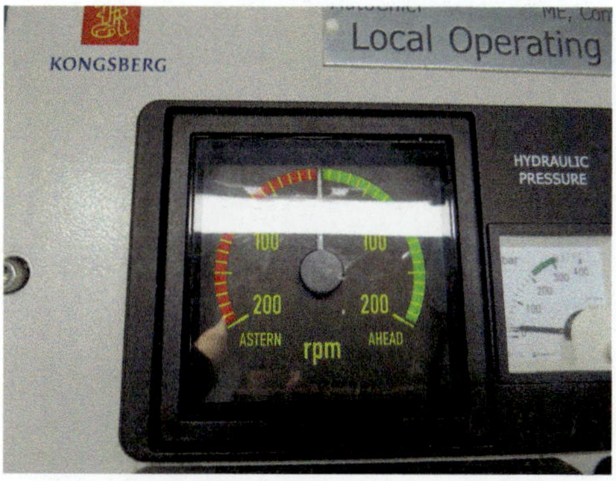

- RTN - Return
- R.V.I - Rotor vibration indicator
- R.W - Rock wool
- S.B.M - Suction bell mouth

- S/C. - Sea chest

- SCAV. - Scavenge

- SCH. - Schedule
- SCUP.P - Scupper pipe
- SDNR V/V - Screw down non return valve
- SEC. - Section
- SEPT - Separator
- SERV. - Service
- SETT. TK - Settling tank

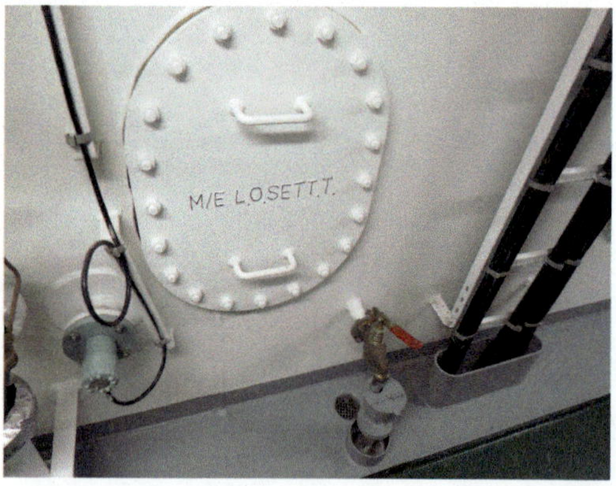

- (S)F.O.C - (Specified) Fuel oil consumption
- S.G - Specific gravity

- S/G - Steering gear

- S. GEN - Shaft generator
- SL. V - Sluice valve (or gate valve)
- SLI - Signal light control panel
- S.L.W.L - Summer load water line
- S.M - Suction mouth
- SMLS - Seamless
- SOUN. P - Sounding pipe
- SPEC. - Specification
- SPLY - Supply
- S/S - Shipside
- STBD(S) - Starboard (starboard side)
- ST-BY - Stand-by
- S.T - Sea trial
- S/T - Stern tube

- ST. - Starter

- STM - Steam
- STOR. - Storage
- STR - Strainer
- STRIP. - Stripping
- STUFF. B - Stuffing box
- SUCT. (SUC.) - Suction
- S.V - Stop valve
- S/V - Solenoid valve

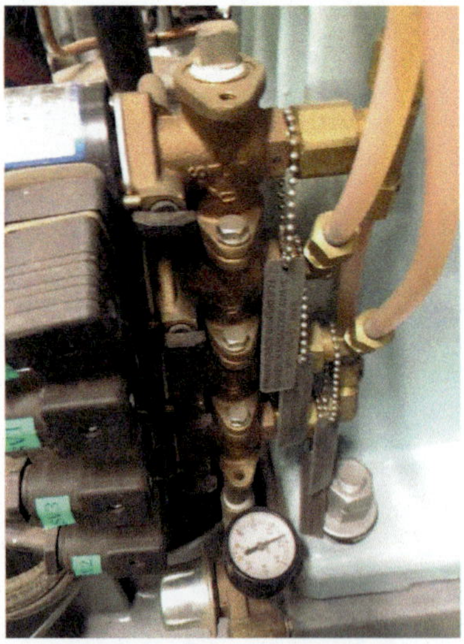

- S.W - Sea water

- S. WEL'G - Socket welding
- SYS. - System
- T/C - Turbo charger

- TEMP. - Temperature
- T.H.D.P - Tank heating drain pipe
- THK - Thickness
- T.H.S.P - Tank heating steam pipe
- TK - Tank
- TK/C - Tank cleaning
- TRANS - Transfer

- TRANSM – Transmitter

- T.S.W.TK - Top side wing tank
- T.TOP(T.T) - Tank top
- TYP. - Typical
- UND(U) - Under
- UPP. DK - Upper deck
- U.S.(A) - United states(of america)
- U.S.C.G - United states coast guard
- VAC. COND. - Vacuum condenser
- VENT. - Ventilation
- VERT. - Vertical
- VISCO.(VISC.) - Viscosity
- V/V(V.) - Valve
- WAS'G - Washing
- W/B - Wash basin
- W.B.STR.P - Water ballast stripping pump
- W.B.(T.) - Water ballast (tank)

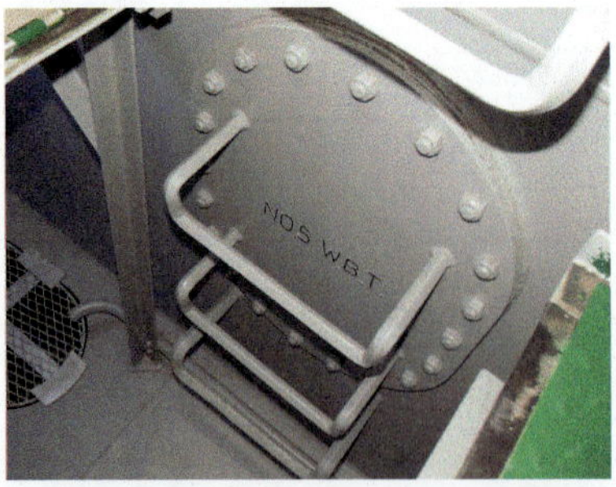

- W.C - Water closet
- W.C.C - Wheel-house control console
- W.D.P - Wash deck pipe
- W/H - Wheel house
- W.M.C - Wheel-house maneuvering console
- W.N.C - Wheel-house navigation console
- W.O.TK - Wast oil tank

3.3 기관실 파이프라인

3.3.1 연료유 수급 및 이송 시스템

연료유 수급 및 이송 시스템은 선박의 HFO와 MDO를 수급, 저장, 침전 및 이송하기 위한 것이다. 연료유는 Upper deck 좌·우현의 연결 Flange를 통해 8개의 HFO 탱크 와 3개의 MDO 탱크로 공급된다. HFO는 HFO transfer pump를 통해 HFO settling tank로, MDO는 DO transfer pump를 통해 DO settling tank로 이송된다.

3.3.2 연료유 청정기 시스템

디젤 기관의 연료유와 윤활유는 공급 전에 반드시 수분과 고체 불순물을 제거해야 하며, 이를 통해 연료 연소를 최적화하고 장비의 마모와 부품 손상을 방지할 수 있다. 불순물 제거 방식으로는 여과, 침전, 원심 분리 과정이 있으며, 원심분리기는 오일과 수분을 분리하고 슬러지 및 금속분 등의 고체 불순물을 제거한다.

청정기는 Purification mode와 Clarification mode 두 가지 방식으로 작동한다. Purification mode는 3상 분리 방식으로 수분을 영구적으로 제거하며, Clarification mode는 2상 분리 방식으로 미량의 수분과 고체 불순물을 제거하는 역할을 한다.

두 모드를 직렬로 운전하면 1차 청정기에서 Purification mode를 적용하여 수분과 슬러지를 제거하고, 2차 청정기에서 Clarification mode를 적용하여 연료를 더욱 정제 할 수 있다. 일반적으로 청정기는 자동 모드로 운전되지만, Bowl 소제 후 Main cylinder의 작동 상태 확인을 위해 수동 모드로 운전하는 경우도 있다.

3.3.3 주기관 연료유 공급 시스템

주기관 연료 공급 시스템은 F.O service tank에서 주기관의 각 실린더에 설치된 고압 연료 펌프로 연료를 공급하는 역할을 한다.

이 시스템은 중유 또는 경유를 지속적으로 공급할 수 있도록 설계되었으며, F.O supply pump와 F.O circulating pump가 각각 두 대씩 설치되어 한 대가 작동하면 다 른 한 대는 대기 상태를 유지한다.

주기관의 고압 연료 펌프를 통해 연료가 순환하며, 중유 사용 시에는 Main Engine 이 정지된 상태에서도 압력과 점도를 일정하게 유지하여 시동이 가능하도록 한다.

중유의 점도를 10~15 cSt로 유지하기 위해 Steam heater와 Steam tracing line을 이용해 가열하며, 필요한 점도에 따라 최대 150℃까지 가열될 수 있다. 연료 증발로 인한 Vapour lock 현상을 방지하기 위해 F.O circulating 펌프의 입구측 압력은 약 4 bar, 출구측 압력은 약 10 bar로 유지해야 한다.

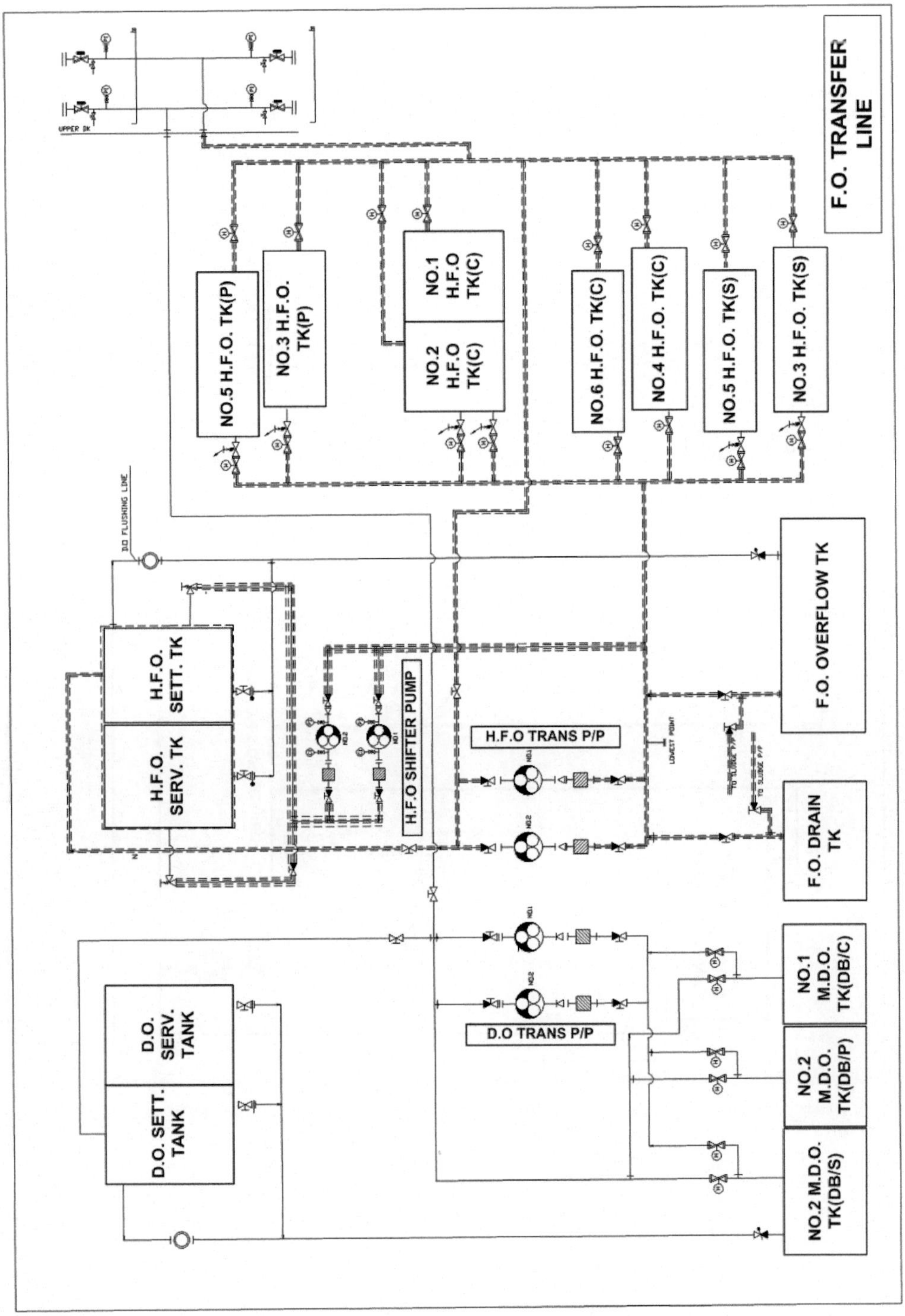

그림 3.5 F.O. Filling and Transfer System

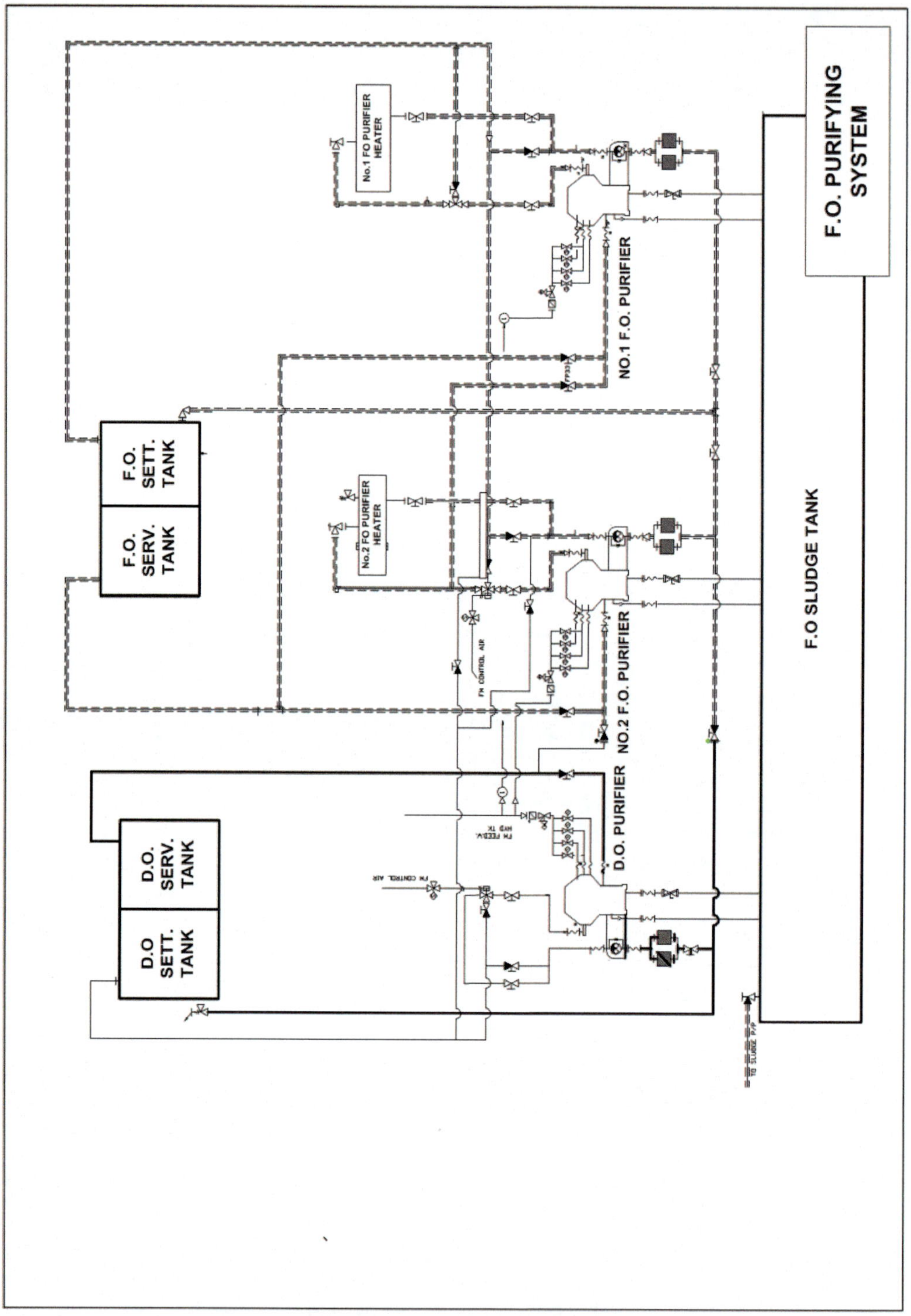

그림 3.6 F.O. Purifing System

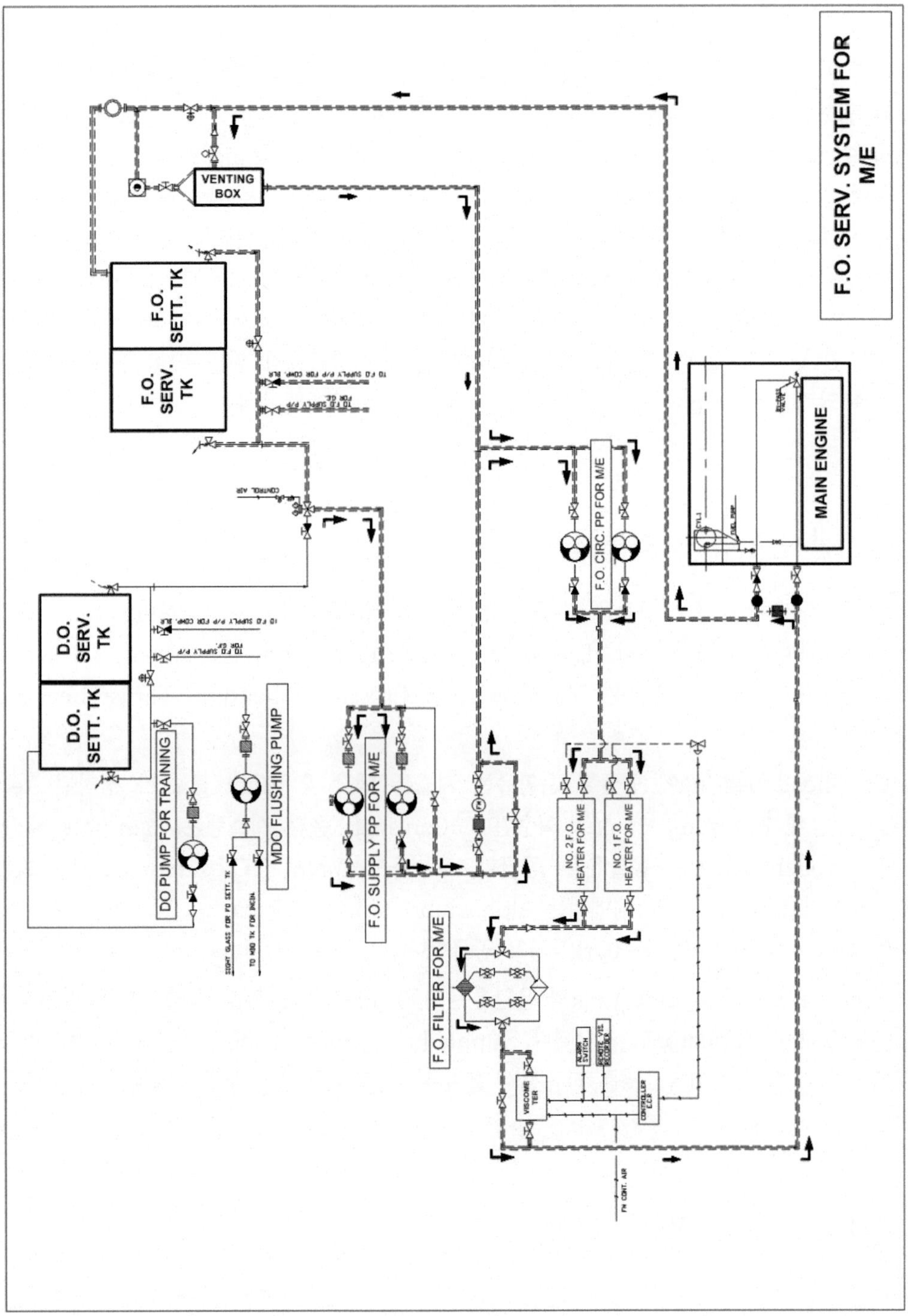

그림 3.7 F.O. Service System for Main Engine

3.3.4 발전기 엔진 연료유 공급 시스템

발전기 연료유 공급 시스템은 F.O service tank에서 발전기관의 각 실린더에 설치된 고압 연료 펌프로 연료를 공급하는 역할을 한다. 이 시스템은 중유 또는 디젤 연료를 지속적으로 공급할 수 있도록 설계되었으며, F.O supply 펌프와 F.O circulating 펌프 가 각각 두 대씩 설치되어 한 대가 작동하면 다른 한 대는 대기 상태를 유지한다. 발 전기관의 고압 연료 펌프를 통해 연료가 순환하며, 중유 사용 시 발전기관이 정지된 상태에서도 연료의 압력과 점도를 일정하게 유지하여 시동이 가능하도록 한다. 중유의 점도를 10~15 cSt로 유지하기 위해 Steam heater와 Steam tracing line을 이용해 가 열하며, 연료의 등급에 따라 최대 150℃까지 가열될 수 있다. 연료 증발로 인한 Vapour lock 현상을 방지하기 위해 F.O circulating 펌프의 입구측 압력은 약 4 bar, 출구측 압력은 약 10 bar로 유지해야 한다.

3.3.5 주기관 윤활유 공급 시스템

주기관 윤활유 공급 시스템은 각 Bearing을 윤활하고, 피스톤을 냉각하며, Camshaft 및 실린더를 윤활하는 역할을 한다. L.O 공급 시스템은 45℃ 온도의 윤활유를 약 2.8 bar의 압력으로 공급하며, 윤활 지점에는 Main bearing, Crosshead bearing, Thrust bearing 등이 포함된다.

Crosshead bearing에 공급된 윤활유는 피스톤 냉각 후 Sight glass가 장착된 Receiver pipe를 통해 L.O sump tank로 회수된다. Camshaft 윤활 시스템은 Camshaft bearing과 Valve roller guide에 윤활유를 공급한 후 다시 Main L.O sump tank로 회수된다. Cylinder lubrication 시스템에서는 Alpha lubricator가 125 bar의 고압으로 윤활유를 가압하여 실린더 라이너의 주유구(Orifice)로 공급한다.

Cylinder oil measuring tank의 윤활유는 350 Micron Y-Strainer를 거쳐 불순물이 제거된 후 Alpha lubricator로 전달된다. Alpha lubricator는 Tacho sensor가 감지한 크랭크 각도에 따라 Solenoid valve를 작동시켜 윤활유를 분사하여 실린더를 윤활한다.

3.3.6 선미관 윤활유 공급 시스템

대형선에서는 Air guard seal type의 Stern tube seal을 채택하여 선외로의 윤활유 유출과 선내로의 해수 유입을 방지한다. Stern tube 후미에 공기실을 설치하여 누설을 차단하며, 누설된 윤활유나 해수는 공기의 흐름에 의해 Drain collection unit으로 배출된다.

또한, 로프 가드(Rope guard)를 장착하여 로프나 어망으로 인한 Seal 손상을 방지한 다. Stern tube seal system은 After seal에 미치는 해수압력을 감지하여 Seal에 Air 를 공급함으로써 해수의 유입을 방지하는 역할을 한다.

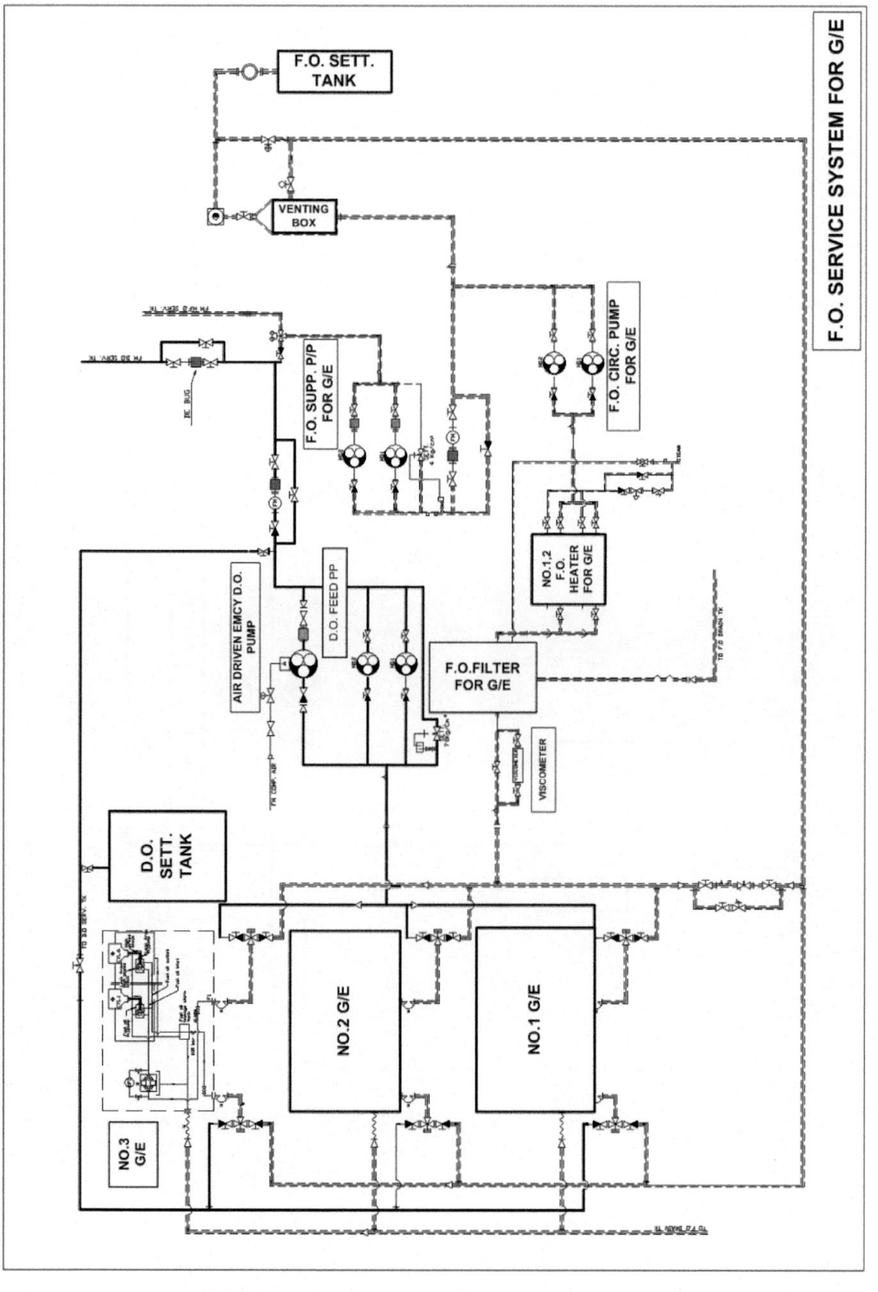

그림 3.8 F.O. Service System for Generator Engine

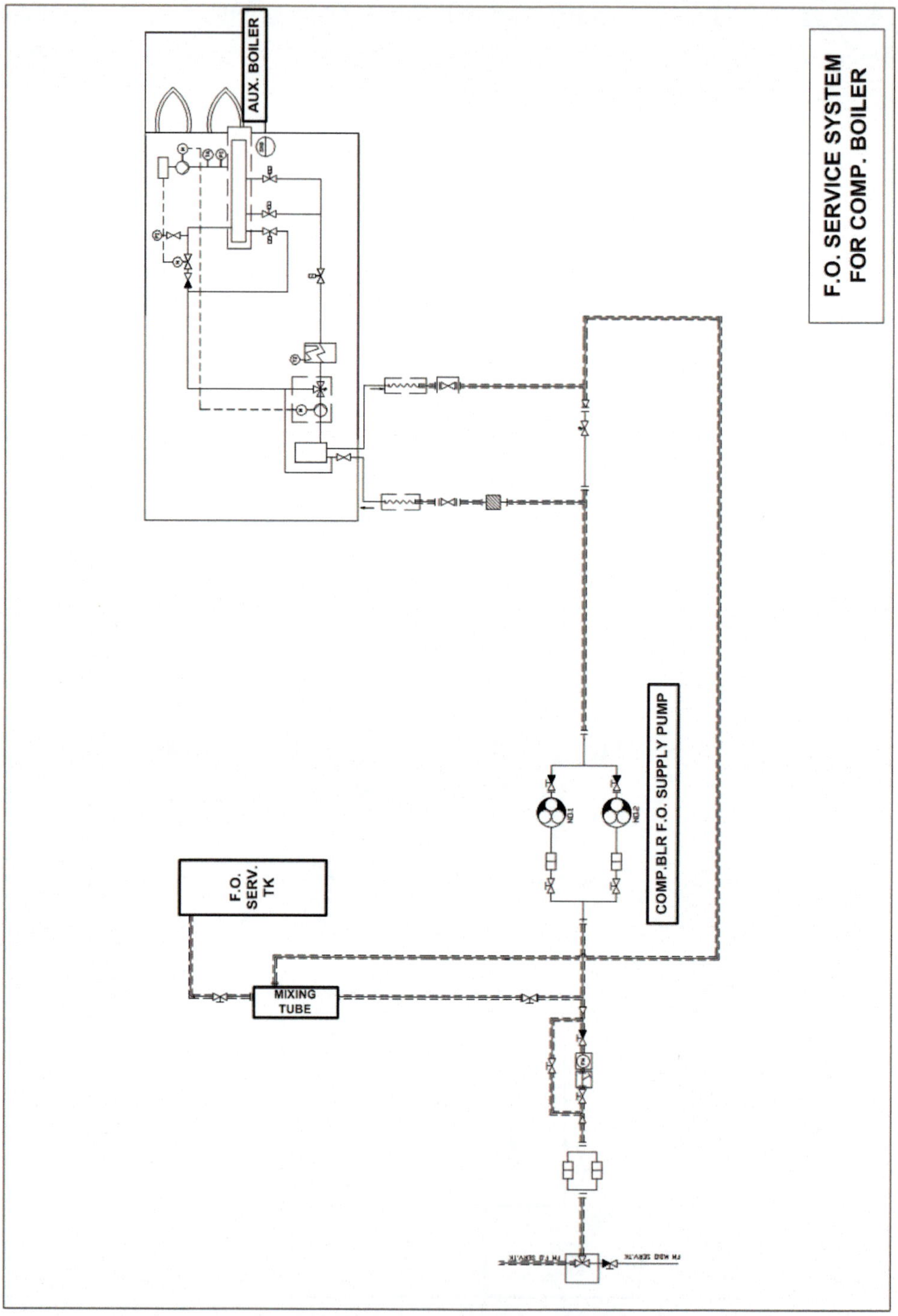

그림 3.9 F.O. Service System for Comp. Boiler

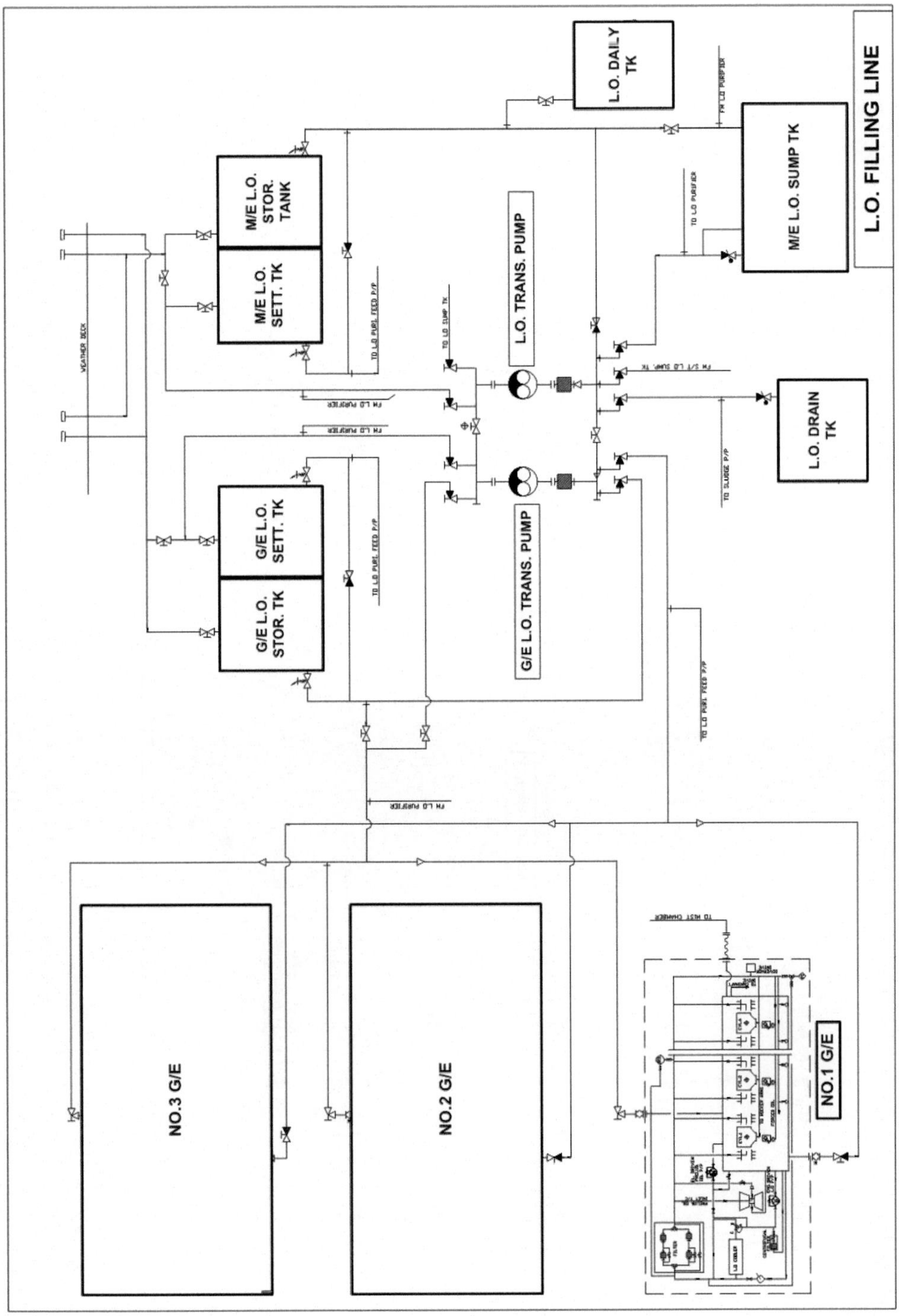

그림 3.10 L.O. Filling and Transfer System

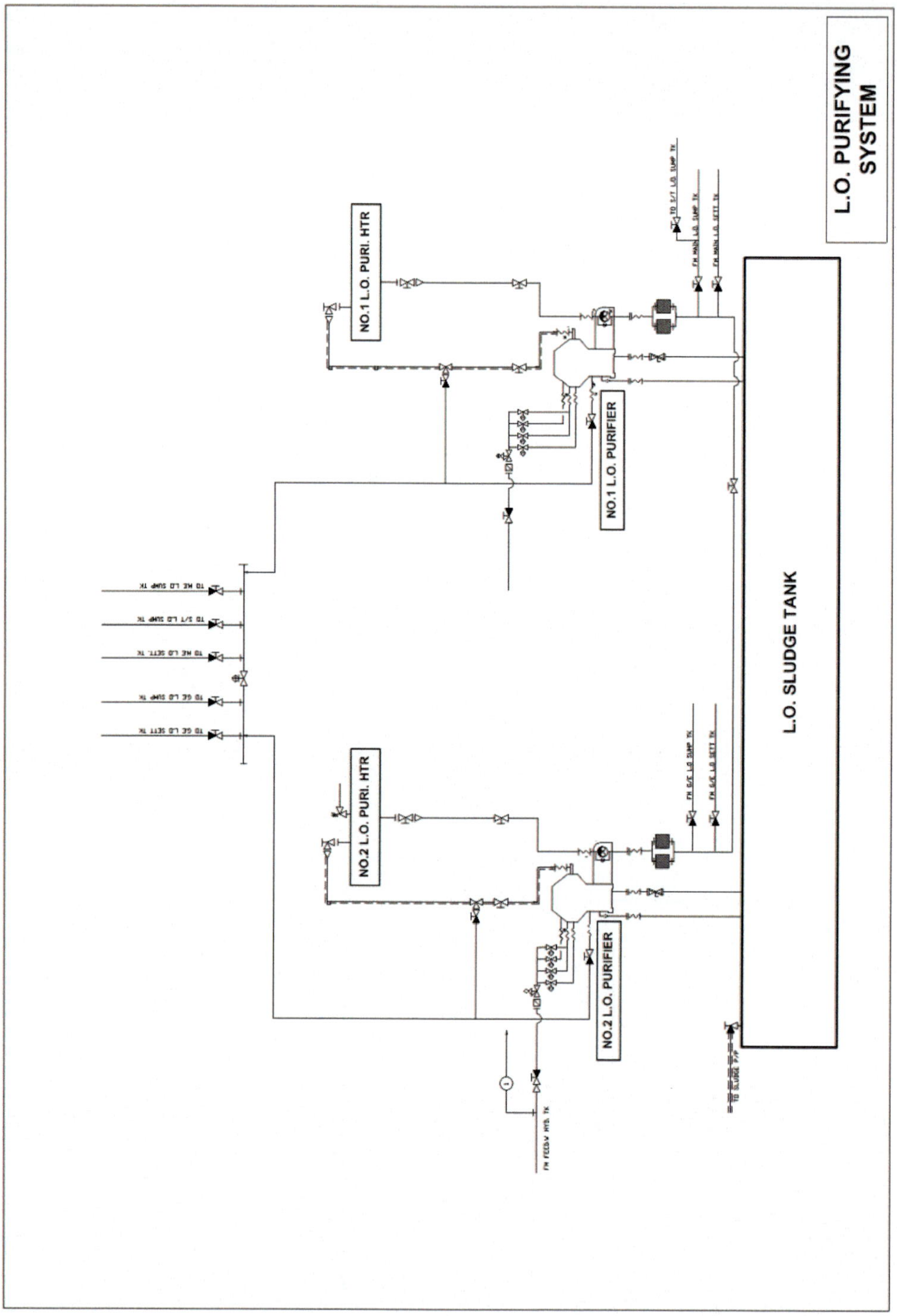

그림 3.11 L.O. Purifing System

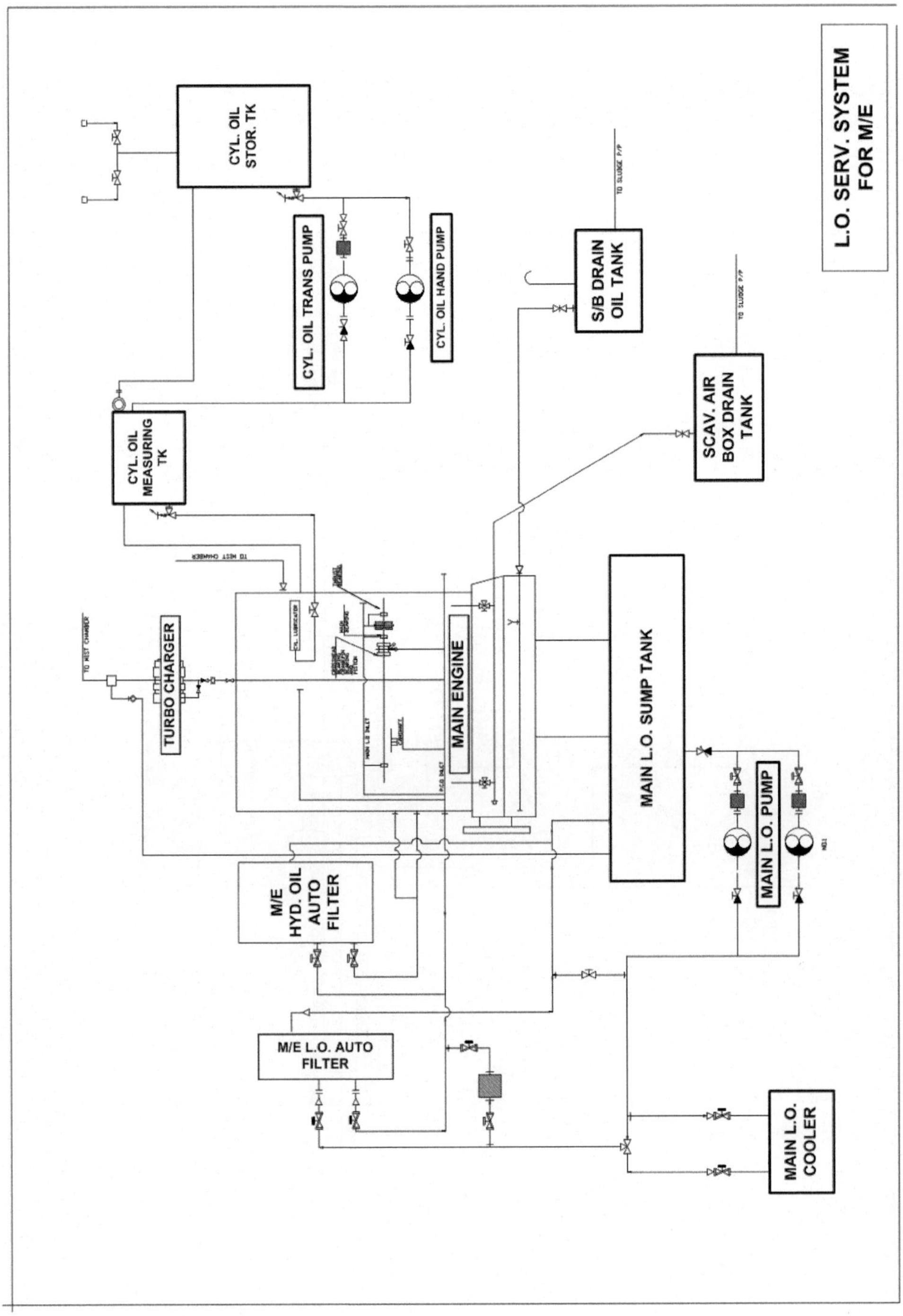

그림 3.12 M/E L.O. Service System

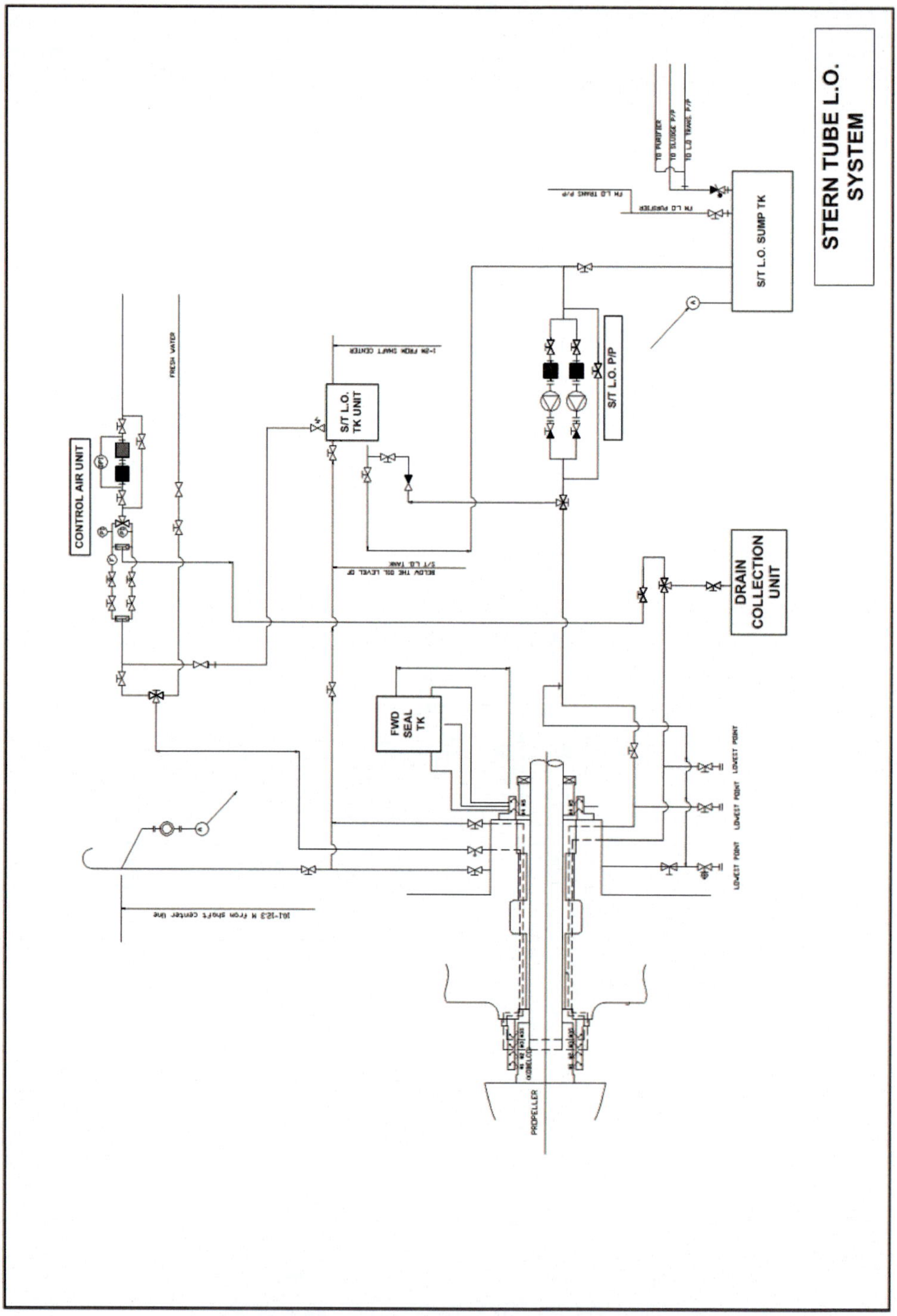

그림 3.13 Stern Tube L.O. Service System

3.3.7 빌지, 소화, 잡용해수 시스템

빌지, 소화, 잡용해수 시스템은 기관실, 발전기실, Shaft tunnel의 Bilge well에 모인 선저 폐수를 이송하고 처리하는 역할을 한다. 기관실 내 기름 및 냉각수가 Floor deck 하부로 흘러 Bilge well로 모이며, 대부분 이 물이지만 소량의 기름이 포함되어 있다.

MARPOL 규정에 따라 Bilge well의 폐수는 Bilge holding tank로 이송 후, 유수분 리기를 이용해 유분 농도 15 ppm 이하로 정화하여 선외 배출한다. 분리된 기름 성분은 Oily bilge tank로 보내지며, Incinerator를 이용해 소각하거나 육상으로 양육하여 처리한다.

3.3.8 냉각해수 공급시스템

냉각 해수 공급 시스템은 기관실 하부 바닥의 Sea chest에서 유입된 해수를 이용 하여 LT(Low Temperature) F.W cooler를 냉각시키고, Atmospheric condenser로 유입 되는 증기를 냉각하여 응축시키고, 조수기에 원수(Raw Water) 및 냉각수를 공급시키기 위한 것이다.

이러한 목적으로, 선체 외부의 해수를 끌어올려 냉각기/기계장치를 순환 및 냉각 을 하고 데워진 해수는 선체 밖으로 배출된다.

3.3.9 청수 시스템

청수 공급 시스템은 관수(Feed water), 청수(Fresh water), 식수(Drinking water) 로 구분된다. 조수기에서 생산된 청수는 각 탱크에 저장된 후 압력 탱크로 보내져 수압을 형성하며, 이를 통해 거주구역, 온수기 및 필요한 기기에 공급된다. 청수(Fresh water)는 거주구역 소제 및 기타 잡용수로 사용되며, 온수기(Calorifier)를 통해 가열된 온수도 함께 공급된다.

보일러의 급수(Feed water)는 조수기에서 생산된 저염도의 증류수로, 보일러 급수 및 기관의 냉각수로 사용된다. 식수(Drinking water)는 여과기와 살균기를 거쳐 정 화된 후 Galley 및 식수대로 공급된다. 세 가지 공급 계통은 각각 독립적으로 운영 되지만, 필요 시 공통 배관을 통해 연결하여 사용할 수 있도록 설계되어 있다.

3.3.10 고온 냉각 청수 시스템

고온 냉각 청수 시스템은 주기관의 Cylinders, Cylinder covers, Exhaust valve, Turbocharger를 냉각하기 위한 장치이다. 냉각 청수는 Main engine jacket cooling fresh water pump를 통해 순환하며, 주기관에서 발열된 부분을 냉각한 후 De-Aerating 탱크를 거쳐 탈기되고 다시 순환된다.

가열된 냉각 청수는 해수를 이용해 냉각 후 주기관에 재공급되며, 주기관이 Stand by 상태일 때는 Jacket cooling fresh water pre-heater를 이용해 예열하여 정상 운 전 온도를 유지한다.

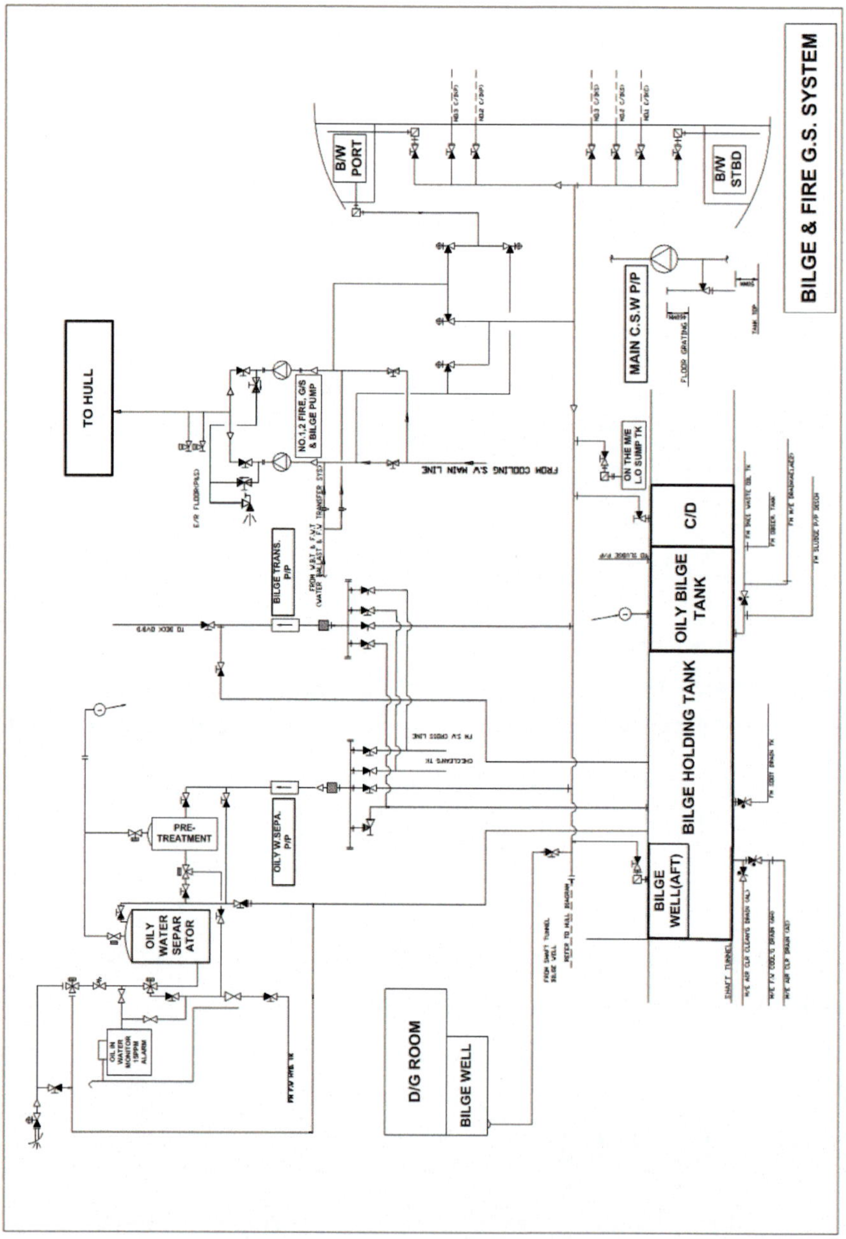

그림 3.14 Bilge And Fire, G.S. System

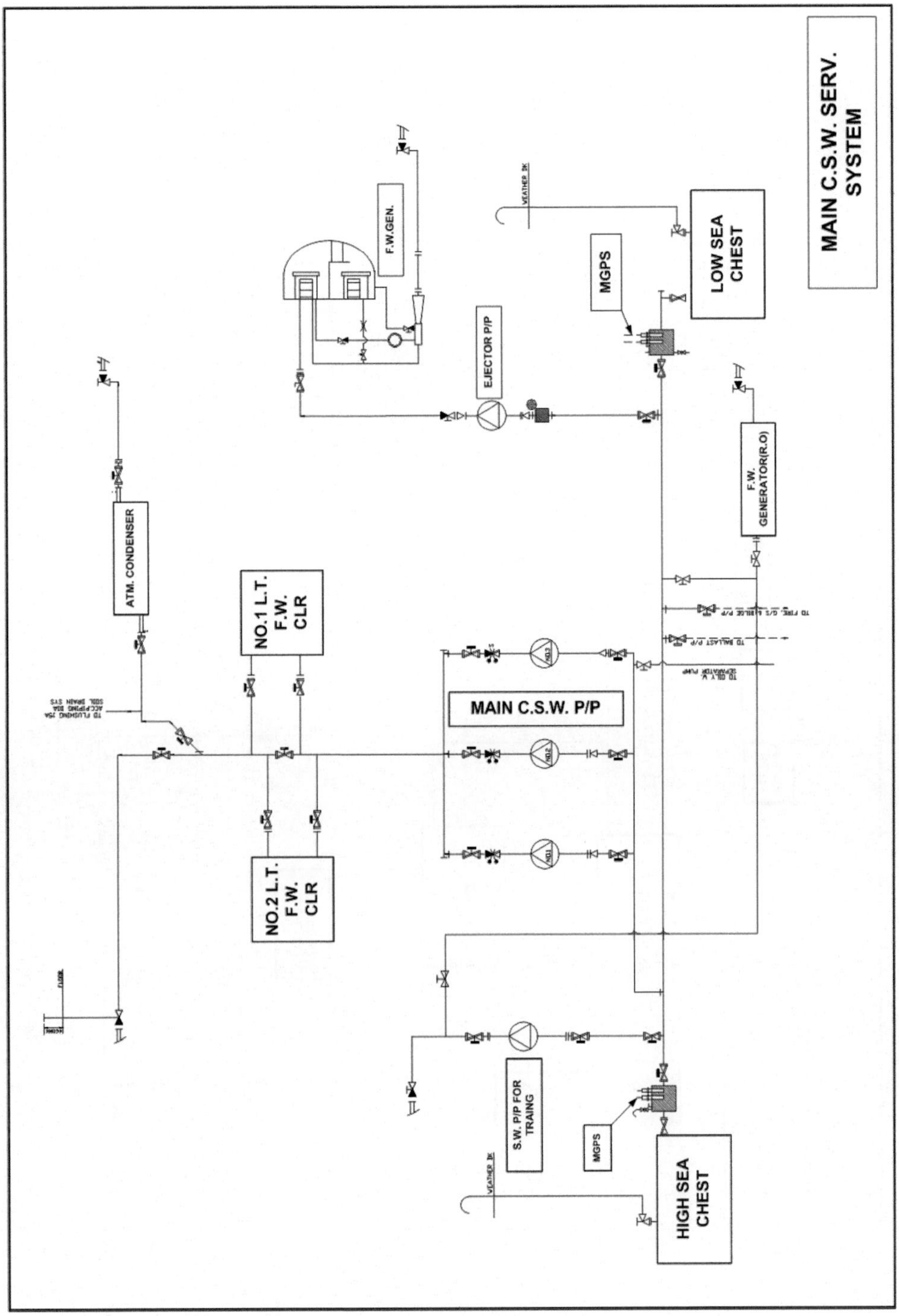

그림 3.15 Cooling S.W. And Service System

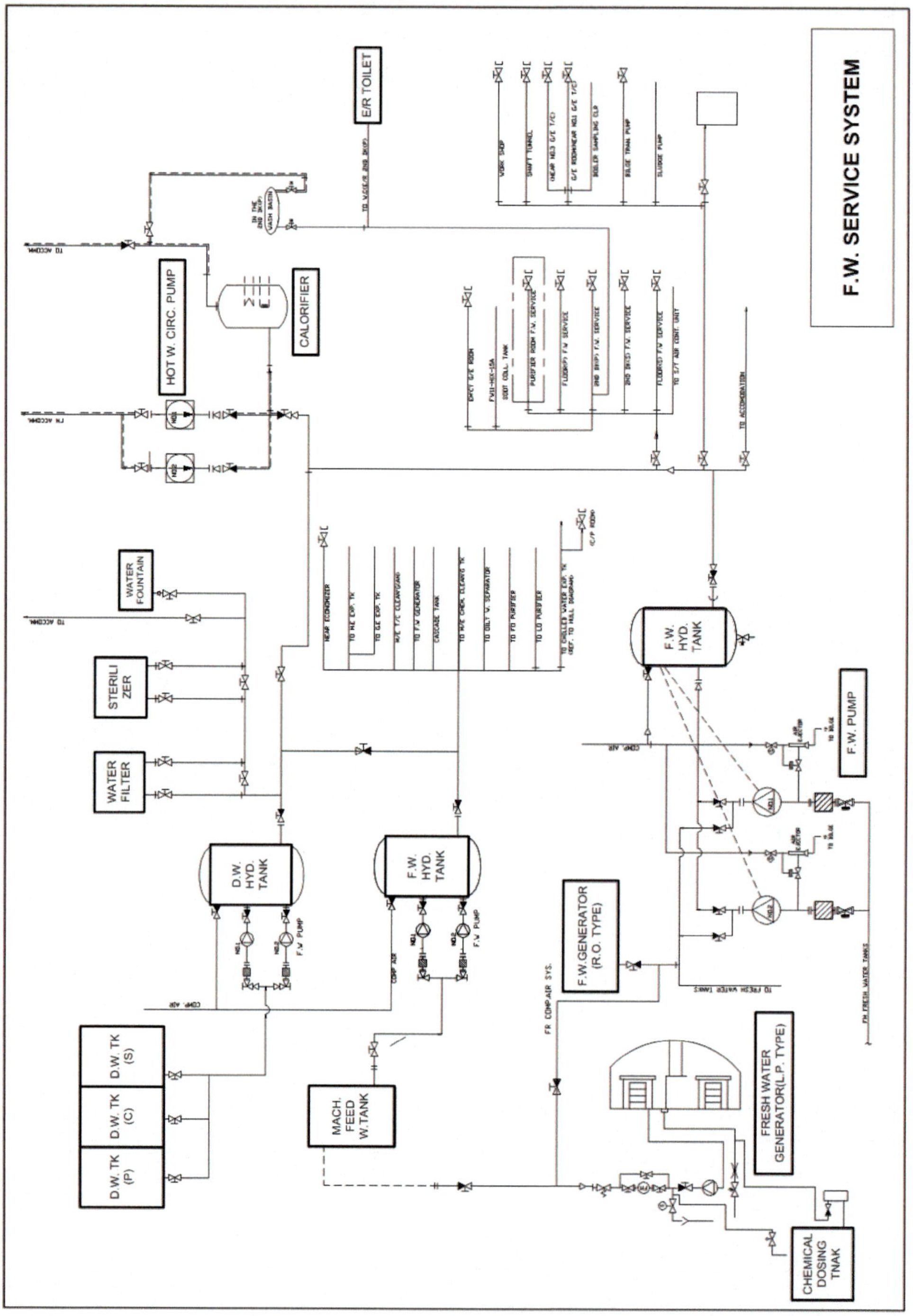

그림 3.16 F.W. Service System

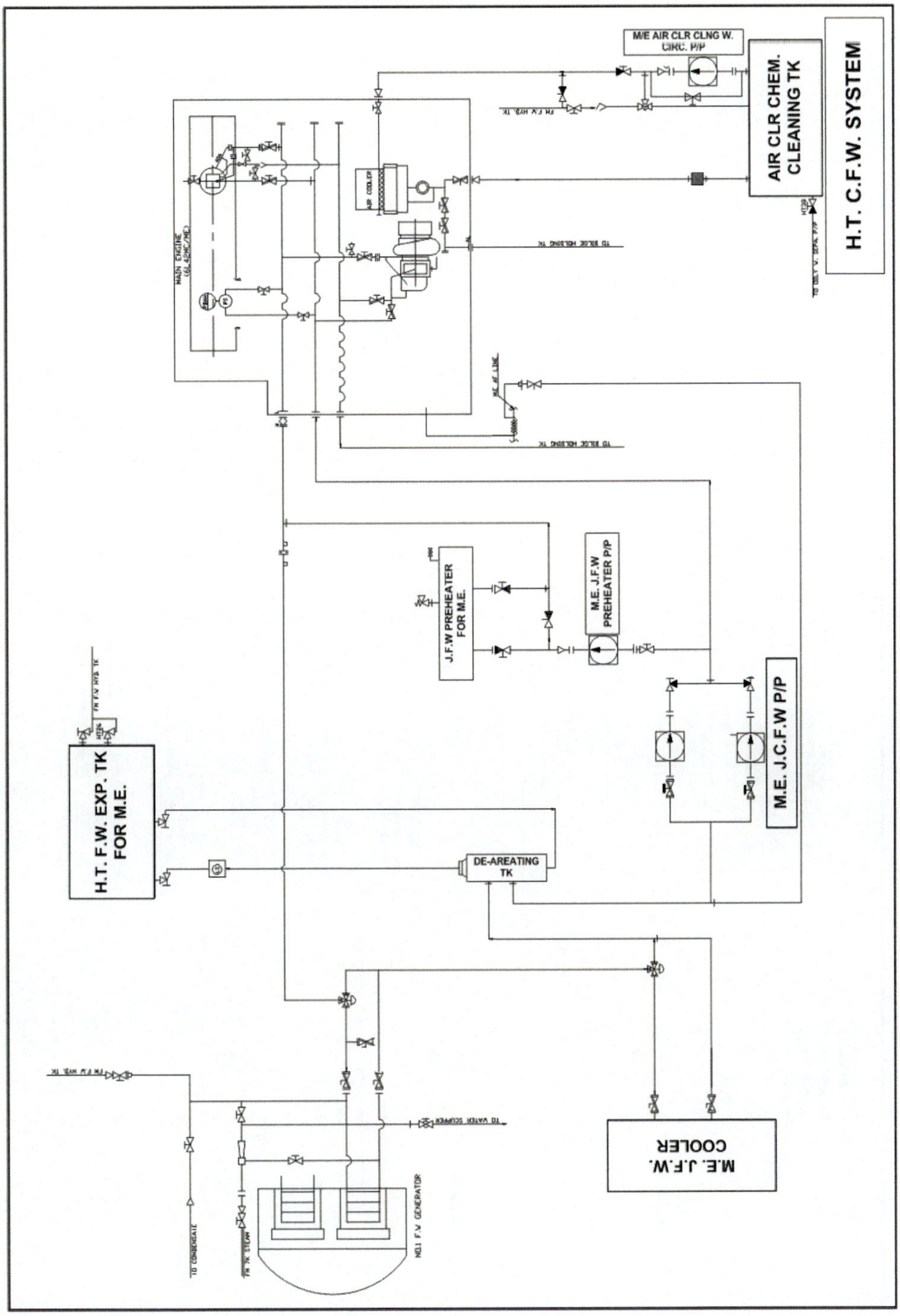

그림 3.17 High Temperature Cooling F.W. System

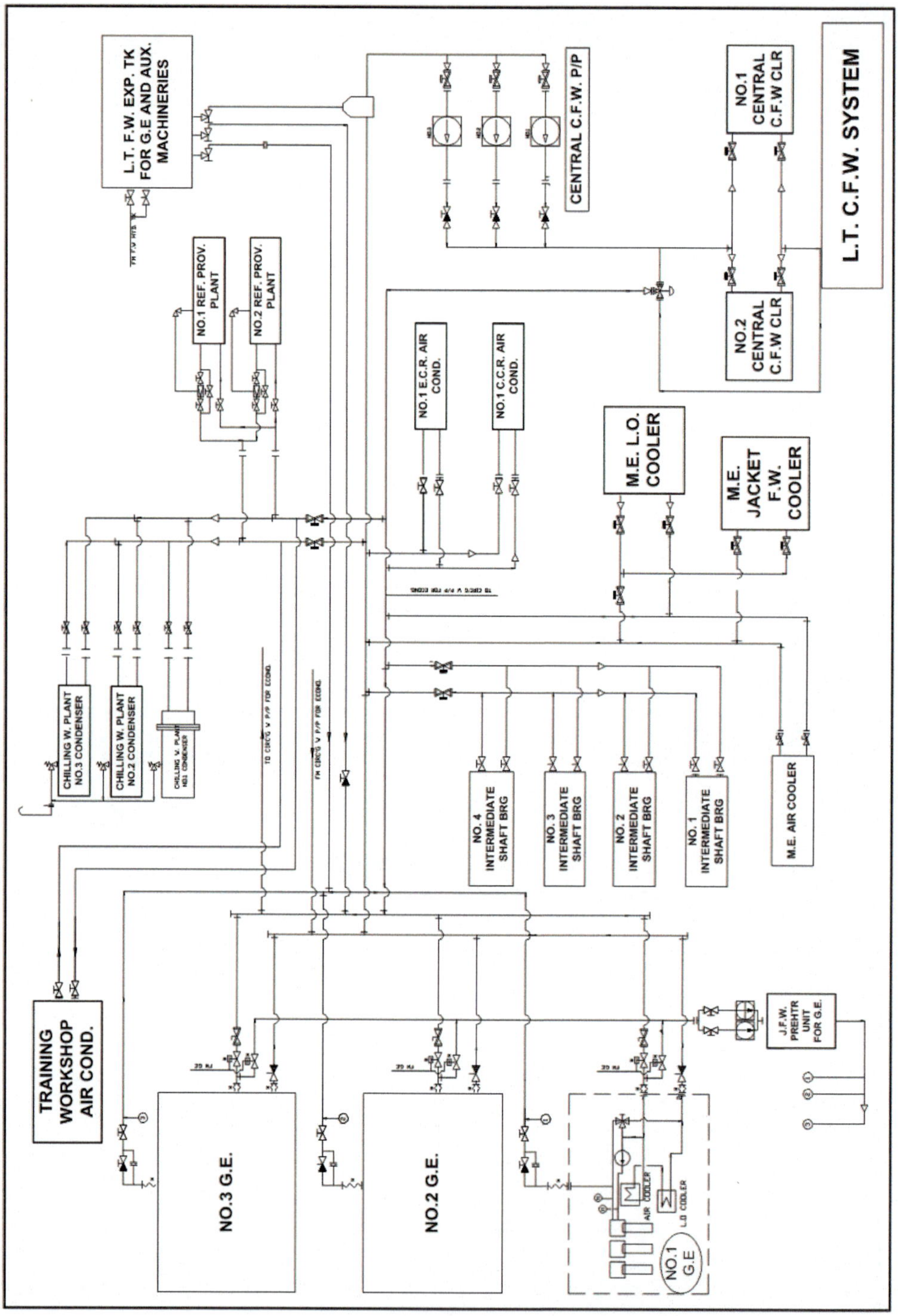

그림 3.18 Low Temperature Cooling F.W. System

3.3.11 압축공기 시스템

압축 공기 공급 시스템은 시동용, 제어용, 잡용 공기 시스템으로 구분되며, 4대의 공기 압축기가 약 30 bar의 압력으로 공기를 압축하여 Main air reservoir(2개)와 Aux. air reservoir(1개)에 저장한다. Black out 발생 시에는 No.3 공기 압축기를 구동하여 Aux. air reservoir에만 공기를 충전하고, 이를 발전기 시동용으로 사용한 다.

주기관 및 발전기 시동용 공기는 30 bar로 유지되며, 제어용 및 잡용 공기는 Pressure reducing valve를 통해 7 bar로 감압하여 사용된다. 잡용 공기는 거주구역, 발전기실, 주기관 부근, 청수 압력 탱크, 공작실, Economizer, 소각기, Sea chest 등에서 각 기기의 정비 및 소제용으로 활용된다.

3.3.12 제어공기 시스템

제어 공기 시스템은 주기관, 발전기관의 시동 및 제어를 위한 공기를 공급하기 위 한 것이다. 시동 및 제어에 사용되는 공기이기 때문에 제어공기 안에 수분이나 기타 먼지와 같은 오물들이 함유되어 있는 경우 장치의 오작동을 야기하기 때문에 주기관 또는 발전기관의 시동 실패의 원인이 되고, 각종 제어기의 고장을 일으킬 수 있다.

공기 중에 함유되는 대부분의 오물들은 수분과 함께 섞여 파이프라인을 통해 전달 되기 때문에 Control air dryer를 통해 공기 중에 함유되어 있는 수분 및 오물들을 제거한 후 제어공기를 공급해야 한다.

3.3.13 보일러 급수 시스템

보일러 급수 시스템은 보일러의 증기발생에 필요한 보일러수를 공급하고 순환하는 구조로 되어 있다.

Cascade tank의 물을 Feed water pump를 이용하여 보일러로 급수하고 보일러 Drum 내부의 물은 Circulation water pump를 통하여 Exhaust gas economizer로 순환시켜 주기관이 운전 중일 때 발생하는 배기가스 폐열을 이용하여 증기를 발생시킨다.

항해중에는 주기관에서 발생하는 배기가스의 열에 의해 증기가 생산되기 때문에 보일러가 거의 점화되지 않은 상태에서 증기 압력이 유지된다.

3.3.14 배기가스 시스템

배기가스 시스템은 Main Engine, Generator Engine, Emergency Generator Engine, Auxiliary Boiler, Incinerator에서 배출된 배기가스를 연돌(Funnel)로 효과적으로 배출하기 위한 장치이다. Main Engine의 배기가스는 Turbocharger의 Turbine을 구동 한 후 Economizer를 거쳐 연돌로 배출된다. Generator Engine의 배기가스는 Turbocharger 구동 후 Silencer를 거쳐 배출되며, Auxiliary Boiler와 Incinerator의 배기가스도 연돌을 통해 방출된다.

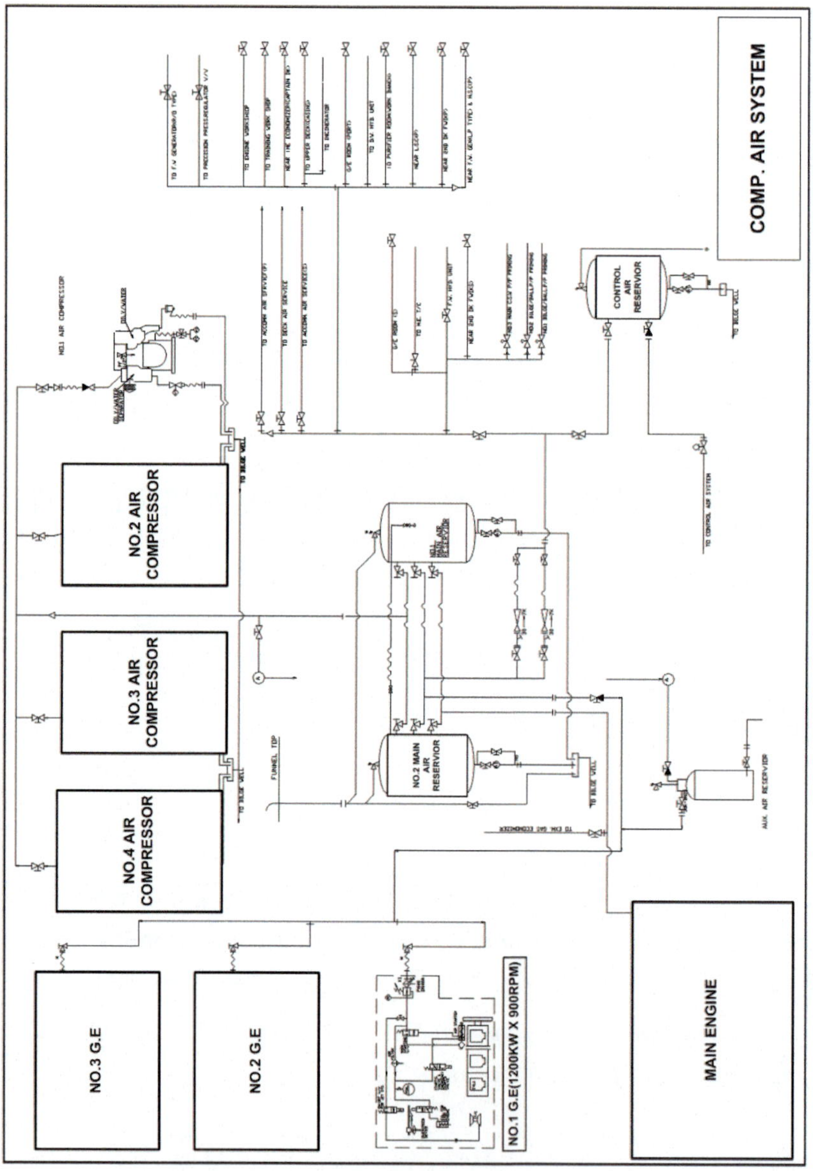

그림 3.19 Compressor Air Service System

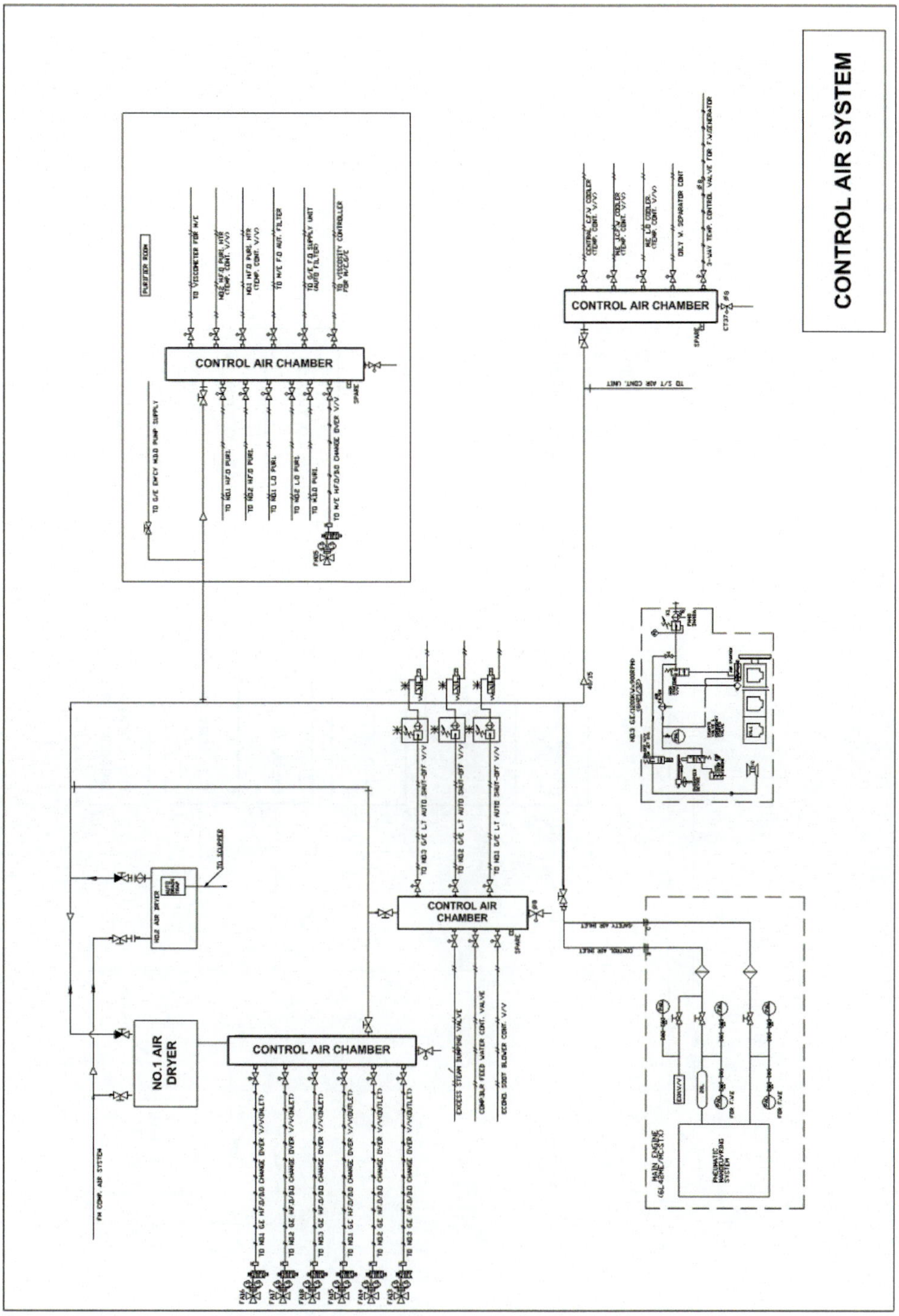

그림 3.20 Control Air System

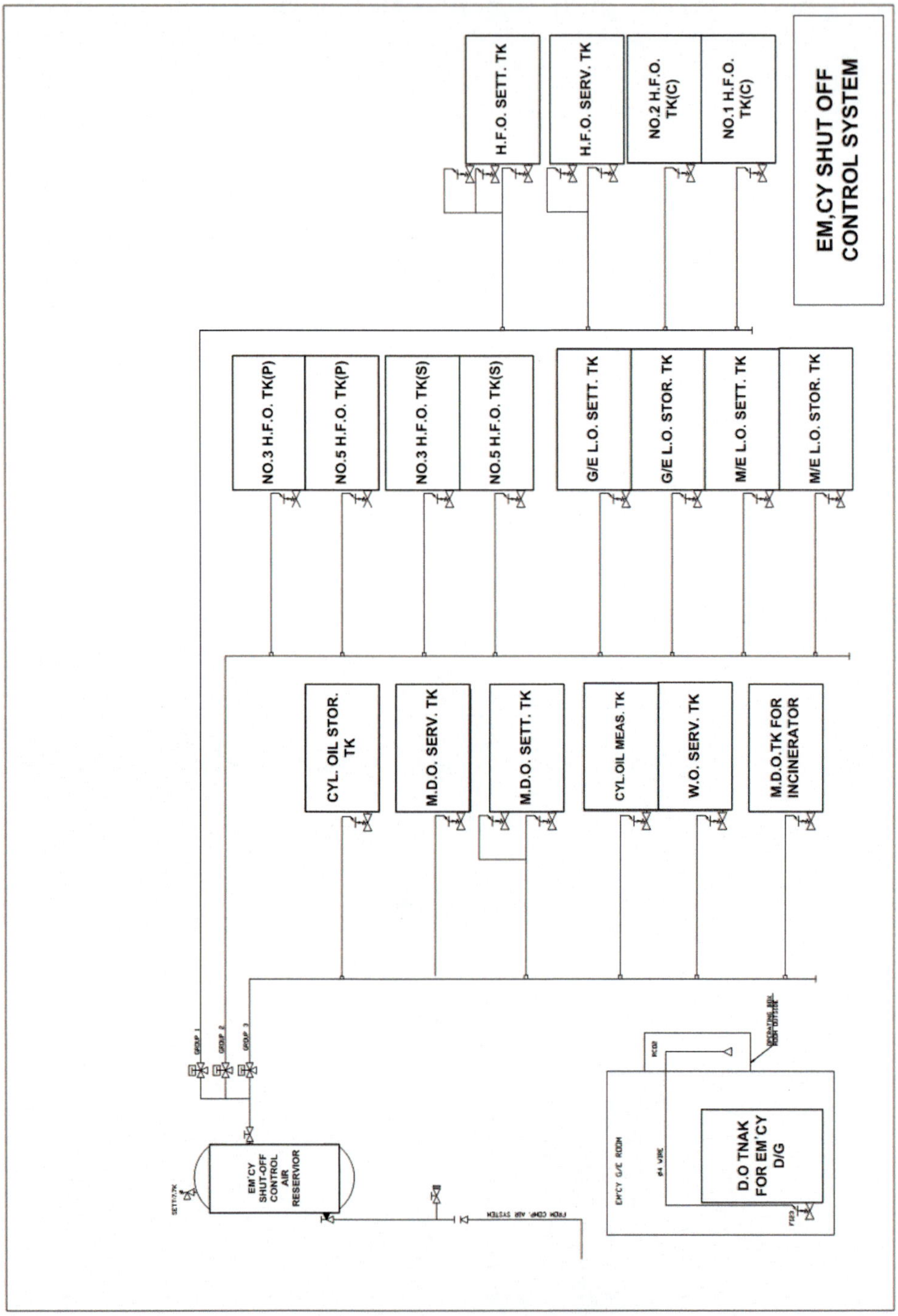

그림 3.21 Emergency Shut Off Valve Control System

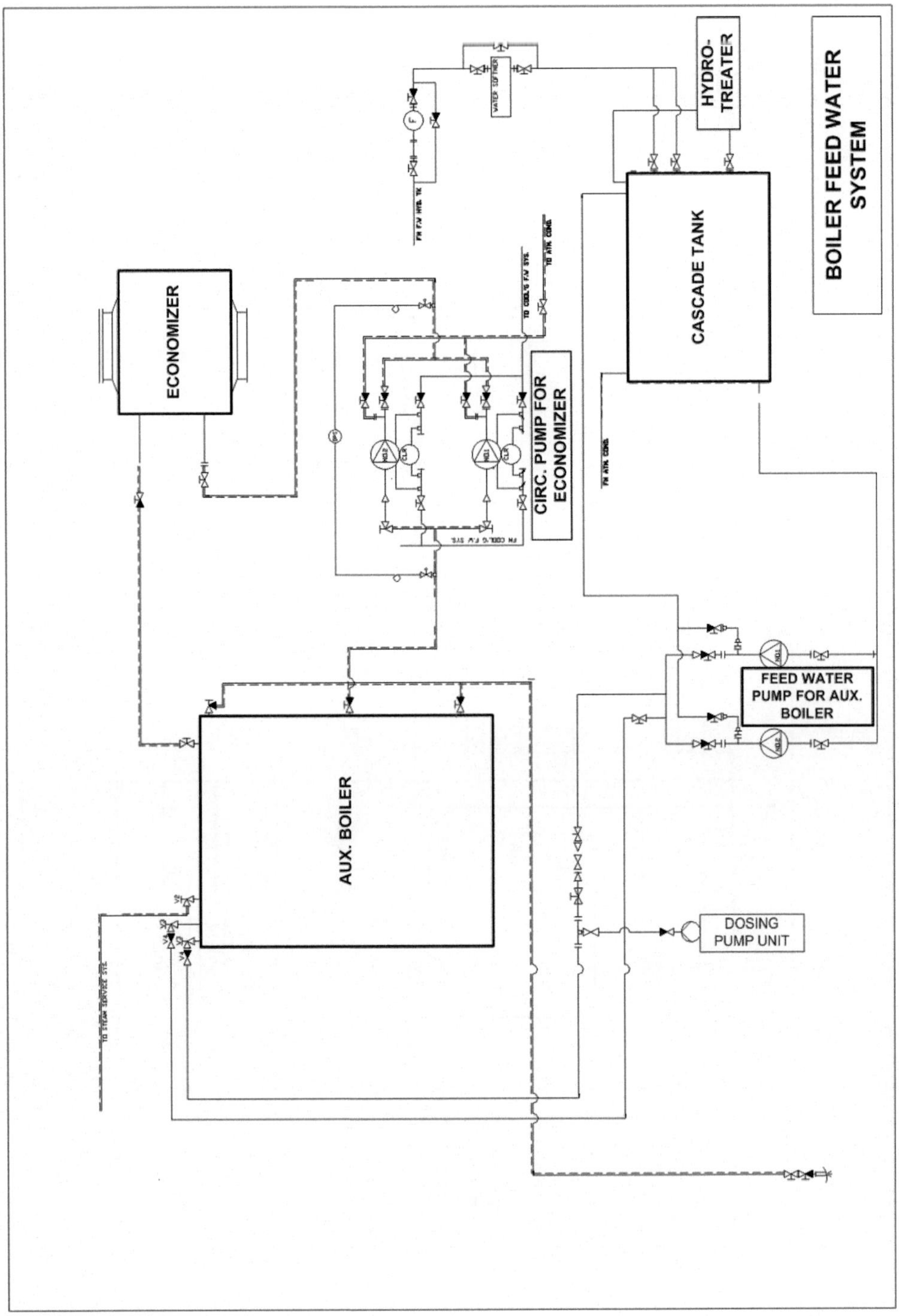

그림 3.22 Boiler Feed Water System

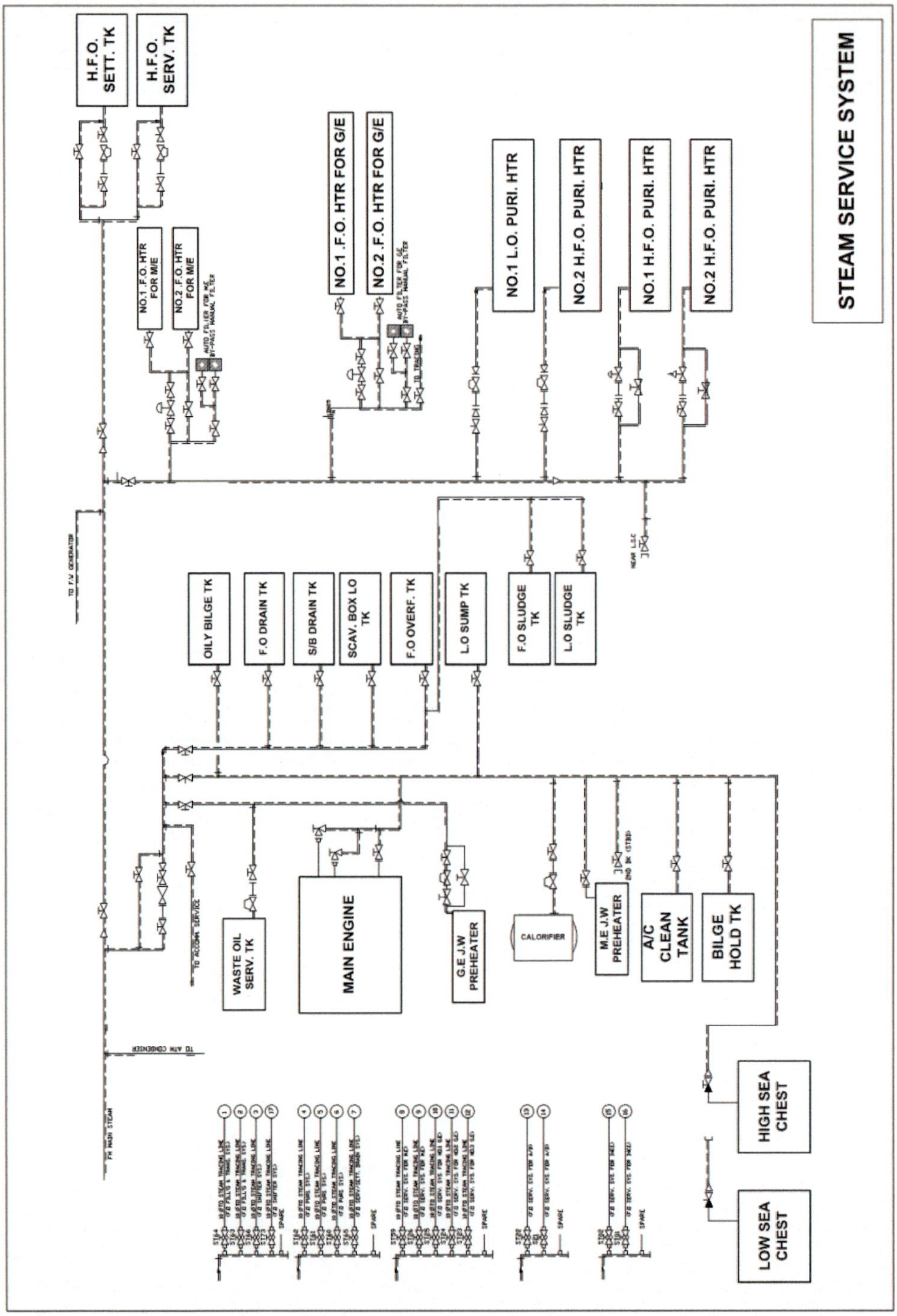

그림 3.23 Steam Service System

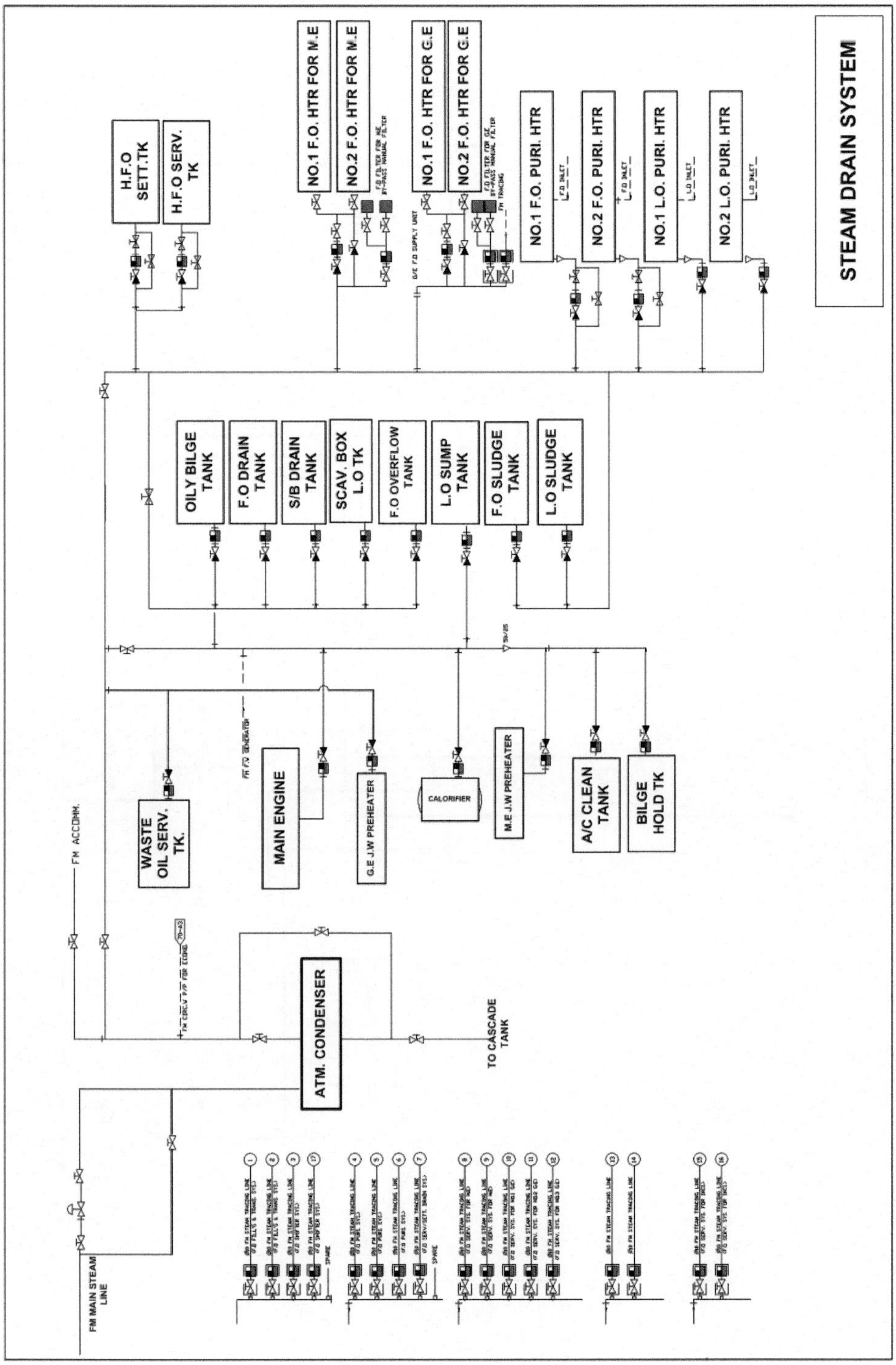

그림 3.24 Steam Drain System

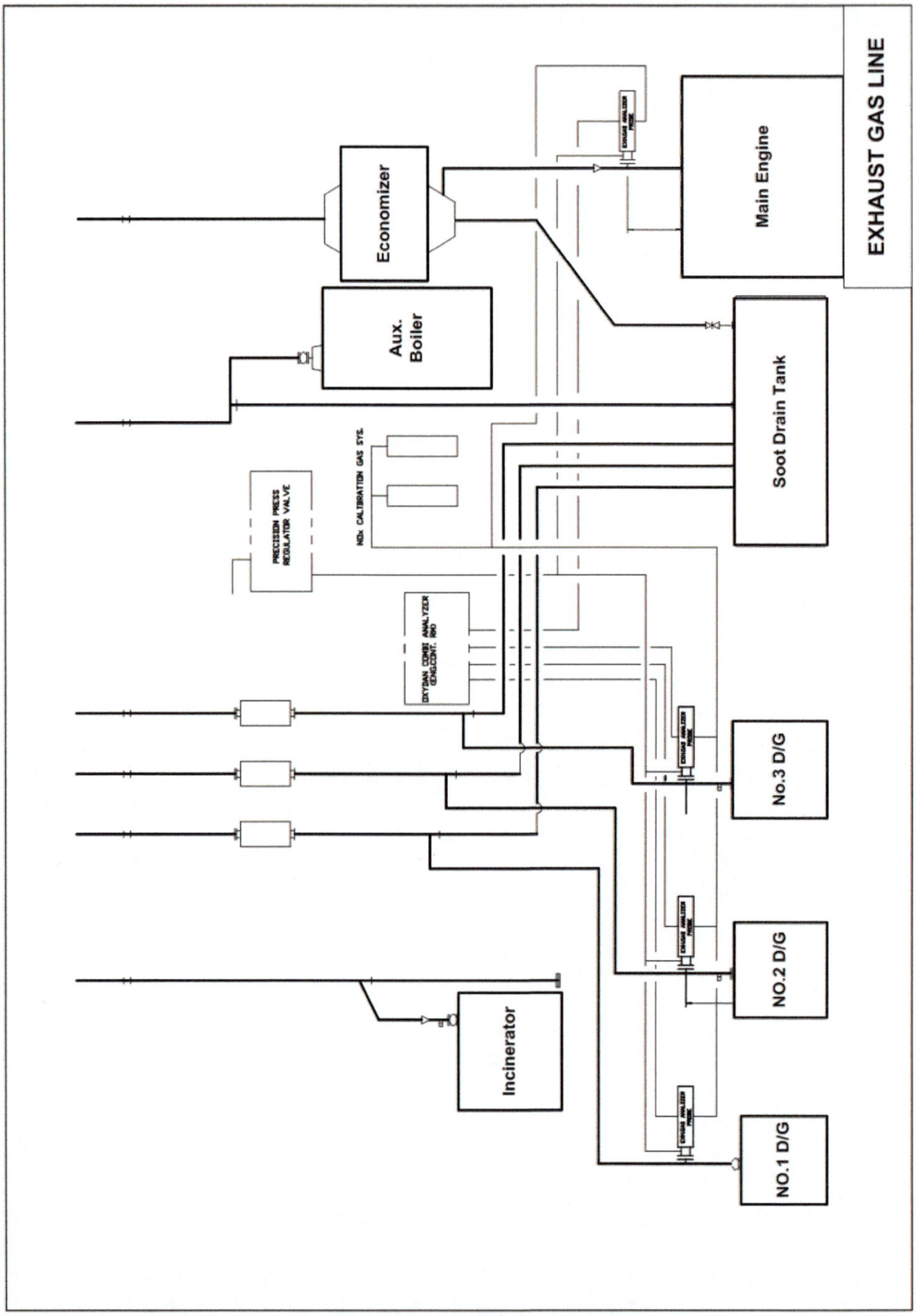

그림 3.25 Exahust Gas System

3.4 기관실용 보조기계

3.4.1 연료유 계통

연료유의 적재, 이송, 청정, 주기관 및 발전기관에 사용되는 연료유 공급 등과 관련된 연료유 계통의 보조기계를 말하며, 종류는 다음과 같다.

① 연료유 이송 펌프(F.O Transfer Pump) : 선박에 사용되는 연료유를 저장탱크에서 침전탱크나 다른 저장탱크로 이송할 때 사용하는 펌프이다.

② 연료유 공급 펌프(F.O Supply Pump) : 주기관 혹은 발전기관에 연료유를 공급하는 펌프이다.

③ 연료유 순환 펌프(F.O Circulating Pump) : 주기관 혹은 발전기관에 공급되는 연료유를 순환시키는 펌프이다.

④ 연료유 청정기(F.O Purifier) : 연료유에 포함된 고형분, 수분 등의 슬러지를 연소에 적합하게 원심 분리하는 장치이다.

⑤ 연료유 가열기(F.O Heater) : 주기관 혹은 발전기관에 사용되는 연료유를 연소에 적합한 온도로 가열하는 장치이다.

⑥ 연료유 점도조절기(Viscometer) : 주기관 혹은 발전기관에 사용되는 연료유를 연소에 적합하도록 점도를 측정하고 조절하는 장치이다.

⑦ 보일러 연료 분연펌프(Boiler F.O Burning Pump) : 보일러에 연소용 연료유를 공급하는 펌프이다.

그림 3.26 연료유 청정기와 연료유 가열기

3.4.2 윤활유 계통

윤활유의 적재, 이송, 청정 및 주기관, 발전기관 및 선미관 윤활과 관련된 윤활유 계통에 장치된 보조기계를 말하며 다음과 같은 종류가 있다.

① 윤활유 이송 펌프(L.O Transfer Pump) : 주기관 및 발전기관에 사용되는 윤활유를 저장탱크, 침전탱크 및 섬프탱크 등 필요한 목적에 따라 이송하는 펌프이다.

② 윤활유 펌프(L.O Pump) : 주기관 및 발전기관의 각 마찰 부분에 윤활유를 공급하는 펌프이다.

③ 윤활유 냉각기(L.O Cooler) : 주기관 및 발전기관에 사용 중인 윤활유의 온도를 적정한 온도로 냉각하는 장치이다.

④ 윤활유 청정기(L.O Purifier) : 주기관 및 발전기관에 사용 중인 윤활유에 함유되는 고형분, 수분 등의 슬러지를 원심 분리하는 장치이다.

⑤ 실린더 오일 이송 펌프(Cylinder Oil Transfer Pump) : 주기관 실린더 라이너에 사용되는 실린더 오일을 계측 탱크(Mearsuring Tank)로 이송하는 펌프이다.

⑥ 선미관 윤활유 펌프(Stern Tube L.O Pump) : 선미관 베어링(Stern Bearing)에 윤활유를 공급하는 펌프이다.

그림 3.27 윤활유 냉각기와 윤활유 이송펌프

그림 3.28 재킷 냉각 청수 펌프와 보일러

3.4.3 냉각 계통

주기관, 발전기관 및 각종 보조기계의 냉각수로 사용되는 냉각 청수 및 냉각 해수 계통에 장치된 보조기계이며 다음과 같다.

① 냉각해수 펌프(Cooling Sea Water Pump) : 주기관, 발전기관의 냉각기 및 각종 보조기계의 냉각기 등에 냉각용 해수를 공급하는 펌프이다.

② 재킷 냉각 청수 펌프(Jacket Cooling Fresh Water Pump) : 주기관 및 발전기관의 재킷에 냉각 청수를 공급하는 펌프이다.

③ 재킷 냉각수 냉각기(Jacket Cooling Fresh Water Cooler) : 주기관 및 발전기관에서 가열된 재킷 냉각청수를 적정한 온도로 냉각하는 장치이다.

④ 냉각수 예열기(Jacket Cooling Pre-heater) : 주기관이나 발전기관을 운전하기 전 재킷 냉각용 청수를 기관의 운전 조건에 맞도록 일정한 온도로 난기(Warming)하는 장치이다.

3.4.4 보일러 및 증기 계통

선박에 사용되는 보일러는 주 보일러와 보조 보일러가 있으며, 주 보일러는 주 추진용으로 사용된다. 다음은 디젤엔진을 장착한 선박에서 보조기계로 사용되는 보일러와 보일러에서 생산된 증기계통과 관련된 보조기계이다.

① 보조 보일러(Auxiliary Boiler) : 주 추진기관이 아닌 연료유의 가열 및 각종 보조 장치의 가열 등에 사용되는 보일러로서 주로 디젤기관이 주 추진기관으로 장착된 선박에서 사용되는 보일러를 지칭한다.

② 이코노마이저(Economizer) : 주기관의 폐배기열을 이용하여 스팀을 생성하는 장치로서 일명 배기 보일러라고도 한다.

③ 보일러 급수 펌프(Boiler Feed Water Pump) : 보일러에 사용되는 보일러용 관수를 공급하는 펌프

④ 보일러 순환수 펌프(Boiler Water Circulating Pump) : 이코노마이저에서 증기를 생산할 수 있도록 보일러에서 이코노마이저로 관수를 순환시키는 펌프이다.

⑤ 드레인 응축기(Drain Condenser) : 사용된 증기 드레인을 응축수로 환원시키는 열교환기이다.

⑥ 급수 가열기(Feed Water Heater) : 보일러용 급수를 적정한 온도로 가열하기 위한 기기이다. 보조 보일러의 경우 약 60℃ 정도가 적정 급수 온도이다.

그림 3.29 급수 펌프와 드레인 응축기

3.4.5 공기 계통

주기관 및 발전기관의 시동과 각종 제어장치, 일반 잡용으로 사용되는 압축공기 계통과 관련한 보조기계로서 다음과 같은 것이 있다.

① 공기 압축기(Air Compressor) : 주기관 및 발전기관의 시동 등에 사용되는 압축공기를 생산하는 기기이다. 수냉식과 공랭식이 있다.

② 공기 저장탱크(Air Reservoir) : 공기 압축기에서 생산된 압축공기를 저장하는 탱크로서 주 공기 저장탱크와 잡용 공기 저장탱크가 있다. 주 공기 저장탱크는 주로 주기관, 발전기관의 시동 등에 사용되며, 잡용 공기 저장탱크(G/S Air Reservoir)는 일반적인 잡용으로 사용된다.

③ 제어 공기 저장탱크(Control Air Reservoir) : 주기관, 발전기관 및 각종 공기압 제어 장치에 사용되는 제어용 공기를 저장하는 탱크이다.

④ 제어 공기 제습기(Control Air Dryer) : 제어 공기 저장탱크에서 제어용으로 사용되는 공기의 수분을 제거하여 건조공기를 만드는 기기이다.

그림 3.30 공기 압축기와 공기 저장 탱크

3.4.6 해양오염방지 장치 계통

다음은 선내에서 발생한 빌지, 슬러지 및 오수 등의 처리에 관계된 보조기계이다.

① 유수분리기(Oily Water Separator) : 선박의 기관실 등에서 발생한 빌지(Bilge)에 포함된 기름 성분을 분리하는 장치이다.

② 소각기(Waste Oil Incinerator) : 유수분리기에서 분리된 기름, 각종 폐유 및 쓰레기 등을 소각처리하는 장치이다.

③ 빌지 펌프(Bilge Pump) : 기관실 및 각종 빌지 웰(Bilge Well)에 모인 빌지를 빌지탱크 혹은 유수분리기 등으로 이송하는 펌프이다.

④ 슬러지 펌프(Sludge Pump) : 청정기의 슬러지 탱크 또는 빌지 탱크 등에 모인 슬러지를 폐유 탱크로 이송하는 펌프이다.

⑤ 폐유 탱크(Waste Oil Tank) : 슬러지 및 각종 폐유를 소각 또는 육상으로 양륙하기 위하여 저장하는 탱크이다.

⑥ 오수처리장치(Sewage Treatment Plant) : 선내에서 발생한 오수를 정화처리하는 장치이다.

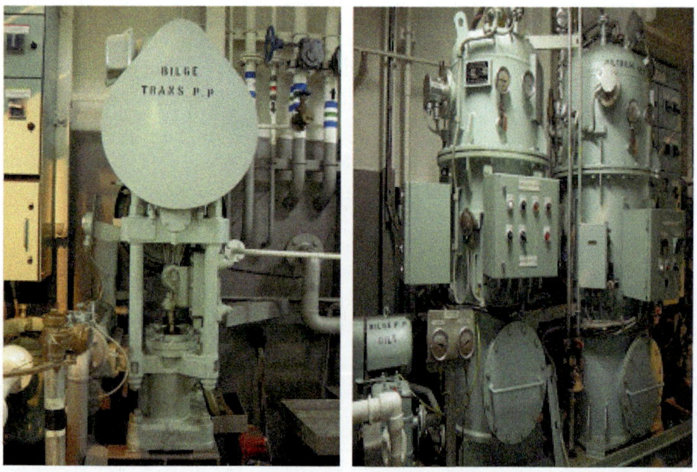

그림 3.31 빌지 펌프와 유수 분리기

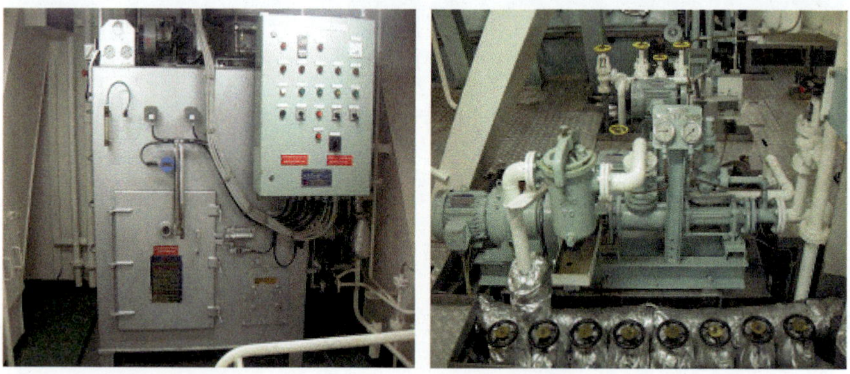

그림 3.32 소각기와 슬러지 펌프

3.4.7 청수 및 해수 계통

다음은 선내에 일반적으로 사용되는 청수의 생산 및 사용 등에 관련된 각종 보조기계와 주기관 및 발전기관을 제외한 각종 보조기계에 사용되는 해수 계통 상의 보조기계이다.

① 저압 증발 조수기(L.P Fresh Water Generator) : 주기관으로 사용되는 디젤기관의 냉각수를 가열원으로 이용하여 해수를 증발시켜 청수로 만드는 장치이다.

② 역삼투압 조수기(R.O Fresh Water Generator) : 반투막이 있는 용기에 담긴 해수에 역삼투압을 이용하여 청수를 생산하는 장치이다.

③ 이젝터 펌프(Ejector Pump) : 저압 증발 조수기의 증발기 및 응축기 쉘(Shell)의 진공을 유지하기 위하여 사용하는 펌프이다.

④ 해양 자생물 방지장치(MGPS : Marine Growth Protection System) : 따개비, 해초 등의 해양 자생물이 냉각수 계통에 서식하지 못하도록 방지하는 장치이다.

⑤ 음극 방식장치(ICCP : Impressed Current Cathodic Protection System) : 선체에 일정한 전류를 흘려 강판 소재의 선체의 부식을 방지하는 장치이다.

⑥ 온수기(Calorifier) : 선내에 잡용으로 사용하는 청수를 가열하는 장치이다.

⑦ 살균기(Sterilizer) : 선내에 잡용 및 식수로 사용하는 청수를 살균하는 장치이다.

⑧ 청수 펌프(Fresh Water Pump) : 선내 잡용으로 사용하는 청수를 압력탱크에 공급하는 펌프이다.

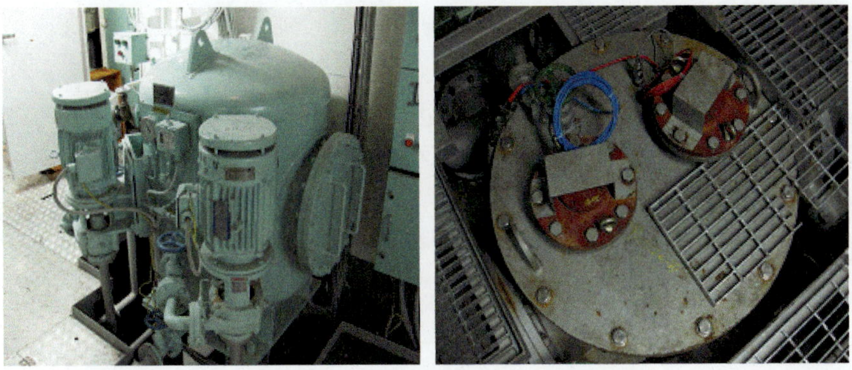

그림 3.33 청수 펌프 및 압력 탱크와 MGPS

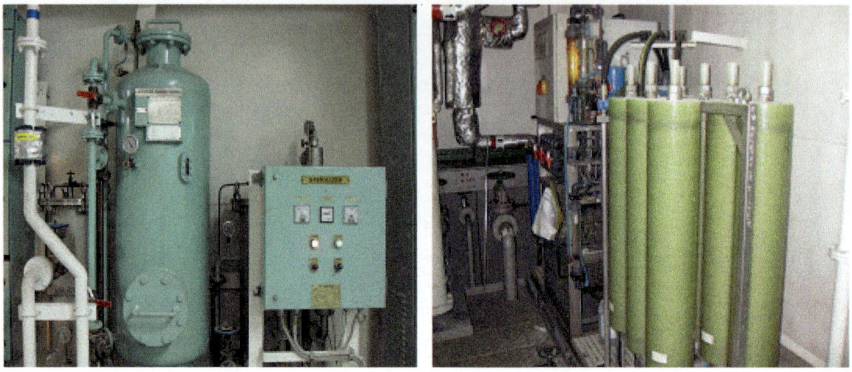

그림 3.34 살균기와 역삼투압 조수기

⑨ 음용수 펌프(Drinking Water Pump) : 선내 식수로 사용하는 청수를 식수용 압력탱크에 공급하는 펌프이다.

⑩ 밸러스트 펌프(Ballast Pump) : 밸러스트 탱크에 밸러스트 수(Ballast Water)를 공급하거나 밸러스트 탱크로부터 배출하는 펌프이다.

⑪ 온수 펌프(Hot Water Circulating Pump) : 온수기에서 가열된 잡용 청수를 선내로 순환시키는 펌프이다.

⑫ 잡용 및 소화펌프(Fire & General Service Pump) : 선박에 잡용으로 사용되는 해수를 공급하거나 선박에서 화재의 소화 및 일반적 용도로 사용하는 펌프이다.

3.4.8 기타

① 비상 발전기(Emergency Generator) : 선내 발전기가 모두 동력 손실이 된 경우와 같이 비상시 선내 필수적인 곳에 전기를 공급하기 위하여 장착된 발전기이다.

② 비상 소화펌프(Emergency Fire Pump) : 선박이 화재가 발생한 경우 비상용으로 화재 진압에 사용하기 위한 용도의 소화 펌프이다.

③ 주기 터닝 기어(M/E Turning Gear) : 주기관을 점검하거나 수리하는 경우 주기관을 회전시키는 용도에 사용하는 기기이다.

④ 보조 블로워(M/E Aux. Blower) : 디젤기관에 연소용 공기를 연소실에 공급하는 장치이다.

⑤ 터닝 기어(Turning Gear) : 추진 기관을 외부에서 힘을 가하여 회전시키기 위하여 설치된 장치이다.

3.5 기관실의 보조기계

3.5.1 계선기계

선박을 부두에 계류하거나 혹은 묘박지 혹은 부이(Buoy) 등에서 계류하는 경우 사용하는 기기로서 다음과 같은 것이 있다.

① 양묘기(Windlass) : 묘박과 같이 닻(Anchor)을 사용하는 경우 닻을 내리거나 올리는 기기이다.

② 계선기(Mooring Winch) : 선박을 부두에 고정하는 경우 선박을 고정시키는 계류용 밧줄(Mooring Line)을 감거나 풀어내는 기기이다.

③ 캡스턴(Capstan) : 계류용 밧줄을 감는 워핑드럼(Warping Drum)이 수직축에 연결된 계선장치이다.

3.5.2 조타기계

선박의 방향을 조정하거나, 침로유지 및 안정성 등을 유지하기 위하여 설치된 기기로서 다음과 같은 것이 있다.

① 조타기(Steering Gear) : 선박의 진행방향을 조종하는 기계설비이다.

② 사이드 스러스터(Side Thruster) : 선박의 측면에 프로펠러를 장착하여, 선박이 정지해있거나 미속 항해시 배의 방향을 조종하여 조종성능을 향상 시키는 장치이다.

③ 스태빌라이저(Stabilizer) : 파도 등 해면이 움직임에 따른 선박의 동요를 억제하는 장치이다.

3.5.3 하역기계

선박에 적재된 화물을 적재하거나 양하하는 경우 사용하는 기기로서 다음과 같은 것이 있다.

① 카고 크레인(Cargo Crane)

② 카고 데릭(Cargo Derrick)

③ 카고 펌프(Cargo Pump)

④ 불활성 가스 시스템(Inert Gas System)

3.5.4 기타

① 냉동기(Refrigerator) : 화물 또는 선박의 식량을 냉동 냉장하는 장치이다.

② 공기조화장치(Air Handling Unit) : 선내 공기의 상태를 대기 온도에 따라 쾌적하게 조절하고, 각종 필터 장치를 이용하여 깨끗하게 유지하는 장치이다.

③ 갱웨이 윈치(Gangway Winch) : 선박에 오르고 내리기 위한 사다리를 다루는 설비이다.

④ 양정윈치(Boat Winch) : 구명정(Life Boat)을 올리고 내리는 설비이다.

3.5.5 터빈선용 보조기계

① 윤활유 펌프(L.O Pump) : 터빈 및 기기의 각 부분에 강제 윤활을 시키는 주 윤활 펌프이다.

② 윤활유 냉각기(L.O Cooler) : 터빈 등 기기의 각 부분을 윤활하고 나온 윤활유를 적당한 온도로 냉각시켜 주는 장치이다.

③ 주 복수기(Main Condenser) : 터빈을 통과할 때 팽창하면서 일을 하고 낮아진 배기 증기(Exhaust Steam)를 냉각하여 물로 바꾸는 기기이다.

④ 주 순환수 펌프(Main Circulating Water Pump) : 주복수기(Main Condenser)에 냉각용 해수를 공급하는 펌프이다. 주 해수 펌프(Main Sea Water Pump)라고도 한다.

⑤ 주 급수펌프(Main Feed Water Pump) : 보일러에 사용하는 물을 급수하는 펌프이다.

⑥ 복수 펌프(Condensate Pump) : 복수기에서 응결수를 배제하는 펌프이다.

⑦ 추기 이젝터(Air Ejector) : 복수기 내부를 진공상태로 유지하기 위하여 복수기내에 유리된 불응축 기체를 추출하는 장치이다.

⑧ 드레인 펌프 : 기계 각부에서 증기가 응결하여 생긴 복수를 처리하는 펌프이다.

CHAPTER

4

선박 주기관 (Main Engine)의 이해

4.1 주기관의 개요

선박의 주기관(Main Engine)은 선박의 추진을 위하여 사용되는 장치를 말한다. 주기관은 연료를 연소하여 발생하는 열에너지를 추진에 필요한 기계적 에너지로 바꾸는 방법에 따라 내연기관과 외연기관으로 분류된다.

선박의 추진용 내연기관은 주로 디젤기관이 사용되고 있는데 소형선박에서는 4행정 사이클 기관이 사용되고 대형선박에서는 2행정 사이클 기관이 사용되고 있다.

디젤기관에서는 공기를 실린더 내부로 유입시키고 피스톤을 이용하여 유입된 공기를 압축시켜 공기의 온도를 500~650℃ 정도로 높인다. 이때 연료유를 실린더 안으로 분사하면 연료유는 자기 발화온도 이상으로 가열되어 발화하며 폭발적인 힘을 방출하여 피스톤을 하부로 밀어 내리게 된다. 피스톤에 전달된 힘은 피스톤에 연결된 크랭크축에 전달되고 다시 축 끝단에 연결된 프로펠러를 회전시킴으로써 추진력을 얻게 된다.

4.1.1 내연기관

기관내부에 직접 연료와 공기를 공급하여 이것을 적당한 방법으로 연소시키고 이때 발생하는 고온, 고압의 연소가스로 유효한 일을 행하는 기관을 내연기관(Internal Combustion Engine)이라 한다. 이 기관은 연료가 직접 기관 내에서 연소하며, 연소가스와 작동물질이 동일하다. 즉 연소가스가 직접 기관을 움직여 일을 행한다.

4.1.2 외연기관

기관 외부의 장소에서 연소가 이루어지고 연소가스와 작동물질이 전혀 별개로 되어 있는 열기관을 외연기관(External Combustion Engine)이라 한다. 증기기관의 경우 증기가 작동물질이 된다. 연료를 보일러 내에서 연소시키고 연소가스의 열을 보일러 물에 전하여 증기를 만들고 이 증기에 의해서 왕복식 기관이나 증기터빈을 작동시켜 증기가 일을 행한다.

4.2 내연기관의 분류

4.2.1 내연기관의 분류

① 피스톤 왕복식 기관(Piston Engine)

② 로터리 기관(Rotary Engine)

③ 가스터빈 기관(Gas Turbine Engine)

④ 로켓(Rocket)

4.2.2 디젤기관과 가솔린 기관

(1) 디젤기관

연소실에 압축된 공기를 넣고 피스톤으로 압축하고 연료를 분사하면 점화되면서 폭발한다. 그 폭발력에 의하여 피스톤이 크랭크 샤프트(Crank shaft)에 회전력을 유발시키고, 피스톤은 회전 관성력에 의하여 올라가면서 또 새로 들어온 연료와 공기를 압축하여 또 다시 폭발을 유발한다. 디젤기관은 풍부한 공기를 이용하여 연료를 유효하게 연소시키고 압축비가 높은 장점과 더불어 연료를 경제적으로 사용하는 특징을 갖는다.

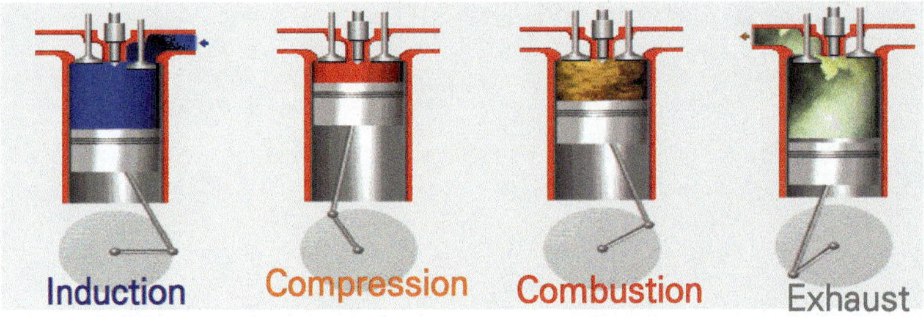

그림 4.1 디젤 기관의 작동

(2) 가솔린기관

휘발유와 공기를 섞은 혼합가스를 실린더에 넣고, 압축시킨 다음 전기식 점화기(Igniter)로 착화시켜서 폭발시킨다. 가솔린 기관은 연료를 다소 희생하더라도 흡입한 공기를 남김없이 이용하려는 것이고 압축비가 낮은 점과 연소시간이 짧은 점 등으로 해서 소형, 경량, 고속기관에 적합한 특징이 있다.

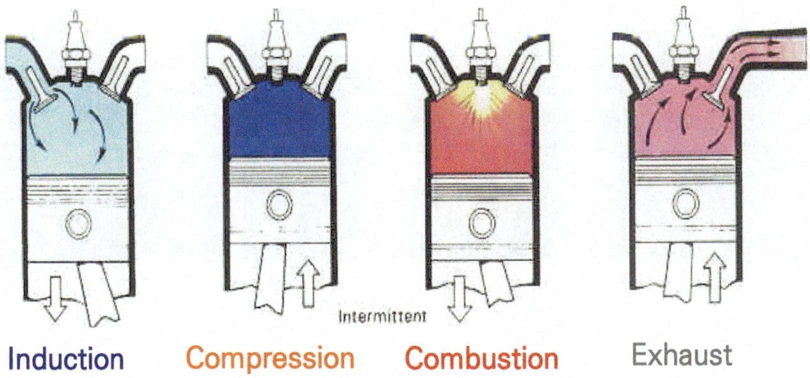

그림 4.2 가솔린기관의 작동

4.3 선박용 디젤엔진의 구분

4.3.1 주기관(Main Engine)

샤프트(Shaft) 끝단에 프로펠러가 연결 되어 선박을 추진할 수 있는 엔진을 주기관이라고 한다. 연료를 연소하여 발생하는 열에너지를 추진에 필요한 기계적 에너지로 바꾸어 준다. 선박용 주기관으로는 주로 대형 2 행정 저속 디젤 엔진이 많이 사용된다.

4.3.2 보조기관(Auxiliary Engine)

선박의 추진과 관계없는 엔진을 보조기관이라고 한다. 보조기관은 일반적으로 선내 전기를 공급하기 위한 선박용 발전기 엔진을 의미한다. 선박용 발전기 엔진으로는 주로 4 행정(Stroke) 중속 엔진이 많이 사용된다.

4.3.3 육상용 내연 발전기관

주로 공장이나 아파트, 빌딩의 비상 전원용 발전 기관을 의미하며 낙도(落島) 등에서의 도내 배전용 전원 등으로 사용된다.

그림 4.3 선박용 디젤엔진의 구분

4.4 선박용 2행정 저속 디젤 엔진의 작동 사이클

(1) 흡입행정

피스톤이 소기공(Scavenging Port) 하부로 하강할 때 실린더 내의 압력이 소기압력(소기실의 공기압)보다 낮기 때문에 공기가 개방된 소기공을 통해서 실린더 내부로 유입되며 피스톤이 소기공 상부까지 상승하여 소기공을 막을 때까지 공기가 실린더 내로 유입된다.

(2) 압축행정

피스톤이 상승함에 따라 소기공이 막히고 실린더내의 흡입된 공기는 피스톤의 상승함에 따라 점차 압축되며 상사점(Top Dead Center, TDC) 근처까지 도달하게 되면 실린더 내의 공기의 압력은 30 Bar 이상 증가하고, 온도는 500~650℃에 달하게 된다.

(3) 팽창행정

피스톤이 상사점에 달하면 연료분사 밸브에서 실린더 내부로 연료유가 분사되고, 분사된 연료는 고온의 압축공기에 의해 착화되어 피스톤을 강하게 누르게 되며 이때 이 힘은 연접봉(Connecting Rod)을 거쳐서 크랭크 축(Crank Shaft)을 회전시킨다.

(4) 배기행정

외부공기 압력보다 상당히 높은 배기가스는 열린 배기밸브를 통해 실린더 밖으로 배출되고, 피스톤이 하강하여 소기공이 열리면 대기압보다 높은 압력의 소기가 실린더 내로 유입되어 남아 있는 연소가스를 밀어내고, 실린더에 새로운 공기를 채운다.

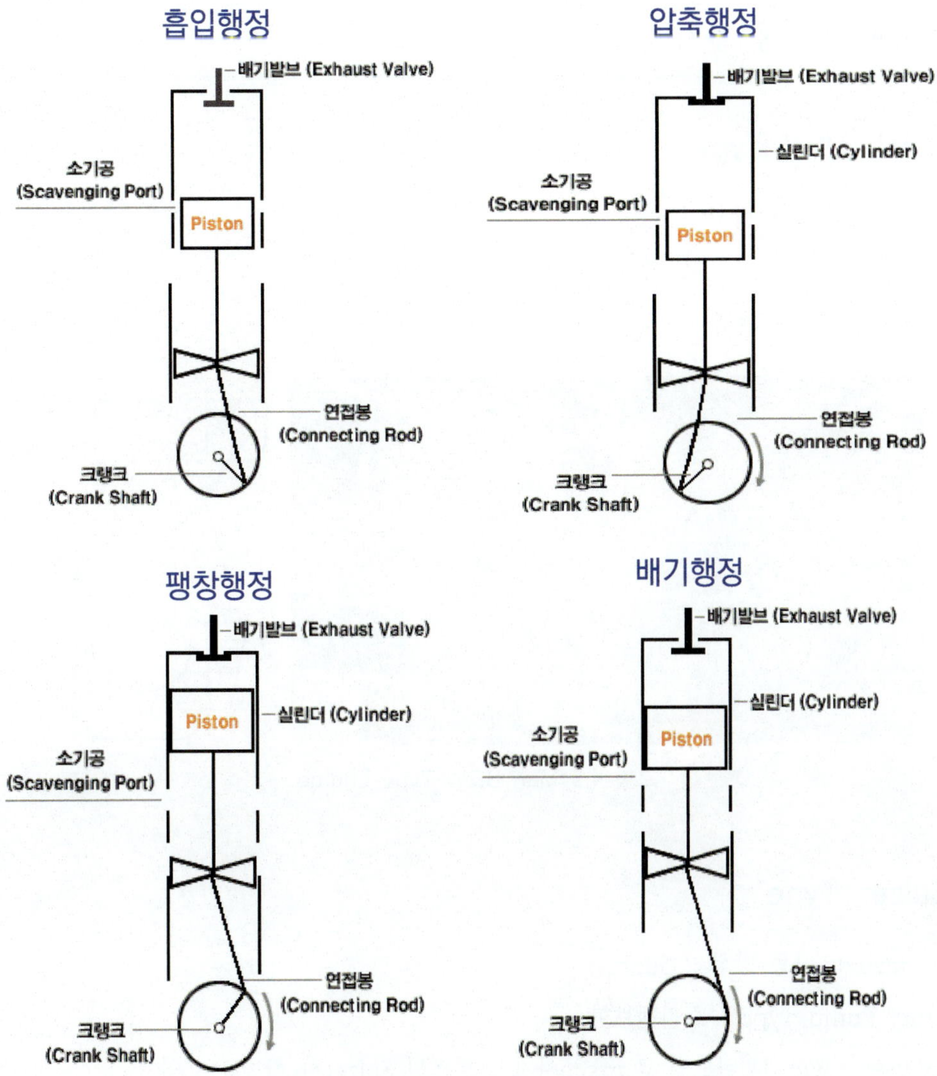

그림 4.4 2행정 디젤엔진의 작동

4.5 상용화된 선박용 주기관의 형식

4.5.1 MAN B&W Type

① Camshaft 구동 방식: Chain

② Fuel Pump Type : 보쉬형

③ Maker : Man B&W

그림 4.5 Man B&W Type Engine

4.5.2 Sulzer Type

① Camshaft 구동 방식 : Gear

② Fuel Pump Type : 스필밸브형

③ Maker : Wch [핀란드의 Wartsila사가 스위스의 Sulzer사 합병(1997)]

그림 4.6 Sulzer Type Engine

4.6 내연기관의 구조

4.6.1 주기관의 형식

① 한바다호 주기관의 형식 6L42MC/ME

② 한나라호 주기관의 형식 6L35MC

[참고]

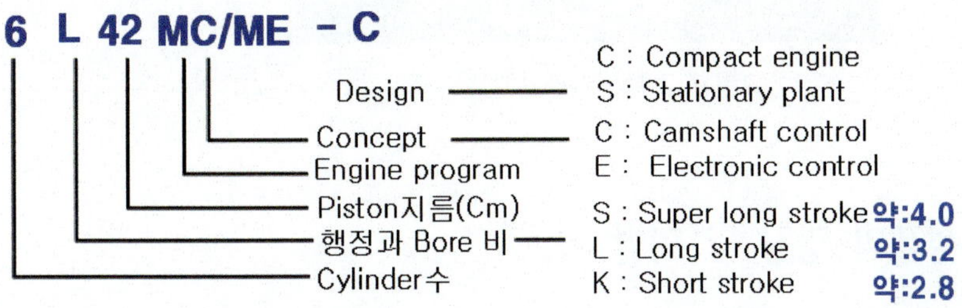

4.6.2 기본구조

디젤기관의 본체는 베드 플레이트(Bed Plate), 프레임 박스(Frame Box), 실린더 프레임(Cylinder Frame) 등의 고정부분과, 왕복운동부분, 회전운동부분, 연료계통, 흡·배기계통 및 과급장치 등의 부속장치로 이루어져 있다.

① Bed Plate

② Frame Box (Column)

③ Cylinder Frame (Jacket)

그림 4.7 내연기관의 기본구조

4.6.3 내연기관 구성품의 명칭 및 역할

(1) 베드 플레이트 (Bed Plate)

베드 플레이트는 크랭크축과 프레임으로부터 힘을 받아 기관 전체를 선체 기초위에 홀딩다운볼트(Holding Down Bolt) 로 고정하고 각부에서 떨어지는 윤활유를 받아 모으는 기초적인 역할을 한다. 베드 플레이트에는 메인 베어링을 포함하여 크랭크축과 프레임 박스가 놓여진다. 베드 플레이트는 일반적으로 하나의 블록(Block)으로 제작되나 제작설비 및 중량에 따라 두 개 또는 세 개의 블록(Block)으로 제작되는 경우도 있다. 베드 플레이트 선미측 끝에는 스러스트 베어링(Thrust Bearing)과 체인 드라이브(Chain Drive)가 설치되어 있으며, 선수측 끝에는 종진동 댐퍼(Axial Vibration Damper)가 설치되어 있다.

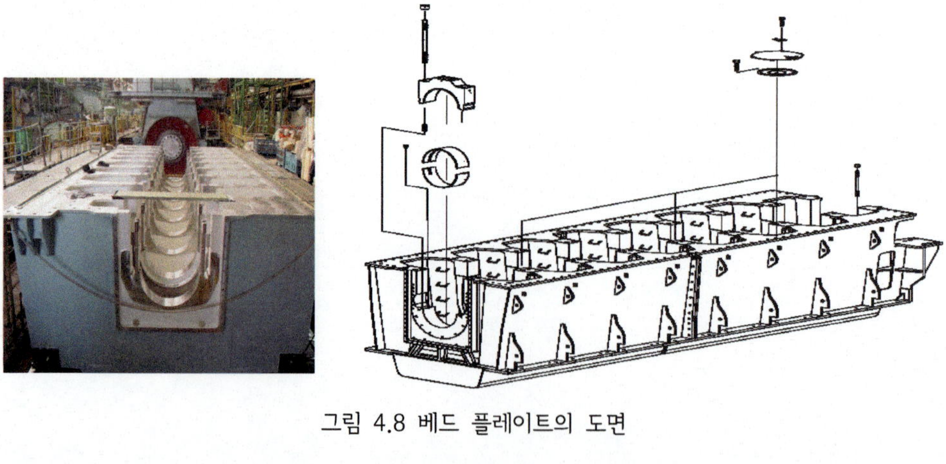

그림 4.8 베드 플레이트의 도면

(2) 크랭크축(Crank Shaft)

크랭크축은 피스톤의 왕복운동을 연접봉을 거쳐서 회전운동으로 변화시키는 역할을 하는 기계부품으로서 내연기관의 주요 운동부분의 하나이다. 크랭크축은 메인 베어링(Main Bearing)으로 지지되는 크랭크 저널(Crank Journal), 연접봉의 대단부(Big End)와 연결되는 크랭크 저널과 평행한 크랭크핀(Crank Pin), 크랭크 핀과 크랭크 저널을 연결하는 크랭크암(Crank Arm, Crank Web)으로 형성되어 있다. 필요에 따라 크랭크 암에 크랭크 핀의 반대 측으로 연장한 부분에 평형추(Balancing Weight)를 설치한다. 크랭크축의 후단부에는 터닝 휠(Turning Wheel)과 Thrust Collar 가 설치되어 있으며, 캠축을 구동하기 위한 체인 휠(Chain Wheel)은 4~8 실린더의 경우 후단부에 설치되고, 9~12 실린더의 경우 엔진의 중심부에 설치된다. 크랭크축의 재료는 큰 휘임, 압축, 전단응력을 받고, 회전력에 의해 비틀림 응력이 생기고, 기관의 모든 상요범위에서 장기간 동안 파손, 변형, 이상마모, 발열 등에 의해 파손되지 않고 원활하게 작동하여야 하기 때문에 충분한 강도를 가져야 하며, 비틀림 진동에 대비한 높은 탄성계수를 갖고, 베어링부에 대해서는 내마모성이 커야 된다. 크랭크축은 제작방식에 따라 일체식 크랭크축(Solid Crankshaft)과, 조립식 크랭크축(Built-Up Crankshaft)으로 분류하며, 전자는 일체식 단조 크랭크축(Forged Crankshaft)과 일체식 주조 크랭크축(Cast Crankshaft),후자는 전조립식 크랭크축(Full Built-Up Crankshaft)과 반조립식 크랭크축(Semi Built-Up Crankshaft)으로 분류할 수 있다.

그림 4.9 크랭크축의 설치 모습

(3) 터닝 기어(Turning Gear)

터닝 기어는 전기 모터에 의해 구동되며 크랭크축을 저속으로 회전시켜 주는 역할을 한다. 터닝 기어 모터 한쪽 끝단에는 전자석에 의한 디스크 브레이크(Magnetic Disc Brake)가 설치되어 있어 기관을 정비하거나 분해, 조립시 적정 위치에 크랭크축을 고정하는 역할을 한다. 터닝기어에는 레버(Lever)로 구성된 안전장치가 설치되어 있으며, 이 레버는 터닝기어의 기어 휠(Gear Wheel)이 엔진에 부착되어 있는 플라이휠(Flywheel)에 맞물리기 전에 위쪽으로 올려주어야 한다. 터닝기어 분리(Disengaged) 레버를 풀어주면 기관의 시동공기 시스템을 구성하는 인터록 장치(Interlock Device)가 즉시 작동하게 된다. 인터록 장치는 터닝 기어가 맞물린 상태에서 시동공기가 엔진에 공급되는 것을 막아주는 안전장치(Safety Device)로 터닝 기어가 분리되어야만 기관을 시동할 수 있도록 시스템이 구성되어 있다.

그림 4.10 플라이휠에 연결된 터닝 기어

(4) 프레임 박스(Frame Box)

프레임 박스(Frame Box)는 베드 플레이트(Bed Plate)와 실린더 블록(Cylinder Block)과 연결되어 가스압력에 의한 힘을 전달하고 기름이 누설하지 않도록 크랭크실(Crankcase)을 밀폐하는 역할을 한다. 프레임 박스 내부에는 크로스헤드 가이드(Cross Head Guide), 피스톤 냉각유관(Piston Cooling Oil Pipe) 등이 내장되어 있다. 프레임 박스의 펌프 측에는 크랭크실(Crank Case)내부로 출입이 가능한 도어(Door)가 설치되어 있으며 배기 측에는 안전밸브(Relief Valve)가 각 실린더마다 설치되어 있다.

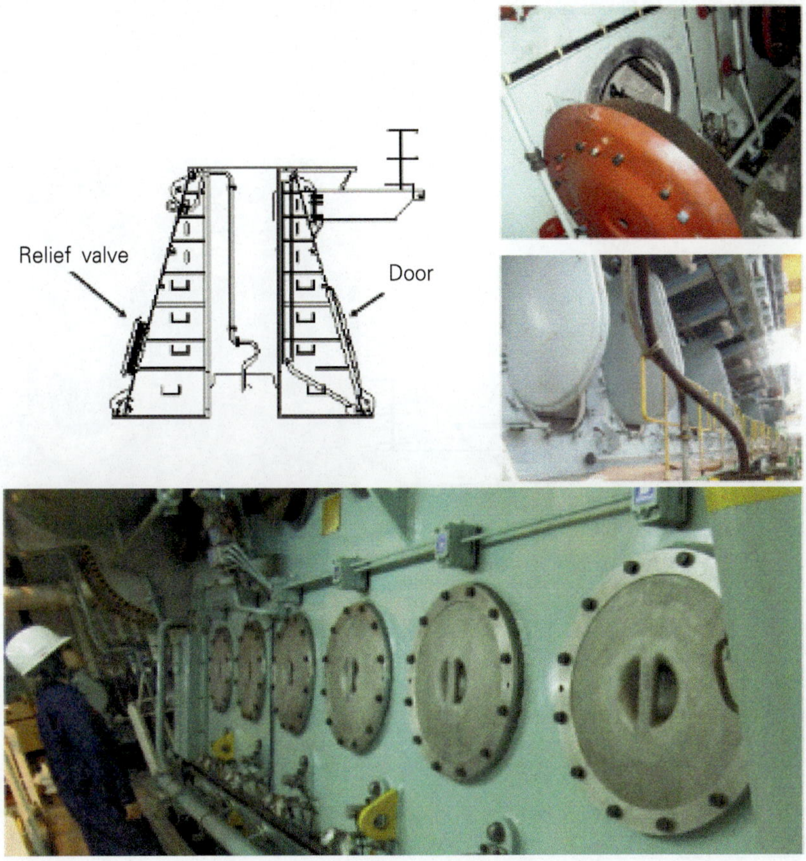

그림 4.11 한바다호 주기관의 프레임 박스

(5) 연접봉(Connecting Rod)

연접봉은 피스톤에서 가해지는 폭발력을 크로스헤드 핀(Cross Head Pin)을 통하여 왕복운동을 회전운동으로 변경하여 크랭크축에 전달해주는 역할을 한다. 연접봉은 피스톤에 가해지는 폭발압력과 피스톤, 피스톤핀, 피스톤봉, 연접봉 등의 왕복질량에 의한 관성력, 피스톤링, 피스톤 및 상. 하 베어링부의 마찰에 의한 힘, 연접봉의 좌우 요동에 의한 굽힘의 힘이 작용하기 때문에 연접봉의 재질은 가벼우면서도 충분한 강도와 강성을 갖아야 한다. 연접봉의 구조는 단조품인 로드(Rod)본체와 베어링부로 구성되어 있고, 중앙에 원형으로 구동용 및 냉각용 윤활유 통로가 있다. 연접봉을 크랭크 핀에 조립하기 위한 연접봉 볼트는 연접봉과 크랭크 핀 베어링 캡을 조여 붙이고, 크랭크 핀을 안에 끼우기 때문에 크랭크 핀 볼트라고도 하며 소형기관에서는 2개, 중· 대형 기관에서는 4개를 사용하여 체결한다.

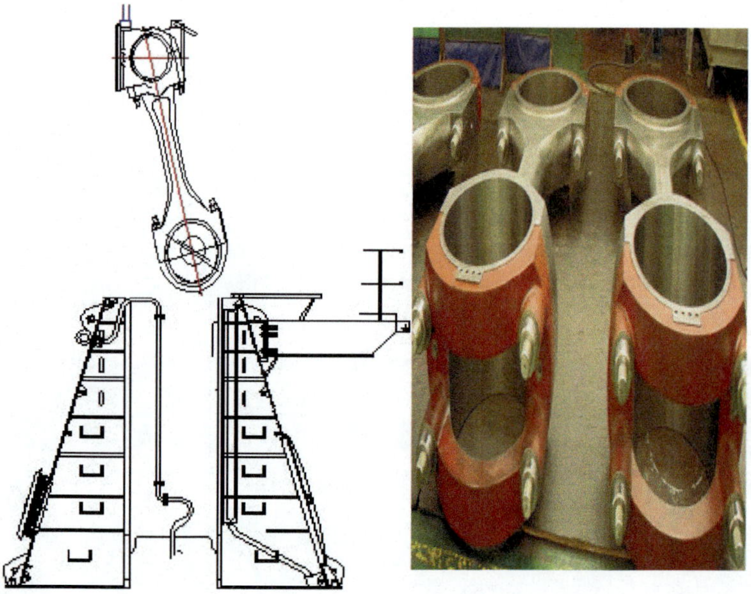

그림 4.12 연접봉의 도면 및 사진

(6) 크로스헤드(Cross-Head)

크로스헤드는 피스톤봉(Piston Rod)과 연접봉(Connecting Rod)을 서로 연결시키는 역할을 한다. 크로스 헤드형 기관에서는 피스톤에 피스톤핀이 없기 때문에 크랭크기구에 의한 축방향 추력을 프레임에 의하여 받치기 위하여 가이드 슈(Guide Shoe)가 설치되어 있으며 크로스헤드를 상하로 왕복운동하게 한다. 크로스헤드 핀은 피스톤의 왕복운동을 크랭크축의 회전운동으로 변화시켜주는 역할을 한다.

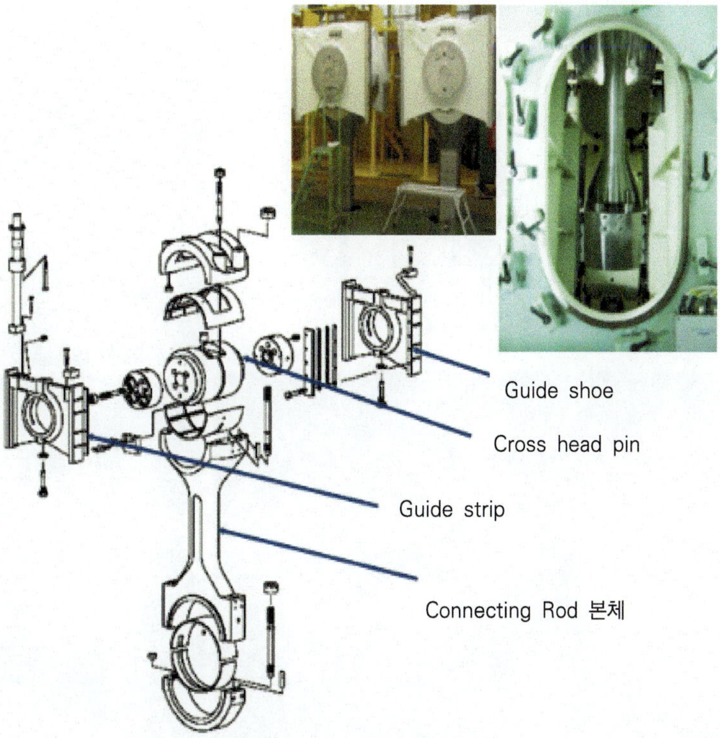

그림 4.13 크로스헤드

크로스헤드 블록에는 텔레스코픽 파이프(Telescopic Pipe)를 통해 공급된 오일을 분배하는 보어(Bore)가 설치되어 공급된 오일의 일부는 피스톤의 냉각유로 분배되고, 나머지 오일은 크로스헤드 베어링과 가이드 슈, 그리고 연접봉의 보어를 통해 크랭크 핀 베어링을 윤활시킨다. 경우에 따라 각 실린더의 출력을 조정하기 위해서 피스톤 로드와 크로스헤드 사이에 심(Shim)을 삽입하기도 한다.

(7) 실린더 프레임(Cylinder Frame)

실린더 프레임은 직접 연료가 연소하는 장소로 엔진의 추진력이 발생 되는 곳이다. 따라서 항상 기계적 열적 부하를 심하게 받고 있으므로 구조설계, 재질의 선정, 냉각방식은 특히 중요하다. 실린더 프레임은 실린더 라이너(Cylinder Liner), 캠축(Camshaft), 실린더 주유기(Cylinder Lubricator), 비상운전 스탠드(Emergency Stand)등의 조립으로 구성되어 있다. 실린더 블록 상부의 실린더 라이너 중앙 부분 둘레에는 냉각수 공간이 형성되어 있고, 하부에는 소기 공간이 형성되어 있다. 실린더 프레임에는 냉각 및 윤활유, 냉각수 입구 파이프가 연결되며, 주기적으로 냉각수와 소기 공간을 청소하고 점검할 수 있도록 맨홀 커버(Manhole Cover)가 설치되어 있다.

그림 4.14 실린더 프레임의 구조

(8) 실린더 주유기(Cylinder Lubricator)

피스톤의 운동에 따라 서로 물리적인 접촉이 이루어지는 실린더 라이너와 피스톤 링의 마모는 기관 운전 중 불가피한 상황이며 이것은 엔진 성능에 중요한 요인이 되고 있다. 실린더 라이너와 피스톤 링의 마모를 최대한 줄이기 위해 적절한 윤활유를 공급하는 장치를 실린더 주유기라고 한다. 실린더 주유기는 캠축으로부터 주유기의 구동력을 얻으며 엔진의 크랭크축의 1 회전당 1 회씩 피스톤이 상승 행정시 실린더 라이너의 역지 밸브(Non-Return Valve)를 통해 실린더 윤활유를 실린더 라이너 내부로 강제 주입시킨다. 실린더 주유기는 시동, 조정, 또는 부하의 급작스런 변동시 실린더 주유량을 증가시켜 실린더 라이너의 마모를 경감시키는 부하변동 종속 모드(LCD, Load Changed Dependent Mode)와 한번 회전할 때마다 일정한 실린더 윤활유를 공급해 주는 고정 위치 모드(Fixed Position Mode) 두 가지 모드로 작동된다.

4.15 실린더 주유기

(9) 연료 분사펌프(Fuel Injection Pump)

디젤 기관은 압축행정 말기에 액체연료를 분사시켜 연소시키므로, 연료 분사 밸브에서의 분사상태를 좋게 하기 위해서 고압을 형성시킬 수 있는 연료 분사펌프가 필요하다. 연료유 분사펌프는 해당 실린더의 캠축 상부에 있는 롤러 가이드 하우징(Roller Guide Housing)에 설치되며 연료캠(Fuel Cam)과 롤러(Roller)에 의해 구동된다. 연료 분사량은 연료 분사 펌프 랙(Toothed Rack)에 의해서 분사펌프에 유입된 연료유를 토출, 바이패스(By-Pass) 시킴으로써 조절된다. 각 실린더의 최고 연소 압력(Maximum Combustion Pressure)은 심(Shim)의 수량을 가감함에 따라서 조절할 수 있으며, 심은 톱 커버(Top Cover)와 하우징(Housing) 사이에 삽입 된다.

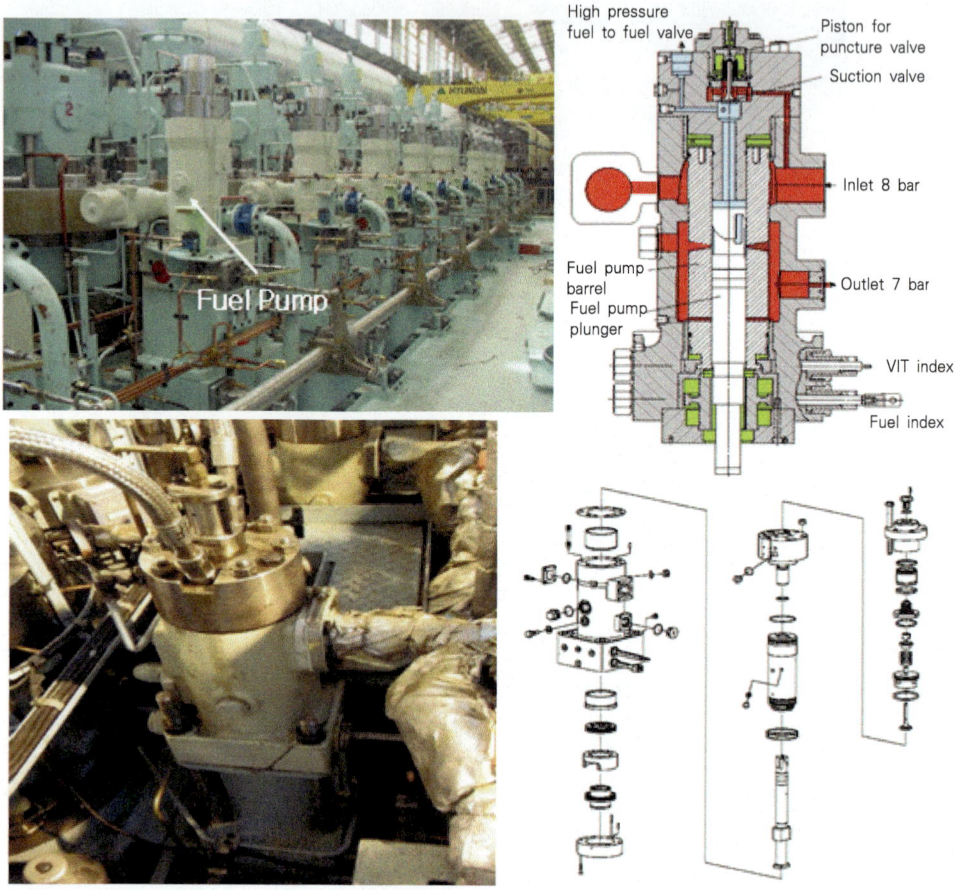

그림 4.16 연료 분사펌프의 사진

(10) 배기밸브 액추에이터(Exhaust Valve Actuator)

배기밸브 액추에이터는 배기밸브 스핀들(Spindle)의 개폐를 위한 유압을 형성시켜주는 장치이다. 배기밸브 액추에이터는 캠축 상에 조립된 배기 캠과 롤러 가이드(Roller Guide)의 작동에 의해 구동된다. 캠축 하우징(Housing) 내부의 유압 실린더는 약 600~700 Bar 의 고압의 유압을 형성시켜 배기밸브와 연결된 고압 파이프를 통해서 윤활유를 공급하여 배기밸브를 작동시킨다. 배기 밸브의 유압 실린더로부터 배출된 윤활유는 별도의 드레인 관(Drain Pipe)을 통해서 다시 캠축 유압 실린더로 배출된다. 경우에 따라 감통운전을 해야 되는 경우, 특수 공구를 사용하여 롤러 가이드를 상부 위치에 고정함으로써 배기 밸브의 작동을 중지시킬 수 있으며, 다른 특수 공구를 사용하여 배기 밸브 스핀들(Spindle)을 개방 위치에 고정시킬 수도 있다.

그림 4.17 배기밸브 액추에이터

(11) 실린더 라이너(Cylinder Liner)

실린더 라이너는 피스톤의 왕복운동을 안내하는 역할을 한다. 실린더 라이너의 외형은 원통 형상이며 상부에 실린더 오일(Cylinder Oil)을 공급할 수 있도록 주유구(Hole)가 있고 하부에는 소기공기(Scavenging Air)를 공급하는 소기공(Scavenging Port)이 있다. 소기공은 피스톤이 하사점(Bottom Dead Center, BDC)에 있을 때 열리며, 소기공을 정면에서 볼 때 약간 비스듬히 경사지게 가공되어 있어 소기가 실린더 라이너 안에서 선회(Rotary Movement)하게 함으로써 실린더 라이너 내부에 연소가스가 잔류하지 않도록 한다. 실린더 라이너는 연료가 직접 연소하는 장소로 냉각이 중요하며 냉각수는 실린더 라이너 상부의 냉각수 재킷(Cooling Jacket)을 거쳐 실린더 커버(Cylinder Cover)로 유입된다. 실린더 라이너는 실린더 커버에 의해서 실린더 블록(Cylinder Block) 상부에 밀착되며, 엔진 운전 중 가열되었을 때 아래쪽으로 자유롭게 열 팽창할 수 있도록 블록 내부에 약 절반정도 끼워져 조립되어 있는 구조로 되어 있다.

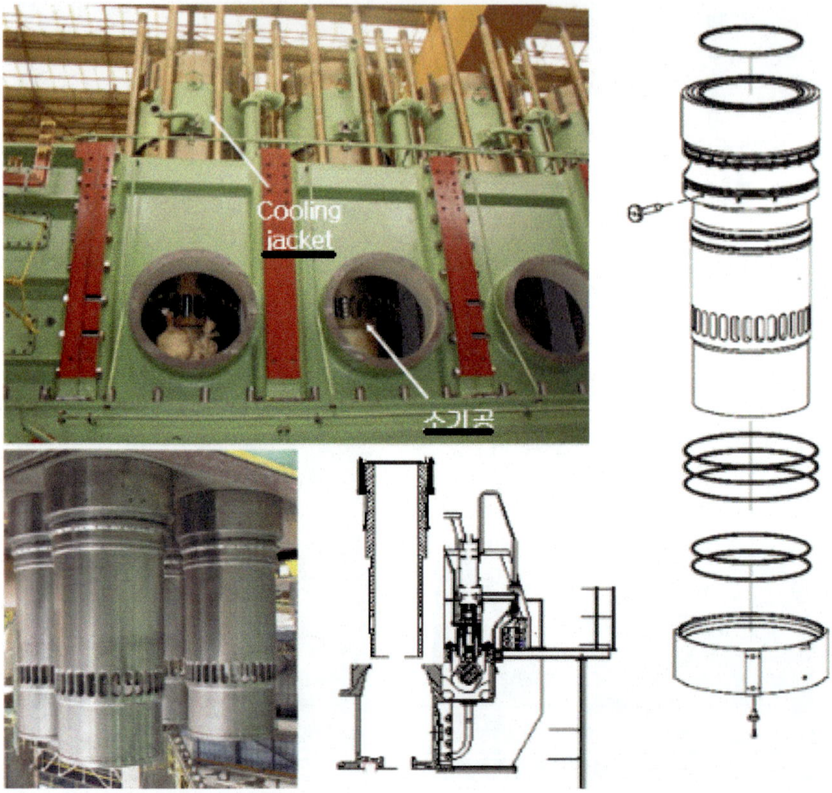

그림 4.18 실린더 라이너

(12) 실린더 재킷(Cylinder Jacket)

프레임 박스(Frame Box) 위에 실린더 재킷(Cylinder Jacket)이 설치되어 있다. 재킷 냉각수(Jacket Cooling Water)는 실린더 하부로부터 공급되고 실린더 상부로부터 실린더 헤드(Cylinger Head)를 냉각하며 재킷 냉각수의 일부는 배기밸브를 냉각하고 기관외부로 빠져나온다. 엔진은 베드 플레이트(Bed Plate), 프레임 박스(Frame Box), 실린더 재킷(Cylinder Jacket) 세 개의 블록(Block)을 잡아주는 스테이 볼트(Stay Bolt)에 의해서 고정된다. 스테이 볼트(Stay Bolt)는 가스압력과 작동부위의 관성에 의한 각 부품의 상대 운동을 방지하며 엔진 구동 중에 인장응력을 받는다.

(13) 공기 냉각기(Air Cooler)

공기 냉각기는 과급기(Turbo Charger)의 압축기(Compressor)에서 공기가 압축 될 때 상승된 공기의 온도를 냉각시키는 장치이다. 공기 냉각기에 의해서 공기를 냉각시킴으로써 밀도를 더욱 높여 소기 공기(Scavenging Air)의 압력상승에 기여하고 낮은 온도의 공기를 기관에

그림 4.19 공기 냉각기의 사진

공급함으로써 기관의 열 부하측면에서도 상당한 효과를 얻을 수 있게 한다. 공기 냉각기와 소기 리시버(Scavenging Air Receiver) 사이에 수분 분리기(Water Separator)를 설치하여 공기 냉각시 발생하는 응축수를 배출시킨다. 공기 냉각시 발생하는 응축수가 연소실 내부로 유입되면 연료유 속의 황 성분과 수분이 반응하여 황산이 형성되어 실린더 내부 및 배기관 계통에 황산에 의한 저온부식을 야기 시키기 때문에 반드시 수분은 제거되어야 한다. 공기 냉각기 하우징(Housing)에는 검사용 커버(Inspection Cover)가 설치되어 있으며, 필요시 엔진이 정지하고 있을 때, 냉각기 엘리먼트(Element)를 들어내지 않고 별도로 설치된 화학 약품 탱크(Chemical Cleaning Tank) 에 물과 약품을 희석시킨 뒤 증기로 희석된 약품을 가열하면서 공기 냉각기 내부에 내장되어 있는 분사장치를 이용하여 냉각기 엘리먼트(Element)를 청소할 수 있다.

(14) 소기리시버(Scavenge Air Receiver)

과급기(Turbo Charger)에 의해 압축된 공기는 공기 냉각기(Air Cooler)와 수분 제거기(Water Separator)를 지나 소기 리시버에 모인다. 소기 리시버는 소기 공기를 모아놓은 체적이 큰 용기(Container)를 말한다. 소기 리시버에는 보통 두 개의 보조 블로워(Auxiliary Blower)가 설치되어 있으며, 보조 블로워 흡입측은 흡입 파이프를 통하여 밸브 하우징(Valve Housing)의 논 리턴 밸브(Non-Return Valve) 아래쪽 공간과 연결되어 있으며, 출구측은 소기 리시버에 연결되어 있다. 내부의 논 리턴 밸브(Non-Return Valve)는 소기 리시버 내의 압력공기의 역류를 막아 과급기(Turbocharger)의 서어징(Surging) 현상을 막아 주는 역할을 한다. 소리 리시버에는 점검 및 청소를 하기 위한 맨 홀(Man Hole)과 안전밸브(Safety Valve)가 설치되어 있다.

(15) 보조 블로워(Auxiliary Blower)

엔진을 시동할 때와 엔진의 회전수가 너무 낮아서 과급기(Turbocharger)가 엔진에 필요한 공기를 충분하게 공급하지 못할 경우에 보조 블로워가 자동으로 운전된다. 즉 보조 블로워는 소기 리시버의 압력이 낮을 경우에 자동으로 운전되어 엔진으로 유입되는 소기를 돕는다. 보조 블로워가 운전되면 과급기의 공기 여과기와 압축기 축을 통하여 기관실의 공기를 흡입하여 소기 리시버(Scavenging Air Receiver) 내부로 공기를 공급한다. 대개 엔진의 회전수가 전속(Full Ahead) 이상 상승하게 되면 과급기에서 엔진에 필요한 충분한 공기를 공급하기 때문에 보조 블로워가 자동으로 정지된다. 소기 리시버 내부에 설치된 논 리턴 밸브(Non-Return Valve)는 과급기에서 충분한 공기의 압력을 형성시키지 못하게 되면 밸브 플랩(Flap)의 무게에 의하여 자동으로 닫히게 된다.

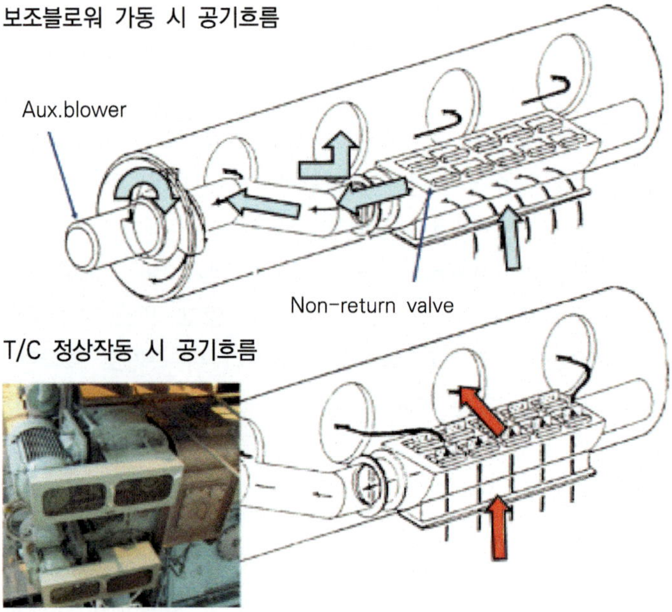

그림 4.20 보조 블로워와 과급기에 의한 소기의 공급

(16) 피스톤 및 피스톤 봉 (Piston, Piston Rod)

피스톤의 구조는 피스톤 크라운(Piston Crown), 피스톤 스커트(Piston Skirt), 피스톤 봉(Piston Rod) 및 피스톤 링(Piston Ring)으로 구성되어 있다. 피스톤 크라운은 피스톤 봉의 상부에 볼트(Bolt)로 조립되어 있고, 이 볼트들은 고정 와이어(Locking Wire)로 고정되어 있다. 피스톤 크라운에는 크롬 도금된 4개의 피스톤 링 홈(Piston Ring Groove)이 있으며, 모든 피스톤 링에는 경사진 절구부(Oblique Cut)가 있다. 피스톤 스커트는 피스톤 크라운에

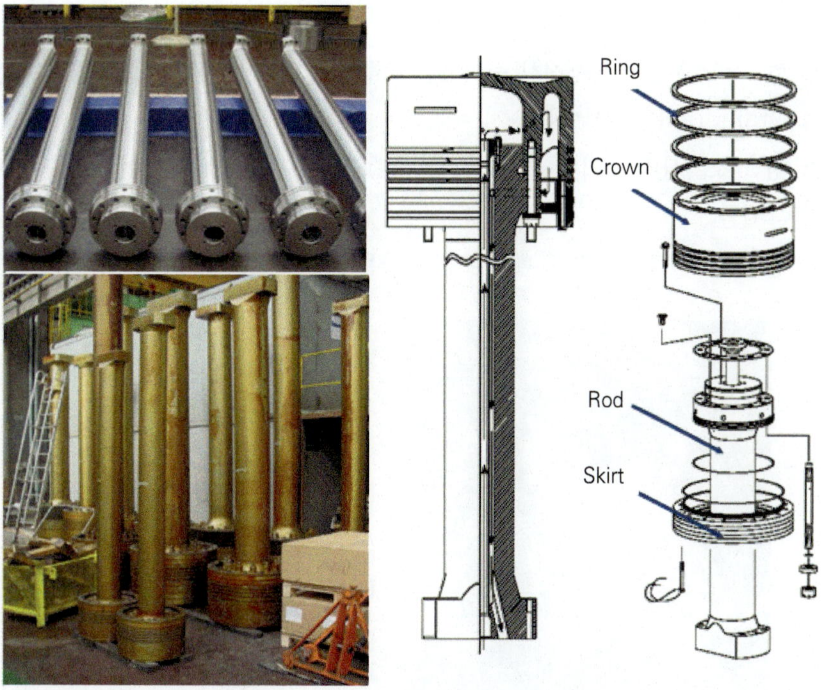

그림 4.21 피스톤 및 피스톤 봉의 구조

플렌지 볼트(Flange Bolt)로 조립되어 있고, 이 볼트들도 고정 와이어(Locking Wire)로 고정되어 있다. 피스톤은 실린더 내에서 가스를 압축하여 연소하게 함으로써 연소실에서 열에너지를 운동에너지로 바꿔주는 역할을 한다. 연소에 의한 온도 상승은 피스톤 냉각 유(Piston Cooling Oil System)로 냉각한다. 크로스헤드(Cross Head)에 연결된 텔레스코픽 파이프(Telescopic Pipe)를 통해 공급된 피스톤 냉각유는 피스톤 로드 하부의 중앙에 있는 보어(Bore)를 지나 피스톤 로드의 냉각유 파이프를 통해 피스톤 크라운에 전달되어 피스톤을 냉각한다.

(17) 스터핑 박스(Stuffing Box)

크랭크 케이스(Crank Case)내의 깨끗한 윤활유가 소기 스페이스(Scavenging Air Space)로 유입되는 것을 방지하기 위해 스터핑 박스를 설치한다. 소기와 소기실 내의 더러운 기름이 크랭크 케이스로 유입되는 것을 막아 기밀을 유지해주는 역할을 한다. 스터핑 박스는 소기실 바닥의 보어(Bore)에 볼트로 고정된 플랜지에 조립된다.

1) 스터핑 박스 글랜드(Stuffing Box Gland)의 구분

① 상부 링 : 피스톤봉의 하행정시 묻어있는 오물이나 기름을 긁어내고 기름찌꺼기는 Scavenging Box Drain Tank로 보낸다.

② 중간 링 : 소기실의 소기나 연소가스가 크랭크실로 새는 것을 막아서 밀봉링(Sealing Ring)이라고 한다.

③ 하부 링 : 피스톤의 상행정시 피스톤 봉에 묻은 시스템유(System Oil)를 긁어내는 역할을 한다.

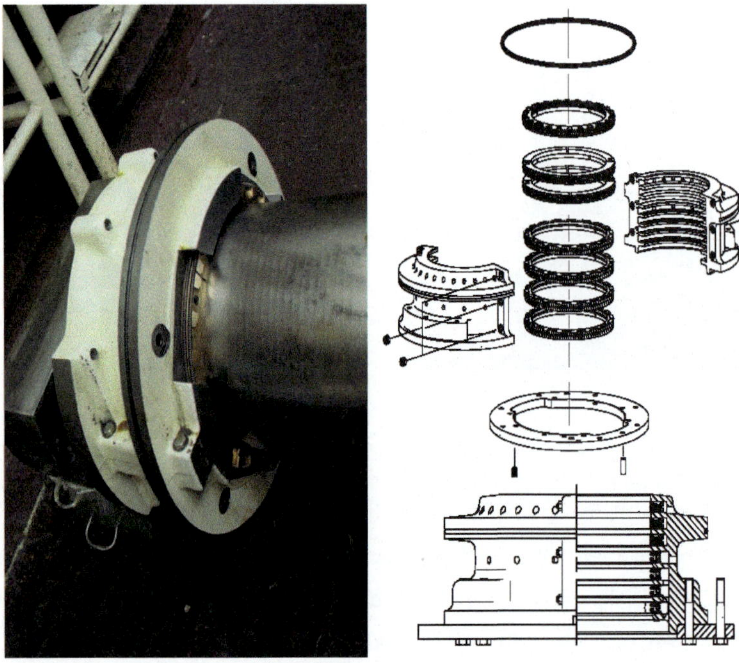

그림 4.22 스터핑 박스의 구조

(18) 과급기(Turbocharger)

선박용 디젤기관에 채용되는 과급기는 엔진에서 배출되는 배기가스를 이용하여 터빈(Turbine)을 고속으로 회전시키고 이 회전력에 의해 동일축의 컴프레서(Compressor)를 회전시켜 가압된 공기를 생성하여 소기 공기의 압력을 높이는 장치이다. 피스톤 작동행정 말기에 연소 가스는 2~3 Bar 정도의 압력을 가지고 있다. 이 압력은 배기관으로 분출하여 급속히 팽창하면서 세력을 더 하고 터빈 노즐에서 증속되어 터빈 축을 고속(대형 10,000~25,000 Rpm, 중. 소형 30,000~50,000 Rpm, 자동차용 70,000 Rpm)으로 회전시킨다. 과급기의 구동 에너지는 대략 연료소비량의 10% 정도이고, 기관출력의 25% 정도에 상당한다. 과급기에서 발생하는 서어징 현상은 원심송풍기를 일정한 회전속도로 운전하는 경우, 토출 측의 밸브를 과도하게 조이면 공기유량과 압력에 심한 주기적인 변동이 일어나게 되고 굉음을 일으키는 현상을 말한다.

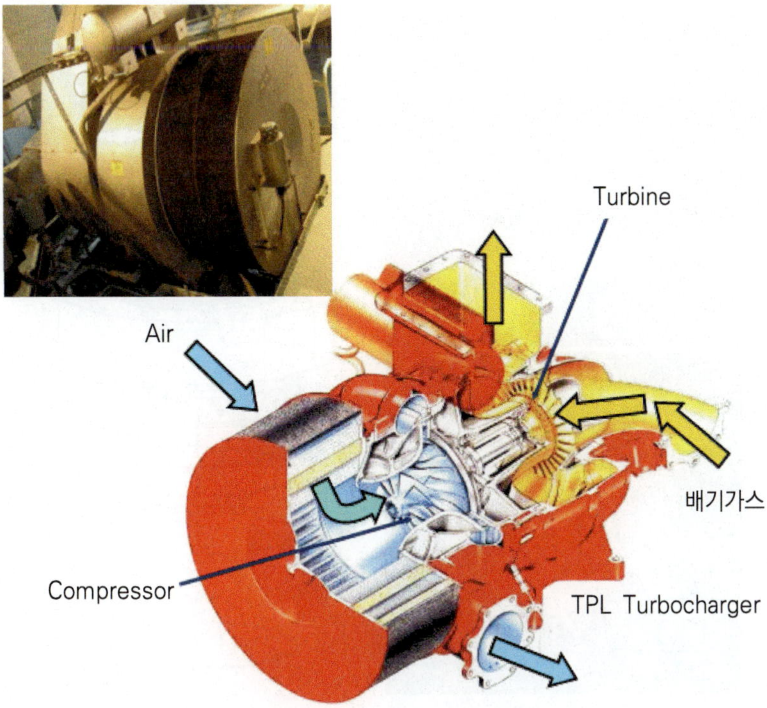

그림 4.23 과급기의 사진 및 공기의 흐름도

(19) 실린더 커버(Cylinder Cover)

실린더 커버는 실린더 라이너(Cylinder Liner) 상부에 조립되어 연소실을 구성하며 배기밸브 고정용 4개의 스터드(Stud)에 의해 실린더 재킷(Cylinder Jacket)에 고정된다. 실린더 커버에는 배기 밸브(Exhaust Valve), 연료 밸브(Fuel Valve), 시동밸브(Starting Valve), 안전밸브(Safety Valve), 실린더 내부의 압력을 계측하고 주기 터닝(Turning) 및 에어 블로우(Air Blow)를 하기 위한 인디케이터 밸브(Indicator Valve) 등이 조립된다. 실린더 커버의 재질은 소. 중형에서는 주철, 고출력에서는 크롬몰리브덴 주철, 대형에서는 주강 또는 단강을 사용하고 가솔린기관에서는 경합금을 사용한다. 실린더 라이너를 둘러싸고 있는 냉각 재킷(Cooling Jacket)으로부터 냉각수가 공급되어 배기밸브 시트 주위의 공간을 냉각시키고 실린더 커버를 빠져 나간다. 연강(Mild Steel)으로 만들어진 실링 링(Sealing Ring)을 사용하여 실린더 커버와 실린더 라이너 사이의 가스누설을 방지한다.

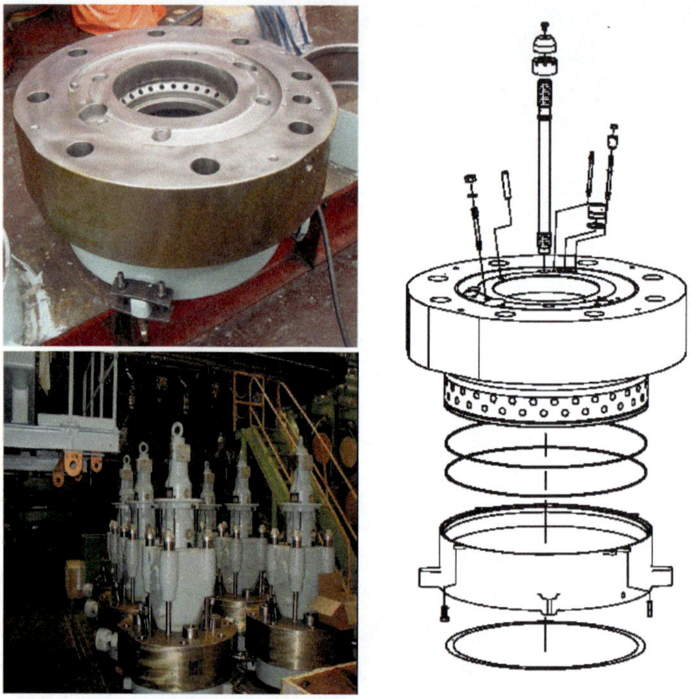

그림 4.24 실린더 커버의 사진 및 도면

(20) 배기 밸브(Exhaust Valve)

내연기관의 배기밸브는 윤활, 열응력, 변형, 냉각 등을 고려하여 대부분 버섯형 포펫(Poppet) 밸브가 사용된다. 소기방식의 2행정기관은 4행정기관과 마찬가지로 배기밸브가 설치되어 있으나, 소기과정자체가 4행정의 피스톤에 의한 강제 배기과정과 달리 소기압력과 배기가스 압력 차이에 의하여 이루어지므로 보다 효율적인 소기를 위해 유동저항을 줄일 수 있도록 배기구 직경을 크게 설계한다. 밸브의 개·폐는 배기 캠과 에어 스프링(Air Spring)에 의하여 구동되며, 적절한 개폐시기를 유지함으로써 배기가스의 역류를 방지하며 연료소모율을 보다 줄일 수 있다. 밸브 하우징(Valve Housing)은 냉각수로 냉각되어지며, 냉각수는 밸브 하우징의 하부에서 유입되어 하우징을 통과하여 실린더 커버의 냉각수 배출파이프로 배출된다.

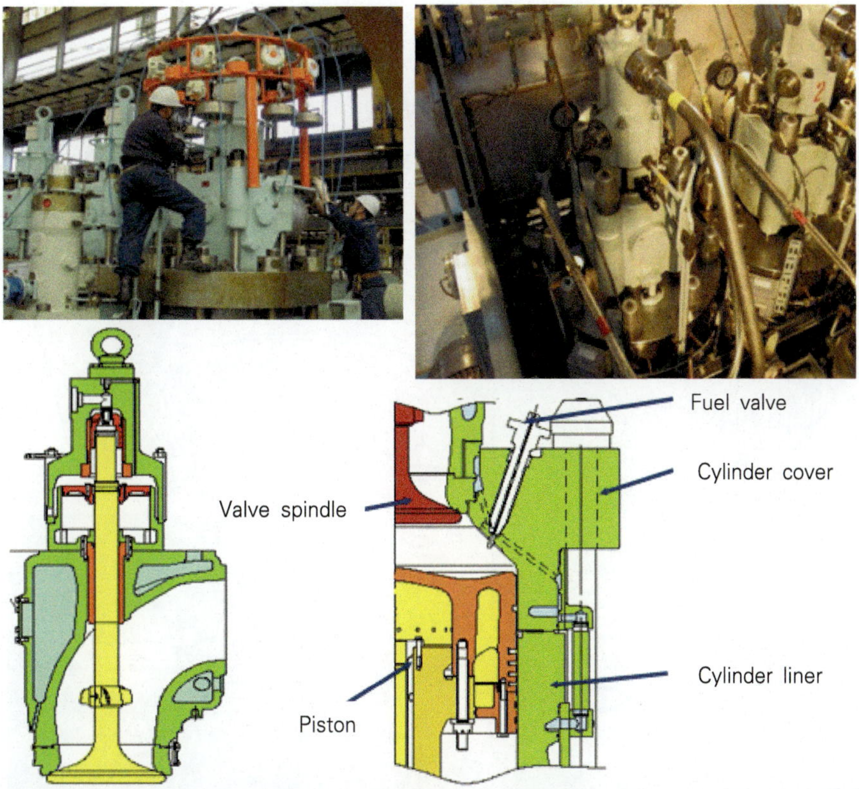

그림 4.25 배기밸브의 사진 및 단면도

(21) 연료 밸브(Fuel Valve)

연료 밸브는 연료 펌프로부터 공급되는 고압의 연료를 압축행정 말기에 분사시켜 자연 발화가 되도록 한다. 연료의 분사상태 및 분사 끝의 상태는 엔진효율 및 연소실 온도분포에 직접적인 영향을 미치므로 Atomizer의 설계가 최적화 되어야 한다. 엔진 정지 시 연료가 고착되지 않도록 연료순환펌프(F. O Circulating Pump)는 예열된 연료유를 연료분사 펌프와 연료 분사 밸브로 항상 순환 시킨다. 스핀들(Spindle)의 테이퍼 밸브 시트(Taper Valve Seat) 주위의 공간에는 연료유로 채워져 있지만 연료순환펌프의 토출 압력이 스핀들을 들어 올릴 수 있도록 충분하지 못하기 때문에 스핀들이 닫힌 상태가 되며 연료분사 밸브의 개방 압력(Opening Pressure)까지 압력이 올라가면 스핀들이 상승하면서 실린더 안의 노즐(Nozzle)을 통하여 오일이 분사된다.

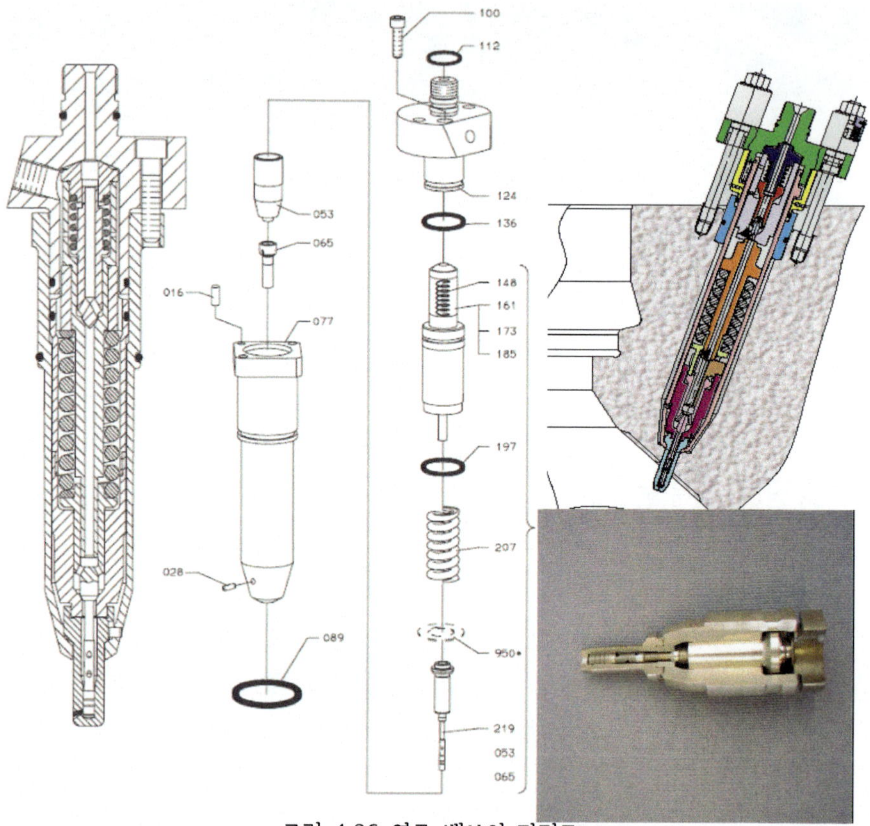

그림 4.26 연료 밸브의 단면도

(22) 배기가스 리시버(Exhaust Gas Receiver)

일반적으로 내연기관의 최대출력은 단위시간에 소비되는 공기량, 기계응력, 열응력에 의해 제한된다. 밀도를 높인 공기를 공급하기 위해 과급기를 설치하는데 배기가스의 맥동을 거의 균일하게 하여(정압식) 과급기의 터빈(Turbine)을 구동하기 위해 배기가스 리시버(Exhaust Gas Receiver)를 설치한다. 배기 밸브에서 나온 배기가스는 배기가스 리시버에 들어가며, 여기서 각각의 배기 밸브의 맥동압력이 일정하게 되어 과급기로 유입된다. 배기가스 리시버와 배기밸브 사이에는 배기밸브를 신속히 분해, 조립할 수 있도록 두 부분을 클램프 링(Clamp Ring)으로 연결하며, 단열재(Insulation)로 덮여 있다.

그림 4.27 배기가스 리시버의 사진

(23) 엔진 시동 계통(Engine Start System)

대형기관을 시동시키기 위해서는 아주 큰 힘이 필요한데 이를 위해 압축공기를 이용하여 상사점(Top Dead Center, TDC)에 있는 피스톤을 하사점(Bottom Dead Center, BDC)으로 이동시켜 엔진을 구동시키는 것이 아주 효과적이다. 주 시동밸브는 시동공기 주관에 설치되어 있다. 주 시동밸브는 공기압식 액추에이터(Actuator)에 의해 작동되며, 선교에서 엔진 운전 종료(Finished With Engine) 명령이 내려지면, 차단장치를 “Blocked” 위치로 돌림으로써 시동공기를 원천 봉쇄한다. 시동공기분배기(Starting Air Distributor)는 엔진의 선미 측에 설치되어 있으며, 캠샤프트에 의해 직접 구동되며, 시동밸브를 제어한다. 시동공기분배기(Starting Air Distributor)는 분배기 디스크, 역전 디스크(Reversing Disc), 하우징(Housing), 그리고 샤프트(Shaft)와 부싱(Busing)으로 구성되어 있다. 시동밸브는 스프링 제어식으로 실린더 커버에 설치되어 있다. 시동밸브는 시동공기 분배기로부터 나오는 제어공기에 의해서 작동된다. 시동공기를 피스톤 하향 시기에 맞추어 주입시키는데 이를 위해 시동공기 분배기에서 적절한 시기에 밸브 개방(Valve Opening)을 위한 신호공기(Signal Air)를 보내면 이에 따라 실린더 커버(Cylinder Cover)에 있는 시동밸브가 열려 대기하고 있는 약 25~30 Bar의 압축공기가 실린더 내부로 주입되어 피스톤을 움직이고, 충분한 회전 관성력이 생기면 연료를 분사시켜 엔진이 시동된다.

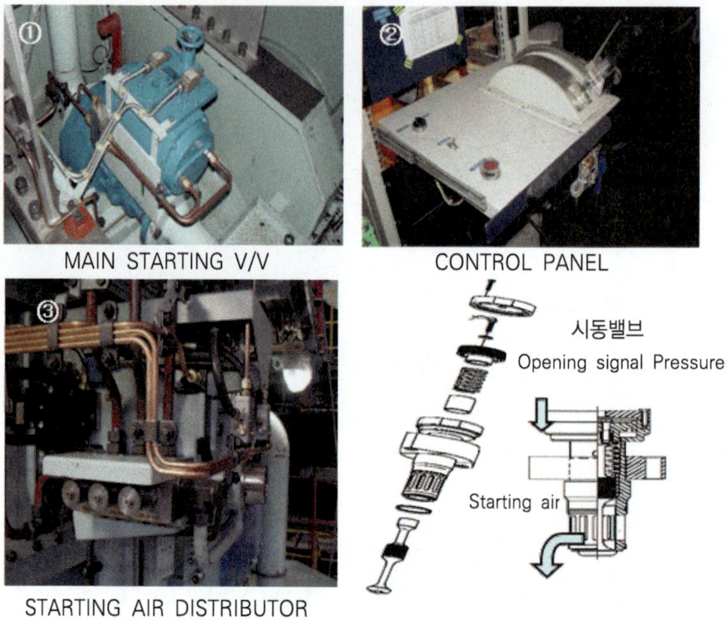

그림 4.28 시동공기 계통 구성품의 사진

4.6.4 Engine 출력의 계산

(1) 엔진 출력의 정의

대형엔진에 있어서 엔진출력은 일반적으로 마력과 Kw단위로 나타낸다. 상용되는 마력의 단위로는 영국 마력과 프랑스 마력 단위를 주로 사용한다. 근래에 들어서는 엔진의 출력을 나타낼 때 단위는 HP를 사용하더라도 수치는 프랑스 마력을 기준으로 하기 때문에 마력으로의 환산 시 혼돈되지 않도록 주의해야 한다.

- 영국 마력(HP) : 1 HP = 550 ft.lb/s = 76.04 Kgf.m/s = 0.7457 kW
- 프랑스 마력(PS) : 1 PS = 75 Kgf.m/s = 0.7355 kW

1) 도시마력(Indicated Horse Power : IHP)

도시마력은 실린더 내에서 연소된 연료가 피스톤에 직접적으로 가하는 동력을 의미하며 엔진 운전시 인디케이터 드라이브(Indicator Drive)나 MIP System으로 계측된 P-V선도(Pressure-Volume Diagram)와 RPM을 이용하여 계산한다.

2) 제동마력(Brake Horse Power : BHP)

도시마력에서 기계부품이 구동될 때 발생되는 마찰력 및 연료 분사 장치, 배기밸브 구동장치 등의 구동에 소요되는 동력을 제외한 순수하게 크랭크 축(Crank Shaft)을 구동하는 동력으로서 동력계(Dynamometer)를 이용하여 계측할 수 있다.

3) 축마력(Shaft Horse Power : SHP)

선박이 항해중 엔진이 운전될 때 추진을 담당하는 엔진 측에는 많은 추력(Thrust Force)이 발생한다. 추력을 지지하는 추력 베어링(Thrust Bearing)에서의 마찰력을 고려하여 계산된 마력을 축마력이라 한다. 계측은 흔히 토션 미터(Torsion Meter)를 이용하는데 엔진 운전시 발생하는 축의 비틀림 양을 스트레인 게이지(Strain Gauge)로 계측하여 출력을 계산한다.

4) 추진마력(Propeller Horse Power : PHP)

축마력에서 선체(Hull)의 각종 베어링(Bearing)에 대한 마찰력을 감한 순수하게 프로펠러(Propeller)를 구동하기 위한 출력을 추진마력이라 한다.

(2) P-V 선도의 정의

실린더 내의 가스압력과 용적의 변화를 선도로 나타내는 계측기기를 인디케이터(Indicator)라고 하며, 이 인디케이터에 의하여 기록된 선도를 P-V 선도 또는 인디케이터 선도(Indicator Diagram)이라고 한다. 이 선도를 이용하여 연료분사밸브의 개폐시기, 실린더 내의 압축압력의 고저, 압축압력과 최고압력과의 관계, 착화의 시기, 흡, 배기 밸브의 개폐시기, 평균유효압력과 도시마력의 계산을 산출할 수 있다.

IHP = 실린더 상수 X 엔진 rpm X 평균유효압력(Bar)

$$Pi = A / (L \times C)$$

A: P-V선도의 면적

L: P-V선도의 수평거리

C: P-V선도 계측시 사용한 Indicator의 스프링상수

- 평균유효압력(Pi)

실린더 내의 압력은 피스톤의 위치에 따라 변화하므로 이의 특징을 쉽게 표기하기 위하여 계측된 P-V선도와 동일한 길이에서 동일 면적이 되는 사각형을 설정하면 이 사각형의 높이가 압력 항목이므로 이 압력을 평균도시압력이라고 한다.

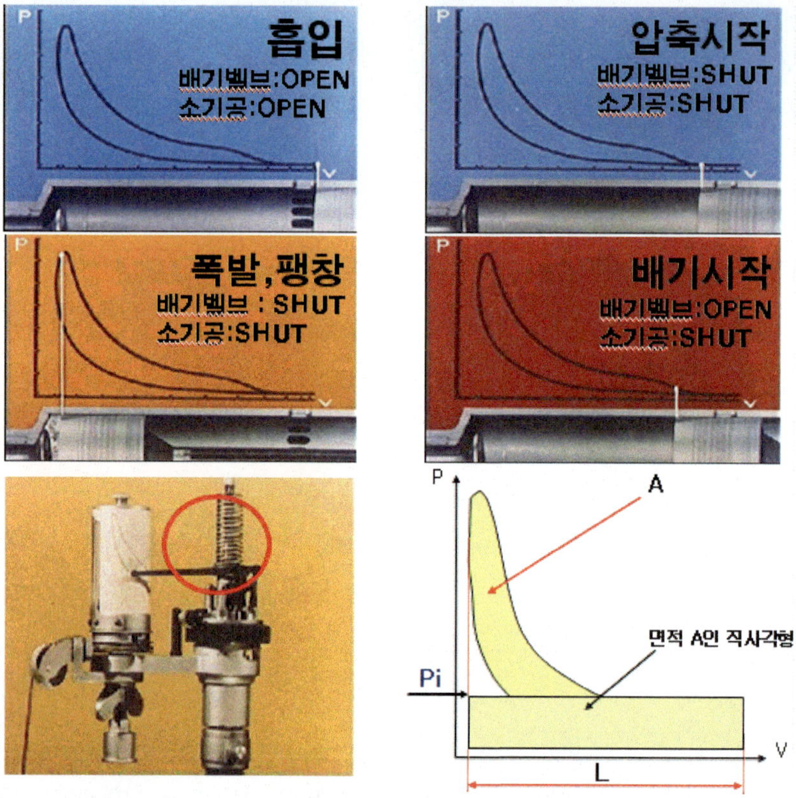

그림 4.29 인디케이터를 이용한 P-V 선도 계측

4.7 전자 제어 디젤기관(ME Engine)

4.7.1 ME-Engine의 소개

디젤기관이 등장한 이후 두 번의 획기적인 변화가 있었다. 첫 번째는 과급기의 개발로 인해 엔진 성능 향상에 큰 진보를 가져오는 계기를 마련했다는 것이고, 두 번째는 전자제어 시스템의 개발로 인해 엔진을 제어하는 것에 대하여 유연성을 확보하게 된 것이다. 캠축은 연료밸브, 배기밸브 및 시동공기밸브를 제어하고 연료분사펌프, 배기밸브펌프 및 시동공기분배기를 구동하는 유용한 하드웨어였다. 그러나 모든 부하조건에서 연소과정을 어떤 목적에 따라 다양하게 제어하고자 할 때 캠축은 큰 장애요소로 작용하였다. 이는 캠축의 형상 및 위치를 운전 중에 바꿀 수 없다는 것 때문이었다. 전자제어기관에서는 이와 같은 캠의 하드웨어적 제어기능을 컴퓨터와 소프트웨어로 대체하고 유압펌프, 축압기(커먼 레일 등), 제어밸브 등을 채용하여 캠의 구동기능을 대신하게 하였다. 이러한 변화는 제조사 및 형식에 따라 조금씩 차이는 있으나 2사이클의 경우에서는 연료밸브, 배기밸브, 시동공기밸브 및 실린더 윤활장치를 컴퓨터에 의해 제어하고 4사이클에 있어서는 연료 밸브에 한정되는 것이 대체적인 추세이다.

연소과정을 전자 제어할 경우 배출가스저감, 운전 비용절감, 저속운전성능향상 등 여러 가지 이점이 있지만 변경되거나 추가된 하드웨어 및 소프트웨어의 신뢰성(Reliability)을 검증하는 것이 새로운 과제로 떠올랐다.

4.7.2 ME 기관의 개념

ME 기관의 핵심적인 개념은 연료분사 및 배기밸브를 작동시키기 위한 기계-유압시스템(Mechanical-Hydraulic System)에 있으며, 연료분사펌프 및 배기밸브를 작동시키는 액추에이터는 기관제어시스템을 구성하는 몇 개의 제어장치에 의하여 전자적으로 제어된다. ME 기관에서는 연료분사 시기 및 분사 형상을 조정하고 배기 밸브 개폐시기와 같은 파라미터(Parameter)를 손쉽게 조정 또는 선택함으로써 기관 제어의 유연성을 확보할 수 있다. ME 기관에서 조절 가능한 파라미터로는 최대 연소 압력(Maximum Combustion Pressure, Pmax), 압축 압력(Compression Pressure, Pcomp), 연소 프로세스(Combustion Process), 배기가스 온도(Exhaust Gas Temperature)가 있다.

그림 4.30 ME-Engine 주요기기의 구성

4.7.3 ME Engine과 MC Engine의 차이점

(1) MC Engine에서 사라지는 부분

① 캠(Cam)

② 캠축(Camshaft With Fuel Cams And Exhaust Cams)

③ 캠축 구동용 체인(Chain Drive For Camshaft)

④ 연료펌프 구동장치와 역회전 기계장치(Fuel Pump Actuating Gear, Including Roller Guides And Reversing Mechanism)

⑤ 배기밸브 구동장치(Exhaust Valve Actuating Gear And Roller Guides)

⑥ 기존의 캠구동 연료분사 펌프(Conventional Fuel Injection Pumps And VIT System)

⑦ 기계식 기관 시동공기 분배기(Engine Driven Starting Air Distributor)

⑧ 전자식 조속기 및 조절 축(Electronic Governor With Actuator And Regulating Shaft)

⑨ 기계식 실린더 주유기(Mechanical Cylinder Lubricators)

⑩ 기관에 부착된 제어 콘솔(Engine Side Control Console)

(2) ME Engine에 추가되는 부분

① 유압 공급 장치(Hydraulic Power Supply Unit)

② 유압 실린더 장치(Hydraulic Cylinder Unit)

③ 전자 제어 연료 분사(Electronic Fuel Injection)

④ 전자 제어 배기 밸브 구동장치(Electronic Exhaust Valve Activation)

⑤ 전자 제어 시동공기 밸브(Electronically Controlled Starting Air Valves)

⑥ 확장 전자 조속 기능(Extended Electronic Governor Functions)

⑦ 전자 제어 보조 블로워(Electronically Controlled Alpha Lubricators)

⑧ 기측 제어판(Local Control Panel)

⑨ 확장 타코 시스템(Extended Tacho System)

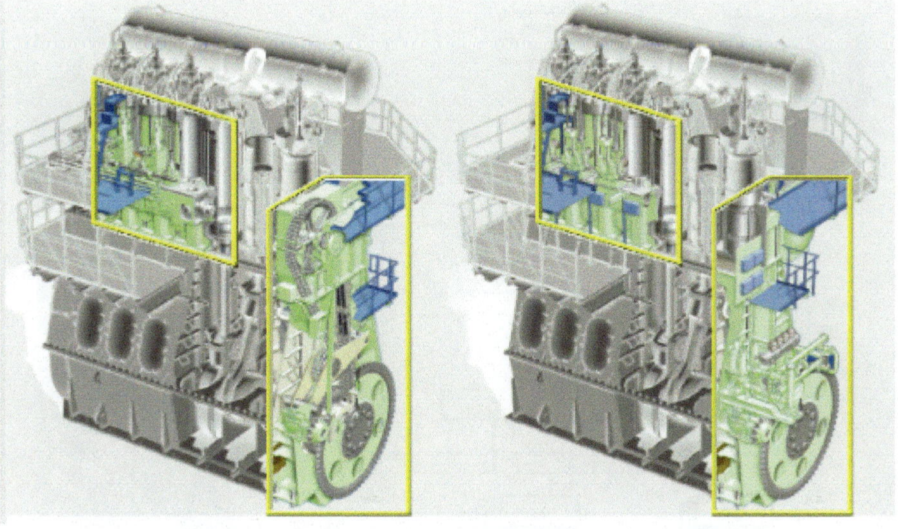

그림 4.31 ME 기관과 MC 기관의 부속기기의 차이점

4.7.4 기관 제어 시스템(Engine Control System)

(1) 기관 제어 시스템(Engine Control System)

① EICU(Engine Interface Control Unit) : 외부시스템(안전시스템, 감속기능, 경보, 텔레그래프 시스템(Telegraph System), 전력관리시스템, 원격제어시스템)과의 인터페이스를 담당한다.

② ECU(Engine Control Unit) : 기관속도, 운전모드, 및 시동순서 등의 제어기능을 수행한다.

③ ACU(Auxiliary Control Unit) : 유압 공급 장치의 펌프 및 보조송풍기에 대한 제어를 행한다.

④ CCU(Cylinder Control Unit) : ELFI, ELVA 밸브 및 시동밸브에 대한 제어를 행한다.

⑤ MCU(Master Control Unit) : 주제어장치 및 백업제어장치, 알파 윤활장치를 제어 및 감시한다.

(2) 전자제어 시스템

전자제어 시스템에는 3개의 서로 다른 제어장소(선교, 기관제어실 및 기측제어판)에서 제어가 가능하며 각 장소로부터 다양한 값들이 입력된다.

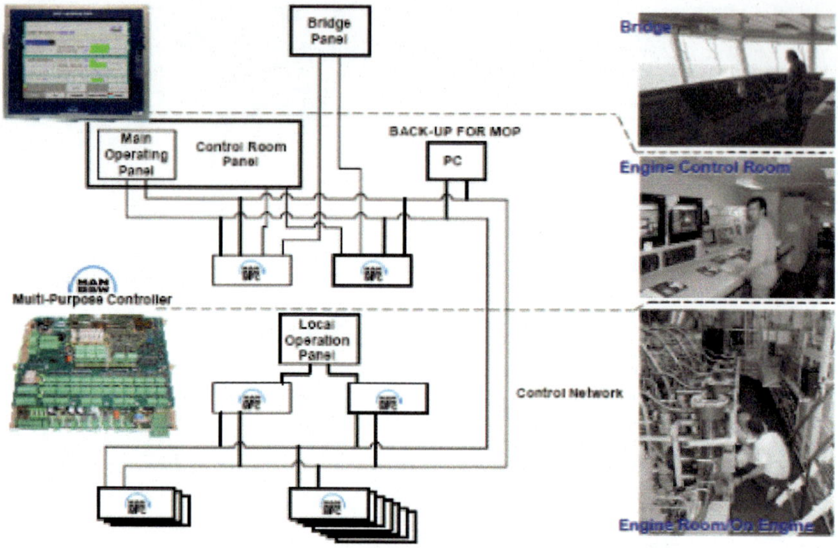

그림 4.32 기관 제어 시스템 계통도

(3) 배기밸브 시스템

기존의 MC Engine 모델과 유사하지만, 배기 밸브 액추에이터(Actuator)는 전자적으로 제어되는 On/Off 밸브(ELVA On/Off Valve)를 통해서 공급되는 제어유(Control Oil)에 의해서 구동되는 두 단계의 유압실린더에 의해서 작동된다. 배기밸브는 유압에 의하여 열리지만, MC Engine 모델에서와 같이 공기 스프링(Air Spring)에 의하여 밸브가 닫힌다. 전자 배기밸브 액추에이터는 ELVA 밸브를 통하여 공급되는 유압유에 의해서 구동되며, 이것은 기관제어시스템(ECS)과 인터페이스(Interface) 되어 있다.

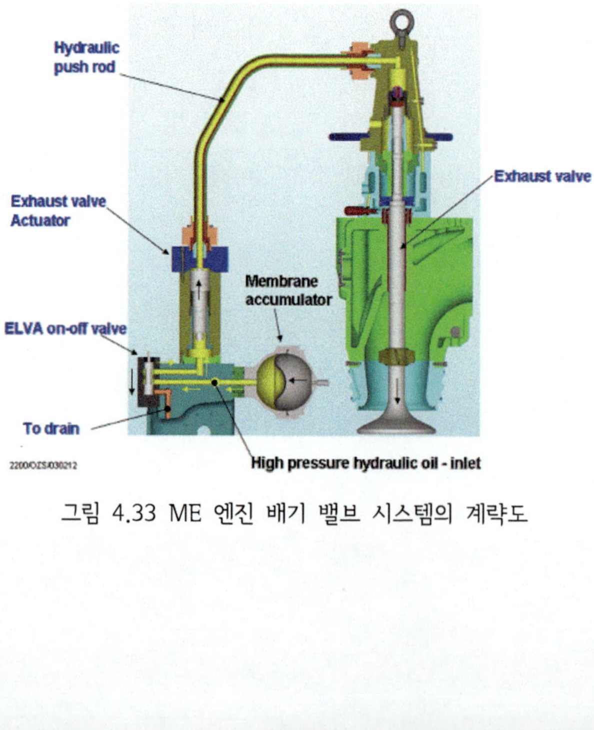

그림 4.33 ME 엔진 배기 밸브 시스템의 계략도

(4) 연료 분사 시스템(Fuel Injection System)

연료분사 펌프는 기존의 MC Engine 모델과 원칙적으로 유사하지만, 연료분사 플런저가 기존의 캠에 의해 구동되는 방식과는 달리 컴퓨터 프로그램에 의해서 정밀하게 수치 제어되는 비례밸브(ELFI Proportional Valve)에 의하여 작동된다. 전자 연료밸브 액추에이터는 ELFI 밸브를 통하여 공급되는 유압유에 의해서 구동되며, 이것은 기관제어시스템(ECS)과 인터페이스를 형성하며 플런저로 향하는 작동유의 흐름을 제어하여 연료분사시기, 분사 형상 및 분사량을 제어한다. 유압시스템은 기관의 메인 베어링 윤활용으로 사용되는 시스템 유를 10 마이크로미터 필터로 여과한 후 기관에 부착된 유압 공급 장치를 통하여 약 20 Mpa의 압력으로 가압하여 작용된다.

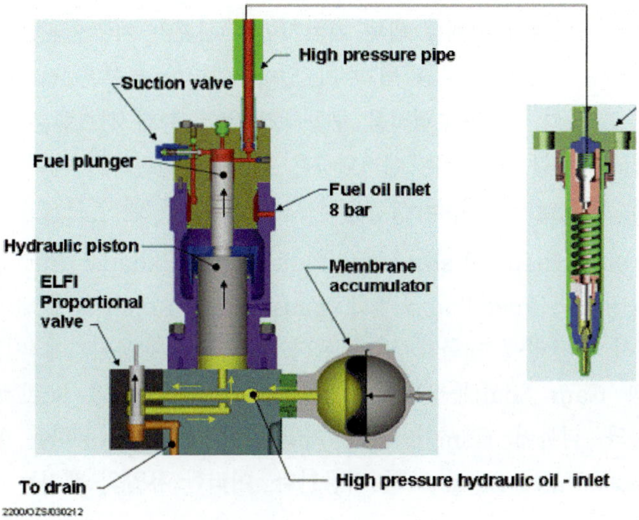

그림 4.34 ME 엔진 연료 분사 시스템의 개략도

4.7.5 MC/ME Engine System in T/S HANBADA

실습선 한바다호에 설치된 메인 엔진의 경우 MAN Energy Solutions 社의 MAN B&W 6L42MC/ME 엔진으로 MCR 8130 BHP @ 176 rpm의 사양을 가진다. 엔진 명칭에서 보듯이 6기통 Long stroke MC/ME 겸용 엔진이다. MC/ME 겸용 엔진의 경우 당시 MAN-ES의 전자제어엔진이 초기 버전으로 생산되면서 선박 운항 중 전자제어 시스템의 고장 발생 시 기존의 기계식 MC 시스템을 그대로 사용할 수 있게 고안되었다. 이는 기존의 전자제어엔진의 이중화 기능 요건보다 시스템 전체의 이중화를 마련하였다고 볼 수 있겠다. 기존 엔진과 비교하여 기계적인 구성요소들은 대부분 동일하나 새롭게 추가된 제어시스템과 제어대상들이 차이점이라고 할 수 있다. 본 장에서는 한바다호에 설치된 전자제어엔진 시스템의 실제 사진을 바탕으로 구성요소 및 시스템을 이해하도록 하겠다.

기본적으로 엔진 시스템의 이해를 위해 기기적인 구성요소 기준으로 분류한다면 Bed Plate, Frame Box, Cyliner Frame으로 나뉠 수가 있다. 이러한 부분은 전자제어엔진에 와서도 동일한 구조를 이루고 있다. 즉 프로펠러를 구동하기 위한 축계 시스템뿐만이 아니라 연소실 내에서 발생한 폭발에너지를 전달하는 메커니즘은 전자제어엔진과 기계식엔진이 모두 동일하다. 그림 4.35의 경우 Cylinder Frame 상부층의 MC/ME 겸용 엔진 모습을 나타낸다.

Cylinder Cover, Exhaust Valve, Hydraulic Pipe, Exhaust Gas Manifold 등이 기존 엔진 시스템과 동일하다. Fuel Pump 및 Exhaust Valve Actuator에 있어서는 전자제어 시스템으로 변화하면서 디자인에 변화가 있게 된다. MC/ME 겸용이기에 이러한 기계식엔진에서 사용하던 Cam과 Cam Shaft를 이용한 Roller Guide 방식의 Fuel Pump 및 Exhaust Valve Actuator와 더불어 Cam이 없는 가압된 유압만을 사용하는 Fuel Oil Pressure Booster와 Exhaust Valve Actuator를 사용한다. 이러한 유압의 제어는 전자 밸브에 의해 제어가 이루어진다.

그림 4.36에 보는 바와 같이 Port 측에 전자제어엔진용 HCU(Hydraulic Cylinder Unit)이 설치되어 있고 메인 엔진의 배기밸브와 HCU 사이에 기존의 기계식엔진에서 사용하던 Fuel Pump와 Exhaust Valve Actuator가 이중으로 설치되어 있다. MC/ME 엔진 시스템의 운전 모드 선택에 따라서 제어시스템뿐만이 아니라 연료 계통 및 배기 계통 시스템의 물리적인 절환도 요구된다. 그림 4.36에서는 전자제어엔진 모드가 아닌 기계식엔진 운전 모드로 운영되도록 파이프라인이 연결되어 있다.

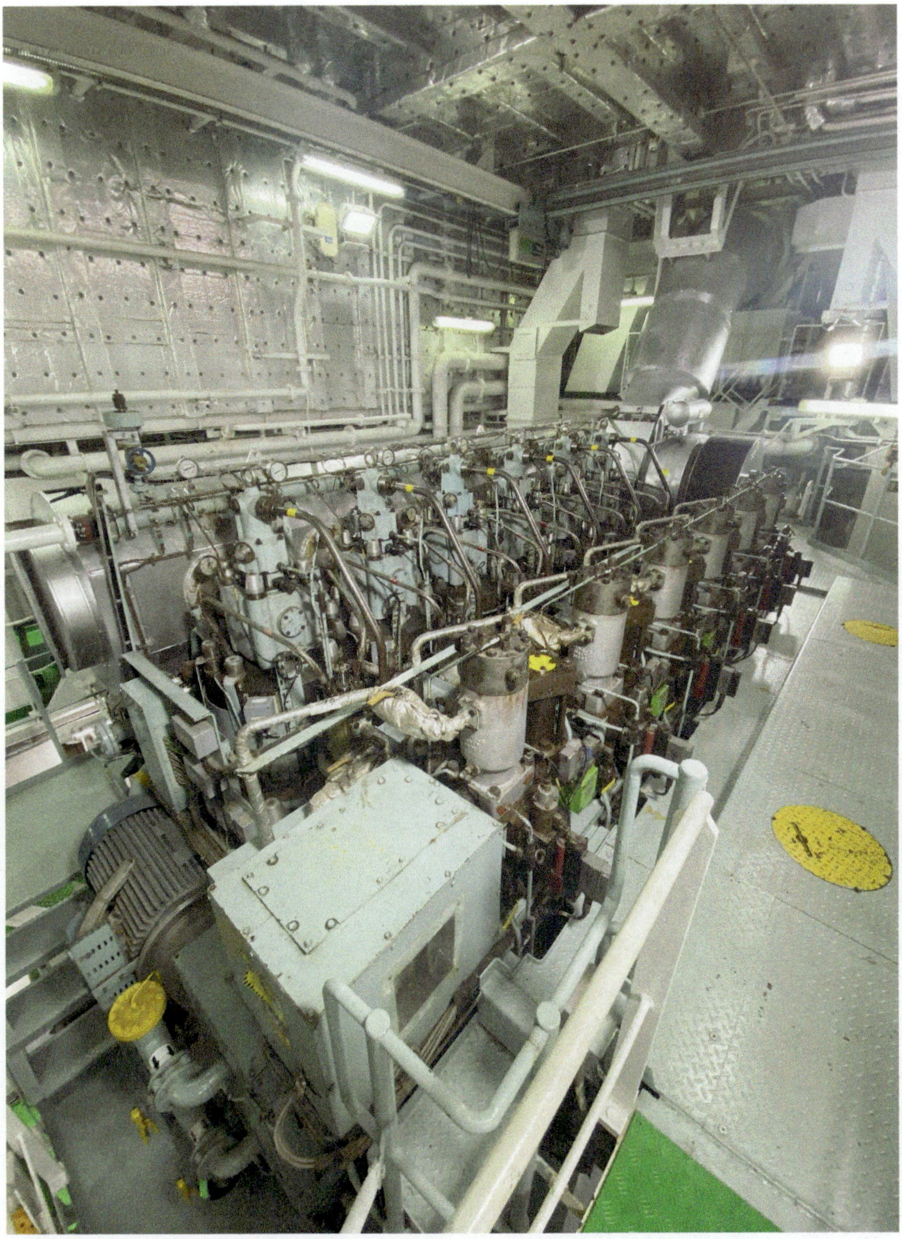

그림 4.35 Cylinder Frame with Components of MC/ME engine in T/S HANBADA

그림 4.36 연료공급 시스템 및 배기밸브 제어 시스템의 이중화 설비

그림 4.37은 HCU를 나타낸다. 왼쪽에 나타난 부품이 Fuel Oil Pressure Booster이다. 하부측에 기존 부품과는 달리 Roller Guide가 존재하지 않으며 유압을 175 bar~300 bar로 가하게 되면 내부의 Actuator에 의해 힘이 가해지고 이 힘은 다시 7~10 bar의 연료유를 Fuel Plunger를 통해 가압하면서 연료 파이프라인에서 700~800 bar로 승압 되어 연료밸브에서 300 bar의 압력으로 분사된다. 이러한 연료의 공급 시기, 연료양, 제어 시간은 전자제어 밸브 FIVA(Fuel Injection Valve Actuation)에 의해 제어된다. FIVA는 4~20 mA의 제어 신호를 받아 제어용 Spool을 움직이고 이 움직임에 따라 Main Spool이 움직여 연료분사와 배기밸브

를 제어하게 된다. 엔진 설계 초기에는 이러한 FIVA의 기능을 ELFI와 ELVA로 나누어 별도로 소개되었으나 비용적 측면을 고려하여 FIVA라는 하나의 밸브로 제어되었는데 안전상의 이유로 ELFI와 ELVA 별도의 부품으로 나뉘어 제어되도록 현재에는 개선이 되고 있다.

FIVA의 제어를 위해서는 4.37 그림에서 보는 바와 같이 Feed Back Sensor를 이용하여 Main Spool의 위치를 감지하도록 하고 있으며 Fuel Oil Pressure Booster의 움직임을 감지하기 위해 Feedback Sensor를 장착하고 있다. 이러한 Feedback Sensor가 이상 신호를 감지하게 되면 Fail Safe Mode를 통해 연료분사를 중지하고 Cylinder Cover Lifting을 방지하고 있다.

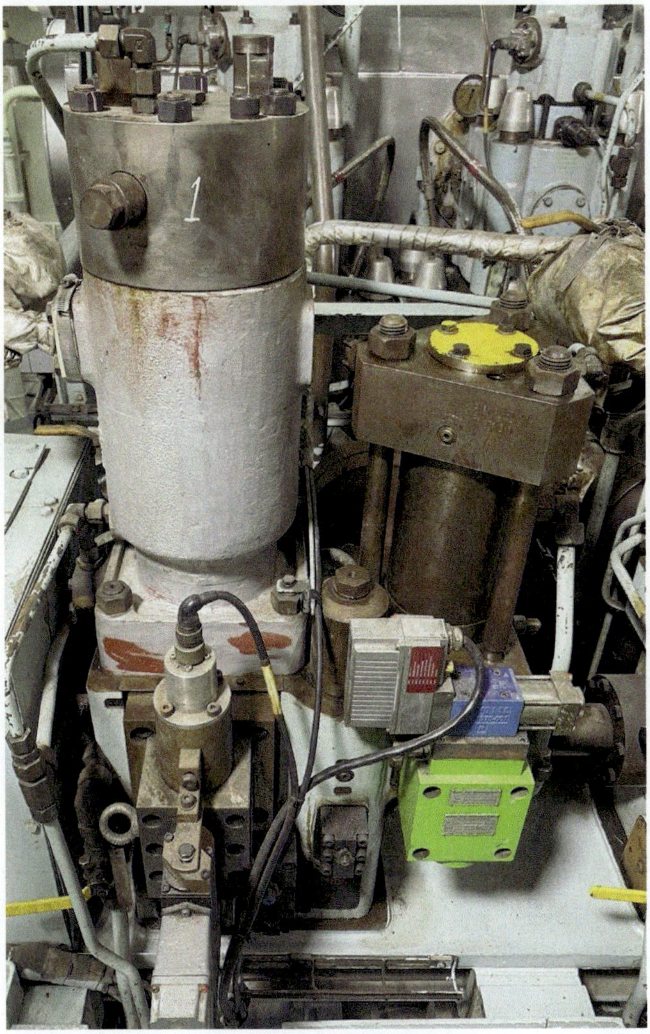

그림 4.37 Hydraulic Cylinder Unit

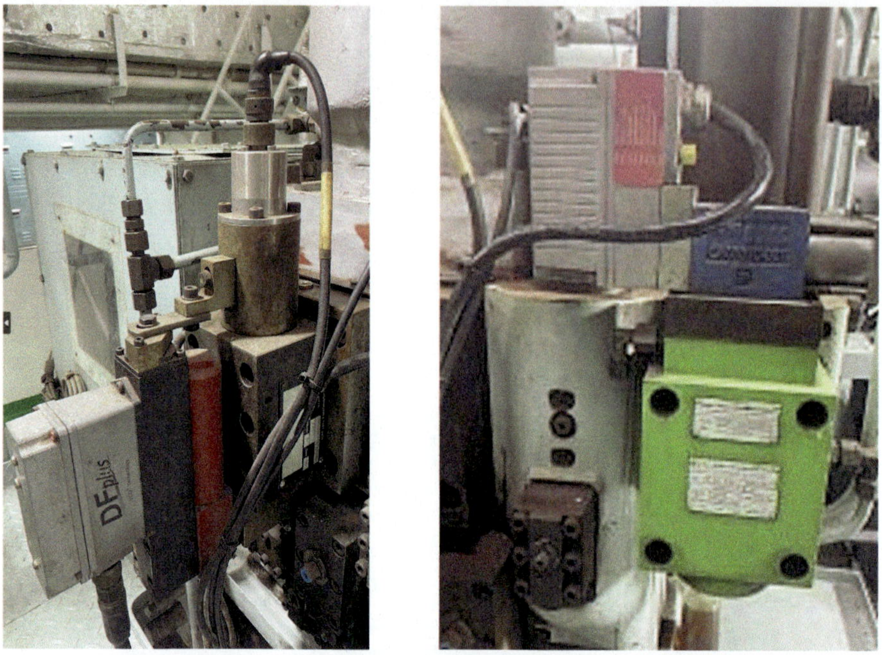

그림 4.38 EFFI and ELVA on HCU Block

Exhaust Valve Actuator의 경우 기존 배기밸브 시스템 보다 매우 단순한 구조를 지니며 유압의 힘을 전달하여 배기밸브를 열고 Spring Air의 압력으로 닫는 메커니즘은 동일하다.

그림 4.38은 HCU block에 설치된 ELFI and ELVA를 나타내고 있다. 제어부와 피드백 센서 하드웨어가 일체형으로 설치되어 있으며 빨간색은 샌드위치 필터로서 공장 초기 엔진 인도 시에 사용하게 되어있는 필터로 내부 이물질을 걸러주는 용도이다. ELFI의 제어 신호가 4~20 mA로 ms 단위로 움직이기에 아주 미세한 금속 이물질은 ELFI의 고장을 일으키기에 이를 방지하기 위한 필터 설비가 필요하다.

그림 4.39와 같이 배기밸브 측에 Feed Back Sensor가 부착되어 있으며 실시간 배기밸브의 개폐 정도를 시스템으로 전달하며 이상 발생 시 데이터는 자동으로 기록되고 사용자는 이를 확인할 수 있다.

HCU Block을 통해 유압이 공급되게 되는데 운용 및 정비를 위해서는 이러한 유압 공급을 차단하는 밸브가 필요하다. 그림 4.40은 유압 공급을 차단하는 밸브 일부를 보여주고 있다. 고압 라인, 저압 라인, 누설라인 밸브로 그 기능을 달리하며 잘못된 조작으로 인하여 오작동 및 사고가 발생할 수 있다. 상세한 밸브의 기능은 제조사의 매뉴얼에 상세히 나와 있다.

그림 4.39 Feedback Sensor on Exhaust Valve

그림 4.40 Valve on HCU Block

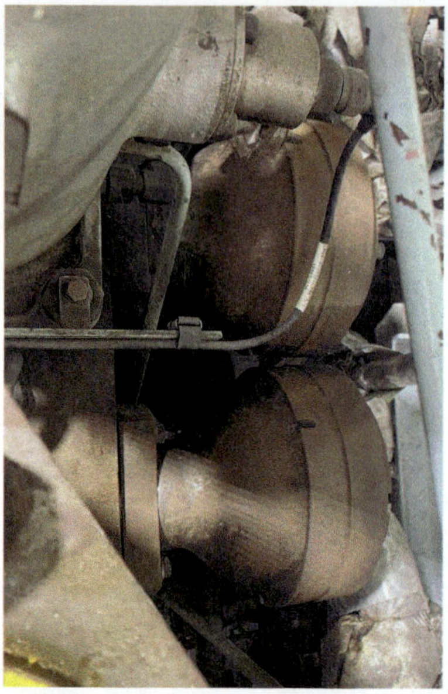

그림 4.41 Accumulator on HCU Block

유압의 공급과 사용에 따라 시스템 내에서의 압력은 변동하게 된다. 압력의 변동은 힘의 변동으로 이어져 엔진 제어시스템이 원하는 실시간 제어에 지연 요소를 가져오고, 이는 엔진성능 저하 및 오작동을 일으킬 수 있다. 이를 방지하기 위하여 그림 4.41과 같이 HCU Block에는 Accumulator가 설치되는데, 내부에 질소가 충전되어 있어 압력 에너지의 저장 및 공급이 가능하다.

하지만 시간이 지남에 따라 질소 압력이 저하되거나 내부의 다이어프램이 손상되는 문제가 발생하기도 한다. 이에 매뉴얼에 따라 주기적인 점검과 정지가 요구되며 안전 절차를 반드시 준수하여야 한다.

전자제어엔진으로 디자인이 개선되면서 실린더 오일 주유 시스템이 변경되었다. 기존에 캠을 이용한 기계식 주유 시스템에서 그림 4.42에 확인할 수 있는 전자제어식 주유 시스템인 Alpha Lubricator가 고안이 되고, 이는 부하 변동에 따라 주유 성능이 변동하는 기존의 기계식 시스템 대비 향상된 주유 성능을 가지게 되었다. 이 또한 가압된 유압을 항시 동일한 압력으로 사용함으로써 실린더 오일 주유 기능이 개선될 수 있었으며 이를 통해 피스톤 링, 실린더 라이너의 정비 주기가 길어지는 장점과 과도한 주유를 하지 않음으로써 보다 경제적으로 시스템을 사용할 수 있게 되었다.

그림 4.42 Lubricator

이러한 전자제어엔진에서 중요한 시스템은 유압 시스템으로서 엔진의 출력 또는 선주의 선택에 따라 기존 기계식엔진과 동일한 크랭크축에 연결된 체인 휠에 의해 유압 펌프가 구동되어 유압이 가압되는 방법과 전기 모터를 사용하여 유압 펌프를 가동하는 방법을 선택한다. 일반적으로 체인 휠에 의한 방법이 에너지 효율이 높기에 널리 사용되고 있다. 한바다호의 유압 시스템은 그림 4.43과 같이 전기 모터에 의해 구동되는 방식을 사용한다. 유압 펌프의 경우 이중화 요건을 만족하기 위해 2대 이상이 사용되며 엔진의 출력에 따라 연료분사 및 배기밸브제어에 따른 에너지를 더욱 요구하기에 펌프의 대수뿐만이 아닌 용량이 증가하게 된다. 또한 고부하 영역에 이를수록 엔진의 rpm 또한 올라가기에 펌프의 출력 또한 소비에 비례하여 자연스레 증가하게 되어 펌프의 출력[%]은 일정 변동 폭을 가져가게 된다. 한 대의 유압 펌프 문제가 발생하더라도 비상 운전이 가능하도록 설계가 되어있지만 2대 이상 고장이 나면 제조사에 문의하여 비상 상황에 대처를 반드시 하여야 한다.

기존 기계식엔진의 경우 BMS(Bridge manoeuvring system)와 기계식 Pneumatic Manoeuvring System, 그림 4.46 Safety Alarm System, Alarm Monitoring System에 의해 제어 및 관리가 이루어졌지만 전자제어엔진의 경우 엔진 제어 기능과 안전 기능 일부가 엔진 제조사의 기능으로 변경되고 엔진 시동 공기 제어시스템도 변화하게 되었다. ECS(Engine control system)이 도입되면 엔진의 Governor 기능이 추가되고 다양한 기능이 엔진 제작사에 의해 설계되고 사용자의 편의를 위한 MOP(Main Operating Panel)의 도입으로 기능이 고도화되었다.

그림 4.43 Hydraulic Power Supply System

ECS의 설계 기준은 엔진 시스템의 어느 단위 요소 하나가 고장 나더라도 그것이 전체 시스템의 고장에 영향을 미치지 않게 하려면 시스템의 이중화(Redundancy system) 요건이 자리를 잡았다. ME-ECS는 이중화 요건을 만족하기 위하여 센서, 네트워크, 전기·전자 컴포넌트에 이르기까지 이중으로 시스템을 설계하였다. EICU(Engine interface control unit), ECU(Engine control unit), ACU(Auxiliary Control Unit), CCU(Cylinder Control Unit)는 이중화 요건을 위해 A,B로 나뉘어 있으며 기존 제어시스템 운전이 불가능한 경우 그림 4.47의 LOP(Local operating panel)을 사용하여 현장에서 운전이 가능하다.

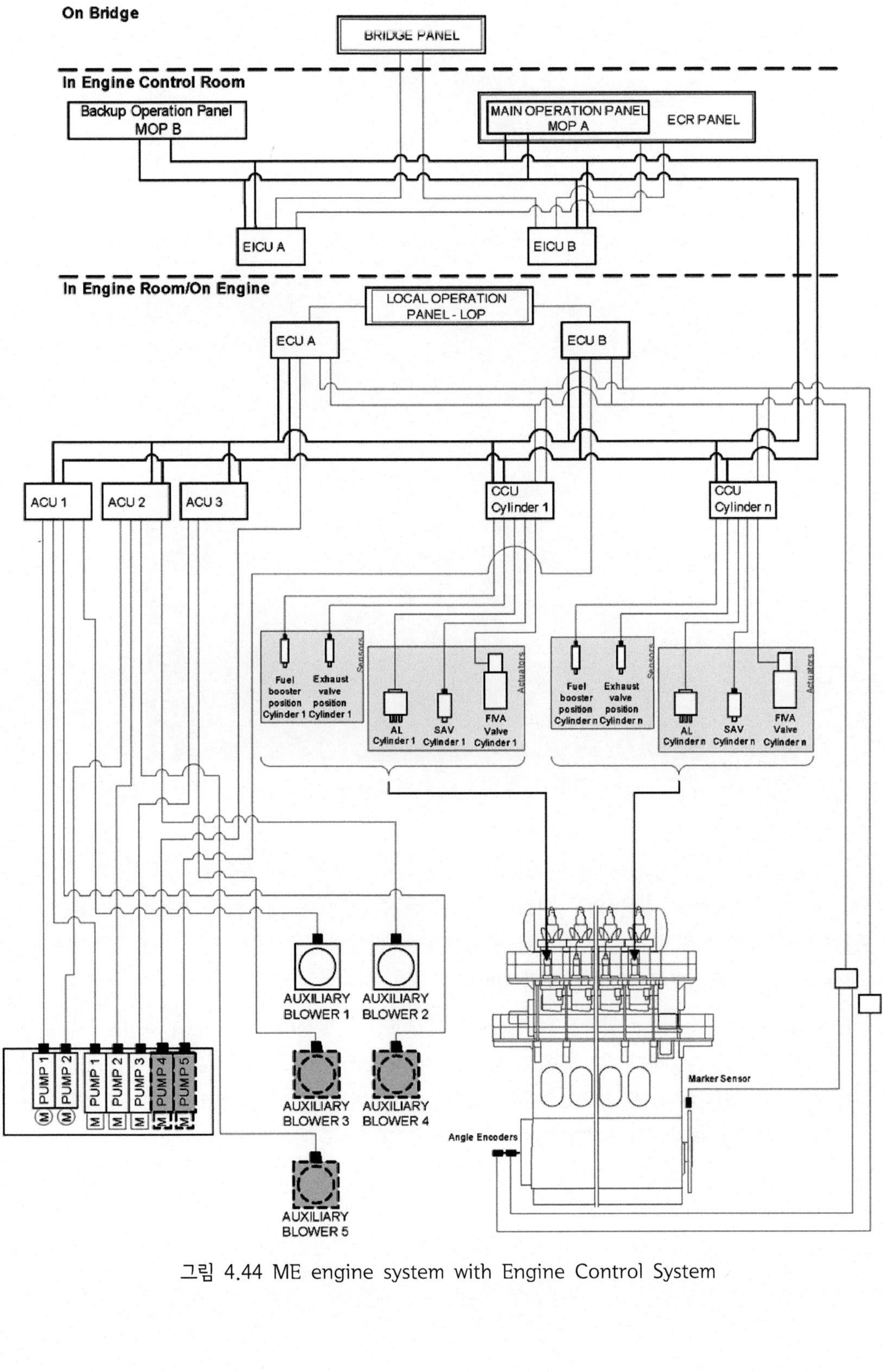

그림 4.44 ME engine system with Engine Control System

그림 4.45 ME-ECS in Engine Room

그림 4.45에서 EICU의 기능은 ME-ECS의 외부 시스템과 소통하는 역할을 한다. PMS, AMS, SAS, BMS 등과 같은 외부 시스템의 신호를 주고받으며 엔진의 운전을 원격으로 하거나 사용자에게 알람을 주거나 선박 시스템 전체 문제가 발생하였을 경우 서로 다른 시스템이 유기적으로 작동할 수 있도록 그 역할을 수행한다.

ECU의 경우 Governor 역할을 수행하여 EICU고장이 발생하더라도 ECU와 LOP의 기능으로 엔진의 운전이 가능하다. 그 외에도 시동 공기 시스템 제어, 유압 펌프 4, 5번의 제어 기능 등을 관장하고 있으며 엔진 부하 계산에 따른 엔진 제어에 중요역할하고 있다. ECU가 기능하지 못하면 엔진을 더 이상 운전할 방법은 사라지게 된다.

ACU의 경우 보조 블로어, 유압 펌프 제어를 하는 기능을 가지고 있으며 추가적인 엔진 보조시스템 제어에 그 역할을 담당하고 있다. 하나의 ACU가 고장 나더라도 시스템 전체는 운전될 수 있게 설계되어 있다.

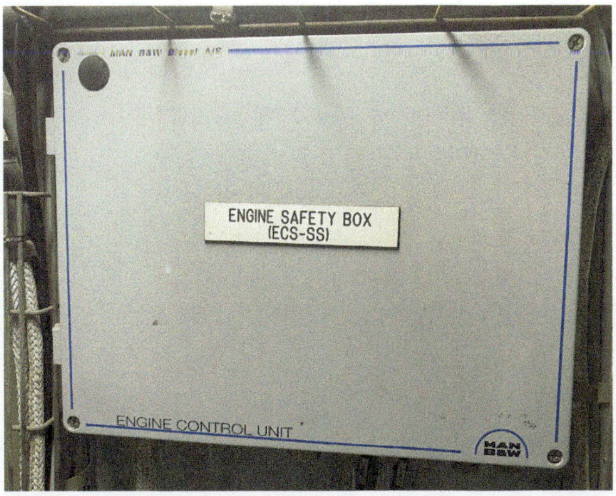

그림 4.46 Safety System in Engine Room

CCU의 경우 개별 기통을 제어하는 기능으로 연료분사, 배기밸브제어, 실린더 오일 주유, 실린더별 시동 공기 제어를 담당하며 하나의 CCU가 고장 난 경우 감통 운전을 통해 선박의 감항성을 확보하게 된다. 하지만 2실린더 유닛 이상 고장이 날 경우 제조사에 문의하여 비상조치법을 전달받아야 한다.

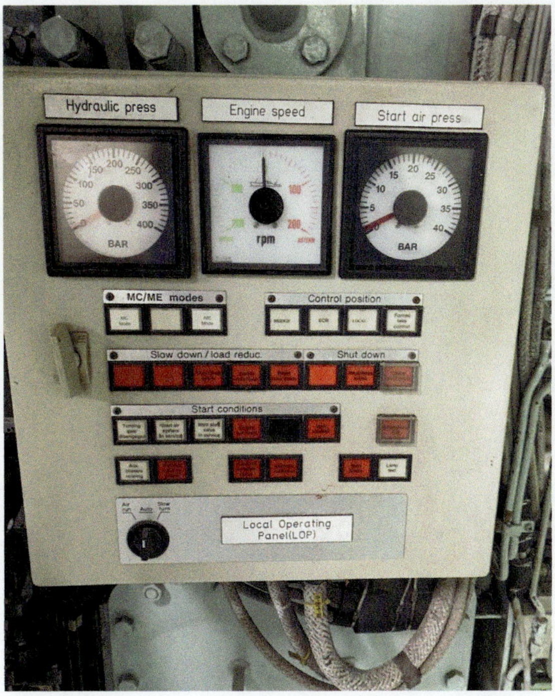

그림 4.47 LOP System in Engine Room

그림 4.48에 보는 바와 같이 한바다호의 시동 공기 시스템의 경우 기계식과 전자제어식이 혼재되어 있다. 선박에서 일어나는 잦은 문제 중의 하나가 시동 공기 시스템으로 아래 그림과 같이 매우 많은 구성품이 존재하며 사용 시간에 따라 부품 노후화 및 수분, 기름 등에 의한 부품 오작동으로 엔진이 시동이 되지 않는 일이 자주 발생하였다. 하지만 전자제어엔진으로 오면서 시스템이 간소화됨으로써 문제점의 파악 및 수리가 쉽게 바뀌었다.

그림 4.48 Pneumatic Manoeuvring System

그림 4.49 Angle Encoder with Reference Sensor in Tacho System

이러한 Engine Control System을 제어하기 위한 가장 중요한 요소로 Tacho System이 필요하다 이 시스템은 엔진 크랭크축의 위치 정보, rpm, 회전 방향을 알 수 있다. 이 정보를 통해 연료분사 시점, 배기밸브제어 시점, 실린더 오일 주유 시점 등을 계산하고 지령을 내릴 수가 있으며 이러한 작동의 기간 또한 결정하게 된다. Tacho System은 매우 중요한 요소로서 고장이 날 경우 엔진의 전기 통이 Cylinder Cover Lifting이 일어나는 대형 사고로 이어지기도 하였다.

그림 4.50은 Tacho System의 Amplifier Box로 센서의 신호를 ME-ECS와 주고받는 역할을 한다. LED 램프의 신호를 바탕으로 Angle Encoder의 Calibration을 실시한다.

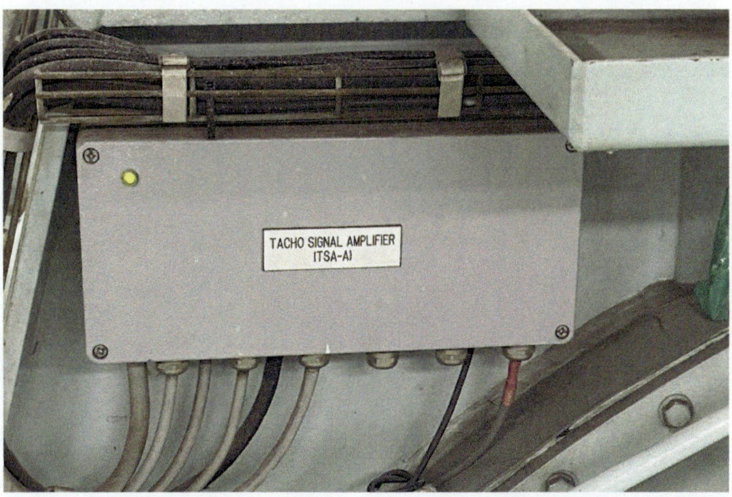

그림 4.50 Amplifier Box in Tacho System

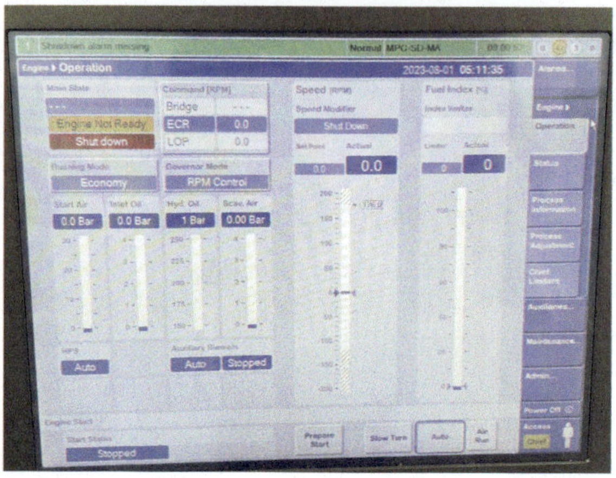

그림 4.51 MOP

사용자는 이러한 엔진의 전체적인 정보를 파악하기 위하여 그림 4.51의 MOP(Main Operating Panel)을 사용하게 된다. 주요 기능에는 엔진 준비, 엔진 시동, 알람, Function Test, Troubleshooting, 데이터 계측, 보조시스템 정보, 네트워크 정보 등을 얻을 수가 있다. MOP 또한 이중화 요건으로 A, B 시스템을 갖추고 있기에 시스템의 안전성을 높이고 있으며 MOP 문제 발생 시 본선에서 컴퓨터, 프로그램 설치 등이 가능하도록 메이커에서는 지침을 주고 있다.

4.8 주기관의 난기 (M/E Warming)

(1) 보일러 순환수 펌프의 운전

Boiler Circulating Pump는 반드시 시운전 12시간 전에 운전이 이루어 져야한다.

(2) 공기탱크의 드레인 배출

Main Air Reservoir 및 Aux. Air Reservoir에서 Drain을 배출한다.

(3) 발전기 병렬운전

Generator Engine을 기동하여 병렬운전을 시행한다.

(4) Bow Thruster 기동

Bow Thruster의 Main Circuit Breaker를 투입힌다.

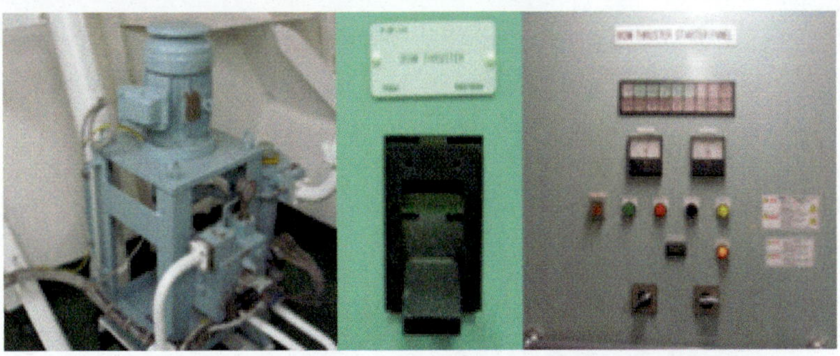

(5) 재킷 냉각수 난기

Jaket preheater의 Warming 상태(60℃~65℃)확인, Jacket Cooling Water Pump를 기동, 압력 및 온도를 확인한다.

(6) 주 시동공기 계통 드레인 배출

Main Starting Air Line Drain을 배출한다.

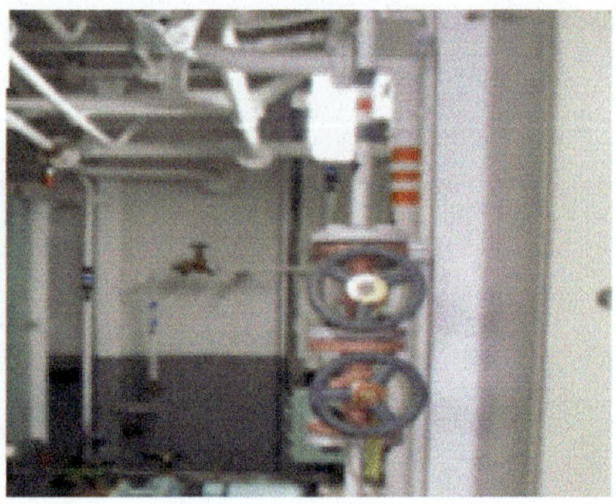

(7) 배기 밸브 닫힘 상태 확인

Exhaust Valve의 Spring Air를 공급하여, Exhaust Valve가 닫히는 Indicator Bar로 확인한다.

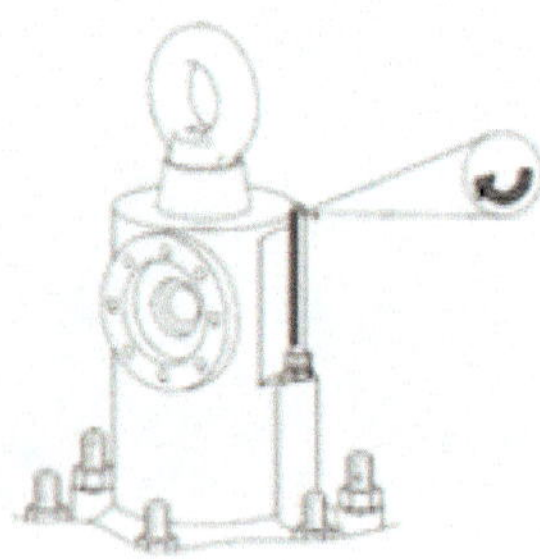

(8) 시스템 오일(System Oil) 공급

Lub Oil Purifier 운전 상태 점검 및 Main Lub Oil Pump를 기동, 압력, 온도, Piston Cooling Outlet Lub Oil Flow를 확인한다.

(9) 시동공기 계통 차단

Main Starting Valve 및 Start Air Distributor Valve의 Block을 확인하고, 기관의 Flywheel에 Turning Gear를 맞물린다.

(10) 인디케이터 밸브 개방

Main Engine의 각 Cylinder의 Indicator Valve의 Open 상태를 확인한다.

(11) 터닝 기어 연결 및 터닝

Turning Gear Motor를 "Ahead" 방향으로 기동하고, Motor Panel의 "A" Meter를 주시, 안정화 되는지 확인한다.

(12) 실린더유 수동 급유

Lubricator를 구동시켜 주유를 충분히 시키고, Turning은 15분 또는 20분간 실시한다.

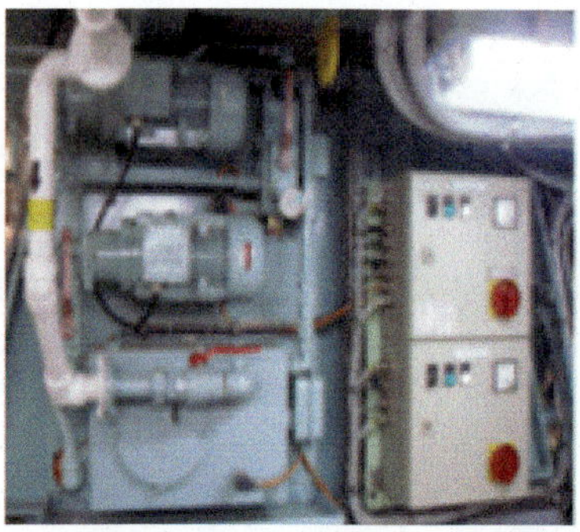

4.9 주기관의 시동준비 및 시동

(1) 터닝정지 및 터닝기어 분리

운전 중인 Turning Gear를 Stop하고, Flywheel과 분리한다. 이때 운전 중 T/G가 들어가지 않도록 Safety Lever를 Pin으로 고정시킨다.

(2) 기관 시동 준비완료 통보

주기관 Control Panel에서 "Ready for Start" 확인되면, Bridge에 연락을 취한다.

(3) 시동공기 탱크 주 밸브 개방

Main Air Reservoir의 Main Air Valve가 Open되어 있는지 확인한다.

(4) 시동공기 계통 밸브 개방

주기관 Main Starting Valve 및 Starting Distributor Valve를 Open한다.

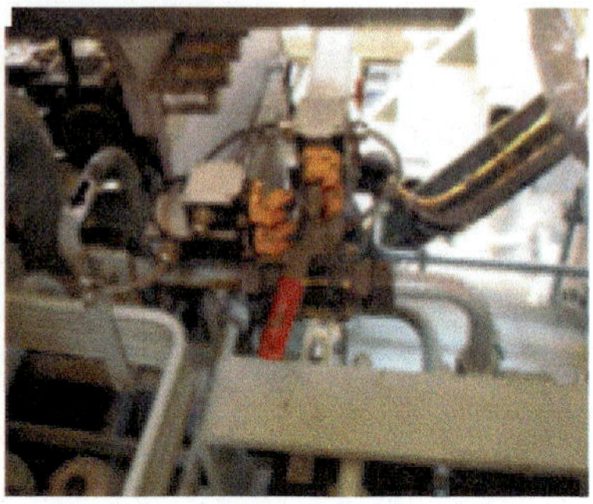

(5) Air Running 시동 점검

Bridge에서 "Dead Slow Ahead"로 Telegraph를 받아 주면, Handle Notch를 "Ahead Start"위치로 올린다.

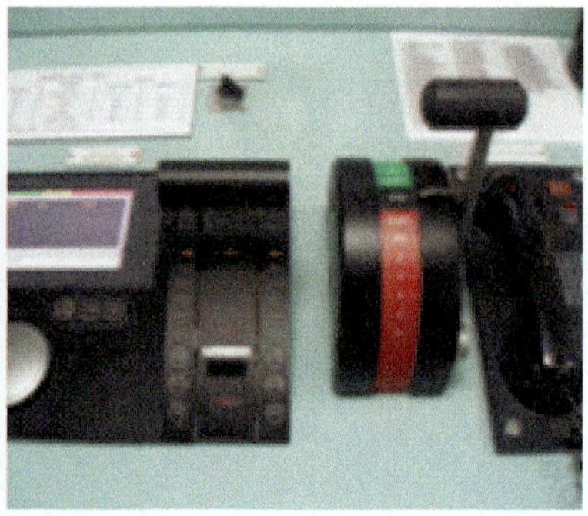

(6) 시동 이상 유무 확인

Indicator Valve에서 Air와 잔존 Gas가 분출되면, Handle Notch를 "Stop"위치로 한다. 동시에 Telegraph도 Stop한다.

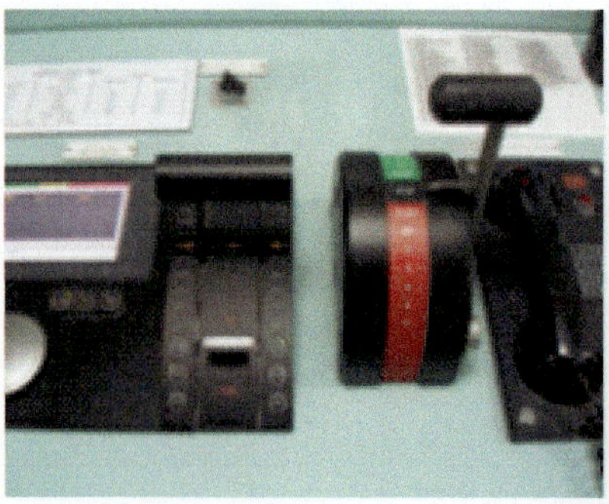

(7) 인디케이터 밸브 차단

Air Running이 끝나면, 각 실린더의 Indicator Valve를 Close한다.

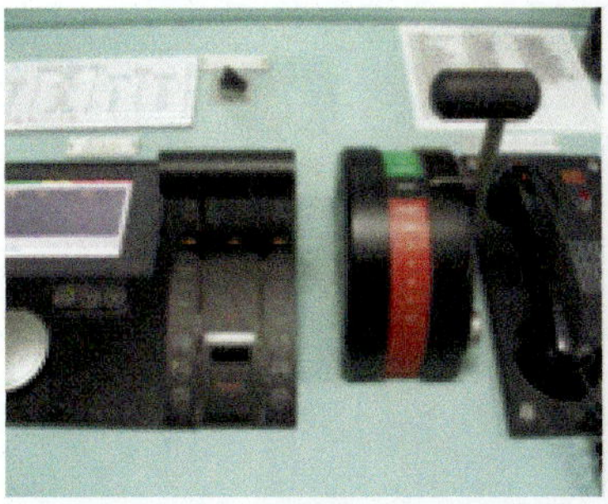

(8) 연료 공급 펌프 운전

Fuel Oil Supply Pump와 Circulating Pump를 기동, 압력 및 온도를 확인한다.

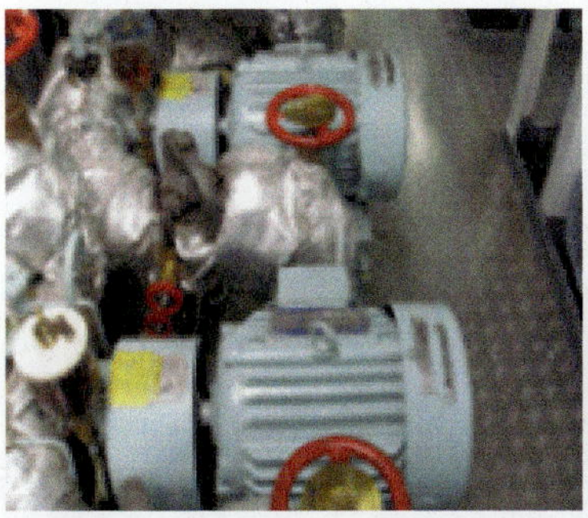

(9) 보조 블로워 자동 기동

주기관 Aux Blower Control Position을 Auto로 놓고, 기동을 확인한다.

(10) 선교 운전 테스트(전진 운전)

선교에 연락하여 "Dead Slow Ahead" Telegraph신호를 받아주면, Handle Notch를 Dead Slow까지 올린다. Fuel Running RPM을 넘어, Dead Slow RPM까지 올라가면 Stop 위치로 하고, 동시에 Telegraph도 Stop 위치로 한다.

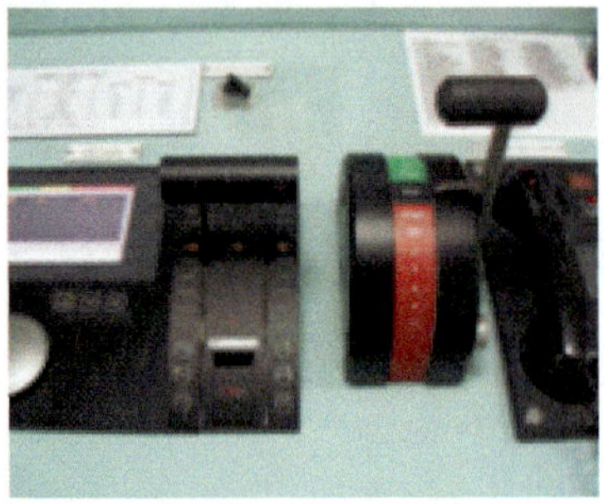

(11) 선교 운전 테스트(후진 운전)

Dead Slow Astern도 Telegraph 위치와 Handle Notch 위치만 반대로 작동하여, 위와 같은 방법으로 시행한다.

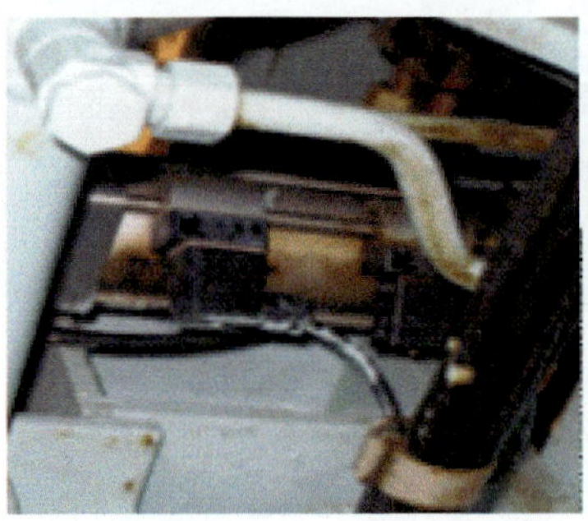

(12) 시동관련 계기 확인

Starting시 Starting Air Pressure, RPM Gauge, Fuel Pump Mark 등을 주의 있게 관찰해야 한다.

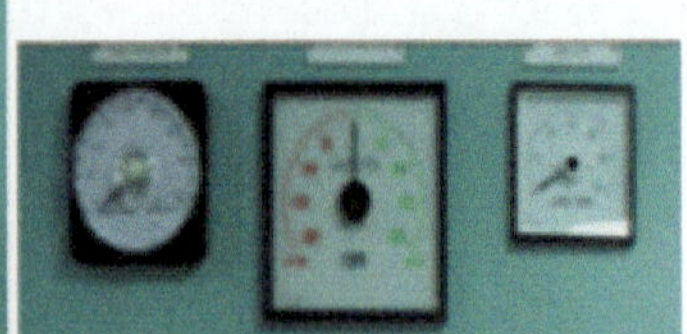

4.10 주기관 운전 점검사항

4.10.1 압력(Pressure)

① Cooling Sea Water : Jacket Cooler, L. O Cooler, Air Cooler를 냉각

② Jacket Cooling Fresh Water : 연소실을 구성하는 부분의 과열을 방지

③ Main L. O Inlet : 기관의 베어링과 피스톤의 냉각 및 윤활

④ Fuel Oil Inlet : 기관에 공급되는 연료유의 압력

⑤ T/C L. O Inlet : 외부에서 윤활유를 공급하는 T/C의 윤활유 입구압력

⑥ Scavenge Air : 연소에 필요한 공기를 말하며 소기실의 공기

⑦ Starting & Control Air : 기관의 정지와 시동, 엔진 제어용 공기

4.10.2 온도(Temperature)

① Engine Room : 기관실내의 상대습도와 온도는 소기의 노점을 결정

② Scavenge Air : 배기온도에 영향을 많이 미친다. 소기온도 1도당 보통 배기가스 온도가 10도 상승함.

③ Fuel Oil Inlet : 연료 분사시 적정한 점도를 유지하기 위한 온도유지

④ Jacket Cooling Fresh Water : 기관에 유입되는 온도 및 실린더에서 토출되는 온도를 측정한다. 기관에 특성에 따라 지정된 온도를 유지

⑤ Piston Cooling L. O : 피스톤 크라운의 발열부 전열면의 과열을 방지

⑥ Cylinder Exhaust Gas : 배기온도는 각 실린더의 출력의 크기를 판단하는 기준이 되며, 실린더간 과도한 불평형을 막는 기준이 된다. 배기온도 편차는 50도를 넘지 않도록 한다.

⑦ Thrust Bearing : 베어링 온도가 일정하게 유지되는지 주의 깊게 관찰한다.

4.10.3 기타

① Turbocharger Rpm

② Fuel Oil Viscosity

③ Air Cooler Air Side Difference Pressure

④ Intermediate Bearing Temperature

⑤ Stern Tube Bearing Temperature

4.10.4 주요 배관 계통(Piping System Diagram)

① Cooling Water System

② Fuel Oil System

③ Cylinder Lubrication Oil System

④ Lubricating And Cooling Oil System

⑤ Starting And Control Air System

⑥ Scavenge Box Drain System

⑦ Air Cooler Cleaning System

⑧ Fire Extinguishing System

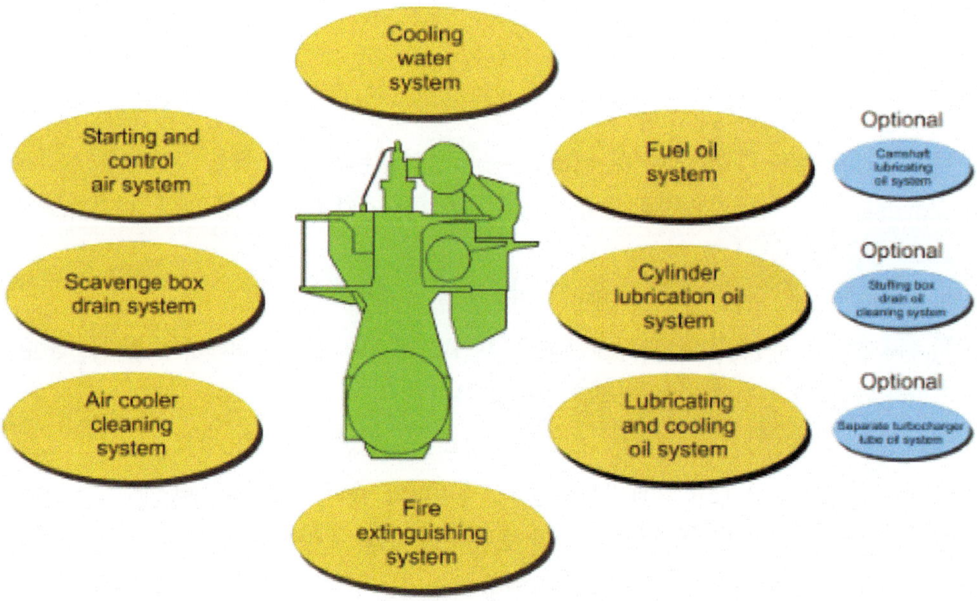

그림 4.52 주기관 운전 점검 관련 사항

4.11 Stern Tube Seal System(Kobelco Air Seal)

소형선에서는 주철 또는 주강제의 관중에 선수측과 선미측에서 각각 부쉬(Bush)를 끼우고 부쉬 내면에 지면재(Lignum Vitae 리그넘바이트, 또는 합성수지)를 넣어 물 윤활 방식을 택하지만, 최근 건조되는 대형선에서는 대부분 에어 가드 실 형식(Air Guard Seal Type)을 채택하고 있다. 에어 가드 실 형식의 선미관은 신형 실(Seal)로서 선외로 기름이 유출되는 것과 선미관 내로 해수가 침입하는 것을 완전히 방지하는 선미관 실(Seal)이기 때문에 에어 가드(Air Guard)식 실(Seal)이라 칭하고 있다. 이 형식의 실 (Seal)장치는 선미측 실(Seal)에 공기실을 설치하고 윤활유가 선외로 누설하는 것을 근본적으로 차단하고 있다. 또한 해수가 선미관으로 들어오는 것을 막는다. 만약 기름이나 해수의 누설이 발생하면 누설된 기름이나 해수는 공기의 흐름에 의하여 자동적으로 드레인 계통으로 배출된다. 또한 프로펠러 측 실 앞 쪽에는 프로펠러에 로프(Rope), 또는 어망(Fishing Net) 등이 걸려서 실(Seal)을 손상시키는 것을 방지하기 위하여 실(Seal) 보호 장치 로프 가드(Rope Guard)가 마련되어 있다. 이 형식의 선미관 실(Seal)은 해수측과 기름측 실(Seal)이 완전히 분리되어 있으므로 선미관 내의 윤활유 압력을 해수 압력보다 낮게 할 수 있는 이점이 있다.

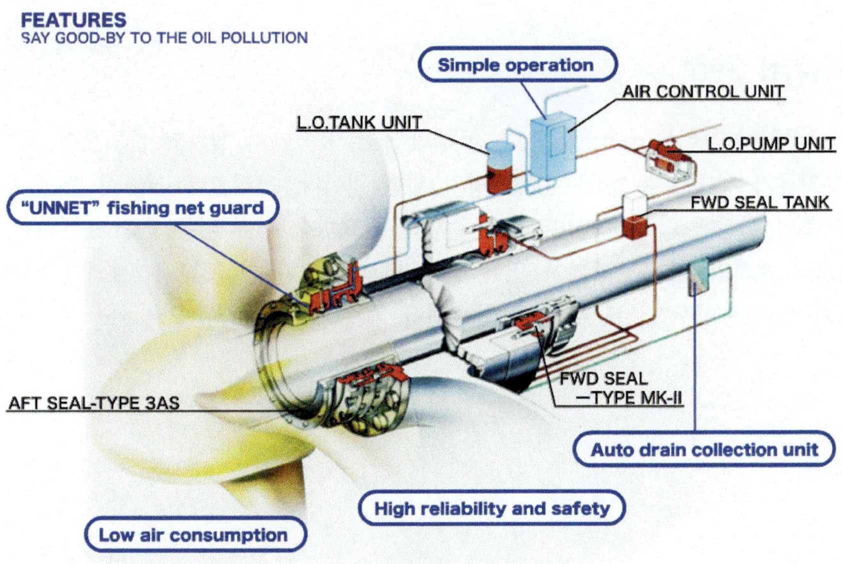

그림 4.53 Stern Tube System 의 구조

4.11.1 Kobelco Air Seal의 구성

① Air Control Unit

② Drain Collection Unit

③ S/T L. O Tank Unit

④ Oil Pressure Unit For S/T L. O Line

⑤ Fwd Seal Oil Circulator Unit

4.11.2 After Seal

표 4.1은 유윤활식 선미관의 After Seal 부위를 나타낸 것으로 No.1 Seal Ring은 내부의 No.2 및 No.3 Seal Ring을 해수로부터 보호하는 목적으로 설치된 것이며, No.1 및 No.2 Seal Ring은 해수의 침입을 막는 방향으로 향하고 있다. No.2 와 No.3 Ring 사이에는 해수의 압력보다 약 0.2~0.4 Bar 정도 높은 공기압을 공급함으로써 No.3 Ring의 Stern Tube L. O가 해상으로 누설하는 것을 방지하여 기름누설로 인한 해양오염을 막을 수 있도록 하였다.

4.11.3 Forward Seal

그림 4.54에 나타낸 Forward Seal은 두개의 Seal Ring 이 설치되어 있으며, 두개 모두 선미관의 윤활유가 선내로 누설하는 것을 막기 위한 것이다. 그리고 Forward Seal 용 윤활유는 온도차와 축의 회전에 의하여 자연적으로 순환하게 되며 상부에 있는 Forward Seal Tank 표면에 핀(Fin) 형식의 표면 냉각기가 있어 공기 냉각에 의한 기름의 냉각효과가 있으며 별도의 윤활장치가 없이도 항구적으로 운전 중에 순환을 계속하게 해준다.

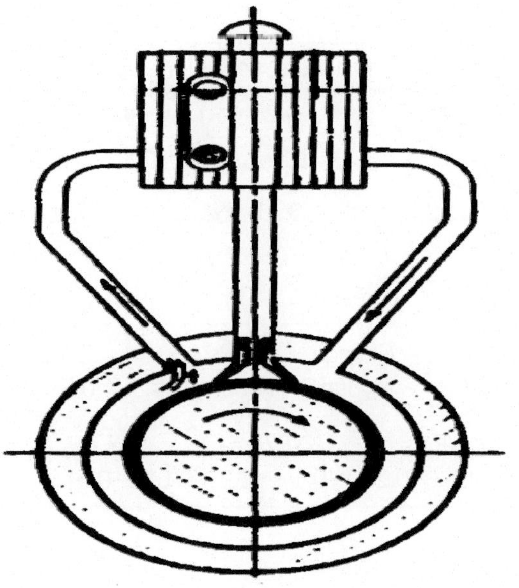

그림 4.54 Fwd Seal Tank 윤활유 자동순환장치

4.11.4 S/T L.O System의 압력 조정

① 공급되는 압축공기는 #2/3 Chamber에 유입되고, 해수로 분출된다. #2/3 Chamber 공기압은 #1과 #2 실링 링의 죄이는 힘으로 인해 해수의 압력보다 대략 0.2~0.4 Kg/㎠ 높아야 한다.

② 누설되는 오일과 해수는 #2/3 Chamber를 통해서 Shaft 중심부보다 낮은 곳에 설치된 Drain Collection Unit 으로 드레인 된다.

③ S/T L. O Tank의 오일 레벨은 Shaft 중심선보다 약 1~2 M 높게 설정하면, 밀폐된 Oil Tank 내부 공기압력은 #2/3 Chamber 의 공기압과 같게 된다.

④ S/T L. O Circulating Pump를 기동한 후에, #3/3S Chamber 의 오일 압력과 S/T 압력은 Oil Pressure Unit 의 니들밸브를 조절하여 #2/3 Chamber 의 공기압력보다 0.3~0.5 Kg/㎠ 정도 높게 유지한다.

⑤ #4/5 Chamber 는 Oil Circulator Tank 에 의해 Oil로 채워지게 된다.

⑥ #3 실링 링의 차압은 수명을 연장하기 위해서 약 0.3 Kg/㎠ 정도로 매우 적게 유지해야 한다.

표 4.1 Stern Tube Seal 의 구조 및 압력

ITEM	Structure, Pressure condition, Lubricating condition				
Structure	#1	#2	#3	#3s	
	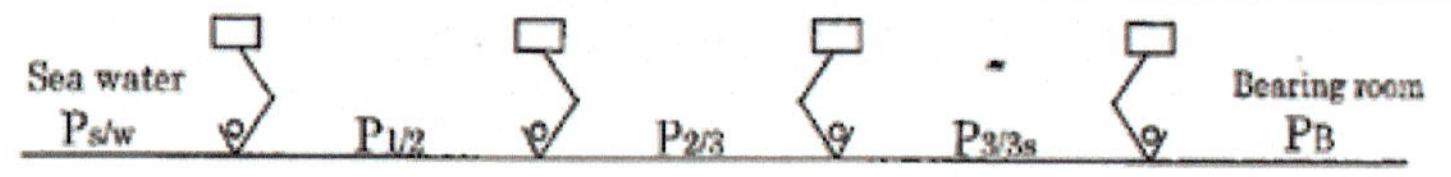				
Lub. condition	S.W	Air (Grease)	Air	Oil	Oil
Press. condition	Change to draft	Change to draft	Psw + 0.2 ~ 0.4	P#23 + 0.3 ~ 0.5	P#23 + 0.3 ~ 0.5
Press. difference	△P1 = -0.1 ~ -0.2	△P2 = -0.1 ~ -0.2	△P3 = 0.3 ~ 0.5	△P3s = 0	

4.11.5 주기적인 점검항목

① 공기압 제어 장치(Air Control Uni)t 내부 압력조정기(Regulator)에 설치된 필터(Filter Element)를 4년마다 교환한다.

② Drain Collecting Unit 입구의 필터(Filter Element)를 매년 교환한다.

③ 공기압 제어 장치(Air Control Unit) 내부 Pneumatic 장비들을 4년마다 정비한다.

④ 유압 조절 장치(Oil Pressure Unit) 의 L. O Filter를 주기적으로 소제 및 교환한다.

⑤ 유량계(Flowmeter)에 있는 Battery를 주기적으로 교환한다.

⑥ 청수(Fresh Water)로 Drain Line을 매달 또는 두 달에 1회 Flushing 한다.

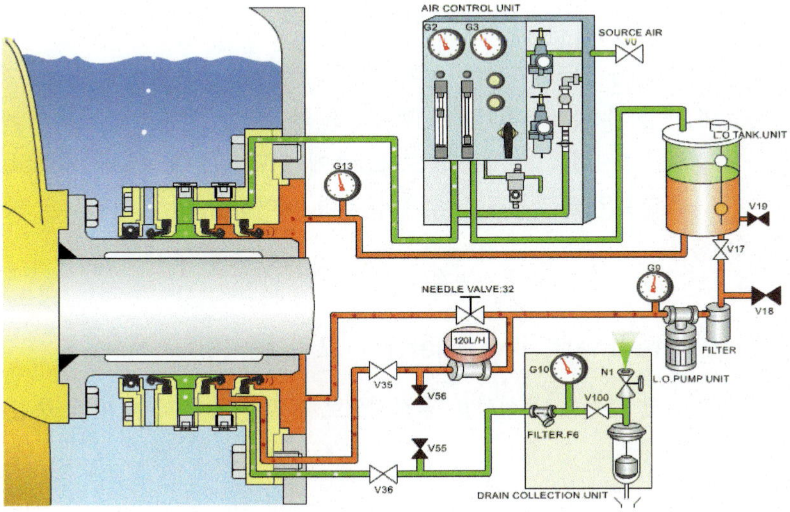

그림 4.55 Stern Tube L. O System

4.12 축계 장치

축계는 동력과 추진력을 전달하는 장치이다. 즉, 주기관에서 생산한 동력을 회전운동으로 선미 외부에 있는 프로펠러(propeller)로 전달하고, 또한 프로펠러의 회전에 의하여 생긴 추력을 선체에 전달하는 일련의 축을 축계(shafting)라 한다.

대형선박에서는 대체적으로 다음과 같이 구성된다.

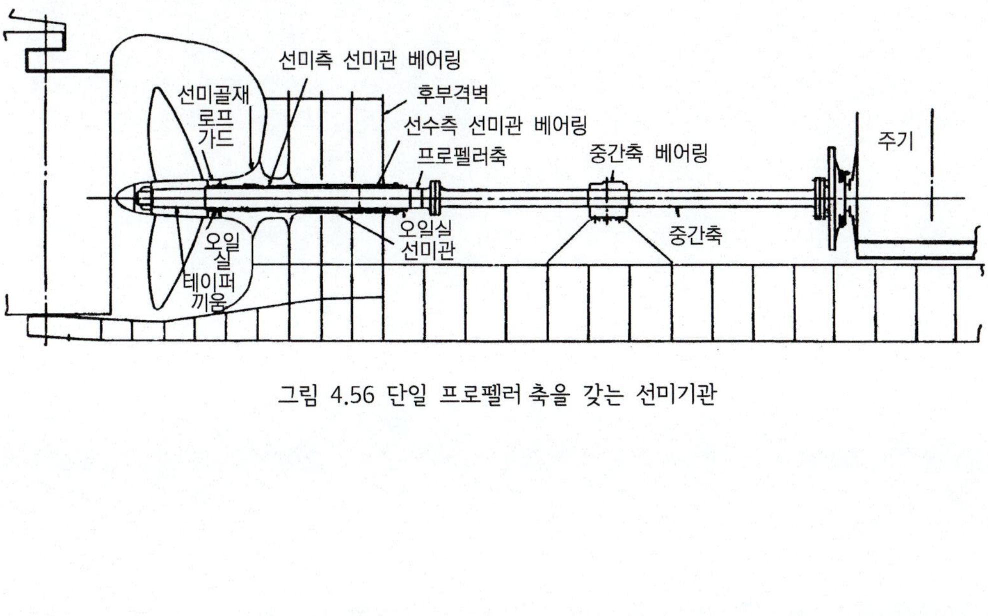

그림 4.56 단일 프로펠러 축을 갖는 선미기관

(1) 추력축(thrust shaft)과 그의 베어링

주기관내 또는 주기관에 가장 가깝게 설치되는 축으로서, 주기관에서 만들어지는 추진력을 선체로 전달하고 또한 회전하는 추진기에서 만들어진 추진력을 선체로 전달하여 선박의 전진과 후진을 가능하게 한다. 추진력이 주기관의 크랭크축에 전달되는 것을 차단하여 주기관을 보호하는 역할도 한다. 추력축은 추력블록 내부에서 추력 베어링에 의해 마찰력은 작게하며, 선체로 추진력을 전달한다.

(2) 중간축(intermediate shaft, line shaft)과 그의 베어링

축의 무게를 지지하고 축계의 중심선을 일직선으로 유지한다. 선박에 따라 중간베어링은 1개에서 4개가 있다.

(3) 프로펠러 축(propeller shaft)과 선미관(stern tube)

축계의 끝 부분은 선체의 선미부분을 관통하여 프로펠러에 연결되는데 이 부분을 프로펠러 축, 또는 선미축이라 하고 선미관 베어링에 의하여 지지된다. 또한 선미관은 물이 축 통로로 들어오는 것을 방지하기 위하여 수밀장치를 가진다.

(4) 프로펠러(propeller)

프로펠러 너트에 의하여 프로펠러 축에 조립되는데 프로펠러와 프로펠러 축과의 결합은 통상 원추형으로 가공하여 끼워 맞춘 다음 프로펠러 너트로 죄이도록 되어 있다. 프로펠러와 축의 원추부 간에는 키이를 배치하여 축으로부터 프로펠러에 회전토오크를 전달하는데 최근에는 키이를 없애고 마찰저항만으로 회전토오크를 전달하기도 한다.

CHAPTER

5

발전기 엔진의 기초

5.1 발전기 원동기

선박에서 전기를 생산하기 위해서는 발전기 축을 회전시켜 필요한 전력을 얻도록 하는 것을 원동기라 하며 대부분의 원동기는 디젤기관만으로 구동되는 경우가 대부분이나 연료절감을 위한 시스템으로 터보발전기나 축발전기가 설치된 경우도 볼 수 있다. 이를 분류해보면 다음과 같다.

(1) 디젤 발전기(DG: Diesel Generator)

발전기용 독립 디젤기관을 구동하여 전력을 발생시킨다. 축발전기나 터보 발전기는 항해 중에만 운전이 가능하므로 정박중과 주기관의 저부하시에 대비하기 위해서는 예비 발전기로서 디젤발전기를 별도로 갖추어야 하기 때문에 발전설비가 중복되는 감이 있다. 디젤발전기만으로 구성되는 시스템은 운용비용이 상대적으로 많기는 하나 기동성이 좋고 같은 종류의 원동기만으로 항해중과 정박중 모두 유용하게 사용가능하므로 장치비용이 적게 들며 특히 용량이 큰 하역장치를 가지는 배의 경우에는 경제성 면에서 유리하다. 최근의 대부분의 선박은 디젤 발전기 3대로 구성되어 있다.

(2) 축 발전기(SG: Shaft Generator)

선박에서 항해 중에는 주기관이 항상 운전하므로 주기관의 회전축에 연결된 기어에 의해 회전력을 공급 받아 전력을 생산한다. 축발전기는 주기관으로부터 기계적인 동력형태대로 직접 구동되어 발전되므로 경유를 사용하는 디젤기관에 비해 기름소모량이 적고 연료 단가가도 저렴하여 이중의 이득이 있다. 연료비 절감외에 운전소음의 없는 점과 다른 방식의 발전시스템보다 보수가 적어 소수 인원에 의한 자동화선의 경우 이점이 많아지는 특징을 들 수 있다. 그러나 설비 비용이 많이 들어가고 중유를 사용하는 디젤기관에 대해서는 연료비 이득이 줄어들고 있다. 또한 주파수 제어가 쉽지 않아 발생전기의 품질이 다소 저하되는 것이 단점이다.

축발전기와 터보발전기가 함께 설치되는 시스템에서는 터보발전기 출력이 전력부하를 충당하고도 남을 정도인 부하조건에서는 그 여분의 전력으로 축 발전기를 구동모터로 작동시켜서 역으로 주기관 측에 동력을 전달 할 수 있다. 이와 같이 축발전기와 터보 발전기에 의한 시스템은 발전량이 남고 부족한 상황에 따라 양발전기는 서로 전기적 병렬결합을 통해서 동력을 필요한 대로 주고받게 되므로 유료절감 면에서는 가장 큰 효과를 얻을 수 있게 된다.

(3) 터보 발전기(TG: Turbo Generator)

보일러의 열로 발생된 증기 또는 주기관에서 발생된 배기가스를 이용하여 절탄기에서 생성된 폐열로 증기를 생산하여 증기에 의해서 운전되는 것을 말한다.

터보 발전기는 배기가스 폐열로 운전될 경우 연료비의 절감효과가 가장 크며 항해시의 필요한 전력은 터보발전기의 단독 운전으로 충당되도록 설계하는 것이 일반적이다. 그러나 황천이나 스탠바이 중에는 안전 상 실제의 수요전력에 관계없이 백업 발전기용으로 디젤발전기를 함께 병렬 운전하는 경우가 많다. 터보발전기는 운전소음이 적고 디젤발전기에 비해 보수정비가 비교적 간단한 편이나 발전출력은 주기관의 운전부하에 의존적이므로 독립적인 발전시스템으로서 운전되지는 못한다. 또한 기동 및 정지에 필요한 시간이 길므로 요구되는 전력수요에 빨리 대응하지 못하는 단점이 있으며 배기가스 보일러에 대한 추가적인 보수정비가 부담이 된다.

최근에는 외연기관을 탑재한 LNG선박에서는 2대의 터보 발전기와 1대의 디젤발전기를 설치한 경우가 많다.

그림 5.1 디젤발전기

그림 5.2 터보발전기

5.1.1 디젤발전기 엔진의 기본 구조

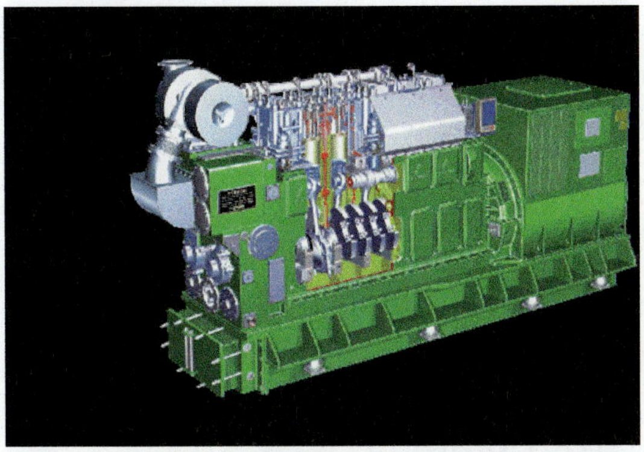

그림 5.3 디젤발전기의 실례

선박에서 전기를 생산하는 방식으로 위에서 설명한 것처럼 대략 3가지 방식이 있는데 가장 많은 경우가 디젤발전방식을 택하고 있다. 선박용 디젤엔진의 전반적인 구조는 선박의 추진기관인 주기관과 비슷하며, 중속엔진으로 대부분 720 RPM, 900 RPM의 엔진으로 사용하며, 선박용 디젤 발전기는 4행정 기관인 경우가 대부분이다.

디젤엔진은 발전기를 일정한 회전수로 돌려주어야 하기 때문에 일정한 정속도를 유지해야 한다. 상기 그림은 실습선 한바다호에 설치된 발전기는 현대중공업에서 자체 기술로 개발한 HIMSEN ENGINE으로 Model Type은 6H21/32이와 실습선 한나라호의 발전기이다.

5.1.2 디젤발전기 엔진의 횡단면도의 주요 구성

디젤 엔진은 구분하면 상기의 도면과 같이 세 개의 부분으로 크게 구분할 수 있다.

① 실린더Unit&Air System: 실린더 라이너, 피스톤, 흡·배기 밸브, 실린더 Head 등이 있다.

② Crank Chamber부분: Connecting Rod, Crank Shaft, Balance Weight, Crankpin 등이 있다.

③ Bed Plate부분: 디젤 엔진을 지탱해 주는 부분으로 시스템 윤활유를 보관하는 장소인 Sump Tank와 하부 블록이 포함된다.

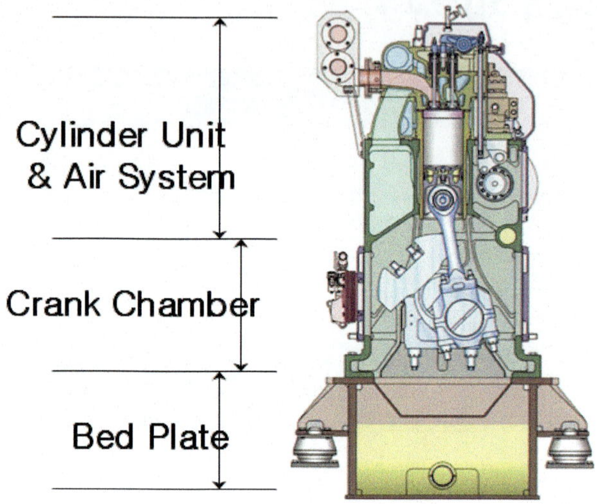

그림 5.5 디젤 발전기 엔진의 횡단면도

5.1.3 디젤발전기 엔진의 횡단면도의 구성 기부속

① Test Cock: 연소 상태를 파악하거나 엔진의 성능을 계측 시에 사용하는 것으로 발전기 엔진을 기동하기 전에 열어놓은 상태로 Air Blow를 하여 내부 상태를 확인할 수 있으며, 성능계측용 인디케이터를 부착하여 최고압력을 계측할 수 있다.

② 밸브메커니즘: 캠 -> 롤러 가이드 -> 푸쉬로드 -> 로커암 -> 요오크 -> 밸브스핀들의 순서로 이루어졌다.

③ 동력전달순서: 피스톤 -> 커넥팅 로드 -> 크랭크 샤프트 -> 플라이 휠 -> 발전기 회전자 순으로 동력이 전달된다.

④ Trunk Piston형과 Crosshead형의 구분: 주기관은 후자, 발전기 엔진은 전자임. 가장 큰 차이점은 크로스헤드형은 크로스헤드와 피스톤 로드 및 스터핑 박스가 추가로 있다. 상기에 보이는 엔진은 트렁크 피스턴형 엔진이다.

⑤ 밸브 스핀들: 밸브 시트와 셋트로 흡·배기 밸브를 구성하여 흡기공기 및 배기가스를 실린더 연소실에서 외부로 배출하거나 소기공기를 흡입하는 역할을 하는 것으로 캠으로부터 밸브 열림 시기를 정확히 전달받아서 정확한 시간에 열리고 닫힌다.

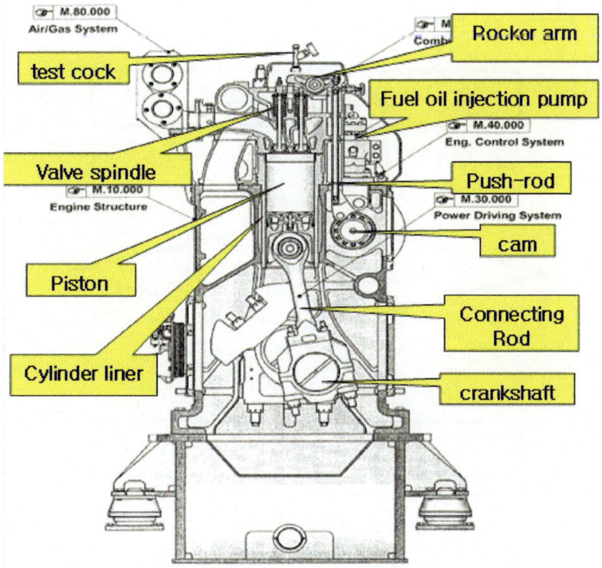

그림 5.7 디젤발전기 엔진의 횡단면도

5.1.4 디젤발전기 엔진의 종단면도

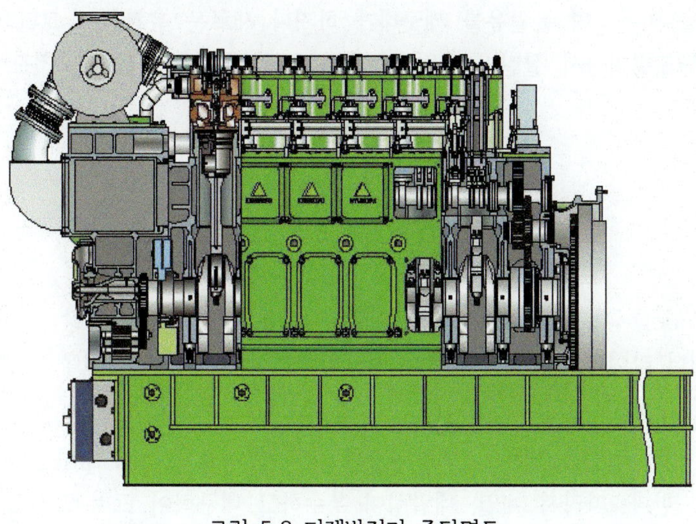

그림 5.8 디젤발전기 종단면도

5.1.5 디젤발전기 엔진의 동력 전달 순서

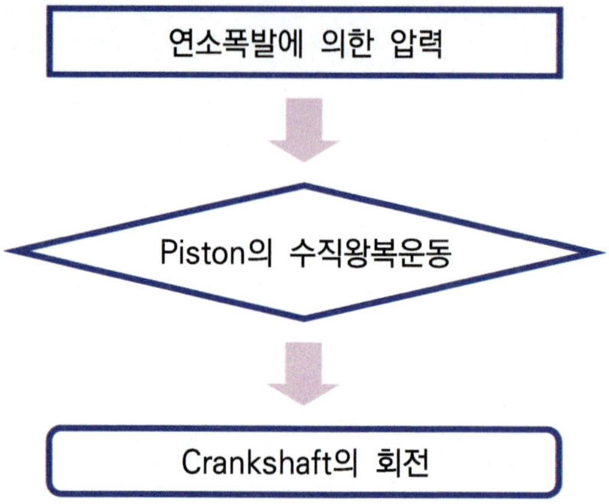

그림 5.10 디젤발전기 엔진의 동력전달순서

디젤발전기 엔진의 동력전달 순서는 피스톤에서 폭발한 에너지의 전달 순서를 말하는데 피스톤에서 연소 폭발한 열에너지를 기계적 에너지로 전환한다. 커넥팅 로드를 거쳐서 크랭크 샤프트에 전달되면 플라이휠을 지나 발전기의 회전자를 회전시키는 운동을 한다. 디젤발전기는 트런크 피스톤형이라서 크로스헤드와 피스톤 로드가 없는 것이 특징이다. 그러므로 연소한 찌꺼기가 크랭크 챰버 안으로 떨어지는 단점이 있다. 이렇게 오염된 윤활유를 계속 사용할 수 없으므로 청정기를 이용하여 윤활유를 깨끗하게 하거나 새로운 윤활유로 교환하여 사용한다. 주기관은 크로스헤드형이라서 실린더 오일과 시스템유를 별도로 사용하는 것도 디젤발전기 엔진과 다른 점이다.

5.1.6 피스톤

① 실린더(Cylinder): 대형디젤기관의 실린더는 피스톤의 왕복운동을 할 수 있도록 구성된 부분이며 실린더 라이너, 피스톤, 실린더 헤드의 3가지 요소가 연소실을 구성한다.

② 피스톤(Piston) : 피스톤은 실린더내를 왕복운동하며 새로운 공기를 흡입하여 압축한 다음 연소가스에 의한 압력을 받아 커넥팅로드를 거쳐 크랭크샤프트(Crankshaft)에 회전력을 전하는 역할을 한다. 따라서 내열, 내압성이 우수하고 내구력이 크며 열전도가 양호하고 관성의 영향을 적게 하기 위해 중량이 가벼운 것을 사용한다.

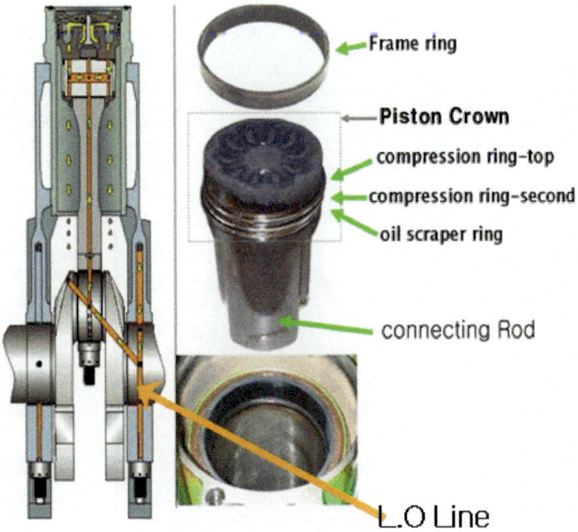

그림 5.11 피스톤

③ 피스톤 핀(Pistonpin) : 피스톤 핀은 거죤 핀(Gudgeon Pin)이라고도 하며 트런크 피스톤형 기관에서 커넥팅로드(Connecting Rod)와 피스톤을 연결하고, 피스톤에 작용하는 힘을 커넥팅로드에 전하는 역할을 한다. 따라서 고압·고온에 노출되고 윤활 조건이 나쁜 곳에서 작동하므로 내열, 내마모성이 풍부한 재질의 선택이 필요하다.

④ 피스톤링(Pistonring): 피스톤의의 상부와 하부에 있는 홈에 취부되며 피스톤과 실린더 사이의 기밀을 유지, 열의 전달, 유막형성 등의 역할을 한다. 피스톤 링은 2개의 압축링과 1개의 오일 스크레이퍼 링으로 구성된다.

5.1.7 커넥팅 로드

① 커넥팅 로드: 연소 가스가 팽창할 때 피스톤으로부터 힘을 받아 크랭크에 전달하고 그 경사운동에 의해 피스톤의 왕복운동을 크랭크의 회전운동으로 변환시켜 준다. 단조품인 로드 본체와 베어링부로 구성되어 있고, 중앙에 원형으로 구동 및 냉각용 윤활유 통로가 있다. 커넥팅 로드 볼트는 커넥팅 로드와 크랭크 핀 베어링 캡을 죄여 붙이고 크랭크 핀을 안에 내접하고 있기 때문에 크랭크 핀 볼트라고도 하며, 소형고속기관에서는 2개, 고속 중·대형 기관에서는 4개를 사용한다.

기관의 경우 피스톤 핀과 접합되는 부분에 피스톤 로드와 결합해서 주는 크로스헤드가 있다. 이 부분은 커넥팅 로드가 상·하로 움직일 때 실린더 중심선에 맞춰 안정적으로 움직일 수 있도록 안내해주는 역할도 하는데 발전기 엔진의 경우는 이러한 크로스헤드가 없기 때문에 주기관과 비교할 때 상대적으로 커넥팅 로드의 움직임에 진동이 많다.

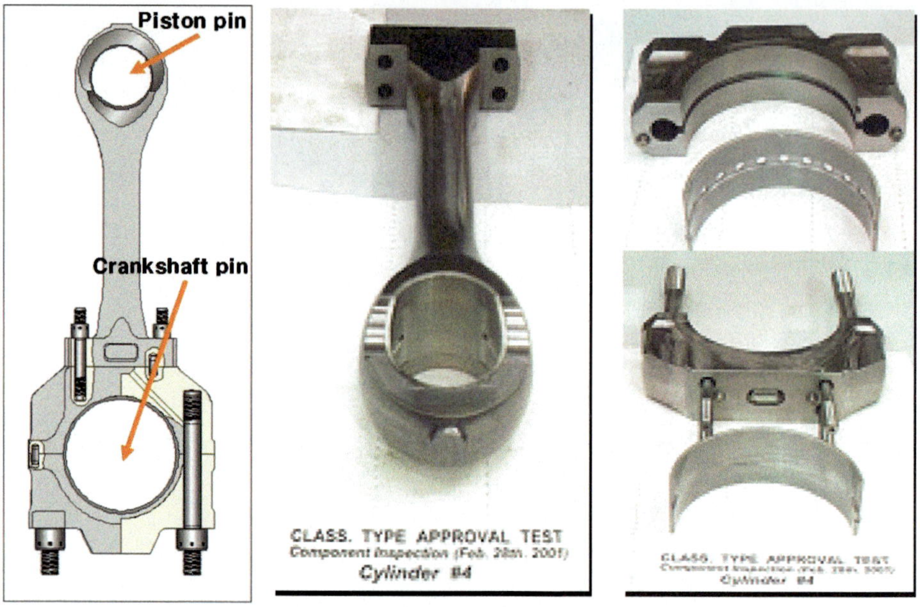

그림 5.12 커넥팅 로드

② 크랭크 핀 볼트: 크랭크핀 볼트는 커넥팅로드의 대단부측 양단에서 상하부분을 체결하는 역할을 한다. 4행정 사이클 기관에서는 피스톤이 상사점에 이르렀을 때에 피스턴 및 로드의 타력이 전부 인장력으로 되어 크랭크핀 볼트에 걸리므로 볼트가 신장되어 손상될 우려가 있다. 따라서 크랭크핀 볼트를 죌 때는 규정된 토오크렌치를 사용하여 설명서에 지시한 토오크로 잠가야 한다.

③ 크랭크 핀 베어링: 크랭크축의 크랭크 핀과 커낵팅 로드 대단부 사이에는 대단부 베어링(크랭크 핀 베어링)이 들어가 커넥팅 로드의 대단부와 크랭크 핀을 연결해 주며 두 부품의 힘 전달 시 마찰을 줄여준다.

5.1.8 크랭크 축

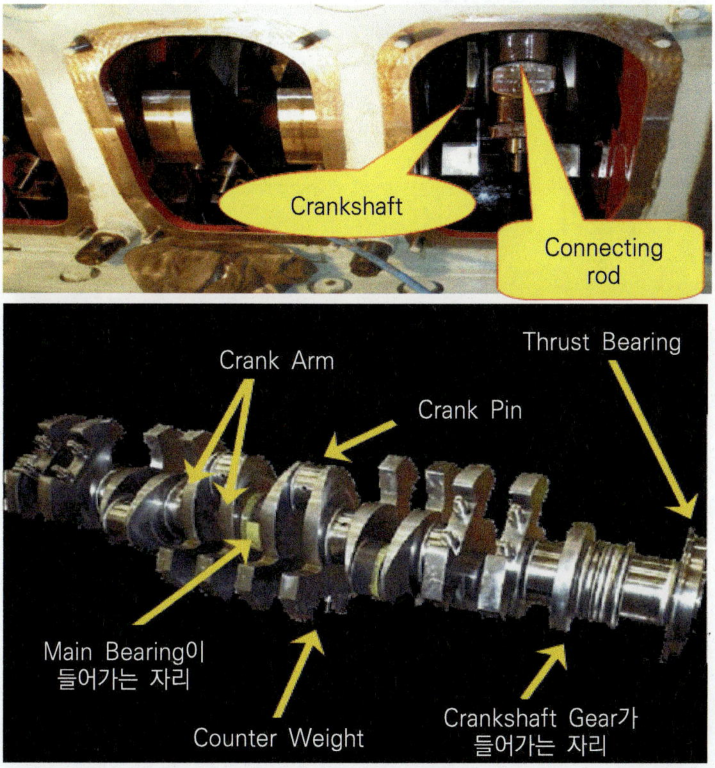

그림 5.13 크랭크 샤프트

① 크랭크 축은 피스턴의 왕복운동을 커넥팅 로드에 의해 회전운동으로 바꾸어 동력을 외부로 전달하는 역할을 한다.

② 크랭크 축은 그림 5.13에서 보는바와 같이 크랭크 핀, 크랭크 암 및 저널로 이루어져 있다.

③ 크랭크 축의 밸런스를 잡아주기 위해서 카운터 웨이터를 크랭크 암에 설치하고 크랭크 핀에는 커넥팅로드의 대단부가 연결된다.

④ 저널 부분에는 크랭크 축을 지지하기 위한 메인 베어링이 조립된다.

⑤ 플라이 휠: 기관을 운전하여 정상상태가 되면 원동기와 구동되는 기계의 평균회전력은 같아지지만 기관의 순간 회전력은 시시각각으로 변화하고 또한 구동되는 기계의 저항도 일정하지 않으므로 기관의 회전력과 외부의 저항과는 평형하지 않는다. 따라서 기관이 외부에 대해서 일을 할 때 크랭크축에 평균토오크가 발생하여 외부의 저항토오크와 평형을 이루는데 그 토오크 변동을 될 수 있는 대로 작게 할 필요가 있다. 이러한 목적으로 크랭크축단에 적당한 크기의 질량을 가지는 회전체인 플라이 휠을 붙여 토오크의 균등화를 기하고 있다.

플라이휠에는 크랭크의 각도와 각실린더의 상사점이 표시되어 있으며 터닝바를 이용하여 수동으로 터닝할 수 있도고 플라이휠 외주에 구멍이 나 있다. 수동으로 터닝이 어려운 대형 발전기의 경우에는 주기관과 같이 모터를 이용하여 터닝을 할 수 있도록 터닝용 모터가 있는 경우도 있다.

5.1.9 크랭크 축의 부분적 설명

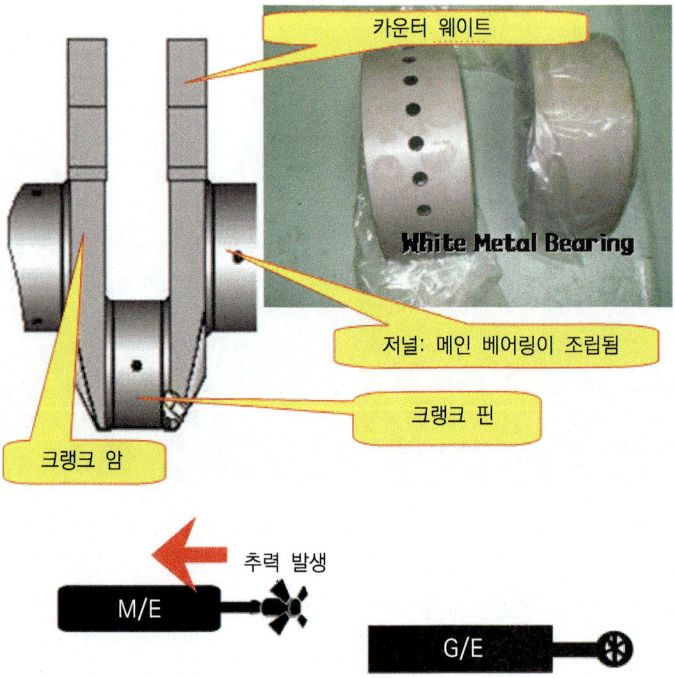

그림 5.14 크랭크 샤프트와 트러스트 추력

① 크랭크 핀(CrankPin): 크랭크샤프트(Crankshaft)와 커넥팅로드(Connecting Rod)를 연결해주는 부위를 말하며, 피스톤에서 전달된 힘에 의해 커넥팅로드가 수직으로 왕복운동을 하면 크랭크 암(Crank Arm) 부분이 회전을 하여 크랭크샤프트 전체가 회전운동을 하게 된다. 크랭크 암(Crank Arm)에는 질량에 의한 불평형적인 원심력을 보강해주기 위해 양쪽으로 두 개의 카운터웨이트(Counter Weight)가 각각 두 개의 유압 스터드(Stud)에 의해 체결되어 있다. 각각의 크랭크암(Crank Arm)은 저널(Journal)이라는 크랭크샤프트의 중심축에 의해 연결되어 있다.

② 트러스트 베어링(Thrust Bearing): 크랭크샤프트가 회전하면서 발생하는 추력이 엔진 본체에 주는 영향을 완화시키는 역할을 한다. 주기관의 경우 프로펠러(Propeller)에 의해 생긴 추력을 선체에 전달하여 앞으로 나아가야 하지만 발전기의 경우 그와 같은 필요가 없을뿐더러 그 정도의 큰 추력이 발생하지 않으므로 트러스트 베어링(Thrust Bearing)의 역할이 주기관에 비하면 크게 중요하지 않다.

5.1.10 크랭크 샤프트에서 캠샤프트로 힘의 전달

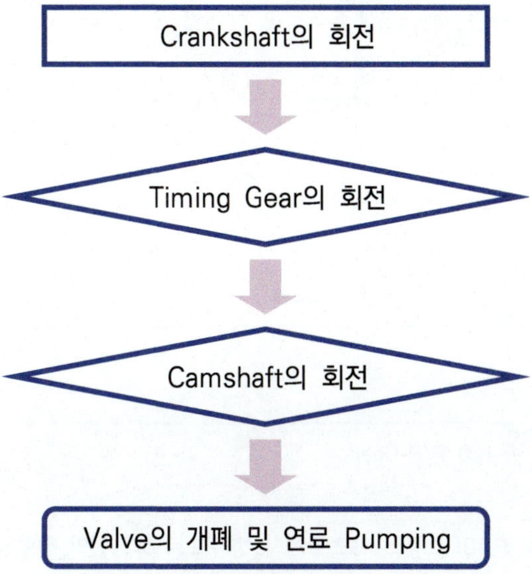

그림 5.15 흡·배기 밸브의 개폐 메카니즘

실린더 내에서 폭발이 일어나면 그 힘에 의해 피스톤과 커넥팅 로드가 왕복운동을 하며 크랭크축을 회전시키는데, 크랭크축이 회전하면 타이밍기어(Timing Gear)에 의해 캠샤프트(Camshaft)가 회전하게 된다. 캠샤프트(Camshaft)에는 흡기 밸브와 배기 밸브, 그리고 연료펌프(Fuel injection pump)의 개폐 및 분사시기를 조절하는 세 개의 캠이 있는데 각 캠은 회전하면서 밸브들의 개폐시기와 연료분사 펌프의 분사시기를 결정한다.

주기관의 경우는 크랭크샤프트 기어(Crankshaft Gear)와 캠샤프트(Camshaft Gear)가 체인(Chain)으로 연결되어 있으나 발전기 엔진의 경우는 두 축 사이에 아이들 기어(Idle Gear)가 크랭크 축(Crankshaft)의 회전력을 캠축(Camshaft)에 전달해준다. 발전기 엔진의 경우 4행정 기관이기 때문에 크랭크 축이 1바퀴 회전하면 캠축은 아이들 기어(Idle Gear)를 경유하여 동일한 방향으로 반 바퀴 회전한다.

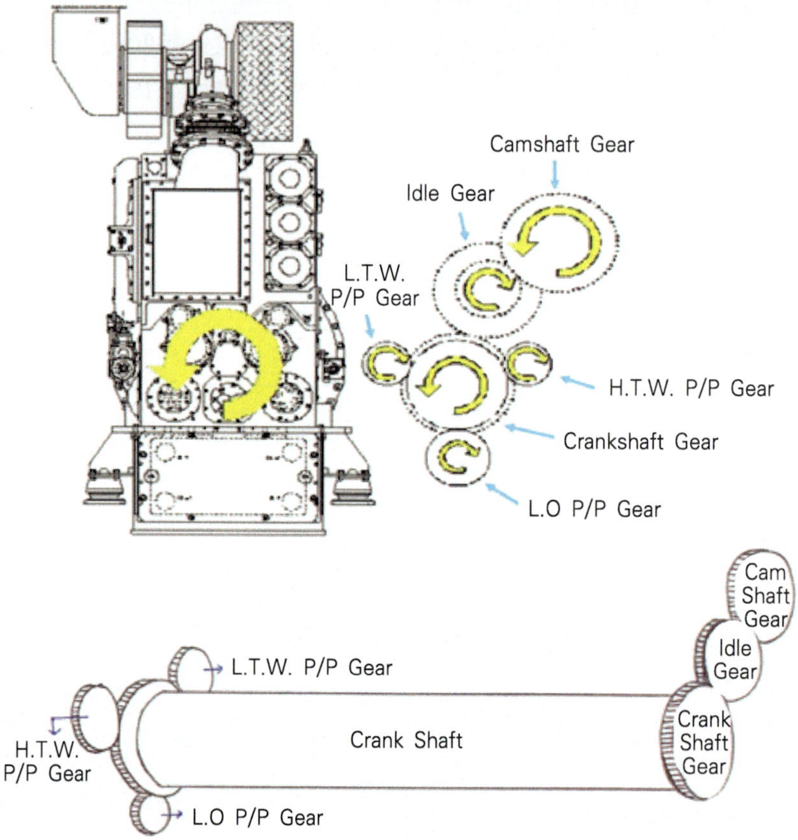

그림 5.16 크랭크 샤프트에서 캠샤프트로의 힘의 전달경로

5.1.11 캠 샤프트

실린더 내에서 폭발이 일어나면 그 힘에 의해 피스톤과 커낵팅 로드가 왕복운동을 하며 크랭크샤프트를 회전시키는데, 크랭크 축이 회전하면 Timing Gear들에 의해 캠샤프트가 회전하게 된다. 캠샤프트에는 흡기 밸브와 배기밸브 그리고 연료 펌프를 조절하는 세 개의 캠이 있는데 각 캠은 회전하면서 밸브들의 개폐시기와 연료분사 펌프의 분사 타이밍을 결정한다.

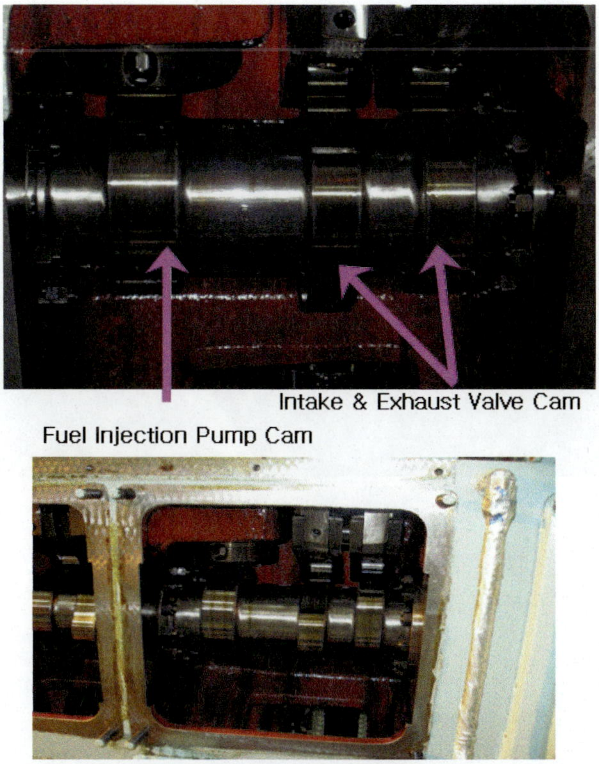

그림 5.17 캠 샤프트

5.1.12 흡·배기 장치

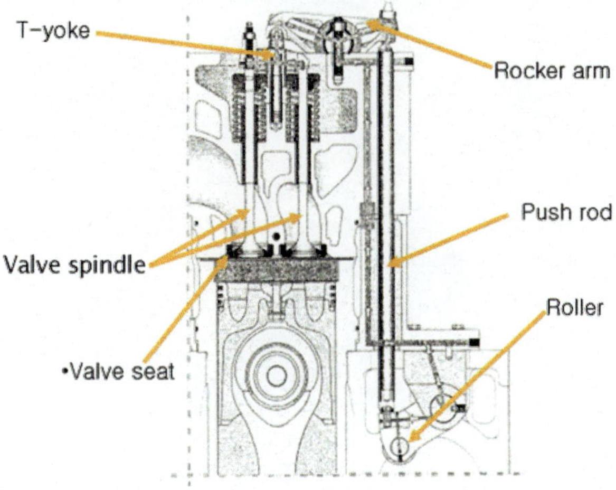

그림 5.18 밸브 작동 기구

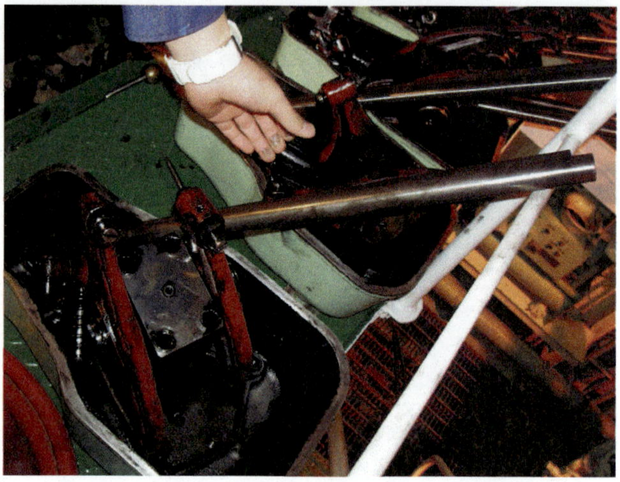

그림 5.19 흡·배기 장치의 실제 사진

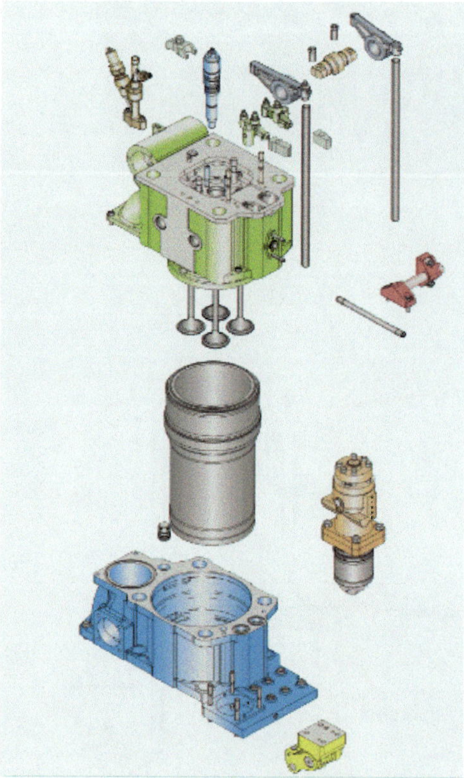

그림 5.20 밸브 작동기구의 상세도

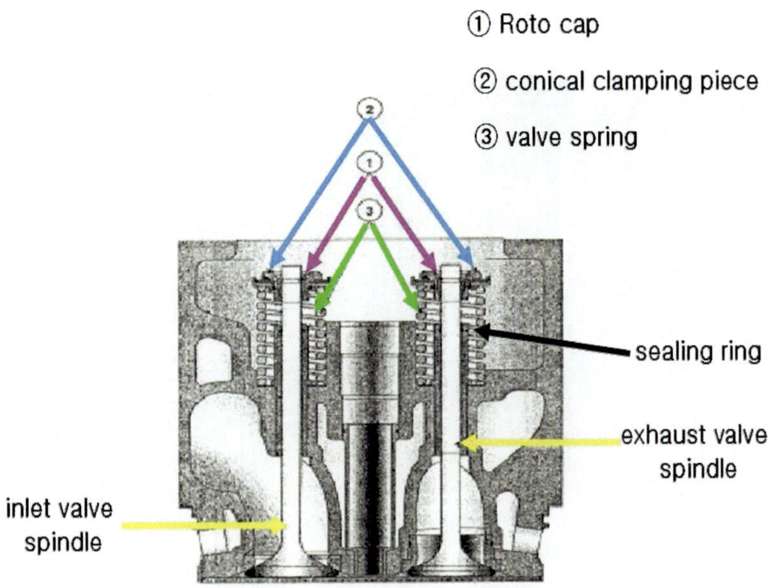

그림 5.21 흡·배기 밸브

① 흡기 밸브: 실린더 헤드에 취부되어 있으며 블로워로부터 흡기관을 통해서 흡입된 공기를 연소실로 송입 및 차단하는 역할을 한다.

② 배기밸브: 실린더 헤드에 취부되어 있으며 연소실에서 연소가 완료된 후 배기가스를 배기관으로 배출하는 역할을 하며 새롭게 흡입된 흡기가 빠져나가는 것을 차단하는 역할을 한다.

③ 밸브작동장치: 밸브는 타이밍기어와 캠에 의하여 개폐하게끔 되어 있는데 캠축에 취부되어 있는 캠, 로울러, 푸쉬로드, 로커암, 밸브스프링 등으로 구성되어 있다.

5.1.13 밸브 구동장치의 윤활 시스템

엔진 블록의 유로에서 공급된 윤활유는 연료 분사 펌프, 태핏 롤러 및 로커암, 요오크와 밸브 등의 밸브 기구로 흘러간다. 마지막으로 윤활유는 순환 한 후 오일받이로 되돌아가서 크랭크 챔버로 흘러내린다.

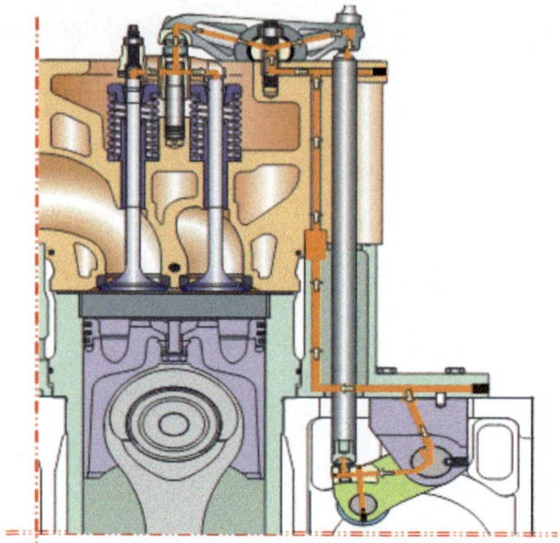

Valve train = 스윙암+푸쉬로드+로커암

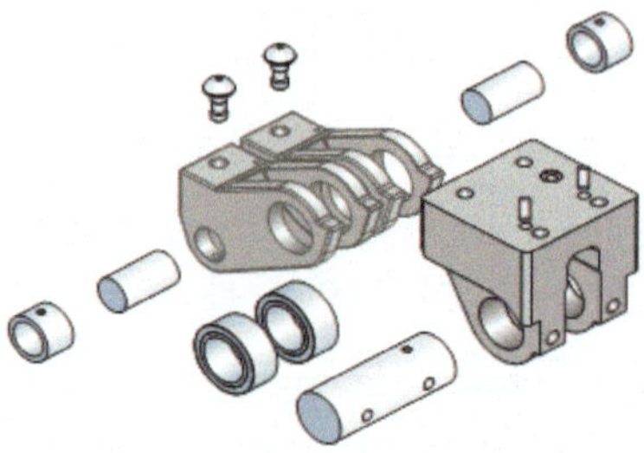

그림 5.22 밸브 구동장치의 윤활시스템

5.1.14 연료 분사 시스템

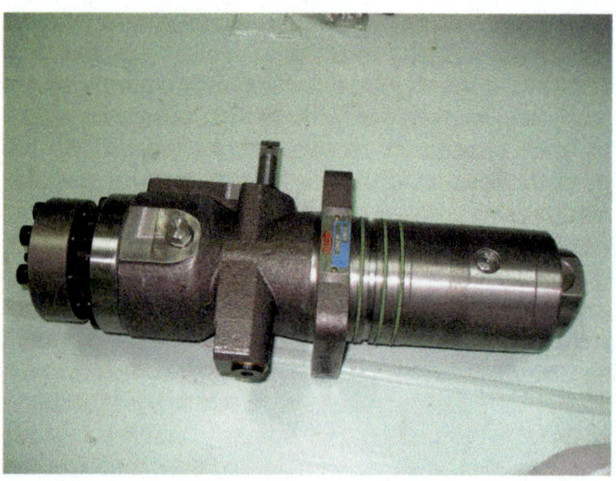

그림 5.23 연료 분사펌프와 노즐

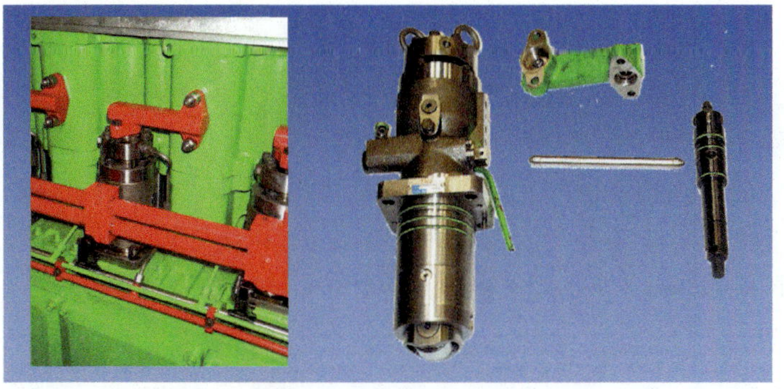

그림 5.24 연료 분사 과정

① 연료분사밸브: 연료 분사펌프로 분사된 연료는 연소실내에 무화, 관통, 분산 및 분포의 4가지 조건을 만족하도록 노즐로부터 연소실내로 연료를 분사한다. 연료밸브(Fuel Valve)는 조립하기 전에 정하여진 분사압력에서 정상적으로 분사되는지 테스트를 한 후에 엔진에 부착한다.

② 연료 분사 순서는 캠샤프트 -> 롤러가이드 -> 연료펌프 -> 고압실린더 블록->고압파이프 -> 연료밸브의 순서로 연료가 분사된다.

③ 연료분사펌프: 연료분사펌프는 플란저 식으로서 연료에 높은 압력을 가하여 소량씩 매우 정확히 빠른 시간내에 토출하여 그의 무화, 관통, 분산 및 분포 등의 분무상태를 완전하도록 하는 동시에 기관의 부하에 따라 송유량을 조절한다. 또한 분사시기가 부적합하여 배기가스 온도와 최고폭발압력이 불균형을 이룰 때는 연료분사시기를 조절해야 한다. 연료분사펌프내 또는 하부에 있는 심(Shim)의 높이를 조절하여 분사시기를 가감한다.

5.1.15 가버너 원리

그림 5.25 발전기 엔진의 가버너 사진

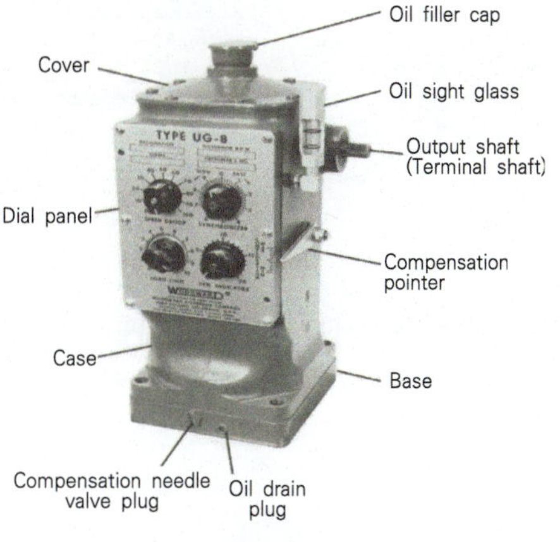

그림 5.26 발전기 엔진의 가버너 도면

(1) 가버너의 정의

가버너란 원동기의 속도를 검출하여 바라는 설정속도에 도달하게끔 연료의 유량 등을 조절하는 장치이다. 원동기란 열에너지나 수력에너지를 기계적 출력으로 변환하는 장치로 디젤 엔진, 증기 터빈, 가스 터빈, 가스 엔진 제트 엔진, 수차 등을 말한다. 간단히 말하면, 가버너는 마치 차를 운전하는 것과 같은 것으로 가령 60 km/h의 속도로 운전하는 것으로 생각해 보면 운전자는 항시 속도계를 보면서 일정한 속도로 가고자 한다.

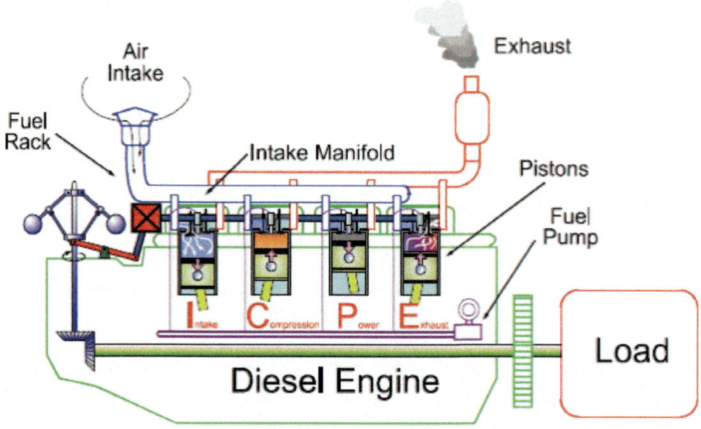

그림 5.27 가버너의 원리

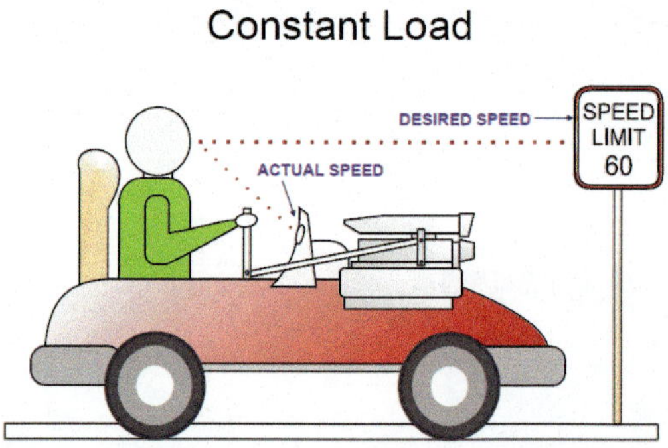

그림 5.28 일정 속도

언덕길에서는 운전자는 엑셀레이터를 더욱 깊숙이 밟아 연료를 더 많이 넣어줌으로서 평지의 도로에서와 같은 60 km/h를 유지하여 달릴 수가 있다.

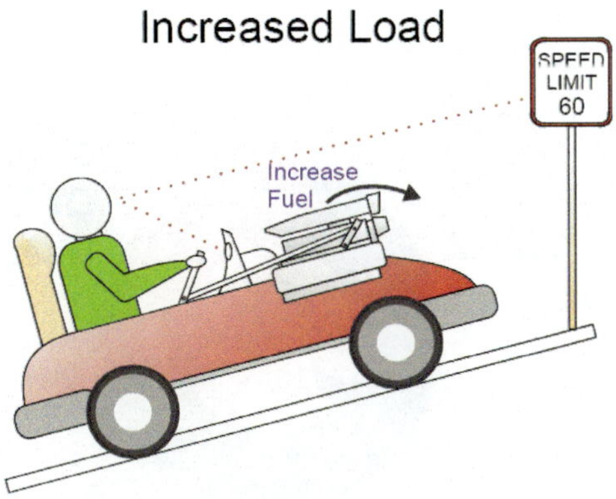

그림 5.29 언덕길에서의 속도 유지

반대로, 내리막길에서 운전자는 점차적으로 엑셀레이터에서 발을 때면서 속도를 유지할 수가 있다.

그림 5.30에서 보는 바와 같이 Speed Governor는 원동기(Prime Mover)의 속도를 검출하고 설정속도와 비교한다. 그리고 실속도가 설정속도에 달하기까지 출력신호를 보내 연료 밸브(Fuel Valve)를 열어주고 또는 닫아준다. 여기서 전술한 차의 운전으로 생각한다면, 운전자가 속도계를 보고 있다는 것은 즉 Governor의 속도입력에 상당한다. 또 여기서 실속도와 일정하게 운전해야 할 시속 60 km/h와 비교하고 엑셀레이터로 조절한다.

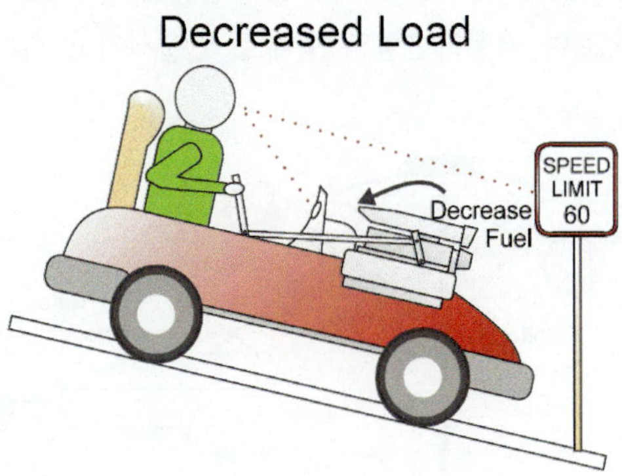

그림 5.30 내리막길에서의 속도 유지

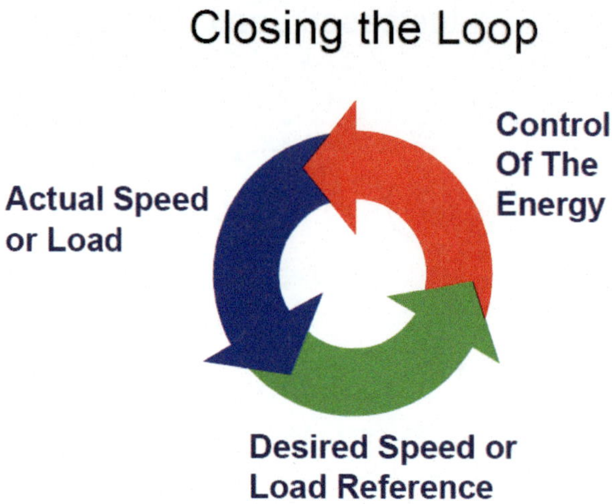

그림 5.31 속도 제어 시스템

(2) 초기의 기계식 가버너

그림 5.32에서 나타낸 이 기구는 속도를 검출하는 장치로서 가장 오래된 것이며 간단한 장치이다. 어떠한 물체를 원주방향으로 돌리기 위해서는 어떠한 힘이 요구된다는 원리를 이용한 것이다. 이 힘은 회전속도의 제곱과 회전축으로부터의 거리에 비례한다. 가장 잘 알려진 형태로는 한 쌍의 Weight로 구성된 Ballhead 타입이다. 그리고 회전축의 근처에 지점을 둔 두 개의 Arm의 끝단에 Flyweight가 취부 되어 축의 평면상을 방산형으로 움직일 수가 있다. 게다가 Arm과 Collar를 Link로써 평행사변형의 형태로 연결시키고 있다.

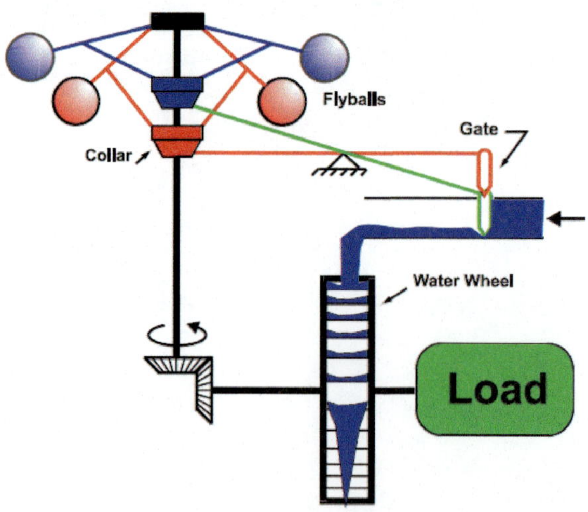

그림 5.32 기계식 가버너

Weight가 밖으로 향하여 움직이면 Collar는 위쪽으로 움직인다. 원심력은 축에 직각방향으로 작용함으로써 지점에 작용하는 Torque는 힘과 지점으로부터의 수직 방향의 거리의 곱과 같다. 가령 다른 힘이 작용하지 않는다면 이 Torque는 Weight의 중력에 의한 Torque 즉, Ball의 중량과 지점으로부터의 수평방향의 거리와의 곱과 균형을 이룬다. 따라서 회전속도가 증가하면 원심력이 증가되고 Ball은 밖으로 향하여 움직이고 원심력 Torque Arm은 감소하며 중력 Torque Arm은 그 Torque가 같아질 때까지 증가되어진다. 그래서 각 회전속도에 대한 Flyweight와 Collar의 위치는 각각 결정되어진다.

(3) 힘의 평형

가버너에서 실속도와 설정속도는 힘에 의해 전환되며 이러한 힘은 속도와 부하를 일정하게 유지시키기 위해 반드시 평형이 이루어져야 한다. 만약 힘의 평형이 이루어지지 않는다면 평형이 될 때까지 연료의 양이 증가되거나 감소된다.

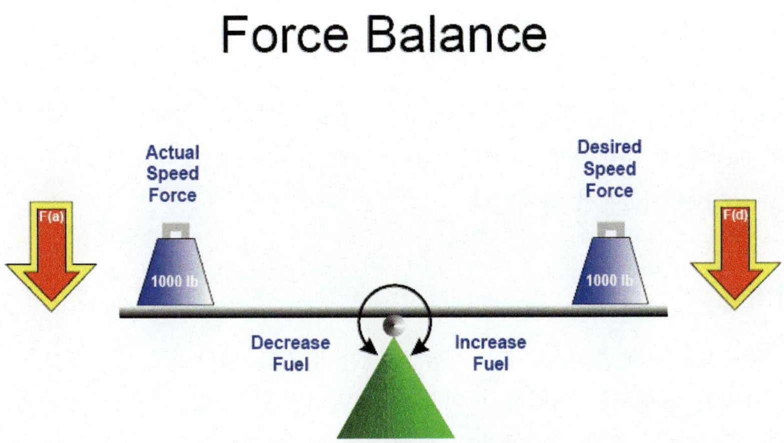

그림 5.33 가버너의 힘의 평형원리

(4) Simple Flyweight System

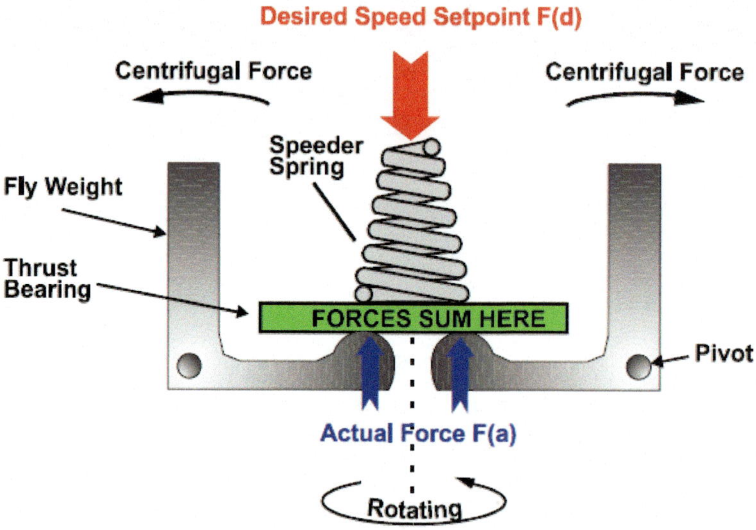

그림 5.34 Simple Flyweight System

actual force F(a)는 원심력과 같다. desired speed F(d)는 압축된 스프링의 힘과 같다. 여기서 F(a)는 F(d)와 힘의 평형을 이룬다. 다시 말해 압축된 스프링의 힘과 원심력은 같다. 이 두 힘은 Thrust Bearing에서 합쳐진다.

(5) 기계식 가버너

그림 5.35는 속도를 검출하기 위한 가장 간단한 장치를 나타내고 있으며 어떠한 물체를 원주방향으로 돌리기 위해서는 어떠한 힘이 요구되고, 이 힘은 회전속도의 제곱과 회전축으로부터의 거리에 비례한다. 가장 잘 알려진 형태로는 한 쌍의 웨이트(Weight)로 구성된 볼헤드(Ballhead) 타입이 있으며, 회전축의 근처에 지점을 둔 두개의 암(Arm)과 끝단에 플라이 웨이트(Flyweight)가 취부되어 축의 평면상을 방산형으로 움직일 수 있고, 암과 칼라(Collar)를 연결시켜 평형사변형 형태를 이룬다. 웨이트가 밖으로 향하여 움직이면 칼라는 위쪽으로 움직이고 원심력은 축에 직각 방향으로 작용함으로써 지점에 작용하는 토크(Torque)는 힘과 지점으로부터의 수직 방향의 거리의 곱과 같다. 따라서 회전속도가 증가하면 원심력이 증가되고 볼은 밖으로 향하여 움직이고 원심력 토크 암은 감소하며 중력 토크 암은 그 토크가 같아질 때까지 증가되며 각 회전속도에 대한 플라이 웨이트와 칼라의 위치가 각각 결정된다.

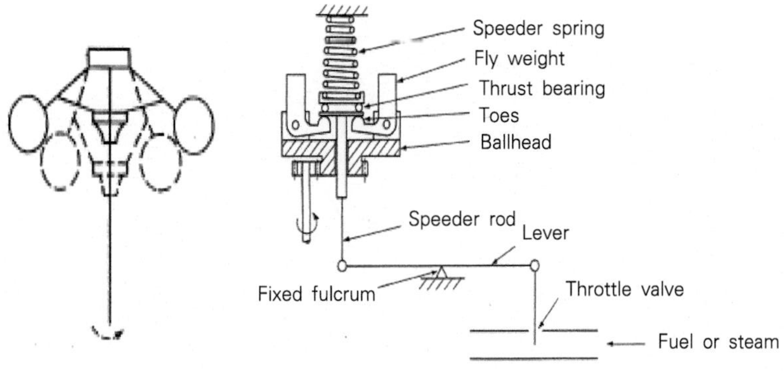

그림 5.35 기계식 가버너의 일례

그림 5.35는 대표적인 기계식 가버너로 연료 증가 방향의 힘은 웨이트 자체의 중량에 의하지 않고 스피드 스프링(SpeeDer Spring)이 스피드 로더(Speeder Rod)를 누르는 힘에 의해 작용을 하고 마찰을 없애기 위해서 스러스트 베어링(Thrust Bearing)을 사용한다. 가스, 스팀, 물, 디젤 연료 등 에너지 매체는 밑의 파이프를 통하여 들어오고 유량은 스로틀 밸브(Throttle Valve)로 제어하며 속도 검출용의 볼헤드 플라이 웨이트는 스피드 스프링에 대항하고 있다. 플라이 웨이트의 움직임에 따라 스피드 로드가 오르내리고, 레버를 통하여 스로틀 밸브를 이동시켜 연료 유량을 제어한다. 엔진의 속도가 상승하면 플라이 웨이트는 바깥쪽으로 움직여 스로틀 밸브를 부분적으로 닫고, 부하가 증가하면 플라이 웨이트는 내측으로 기울고 스로틀 밸브는 연료 유량을 증가할 수 있도록 밸브를 열게 된다.

(6) 기계 유압식 가버너

기계식 가버너의 제일 큰 문제점은 스로틀 밸브를 움직이게 하는데 큰 플라이 웨이트를 사용하지 않으면 안되고 이러한 문제를 보완한 것이 기계 유압식 가버너이다. 스피드 로드 대신에 파일럿 밸브 플런져(Pilot Valve Plunger)와 파워 피스톤(Power Piston)을 설치하였으며 그림 5.36에 나타내고 있다. 부하가 가해지면 플라이 웨이트가 내측으로 기울어 파일럿 밸브 플런져가 하강하고 포트(Port)를 열고 압력유가 흘러 파워 피스톤을 위로 올려 연료량을 조절하게 된다.

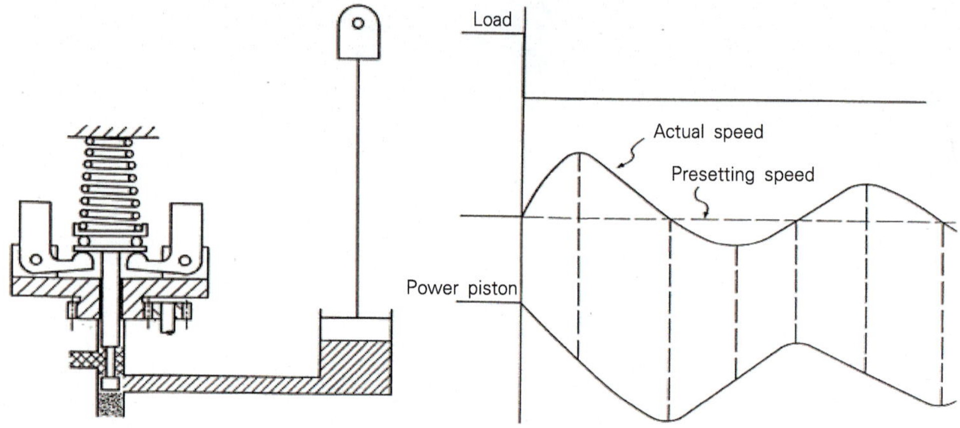

그림 5.36 기계 유압식 가버너

그림 5.36을 보면, 부하를 차단하면 회전수가 상승하기 시작하고 동시에 파워 피스톤은 연료 감소 방향으로 움직이기 시작한다. 실속도는 설정속도보다 높으므로 원심력은 스피드 스프링의 힘보다 크기 때문에 플라이 웨이트는 플런져를 올려주고 압력유는 피스톤의 하부로부터 드레인(Drain)되고 파워 피스톤은 하강하여 연료를 감소시킨다. 실속도 최대의 위치에서 실속도와 설정속도의 차가 최대로 되고 파일럿 밸브 플런져는 가장 높은 위치로 되며 최대량의 압력유가 파워 피스톤의 하부로부터 섬프(Sump)로 드레인 되어 최대의 연료 감소 방향으로 움직이게 되고 연료가 감해지면 회전속도는 내려간다. 바로 설정속도에 도달했을 때 플라이 웨이트에 의한 힘과 스피드 스프림 힘이 균형을 이루어 파일럿 밸브 플런져는 포트를 막게 되고 파워 피스톤은 정지하게 된다. 다시 실속도가 설정속도보다 낮아지면 파워 피스톤이 움직이기 시작하나 정지하지 못하여 헌팅(Hunting)이 발생한다. 그림 5.37와 같이 피드백(Feedback) 레버를 부착함으로서 헌팅을 줄일 수 있다. 부하가 차단되면 그 순간 회전속도는 상승하기 시작하고 동시에 파워 피스톤은 연료 감소 방향으로 움직이게 된다. 이때 설정속도는 일정하게 되지 않고 파워 피스톤의 위치에 따라 달라짐으로 파워 피스톤이 연료 감소 방향오로 움직이면 이에 따라 설정속도는 증가한다. 따라서 실속도와 설정속도의 차는 그림 3.3에서 보다 더욱 작아지고 파일럿 밸브 플런져도 그림 5.37에서 만큼 높이 올라가지 않고 포트 개도는 작아진다. 실속도가 설정속도에 도달하면 파워 피스톤은 최소 위치로 되고 파워 피스톤은 전보다 빠른 속도로 움직이기 시작하므로 실속도가 원 설정속도에 되기까지 기다리지 않고 파워 피스톤이 움직이게 되어 헌팅을 줄인다.

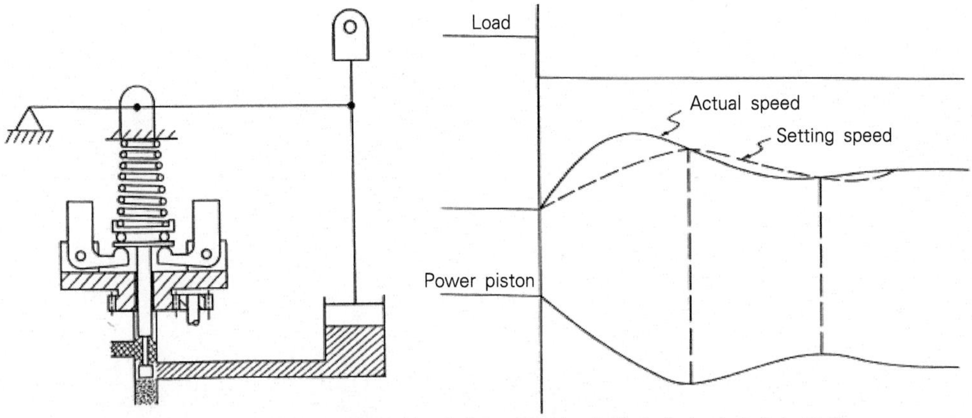

그림 5.37 피드백(Feedback) 레버를 부착한 기계 유압식 가버너의 일례

(7) 정속 가버너

드룹 가버너를 사용하면 속도를 안정하게 할 수가 있으나, 부하가 변하면 속도가 변한다. 만약 부하가 변화해도 속도는 변하지 않고 일정하게 운전할 수 있다면 더욱 이상적이며 이 상태를 정속제어라고 한다. 그림 5.38는 완전한 드룹 가버너이다. 그림 5.38에서의 플루팅 레버(Floating lever)를 그림 5.39에서는 2개로 나누어 그 하나는 플로팅 레버로서 사용하고 다른 하나는 컴펜세이팅(Compensating) 레버로 사용하고 두 레버 사이에 컴펜세이팅 대쉬포트(Dashpot)를 넣는다. 파워 피스톤이 움직이면 컴펜세이팅 멕츄에이팅(Actuating) 피스톤은 컴펜세이팅 레버를 통하여 오르내리고 두 개의 피스톤의 지름과 관련하여 결정되는 비례한 양만큼 올라간다. 컴펜세이팅 멕츄에이팅 피스톤을 끌어올리면 리시빙(Receiving) 피스톤은 비례한 양만큼 내려간다. 리시빙 스프링으로 언제나 중앙의 중립된 위치에 돌아오게 되어 있다. 컴펜세이팅 엑츄에이팅 피스톤이 움직이면 니들 밸브(Needle valve)를 열어주는데 의해 이 컴펜세이팅 스프링의 힘으로 리시빙 피스톤이 원위치에 돌아오고, 일반적으로 니들 밸브의 개도와 유량이 적어 통상의 엑츄에이팅 피스톤의 움직임에는 영향을 미치지 못한다. 리시빙 피스톤은 엑츄에이팅 피스톤에 비례하여 움직이고 니들 밸브를 통하는 약간의 유량으로 컴펜세이팅 스프링의 힘으로 의해 리시빙 피스톤은 천천히 원위치에 돌아온다. 만약 플라이 웨이트가 안쪽으로 기울면 플로팅 레버는 하강하고, 파일럿 밸브 플런져도 하강한다. 잠깐 동안은 리시빙 플런져 측의 플로팅 레버 우측 끝단은 정점으로 되고 압력유가 파워 피스톤 하부로 흐르고, 피스톤을 올리므로 연료를 증가시킨다. 파워 피스톤이 위로 올라가면 컴펜세이팅 레버는 컴펜세이팅 엑츄에이팅 피스톤을 하강시켜, 리시빙 피스톤은 유압에 의해서 위로 올라간다. 이 순간 스피드 로드 측의 플로팅 레버가 지점으로 되고, 파일럿 밸브는 중앙으로 돌아와 각 피스톤의 움직임은 정지하고 니들 밸브를 통해서 섬프 오일에 흐르는 량에 따라 리시빙 피스톤은 천천히 중앙으로 되돌아온다. 니들 밸브가 엔진에 대해서 정확하게 조정되어 있으면, 플로팅 레버의 중앙에 있는 파일럿 밸브는 정지 상태에서 리시빙 피스톤이 플라이 웨이트의 수직의 위치에 되돌아

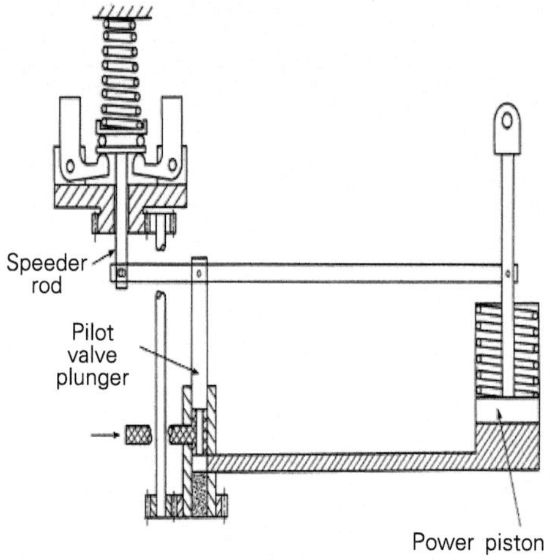

그림 5.38 드롭(Droop) 가버너

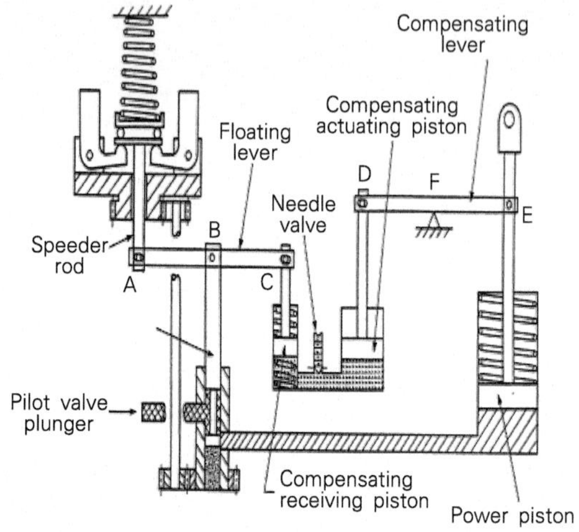

그림 5.39 정속 가버너

오는데 따라서 플로팅 레버 좌단을 올라가게 하는 것과 똑같은 속도로 내려온다. 컴펜세이팅 니들 밸브는 조정가능 함으로 여러 종류의 엔진에 적용된다. 컴펜세이팅 시스템 기구 추가에 의해서 파워 피스톤의 위치에 관계없이 운전 중의 플라이 웨이트는 한 중심의 수직 위치로 된다.

(8) 유압 보상식 가버너

그림 5.40의 유압 보상식 가버너도 정속운전을 하며 PG 가버너의 구성품인 버퍼(Buffer) 스프링과 니들 밸브를 추가시킨다. 속도저하에 의해 제어 랜드(Land)가 내려가면 압력유는 버퍼 스프링을 오른쪽으로 밀면서 파워 피스톤 하부로 흘러 들어가고 이때 우측의 스프링은 압축되고, 좌측의 버퍼 스프링은 약간 느슨해진다. 좌측의 유압은 우측의 유압보다 높게 되고, 이 압력차는 유로를 통해서 파일럿 밸브 플런져의 컴펜세이팅 랜드의 하부에 작용하는 힘은 10 RPM에 상응한다고 생각하자. 이 10 RPM에 상응하는 힘은 스피드 스프링에 상방향으로 작용하고 플라이 웨이트는 설정 회전보다 10회전 빠르게 원위치에 되돌아온다. 제어 랜드가 원위치에 돌아오고 포트(Port)를 막은 위치에서 파워 피스톤의 움직임은 그친다. 그러나 여기서 버퍼 피스톤은 중앙에서 빗나간 위치에 오고 컴펜세이팅 랜드에는 10 RPM 상당의 유압이 작용하고 있다. 니들 밸브로 피스톤의 양측의 유압을 균등하게 할 수 있고 버퍼 피스톤은 2개의 버퍼 스프링으로 중립된 원위치에 돌아온다. 니들 밸브가 정확하게 설정되어 있으면 이 10 RPM의 힘은 엔진이 실제의 원회전수로 되돌아오게 하고 가버너는 정확하게 필요한 연료유량을 흐르게 하므로 플라이 웨이트는 움직이지 않는다. 엔진이 과속이 될 때는 정반대 움직임을 하고, 플라이 웨이트를 움직이는 10 RPM 상당의 힘은 스피드 스프링 힘에 다시 가해진다. 플라이 웨이트는 엔진이 원속도에 되돌아가기 전에 중앙으로 돌아오고 실제의 속도가 하강하는데 따라서 니들 밸브의 움직임으로 컴펜세이팅 랜드에 작용하는 힘을 없애간다.

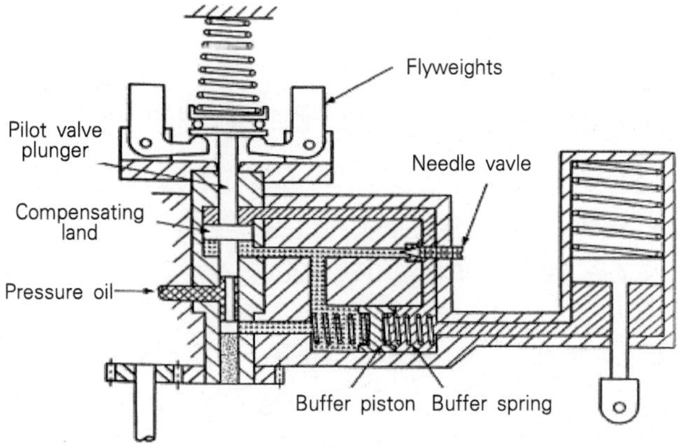

그림 5.40 유압 보상식 가버너

(9) UG-8 Dial Governor

UG-8 가버너는 이중연료, 디젤엔진, 스팀터빈, 속도제어용기계로 사용되는 유압식 가버너이다. UG-8은 제어 시스템에 의해 연료 랙크(Rack) 또는 연료 밸브에 링크로 결합되어 있다.

통상 UG 가버너는 원동기의 부하에 관계없이 정속제어를 하고, UG-Dial 가버너에는 스피드 드룹 기능이 있어, 공통의 부하를 기계적 및 전기적으로 병렬운전하고 있는 원동기간의 부하 분담을 한다. 작동원리를 살펴보자.

1) 부하가 감소할 경우(부하의 감소는 속도의 증가를 의미한다.)

① 부하 감소에 의해서 속도가 증가하면 플라이 웨이트(24)의 원심력은 증가하게 되고 스피트 스프링(25)의 힘보다 커지게 된다.

② 플라이 웨이트(24)는 바깥쪽으로 움직이게 되고 스피드 로드(21)와 플로팅 레버(31)의 오른쪽 끝을 들어올린다.

③ 파일럿 밸브 플런져(39)의 상승으로 로태이팅 부싱(Rotating Bushing)(38)의 콘트롤 포트(Control Port)가 열리고 압력유는 파워 피스톤(9)의 하부로부터 섬프(Sump)로 흐른다.

④ 파워 피스톤(9)의 상부의 압력유는 연료의 감소 방향으로 가버너 출력 샤프트 (Shaft)(6)를 하부로 회전시킨다.

⑤ 가버너 출력 샤프트(6)의 링크에이지(Linkage)는 보상조정 레버(22)를 하강시키고 지점(18)을 기준으로 하여 라지 대쉬포트 보상 피스톤(Large Dashpot Compensation Piston)(34)을 상승시킨다.

⑥ 파일럿 밸브 플런져(39)를 하강시켜서 콘트롤 포트(37)를 막는다.

⑦ 섬프 유는 섬프로부터 니들 밸브(33)를 통하여 대쉬포트 보상 피스톤 장치 (34, 35)로 흐르고, 작은 대쉬포트 보상 피스톤(35)은 이로 인해 파일럿 밸브 플런져를 중앙 위치에 유지시킨다.

⑧ 로태이팅 부싱(38)의 콘트롤 포트는 파일럿 밸브 플런져(39)의 랜드(Land)에 의해 막힌 상태를 유지한다.

⑨ 이로 인해 가버너 출력 샤프트(6)와 파워 피스톤(9)의 움직임은 새로이 연료가 감소된 위치에서 정지되고, 새로운 부하에 의해 설정된 속도 설정치에 의해 원동기는 회전하게 된다.

2) 부하가 증가할 경우(부하의 증가는 속도의 감소를 의미한다.)

① 부하 감소에 의해서 속도가 감소하면 플라이 웨이트(24)의 원심력은 감소하게 되고 스피트 스프링(25)의 힘은 플라이 웨이트(24)의 원심력보다 더욱 커진다.

② 플라이 웨이트(24)는 안쪽으로 움직이게 되고 스피드 로드(21)와 플로팅 레버(31)의 오른쪽 끝을 아래로 내린다.

③ 파일럿 밸브 플런져(39)가 내려가고 로태이팅 부싱(Rotating Bushing)(38)의 콘트롤 포트(Control Port)가 열리고 압력유는 파워 피스톤(9)의 하부 실린더로 흐른다.

④ 파워 피스톤(9)은 파워 피스톤의 하부면에 작용하는 유압유에 의해 상승하고 가버너 출력 샤프트(6)는 연료의 증가 방향으로 회전된다.

⑤ 가버너 출력 샤프트(6)의 링크에이지(Linkage)는 보상조정 레버(22)를 들어올리고, 이것은 지점(18)을 기준으로 라지 대쉬포트 보상 피스톤(Large Dashpot Compensation Piston)(34)을 하강시킨다.

⑥ 압력유는 스몰 대쉬포트 보상 피스톤(Small Dashpot Compensation Piston)(35)의 하부면에 공급되어 플로팅 레버(31)의 좌측 끝단을 상승시킨다.

⑦ 파일럿 밸브 플런져(39)를 상승시켜 콘트롤 포트(37)를 막는다.

⑧ 유압유는 대쉬포트 보상 피스톤 장치(34, 35)로부터 니들 밸브를 통하여 흘러서 스몰 대쉬포트 보상 피스톤(35)을 보상 스프링에 의해 스피드 로드와 같은 비율로 정상적인 중앙 위치로 복구시킨다.

⑨ 로태이팅 부싱(38)의 콘트롤 포트는 파일럿 밸브 플런져(39)의 랜드(Land)에 의해 막힌 상태를 유지한다.

⑩ 가버너 출력 샤프트(6)와 파워 피스톤(9)의 움직임은 새로이 증가된 연료의 위치에 멈춘다. 이는 새로운 부하에 의해 선택된 속도설정치에 의해 원동기가 회전하는데 필요한 위치이다.

두 가지 실례에서 부하의 감소 또는 증가시 보상장치는 반대의 방향으로 작도한다. 보상 또는 라지 대쉬포트 보상 피스톤(34)의 움직임의 양은 보상의 조정 즉, 지점(18)의 위치에 의해 조절된다.

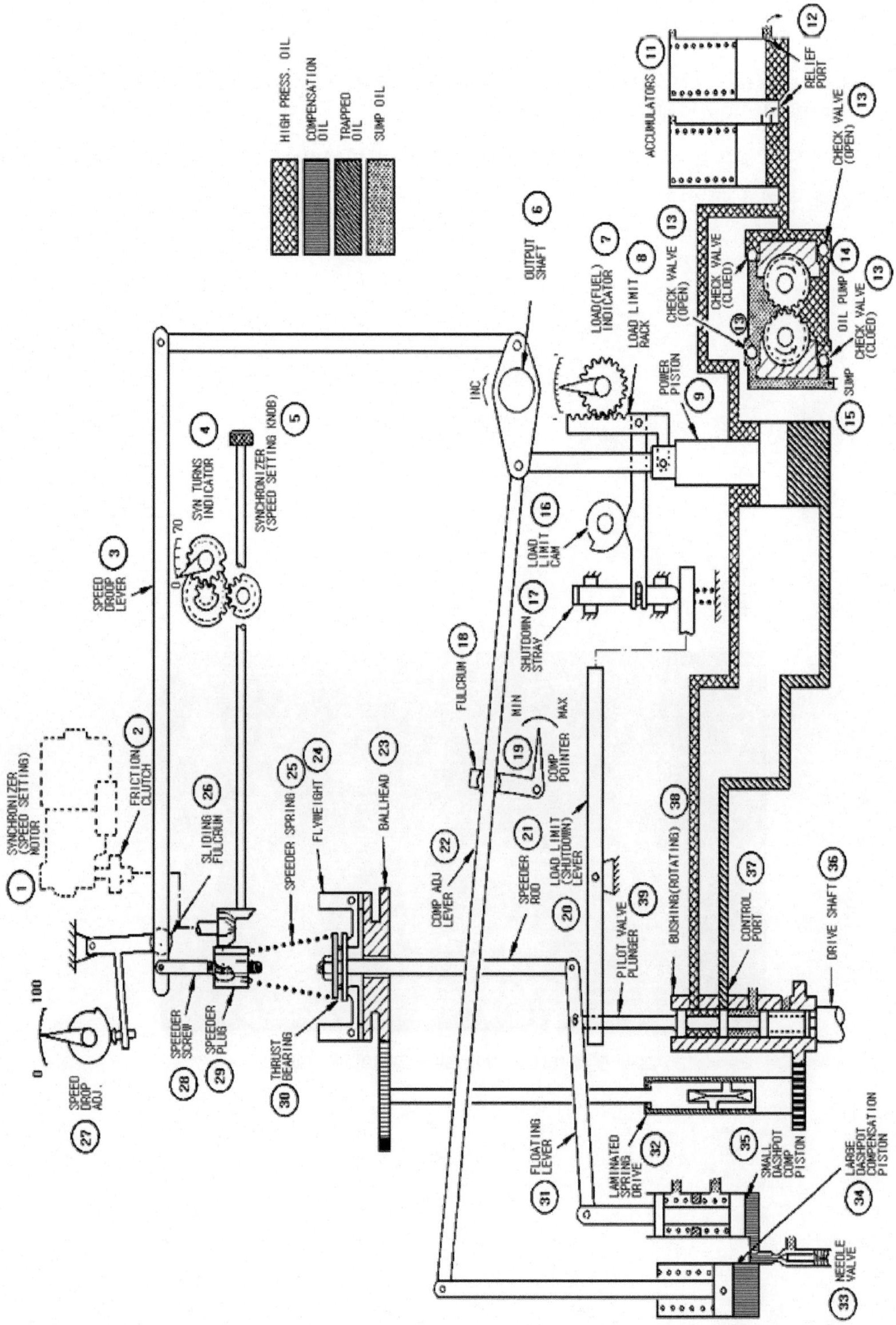

그림 5.41 UG-8 Dial Governor

5.1.16 터보챠져

기관에서 배기로 헛되이 대기 중에 방출하고 있는 배기 에너지를 회수해 터빈을 구동해 기관의 출력을 증가시키는데 그 목적이 있다.

배기 가스가 배출되면서 터빈 휠을 회전시키면 축의 반대편에 설치된 콤프레서 휠이 회전하며 신선한 공기를 공기냉각기를 거쳐서 공기의 밀도를 높인 후에 연소실 내로 불어 넣는다.

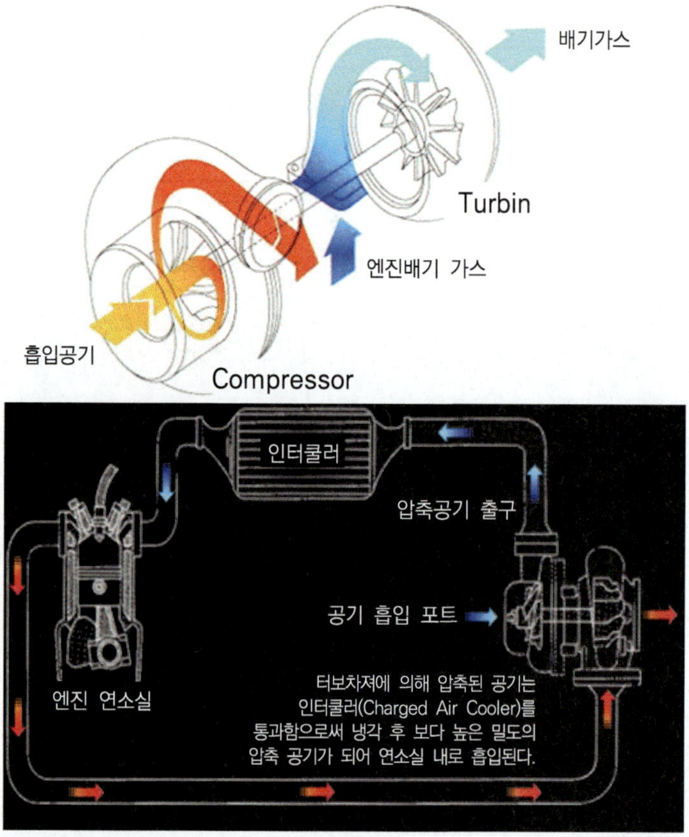

그림 5.42 터보챠져에 의한 공기의 공급과정

그림 5.43 디젤 발전기의 터보챠져

CHAPTER 6

외연기관

6.1 외연기관의 기본시스템

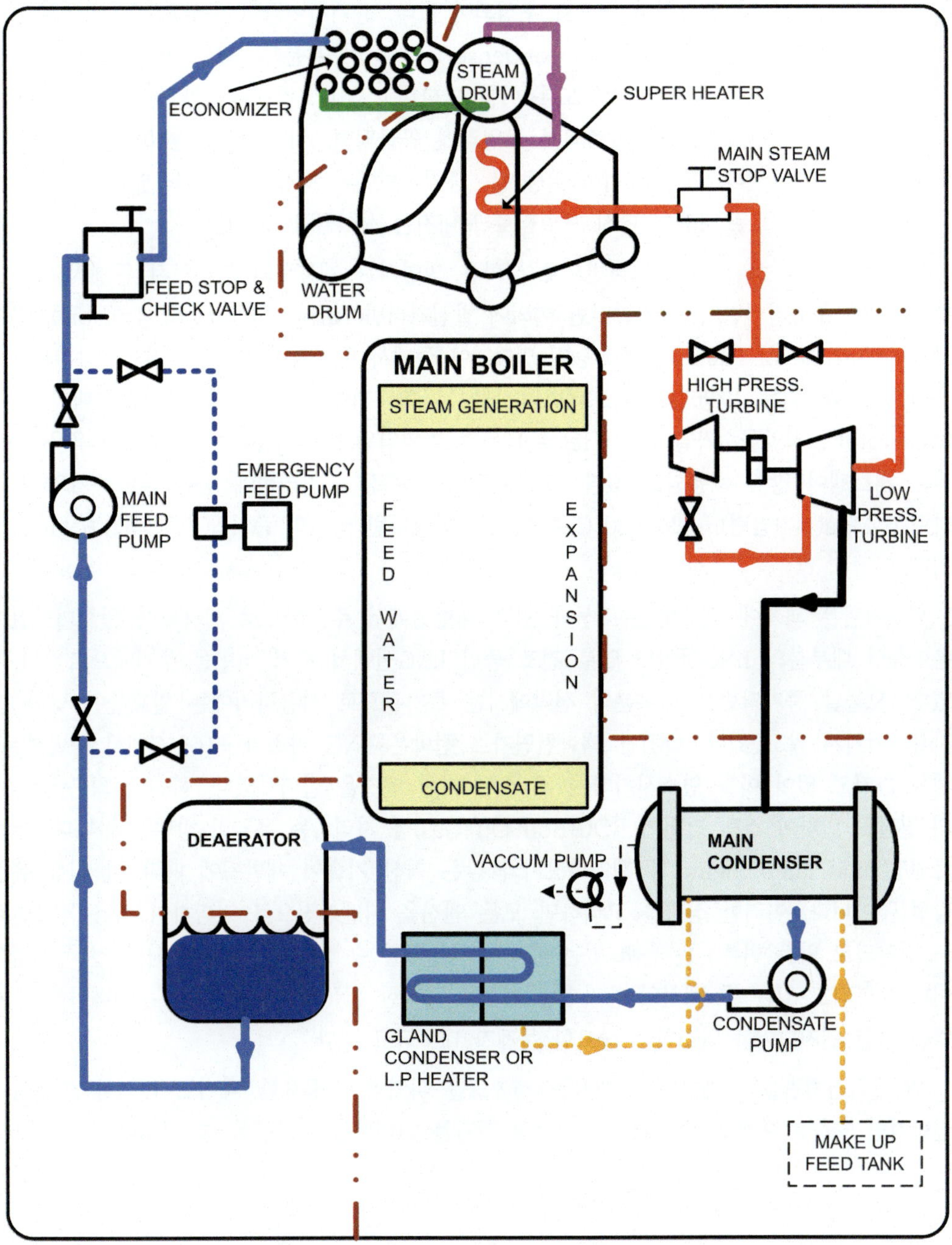

그림 6.1 선박용 외연기관 증기 계통도의 일례

증기를 작동유체로 하는 열에너지 변환시스템을 증기원동소(Steam Power Plant)라 한다. 즉, 증기원동소는 연료의 연소에 의하여 고온·고압의 증기를 발생하는 보일러(Boiler) 및 부속설비, 이 고온·고압 증기의 열에너지를 기계적에너지로 변환하여 동력을 발생시키는 증기터빈(Steam Turbine) 및 부속설비 등으로 구성되어 있다. 증기사이클의 구성요소는 가열부분(보일러), 출력부분(터빈), 냉각부분(복수기,Condenser), 압력상승부분(급수펌프 Feed Pump)의 4개로 되어 있으며, 증기사이클의 계통도는 이를 나타내고 있다. 작동유체인 물은 급수펌프에 의해서 보일러의 압력 이상으로 압축되어 보일러에 공급되며, 이 물은 보일러에서 가열되어 고온·고압의 증기가 된다. 그리고 이 과열증기는 증기터빈에서 팽창하여 기계적인 일을 한 후, 복수기에 보내져서 물로 바뀌어 다시 보일러로 보내지는 사이클을 형성한다.

그림 6.1은 주보일러와 증기터빈으로 선박용 외연기관 계통도의 일례로서 구체적으로 도시한 것이다. 주증기터빈인 고·저압터빈 이외에 발전기터빈(Turbo Generator Turbine), 급수펌프터빈(Turbine of Feed Pump) 등이 있다. 이 중에서 주증기터빈과 발전기터빈의 배기는 복수기에서 복수되는 반면 급수펌프터빈의 배기는 복수기로 보내어 응축시키는 대신 탈기기(Deaerator), 저압급수가열기(LP Heater) 등의 가열열원으로 사용하여 전체 열효율을 향상시키는 시스템이 많이 채용되고 있다. 일반적으로 LNG선 고압터빈에 공급되는 증기의 상태는 압력 6 Mpa(계기압력), 온도 520°C 정도이고, 저압터빈 입구의 증기압력은 약 0.6 Mpa 정도이다.

외연기관은 과거에 초대형 유조선과 일부 대형선에서 주기관으로 사용되어 왔으며, 현재는 운항중인 대부분의 LNG선이나 일부 건조 중인 LNG선에서 증기 터빈을 주기관으로 사용하고 있다. 오늘날 증기터빈은 대부분의 선박에서는 주기관으로 사용하기에는 열효율이 낮아 거의 사용되어지지 않고 있다. 하지만 액화천연가스 선박은 LNG 가스가 -163°C에서 증발하는 특성을 가지고 있어 이를 연소시키기 위해 스팀 터빈 엔진을 설비하였다. 하지만 최근에는 기술의 발달로 인하여 스팀 터빈이 BOG(Boil Off Gas)를 처리하는 유일한 방법은 아니다. 이중연료엔진(Dual Fuel Engine)과 재액화장치와 같은 최신 기술이 개발됨에 따라 더 이상 유일한 방법은 아니다. 이러한 상황을 고려하면 모든 엔진을 디젤엔진으로 전환하여 사용하면 연료비도 절약되고 많은 현존하는 능력 있는 엔지니어를 구할 수 있을 것이다. 하지만 전 세계적으로 이미 운항되고 있는 수 백척의 증기터빈 엔진을 장착한 LNG에 승선하거나 수리해야하는 기술력을 가진 엔지니어를 양성하는 중요한 문제가 대두되고 있다.

우선 외연기관을 이해하기 위해서는 계통도를 파악하고 중요한 파이프 라인을 이해하여야 전반적인 흐름을 이해할 수 있으며, 각각의 기기를 이해하는데 도움을 줄 것이다.

6.1.1 외연기관 주 보일러와 한바다호 보조 보일러의 증기 흐름도 비교

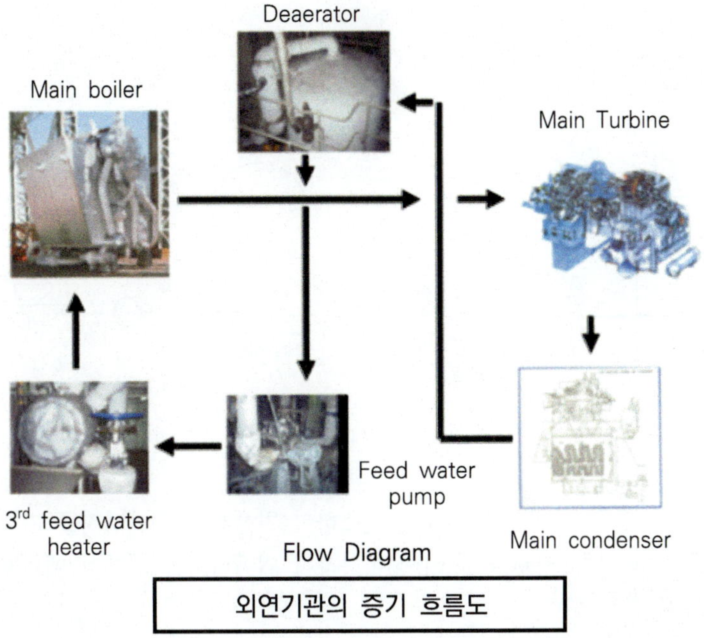

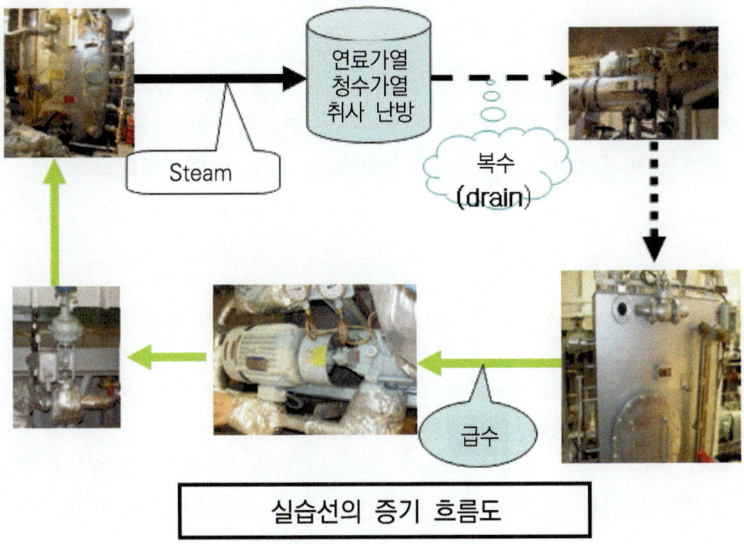

그림 6.2 외연기관과 실습선의 증기 흐름도

6.1.2 외연기관과 내연기관의 차이점

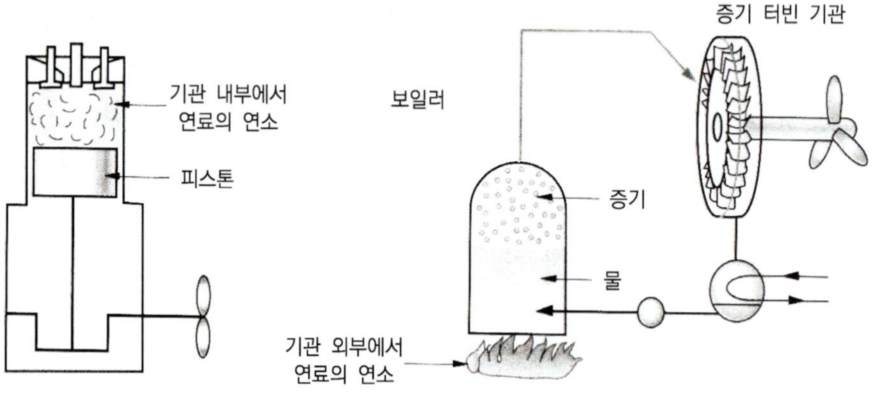

그림 6.3 내연기관과 외연기관의 차이점

화석이나 석유, 또는 그 이외의 연료를 연소하여 발생하는 열에너지를 기계적 에너지로 바꾸는 장치를 총치하여 열기관(Heat Engine)이하라며 열에너지를 기계적 에너지로 바꾸는 방법에 따라 다음과 같이 분류 한다.

(1) 외연기관

열기관의 작동유체인 물이 외부에서 연소가 발생하며 물과 연소가스가 직접 접촉하지 않는 기관, 즉 연소가 기관 이외의 장소에서 행하여지고 연소가스와 작동물질이 전혀 별개로 되어있는 기관이며 증기 터빈을 이용해서 선박을 추진하는 경우 외연기관이다.

(2) 내연기관

작동유체가 기관 안에서 연소가 발생하여 연소가스 자체가 작동 유체로 이용되며, 가솔린기관, 디젤기관, 가스 터어빈 등이 있다.

보일러는 외연기관의 핵심 구성요소로서 고온 고압의 증기를 발생하여 추진용 증기터빈을 구동하거나, 저압의 증기를 발생하여 선내의 연료가열, 청수가열, 취사 및 난방에 필요한 증기를 발생시키는 장치이다.

6.1.3 외연기관의 실례

증기터빈의 발달과 원리

증기(보일러) → 노즐, 고정날개로부터 분출, 팽창
→ 터빈(회전)날개에 부딪혀 축 회전

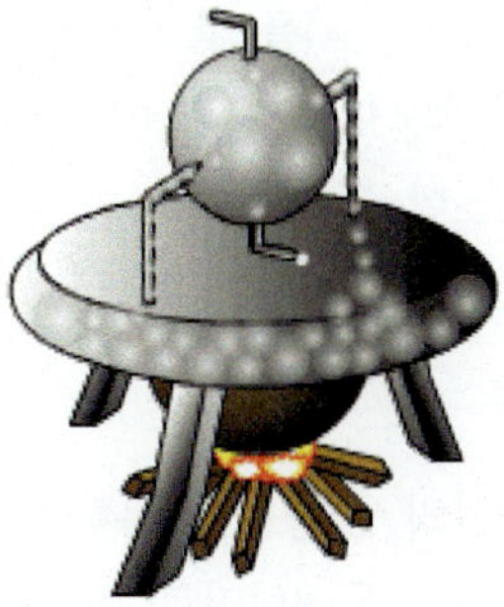

그리스 시대(헤론 고안)

그림 6.4 증기터빈의 발달과 원리

증기 기관의 작동 원리

고온고압의 증기 → 피스톤 직선왕복운동
→ 크랭크축 회전운동 → 동력 발생

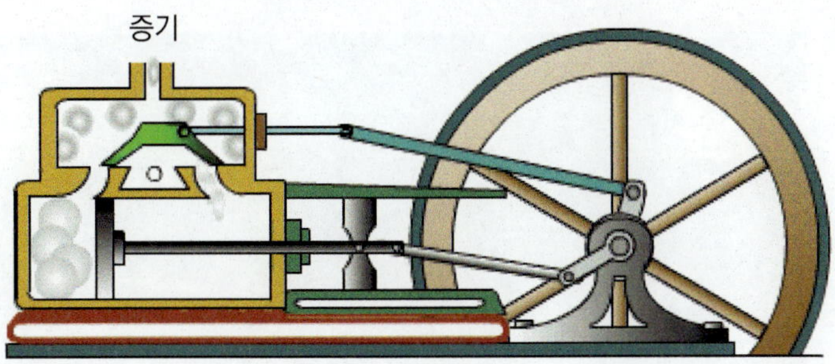

그림 6.5 증기 기관의 작동 원리

6.1.4 터빈

(1) LNG 선박과 증기 터빈의 역할

LNG 선박은 여전히 증기 터빈을 추진기관으로 사용하는 거의 유일한 상선이다. 다른 선박들은 열효율이 낮은 증기 터빈을 오일 쇼크 이후 거의 사용하지 않았으나, LNG 선박은 화물유 탱크에서 발생하는 BOG(boil off gas)를 효과적으로 처리하기 위해 최근까지도 증기 터빈을 장착해왔다. 그러나 최근 기술 발전으로 인해 이중연료 엔진(dual fuel engine), 저속 엔진(slow speed engine), 재액화 시스템 등이 등장하면서 증기 터빈의 입지는 줄어들고 있다.

(2) 증기 터빈의 원리와 구조

증기 터빈은 압축성 유체인 증기의 흐름을 이용해 회전력을 얻는 기계장치로, 고온·고압의 증기가 노즐을 통과하며 열에너지를 운동에너지로 변환한다. 이 과정에서 증기는 여러 개의 단(stage)을 거치며 터빈 로터(rotor)를 회전시키고, 최종적으로 복수기(condenser)에서 응축된다.

(3) 증기 터빈의 장점과 단점

증기 터빈은 직접적인 회전력을 발생시켜 프로펠러 축에 전달할 수 있지만, 복수기 유지에 많은 공간과 높은 비용이 요구된다. 또한, 터빈의 고온·고압 환경을 견디기 위해 특수 재질이 필요하며, 프로펠러와의 회전 속도 차이를 조정하기 위한 감속기어(reduction gear)가 필수적이다.

그림 6.6 main Turbine

그림 6.6은 Mitsubishi 크로스-컴파운드 충동-반동형 해양 증기 터빈과 이중 감속 기어 시스템을 보여준다. 증기 터빈은 고·저압 터빈, 복수기, 감속기어의 세 부분으로 구성된다. 저속 항해 선박의 프로펠러 효율을 높이기 위해 단일 감속기가 아닌 2단 감속기어가 사용된다. 감속기어는 2단 헬리컬 듀얼 탄뎀 아티큘레이티드형(double helical and dual tandem articulated type)이다. 그림 6.7은 터빈의 각부 명칭을 나타내고 있다.

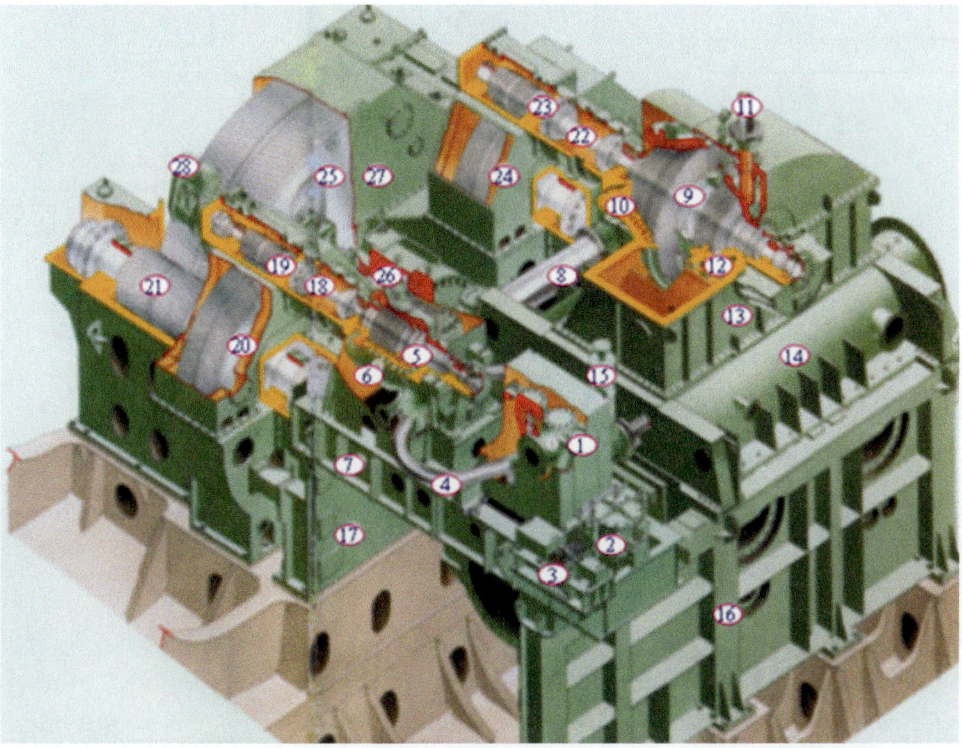

1. Maneuvring Valve
2. Hydraulic Cylinder
3. Cam Gear
4. Main Steam Pipe
5. HP Turbine Rotor
6. HP Turbine Casing
7. HP Turbine Bed
8. Crossover Pipe
9. LP Turbine Rotor
10. LP Turbine Casing
11. Astern Pipe
12. Astern Turbine Casing
13. LP Turbine Exh. Casing
14. LP Turbine Bed
15. Astern Guardian Valve
16. Foreside Package Frame
17. Afterside Package Frame
18. HP Flexible Coupling
19. HP 1st Pinion
20. HP 1st Wheel
21. HP 2nd Pinion
22. LP Flexible Coupling
23. LP 1st Pinion
24. LP 1st Wheel
25. Main Gear (2nd Wheel)
26. Main Thrust Bearing
27. Gear Casing
28. Turning Gear

그림 6.7 터빈의 각부 명칭

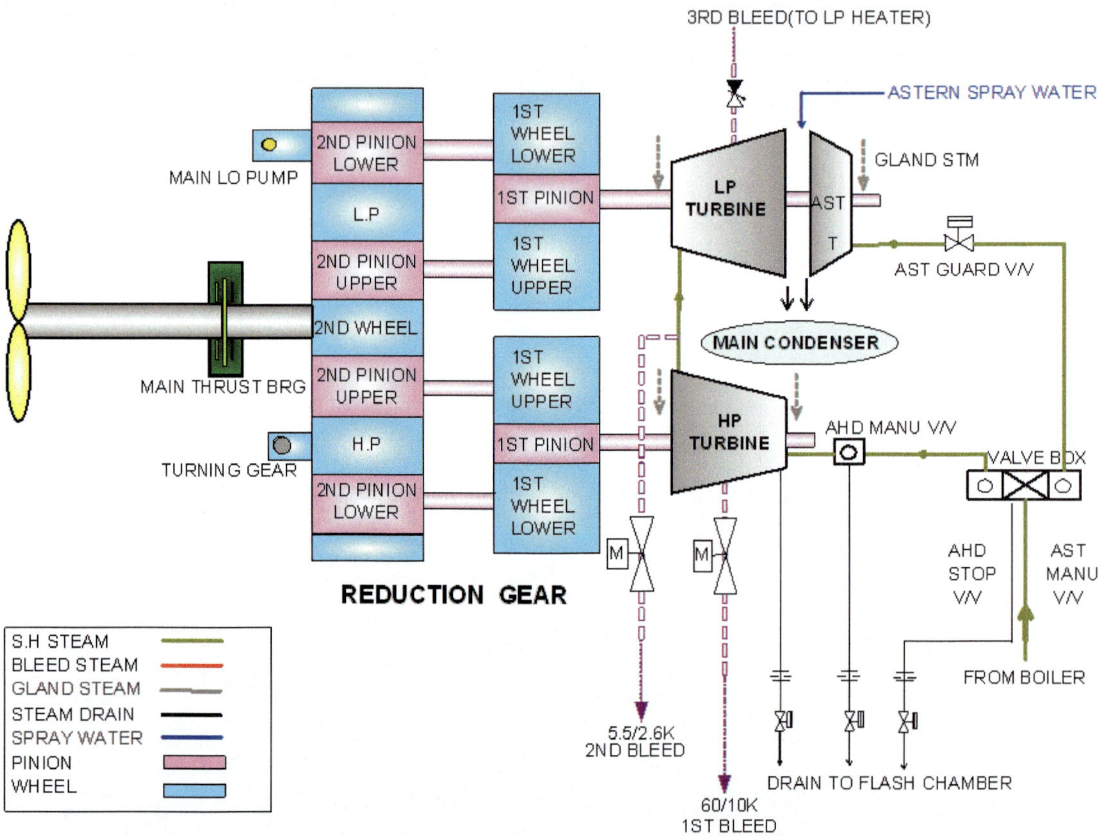

그림 6.8 Schematic diagram of main turbine

그림 6.8에 나타난 감속기어 시스템은 첫 단과 둘째 단 감속 피니언 및 감속 기어 휠로 구성되며, 터빈 로터는 플렉시블 커플링을 통해 1단 감속기어에 연결된다. 1단 감속기어는 플렉시블 샤프트를 통해 2단 감속기어 피니언을 구동하고, 이를 통해 2단 감속기어 휠이 회전한다.

감속기어의 뒤쪽에는 주 추력 베어링이 별도의 케이싱으로 설치되며, 터닝기어는 고압 측 1단 감속 피니언에 연결된다. 전진 노즐제어밸브는 터빈 출력을 조절하며 케이싱 상부에 장착되며, 후진 터빈은 저압터빈과 같은 축에 위치하나 반대 방향으로 회전하여 손실을 유발한다.

전진 및 후진 밸브는 전기 및 유압 메커니즘으로 작동되며, 콘트롤 레버나 푸쉬버튼으로 조정된다. 이 시스템은 과속방지기, 정지 장치, 윤활유 저압 정지, 축 방향 진동 정지, 비상 정지 기능을 포함한다.

윤활유 시스템은 터빈축과 연결된 윤활유 펌프, 보조 모터 펌프, 윤활유 스트레이너, 냉각기, 팬 및 썸프 탱크로 구성된다.

고압 터빈으로 공급되는 증기는 보일러에서 생성되어 전진 정지밸브, 전진 노즐제어밸브, 1단 노즐, 로우 커티스 단, 레토우 단, 크로스 하부 파이프를 거쳐 저압 터빈으로 이동한다. 저압 터빈은 추가적인 레토우 및 반동 단을 거친 후 최종적으로 복수기로 연결된다.

후진 터빈의 증기는 후진 메뉴버링 밸브, 후진 가드 밸브, 로우 커티스 단을 거쳐 복수기로 들어간다. 터빈의 효율을 높이기 위해 고압, 중압, 저압 추기(bleed)를 활용하여 급수를 가열하고 다양한 필요 부위에 증기를 공급한다.

6.2 보일러(Boiler)

6.2.1 주 보일러

LNG 운반선(LNGC)의 주 보일러는 높은 기술적 정교함과 신뢰성 있는 전자 제어 시스템을 갖추어야 하며, 작업이 용이하고 운영 관리가 편리해야 한다.

이 보일러는 보일러 급수 및 증기 드럼, 절탄기, 스팀 공기 가열기, 그리고 오일/가스 겸용 버너로 구성된다. 보일러의 압력 부품은 두 개의 드럼과 하단 헤더, 네 개의 수냉벽 헤더, 수냉벽 튜브, 상승관 및 하강관으로 이루어져 있다. 각 드럼은 용접된 구조로 제작되며, 노즐 또한 모두 용접으로 부착된다. 용접으로 인해 발생하는 응력은 정확한 온도 제어하에 가열로에서 제거된다.

증기를 생성하는 주요 튜브 뱅크는 스팀 드럼과 워터 드럼 사이에 배치되며, 모든 튜브는 탄소강으로 제작된다. 스팀 드럼과 하단 헤더 사이에는 두 줄의 생성 튜브가 연결되어 과열기의 스크린 역할을 한다. 또한, 용접된 수냉벽 튜브는 상부 및 하부 헤더 사이에 배치되어 보일러의 전면과 후면 벽을 형성하며, 바닥 벽도 같은 방식으로 구성된다. 측면 벽 튜브는 상단에서 구부려져 기울어진 연소실 천장을 형성한 후 스팀 드럼과 연결된다.

보일러의 상부 전면 및 후면 헤더는 상승관과 연결되며, 상승관은 직접 스팀 드럼에 용접된다. 하강관은 스팀 드럼과 워터 드럼, 하부 벽 헤더 및 전후면 하부 헤더 사이에 배치되어 있다. 모든 헤더는 원형 단면을 가지며 탄소강으로 제작되며, 점검을 위한 검사 구멍과 덮개, 개스킷, 아치 및 너트가 함께 제공된다.

(1) 주 보일러의 구조

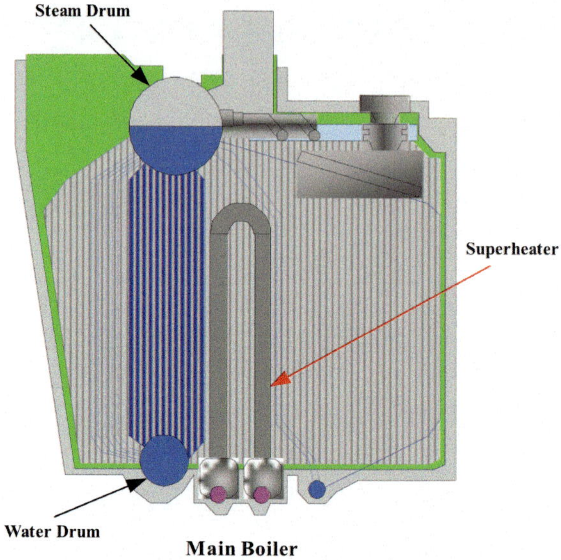

그림 6.9 Main boiler of LNGC

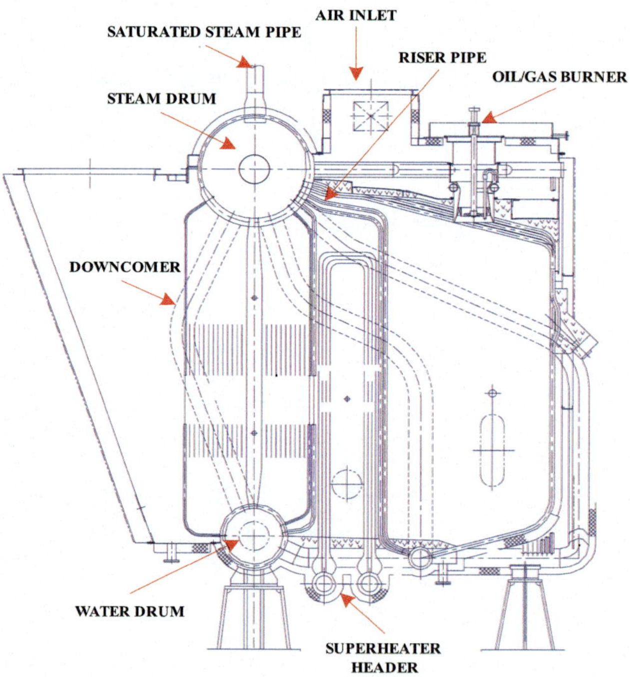

그림 6.10 Structure of boiler

(2) 과열증기 파이프라인(Superheated Steam Line)

선박 운항에 필요한 증기는 두 대의 주 보일러에서 생성된다. 증기 드럼에서 발생한 증기는 과열기의 첫 번째 단으로 공급되며, 이후 모든 단을 거치게 된다. 그러나 보일러의 연소 온도에 따라 과열증기의 온도가 변동하여 일정한 온도를 유지하기 어렵다. 이를 조절하기 위해 과열기의 세 번째 단에서 일부 증기를 분리하여 오리피스를 통해 네 번째 단으로 보내고, 나머지는 물 드럼 내부의 과열 저감기를 거쳐 네 번째 단으로 유입된다. 증기 온도 조정기는 설정된 값과 실제 값을 비교하여 온도 변화를 최소화하며, 조절 밸브(STC 밸브)는 과열 저감기를 통과하는 증기의 양을 조절하여 목표 온도를 유지한다.

고압 증기 시스템은 보일러의 과열기에서 6.0 MPa의 압력과 515℃의 과열증기를 생성하며, 이 증기는 주 터빈, 터보 발전기 터빈, 주 급수펌프 터빈 등에 공급된다.

각 보일러는 주 증기 정지 밸브를 통해 연결되어 있으며, 이를 통해 주 터빈으로 과열증기를 공급할 수 있도록 구성되어 있다. 또한, 터보 발전기와 주 급수펌프에 증기를 공급하기 위해 보조기기용 증기 정지 밸브가 설치되어 있으며, 수리 시에도 각각의 보일러에서 독립적으로 증기를 공급할 수 있도록 설계되었다. 주요 밸브들의 사전 가열을 위해 바이패스 밸브가 설치되어 있다.

보일러의 과열기 출구에서 나온 증기는 일부가 주 터빈, 터보 발전기, 주 급수펌프 터빈으로 공급되며, 나머지는 증기 드럼에 설치된 과열 저감기를 통해 온도를 약 310℃까지 낮춘 후 다양한 곳에 분배된다.

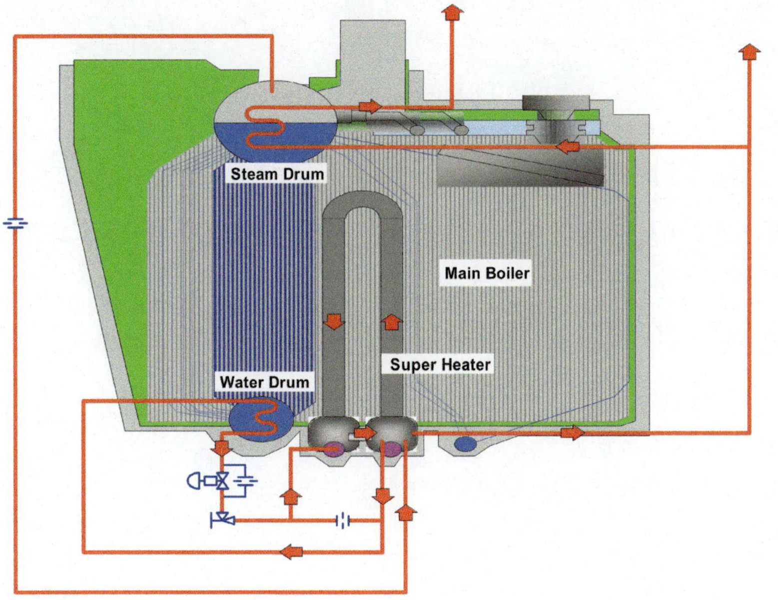

그림 6.11 Super heated steam

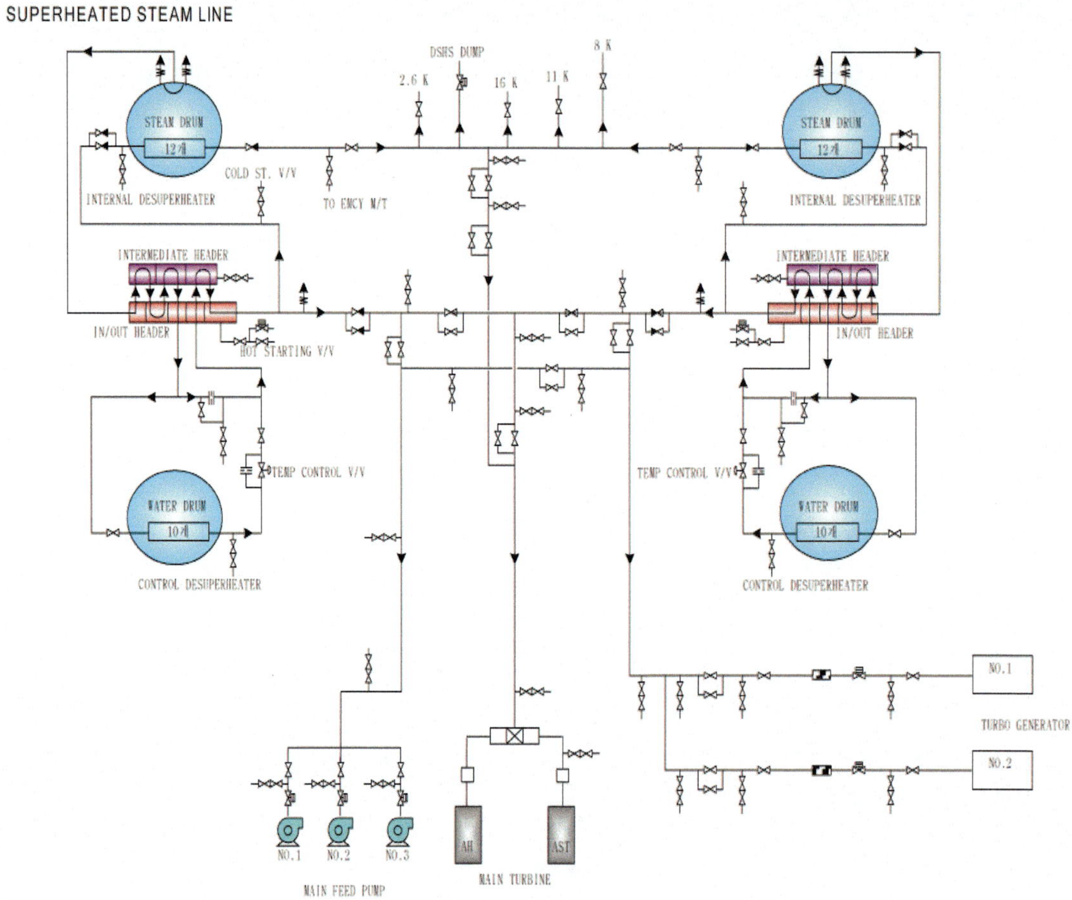

그림 6.12 Superheated Steam Line

(3) 과열 저감 증기 파이프라인(Desuperheated Steam Line)

두 대의 보일러에서 생성된 과열증기는 증기 드럼 내에 설치된 내부 과열저감기로 보내져 온도가 낮아진 후 각 부위로 공급된다.

과열저감기를 거친 증기는 다음과 같은 장소로 전달된다.

- LPSG 가열 증기
- 주 보일러 슈트 블로워
- 주 덤핑 증기 시스템
- 보조 외부 과열저감기
- 고압 배기 증기 보충
- 고압 및 저압 터빈 단독 운전(비상 시)

5.88 MPa에서 0.28 MPa로 감압된 증기는 주 터빈의 중간압력(MP) 추기와 함께 공기분리기, 공기예열기, 조수기 등에 공급된다.

외부 과열저감기는 5.88/0.78 MPa 감압밸브 뒤쪽에 설치되어 있으며, 감압된 증기의 온도를 180˚C까지 낮춘 후 이를 보조 서비스 라인으로 공급한다. 또한, 압력과 온도를 조절하기 위해 외부 과열저감기에 물을 공급하는데, 이 급수는 그림 6.11~6.13에서 확인할 수 있듯이 증류수 탱크에서 보조 외부 과열저감기 펌프를 거쳐 공급된다.

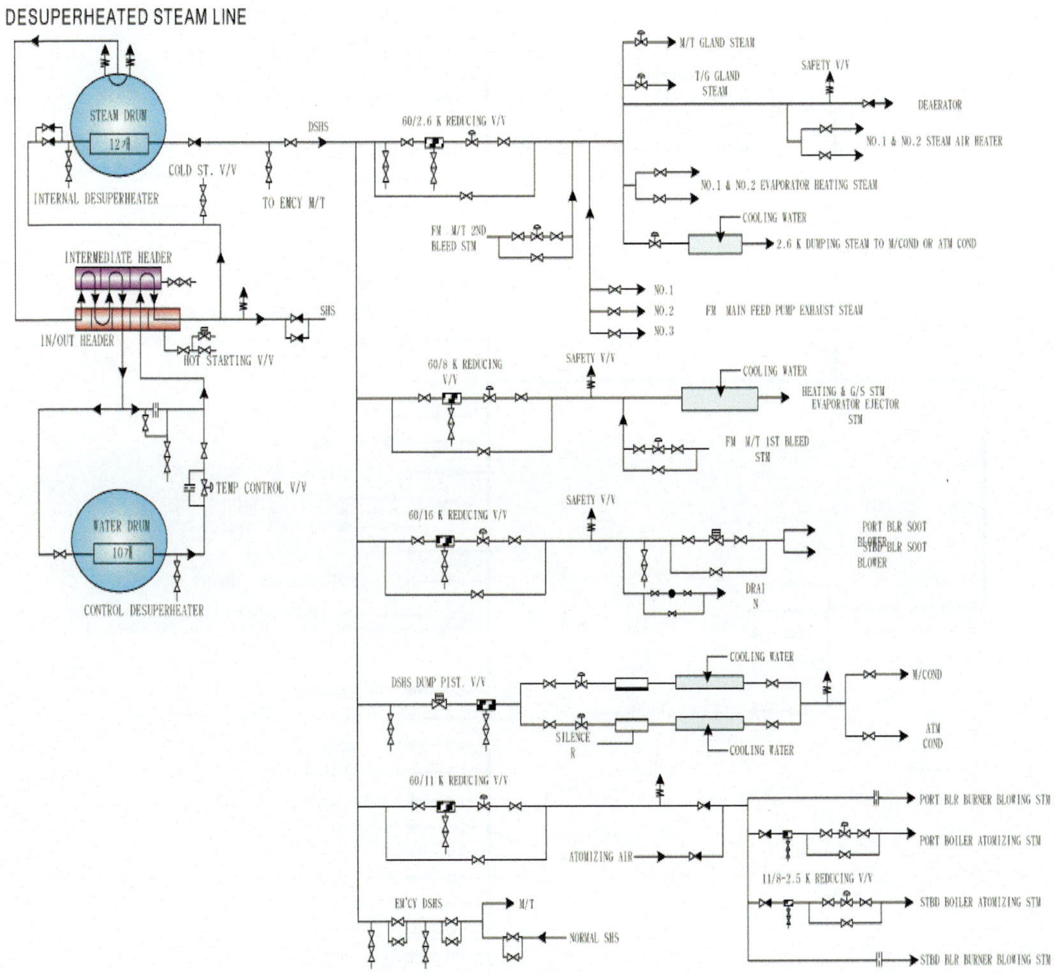

그림 6.13 Desuperheated Steam Line

(4) 잡용 증기 파이프 라인(General Service Steam Line)

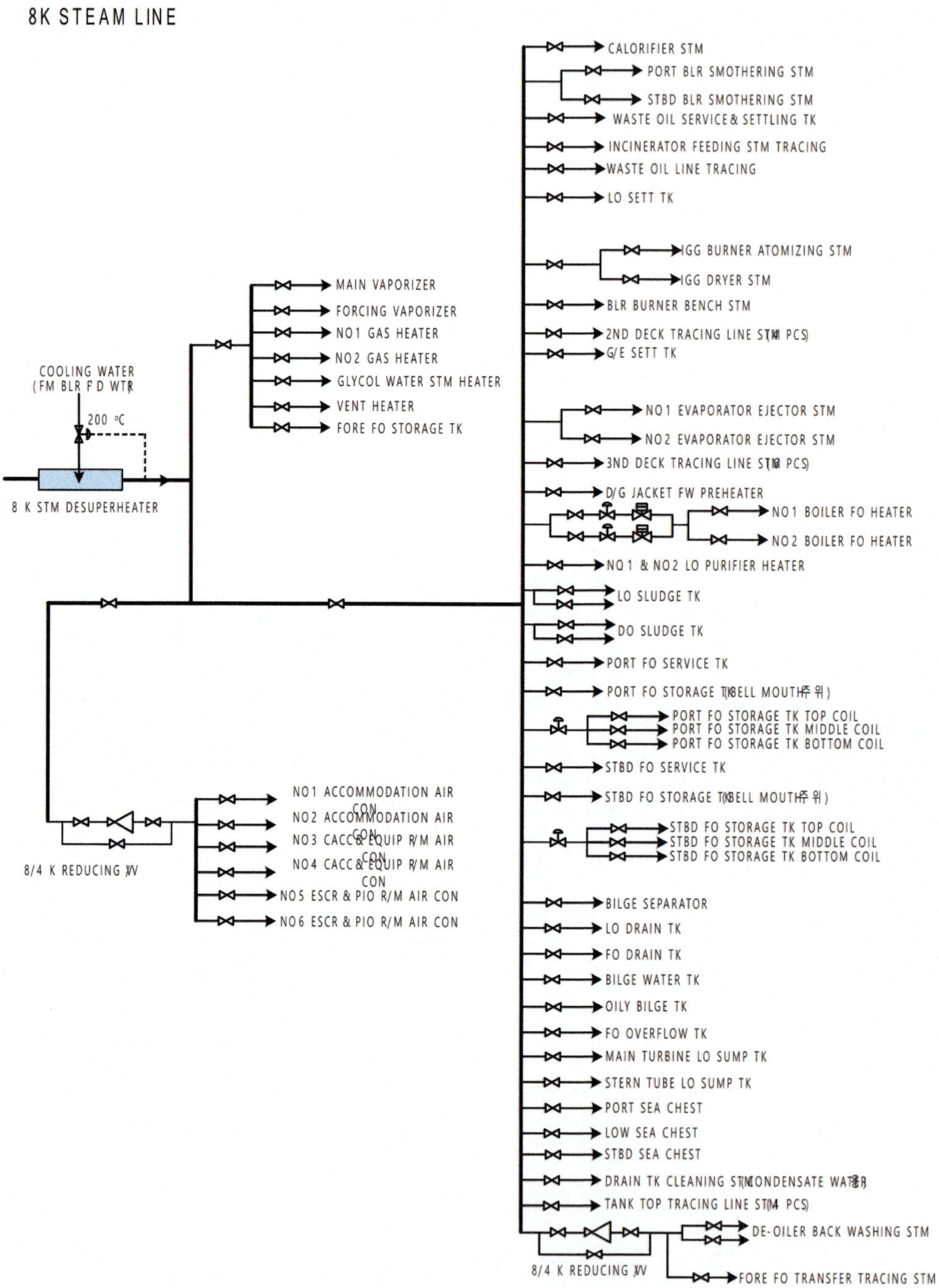

그림 6.14 General Service Steam Line

(5) 급수 및 복수 라인(Feed Water and Condensate Line)

보일러 급수 시스템은 공기분리기에서 급수펌프로 흡입된 후 스팀드럼으로 공급되는 순환 구조이다. 복수 시스템에서 유입된 급수는 주 터빈의 추기 스팀 및 고압 배기 증기와 혼합되어 온도가 상승하며, 공기분리기는 불응축 가스를 제거하는 역할을 한다. 가열된 급수는 공기분리기에 저장되며, 수위는 자동적으로 조절된다. 급수펌프는 공기분리기에서 급수를 흡입하며, 펌프 입구에서 물이 끓는 현상을 방지하기 위해 기관실 상부에 위치한다.

주 복수 시스템은 주 복수기에서 응축수를 펌핑하여 공기분리기로 보내고, 이후 급수펌프를 통해 보일러에 공급하는 순환 시스템이다. 배기 증기는 주 복수기에서 해수 순환 펌프로 냉각·응축되며, 응축수는 열 교환기를 거쳐 공기분리기로 이동한다. 공기분리기는 스팀을 분사하여 공기를 제거하고, 급수펌프의 원활한 흡입을 위해 높은 위치에 설치된다. 응축수는 순환 과정에서 33°C에서 138°C까지 상승하며, 이는 저압 급수 가열기의 폐열 이용 덕분이다. 또한, 주 급수펌프와 중압 추기 증기, 과열저감 증기가 공기분리기 가열 증기로 활용된다.

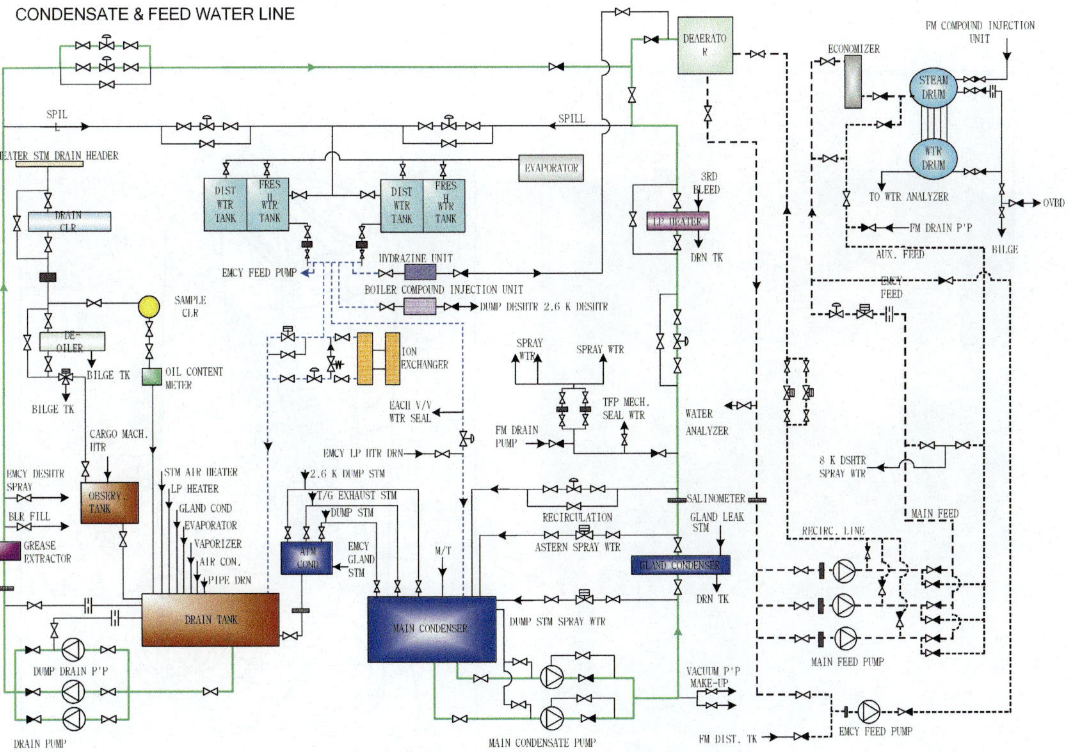

그림 6.15 Feed Water & Condensate Line

6.2.2 보조 보일러

(1) 보조 보일러의 구조(T/S HANBADA)

그림 6.16, 6.17은 각각 한바다호에 탑재된 직립형 수관보일러의 외관 및 기본 구조를 나타낸 것이다. 이 보일러는 수직원통형의 보일러동(Shell)과 상부의 경판(Mirror Plate)과 하부의 오지링(Ogi Ring)과 용접되어 보일러 형체를 구성하며, 오지링의 내측에는 노(Furnace)가 용접되어 연소실(Combustion Chamber)을 형성한다. 노의 상부에는 15°경사진 수관을 내장한 업테이크(Up Take)를 연결하며 이것은 상부의 경판에 연결된다. 이 수관군(Water Tube Group)은 수면하에 배치되며, 수면 위의 증기측에는 지지관(Stay Tube)을 배치하여 업테이크가 수압에 변형되는 것을 방지한다. 상부의 경판과 노의 상부 경판을 연결하는 보일러 지지볼트(Boiler Stay Bolt)는 보일러의 수압에 의하여 경판이 변형되는 것을 방지한다. 상부 경판과 보일러동에는 보일러 내의 정비작업 및 소제를 위하여 접근할 수 있는 맨홀(Man Hole)을 형성되어 있으며, 보일러 최하단 오지링의 상측에는 쌓인 뻘을 청소하기 위한 머드호홀(Mud Hole)또는 핸드홀(Hand Hole)이 있다.

그림 6.16 한바다호 보일러 외관

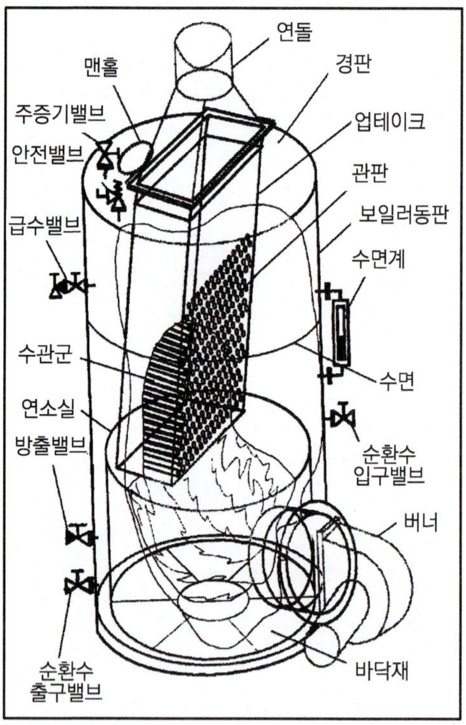

그림 6.17 한바다호 보일러 구조

(2) 보일러의 마운팅 밸브(Mounting Valve)

보일러 마운팅 밸브는 보일러 동체에 용접한 플렌지에 직접 부착된 밸브들로서 보일러 압력이 직접 미치기 때문에 보일러 정지 시, 수리 시에만 수리할 수 있는 주요한 보일러의 구성부분이다.

① 안전밸브(Safety Valve)는 보일러의 압력이 허용최고(Design Pressure)에 도달하였을 때 즉시 밸브를 그 압력에 의해 증기를 분출하여 보일러의 안전을 도모하기 위한 밸브이다.

② 주 증기밸브(Maim Steam Stop Valve)는 보일러 드럼 최상부에 연결되어 증기의 공급을 개폐하는 역할을 한다.

③ 급수 밸브는 급수정지밸브(Feed Stop Valve)와 급수역지밸브(Feed Check Valve)가 직렬로 연결되어 있고, 역지밸브는 급수 펌프나 급수계통에 손상이 있을시 역류를 방지하고, 정지 밸브는 급수 공급의 개폐를 할 수 있다.

④ 수면방출밸브(Surface Blow Valve)는 보일러 물중에서 물 보다 가벼운 유지류 티끌 등 부유성 불순물이 포함되어 농축되면 비등할 발생한 기포가 잘 소멸되지 않아서 소위 포밍(Foaming)현상에 의한 캐리오버(Carry Over)장해를 발생한 위험이 있다. 따라서 이러한 부유 불순을 수면의 물과 함께 배출할 때 사용하는 밸브이다.

⑤ 수저방출밸브(Bottom Blow Valve)는 뻘 또는 무기염류가 농축 침전되어 바닥에 가라앉아 전열작용을 방해하고 또는 부식을 초래 하므로 침전물을 보일러 밖으로 배출할 때 사용한다.

⑥ 공기배출밸브(Air Vent Valve)는 보일러 최상부에 설치되어 있고, 보일러 물을 빼거나, 급수 할 때 공기가 통하게 하며, 점화해서 증기를 발생하기 시작할 때, 증기가 나올 때 까지 공기를 배출하기 위한 밸브이다.

⑦ 검염콕(Sampling Cock)은 보일러에 투입한 청관제 및 물순물의 농노를 분석하기 위한 급수을 채취할 때 사용하고, 보일러 수가 온도가 높기 때문에 냉각코일을 통하여 냉각된 시료수를 취한다.

⑧ 기타 수면계 차단밸브, 압력계, 압력스위치의 루트밸브(Root Valve), 저수위 스위치밸브, 순환수입·출구밸브, Furnace Drain Valve 등이 설치되어 있다

(3) 보일러 시스템 구성

1) 급수 시스템(Feed Water System)

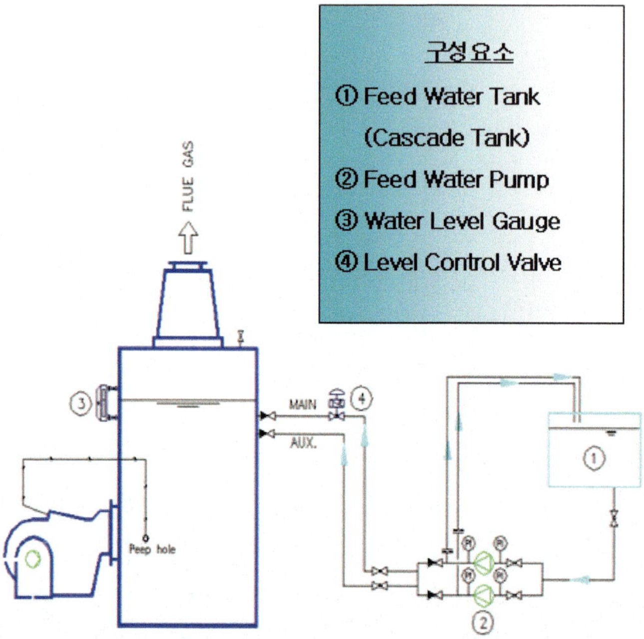

그림 6.18 Feed water system for BLR

보일러 내에 공급하는 물을 급수(Feed water)라 하며 그림 6.18에 보여 주는 급수계통의 장치를 설명하고자 한다.

① 급수탱크(Cascade Tank) : 주 증기라인 덤핑(Dumping)증기와 응축수가 Drain Cooler에서 60~80℃가 되도록 하여 급수탱크로 떨어져, 순환 및 보충 역할을 하는 곳이다.

② 급수펌프(Feed Water Pump) : 보일러에 급수를 공급하기 위한 펌프로 보일러 압력과 급수계통의 유동 마찰을 극복하고 유동에너지를 갖는 압력까지 가압한다. 펌프가 Continuous Type인 경우 Mini Return Line을 설치한다.

③ 수면계(Water Gauge) : 일정 수위를 유지하기 위해 수위를 관찰하는 곳이고, 2개의 수면계를 장치하는 것이 원칙이다.

④ 자동수위조절밸브 : 보일러 수위에 따라 자동적으로 밸브를 개폐하여 수위를 일정하게 유지하는 역할을 하는 밸브이다.

2) 차압 전송기(Difference Pressure Transmitter)

보일러의 운전 중 가장 중요한 것은 수위를 일정하게 유지 하는 것이고 보일러 드럼은 증기 측과 수 측으로 구분되어 지며 증기 측의 수두와 수 측의 수두의 차압이 차압전송기(D.P.T)에서 전류(4~20 mmA)로 변환되어 전류신호가 E(I) Positioner에 전달되어 변위된 공압이 수위 조절밸브의 개폐의 정도를 제어한다.

① 정 수두 실(Condensate Reservoir)은 보일러 내의 증기가 응축하여 수위에 관계없이 항상 일정하게 응축수가 고여 있으며, 수위를 측정하는 기준이 된다.

② 차압 전송기는 수위에 따라 발생되는 고·저압 차(⊿P)를 비교·검출하는 다이아프램(Diaphragm)이 설치되어 있으며, HP(LP⊿P)측은 항상 일정하고 LP측은 보일러 수위에 따라 변하며, 차압(⊿P)의 차이를 전위로 변환시키는 장치이다. 즉, ⊿P를 수위의 높이 개념으로 설명하면 실제 수위와 Condensate Reservoir의 응축 수 사이 수위차가 많으면 많을수록(보일러 수위가 낮아질수록) Diaphragm에 작용하는 힘은 HP측이 커져서 보일러의 수위는 낮게 나게 된다.

그림 6.19 보일러에 설치된 D.P.T

그림 6.20 D.P.T에서 형성된 차압(수주)

3) 보일러 순환수 시스템(BLR Circulating Water System)

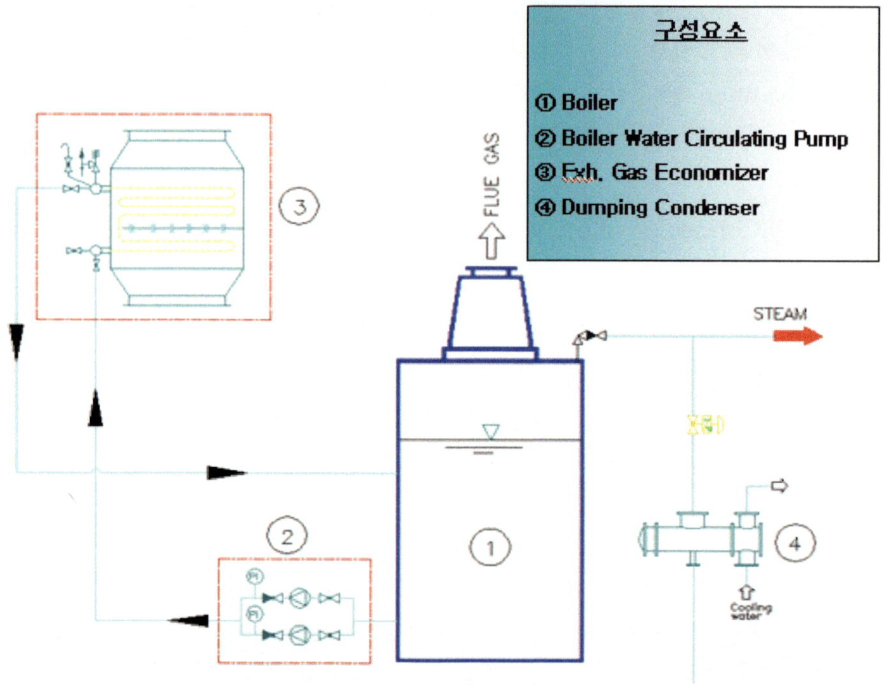

그림 6.21 Circulating Water System for BLR

그림 6.21은 연소식 수관 보일러와 수관식 배기 보일러의 순환수 시스템을 보여주고 있고, 각 설명은 다음과 같다.

① 덤핑 콘덴서는 주 증기라인의 덤핑(Dumping)증기와 응축수를 60~80℃가 되도록 응축하는 곳이다. 한바다호 의 냉각수는 해수이다.

② 보일러 순환 펌프 수관식 배기보일러에 보일러 드럼에 있는 급수를 흡입하여 이코노마이저(Economizer)에 공급하는 펌프이다.

③ 수관식 배기 보일러는 항해 중 디젤 주기관의 배출가스의 열을 회수하여 증기를 발생시키는 보일러 이다. 통상 운전 시 300~400℃의 상당한 높은 온도의 열을 200℃가 될 때까지 사용할 수 있다.

4) 연료유 시스템 (Fuel Oil System)

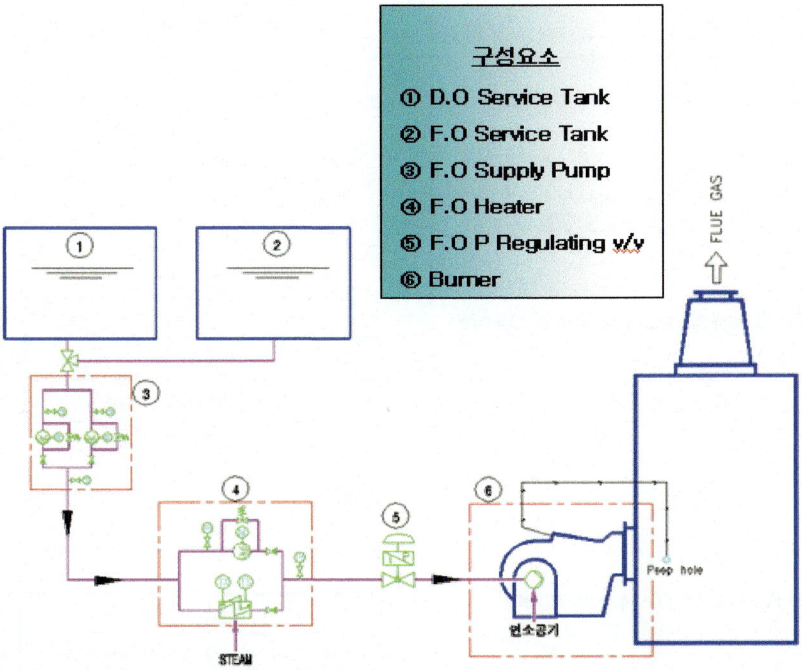

그림 6.22 Fuel oil system for boiler

그림 6.22는 보일러의 연료유 공급 시스템을 보여주고 있고 각부의 설명은 다음과 같다.

① Marine Diesel Oil과 Heavy Fuel Oil Service Tank는 보일러에 바로 사용할 수 있는 연료유 저장한 상용탱크이다.

② 연료공급펌프는 버너의 Oil Pump에 연료유를 압력을 걸어 공급하는 펌프이다.

③ 연료유 가열기는 버너의 노즐밸브에서 분사가 잘 이루어지도록 점도를 유지하기 위하여 연료유를 가열하는 역할을 한다.

④ 연료유 압력 조절 밸브는 버너의 오일펌프 입구 압력을 조절하기 위한 밸브이다.

⑤ 버너는 노즐밸브, 압입 통풍팬과 점화 전극봉 등으로 이루어져 서보 모터에 의해 연료와 공기가 공연비를 이루어 연소가 이루어지는 장치로 보일러의 핵심 장치이다.

(4) 보일러 버너

1) 보일러 버너 종류

1) Pressure Jet Type Burner

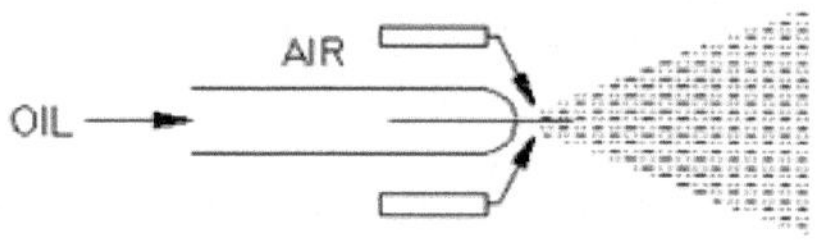

연료조건	
점도	Max. 15 mm²/s
압력	15 ~ 30 bar
온도	Min. 130℃
Turn Down	Max. 1 : 3~4

2) Steam Atomizing Type Burner

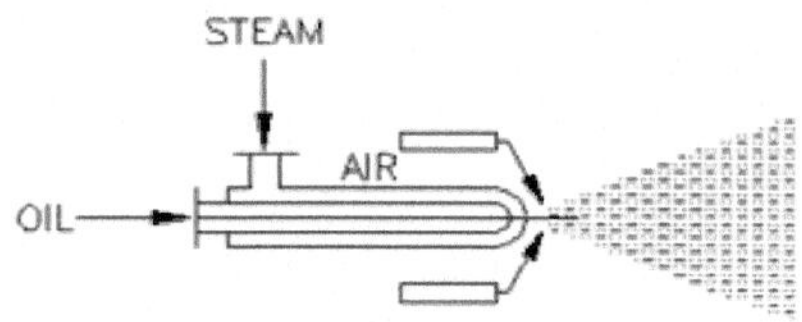

연료조건	
점도	Max. 15 mm²/s
압력	15 ~ 30 bar
온도	Min. 130℃
Turn Down	Max. 1 : 3~4

3) Rotary Cup Type Burner

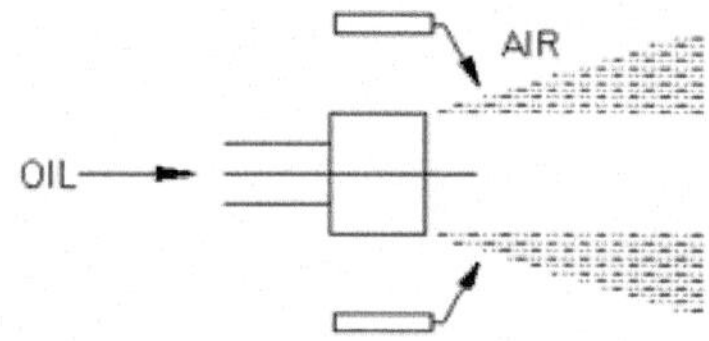

연료조건	
점도	Max. 15 mm²/s
압력	15 ~ 30 bar
온도	Min. 130℃
Turn Down	Max. 1 : 3~4

그림 6.23 분유기(Atomizer)에 따른 버너(Burner)의 종류

분유기는 연료유를 미세한 무상으로 분사하여 공기와 접촉할 수 있는 표면적을 극대화시킴으로써, 연료유를 기화하기 쉬운 상태로 만들어 주는 장치로서, 이 부분만을 통상 버너라 하며 Atomizer에 분류하면 다음과 같다.

① 압력 분무식 버너 : Oil Pump로 연료유를 본선의 경우 약 30 bar 정도로 압축하여 버너 팁(Burner Tip)이라는 지름이 작은 노즐로 연료유을 분출시켜 미립화 시키는 버너이다.

② 증기(공기)분무식 버너 : 증기 또는 압축공기가 갖는 압력에너지로 기름을 무화하는 방식이고, 이것의 장점은 연료유 공급압력을 높게 할 필요가 없고, 오리피스 지름을 크게 하여 점도가 높은 기름을 분사 할 수 있다.

③ 회전식 버너(Rotary Cup Burner) : 회전컵의 고속회전으로 회전하는 원심력으로 인하여 공급된 연료유가 얇은 막으로 뿌려지고, 송풍기에서 공급되는 1차 공기(Primary Air or Atomizing)에 의하여 미세한 입자로 연소실에 분사된다.(일반상선 많이 사용)

2) 버너의 Nozzle Vale

RPL-1 구성품

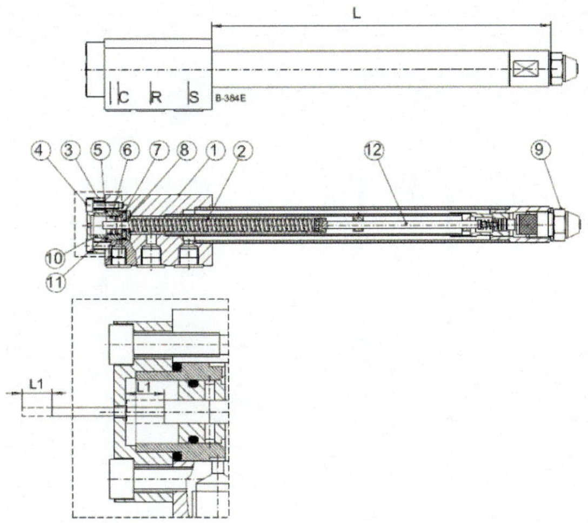

1. 몸체
2. 브레이크 스프링
3. 후방 커버
4. 육각 소켓 나사
5. 오-링 18,72 x 2,62 Viton
6. 피스톤 오-링 12 x 2 Viton
7. 밀판용 오-링 18,72 x 2,62 Viton
8. 스핀들용 오-링 6 x 2 Viton
9. 연료 노즐
10. 실린더
11. 피스톤
12. 스핀들

C 콘트롤 라인
R 노즐로부터 리턴
S 노즐 입구
L 노즐 밸브의 정상 규격
L1 노즐 열림 위치(스핀들 움직임 확인)

그림 6.24 한바다호의 Nozzle Valve의 구조

그림 6.24는 한바다호의 Burner에 장착된 Nozzle Valve의 구조를 나타낸 것이고 원리 및 각 퍼지와 분무 모드의 설명은 다음과 같다.

① 노즐 밸브의 원리 :
노즐 밸브의 작동은 솔레노이드 밸브와 연료의 압력에 의해 제어된다. 스핀들 피스톤에 작동하는 연료의 압력이 스프링 장력을 이길 때 노즐이 분사가 이루어진다. 연료유 압력의 효과가 없어지면 스프링 장력에 의해 노즐 스핀들이 노팁(Tip)을 막아 분사가 종료된다. 연료유 작동 라인의 압력이 18 bar일 때 노즐 밸브 스핀들이 와전이 뒤로 밀린다.

② 버너의 연료유 순환은 Shutdown, Purging 및 Atomizing Mode가 분류되며 각 모드의 그림은 다음과 같다.

Oil Flow on Burner

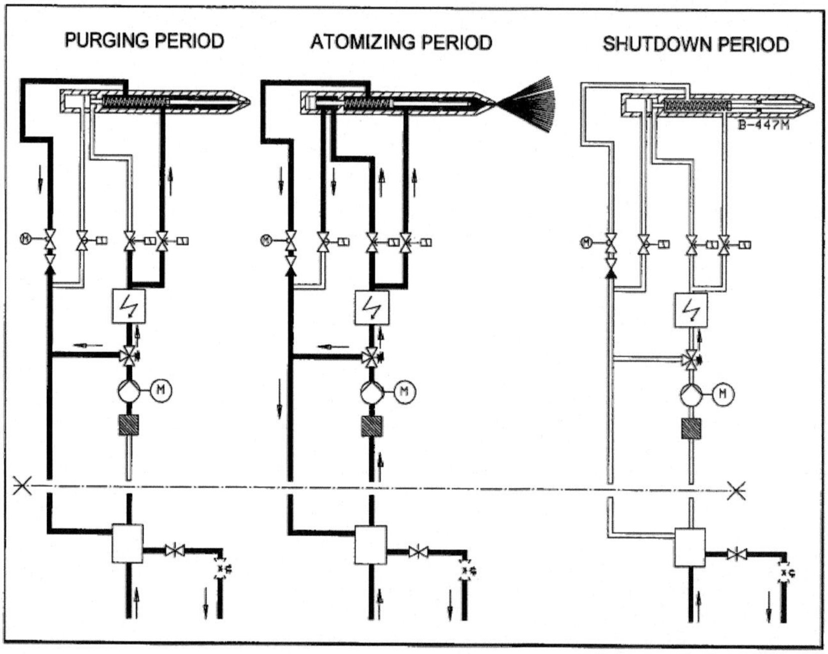

그림 6.25 Oil flow on burner for Boiler

3) Burner Motor, Fan Wheel 및 Oil Pump

그림 6.26, 6.27은 버너 모터가 구동 하였을 때 Fan Wheel이 작동하고, Servo Motor가 작동하여 Cam과 Disc 그리고 Linkage에 연결된 Damper의 작동 모습을 보여주고 있고, 각 부에 대한 설명은 다음과 같다.

① Burner Motor가 운전이 되면 같은 축 상에 있는 Oil Pump와 Fan Wheel이 연동하여 작동한다.

② Fan Wheel은 연소에 필요한 공기를 연소실(Furnace)에 압입하여 공급하는 역할을 한다.

③ Oil Pump는 연료유 공급 펌프가 공급한 연료를 흡입하여 노즐 밸브의 작동유 및 분사유가 되도록 고압(30 bar)으로 압축 토출하는 펌프이다.

④ 각 연소 모드에 따라 노즐밸브에서 분사되는 연료유량 또한 Servo Motor의 구동에 따라 Damper의 개도의 비례하여 Oil Regulator가 작동하여 연료량을 조절한다.

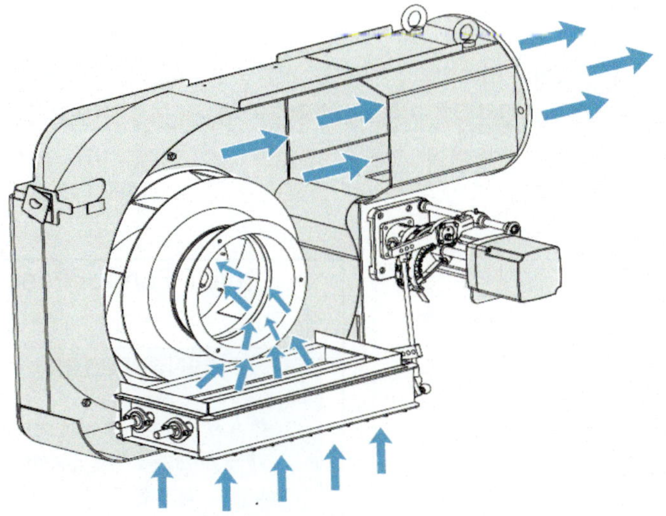

그림 6.26 버너의 Fan Wheel, Damper & Servo Motor

그림 6.27 버너의 Oil Pump, Each Sol. V/V & Servo Motor

(5) Boiler Control Panel 및 Operation 방법

보일러 제어반은 각종 Safety Interlock 및 Alarm, 운전 모드, 부하 조정 모드, 각 수위조절, 부하조절 장치로 구성되어 있으며, 우측의 제어반은 Burner에 연료유를 공급하는 연료유 공급 펌프의 기동 제어반이며, 보일러의 운전은 다음과 같이 자동·수동 운전을 할 수 있도록 되어 있다.

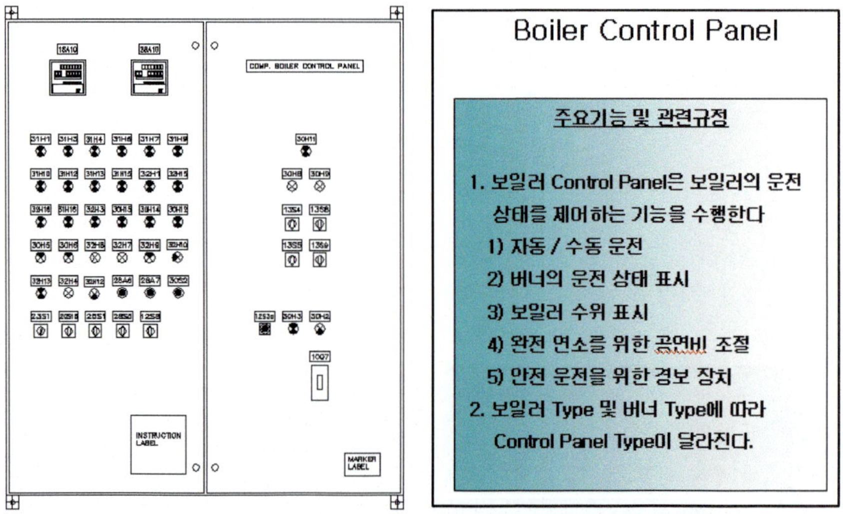

그림 6.28 Boiler Control Panel

1) 자동 모드(Auto Mode) 운전

① Burner Switch를 On 위치에 놓는다. 즉 Burner Motor Control 전원을 공급하는 것이다.

② Pre-Heater Switch를 On 위치에 놓는다. 중유(F.O) 사용시 예열기 및 Heater Cartridge에 전원을 공급하는 것이다.

③ Burner Operation Mode S/W를 Auto 위치에 놓는다. 이렇게 하면 압력 제어 스위치에 의해 6.5 bar에서 점화 7.5 bar에서 소화를 반복한다.

④ Burner Modulation Mode S/W를 Auto 위치에 놓는다. 즉 Ignition, Partial, Full의 각 부하를 Load Controller에 따라 자동으로 조절된다.

2) 수동 모드(Manual Mode) 운전

① Burner Switch를 On 위치에 놓는다.

② Pre-Heater Switch를 On 위치에 놓는다.(F.O 사용시)

③ Burner Operation Mode S/W를 MAN MOTOR 위치에 놓는다.

④ Burner Modulation Mode S/W를 IGN'위치에 놓는다.
이렇게 하면 Burner Motor가 운전이 되어 Fan Wheel및 Oil Pump가 구동이 된 다음에 약 1분 동안 Pre-Purge를 시행한다.(약 1분 정도 시행)

⑤ Burner Operation Mode S/W를 IGN'위치 을 지나 OIL 위치에 놓는다. 이렇게 하면 약 100초간 프리퍼지, 이그니션, 댐퍼 개도를 조정 후 점화된다.

⑥ 점화된 후 Burner Modulation Mode S/W를 사용하여 부하(IGN', PAR', Stop, Full)의 각 위치를 조정한다.

⑦ 여기에서 Stop은 연료 중단이 아니라, Steady의 의미가 있다.

CHAPTER 7

유청정기 (Purfier)

7.1 유청정기의 개요

선박용 디젤기관의 연료로써 많이 사용되고 있는 중유에는 수분 및 고형분과 같은 불순물이 포함되어 있기 때문에 이것을 그대로 사용하게 되면 실린더 라이너의 마모, 연료분사 밸브의 손상 및 폐색 등을 초래하게 된다.

윤활유의 경우, 시스템유로서 장시간 사용하면 여러 가지 불순물과 아울러 연료유, 수분 등이 혼합되어 오손되므로 반드시 청정하여 사용하여야 하며 일반적으로 엔진을 운전하는 동안에는 윤활유 청정기를 통하여 주기관 L. O Sump Tank 내부의 시스템 유를 계속적으로 순환하며 청정한다. 연료유의 경우, HFO Settling Tank의 연료유를 청정기를 통해서 청정하여 HFO Service Tank로 이송하고 HFO Service Tank 내부의 청정된 연료유 Level이 증가될 경우 Overflow 되어 다시 HFO Settling Tank로 순환하게 된다.

그림 7.1 한바다호 청정기

그림 7.2 한나라호 청정기

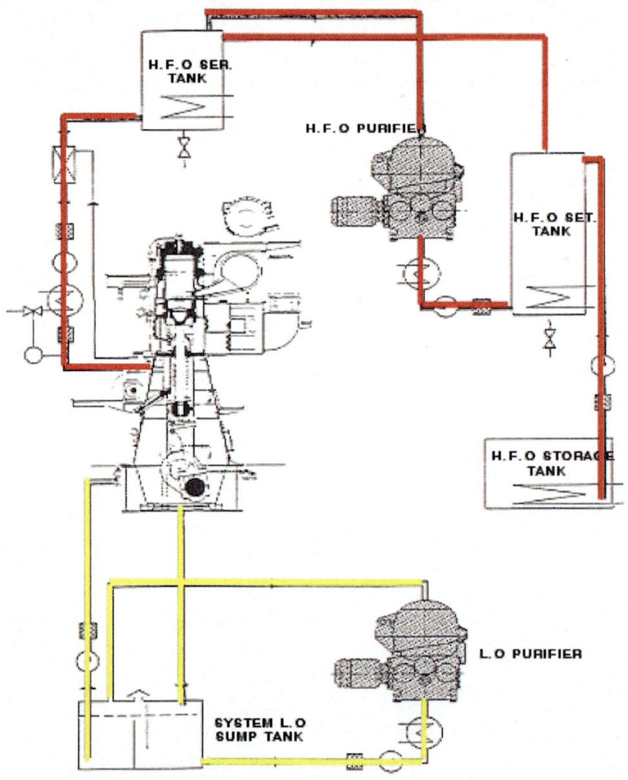

그림 7.3 연료유와 윤활유 청정의 계통도

7.2 비중이 다른 두 액체의 분리작용

고형물이 섞인 혼탁한 액체와 유사한 서로 용해가 되지 않는 비중이 다른 액체(예를 들어 기름과 물)에서도 중력에 의해서 분리가 이루어 질 수 있다.

비중이 서로 다른 두 액체가 섞인 혼합 액체를 공급하면 Baffle Plate를 기준으로 혼합액체가 분리되어 경계면이 형성된다. 여기에 비중이 큰 액체 쪽의 출구에 장애물(Threshold)을 설치하면 혼합 경계면을 조절할 수가 있게 된다. 즉, 장애물의 높이를 조절함으로서 비중이 다른 두 액체를 확실하게 분리할 수가 있다. 장애물의 높이가 너무 낮으면 상당한 양의 가벼운 액체가 무거운 액체 출구 쪽으로 흐르게 되고, 반대로 너무 높으면 무거운 액체가 가벼운 액체 출구 쪽으로 흘러가게 될 것이다. 이러한 분리작용은 중력에 의해 천천히 이루어지게 된다. 따라서 일반적으로 사용되는 청정기에서는 분리속도를 증가시키기 위해서 기계적으로 중력의 수천 배에 달하는 원심력을 발생시켜 사용하고 있다.

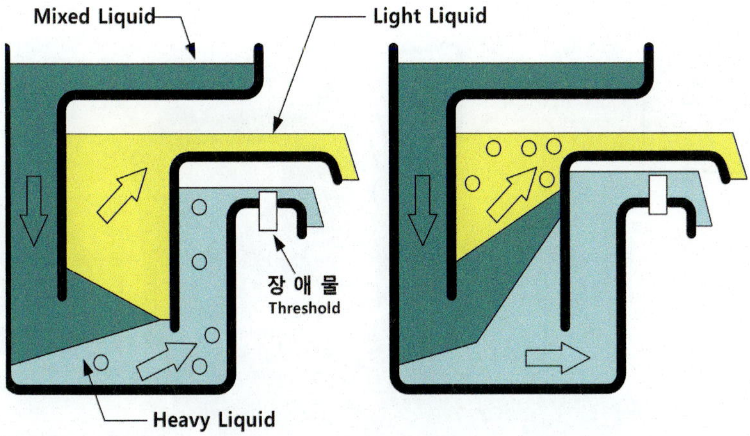

그림 7.4 장애물의 높이에 따른 유체의 분리 효과

7.3 청정기의 구조

① 동력 전달과정은 Motor에서 Friction Clutch를 통하여 Horizontal Shaft에 전달되어 Horizontal Shaft에 취부 되어 있는 Spiral Gear와 Pinion Gear에 의하여 Vertical Shaft에 전달된다.

② Vertical Shaft는 상, 하의 Bearing으로 지지된다.

③ Bowl은 Vertical Shaft의 상부에 취부 되어 있어 Vertical Shaft의 회전력에 의해 회전하게 된다.

④ Feed Oil을 Purifier에 공급하기 위한 Suction Pump가 Horizontal Shaft의 Safety Joint에 의해 접속되어 있다.

그림 7.5 Friction Clutch와 Horizontal Shaft

그림 7.6 청정기의 외부구조

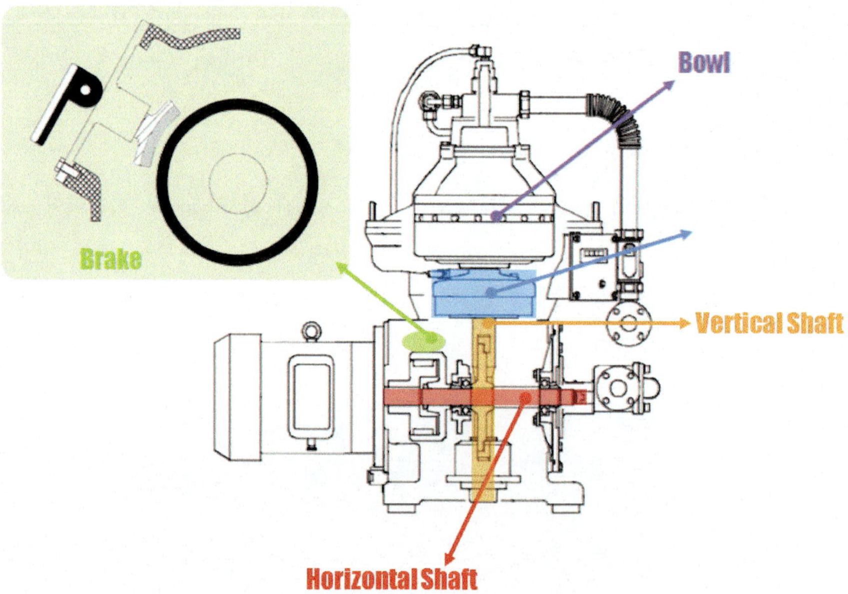

그림 7.7 청정기의 내부구조

7.4 청정기의 부속기기

(1) Vertical Shaft Section

Vertical Shaft는 Horizontal Shaft의 회전을 Pinion Gear에서 증속시켜 상부에 취부된 Bowl을 회전시킨다. 상부 Bearing부에 조립된 반경 반향 6개소의 상부 Spring과 판 Spring 그리고 하부 Bearing부의 하부 Spring이 Vertical Shaft와 Bowl을 지지하여 안정된 회전을 행하는 구조로 되어 있다.

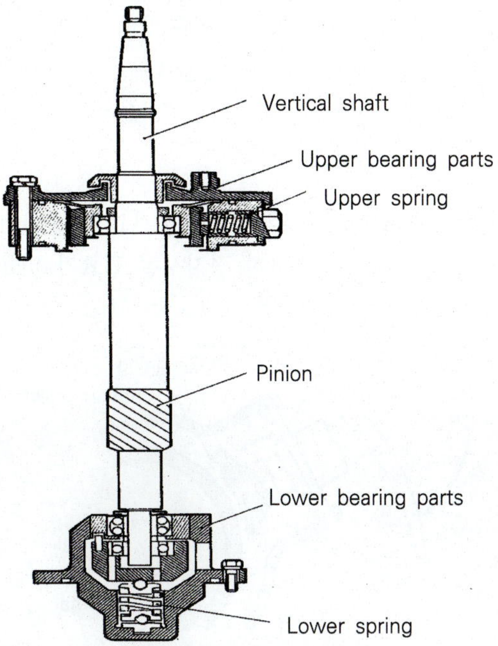

그림 7.8 Vertical Shaft

(2) Horizontal Shaft Section

Motor와 Horizontal Shaft 사이에 Friction Clutch가 장착되어 있다. 동력 전달 과정은 Motor에서 Friction Clutch를 통하여 Horizontal Shaft에 전달되어 Horizontal Shaft에 취부 되어 있는 Spiral Gear와 Pinion Gear에 의하여 Vertical Shaft에 전달된다. Horizontal Shaft는 Motor측의 Bearing Housing과 Pump측의 Bearing Housing에 2개의 Ball Bearing으로 지지되어 있으며 또한 2개의 Oil Seal이 장착되어 Gear Oil의 누설을 방지한다. 그 사이에는 Spiral Gear가 취부 되어 있고 Horizontal Shaft는 Safety Joint에 의하여 Gear Pump와 연결된다. Feed Oil을 Purifier에 공급하기 위한 Suction Pump가 Horizontal Shaft의 Safety Joint에 의해 접속되어 있다.

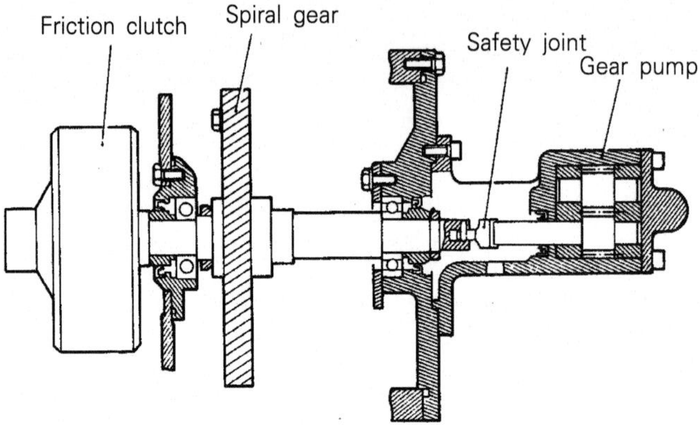

그림 7.9 Horizontal Shaft

(3) Brake

Brake는 Lever 에 설치된 Spring에 의하여 Brake Lining을 Friction Pulley의 외면에 압착시켜 제동을 거는 구조로 되어 있다. 긴급히 정지시킬 필요가 있을 때 주로 사용한다.

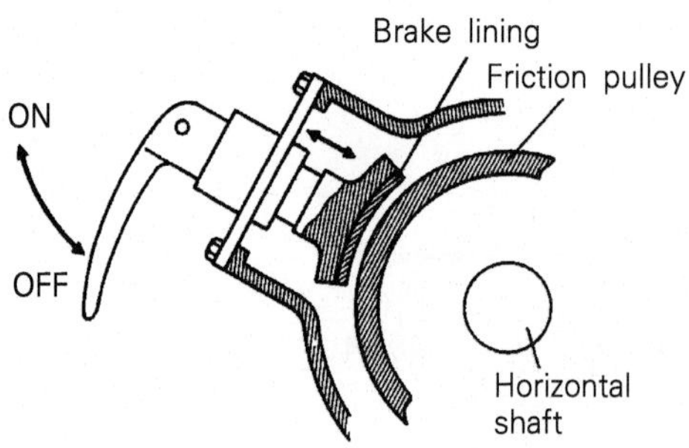

그림 7.10 Brake

(4) Friction Clutch

Motor축에 Friction Block이 장착된 Friction Boss가 취부 되어 있고 Horizontal Shaft에는 Friction Pulley가 취부 되어 있다. 초기 기동시 Motor는 순간적으로 정격회전수가 되어 Friction Block은 Friction Pulley의 내면의 원심력에 의해 압착되어 Friction Block과 Pulley가 Slip되면서 Friction Pulley(Horizontal Shaft)에 동력이 서서히 전달된다. 이런 과정은 초기 기동시 Motor의 과부하를 방지하지 위함이며 통상적으로 3-7분 정도에 Bowl은 정격회전수에 도달하게 된다.

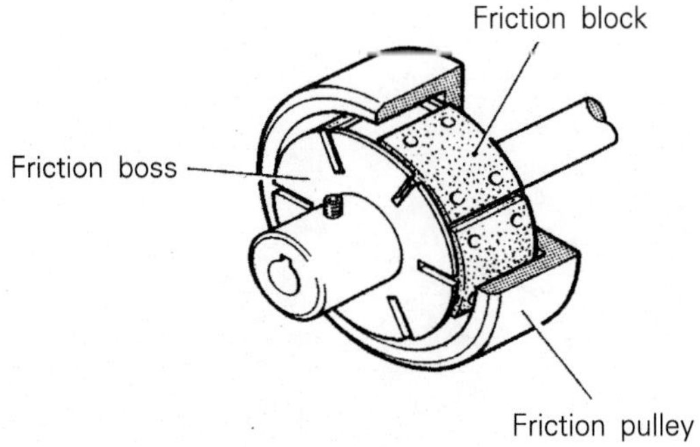

그림 7.11 Friction Clutch

(5) Bowl

Bowl은 Vertical Shaft의 상부에 취부 되어 있어 Vertical Shaft의 회전력에 의해 회전하게 된다. Bowl은 Bowl Body, Bowl Hood 및 Bowl Nut의 주요 부품으로 구성되어 있다. Bowl 내부에는 Disc, Top Disc로 분리실과 Oil을 Bowl 입구로부터 분리실에 균등히 분배하는 Distributor가 조립되어져 있다. Bowl 내벽에 분리 퇴적된 Sludge를 청정기 운전 중에 배출하기 위하여 수압에 의하여 상하 방향으로 움직이는 Cylinder Valve가 있다. Oil 입구에서 Distributor를 통하여 분리실에 들어간 Oil이 Disc를 통과하는 동안 고형분과 수분이 분리되어 청정되며 Bowl 상부의 구심펌프에 의하여 연속적으로 외부로 토출된다. Oil에서 분리된 수분은 Top Disc의 바깥을 통하여 Gravity Disc를 넘어 외부로 토출된다.

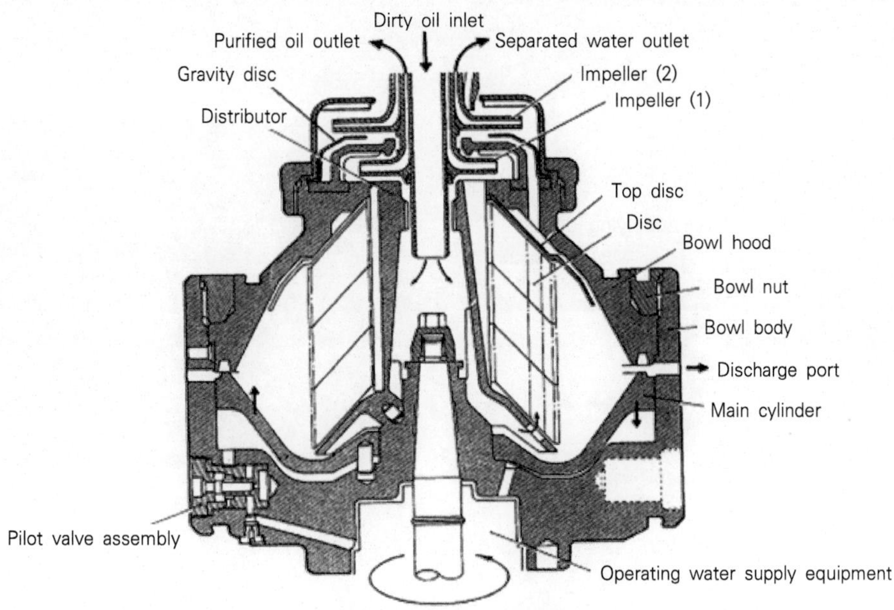

그림 7.12 Bowl의 단면도

그림 7.13 Bowl 분해한 모습

(6) Water Supplying Device

Water Supplying Device는 Bowl 하부에 설치되어 있으며 Bowl 내부 슬러지 배출을 조절하기 위해 각각의 Water Pressure Chamber(Opening Bowl 용 Chamber 및 Closing Bowl 용 Chamber)로 작동수를 공급시키는 장치이다. Bowl을 열리게 하기 위해서는 고압수 Section에서 작동수가 공급되며 Bowl을 닫아주기 위해서는 저압수 Section에서 작동수가 공급된다.

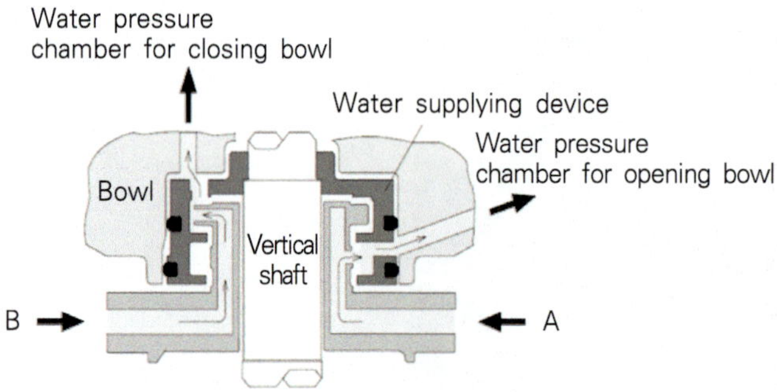

그림 7.14 Water supply 단면도

그림 7.15 Water Supplying 장치

(7) Centripetal Pump

Centripetal Pump(원심 펌프)는 외관상의 임펠러로서 오일을 외부로 배출하기 위하여 Bowl 상부에 조립되어져 있다. 임펠러는 일정 두께를 가진 원판 내에 외관상의 홈이 있으며 Bowl과 같이 회전하는 유체가 자신의 회전력에 의하여 홈을 따라 토출된다.

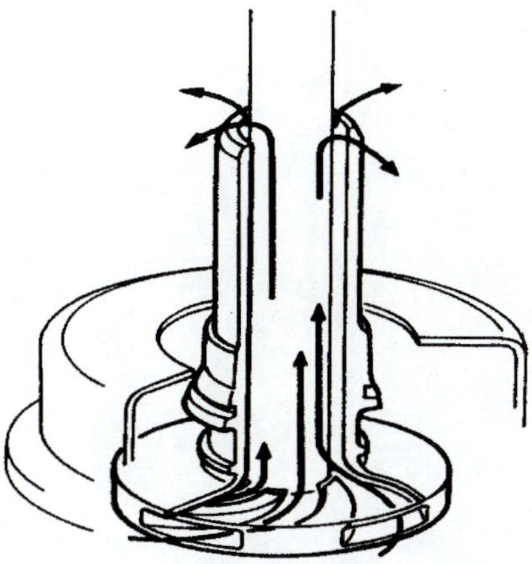

그림 7.16 Centripetal Pump

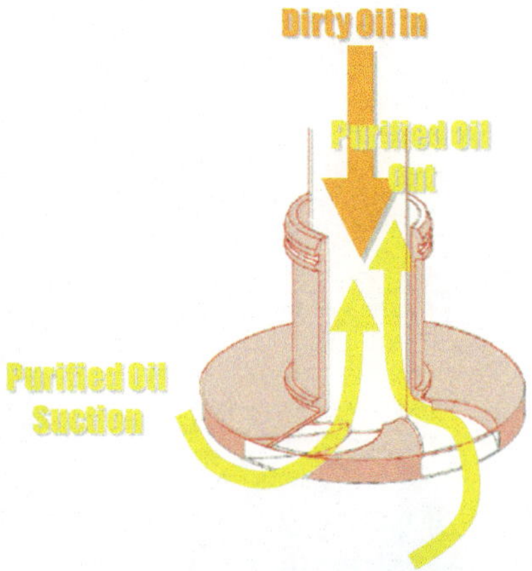

그림 7.17 청정 후 배출

7.5 청정기의 운전

(1) Feed Oil의 청정

① 청정기 Motor를 운전하고 난 후 정상 운전 회전수에 도달하게 되면 Pilot Valve Seal 과 Bowl을 닫아주기 위한 Water 압력 Chamber에 작동수(저압수)가 채워진다.

② 작동수(Operating Water)의 압력(저압수)이 Main Seal Ring을 밀봉시키기 위해 Main Cylinder를 위로 올려주어 Bowl을 닫아 준다.

③ 이와 동시에 봉수(Sealing Water)가 주입되고 그 다음 기름을 공급하게 되면 봉수에 의해 기름이 물이 배출되는 관으로 배출되지 않게 되며 기름은 청정기의 원심력에 의해서 청정된 기름은 Bowl 의 안쪽으로 유입되고, 비중이 무거운 고형분과 슬러지는 제일 바깥쪽에 모이게 되고, 물은 기름과 슬러지 중앙부로 분리가 이루어져 청정 작용을 하게 된다.

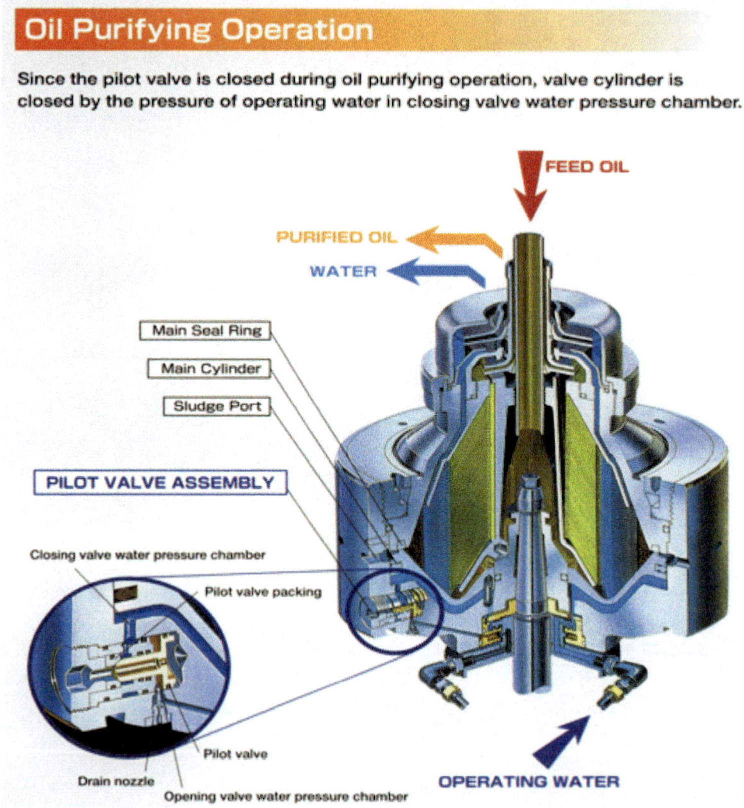

그림 7.18 Oil Purifying Operation

(2) Sludge의 배출

① 정상적으로 청정기가 운전되어 일정시간 경과하게 되면 Bowl 바깥쪽에 슬러지가 쌓이게 되는데 이렇게 Bowl 바깥쪽에 퇴적된 슬러지는 일정시간 간격(보통 연료유 청정기의 경우 슬러지 배출 간격은 1시간에 1회, 윤활유 청정기의 경우에는 2시간에 1회)으로 배출해 주어야 한다.

② 슬러지를 배출하기 위해서는 Bowl내의 기름을 치환수(Replacement Water)로 치환해야 한다. 치환수로 Bowl 내부를 채운 후 고압수로 Pilot Valve를 열어주면 Bowl 내부 실린더를 들고 있던 저압수가 빠져나가 실린더가 아래로 내려와 Bowl 이 열리게 된다.

③ Bowl이 열리면 Bowl 바깥쪽에 퇴적되어 있는 슬러지가 원심력에 의해 밖으로 배출하게 된다.

④ 슬러지의 배출이 종료된 후에는 동일한 Cycle에 의해 다시 Bowl이 닫히게 되고 기름이 청정기로 유입되어 청정과정이 진행된다.

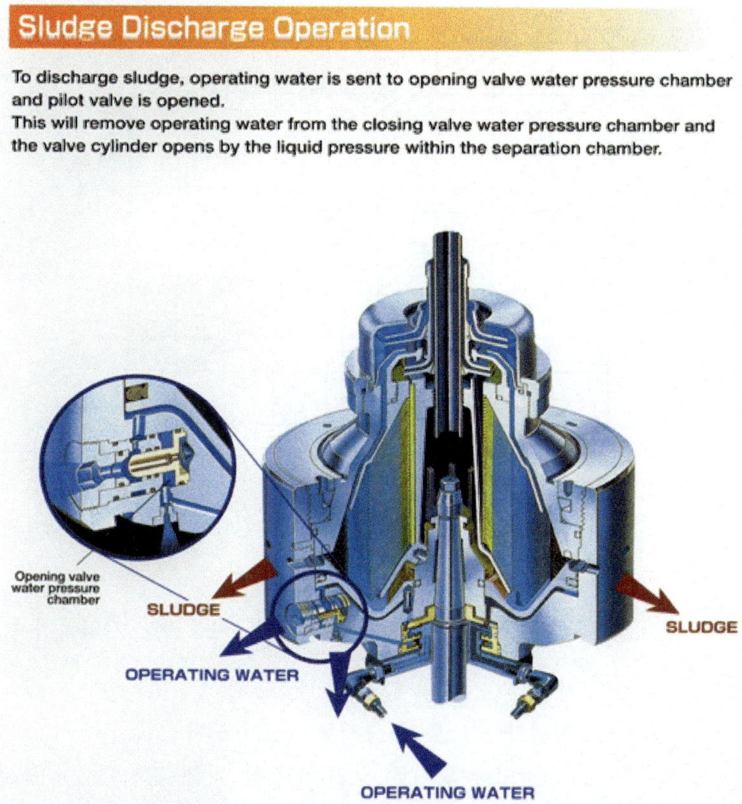

그림 7.19 Sludge Discharge Operation

7.6 기름의 점도와 온도와의 관계

(1) 처리유의 온도선택

① 청정기의 처리 능력은 점도에 의해서 결정된다.

② 청정하기 위한 최적의 점도는 24 cSt이고 이 점도를 유지하기 위해서 기름을 가열하는데 최대 가열 온도는 98℃이다. 점도와 온도의 상관관계는 그림 7.20과 같다.

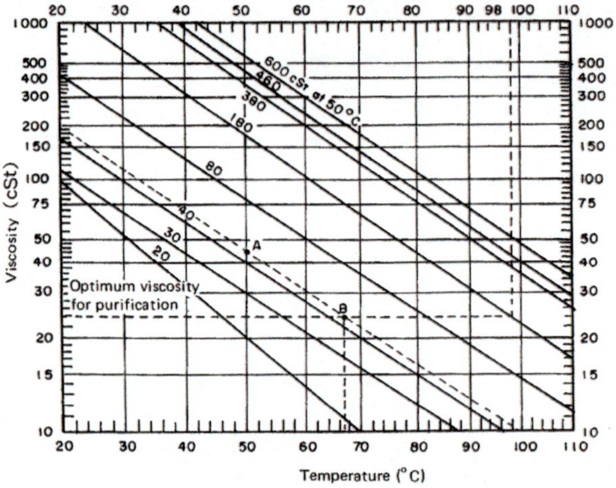

그림 7.20 점도와 온도와의 관계

예	45 cSt(50℃)인 기름을 청정하기 위해서 어느 정도 가열하여야 하는가?
정답 및 설명	답: 최적 가열 온도는 67℃이다. 50℃의 수직선과 45 cSt의 교점은 A점이 된다. A점에서 45 cSt의 선을 따라 점도가 24 cSt되는 위치로 오면, B점이 된다. B점에서 아래로 수직선을 그으면, 온도는 67℃가 되며 이 온도가 기름을 가열하는 최적의 온도가 된다)

<표 7.1> 기름의 적정 청정온도

Type Of Oil		청정온도(℃)
Diesel Oil	13 cSt / 40℃	40℃
	20 cSt / 50℃	46℃
Heavy Fuel Oil	180~600 cSt / 50℃	98℃
Lubricating Oil	150 cSt / 40℃(VG150)	83℃~90℃
	100 cSt / 40℃(VG100)	74℃~80℃

7.7 비중판(Gravity Disc) 선택 방법

(1) 15℃ 비중 0.89, 처리유 온도 70℃, 처리량 3500 L/H 으로 할 경우

① 비중 0.89의 오른쪽 아래 방향 곡선 ①과 70℃의 교점에서 오른쪽으로 100℃까지 수평선 ②를 긋는다.

② 직선 ②의 오른쪽 끝단과 통유량의 3500L/H를 연결하는 선③을 긋는다.

③ 직선 ③과 비중판 내경의 교차점이 어떤 비중판에 포함되는지 확인한다.

④ 교차점이 Ø86 범위이므로 Gravity Disc는 내경이 Ø86를 선택하면 된다.

(2) 50℃ 비중 0.944, 처리유 온도 98℃, 처리량 1250L/H 으로 할 경우

① 비중 0.944의 오른쪽 위 방향 곡선 ④와 50℃의 교점(15℃의 비중으로 환산)에서 오른쪽 아래 방향 곡선을 따라 98℃까지 곡선 ⑤를 긋고 그곳에서 100℃까지 수평선을 긋는다.

② 수평선 오른쪽 끝단과 통유량의 1250 L/H를 연결하는 선 ⑥을 긋는다.

③ 직선 ⑥과 비중판 내경의 교차점이 어떤 비중판에 포함되는지 확인한다.

④ 교차점이 Ø76 범위이므로 Gravity Disc는 내경이 76Ø를 선택하면 된다.

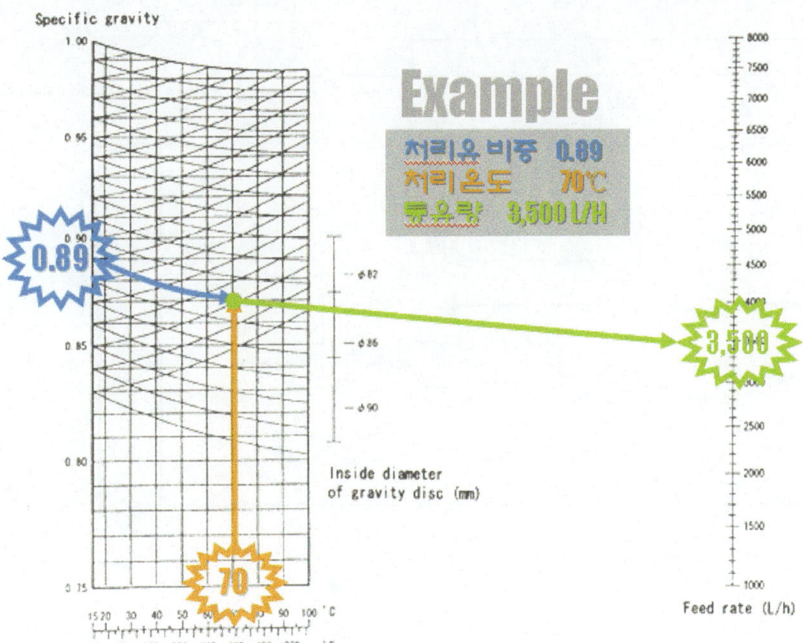

그림 7.21 비중판의 선정

7.8 청정기 운전방법

(1) 운전하기 전 점검사항

① Bowl 내부에 청정하고자 하는 기름의 비중에 적합한 비중판이 조립 되었는지 확인한다.

② Gear Case 내부에 Oil 상태를 확인한다.

③ 작동수 즉 Bowl을 열리게 하고 또는 닫히게 하는 저압수, 고압수 공급용 전자밸브(Solenoid Valve)가 정상 작동하는지 확인한다. 필요에 따라 수동으로 작동시켜 확인한다.

④ Sealing Water Pipe를 청정기와 분리하여 봉수와 치환수 양을 확인한다.

⑤ Brake의 위치가 제 위치에 있는지 확인한다.

⑥ 청정기 Motor를 약 수 초간 운전하여 청정기의 회전방향을 확인한다.

⑦ 청정기로 가는 Oil Pipe의 입구, 출구, By-Pass Valve를 모두 연다.

⑧ Sludge Discharge Outlet 측의 Butterfly Valve를 개방한다.

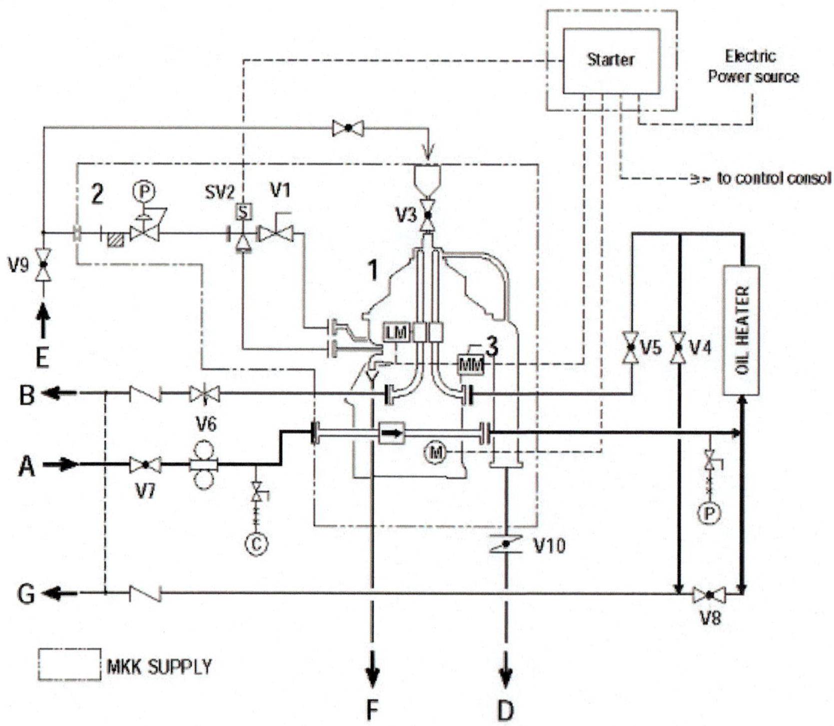

그림 7.22 청정기 운전을 위한 계략도

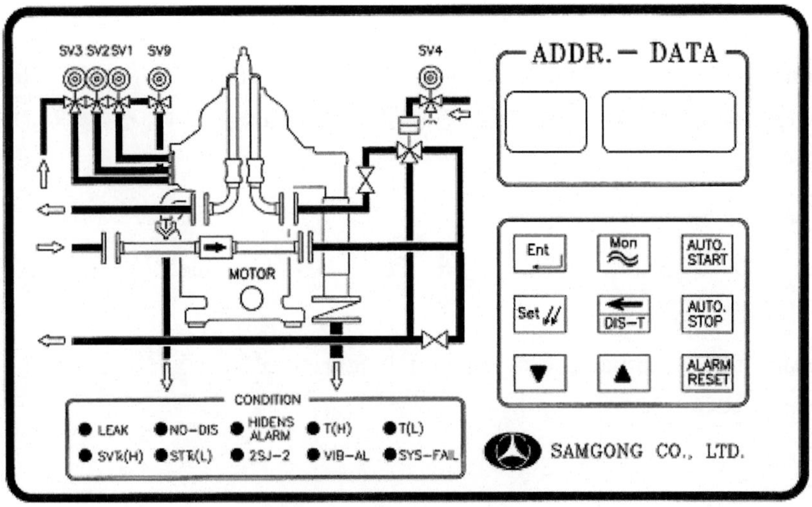

그림 7.23 Auto Control Panel

(2) 청정기의 운전절차

① Motor를 운전하기 전에 Valve(V5, V6, V7, V8, V9, V10)를 완전히 연다.

② Start Panel, Multi-Monitor 전원을 켠다.

③ Control Panel 상에 있는 MM 기능 스위치를 On 으로 설정하고, LM Alarm Output 스위치를 Off 로 설정한다.

④ Starter에 Start Button을 작동하여 청정기가 운전되면 진동, 소음이 없는지, Motor 부하가 50~70% 이내에 있는지 확인한다.

⑤ Oil Heater를 작동한다.

⑥ Automatic Control Panel 상에 있는 Auto Start Button을 누른다.

⑦ 청정기가 운전되는 것을 확인한 후 By-Pass Valve(V8)과 Flow Control Valve(V5)를 조절하여 원하는 Feed Rate를 맞춘다. 이때 Sludge 출구 Pipe와 Heavy Liquid Pipe에서 기름이 누설되면 안 된다.

⑧ V6 Valve를 조절하여 토출압력을 Multi-Monitor의 Setting값에 맞게 조정하면 Mm Function Switch를 Off에서 On으로 변경하고 LM Alarm Output Switch를 켠다.

(3) 청정기의 운전정지

① Automatic Control Panel에 있는 Auto Stop Button을 누르면 Replacement, Discharge, Stop 순서로 자동적으로 진행된다. Discharge 될 때 전류치와 Discharge 소리를 확인한다.

② Oil Heater를 끈다.

③ Self-jector가 완전히 정지되고 나면 Feed Liquid Inlet Valve(V7)과 Butterfly Valve(V10)을 잠근다.

④ Multi-Monitor, Automatic Control Panel, Starter 순으로 전원을 끈다.

7.9 청정기 운전 시뮬레이션

① 청정기 모터 운전, Closing Bowl : 청정기 구동, 저압수를 넣어 Bowl을 닫는다.

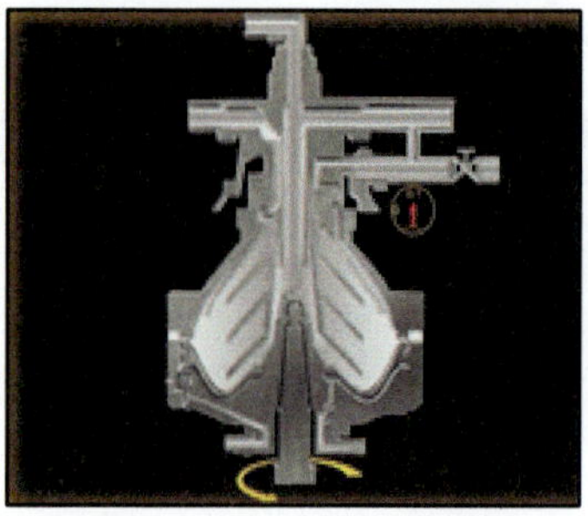

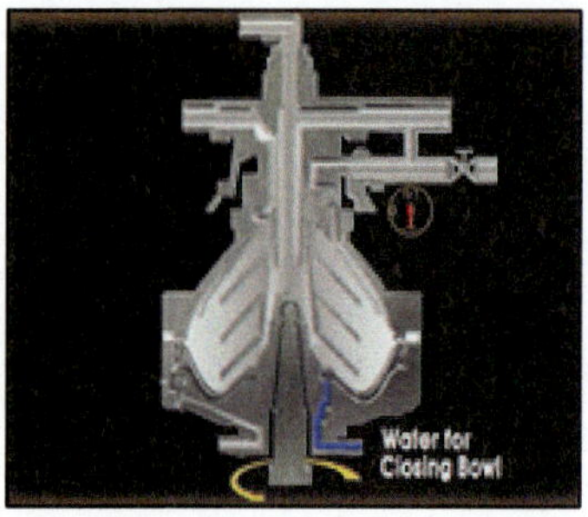

② 봉수 및 Opening Bowl : 봉수를 넣어 청정기 내부를 씻는다. 고압수를 넣어 청정기 내부의 물을 배출시킨다.

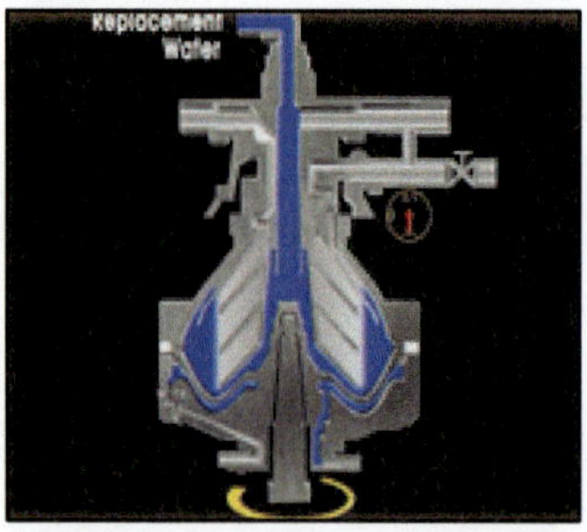

③ Closing Bowl 및 봉수 : 다시 저압수를 넣어 Bowl을 닫는다. 봉수를 넣는다.

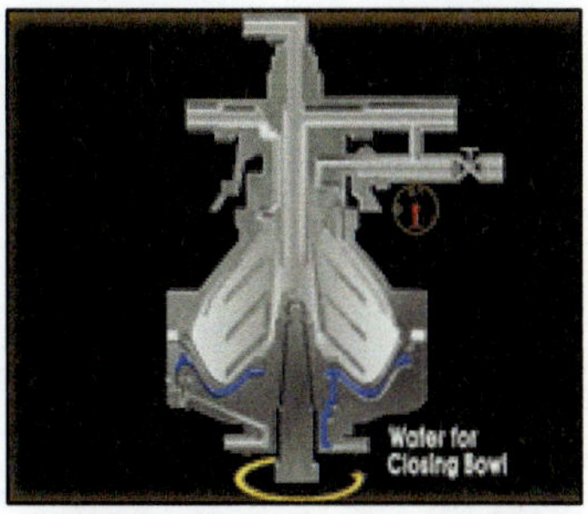

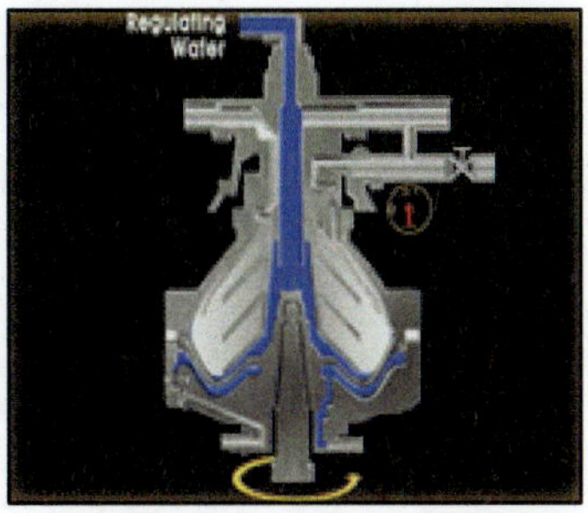

④ Feed Oil : 청정시킬 Dirty Oil을 넣어준다. Bowl 내의 일부 Dirty Oil은 원심력에 의해 분리되고, 일부 Oil은 순환된다.

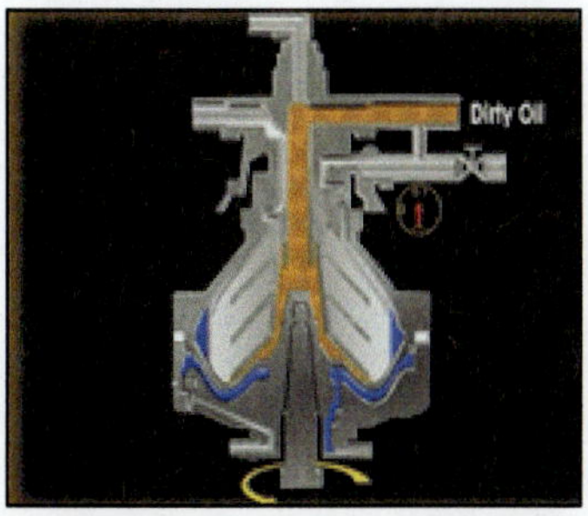

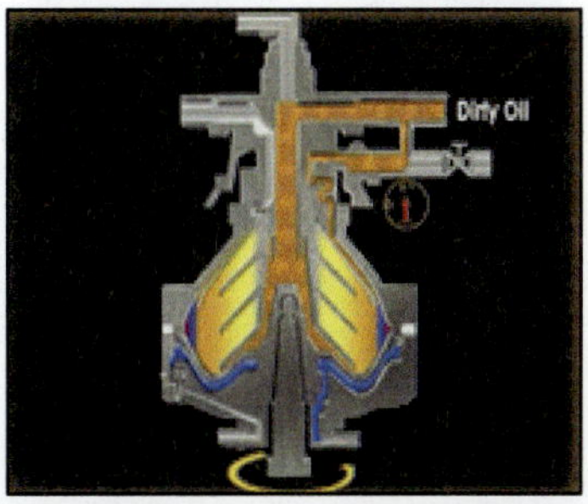

⑤ Feed Oil 중단 : 청정된 Oil은 Centripetal Pump를 통해 배출된다. Dirty Oil의 공급을 중단한다.

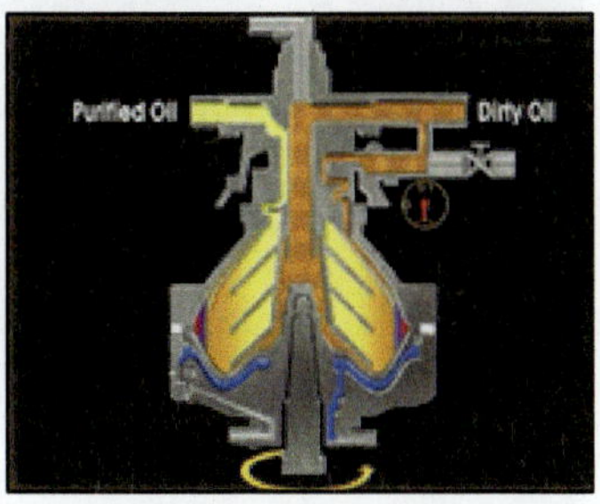

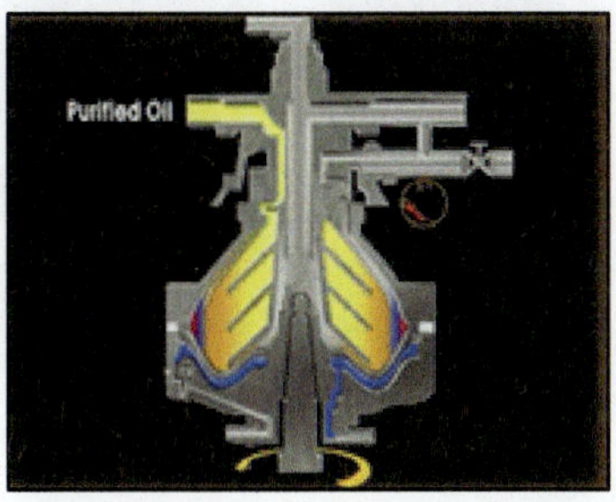

⑥ Replacement Water 공급 : 치환수를 공급한다. 공급된 치환수에 의해 기름층이 얇아진다.

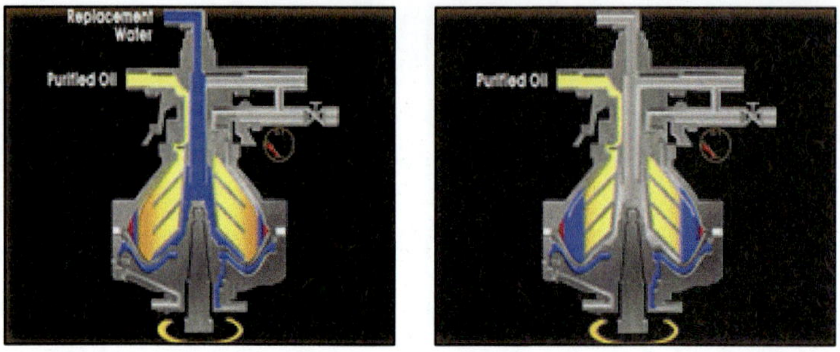

⑦ Opening Bowl : 고압수를 공급한다. 고압수에 의해 Bowl을 닫고 있던 저압수를 배출시킨다.

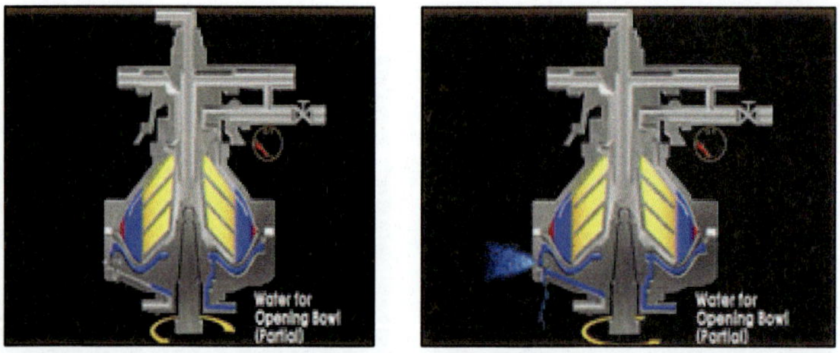

⑧ Sludge Discharge : Bowl이 열리고 Bowl 내부에 쌓여있는 Sludge가 배출된다.

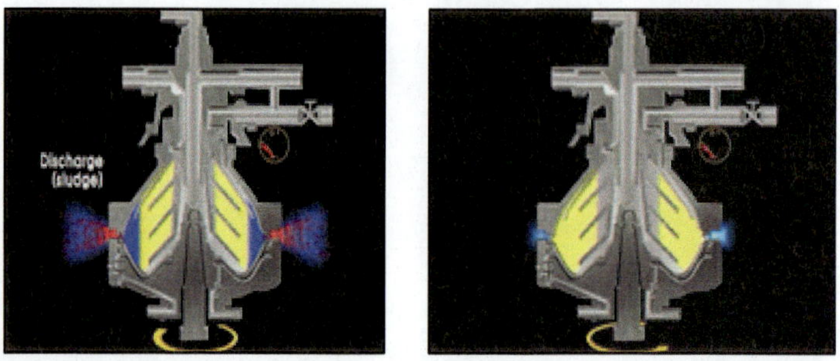

7.10 Trouble Shooting

현 상	원 인	대 책
물 측으로 기름이 유출된다.	① 봉수량이 적다. ② 비중판이 부적절하다. ③ 유온이 낮다. ④ 토출압력이 높다. ⑤ Feed량이 많다. ⑥ 봉수가 누설한다. ⑦ Bowl내 슬러지 퇴적량 과다	① 봉수 압력을 확인한다. ② 비중판을 교환한다. ③ 설정온도까지 올린다. ④ 토출밸브를 연다. ⑤ Feed량을 조절한다. ⑥ 관련 O-Ring을 교환한다. ⑦ Bowl을 소제한다.
슬러지 측으로 기름이 유출한다.	① Bowl이 닫히지 않는다. ② Pilot V/V가 손상되었다.	① 작동수 노즐을 검사한다. ② Pilot Valve를 검사한다.
기름 측으로 물이 혼입한다.	① Bowl의 물 출구가 막혀 있다. ② Bowl이 열리지 않는다. ③ 비중판이 부적절하다. ④ 유온이 적당치 않다. ⑤ 통유량이 너무 많다. ⑥ Bowl의 회전수가 낮다.	① Bowl을 소제한다. ② 고압수 압력을 올린다. ③ 비중판을 교환한다. ④ 적정한 유온으로 한다. ⑤ 통유량을 줄인다. ⑥ 플릭션 블록을 검사하고 교환한다.
통유량이 감소한다.	① Bowl내 슬러지 퇴적량이 많다. ② Gear Pump의 Relief V/V가 작동한다. ③ Suction Line에 공기가 혼입된다. ④ Strainer가 막혀 있다. ⑤ 회전수가 낮다.	① Bowl을 소제한다. ② Relief Valve의 Setting치를 조절한다. ③ Flange, Valve Gland를 조인다. ④ Strainer를 소제한다. ⑤ Friction Block을 검사하고 교환한다.
Motor가 과부하로 된다.	① Motor가 불량하다. ② Gear Pump의 Relief V/V가 너무 조여 있다.	① Motor를 개방 검사한다. ② Relief Valve의 Setting치를 조절한다.
이상 진동 또는 이상 음이 발생한다.	① Bowl 소제가 불량하다. ② 운전 중 Bowl 내부에 슬러지가 불균등하게 퇴적되어 있다. ③ 각 Bearing이 불량하다.	① Bowl을 소제한다. ② Bowl을 소제한다. ③ 불량 개소의 Bearing을 교환한다.

CHAPTER 8

공기압축기 및 제어공기 드라이어 (Air Compressor & Control Air Dryer)

8.1 공기압축기의 이해

선박에서 사용하는 공기와 관련된 기계로는 고압식인 압축기와 저압식인 송풍기가 있다. 송풍기는 일반적으로 압력 증가가 100 kPa 미만인 것을 말하며, 그 이상의 압력을 갖는 것을 압축기라 한다. 송풍기는 다시 압력 증가가 10 kPa 미만인 것을 팬(fan), 10 kPa 이상 100 kPa 미만인 것을 블로워(Blower)라 한다.

선박용 공기압축기에서 만들어진 압축 공기는 25~30 bar의 압력을 가지는 시동공기(Starting Air), 약 7 bar의 압력으로 감압되어 사용되는 제어공기(Control Air) 및 일반 공급공기(General Service Air)로 구분된다. 주로 시동공기는 주 기관 및 발전기 기관으로 사용되는 디젤 기관의 시동용으로 사용되고, 제어공기는 공기압식 제어기기의 구동용으로 사용되며, 일반 공급 공기는 갑판보기의 구동용 및 각종 공기압력을 이용하는 작업용으로 사용된다. 공기압축기의 운전은 공기탱크에 설치되어 있는 압력 스위치에 의하여 자동으로 온/오프(on/off) 제어된다.

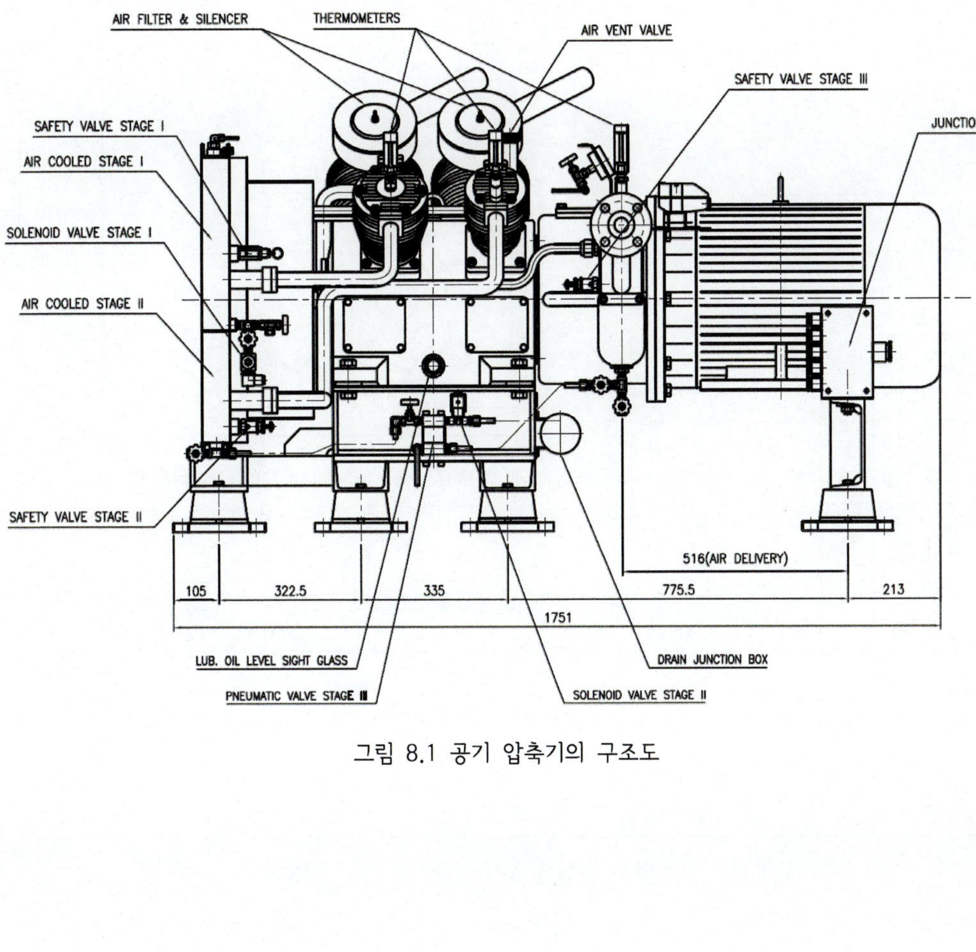

그림 8.1 공기 압축기의 구조도

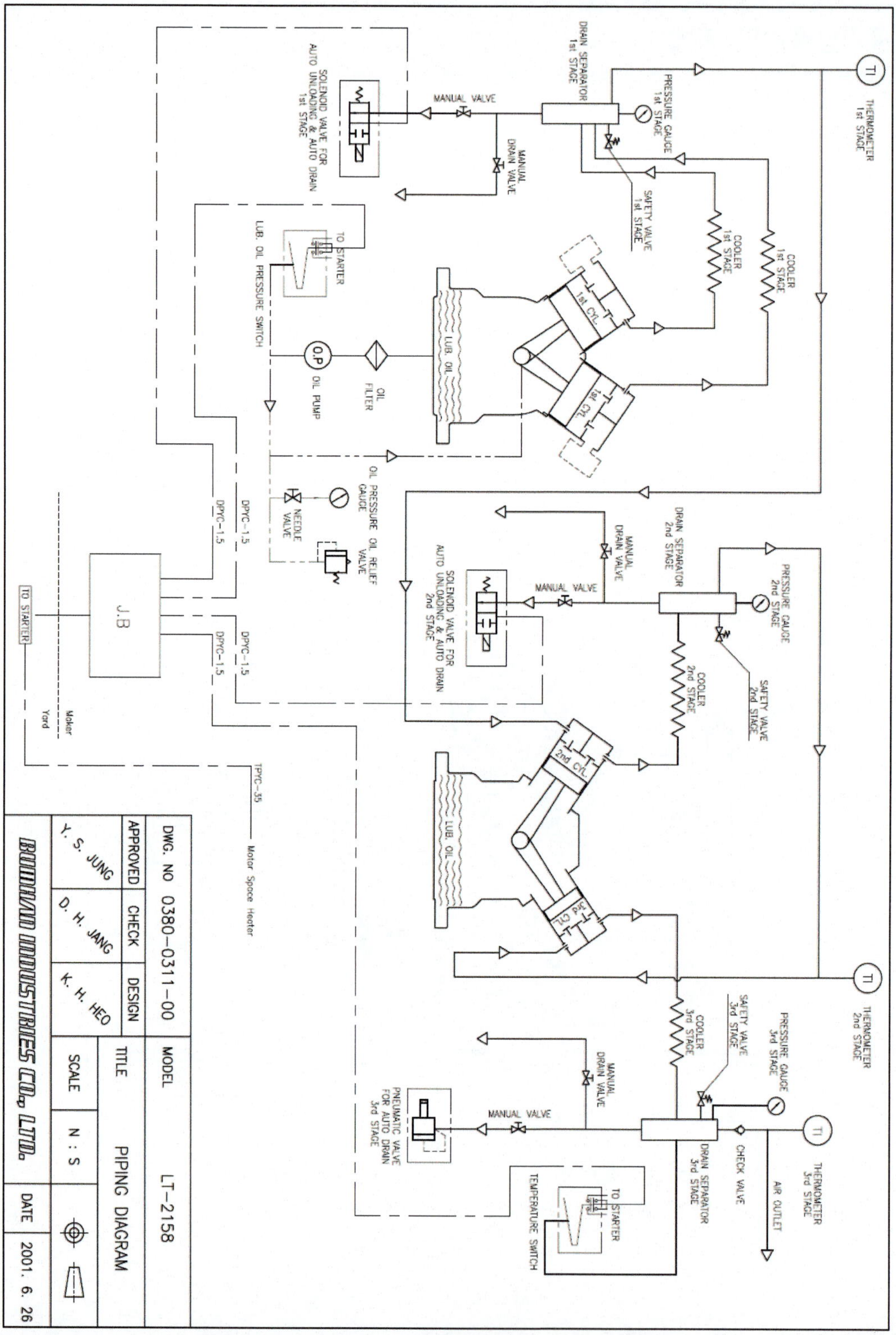

그림 8.2 3단 압축 공랭식 공기 압축기의 배관 계통도

8.1.1 왕복동 압축기의 계통도

피스톤 상부가 저압이며 피스톤 하부가 고압 실린더이다. 공기는 스트레이너를 통과한 다음 1단 실린더에 흡입되고 1단 실린더 내로 흡입된 대기압의 공기는 1단 피스톤의 왕복운동에 의해 흡입 및 압축이 이루어진다. 1단 흡입밸브로 흡입된 공기는 필요한 공기압력에 도달할 때까지 실린더 내에서 압축되며 이 압축력이 토출밸브의 스프링 힘보다 커지면 토출밸브가 열려 압축공기는 1단 냉각기 및 드레인 분리기를 통해 2단 실린더로 흡입된다. 2단 흡입밸브로 흡입된 공기는 필요한 공기압력에 도달할 때까지 실린더 내에서 압축되며 이 압축력이 토출밸브 스프링보다 커지면 토출밸브가 열려 압축공기는 2단 냉각기 및 2단 드레인 분리기를 통해 3단 실린더로 흡입된다. 3단 흡입밸브로 흡입된 공기는 필요한 공기압력에 도달할 때까지 실린더 내에서 압축되어 이 압축력이 토출밸브 스프링 힘보다 커지면 토출밸브가 열려 압축공기는 3단 냉각기와 3단 드레인 분리기를 지난 압축공기는 역류 방지 밸브를 거쳐 공기 저장조(에어탱크)로 저장된다. 각 단에 부착된 드레인 분리기에서 분리된 드레인은 자동 드레인 밸브를 통하여 압축기 정지 시 대기 중으로 방출된다.

8.1.2 공기 압축기의 주요 구성품

① 실린더(Cylinder) : 상부에 흡입밸브와 토출밸브가 설치되어 있으며, 케이싱의 냉각은 공랭식을 사용한다. 압축기 상부 좌측에 2개의 1단 실린더가 있고 상부 우측에 2단 실린더가 위치하며 상부 우측에 3단 실린더가 설치되어 있다.

② 피스톤(Piston) : 구동 전동기의 회전력이 크랭크축에 전달되고 커넥팅 로드에서 상하 운동으로 전환 및 로드에 연결된 피스톤이 상하 왕복운동을 하여 다단 압축이 가능하도록 되어 있다. 피스톤 1단은 알루미늄, 2.3단은 회주철로 만들어진다. 피스톤은 강제윤활에 의해 냉각되고 피스톤 스커트와 피스톤 핀 부시로 구성되며, 각단의 피스톤 스커트에는 피스톤 링을 끼울 수 있도록 그르부가 가공되어 있다.

③ 에어 밸브 : 압축기의 모든 단에 콘센트릭형 흡입 및 토출밸브가 설치된다. 고압공기압축기에 사용된 밸브의 경우 흡입밸브는 중앙에 있고 토출밸브는 외부에 있는 일체형으로 되어 있다. 밸브는 흡입압력과 실린더 내의 압력차에 의해 열리기 시작하고 압력차가 작아지면 스프링력에 의해 밸브가 닫힌다. 압축기 밸브는 실린더 안쪽 또는 바깥쪽으로 한 방향의 흐름만을 가지도록 하는 기능을 한다.

④ 안전밸브 : 상용 압력 이상으로 되는 경우의 위험 방지를 위해 설치되어 있다. 상용 압력으로부터 10% 증가 이내에서 작동하여 압축 공기를 대기 중으로 방출함으로써 압력의 상승을 방지하도록 되어 있다. 그 작동 압력의 조정은 조정 볼트를 가감함으로써 간단히 조정할 수 있다.

⑤ 공기 냉각기 : 공기 온도가 고온으로 되면 압축 실린더의 용적효율이 나쁘게 되므로 다단식에서는 저압 실린더를 나온 공기를 다음 단의 압축 실린더에 들어가기 전에 중간 냉각기에 의하여 냉각되도록 되어 있다. 또한 고압 실린더에서 소정의 압력까지 압축된 공기는 후부 냉각기로 냉각한 다음 Non-Return Valve를 거쳐서 공기탱크로 보내진다. 압축기 앞쪽에 위치하는 냉각기는 라디에이터 형 1, 2단 냉각기이고 핀 튜브형 냉각기인 3단 냉각기로 구성된다.

⑥ 자동 드레인 밸브 : 공기 압축기 기동 시 부하를 경감하고, 수분 및 유분을 배출하기 위해 기동 및 정지 시 압축된 공기를 대기로 배출하는 밸브이다. 각단 드레인 분리기 하부와 연결된 자동 드레인 밸브는 운전반에 의해 자동으로 작동된다.

⑦ 압력계 : 저압 압력계는 밸브 작동의 양부(良否)를 점검하기 위해 부착되어 있으며 정상 운전시는 기종에 따라 다르지만 450~700 kPa을 가리킨다. (3 MPa시) 또 운전 중에는 콕크를 닫아 사용하고 압력을 검사할 때만 콕크를 연다.

⑧ 드레인 분리기 : 라디에이터 부근에 위치한 1단, 2단, 3단 드레인 분리기는 압축공기 내에 포함된 응축수와 윤활유를 분리하여 배관 및 밸브시트의 침식 및 부식을 방지한다.

⑨ 윤활유 저압스위치 : 압축기 상부에 위치하여 윤활유가 부족하거나 이상이 발생하여 윤활유 압력이 설정치 이하로 내려가면 압축기는 자동으로 정지한다.

⑩ 무부하 기동장치(Starting Unloading System) : 공기 압축기 기동 시 부하를 경감하고, 수분 및 유분을 배출하기 위해 기동 및 정지 시 압축된 공기를 대기로 배출하는 장치이다.

8.1.3 공랭식 공기 압축기의 윤활시스템

공기 압축기의 윤활은 크랭크케이스에 설치된 오일펌프에 의해 압력이 형성된 오일이 크랭크샤프트 및 그와 연결된 커넥팅 로드의 각 베어링을 윤활 하고 일부는 피스톤 및 라이너를 윤활 하는 시스템으로 되어 있다. 윤활시스템은 윤활유 펌프, 릴리프 밸브, 여과기, 파이프 및 윤활유 저압스위치 등으로 구성된다. 윤활유 펌프는 압축기 앞쪽 크랭크축에 설치되어 직렬 구동된다. 크랭크축에 가공된 구멍을 통해 일정한 압력의 윤활유가 크랭크축 핀 부와 크랭크 핀 메탈베어링 틈새로 공급되어져 오일제트를 형성하여 메인 베어링, 피스톤 및 실린더 내부 등에 윤활유를 공급한 후 압축기 크랭크 케이스 내부로 모이게 된다. 크랭크케이스로 모아진 윤활유는 위와 같은 순환과정을 반복하며 윤활하게 된다. 윤활유의 양을 확인하기 위한 레벨 게이지가 크랭크케이스 하부 양쪽에 설치되어 있으며, 압축기의 보호 및 안전을 위해 윤활유 저압스위치가 설치되어 있어 윤활유 압력이 정상치보다 낮아지게 되면 저압스위치가 작동하여 압축기를 강제로 정지시킨다.

8.2 제어 공기 드라이어(Control Air Dryer)의 이해

제어 공기 드라이어는 주기관, 발전기관의 시동을 위한 제어 및 온도조절, 압력조절, 수위조절과 같은 제어를 위한 공기를 공급하기 위한 것이다. 이와 같이 제어에 사용되는 공기는 제어공기 안에 수분이나 기타 먼지와 같은 오물들이 함유되어 있는 경우 장치의 오작동을 야기하기 때문에 주기관 또는 발전기관의 시동실패의 원인이 되고, 각종 제어기의 고장을 일으킬 수 있게 한다. 공기 중에 함유되는 대부분의 오물들은 수분과 함께 섞여 파이프라인을 통해 전달되기 때문에 Control air dryer를 통해 공기 중에 함유되어 있는 수분 및 오물들을 제거한 후 제어 공기를 공급해야 한다. 공기 중에 함유되어 있는 수분은 공기의 온도를 이슬점(Dew point) 이하의 온도까지 하강시키면 수분이 응축된다. 이와 같이 기관 장비들에 중요한 영향을 미치는 제어 공기를 냉각시키기 위해 프레온 냉매를 이용한 냉동장치가 포함되어 있는 제어 공기 드라이어를 설치해야 한다. 즉 프레온 냉매(R-404A)의 증발잠열을 이용하여 제어 공기가 가지고 있는 열에너지를 흡수하여 압축공기의 온도를 이슬점 이하로 냉각함으로써 압축공기 중에 함유되어 있는 수분을 응축시킨 후 자동배출밸브에 의하여 수분을 배출시켜 수분이 제거된 건조한 공기를 생산하게 된다.

그림 8.3 Control air dryer 외부사진

그림 8.4 Control air dryer 내부사진

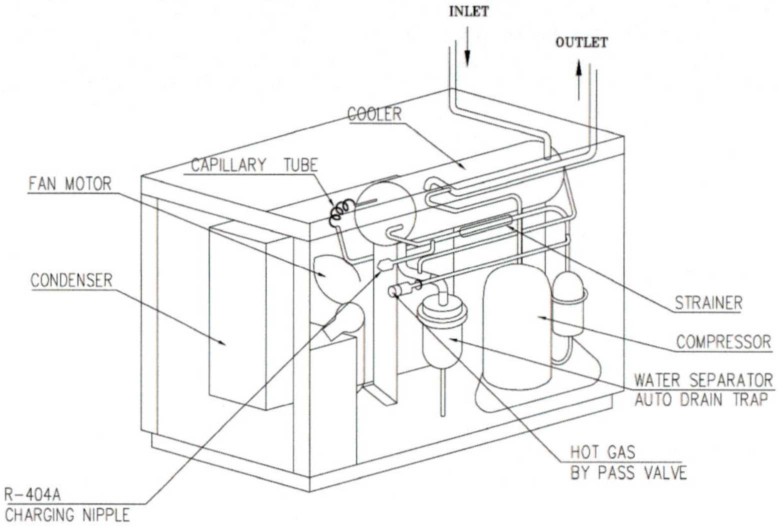

그림 8.5 Control Air Dryer의 구조

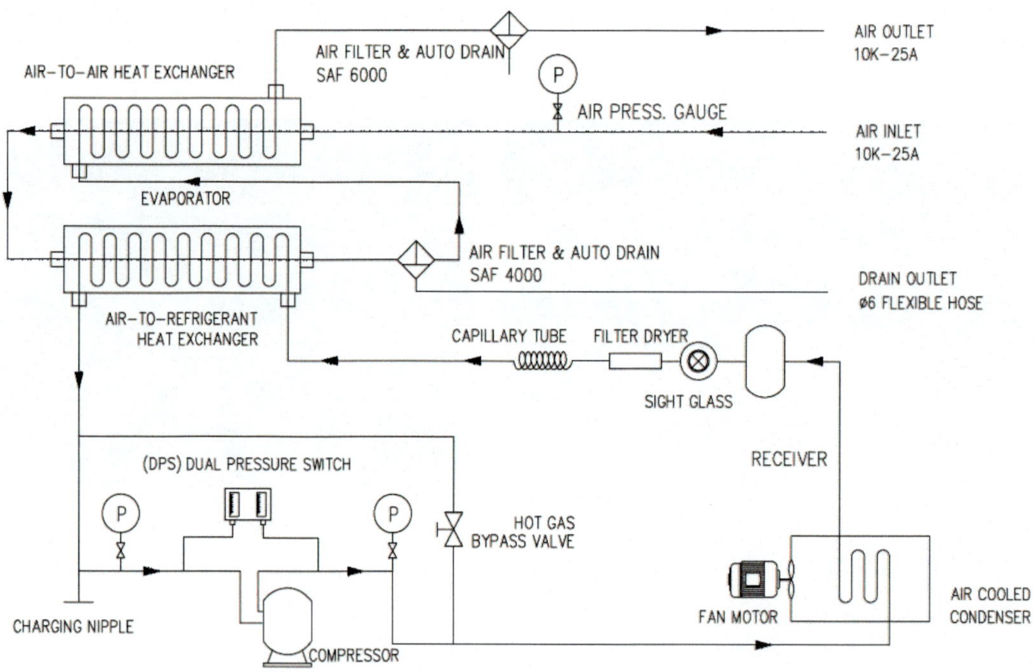

그림 8.6 Control Air Dryer의 배관 계통도

CHAPTER 9

냉동기 및 공기조화 장치

9.1 냉동장치의 구성

그림 9.1은 냉동 사이클을 나타낸다.

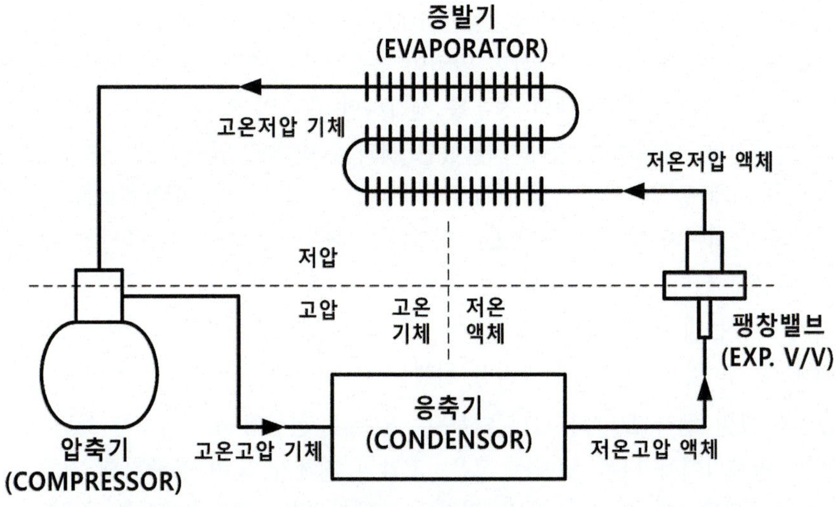

그림 9.1 냉동 사이클 1

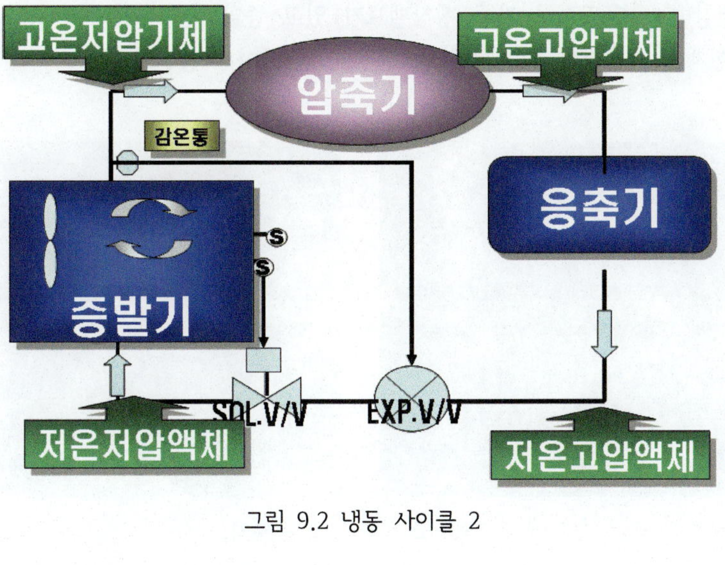

그림 9.2 냉동 사이클 2

압축기는 증발기에서 되돌아오는 냉매를 액화하기 쉽도록 고압의 기체로 압축하는 장치이며 응축기는 증발기에서 냉매가 흡수한 열을 냉각수 또는 공기로서 냉각시켜 냉매를 액화하는 장치이다. 팽창밸브는 응축기로부터의 액체냉매를 증발기에서 기화하기 쉬운 저압의 액체냉매로 전환시키기 위한 장치이며 증발기는 팽창밸브를 통과한 저온 저압의 액체냉매가 저온에서 기화하여 주위의 열을 흡수하는 곳이며 실제적으로 열교환이 일어나는 장소이다.

대기 압력이 1기압 하에서 물의 끓는점은 100℃가 된다. 그러나 압력이 점차 높아지면 물의 끓는점도 점차 높아지게 된다. 왜냐하면 압력이 높을수록 물이 증발하기 위해서는 많은 에너지가 필요하게 되기 때문이다. 반대의 경우를 생각하면 대기의 압력이 점차 떨어지면 물의 끓는 점도 점차 떨어진다. 왜냐하면 앞에서 말했던 것과는 반대로 압력이 떨어지면 적은 에너지를 가지고도 물을 쉽게 증발시킬 수 있기 때문이다. 냉동기의 냉매는 팽창밸브를 거치면서 급격히 팽창되어 압력이 떨어지게 되며 그러므로 기화하기 쉬운 상태가 되고 증발기에서 기화하여 주위의 열을 빼앗게 된다. 응축기에서는 반대의 원리를 이용한다. 즉, 응축기에서는 고온의 냉매를 액화시켜야 하는데 고온에서 냉매를 액화시키려면 압력을 높여주면 된다. 압력이 높을수록 액화를 쉽게 할 수 있기 때문이며 그러기 위해서 압축기가 필요하게 된다.

그림 9.1을 보면 십자 모양의 점선을 볼 수 있는데 점선의 상하좌우를 보면 냉매의 상태를 알 수 있다. 압축기에서 나온 냉매는 고온, 고압의 기체가 되며 응축기를 거쳐 저온, 고압의 액체가 된다. 팽창밸브를 거치면 저온, 저압의 액체가 되며 증발기에서는 주위의 열을 흡수하여 고온, 저압의 기체가 된다.

압축기는 밀폐형, 개방형이 있고 응축기는 보통 수액기의 기능을 겸하게 된다. 팽창밸브에는 정압 자동 팽창밸브, 온도작동 자동 팽창밸브가 있고 증발기는 예전에는 코일 타입이 많이 사용되었으나 현재는 강제순환 팬이 장치된 핀 타입이 많이 사용된다.

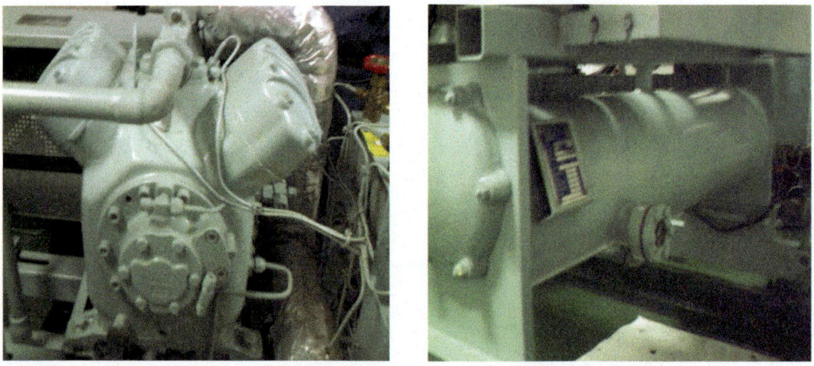

그림 9.3 압축기 및 응축기

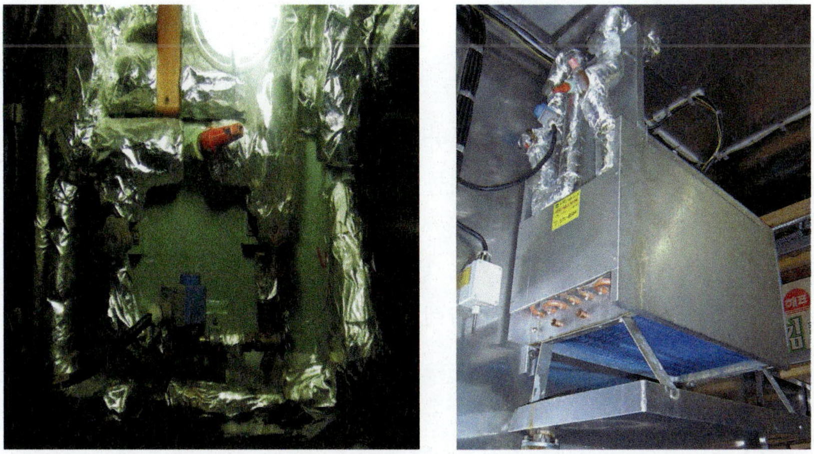

그림 9.4 팽창밸브 및 증발기

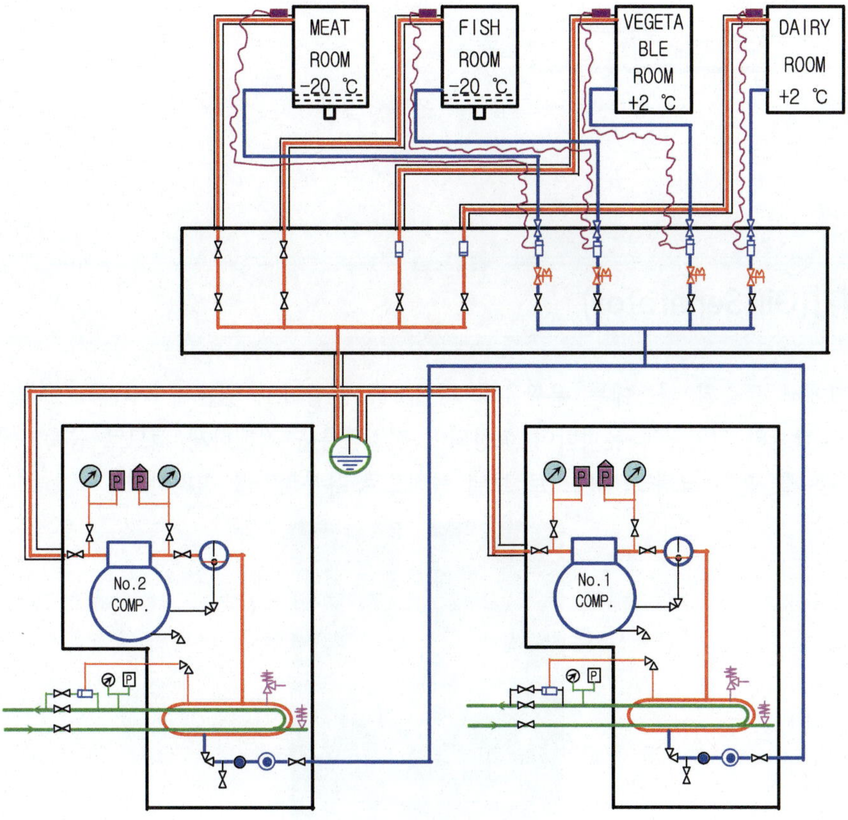

그림 9.5 냉동 시스템

9.2 온도조절기(Thermostat)

온도를 일정범위 내에 자동적으로 유지하는 장치로서 냉장고 온도가 상부 설정치 이상으로 상승할 경우 회로를 작동시켜 압축기를 기동하고 하부설정치 이하로 떨어지면 회로를 개방하며 냉매를 차단하여 압축기를 정지하도록 작동시킨다. 온도조절기의 감온통에는 열에 민감한 냉매가 봉입되어 있는데, 냉장고 내부의 온도 변화에 따라 압력을 변화시켜 벨로우즈(Bellows)를 작동함으로써 전기접점을 On/Off 시켜 솔레노이드 밸브를 작동시킨다.

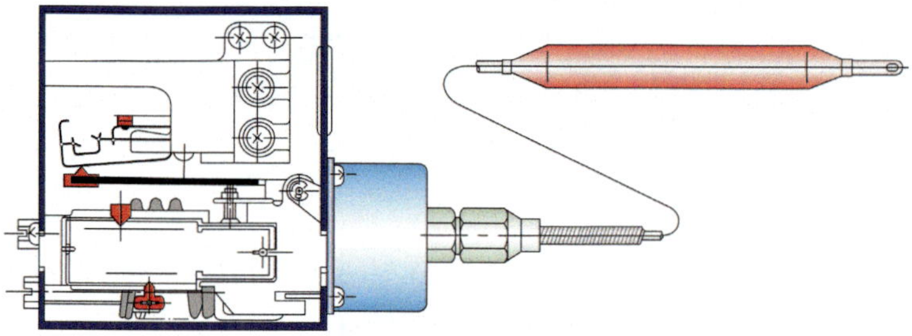

그림 9.6 온도 조절기

9.3 유분리기(Oil Separator)

압축기에서 토출된 가스에는 윤활유의 미립자를 포함하고 있는데 이것을 그대로 응축기에 보내면 냉각관의 전열면에 유피막이 형성되어 전열작용을 저해하게 되므로 응축기에 도달하기 전에 윤활유를 분리 크랭크 케이스로 보낼 목적으로 유분리기를 설치한다.

그림 9.7 유분리기

9.4 고압/저압 스위치(High/Low Pressure Switch)

고압스위치와 저압스위치를 함께 조합한 것으로, 고압스위치는 압축기의 출구측에 연결하여 고압측의 압력을 벨로우즈나 다이아프램에 작용시켜 설정된 압력 이상이 되면 전기회로를 개방하여 압축기를 정지하도록 하는 스위치이다. 설정압력은 냉매의 종류에 따라 다르며 R-22의 경우 17~20 BAR 정도로 설정한다. 그리고 리셋은 리셋 버튼을 눌러야 가능하다. 저압측의 흡입압력이 설정치 이하가 되면 역시 전기회로가 개방되어 압축기가 정지한다.

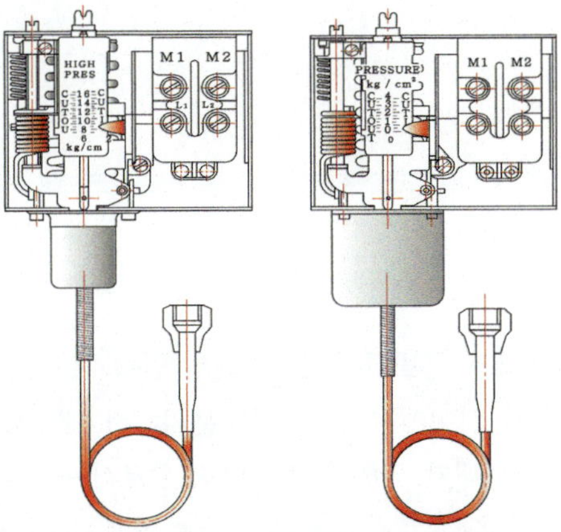

그림 9.8 고압 및 저압 스위치

9.5 배압조절밸브(증발압력 조절밸브)

한대의 압축기로 온도가 다른 여러 개의 냉장고를 냉각할 경우 이 밸브를 설치하지 않으면 각 냉장고의 온도조절을 할 수 없으므로, 압축기의 흡입압력에 관계없이 냉각관 내의 냉매압력을 일정하게 유지하기 위하여 증발기의 출구측에 배압조절밸브를 설치한다.

일반적으로 배압조절밸브는 최저온도로 냉각해야 되는 냉장고 C를 제외한 냉장고 A와 B의 증발관 출구측에 설치한다. 이 밸브는 작동에 따라 3가지 종류로 구분된다. 첫째, 증발관 내의 압력 변화에 따라 밸브의 개도를 가감하는 형. 둘째, 증발관 내의 압력이 일정압력 이상이면 전개, 이하이면 전폐되는 단속형. 셋째, 냉동개소의 온도에 따라 밸브의 개도를 가감하는 형이 있다.

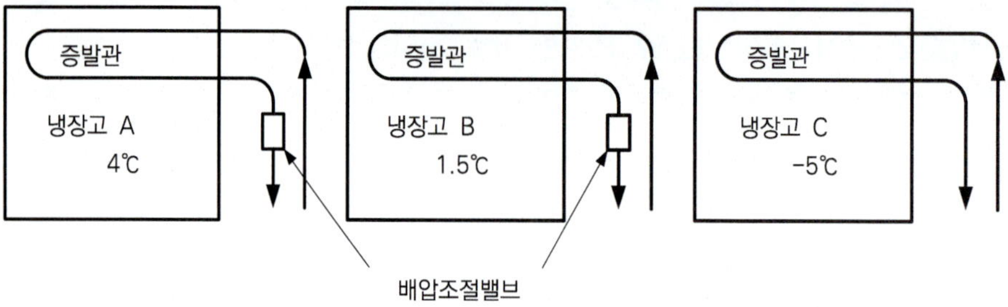

그림 9.9 배압조절밸브

9.6 액 분리기

다량의 액상냉매가 증발기에서 증발하지 못할 경우 압축기는 액 압축을 일으키므로 이를 방지하기 위하여 증발기와 압축기 사이에서 냉매액을 분리시켜 냉매증기만 압축기에 보내고 분리된 액상냉매는 증발기로 되돌려 보내기 위하여 설치된 장치로서 구조는 유분리기와 대동소이하다.

그림 9.10 액분리기

9.7 제상(Defrosting)

공기를 냉각하는 냉각관에 대기중의 수분이 응결되어 성에로 되는데 이것은 전열효과를 떨어뜨린다. 이 성에를 제거하는 것을 제상이라 칭하는데 그 방법은 다음과 같다.

① 살수식 제상법

② 냉동기를 정지하는 제상법(냉장고 내의 온도가 0℃이상인 경우에 적용)

③ 전열식 제상법(증발관 하부에 전열기를 설치하여 타이머에 의하여 자동으로 작동되도록 한 것으로서 현재 많이 사용되는 방법이다.)

④ 압축기에서 나온 고온의 가스를 증발관으로 보내어 성에를 제거하는 방법.(Hot Gas Defrosting)

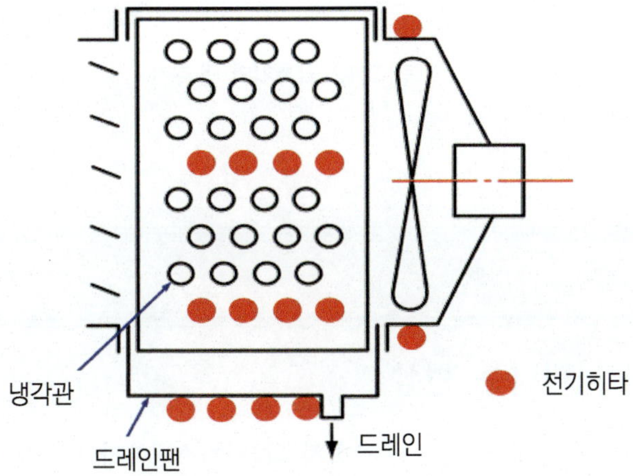

그림 9.11 제상

9.8 솔레노이드 밸브(Solenoid V/V)

팽창밸브 앞에 설치되어 팽창밸브로 냉매의 공급여부를 제어하는 기능을 한다. 이 밸브는 온도 감지 장치에 의하여 제어된다.

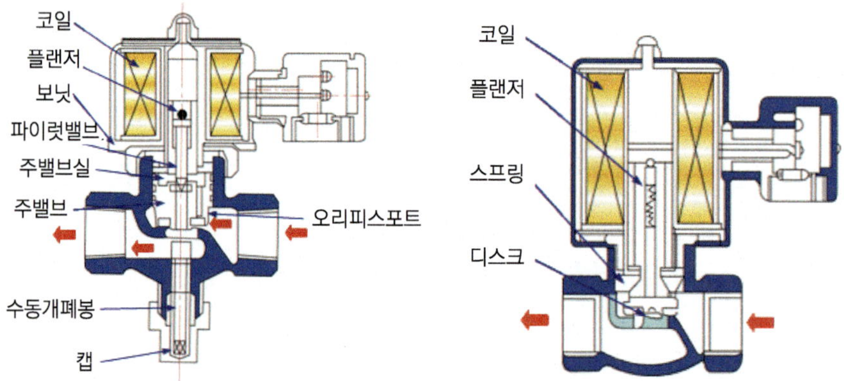

그림 9.12 압축기와 응축기

9.9 냉매의 취급

9.9.1 냉매부족 시 나타나는 현상

① 액체냉매의 온도가 높다. 이것은 응축하지 않은 가스냉매가 액체냉매에 포함되어 있기 때문이다.

② Liquid Eye(액냉매의 유동상태를 유리를 통하여 볼 수 있도록 된 것)에 가스의 기포가 보인다.

③ 흡입압력과 토출압력이 낮다.

④ 증발관에 성에가 끼지 않고, 심하면 성에가 녹는다.

9.9.2 냉매의 보충

냉매의 누설로 인하여 상기의 부족현상이 나타나면 냉매를 보충하여야 하는데 그 방법을 보면 다음과 같다.

① 수액기(또는 컨덴서)의 출구밸브를 잠가 펌프 다운(Pump Down)을 실시하여 냉매의 양을 확인한다.(Pump Down : 압축기를 운전하여 관내의 냉매을 모두 수액기에 모으는 것.)

② 냉매 용기와 냉동기의 충전밸브를 연결하고, 연결관 내의 공기를 배출한다. 공기 배출방법은 충전밸브 연결부를 느슨하게 풀고 냉매용기의 밸브를 열어 냉매로서 공기를 불어내면 된다.

③ 수액기(또는 컨덴서)의 출구밸브가 잠궈진 상태에서 냉매용기의 밸브를 수초간 열면 저압스위치에 의하여 압축기가 운전되어 냉매는 수액기에 모이는데 보충량을 확인하며 적정량이 될 때까지 수차례 반복한다. 저압스위치를 수동으로 작동시킬 경우 진공이 되지 않도록 주의한다. 진공이 형성되면 공기가 시스템내로 유입될 가능성이 있기 때문이다.

④ 냉매보충이 완료되면 냉매용기의 무게를 측정하여 보충량을 확인한다.

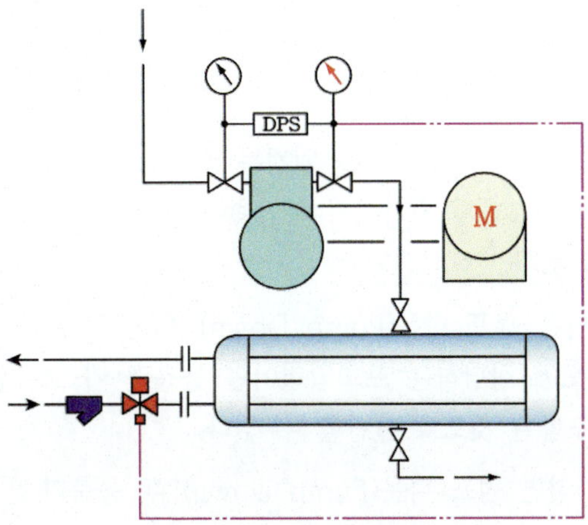

그림 9.13 압축기와 응축기

9.9.3 냉매의 이송

냉동기의 교대운전시 냉매를 이송할 필요가 있을 경우 다음의 순서대로 행한다.

① 1호기를 운전중 2호기로 교대운전 할 경우 먼저 1호기 컨덴서(또는 수액기) 출구밸브를 잠그고 펌프 다운(Pump Down)을 실시하여 1호기 라인내의 냉매를 컨덴서(또는 수액기)에 모은다.

② 1호기의 압축기를 정지하고 압축기 흡입, 토출밸브를 잠근다.

③ 2호기 컨덴서(또는 수액기) 출구밸브를 잠그고, 압축기 흡입, 토출밸브를 연다.

④ 1호기의 컨덴서(또는 수액기) 출구밸브를 연다.

⑤ 2호기의 압축기를 수동으로 운전하여 냉매를 2호기의 컨덴서(또는 수액기)에 모으기 위해 펌프 다운(Pump Down)을 실시한다.

⑥ 적정한 냉매 레벨이 되면 1호기의 컨덴서(또는 수액기) 출구밸브를 잠근다. 그리고 컨덴서(또는 수액기) 냉각수 밸브를 잠근다.

⑦ 펌프 다운(Pump Down)을 실시하여 라인내의 냉매를 2호기의 컨덴서(또는 수액기)에 모은다.

⑧ 2호기의 컨덴서(또는 수액기)를 냉각한 후 불응축가스를 배제한다.

⑨ 압축기 흡입, 토출밸브 및 컨덴서(또는 수액기) 출구밸브 개폐를 확인하여 정상적인 운전을 실시한다.

9.10 불응축 가스의 배제

불응축가스란 액화하지 않는 가스(Air)를 일컫는 것으로서 계통내에 공기가 존재하면 응축기 내의 압력이 상승하고 냉동효과를 저하시키며 압축에 필요한 일량이 증가하는 등의 장해가 발생하므로 제거할 필요가 있다.

불응축가스의 유무판단은 펌프 다운(Pump Down) 후 냉각하여 액의 온도와 응축기의 압력을 읽어 액화냉매의 온도에 상당하는 포화압력이면 불응축 가스는 없는 것이고, 포화압력보다 높으면 불응축 가스가 포함된 것으로 판단할 수 있다.

불응축 가스를 배제하려면 펌프 다운(Pump Down) 후 응축기 입구, 출구밸브를 닫고 냉각수로 2~5시간 정도 충분히 냉각시킨 후 응축기 상부의 퍼지 밸브를 열어 불응축 가스를 배출시킨다.

9.11 냉동장치의 운전

9.11.1 장치의 운전

① 크랭크 케이스(Crankcase)의 가열 장치(Heating Element:설치되어있다면)는 운전전 6~8 시간 전에 작동하여 냉매와 윤활유 분리가 쉽게 되도록 한다.

② 크랭크 케이스(Crankcase)의 윤활유 레벨 확인 (항상 Sight Glass를 통하여 볼 수 있어야 함)

③ 컨덴서 냉각수가 정확하게 조정 되었는가 확인

④ 압축기 안전장치가 정확하게 조정 되었는가 확인

⑤ 압축기 토출밸브를 연다

⑥ 무부하 장치(Unloader:설치되었다면)를 최소치를 조정

⑦ 기동시 압축기 흡입밸브는 윤활유 포밍(Oil Foaming)을 방지하기 위하여 1~2바퀴만 연다.

⑧ 그 외의 모든 정지 밸브(Stop V/V)를 연다.

⑨ 압축기 전동기를 구동시키고 흡입 및 윤활유 압력을 확인한다.

⑩ 운전상태를 확인하면서 압축기 흡입밸브를 조심스럽게 연다.

⑪ 윤활유 포밍(Oil Foaming)이 발생하거나 노킹(Knocking) 소리가 들리면 압축기 흡입밸브로 교축(Throttling) 시킨다. 즉 밸브를 약간만 열어 냉매가 흡입되는 양을 줄인다.

⑫ 유분리기에서 윤활유가 반환 되는지 확인한다. 윤활유가 정상적으로 반환되면 파이프는 따뜻한 상태이다.

⑬ 정상운전이 되면 운전 상태를 확인하면서 부하를 약간씩 올린다.

⑭ 압축기 운전 후 운전상태가 안정될 때까지 약 15분 이내에는 압축기 주위를 떠나지 않도록 한다.

9.11.2 정지

① 컨덴서 출구밸브를 잠가 펌프 다운(Pump Down)을 실시하여 컨덴서에 냉매를 모은다.

② 압축기 저압에 의하여 정지되며, 압축기를 수동 및 자동으로 작동시켜 라인의 냉매를 모두 컨덴서에 모은다.

③ 압축기 전원을 차단한다.

④ 압축기의 흡입, 토출밸브를 닫는다.

⑤ 장치의 모든 밸브를 닫는다.

⑥ 냉각수는 압축기 정지 후에도 약 30분 정도 공급하여 냉각한다.

⑦ 장기간 정지 시에는 응축기를 충분히 냉각한 후 불응축 가스를 배출시킨다.

9.12 냉동기, 에어콘 윤활유 보충 방법

9.12.1 압축기 운전 중 소량 보충법

(1) 윤활유 보충 펌프(L.O Charging Pump)로 보충

① 펌프 호스를 보충 밸브에 연결

② 보충 호스(Charging Hose) 내의 공기 배제

③ 보충 밸브를 열어서 적정 레벨까지 보충

④ 보충 밸브를 닫고 보충 펌프 분리

(2) 윤활유 보충 펌프가 없는 경우

① 보충 호스를 압축기 윤활유 보충 밸브에 연결

② 보충 호스에 윤활유를 채워 한쪽 끝을 윤활유 용기에 담금

③ 압축기의 흡입밸브를 교축(Throttling)하여 압축기 입구압력이 대기압보다 약간 낮게 한다. 이때 저압 스위치(Low Pressure Switch)의 설정치를 조절하여야 한다.(압축기를 수동으로 운전하면서 보충해도 됨)

④ 윤활유 보충 밸브를 열어 적정 레벨까지 윤활유 보충

⑤ 윤활유 보충 밸브를 잠근 후 보충 호스를 분리 한다

⑥ 압축기 흡입밸브를 완전히 열고, 저압 스위치의 설정 값을 원상태로 복귀 한다.

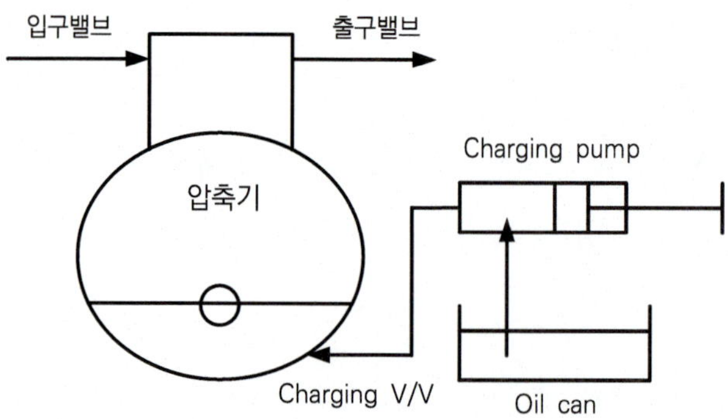

그림 9.14 윤활유 보충 펌프로 윤활유 보충

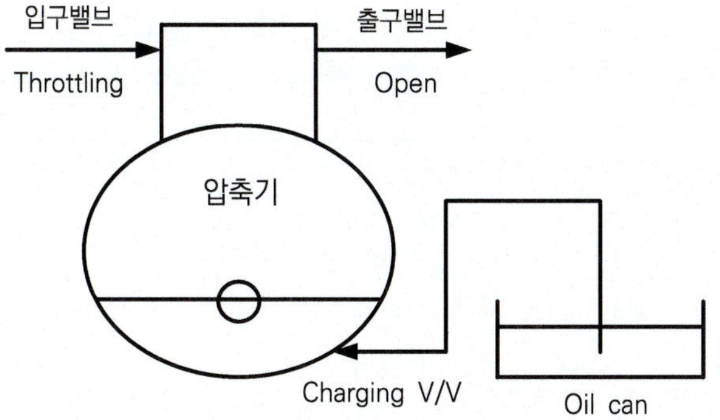

그림 9.15 윤활유 보충 펌프가 없을 경우의 윤활유 보충

9.12.2 압축기 정지 중 윤활유 보충법

① 압축기를 펌프 다운(Pump Down)하여 흡입 압력이 0.1㎏/㎠이 되면 압축기 정지하고 입출구 밸브 및 응축기 입구밸브도 닫는다.

② 윤활유 보충 연결부에 호스 연결 후 한쪽 끝은 윤활유 용기에 담금

③ 윤활유 보충 연결수를 열어 크랭크 케이스 내의 압력을 배제한다.

④ 윤활유 드레인 밸브를 열어 윤활유를 배출하다가 윤활유 보충 연결부로 윤활유가 보충되기 시작하면 드레인 밸브를 닫는다.

⑤ 윤활유 보충 후 보충 연결부 밸브 차단 및 보충 호스 철거한다.

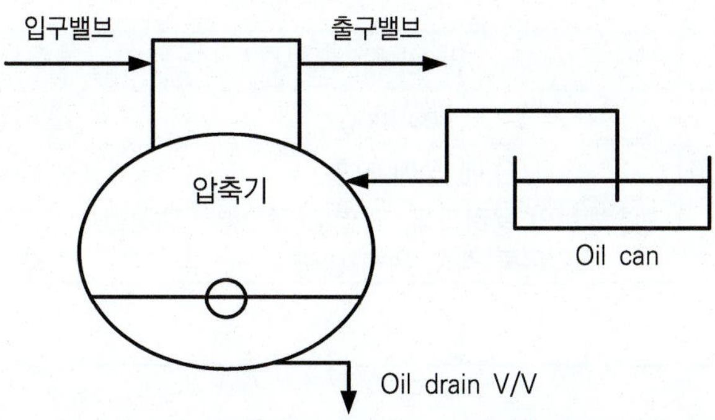

그림 9.16 압축기 정지 중 윤활유 보충

9.13 냉동기 및 에어컨 문제 해결(Trouble Shooting)

현 상	원 인	조 치
압축기가 기동하지 않는다	고압스위치 작동, 저압스위치 작동, Oil 압력스위치 작동 등	스위치 Reset, L.O Level 확인
	Main 전원 차단, Fuse 절단	전원 공급, Fuse 신환
	압축기, 전동기 불량	Overhaul 실시

현 상	원 인	조 치
압축기에서 이상 음이 들린다	액냉매가 흡입된다	팽창밸브 개도조사 및 조정, 감온통의 부착상태 확인
	안전밸브가 열린다	Condensor 냉각상태 확인
	Oil의 순환량 과대	유분리기 작동상태 확인, Oil Level 확인

현 상	원 인	조 치
압축기가 기동후 곧 정지한다	L.O. 부족	L.O. 보충 및 원인 파악
	고압스위치 작동	작동압력 및 원인파악
	저압스위치 작동	흡입밸브 개폐 확인
	L.O 압력스위치 작동	압력스위치 확인 및 L.O. 확인

현 상	원 인	조 치
기동시 Hammering 발생	L.O. Foaming	흡입밸브 Throttling
	L.O.에 냉매 포함	L.O. Heating하여 냉매분리
	팽창밸브의 용량과대, 과열도 불충분, 감온통 설치 위치 불량	팽창밸브 ORIFICE 확인, 과영도 조정, 감온통 위치 확인

현 상	원 인	조 치
토출압력이 너무 높다	Condensor 냉각불량	냉각수 확인, 전열면 확인
	불응축 가스 포함	불응축 가스 배제

현 상	원 인	조 치
토출압력이 너무 낮다	압축기 용량 부족	압축기 용량 확인
	Condensor 과냉각	냉각수량, 온도 확인
	냉매부족	냉매부족 시 보충

현 상	원 인	조 치
토출 온도가 너무 높다	증발기 공급 냉매 감소	냉매량 확인, FILTER 확인
	흡입 PIPE 단열 불량	흡입 과열도 확인
	압축기의 고압축비	Condensor 냉각상태 확인, 흡입압력 정상치와 비교 확인

현 상	원 인	조 치
토출 온도가 너무 낮다	압축기에 액냉매 유입	팽창밸브 과열도 증가
	응축기의 과냉각	냉각수량 조절

현 상	원 인	조 치
흡입압력이 높다	압축기 용량 부족	Unloader 작동상태 확인, Pistion RIng, Liner 마모상태 확인
	흡입밸브 손상	확인 후 필요시 신환
	Liquid Regulation V/V 작동 불량	흡인 Line에 액냉매가 있으므로 밸브 조정

현 상	원 인	조 치
흡입압력이 낮다	압축기 용량 과대	Unloader 작동상태 확인
	냉매 부족	확인 후 필요시 보충
	Line의 Filter가 막혀있다	확인 후 소제 실시
	흡입가스의 과열도가 너무 크다	팽창밸브 조정하여 냉매유동량 증가
	팽창밸브에 성에가 많다	제상, 팽창밸브 FILTER 확인, 실리카겔 확인
	팽창밸브 용량 부족	확인 후 신환
	액냉매에 기포가 포함되어 있다	냉매 부족이므로 냉매 보충
	응축기에서 과냉된다	확인 후 제상
	증발기에 성에가 많다	확인 후 제상

현 상	원 인	조 치
Oil Level이 낮아진다	Oil Return V/V 오작동	유분리기 Return 상태 확인
	흡입밸브에 액냉매 포함	팽창밸브 조정
	기동시 Oil이 냉매와 함께 순환	대부분 시간경과 후 정상 회복됨
	Piston Ring, Liner 마모 또는 손상	확인 후 필요시 신환

현 상	원 인	조 치
Crankcase가 얼거나 물방울이 맺힌다	액냉매 흡입	팽창밸브 조정
	감온통 설치 불량	확인 후 위치 조정
	Oil에 기포 발생	팽창밸브 조정(과열도 크게), 압축기 용량 감소

현 상	원 인	조 치
Oil 압력 불충분	Oil에 냉매 포함	팽창밸브 조정(과열도 크게)
	Oil Pump 작동불량	확인 후 필요시 수리
	Oil 부족	확인 후 필요시 보충
	Oil Filter가 막혔다	확인 후 필요시 소제

9.14 실습선 공기조화 시스템

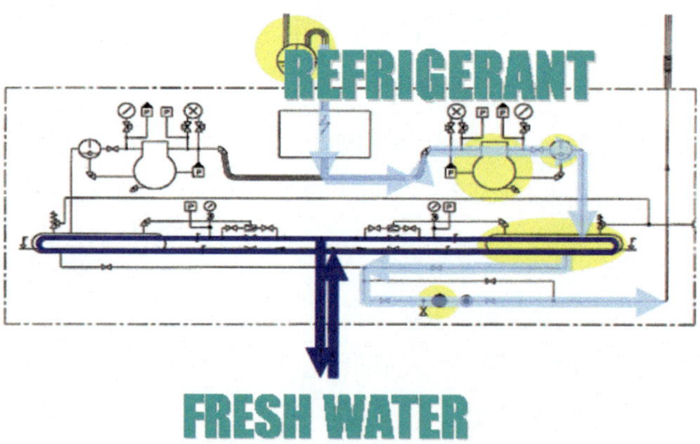

그림 9.17 실습선 공기조화 시스템 1

공기 조화 장치의 기능은 다음과 같다.

가) 공기의 냉각, 가열 (온도의 조절)
나) 공기의 가습, 감습 (습도의 조절)
다) 공기유속의 균일화 (기류의 조절)
라) 공기의 청정 (청정도 유지)

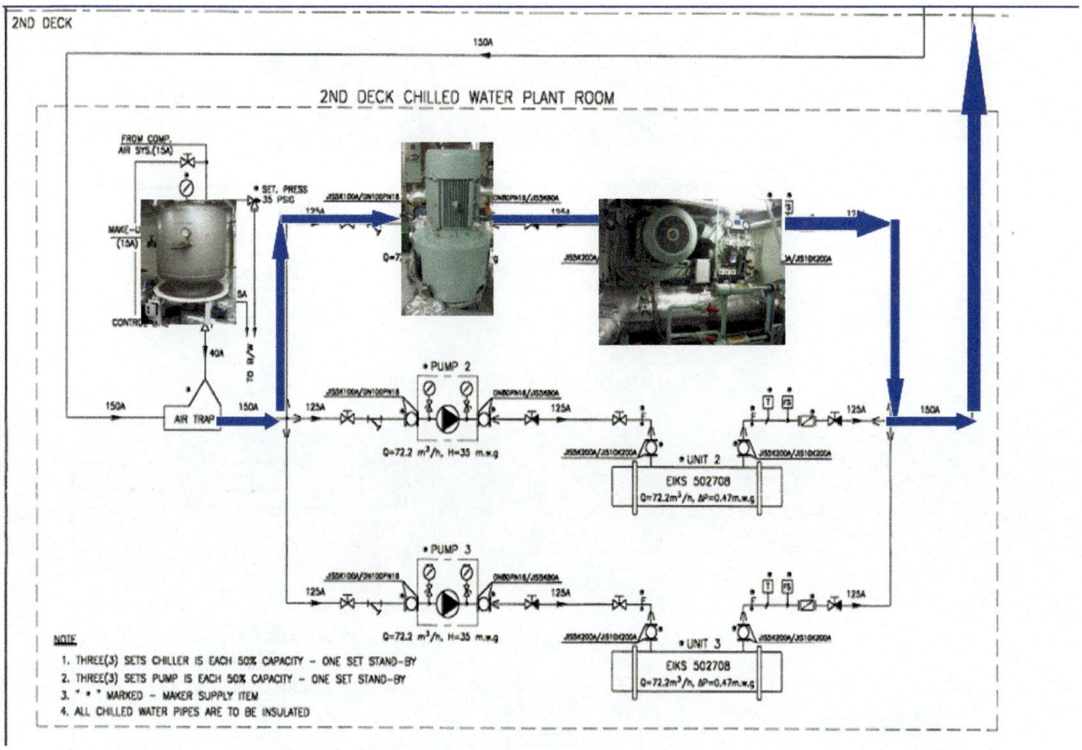

그림 9.18 실습선 공기조화 시스템 2

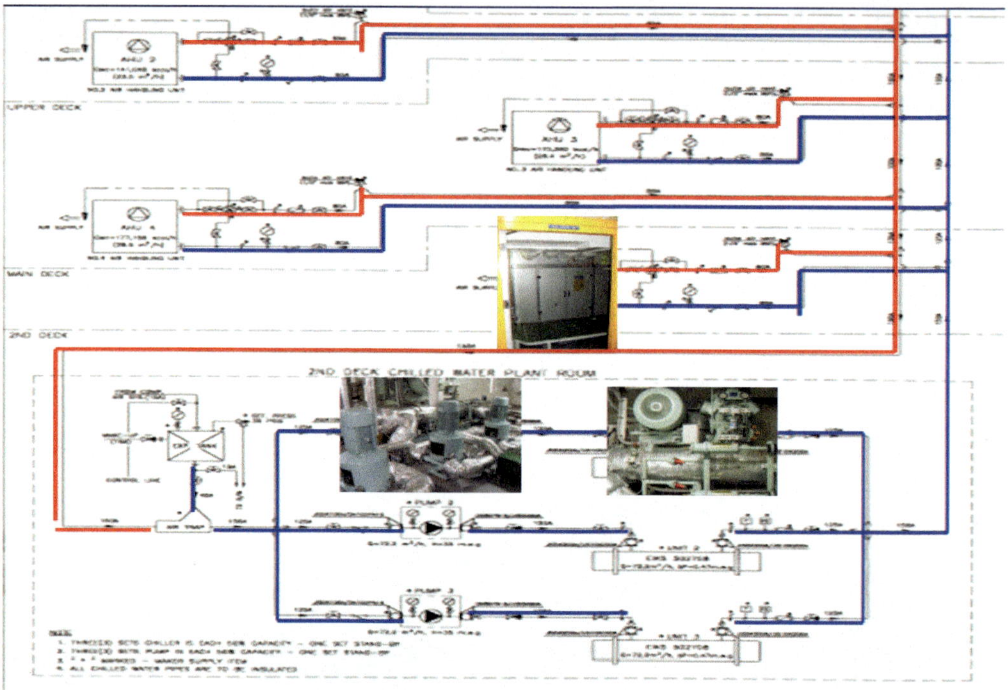

그림 9.19 실습선 공기조화 시스템 3

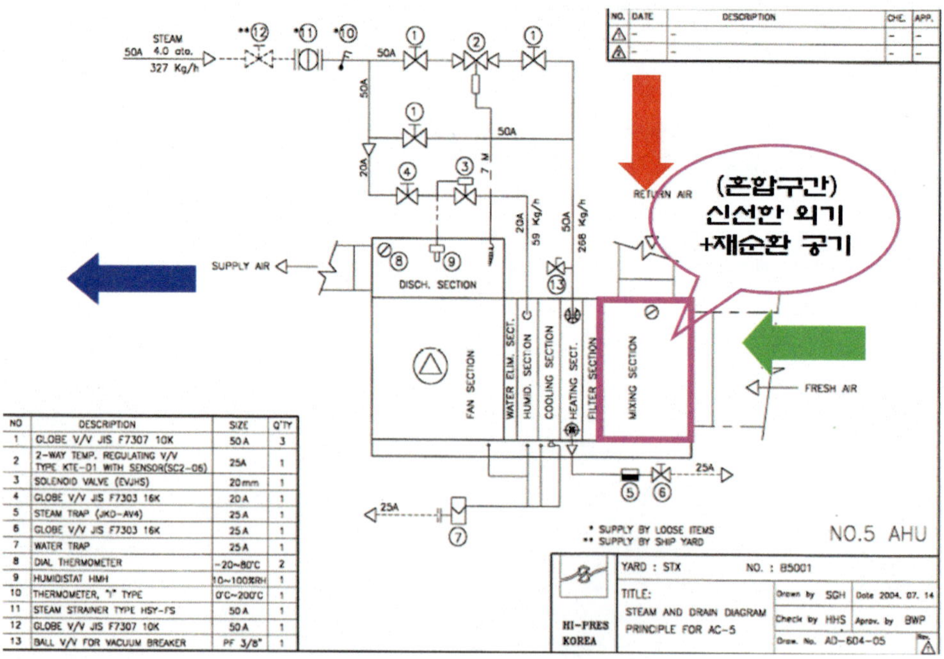

NO	DESCRIPTION	SIZE	Q'TY
1	GLOBE V/V JIS F7307 10K	50A	3
2	2-WAY TEMP. REGULATING V/V TYPE KTE-01 WITH SENSOR(SC2-06)	25A	1
3	SOLENOID VALVE (EVJHS)	20mm	1
4	GLOBE V/V JIS F7303 16K	20A	1
5	STEAM TRAP (JKD-AV4)	25A	1
6	GLOBE V/V JIS F7303 16K	25A	1
7	WATER TRAP	25A	1
8	DIAL THERMOMETER	-20~80℃	2
9	HUMIDISTAT HMH	10~100%RH	1
10	THERMOMETER, "I" TYPE	0℃~200℃	1
11	STEAM STRAINER TYPE HSY-FS	50A	1
12	GLOBE V/V JIS F7307 10K	50A	1
13	BALL V/V FOR VACUUM BREAKER	PF 3/8"	1

그림 9.20 실습선 공기조화 시스템 4

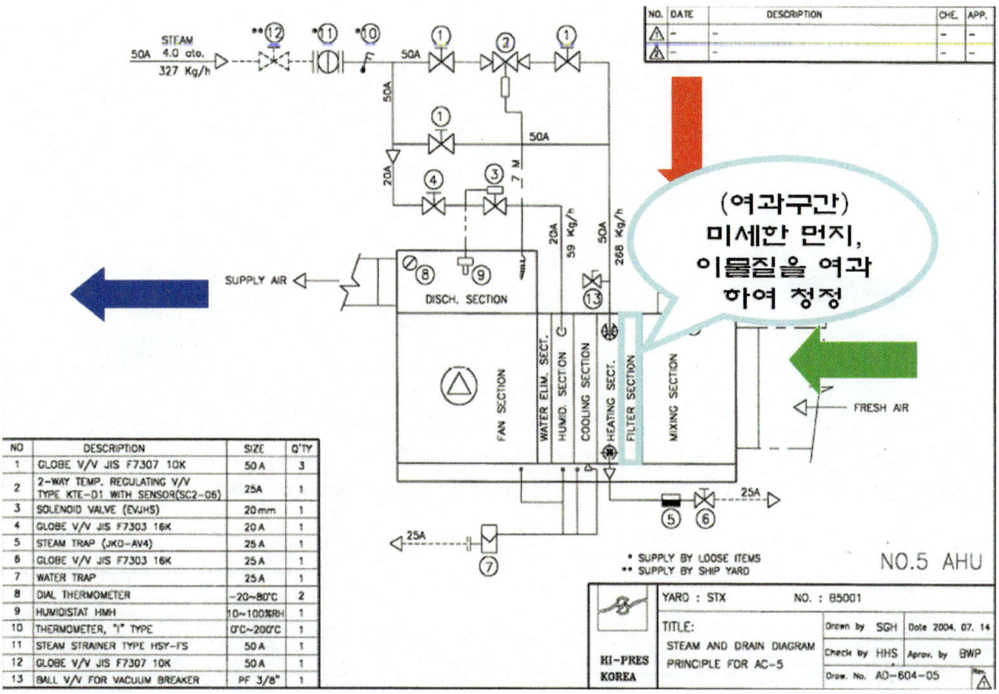

그림 9.21 실습선 공기조화 시스템 5

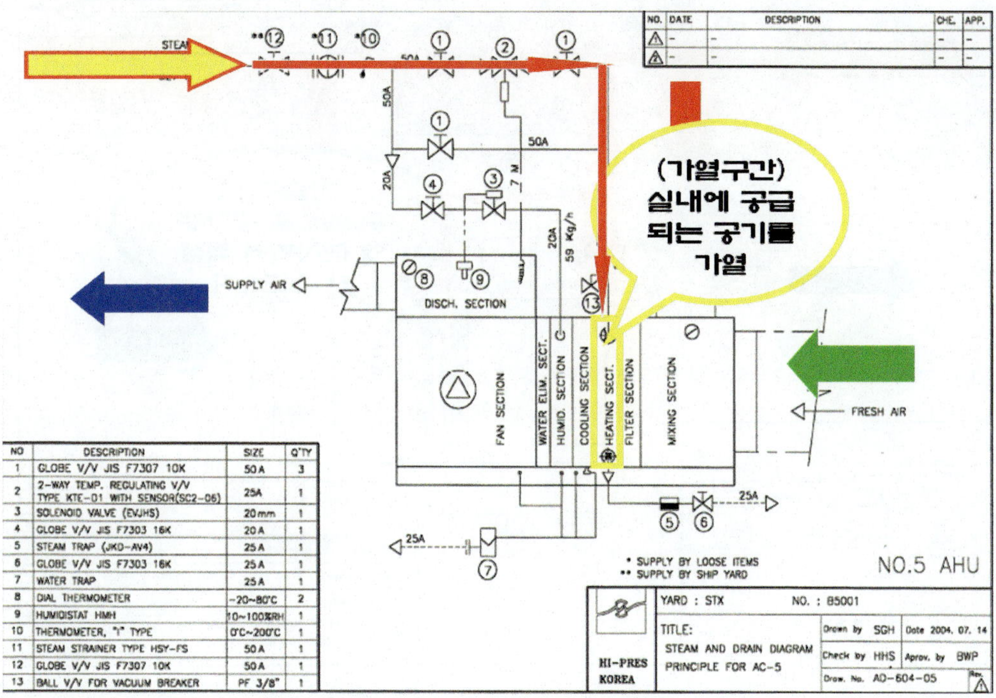

그림 9.22 실습선 공기조화 시스템 6

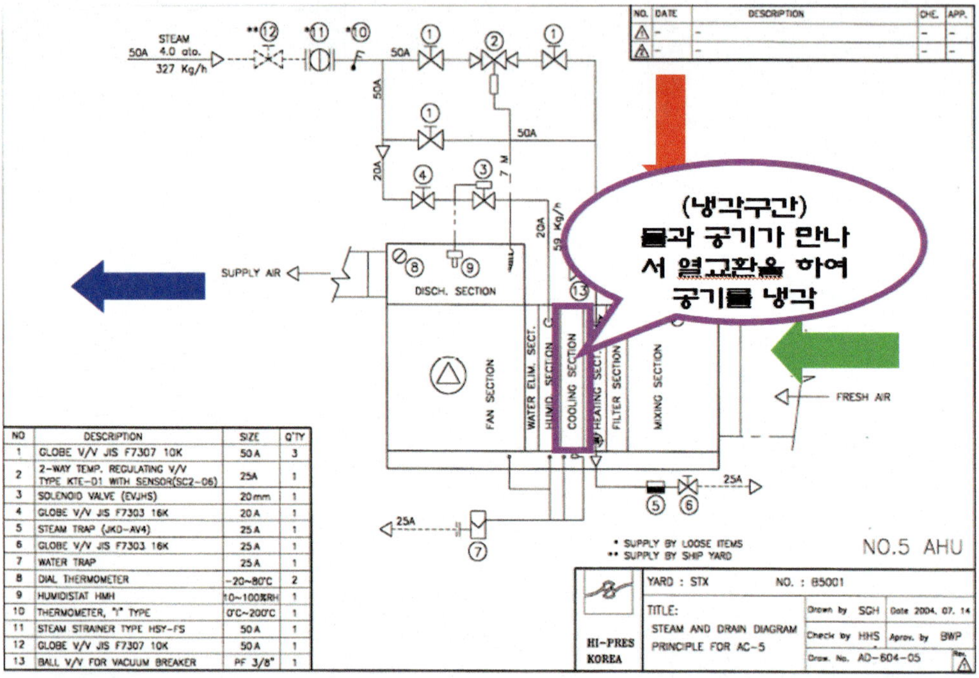

그림 9.23 실습선 공기조화 시스템 7

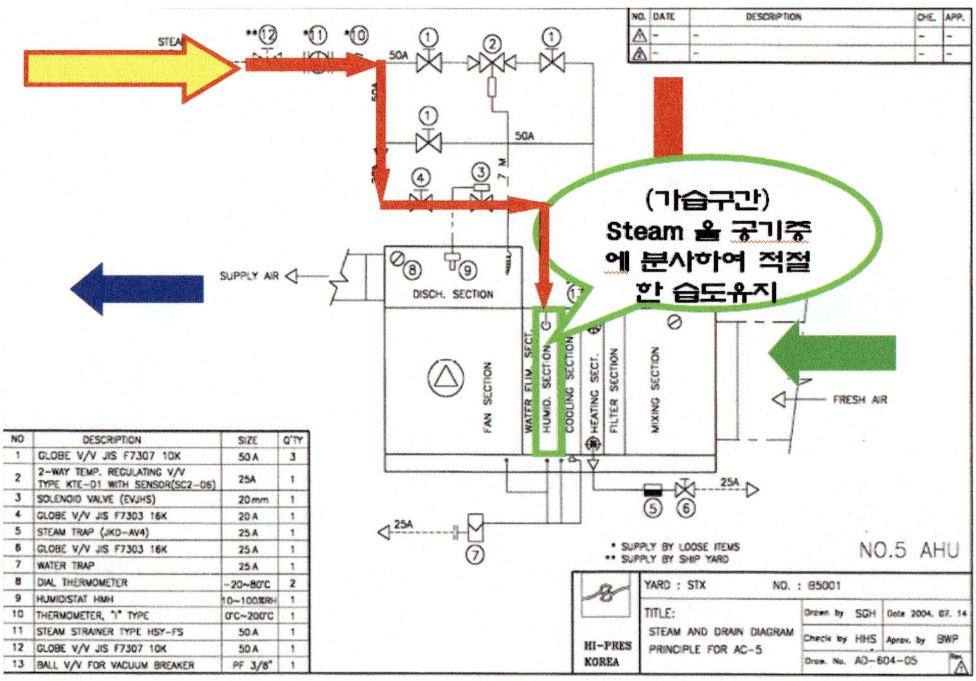

그림 9.24 실습선 공기조화 시스템 8

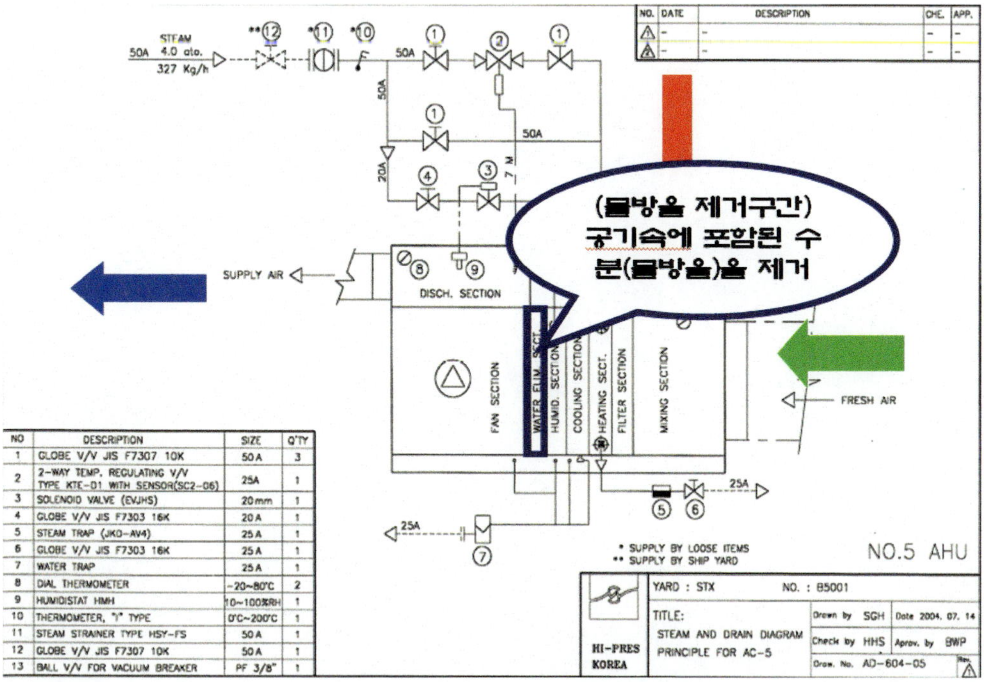

그림 9.25 실습선 공기조화 시스템 9

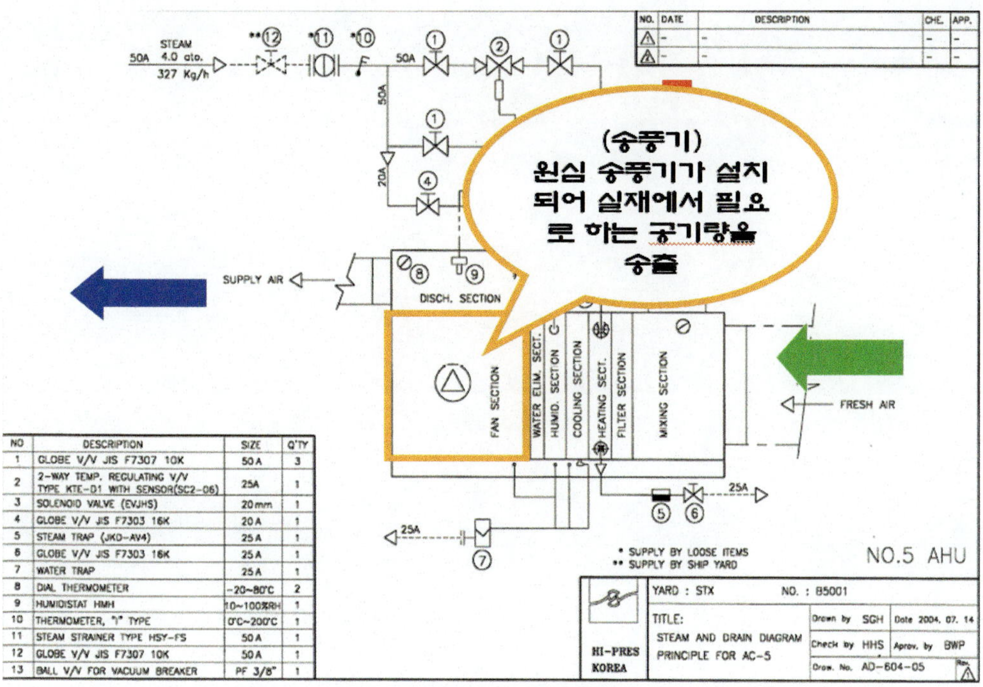

그림 9.26 실습선 공기조화 시스템 10

CHAPTER 10

조수기 (Fresh Water Generator)

10.1 저압 증발식 조수기

10.1.1 저압 증발식 조수기의 개요

조수기의 구성은 Heat Exchanger, Separator Shell & Condenser, Water Ejector, Ejector Pump, Distillate Pump, Salinity Alarm, Deflector, Mesh Separator, Solenoid Valve등으로 구성되어 있다.

그림 10.1 실습선 저압 증발식 조수기

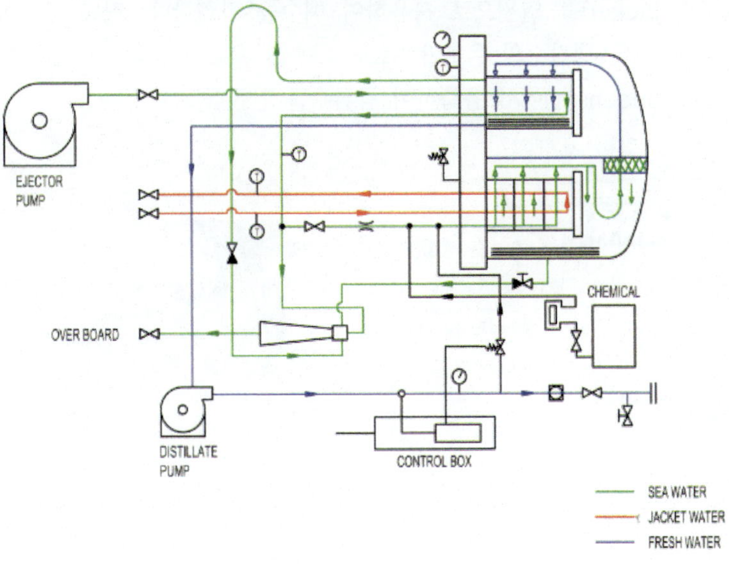

그림 10.2 조수기 시스템

10.1.2 작동 원리

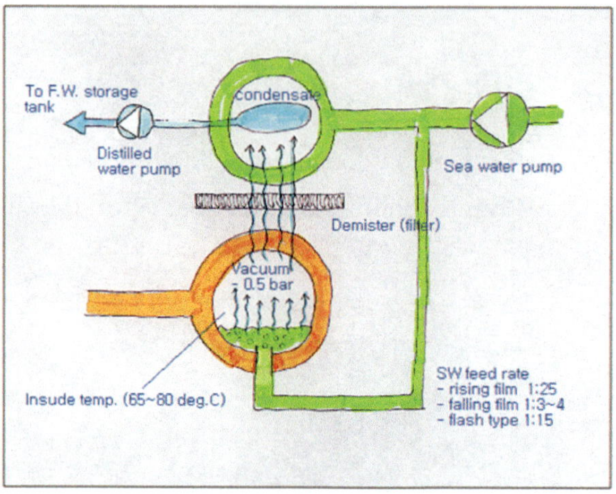

그림 10.3 조수기의 원리

조수기는 해수를 사용하여 청수를 만드는 기기이다. 열원을 사용하여 해수를 끓이게 되면 수증기가 발생하고 이 수증기를 냉각수로 냉각시키면 순수한 청수를 생산할 수 있게 된다. 물은 주위 압력이 낮으면 낮은 온도에서 물을 끓일 수 있다. 이유는 압력이 낮으면 적은 에너지로도 물분자를 쉽게 기화시킬 수 있기 때문이다. 압력을 떨어뜨리기 위해서 조수기 장치는 이젝터(Ejector)를 사용하여 장치 내에 진공을 형성하게 된다. 그리고 청수를 생산하기 위해서 장치 내에 해수를 공급한다. 이제 공급된 해수를 끓이기 위한 열원이 필요한데 대부분의 조수기는 주기 냉각수(M/E Jacket)를 열원으로 사용하여 해수를 가열한다. 진공 중에서는 주기 냉각수(M/E Jacket)에서 나온 냉각수의 온도만으로도 해수를 끓일 수 있으며 해수를 끓인 후 증발된 수증기를 컨덴서(Condensor)에서 응축하여 증류수를 만든다.

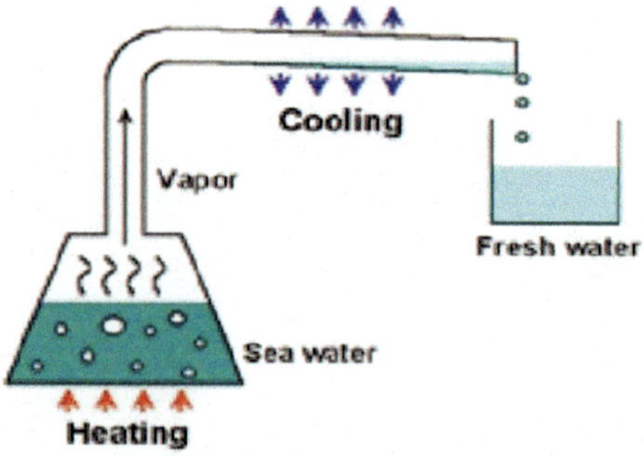

그림 10.4 증발과정

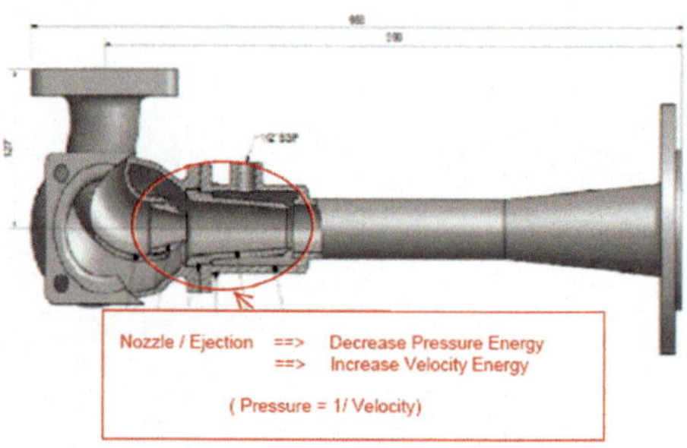

그림 10.5 에젝터

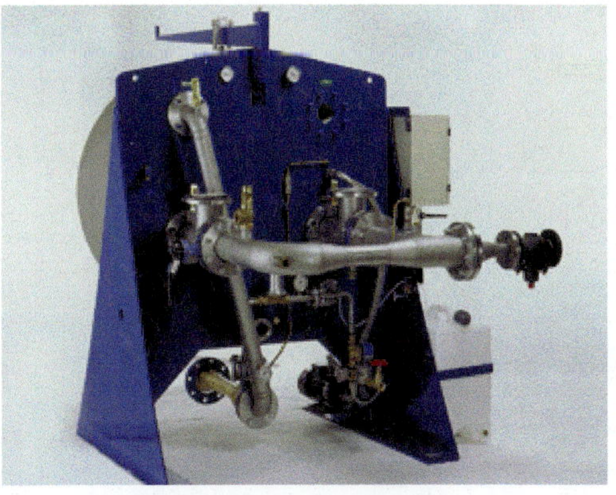

그림 10.6 Plate type 조수기

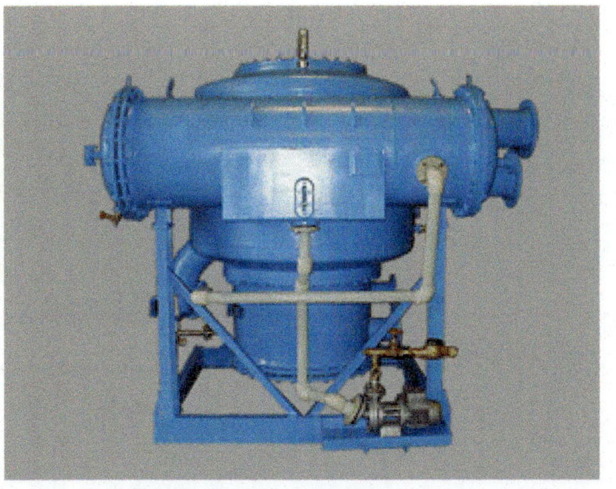

그림 10.7 Tube type 조수기

10.1.3 운전 및 정지

(1) 운전 시 유의사항

① 장치내의 코팅 부가 손상될 수 있으므로 화기작업을 금한다.

② 컨덴서 냉각 튜브(Condensor Cooling Tube)의 부식 및 침식을 방지하기 위해 다음사항에 대하여 유의하여야 한다.

- 덴서(Condensor) 냉각수 입구밸브를 열고 출구밸브로서 냉각수의 양을 조절 요하며, 배압은 최소한 0.2 Kg/㎠을 유지.
- 컨덴서(Condensor) 입출구의 냉각수 온도차는 지정치로 유지하여야 한다.
- 컨덴서 커버(Condensor Cover)의 부식방지 아연상태 확인.

③ 가열 튜브(Heating Tube)의 스케일(Scale) 형성을 방지하기 위해 다음 사항에 유의하여야 한다.

- 공급 수(Feed Water) 압력을 압력 게이지의 허용범위 영역내로 유지한다.
- 조수용량을 규정치보다 초과하지 않도록 한다.(염도상승의 우려가 있음)

(2) 조수기 운전

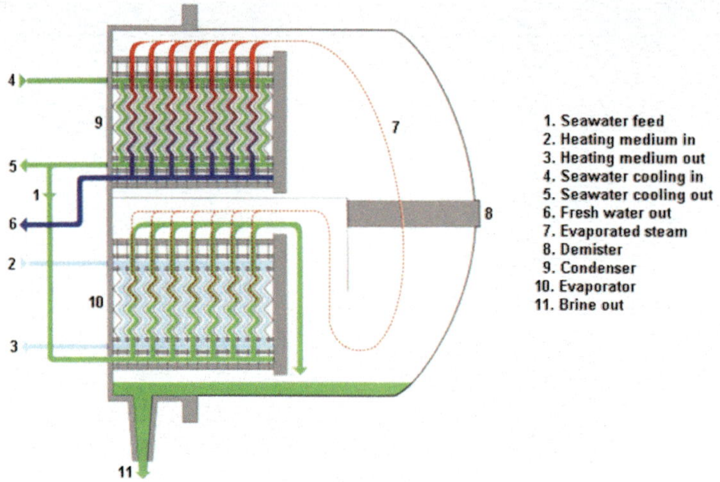

그림 10.8 청수를 만드는 과정

① 조수기를 운전하기 전 다음 밸브는 닫혀 있어야 한다.

- Heat Exchanger의 Jacket Cool Water용 입출구 밸브
- Vacuum Breaker Valve
- Distillate Pump의 출구밸브
- Heat Exchanger의 Feed Water 입구밸브
- Bottom Blow Valve

② 이젝터 펌프(Ejector Pump)의 입, 출구밸브 및 선외변(Overboard Valve)을 열고 이젝터 펌프(Ejector Pump)를 기동하면 진공이 형성되기 시작한다.

③ 컨덴서(Condensor) 냉각해수 입, 출구 밸브를 열어 냉각수량을 조절한다.

④ 열교환기(Heat Exchanger)의 급수(Feed Water) 입구밸브를 연다. 급수(Feed Water) 압력을 압력계의 허용 범위내로 유지한다.

⑤ 진공이 약 700 Mmhg가 되면 열교환기(Heat Exchanger)의 재킷 냉각수(Jacket Cool Water)용 입, 출구 밸브를 연다. 밸브의 조작법은 다음과 같다.

- Jacket Cool Water 입구밸브는 기존의 개도만큼 천천히 연다.
- Heat Exchanger의 Air Vent Cock을 열어 Air를 배출한다.
- Jacket Cool Water 출구밸브를 기존의 개도만큼 천천히 연다.
- By-Pass Valve를 천천히 잠근다.

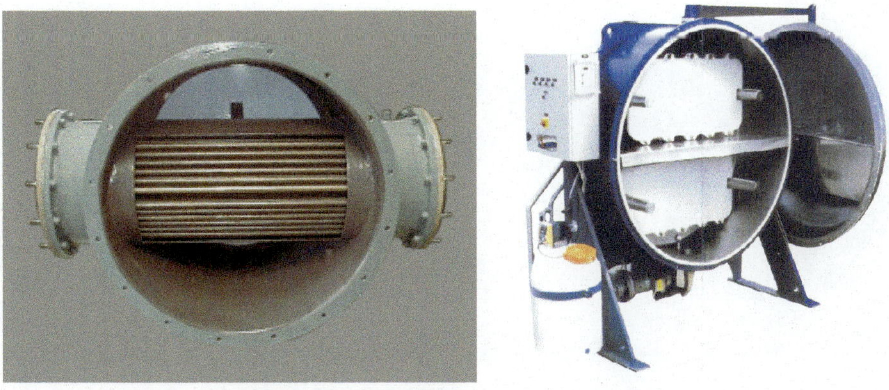

그림 10.9 조수기 열교환기 및 조수기 내부

⑥ 장치내의 진공은 약간 떨어지며 급수는 비등하기 시작한다.

⑦ 증발된 증기가 응축되어 증류수가 일정량 모이면 응축수 펌프(Distillate Pump)의 출구밸브를 열고 응축수 펌프(Distillate Pump)를 운전한다. 진공은 다시 상승하여 원상태로 복귀한다.

⑧ 염도계(Salinity Indicator)의 전원을 인가하고, Normal로 절환한다. 염도가 높을 경우 Solenoid V/V가 작동되어 생산된 청수는 Evaporator Shell로 다시 보내어진다.

⑨ 염도가 정상으로 되면, 급수밸브를 조정하여 과비등이 되지 않도록 조정한다.

⑩ Evaporator Shell내의 온도를 적정수준(45 ~ 60℃)으로 조정한다.

(3) 조수량의 조절

① 조수량의 조절은 열교환기(Heat Exchanger)로 가는 재킷 냉각수(Jacket Cool F. W.)의 양을 가감함으로써 가능하다. Jacket Cool. F. W. 온도가 지정치보다 낮을 경우 통과량을 증가시킨다.

② Condensor의 냉각해수는 Cooling Tube를 통과한 해수가 통과전의 온도보다 높아지도록 조정한다.

③ 해수온도가 낮은 지역에서 항해시 Evaporator Shell내의 온도가 낮아지면 Vacuum Breaker V/V를 약간 열어 진공을 떨어뜨리면 온도가 올라간다. 그리고 Condensor 냉각해수량을 감소시켜 온도를 조절한다.

④ 해수온도가 높은 지역 항해시 Evaporator Shell내의 온도가 규정치보다 높아지면 Condensor 냉각 해수량을 증가시켜 온도를 조절할 수 있다.

⑤ 증발온도가 과도하게 높으면 Heat Exchanger의 Tube에 Scale 형성의 위험이 있고, 과도하게 낮으면 과비등 되어 해수 방울이 Condensor로 공급되어 염도상승의 원인이 된다.

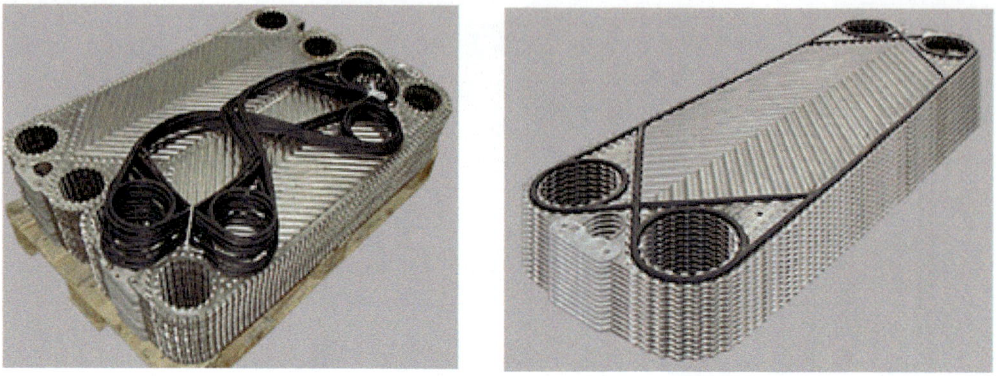

그림 10.10 플레이트 타입 조수기의 열교환기

(4) 조수기 정지

① Salinity Indicator의 전원을 Off한다.

② Heat Exchanger 가열용 Jacket Cool. W. By-Pass V/V를 Open하고 입, 출구밸브를 Close한다.

③ Distillate Pump를 정지하고 출구밸브를 Close

④ Heat Exchanger의 Feed Water V/V를 Close 한다.

- Heat Exchanger를 충분히 냉각한 후 Close 한다.

⑤ Ejector Pump를 정지하고 Overboard 밸브를 포함한 해수계통의 모든 밸브를 닫는다.

⑥ Vacuum Breaker V/V를 열어 진공을 떨어뜨린다.

⑦ 장기간 정지시에는 Heat Exchanger 내의 해수를 모두 배출시킨다.
단, 진공이 형성되어 있는 상태에서 Bottom Blow V/V를 Open 할 경우 해수에 의해 Deflector가 충격 및 손상을 입을 가능성이 있으므로 주의하여야 한다.

10.1.4 Trouble shooting

(1) 조수량이 부족하다.

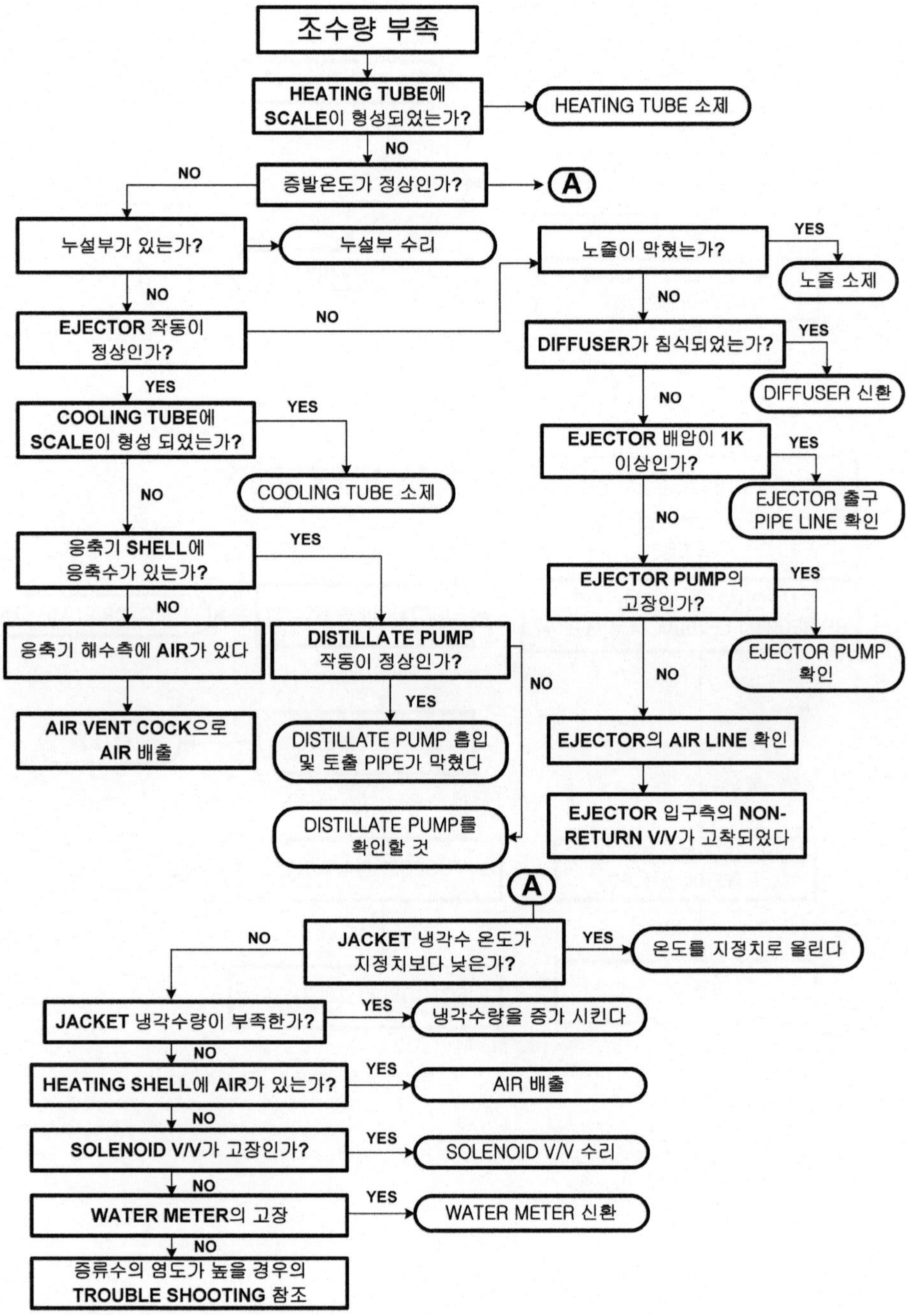

그림 10.11 조수량 부족시의 문제해결

(2) 증류수의 염도가 높다.

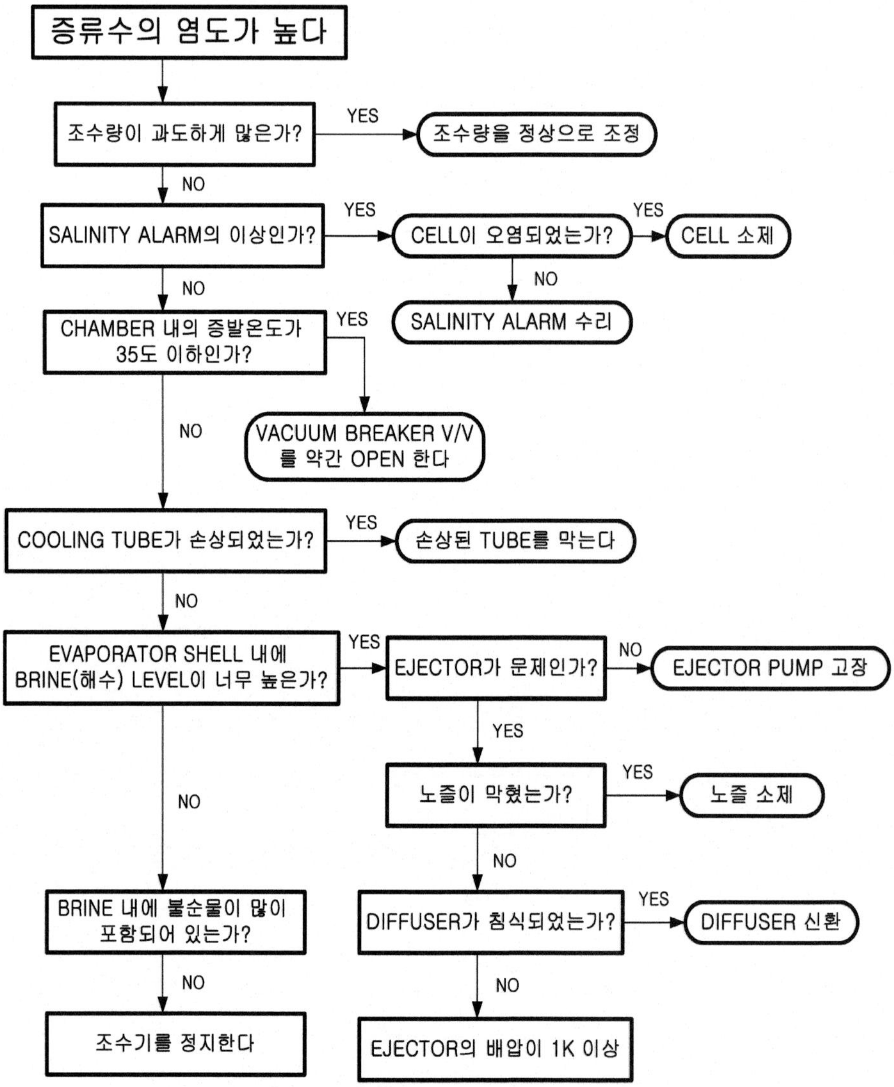

그림 10.12 증류수 염도가 높을 경우의 문제해결

10.2 RO(Reverse Osmosis) 조수기의 개요

10.2.1 삼투압과 역삼투압

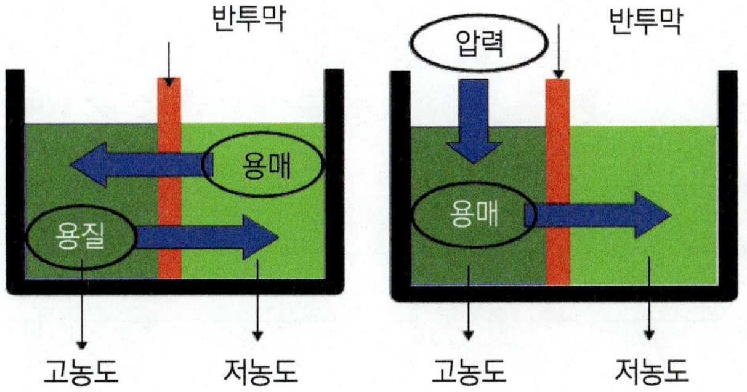

그림 10.13 삼투압 및 역삼투압

- 삼투압 : 농도가 다른 두 액체를 반투막으로 막아놓았을 때, 농도가 낮은 쪽에서 농도가 높은 쪽으로 용매가 옮겨가는 현상에 의해 나타나는 압력이다.
- 역삼투압 : 삼투압보다 강한 압력을 고농도쪽에 가하면 반대로 반투막을 통해 고농도속의 용매가 저농도 쪽으로 이동하게 됨.

10.2.2 기본 원리

RO조수기는 이 역삼투의 원리를 이용하여 바닷물에서 순수한 물을 얻는다.

그림 10.14 RO 조수기

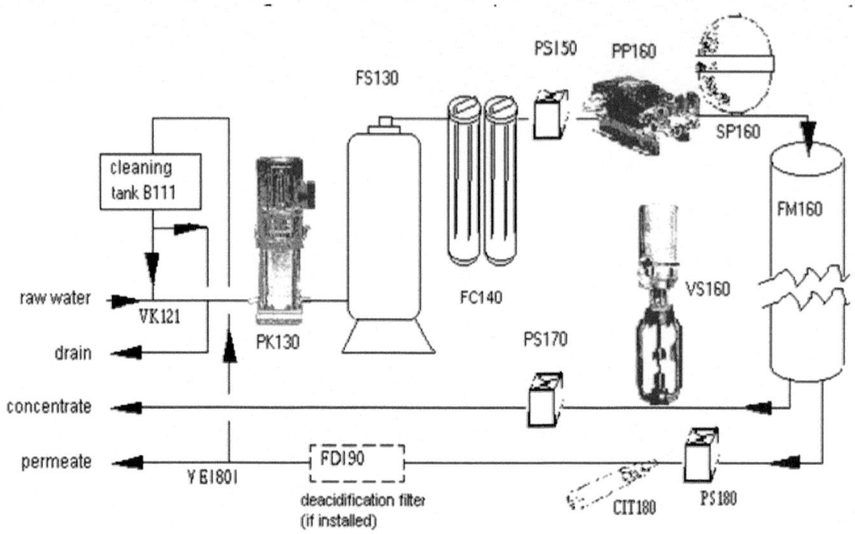

그림 10.15 RO 조수기 운전

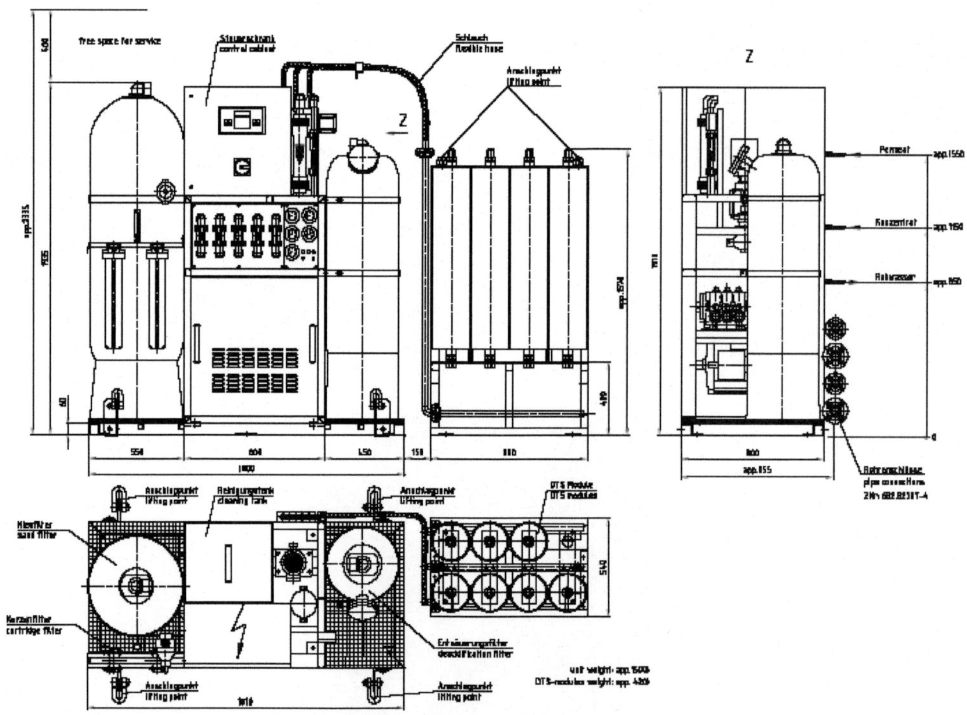

그림 10.16 RO 조수기 구성도

(1) 구성요소

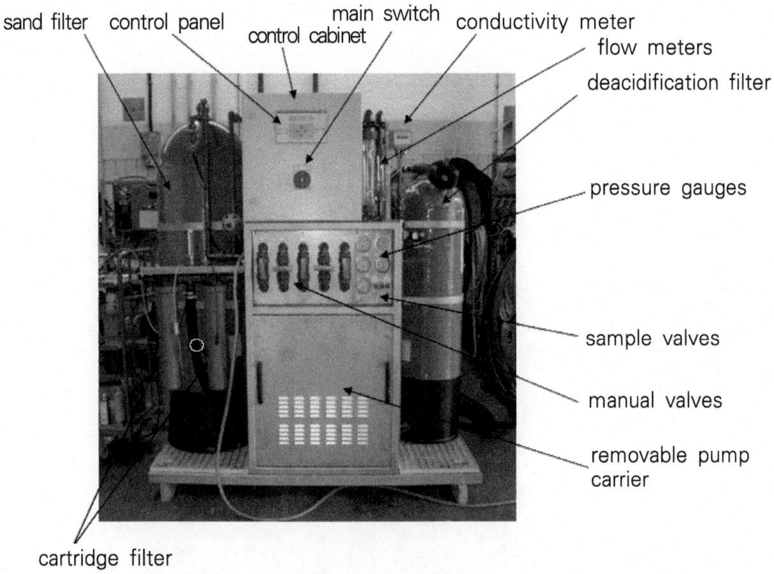

그림 10.17 RO 조수기의 구성요소

1) Centrifugal Pump (PK 130)

2) Sand filter (FS 130)

Raw Water의 퇴적입자를 침전시킨다.(50 ㎛이상)

- 침전물의 많아 입출구 차압이 높아지면 Backwash.

3) Cartridge Filter (FC140)

Raw Water의 퇴적입자를 Fitering 시킨다.(10㎛이상)

4) Pressure Switch - Plant 정지

- PS150 : 압력감소시(공급량 부족시) 발생되는 HP Pump의 Cavitation 방지 (HP Pump Stop Signal 발생)
- PS170 : DT Module(Membrane)의 배출농축수 압력상승시 Module 보호
- PS180 : DT Module(Membrane)의 처리수 압력 상승시 Module 보호

5) High-Pressure Pump(PP160)

Raw Water를 65 bar로 승압시켜 DT Module로 공급한다.

6) Pulsation Damper(SP160)

Pump 출구측이 맥동압으로 전환되므로 이를 상쇄시켜 압력을 일정히 유지시킨다.

7) DT Module(FM160)

HP Pump에서 가압된 해수에 포함되어 있는 불순물들은 Membrane에서 통과됨. (NaCl : 98.5 ~ 99% 여과)

8) Motor Valve (VS160)

DT Module의 압력을 자동적으로 일정하게 유지시킨다.

(2) RO 조수기 다이어그램

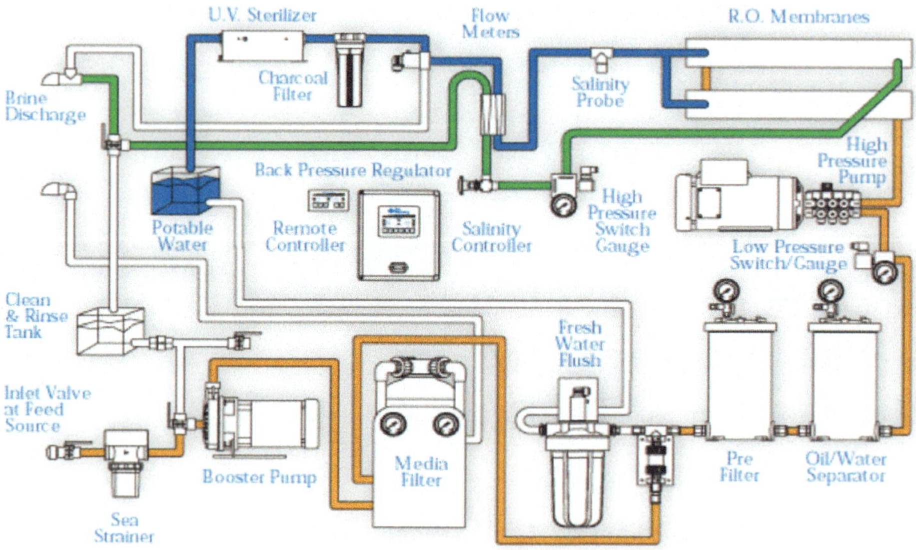

그림 10.18 RO 조수기 플로우 다이아그램

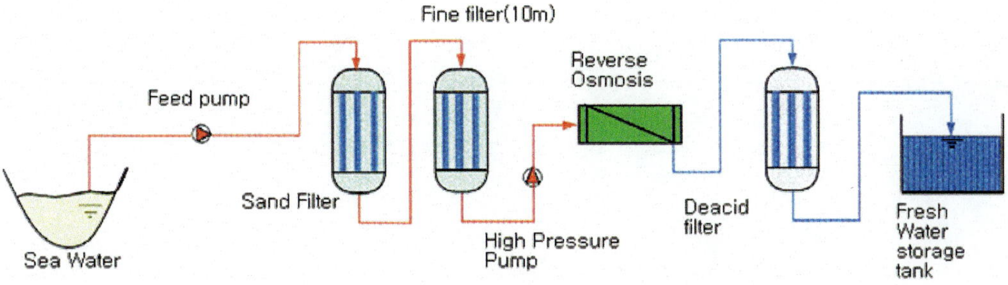

그림 10.19 RO 조수기 다이아그램

CHAPTER 11

유수 분리기 (Oily Water Separator)

11.1 유수 분리기 시스템

기관실에는 각종 기기의 운전이나 정비 또는 각종 기기와 관 계통으로 부터의 누설 등으로 인하여 빌지가 발생한다. 이 경우 각 계통에서 정상적으로 발생하는 빌지나 드레인 등은 각각 빌지 저장 탱크(Bilge Holding Tank)와 각 드레인 탱크(Drain Tank) 등에 저장되며 정비 또는 누설 등에 의해 비정상적으로 발생되는 빌지는 기관실 바닥에 모이게 된다. 이러한 빌지의 대부분은 물이며 그 중에 소량의 기름이 포함되어 있지만 해양오염을 방지하기 위하여 그 자체로 배출할 수 없다. 따라서 선박에서는 빌지를 처리하기 위하여 유수분리기를 사용 된다.

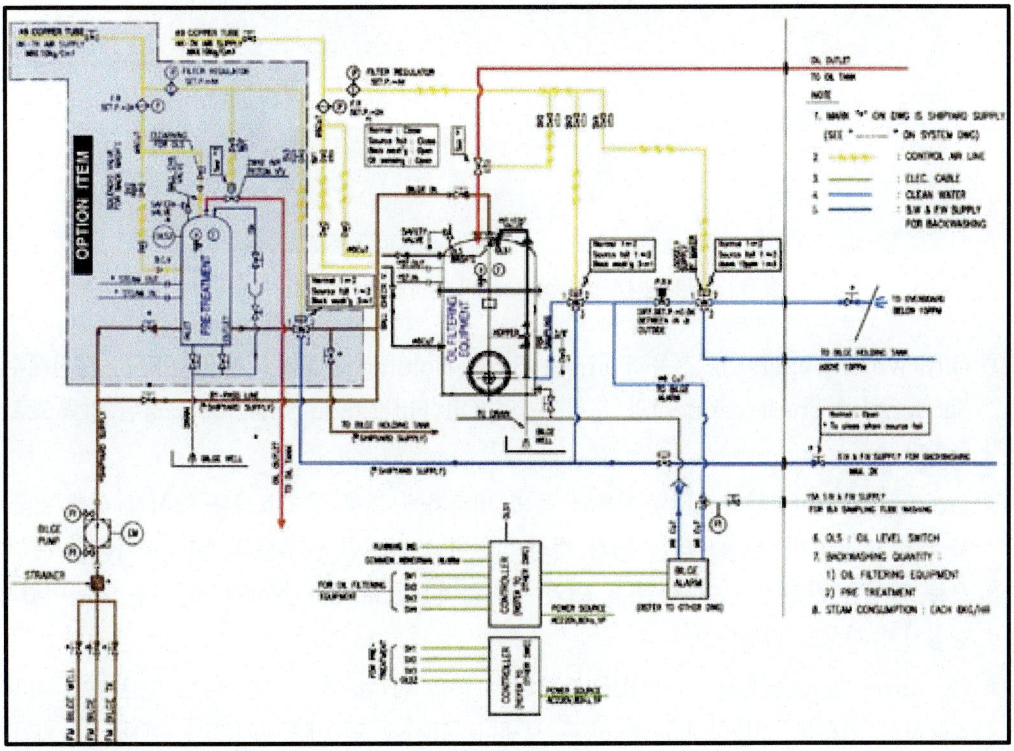

그림 11.1 Flow Diagram for Oil Water Separator

11.2 유수 분리기 구성 요소

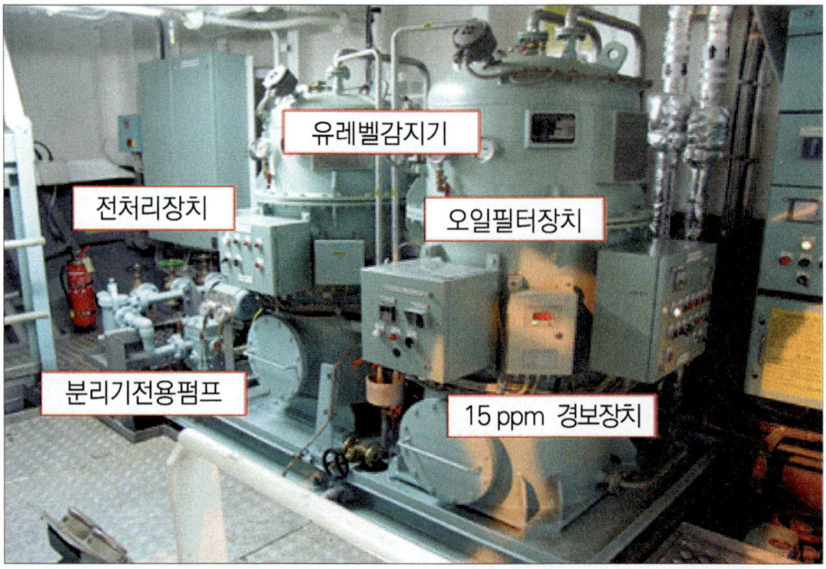

그림 11.2 Flow Diagram for Oil Water Separator

① Oily Water Separator 전용 Pump는 Bilge Holding Tank에 저장된 Bilge(선전폐수)을 Suction하여 Pre-Treatment와 분리장치인 Oil Filter Equipment로 규정된 압력으로 공급한다.

② Pre-Treatment(전처리 장치) 기름과 물의 비중차에 의한 분리효과를 높이기 위해 Heater를 갖추고 있으며, 처음분리는 여러 개의 마찰판을 지나면서 부상과 축적된 기름은 구상 면으로 형성된 상부에 모이게 된다. 이와 병행하여 Coalescer Net에 서 작은 기름미립자를 응집시켜 부상을 시킨다.

③ Oil Level Sensor(유분 감지기)는 부상된 기름을 감지하면, 솔레노이드 밸브(SV2 여자)가 작동하여 기름을 Oily Bilge Tank로 보낸다. 동시에 역 세척공기(SV1 여자) 와 세척 수(SV3 소자)가 각 1차,2차 분리 단을 세척하여 시스템의 성능과 효율을 향상시킨다.

④ Oil Filter Equipment는 전처리 장치에서 1차적으로 분리된 것을 같은 원리를 이용해 최종적으로 유분 농도를 15 ppm으로 하여, 선외로 배출하는 곳 이며, 상부에 유분이 감지되면 전 처리장치와 같이 작동한다.

⑤ 15 ppm 경보 장치는 오일 필터 장치에 최종적으로 선외로 유분 농도를 감지하여 15 ppm 이상이면 경보를 울리며 3-way V/V가 작동(SV4 소자)선외로 나가는 것을 Bilge Holding Tank로 되돌려 보낸다.

11.3 유수 분리기 운전 방법

그림 11.3 유수 분리기 운전 확인 절차

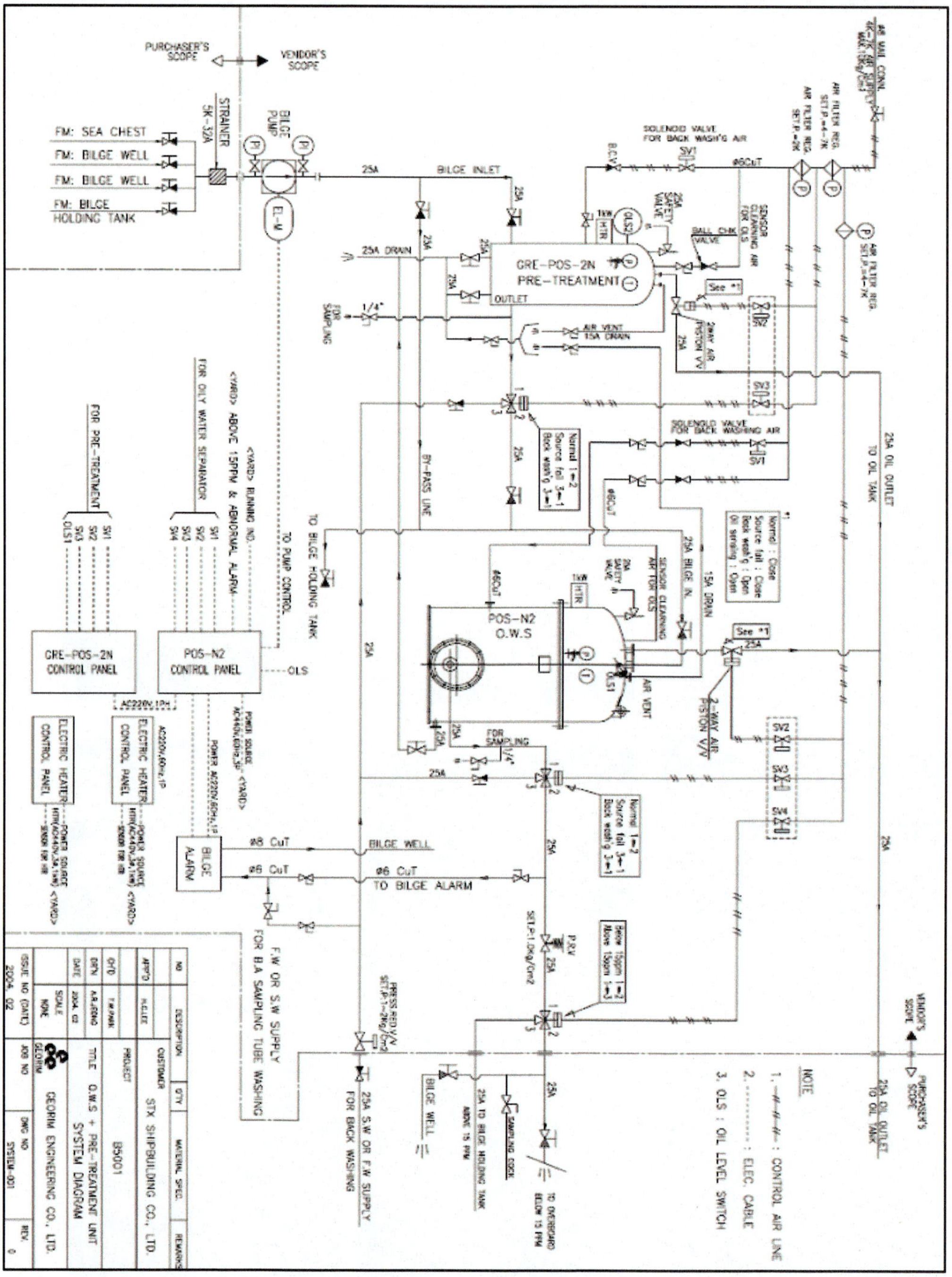

그림 11.4 유수 분리기 운전 절차 도면 1

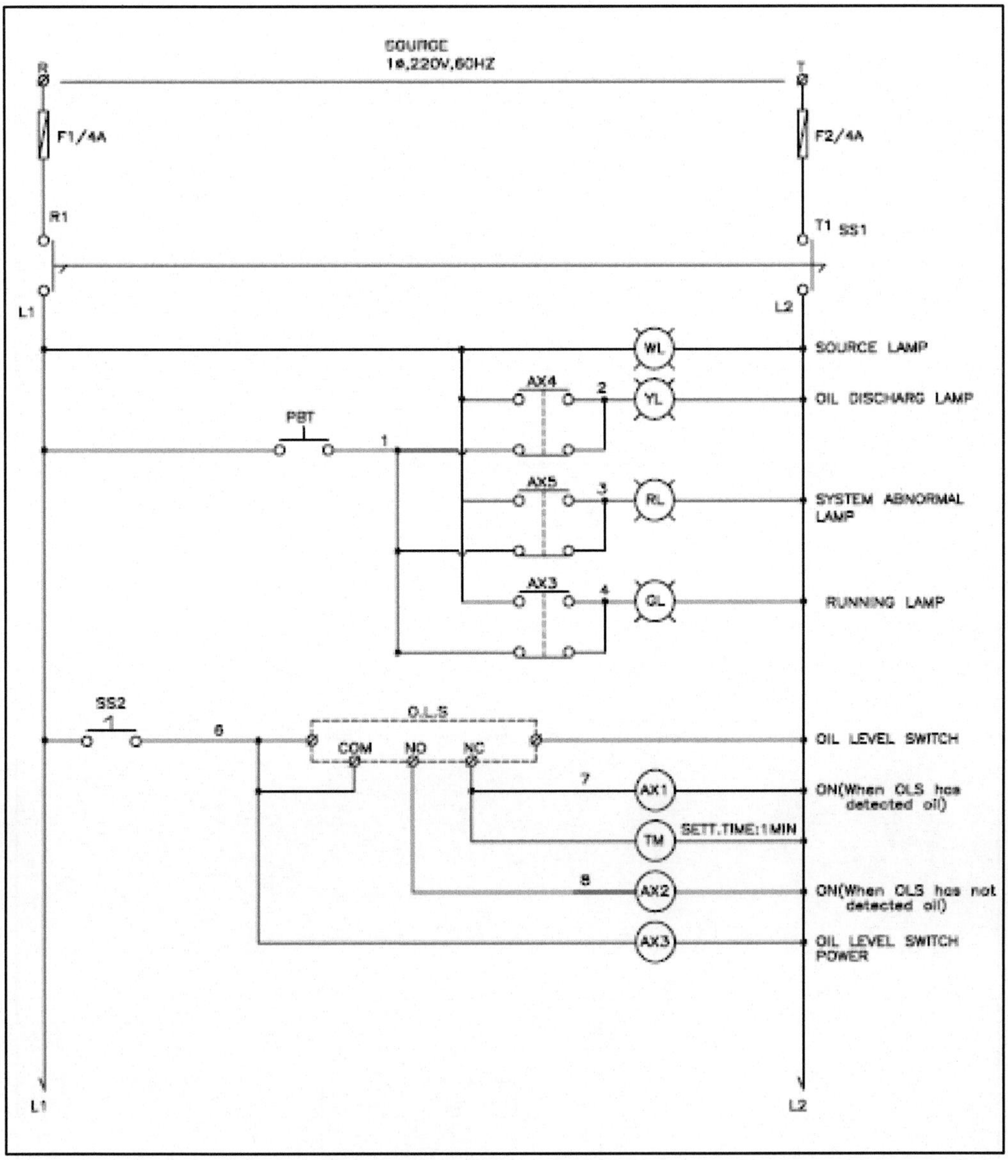

그림 11.5 유수 분리기 운전 절차 도면 2

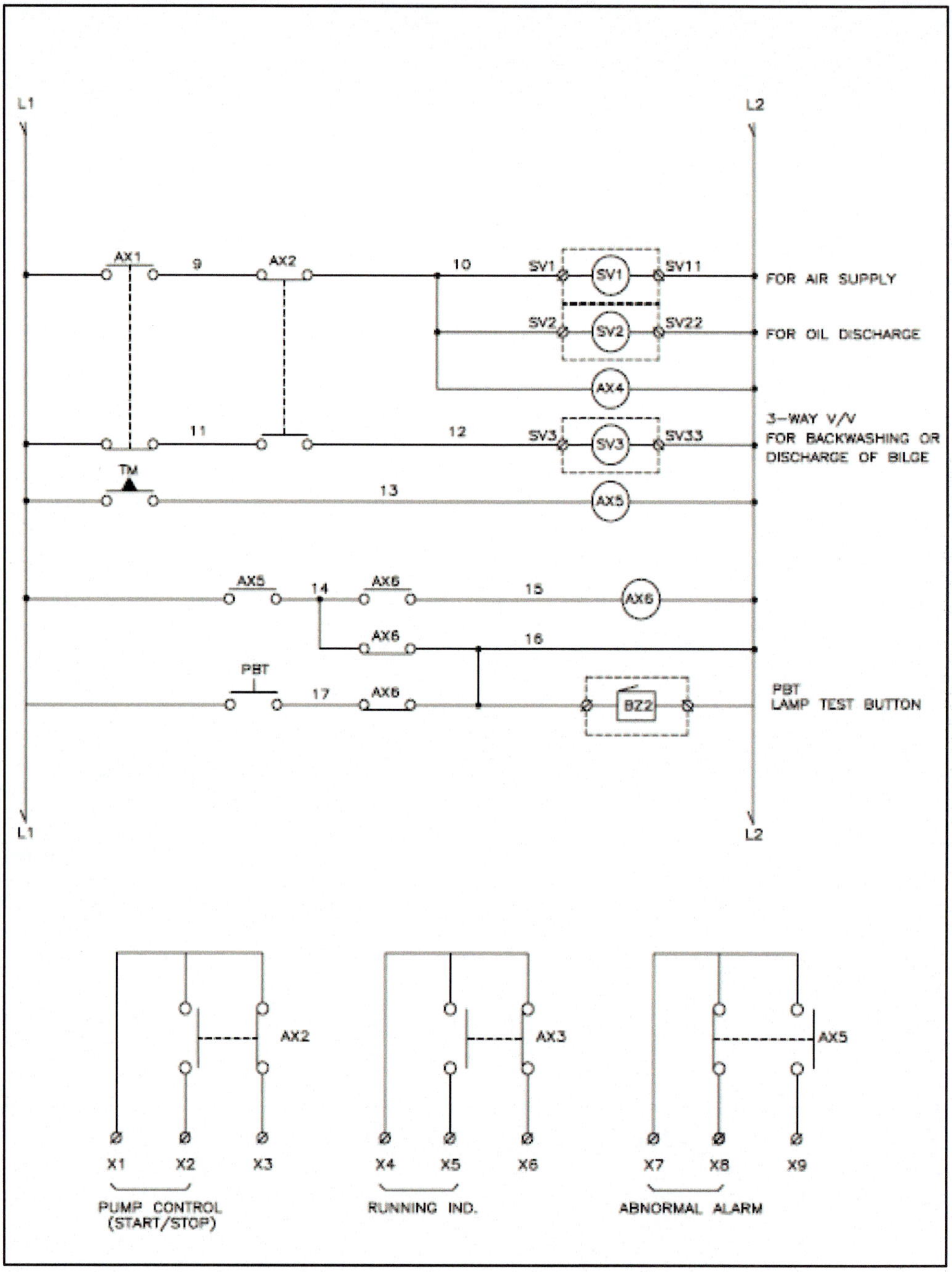

그림 11.6 유수 분리기 운전 절차 도면 3

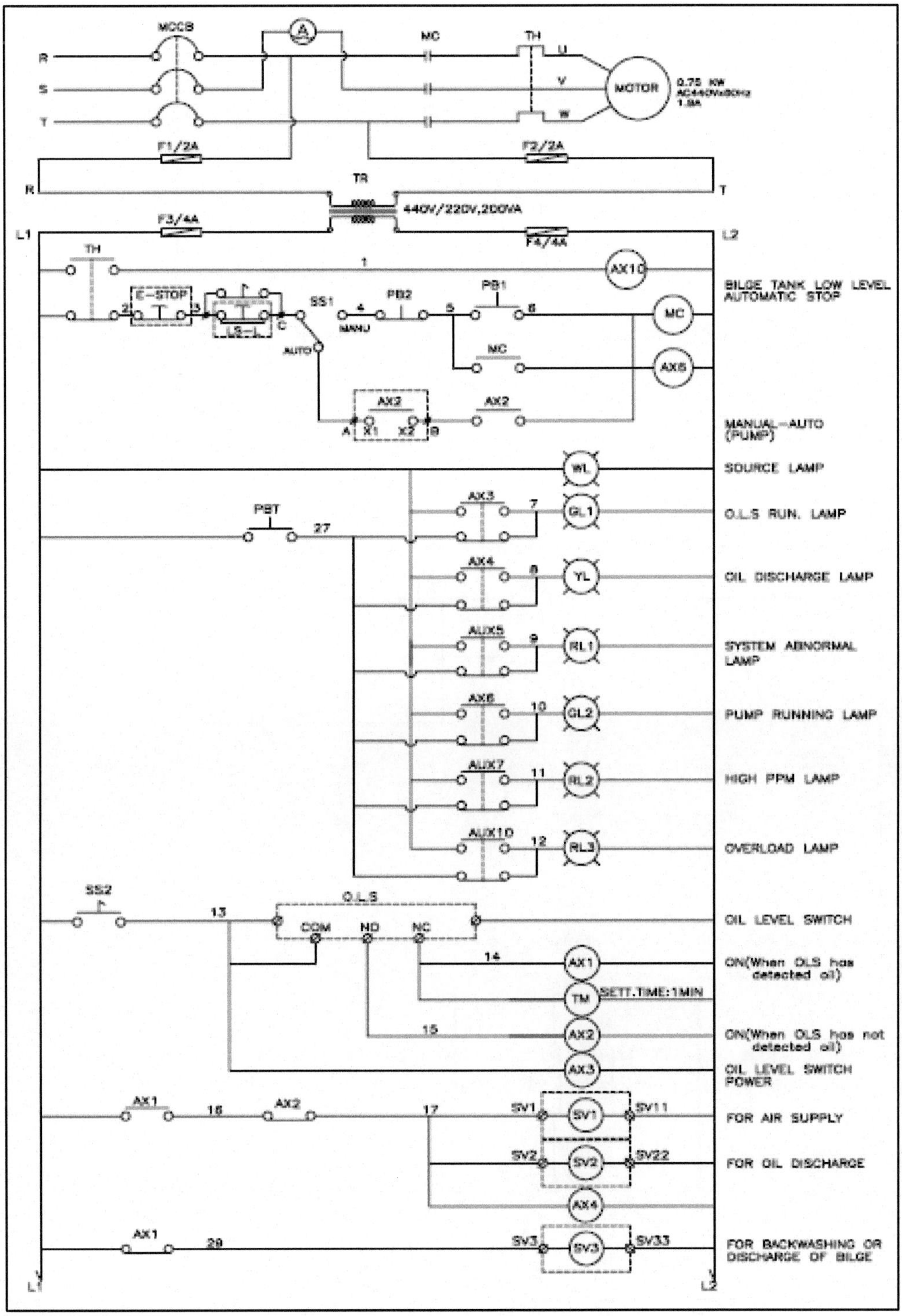

그림 11.7 유수 분리기 운전 절차 도면 4

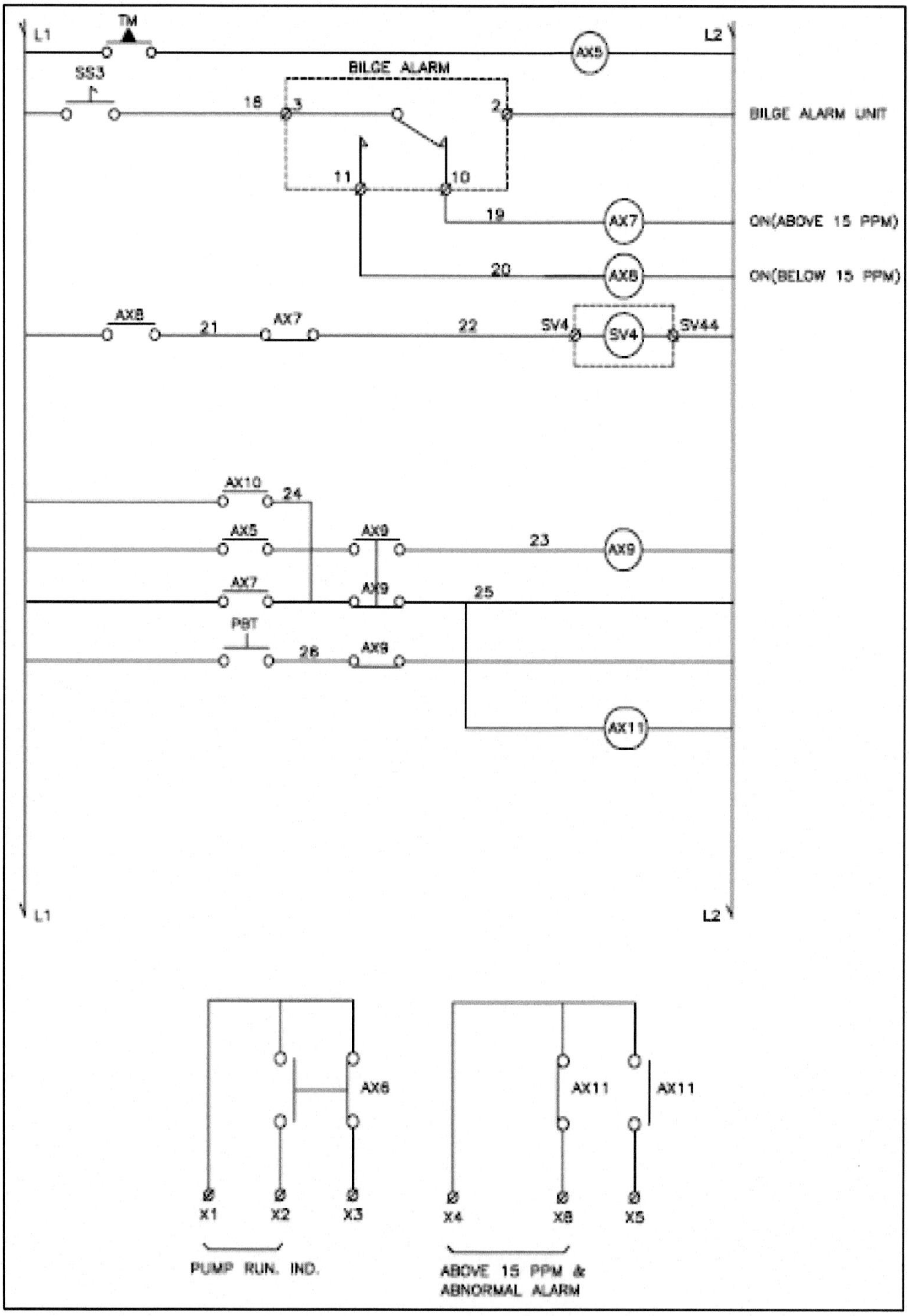

그림 11.8 유수 분리기 운전 절차 도면 5

빌지 저장 탱크에 모인 빌지를 다음과 같은 절차에 의해 분리기를 운전하여 선외로 배출한다.

① 유수분리기 전용펌프, 전처리 장치, 분리기 및 선외변 (Overboard Valve) 까지 정상 운전 상태로 각 밸브를 열어 라인을 형성(Line Up)한다.

② 솔레노이드 밸브 제어 공기(4~7k)및 역세척 공기(2k)를 확보한다.

③ 역 세척수의 공급 및 압력조정(1~2k)밸브를 조정하여 Line을 확보한다.

④ 전처리 장치 및 분리기에 해수 또는 청수(SV3 소자 시 청수유입 가능)를채운다.

⑤ 전처리 장치(2개) 및 분리기(1개)의 드레인 밸브를 열어 유입수를 확인한다.

⑥ 각 전처리 장치 및 분리기의 Air Vent Valve를 열어 공기를 배제한다.

⑦ 전처리 장치 Main Switch(SS1)및 분리기 MCCB의 각 Panel Control Power Switch를 ON 한다.

⑧ 분리기의 비상정시 버튼(E-STOP)은 빌지 양육 때 유수분리기 전용 펌프 사용 시 누설 및 비상시 양쪽 현(P.S)에서 필요에 따라 펌프를 정지 시킬 수 있다.

⑨ Bilge Tank LL Switch(LS-L)를 Manual로 선택한다. Auto 선택 시 Bilge Holding Tk의 수위가 낮을 경우 Oil 흡입을 방지하기위해 유수분리기 펌프를 정지 시킨다.

⑩ 유수분리기 전용펌프 운전 모드 선택스위치(Pump O.W.S, SS1)를 Manual로 전환 한다. 자동(Auto)선택 시 자동 운전 시동 버튼(O.W.S Pump Run)에 의해 기동 할 수 있고 수동과 다른 점은 유분감지기에서 Oil이 감지되면 분리기운전 펌프가 정지 된다는 것이다.

⑪ 전처리 장치 및 분리기 Oil Level Sensor Switch(SS2)를 ON 한다. 이때 정상 운전 상태에서는 SV1, SV2는 소자되고, SV3는 여자가 된다.

⑫ 유수 분리기의 (15 ppm) Bilge Alarm (Unit)Switch(SS3)를 ON 한다. 이때 정상 운전 상태에서는 SV4는 여자가 된다.

⑬ 필요 시 분리 효과를 높이기 위해 각 Heater를 사용할 시 Switch를 ON 한다.

⑭ 먼저 해수를 흡입하여 유수분리기 전용 펌프를 수동버튼(Manual Pump Run)을 이용하여 운전하고 이때 위의 각항 4)~6)을 실시하여 해수 유입 및 공기배제 실시 및 , 각부 압력, 밸브 상태 및 15 ppm Alarm Unit를 관찰하며 운전한다. 각 운전 상태가 정상이면 해수에서 빌지 Suction으로 전환하여 운전한다. 15 ppm이상의 경보가 울릴시 청수로 15 ppm Alarm Unit를 소제할 수 있다.

⑮ 빌지 처리 후 정지하기 전 약 10분 동안 각 분리장치를 해수로 순환하고, 정지 후 각종 Switch 및 Valve를 운전상태 전으로 전환한다.

CHAPTER 12

소각기 (Incinerator)

12.1 소각기 시스템

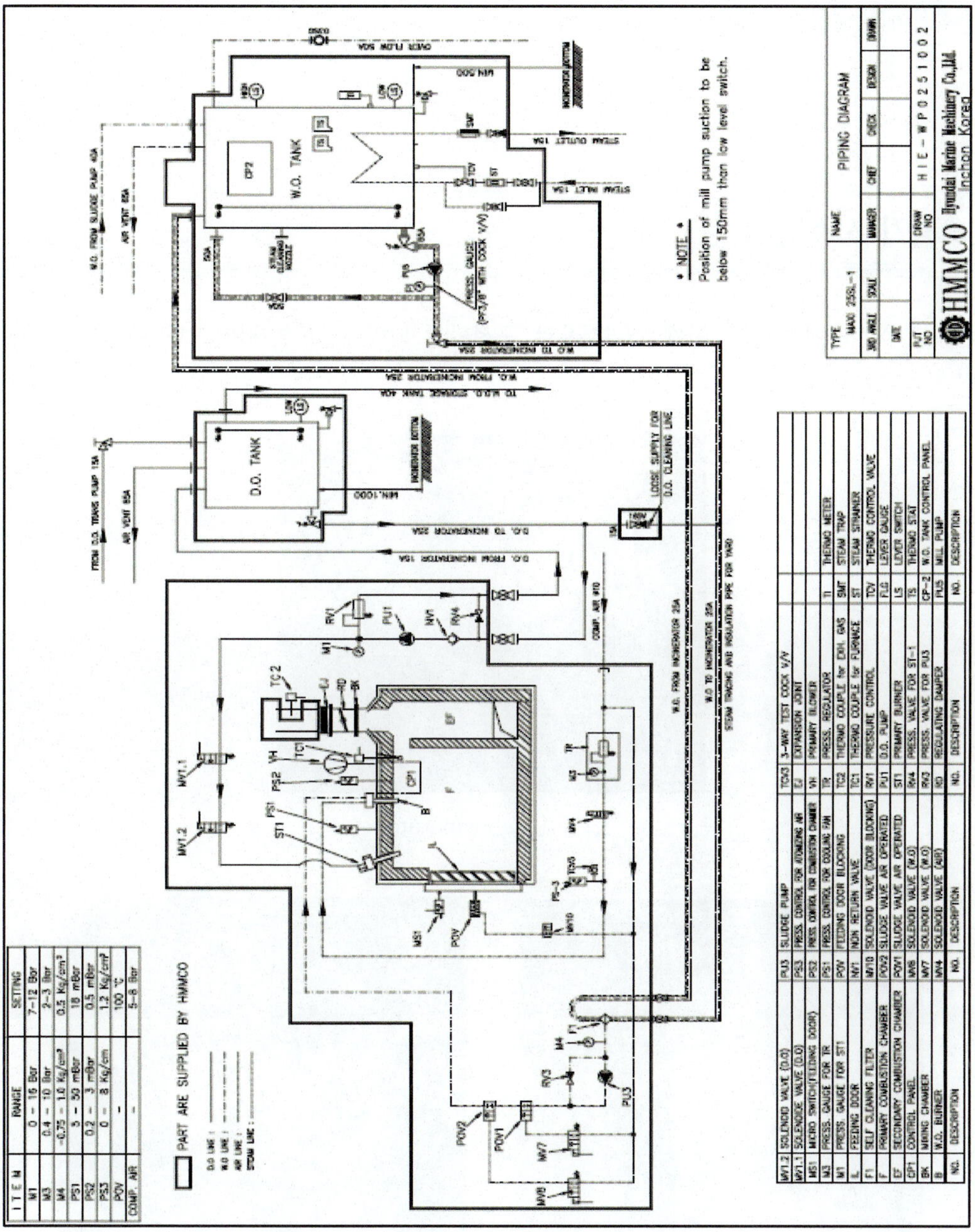

그림 12.1 Piping Diagram for Incinerator

유수분리기에서 분리된 슬러지나 폐유 및 선내에 발생한 쓰레기(Garbage)는 소각기로 소각하거나 육상에 양육 하도록 되어 있으며, 기관구역에서의 기름 오염방지설비의 설치기준에 의하면 총톤수 400톤 이상의 선박으로서 슬러지를 선박에서 소각하고자 하는 선박의 경우에는 소각설비를 설치하도록 규정되어 있다.

12.2 소각기 시스템 구성

소각기 시스템 구성은 크게 세부분으로 구성되어 되어 있고 아래의 그림은 구성 요소를 보여 주고 있다.

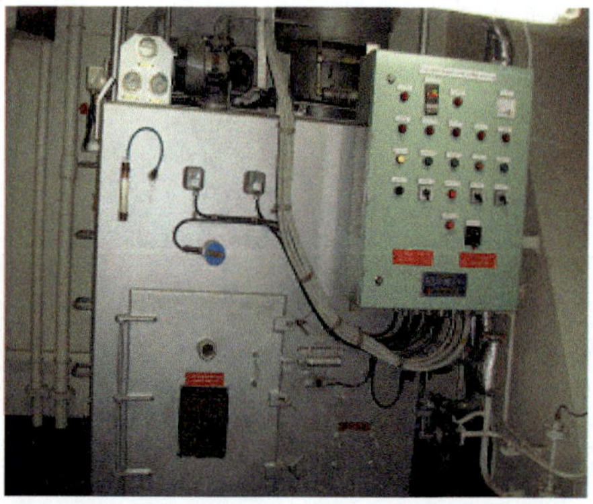

그림 12.2 Incinerator

그림 12.3 D.O Tank for Incinerator

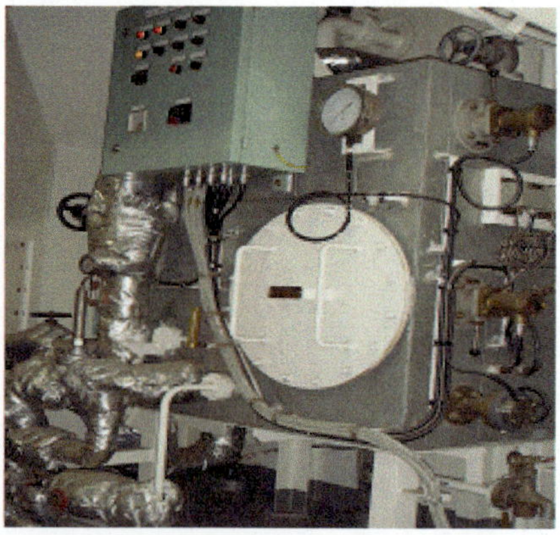

그림 12.4 W.O Tank for Incinerator

① 소각기 본체는 초기버너, 폐유버너, 초기 블로워, 배기댐퍼 및 연소실(1차, 2차)과 Feeding Door로 구성되어 있으며 실제 소각이 이루어지는 곳이다.

② 폐유탱크는 기관실에 발생하는 슬러지나 폐유를 Oily Bilge Tank로 저장하여 슬러지 펌프로 폐유탱크에 이송하여 소각하기 위해 가열 ,교반 및 수분을 드레인 시키는 곳이다.

③ 소각기용 D.O 탱크는 초기 점화 시나 소각기 연소실의 온도가 기준온도(850℃)에 도달하도록 Primary Burner가 작동 할 때 D.O를 공급하기 위한 탱크이며 소각기 정지 시 라인 프러싱(Flushing)에도 사용된다.

12.2.1 소각기 시스템 구성 요소

다음 그림은 소가기 시스템 구성 중 주요한 요소를 나타낸 것이고 시스템의 각 구성 요소와 그 역할을 설명 하고자 한다.

그림 12.5 Mill Pump, Sludge Pump, W.O. & Primary Burner

① PU5(Mill Pump)는 Waste oil Tk에 저장된 슬러지 나 폐유를 교반 및 PU3에 Waste oil 공급하고, 교반된 것은 50A V/V를 통해 Tk로 순환한다.

② PU3(Sludge Pump)는 Waste oil를 B(W.O Burner)에 압력을 형성 하여 공급한다.

③ RV3(Pressure V/V)로 조절 된 슬러지 압력은 M4가 0.5 Kg/㎠가 되도록 되어 있으며, F1(Self Cleaning Filter)은 통해 조절된 Waste Oil과 Mill Pump에서 공급된 Waste oil에서 교반이 안 된 고형물질을 걸러 낸다.

④ POV1, POV2 (Sludge V/V)는 MV7, MV8의 Solenoid V/V 작동에 의해 Air(Pilot) Signal을 받아 슬러지 펌프에서 압력이 형성된 W.O을 W.O Burner에 공급한다.

⑤ W.O의 분사를 돕기 위해 W.O Burner에는 압축공기 즉 Atomizing Air가 들어간다.

⑥ 선내 Service Air(5~8 Kg/㎠)를 TR(Pressure Reg.를 통해 M3(2~3 kg/㎠)으로 감압시켜 MV4(Solenoid V/V)여자 되어 있을 때 W.O burner에 Atomizing air가 들어간다.

⑦ PS-3(Atomizing Air Low Pressure Switch)는 1.2 kg/㎠로 설정 되어 있으며, TCV3는 Test cock이다.

⑧ MV10은 Door blocking용 Air solenoid V/V이며, POV은 Blocking air cylinder 는 소각기 정지 및 연소실온도가 100 ℃이하이일 때 블록이 해제된다.

⑨ MS1은 Micro Switch feed door이다.

⑩ NV1은 Non return V/V이고, PU1(D.O P/P)은 D.O를 압축하여 ST1(Primary burner)에 공급한다.

⑪ 이때 압력은 M1(7~12 bar)이 되고 이것은 RV1(Pressure control)에 조정된다.

⑫ RV1에서 조정된 D.O는 RV4(Pressure V/V)통해 D.O P/P 입구로 갈수도 있고, D.O Tk로 Retrun된다.

⑬ MV1.2, MV1.1(S.V D.O) Primary burner 분사 시 여자되어 D.O를 통하게 한다.

⑭ PS1(Press' control for cooling fan)는 0.18mbar 이하가 되면 Low Pressure (Combustion chamber) cooling air alarm이 온다. 내화벽 보호가 목적이다.

⑮ PS2(Press' control for combustion chamber)는 연소실 Air 압력이 0.5 mbar 이하 시, Low neg' pressure combustion chamber alarm 온다.

⑯ VH는 Primary blower이다.

⑰ TC1는 Furnace(아궁이)에 장착되어 있으며, 다음과 같은 역할을 하도록 Signal을 보낸다.

- 연소실 온도가 950℃ 이상이면 W.O(D.O) burner 중단하고, 850℃ 이하이면, 다시 점화를 시작한다.
- 100℃ 이상이면, 연소실 Feed door blocking을 실행한다.
- 1050℃ 이상이면, Shut down과 Alarm이 발생하고 1000℃에서 Reset가 가능하다.

⑱ TC2는(Exh, Gas) High fuel gas temperature alarm(350℃)을 발생하도록 하는 온도센서이다.

⑲ RD는 Regulator damper 이다.

⑳ BK는 Mixing chamber이다.

㉑ F(Primary combustion chamber) 는 Sludge와 & Solid waste를 1차적으로 태우는 곳이다.

㉒ EF(Secondary combustion chamber)는 1차 연소실에 덜 연소된 가스를 완전연소 시키는 곳이다.

12.3 소각기 운전 방법

12.3.1 운전 전 점검사항

① Waste oil tank 관련 입·출구 밸브를 Open 한다.

② Incinerator D.O tank 관련 입·출구 밸브를 Open 한다.

③ W.O Tank의 Mill Pump의 운전은(6S5)로 자동 또는 수동으로 할 수 있다.
(자동인 경우 Sludge mode를 "ON" 할 때 운전 되도록 되어 있다.)

12.3.2 소각기 운전

소각기 운전은 Sludge 와 Garbage(Solid waste)소각으로 구분되며 각 운전법은 다음과 같다.

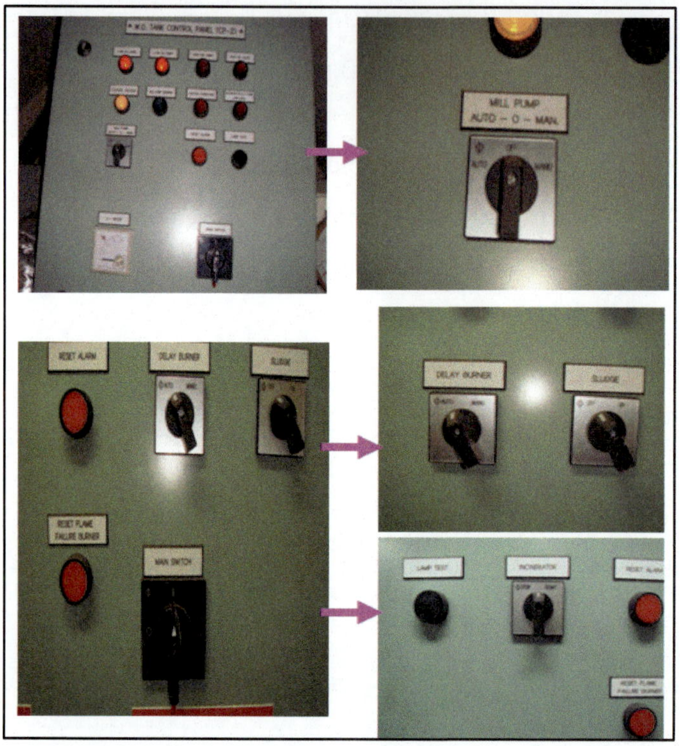

그림 12.6 Control panel for Incinerator & W.O Tk

(1) Sludge 소각

슬러지 상태가 양호한 경우에는 즉 수분 등 불연성 물질이 적은 슬러지를 소각은 다음과 같다.

① Sludge switch(9S9)를 "ON" Mode로 전환 한다.

② Delay burner를 "Auto"로 전환 한다.

③ Incinerator switch(9S2)를 "Start"로 하면 작동된다.

진행순서는 Primary burner가 D.O를 분사하여 초기점화 후 W.O burner가분사한다. 25초 후 Primary burner는 분사를 중지하고 W.O burner만 점화 950℃까지 하고, 다시 초기버너로 Recycling을 행한다.

(2) 슬러지 상태 불량

슬러지 상태가 불량한 경우 즉 슬러지 자체적으로 소각이 불가능 하다.

① Sludge switch(9S9)를 “ON” Mode로 전환 한다.

② Delay burner를 “Man”으로 전환 한다.

③ Incinerator switch(9S2) 를 “Start"로 하면 작동된다.

(3) Garbage(쓰레기) 소각

① Sludge switch(9S9)를 “OFF”Mode로 전환 한다.

② Delay burner를 “Auto 또는 Man”으로 전환 한다.

③ 950℃까지 Primary burner 점화(D.O)후 Recycling을 행한다.

12.3.3 소각기 작동 설명 차트

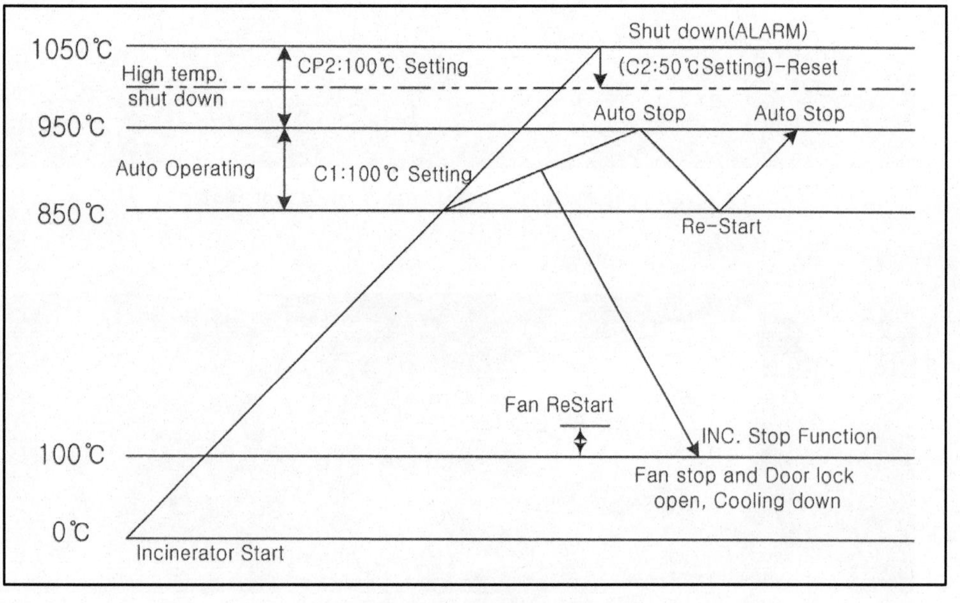

그림 12.7 소각기 작동 설명 차트

12.4 소각기 구성

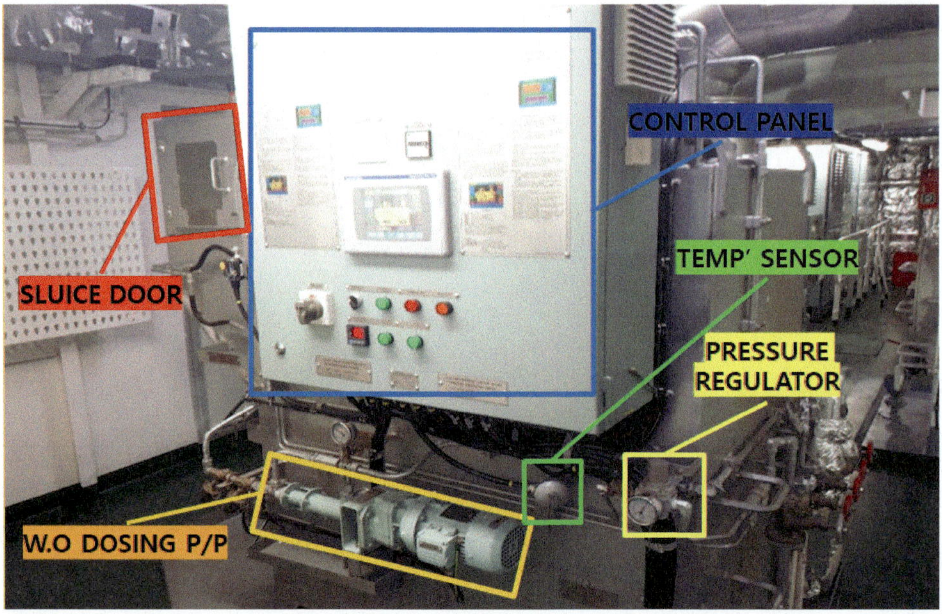

그림 12.8 한나라호 소각기 외관과 각 부품의 명칭 I

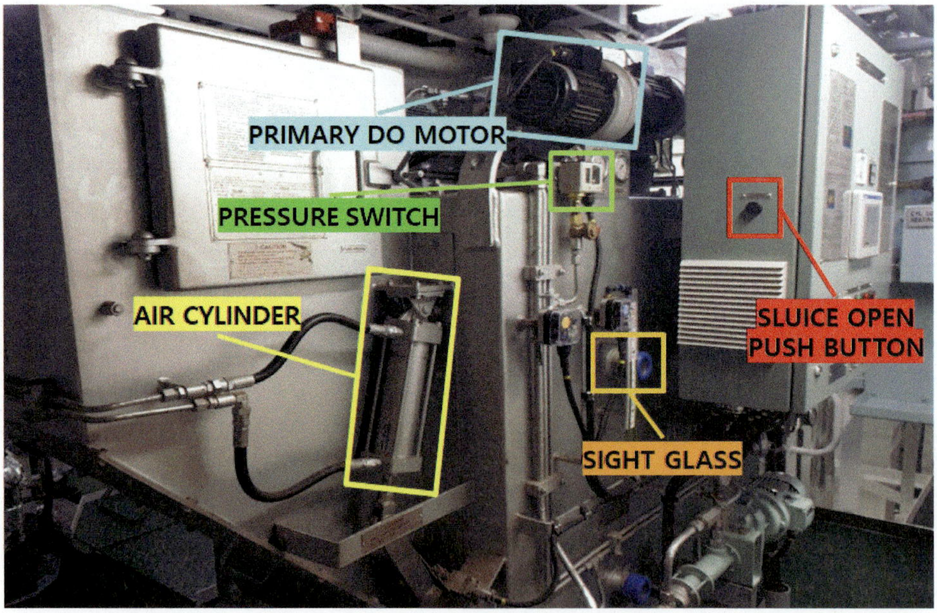

그림 12.9 한나라호 소각기 외관과 부품 명칭 II

12.4.1 소각기 시스템 흐름도

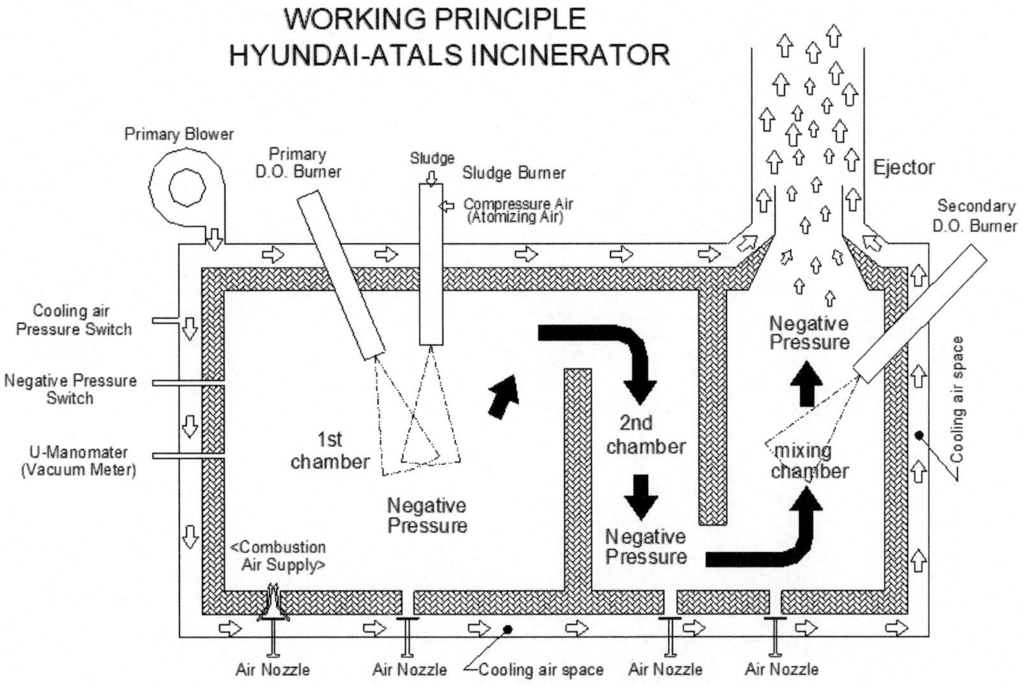

그림 12.10 소각기 시스템 흐름도

A. 1차 연소실
1. PID 자동운전 : 950℃(폐유운전모드 MD1)
2. 1차 연소실 고온 알람 : 1050℃
3. 소각기 냉각 (송풍기) 정지 : 100℃ 재가동 : 150℃
4. 1차 연료유 버너(MD1) 폐유운전모드 MD1 정지 : 880℃, 재가동 : 750℃
5. 1차 연료유 버너(MD2) 고체쓰레기모드 MD2 정지:950℃, 재가동 : 850℃

B. 2차 연소실
1. 2차 연료유 버너 MD2 정지 : 750℃, 재가동 : 670℃
2. 2차 연소실 고온 : 1050℃
3. 소각기 냉각 (송풍기) 정지 : 100℃, 재가동 : 150℃
4. 2차 연소실 예열온도 : 400℃, 400℃ 예열 후 1차 연료유 버너 점화

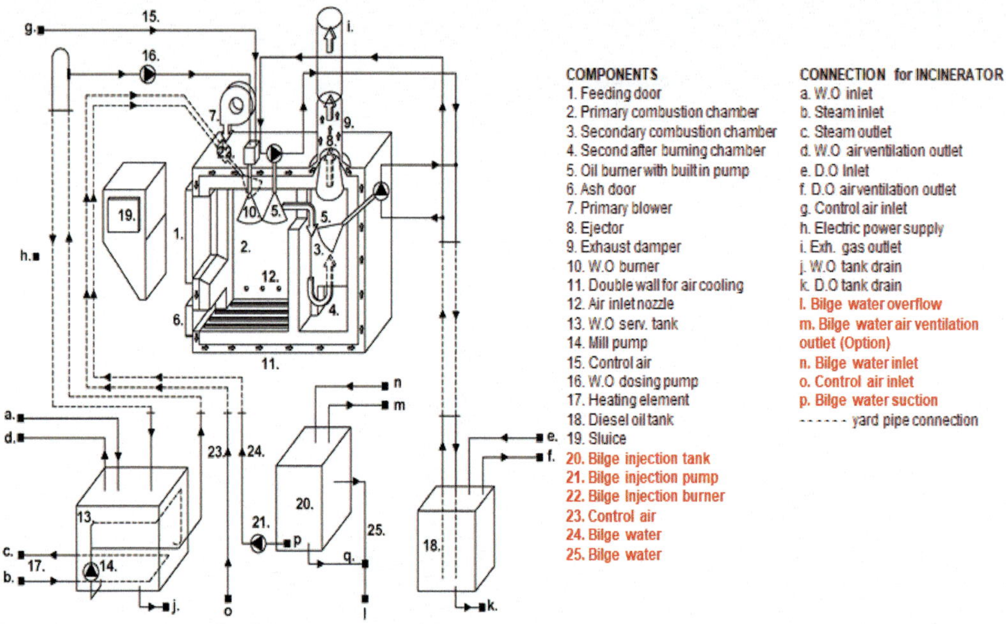

그림 12.11 소각기 각 부품 명칭

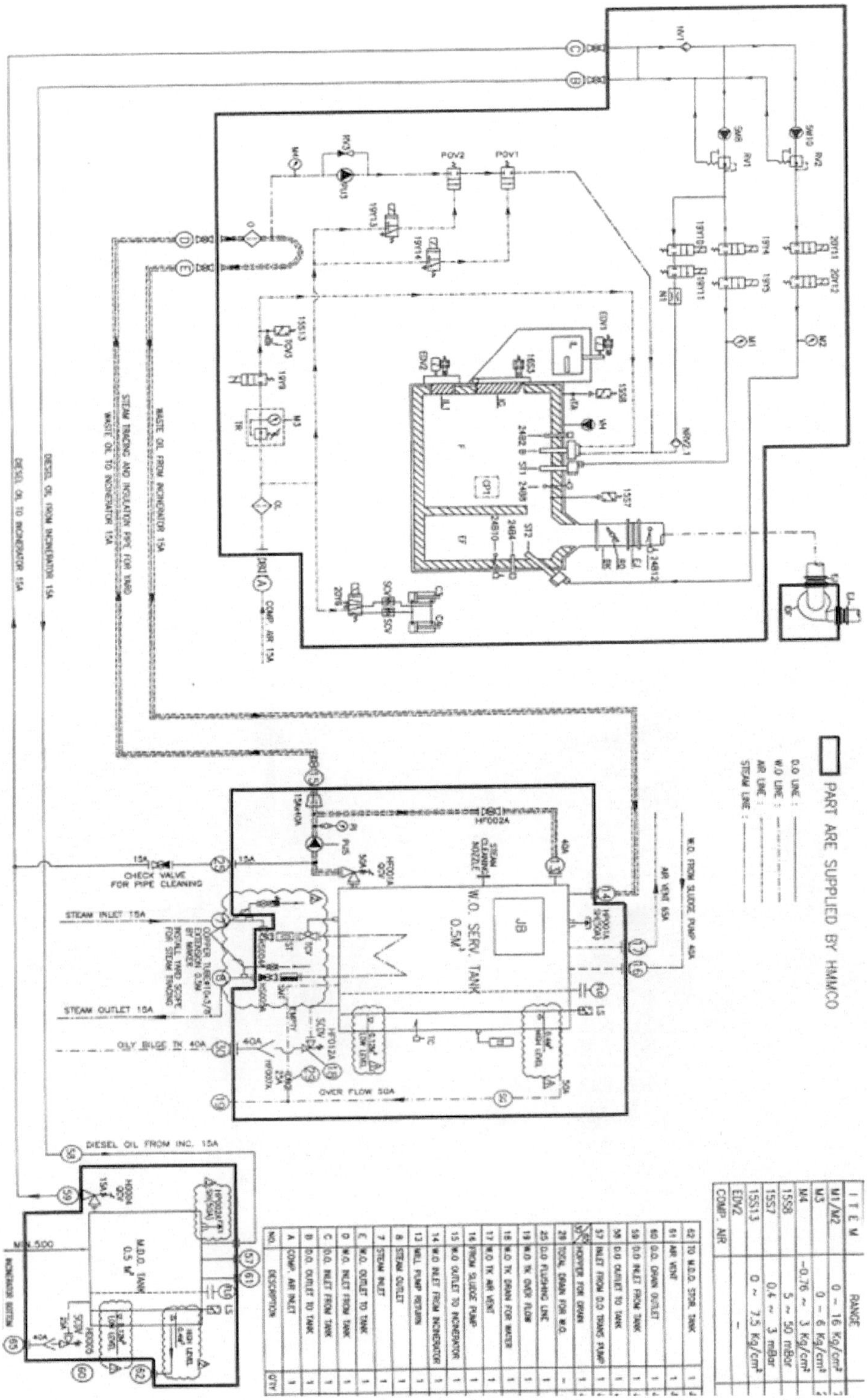

그림 12.12 소각기 파이프 라인

12.4.2 소각기 주요 부품별 특징

(1) Furnace Chamber

연소용 노는 고온완전연소가 일어나도록 설계되어 있다. 구조는 3단 구획으로 분리되어 1차 챔버에서 연소 후 연소가스가 2차 챔버를 거쳐서 후연소 챔버를 거쳐 완전연소를 유도하고 있다. 2중 자켓구조와 고 강도 내화 시멘트 시공으로 열 차단 및 충분한 냉각을 유지하는 구조이다.

한나라호에 설치된 소각기는 연소실이 3구획으로 되어 있어, 연소가스가 배출될 때까지 충분한 체류시간을 확보하도록 하며 IMO의 엄격한 배출가스 기준을 만족하도록 설계되어 있다.

1차 연소실은 폐유와 고체 쓰레기를 소각하는 연소실이며, 2차 연소실은 항상 고온으로 유지되어 1차 연소실에서 미 연소된 가스를 완전 연소시키는 역할을 하며, 3차 연소실은 Mixing 챔버라고도 하며, 고온의 연소가스를 IMO 규정에 만족하도록 급속냉각 시켜주는 역할을 함으로써 완전연소 및 저공해 연소가스를 배출하도록 설계되어 있다. 연소실 내부에는 고열과 충격에 견딜 수 있도록 고강도 캐스타블(Mullite)로 시공되어 있으며. Middle wall은 내화벽으로 되어 있다.

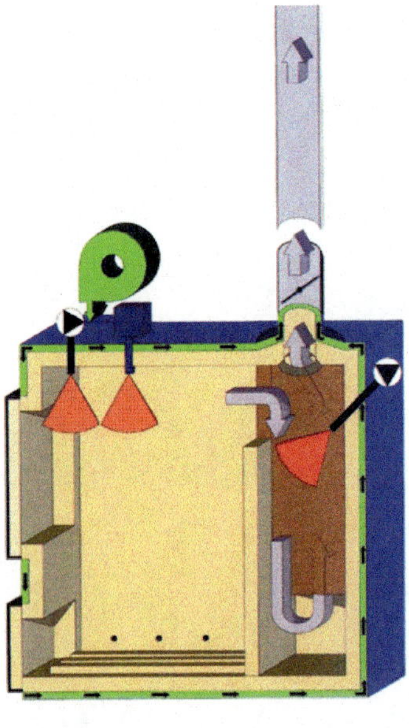

그림 12.13 Furnace 내부

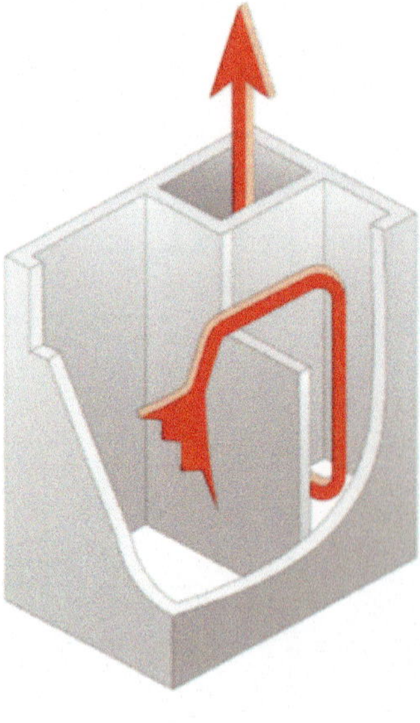

그림 12.14 3단 Furnace

(2) Primary Blower

소각기의 냉각 및 연소로 내부 부압 생성기능(Ejector 설치)을 가지도록하며, 연소를 돕기 위한 연소용 공기를 공급한다. 이 Fan은 터보형이며. 임펠러의 재질을 알루미늄합금으로 사용하여 중량을 최소화하여 줄이고, 진동, 소음, 기동 충격을 최소화하였다. 별도의 Draft 팬이 필요 없도록 충분한 용량을 갖추고 있다.

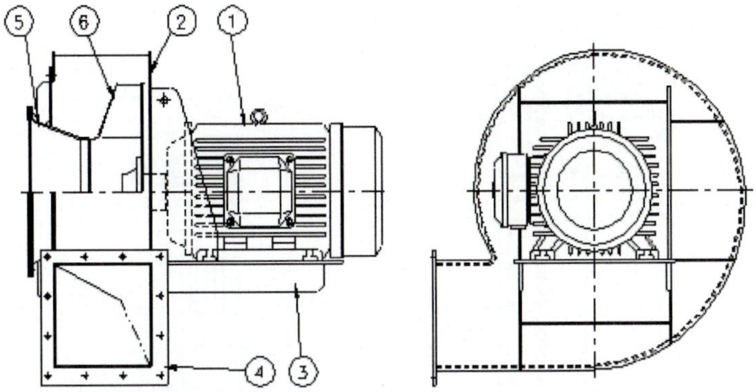

NO.	DESCRIPTION	Q'TY	MATERIAL
1	MOTOR	1	See specification
2	CASING	1	Steel Plate
3	MOTOR BED	1	Steel Plate
4	FLANGE	1	Flat bar
5	INLET CONE	1	Steel Plate
6	IMPELLER	1	Aluminum

그림 12.15 primary Blower 도면

그림 12.16 Primary Blower

(3) D.O. Burner

예열 및 고체쓰레기 단독 소각 시에 사용하며, 노 내부 온도를 적정하게 고온을 유지하는데 사용된다. D. O. Pump가 Primary Burner에 붙어있는 일체형으로 기어펌프 형이다. W.O Burner와 D.O Burner로 분리되어 있어 고체쓰레기 소각 시 D.O. Burner만 단독으로 사용하여 소각이 가능하고 자동온도 제어로 노 내 적정한 고온 온도를 유지시킨다.

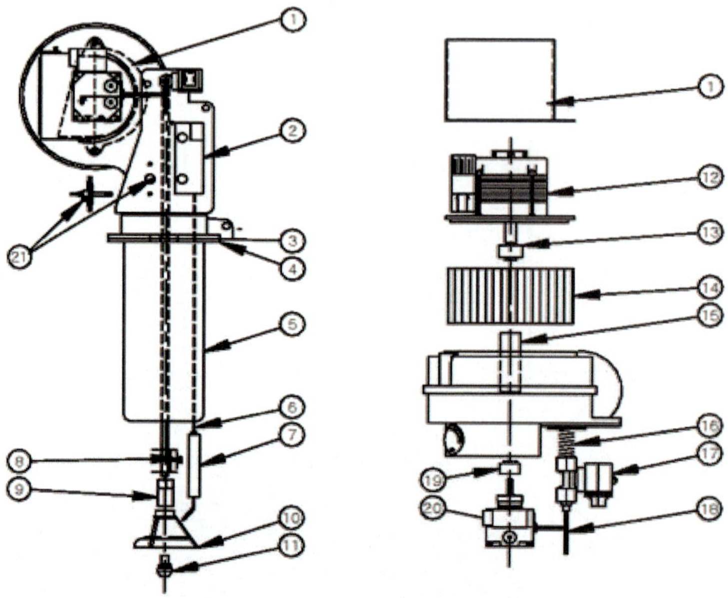

Pos.1	Protection cover	Pos.12	Motor
Pos.2	Ignition transformer	Pos.13	Coupling sleeve for motor
Pos.3	Flange unit	Pos.14	Impeller
Pos.4	Gasket for flange	Pos.15	Coupling
Pos.5	Flame funnel	Pos.16	Spring for burner insert
Pos.6	Ignition cable	Pos.17	Solenoid valve
Pos.7	Electrode unit	Pos.18	Pressure pipe
Pos.8	Electrode holder	Pos.19	Coupling sleeve for pump
Pos.9	Nozzle holder	Pos.20	Oil pump
Pos.10	Mixing disc	Pos.21	Flame detector
Pos.11	Oil nozzle		

그림 12.17 D.O Pump

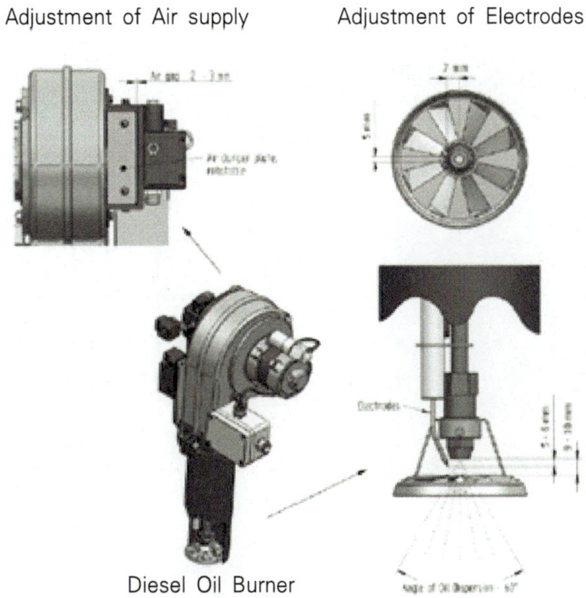

그림 12.18 Primary & Secondary D.O Pump

그림 12.19 primary & Secondary D.O Pump

(4) W.O Burner

폐유 소각을 목적으로 하는 펌프이며, 압축공기 분사 공기 형(Compressed Air Atomizing air type)으로 다른 형태의 버너보다 기기 구조가 간단하며 운동부위가 없어 고장 발생요인이 거의 없고 지름이 8 mm 크기의 덩어리까지 분사가 가능하고, 완전한 미분화(잘게 부수어 분사함)로 수분 50%정도의 악조건에서도 꺼지지 않고 연소되도록 설계된다.

그림 12.20 W.O Burner 외관도

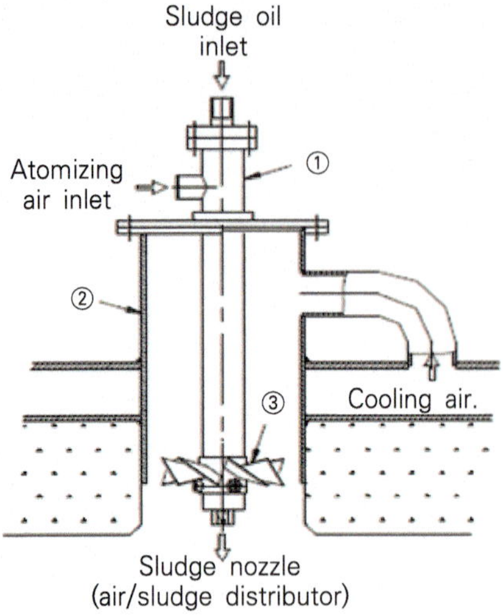

그림 12.21 W.O. burner

(5) Self Cleaning Filter

폐유를 필터링하는 장치로서, Mill 펌프에서 공급되는 폐유가 필터링되어 버너로 공급되며, 통과되지 않은 폐유는 다시 폐유 탱크로 보내져서 mill 펌프에 의해 분쇄하여 재공급된다. 필터는 별도의 청소가 필요 없는 구조로 되어 있다.

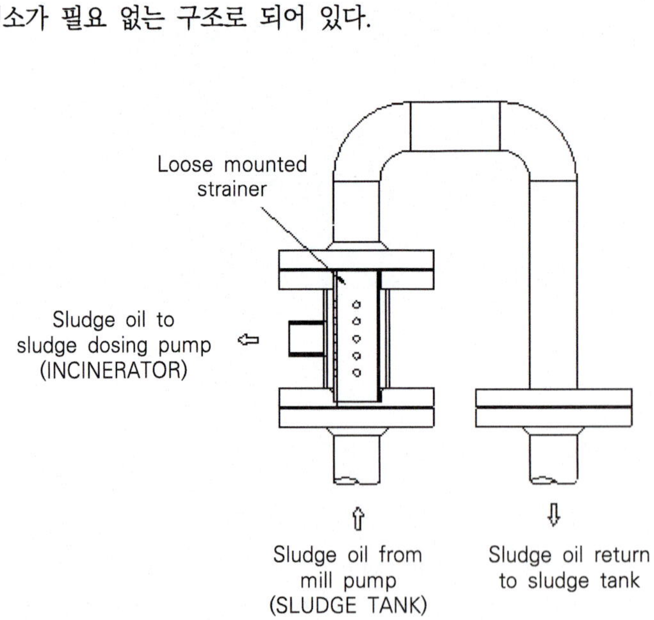

그림 12.22 Self Cleaning Filter

(6) W.O Dosing Pump

폐유를 공급하는 펌프로서 스크류 타입의 펌프로 점도가 높고 불순물이 많은 폐유에 대한 이송능력이 뛰어나고 조정 핸들로 슬러지 공급량을 조정할 수 있으며, 일부 최신 소각기는 PID 제어를 이용하여 자동 조절하여 공급하기도 한다.

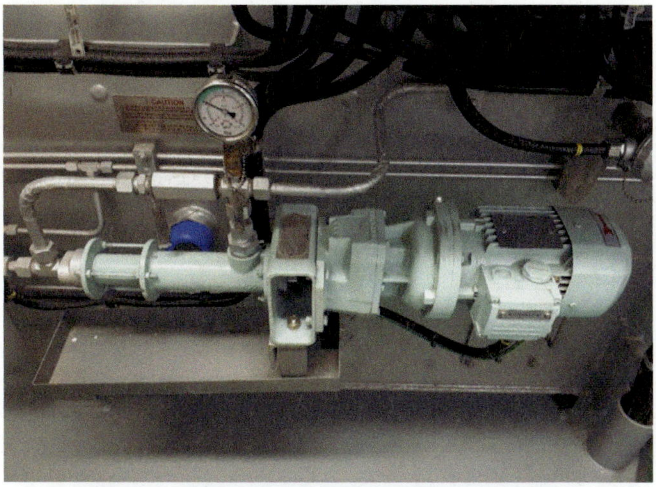

그림 12.23 W.O Dosing pump

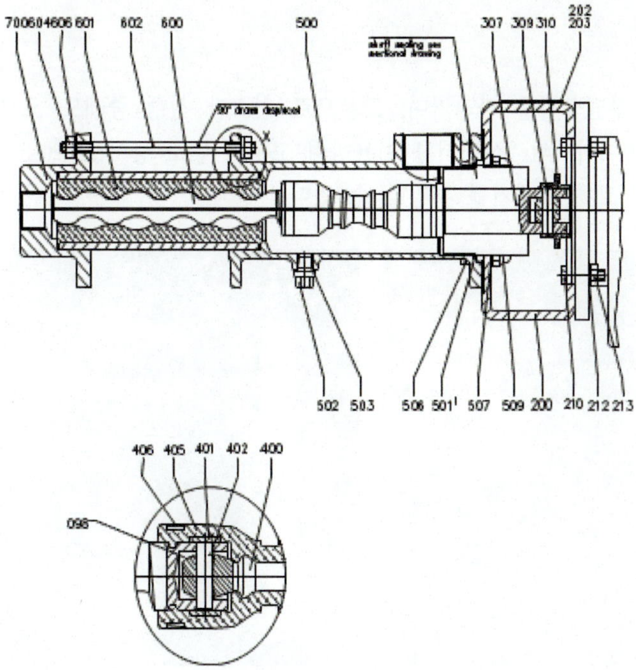

그림 12.24 W.O. Dosing Pump 도면

(7) Mill Pump

폐유를 잘게 분쇄하는 기능과 폐유탱크에서 소각기 로의 폐유 펌핑 기능, Agitator 기능을 하고 있다. Motor와 직결로 연결된 원심펌프로서 **분쇄용 칼날**이 부착되어 있다. 양정이 5 미터까지 펌핑이 가능하며, 이 펌프는 **펌핑기능**과 **교반기능**을 동시에 수행한다.

그림 12.25 Mill Pump

(8) Sluice

고체쓰레기자동투입장치를 가리키며, 고온으로 연소가 진행 중에도 고체 쓰레기를 안전하게 투입시켜주는 장치이다. Air 실린더를 이용하여 고온의 연소 중에도 Push Button Switch작동에 의해 자동으로 고체 쓰레기를 투입할 수 있다.

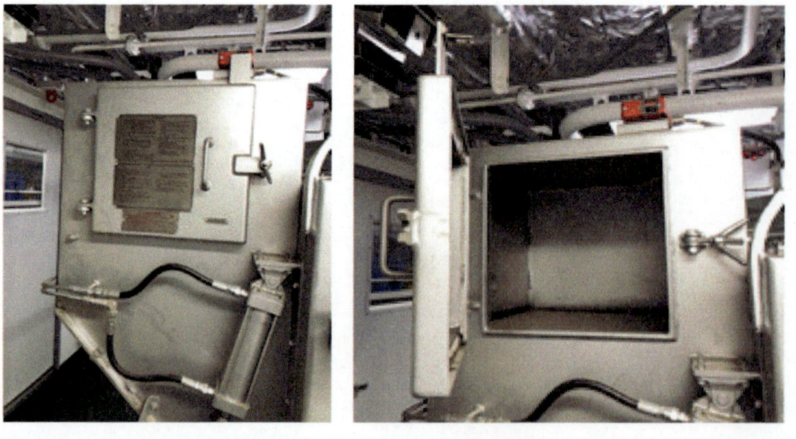

그림 12.26 Sluice Door

(9) Air Nozzle

연소공기 공급량을 조절하는 주목적이며, 소각기 본체 하단 부에 설치되며 연소실내로 적절한 연소공기를 공급하여 완전 연소를 유도한다.

그림 12.27 Air Nozzle

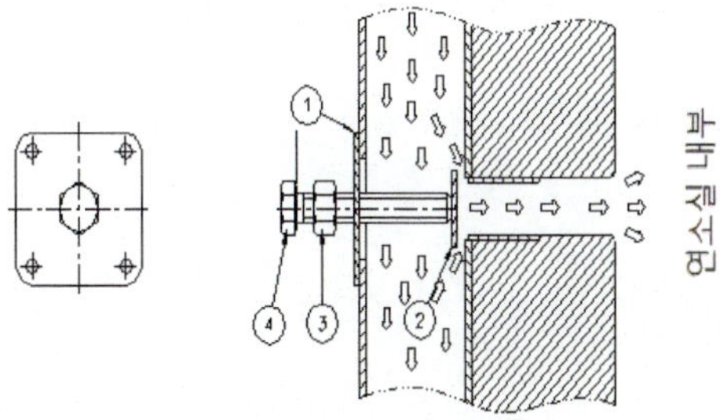

4	NUT	55400	2	
3	BOLT	55400	1	
2	SEALING FOR AIR NOZZLE	55400	1	
1	PLATE FOR AIR NOZZLE	55400	1	
NO.	DESCRIPTION	MAT.L	Q'TY	REMARK

그림 12.28 Air Nozzle 도면

(10) Pressure Switch

노 내부에 부압, 냉각 공기 및 미분화 공기 압력스위치이며, 노 내부가 대기압보다 낮은 압력이 유지되는지 감시 및 경보 발생한다. 또한 냉각 공기의 압력 감시 및 경보 발생역할을 한다. 마지막으로 버너에 미분화용(Atomizing air) 공기압력을 감시 및 경보 발생 역할을 한다.

그림 12.29 압력 스위치들

(11) Ejector

연소로 내부의 부압 형성 및 연소배출가스를 급속 냉각시키는 역할을 하며, 에젝터는 소각기 배출가스 배출구에 설치되어, 노 내부가 대기압보다 낮은 압력을 형성시켜주며, 운전자를 안전하게 보호하는 역할을 한다.

그림 12.30 에젝터 실물사진

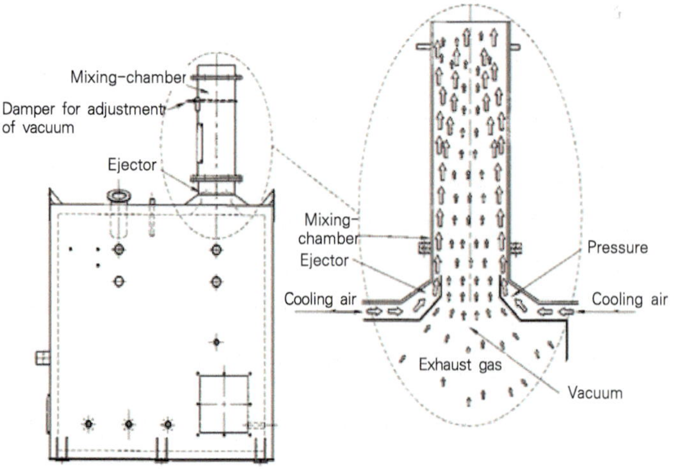

그림 12.31 에젝터

12.4.3 가스배출 및 연소

(1) 연소가스 배출

한나라호 소각기는 강제 송풍방식으로 배출가스의 고온에 노출되지 않으며, 본체는 2중 자켓 구조의 냉각시스템으로 구성되어 있으며. 에젝터가 설치되어 로 내부에 부압을 형성하고 고온의 배출가스를 급속 냉각시키는 구조로 되어 있다.

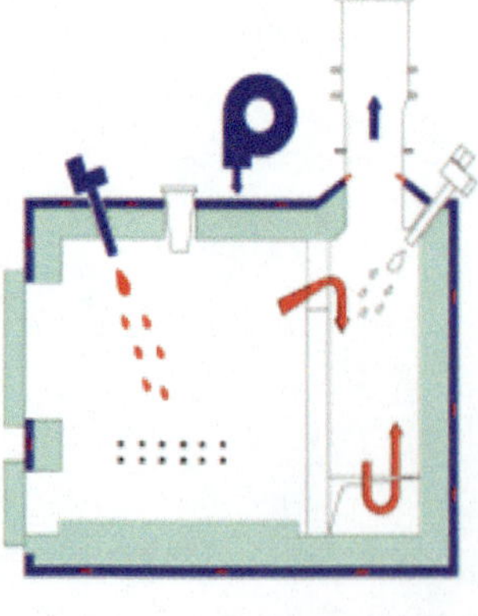

그림 12.32 소각기 연소가스배출방식

(2) 고체 쓰레기 및 폐유의 동시 소각

제어 판넬은 PLC와 릴레이 2가지 형식으로 생산되며, 모두 제어 판넬의 손쉬운 조작으로 고체쓰레기 단독소각 및 고체 쓰레기와 폐유의 동시소각이 가능하다.

고체쓰레기 자동투입장치(Sluice)가 장착되어, 고온의 연소실임에도 운전자가 원하는 시점에 안전하게 고체쓰레기를 연소실내로 투입하여 소각할 수 있다.

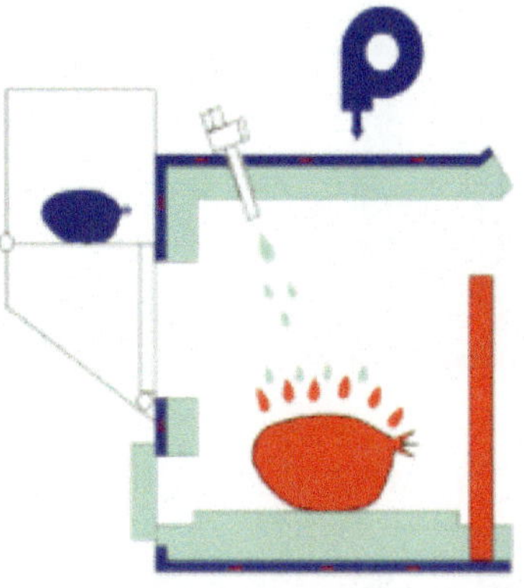

그림 12.33 고체쓰레기 투입장치

(3) 슬러지 파이프 라인

수분함유량 최대 50%까지 폐유소각이 가능하며, One-tank 시스템을 적용가능하다.

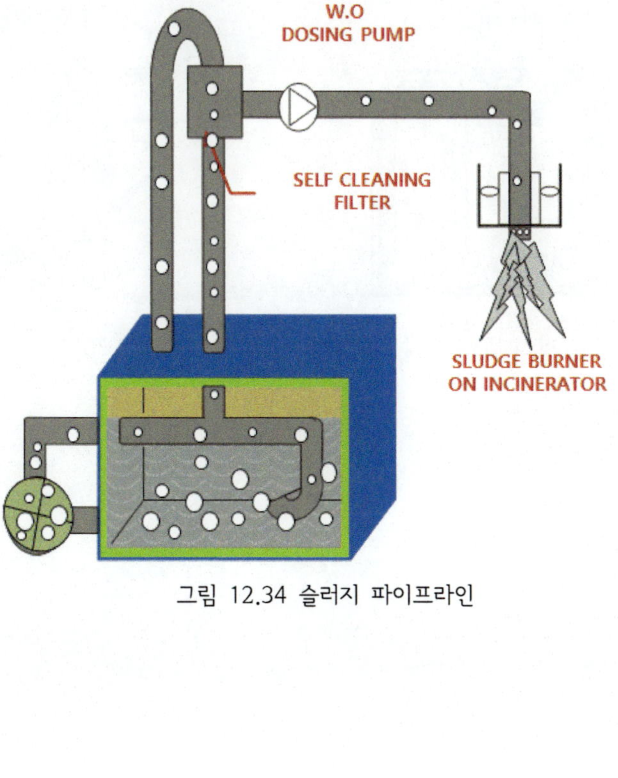

그림 12.34 슬러지 파이프라인

(4) 고체쓰레기 자동 투입 Sluice

고온 투입 Sluice는 누름 스위치를 누르면 에어실린더가 자동으로 작동한다. 고체 쓰레기 자동투입장치는 소각기 운전 중에 별도의 냉각 없이 고온 상태에서 고체 쓰레기를 안전하게 투입하기 위한 장치이다.

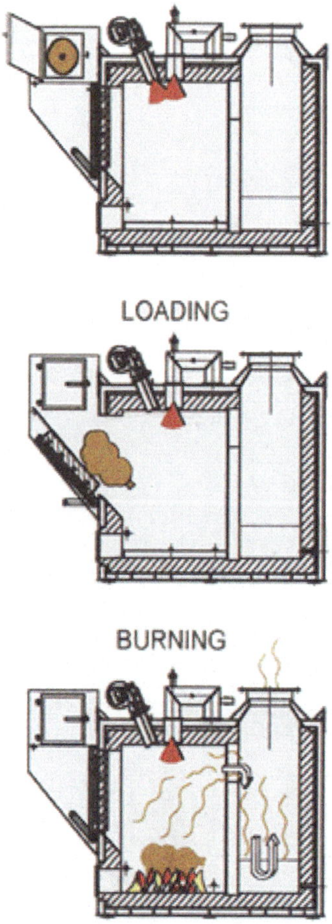

그림 12.35 폐유 및 고체쓰레기의 연속소각

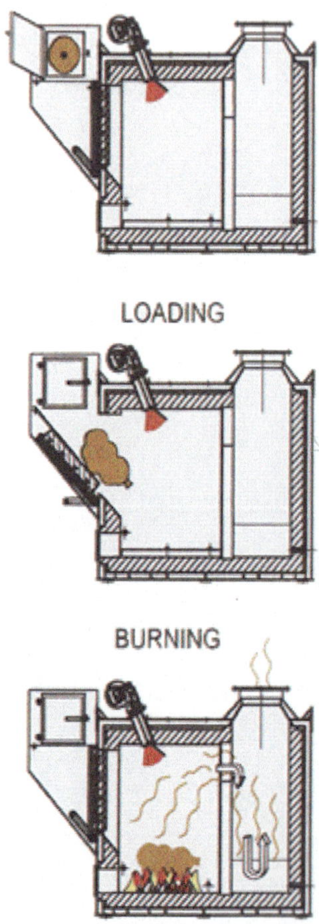

그림 12.36 고체 쓰레기의 소각

12.4.4 소각기 운전

(1) 소각기의 작동 전 준비사항

① 연료유의 공급, 배출 밸브를 모두 연다.

② 압축공기의 공급 밸브를 연다.

③ 배기가스 출구는 물론 송풍기 공기 흡입구에 장애물이 있는지 확인한다.

④ 재 제거문 및 고체 쓰레기 투입문이 닫혀 있는지 확인한다.

⑤ 폐유 탱크에 연료유가 있는지 확인하고 폐유의 온도가 60 ℃이상인지 확인한다.

⑥ 연료유 탱크에 연료유가 있는지 확인한다.

⑦ 소각 전에 재 및 쓰레기를 제거하고, 연소공기(에어노즐)용 입구의 청소 상태를 확인한다.

(2) 소각기의 운전

① 소각기는 제어반의 Start/Stop 스위치로 동작된다.

② 소각기 송풍기가 운전되면 녹색등이 점등된다.

③ 소각기에 경보가 발생하면 적색등이 점등된다.

1) 소각기 시동(MD1 폐유 소각기 운전)

① 메인 스위치가 켜지면 폐유 모드가 자동을 설정된다. 고형 폐기물 연소 시에만 모드를 고형 폐기무로 변경하고, 폐유 모드로 설정되면 폐유와 고형 폐기물을 함께 태울 수 있음.

② 모드가 MD1에 설정되어 있는지 확인

③ 터치 스크린으로 디스플레이 화면의 알람 램프 확인

④ 제어판에서 시작 정지 스위치를 활성화

⑤ 소각기는 PLC 프로그램에 의하여 자동으로 작동

PLC Type 소각기
• 폐유 운전 모드 MD1

1. 스위치 소각기 스타트
1) 2차 연료유 버너 점화 (400℃예열 후 1차 연료유 버너 점화)
2) 폐유 버너 점화 (600℃ 이하에서 D.O 사용) 예열용
3) 폐유 버너 점화 (600℃ 이상에서 W.O DOSING Pump 운전)
4) 2차 연료유 버너 정지 (750℃정지, 670℃ 재가동)
5) 1차 연료유 버너 정지 (880℃정지, 750℃ 재가동)
6) 1차 연소실 930℃ PID 스타트
7) 1차 연소실 950℃ PID 자동운전
* 소각기 스타트후 1) ~ 7) 자동운전

2) 소각기 시동(MD2 고체쓰레기 시동)

① 운전모드가 MD2로 선택되어 있는지 확인한다.

② 터치 판넬의 화면에 경보 문구가 있는지 확인한다.

③ 제어반의 "Start-Stop" 스위치를 Start 위치로 한다.

④ 소각기는 PLC에 의해 자동적으로 운전된다. 만일 운전중에 비정상 경보가 발생한다면, 원인을 제거하고 터치 판넬에 나타난 경보 문구를 터치하여 리셋한 후 다시 시동한다.

PLC Type 소각기

• 고체 쓰레기 MD2

2. 스위치 소각기 스타트
1) 2차 연료유 버너 점화 (400℃예열 후 1차 연료유 버너 점화)
2) 폐유 버너 점화(600℃ 정지, 400℃ 재가동) D.O 사용.
3) 쓰레기 투입
4) 2차 연료유 버너 정지 (750℃정지, 670℃ 재가동)
5) 1차 연료유 버너 정지 (950℃정지, 850℃ 재가동)
* 소각기 스타트후 1) ~ 4) 자동운전

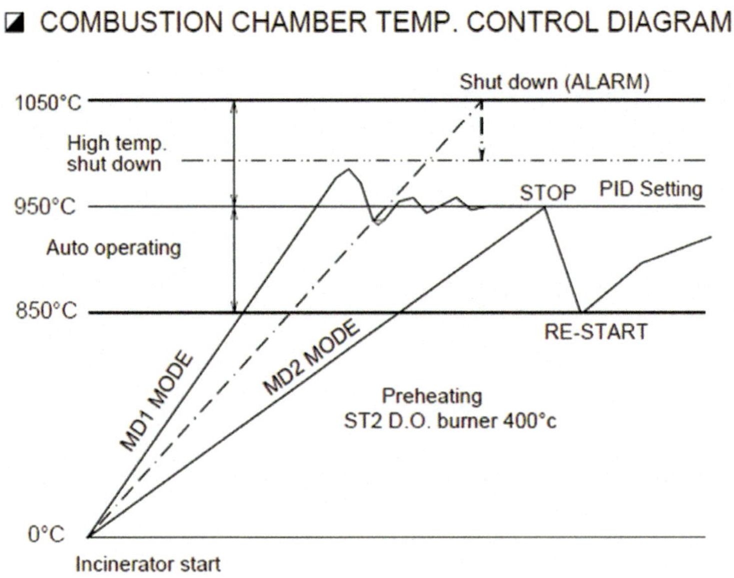

그림 12.37 한나라호의 소각기 온도 조정 다이아그램

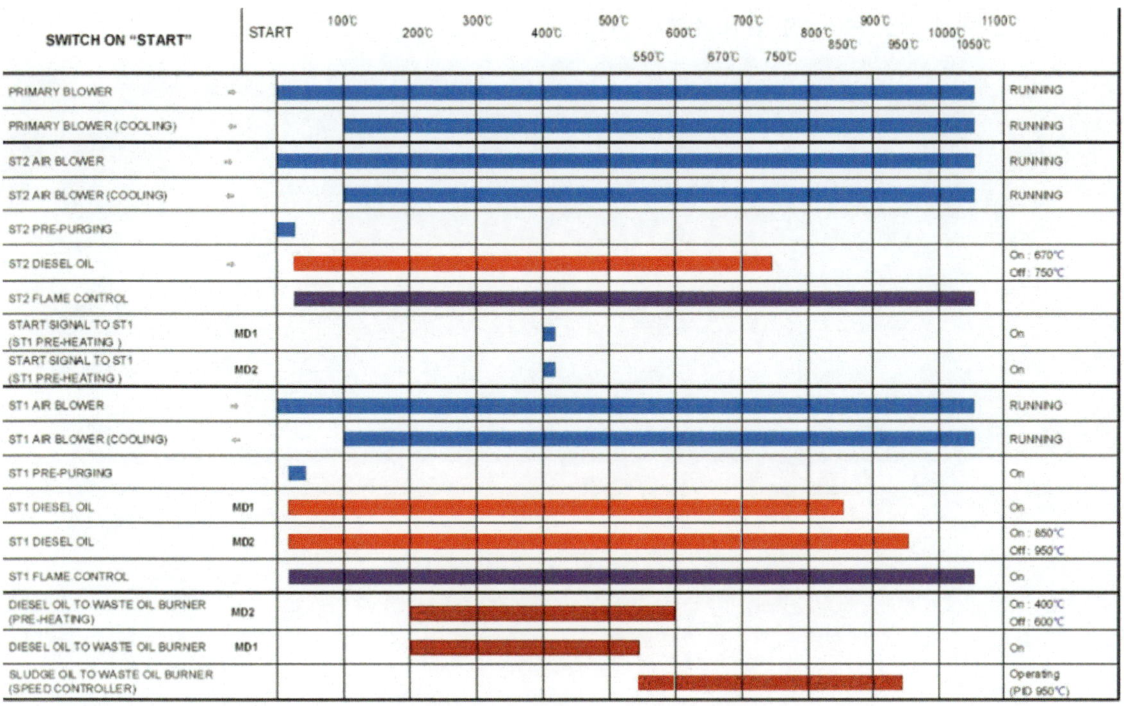

그림 12.38 소각기 연소 시퀀스

12.4.5 소각기 경보 기능 점검

아래의 여러 가지 경보 기능을 점검한다.

① Ash Door 열림 경보 점검

② 연소공기 압력 경보 - 냉각실 공기압력을 18 mbar 이하로 조정 시 불꽃이 12이내 꺼짐

③ 연소실내 압력저하 경보 - 연소실 공기압력을 0.5mbar로 조정 시 12후에 불꽃이 꺼짐

④ 분사공기 압력저하 경보 - 압력을 1.0 bar이하로 조정 시 불꽃이 꺼짐

⑤ 연소실 고온경보

⑥ 1차 버너 착화 실패 경보 - Flame detector를 제거할 경우 3초 후 경보 발생

⑦ 배기가스 고온경보

⑧ 2차 연소실 고온 경보

⑨ 2차 버너 착화 실패 경보

⑩ Feeding Door 열림 경보

⑪ 전동기 과부하 경보

⑫ 쓰레기 자동투입장치 열림 경보

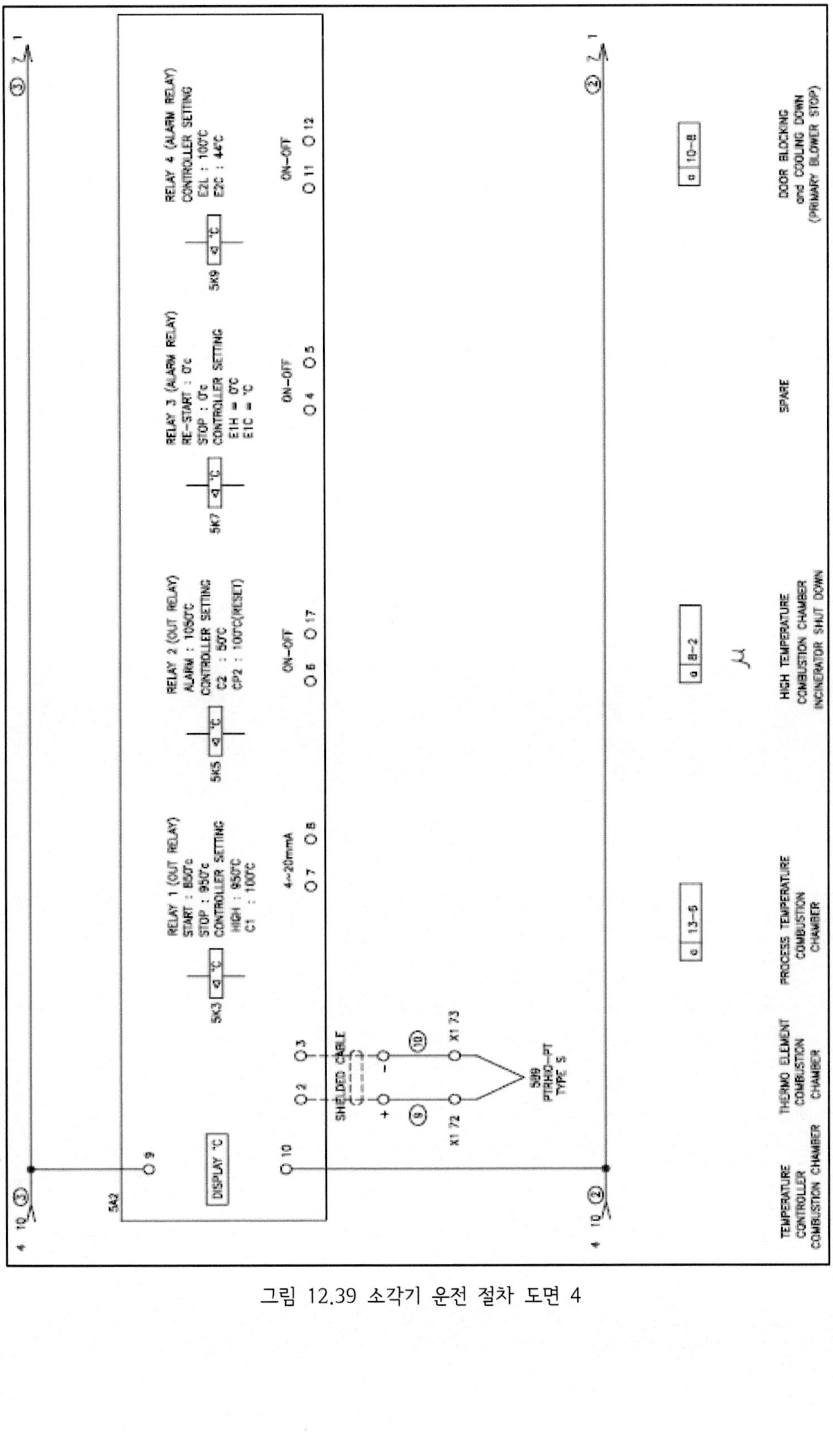

그림 12.39 소각기 운전 절차 도면 4

CHAPTER 13

펌프
(Pump)

13.1 에너지 흐름

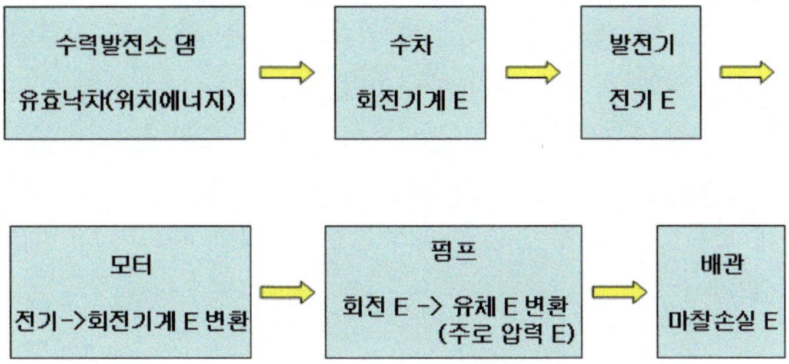

그림 13.1 에너지 흐름의 체계도

(1) 유체기계(Fluid machinery)

주로 기계에너지(Mechanical energy)를 유체에너지(압력, 속도, 위치에너지)로 변환하거나 반대로 유체에너지를 기계에너지로 변환하여 유용한 일을 행하는 모든 기계를 총칭하며 에너지 변환장치의 일종이다.

① 기계에너지(회전에너지 등) -> 유체에너지(압력, 속도, 위치에너지)로 변환시키는 장치는 펌프, 송풍기, 압축기 등이 있다.

② 유체에너지(유효낙차 등) ->회전 기계에너지로 변환시키는 장치로는 수차, 풍차 등이 있다.

(2) 터보 기계(Turbo-Machinery)

회전차(임펠러)의 회전운동을 통하여 에너지의 변환을 행하는 유체기계로서 어원은 Turbine(Turbo)+Machinery에서 유래하였다. 터보기계에 해당하는 기계로서는 원심펌프, 축류펌프, 수차, 송풍기, 원심압축기, 풍차, 터보 챠저 등으로 모두 회전차가 있다.

(3) 펌프

기체 또는 액체 등의 유체를 흡입하여 다른 쪽으로 밀어내거나 송출하도록 만든 기계로서, 여러 용도의 다양한 형식의 펌프가 선박의 용도에 적합하게 사용된다. 낮은 곳의 액체를 끌어올려서 압력을 가하여 높은 곳 또는 압력이 있는 용기에 보내는 장치를 말한다.

펌프의 기본원리는 컵 속에 있는 음료수를 빨대를 이용하여 빨아 마시는 것과 같다. 우리들이 빨대에 입을 대어 숨을 들이마시면 빨대 안의 공기는 우리들의 폐 속으로 빨려 들어가므로 빨대 내의 압력은 저하되어 대기압보다 낮아지게 된다. 그러면 대기압을 받고 있는 컵 속의 음료수는 압력이 상대적으로 낮은 빨대 속으로 빨려 들어가게 된다. 이와 같이 우리들이 호흡하는 대신에 기계적으로 진공을 만들어 액체를 흡입한 다음 송출하는 것이 펌프이다.

시험관을 수은이 담긴 용기 속에 완전히 가라앉힌 다음, 막힌 쪽을 수직으로 세우면 수은은 점차 내려가다가 약 76 cm 높이에서 멈추게 된다. 이것은 관 속의 수은이 용기 속의 수은면에 작용하는 대기압에 의해 받쳐져 있기 때문이며, 이 때 관의 위쪽에는 미량의 수은 증기 외에 아무것도 존재하지 않는 진공 상태로 된다. 이 진공을 토리첼리의 진공이라 한다. 수은 대신에 0°C 물을 이용하면 0.76 m X 13.6(수은의 비중) = 10.33 m 상승하게 된다. 바꾸어 말하면, 시험관 안에 발생한 진공에 의해 액체가 흡입되었다고 생각할 수 있는데, 이것이 펌프가 액체를 흡입하는 원리이다.

13.2 펌프의 분류

펌프의 종류는 대단히 많고 분류 방법도 여러 종으로 다양하나, 일반적으로 아래 그림과 같이 터보형, 용적형, 특수형으로 나눈다.

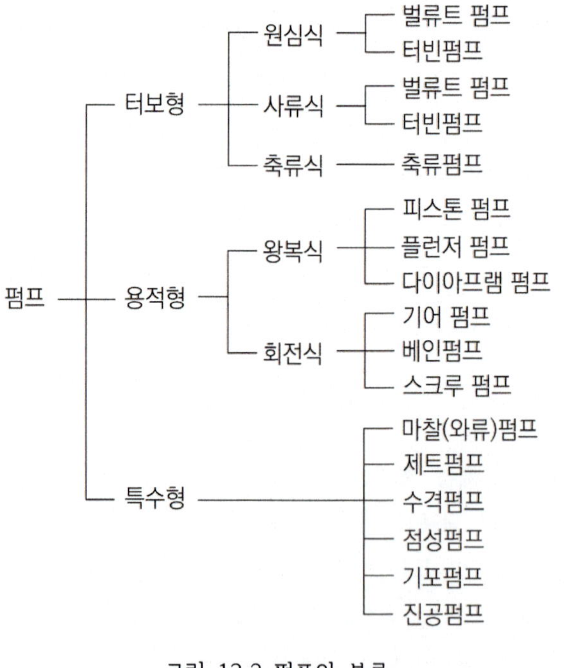

그림 13.2 펌프의 분류

13.3 터보형 펌프

터보형 펌프는 임펠러를 케이싱 내에서 회전시켜, 그 때 발생하는 원심력이나 양력에 의해 액체를 송출하는 방식이다. 즉 회전차의 원심력에 의해 액체가 밀려 나가면 여기에 진공에 가까운 부압이 발생하여 액체를 흡입하는 것이다. 따라서 흡입측에 액체가 충분히 있다면 연속적으로 흡입하여 밀어 올려지므로 일반적으로 저수두로 대용량의 액체를 이송하는 데 사용한다.

터보형 펌프를 회전차의 형식에 따라 분류하면 원심펌프, 사류펌프, 축류펌프로 구별된다.

원심펌프는 액체가 회전차의 입구에서 축방향으로 유입되어 반지름 방향으로 유출되며, 축류펌프는 회전차의 입구 및 출구에서 다 같이 축방향으로 유입되어 축 방향으로 유출된다. 사류펌프는 회전차의 입구 및 출구에서 다 같이 경사 방향으로 유입되어 경사방향으로 유출된다.

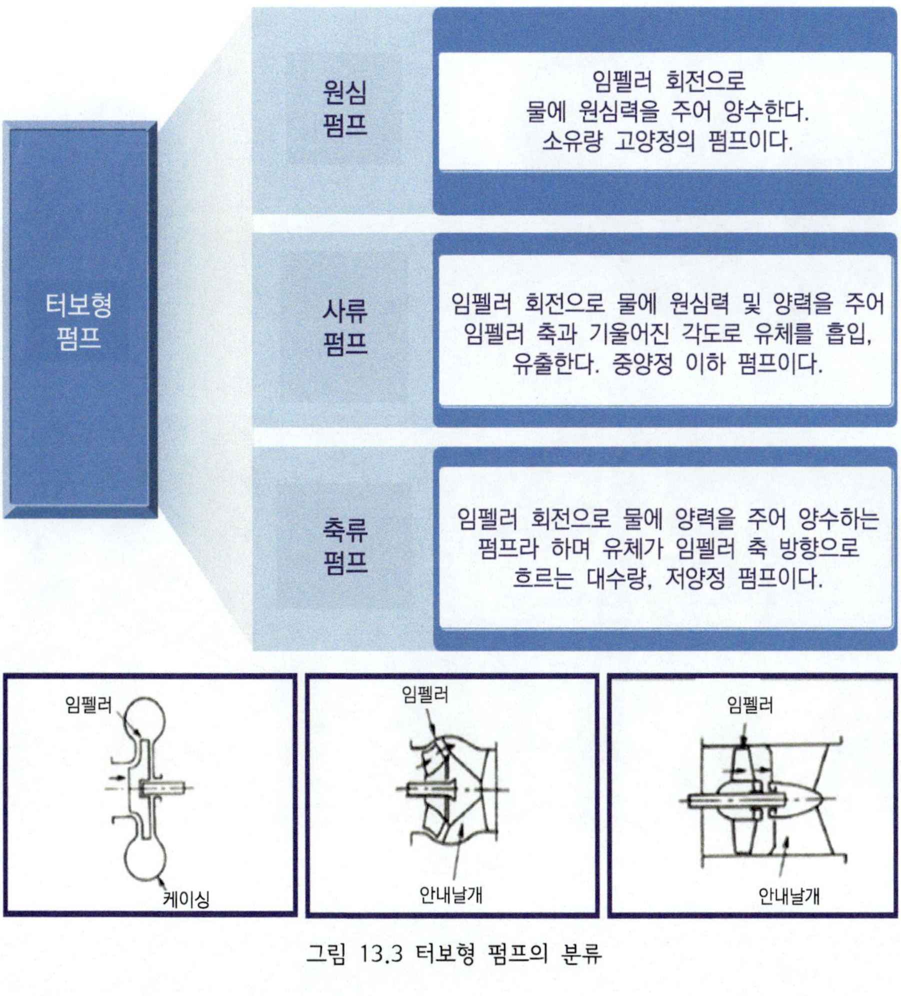

그림 13.3 터보형 펌프의 분류

13.3.1 원심펌프

회전차(Impeller)의 회전운동에 의하여 펌프 내부에 진공을 형성하여 유체를 흡입하고, 이를 토출을 하는 펌프로써 토출량과 토출압력이 맥동하는 일이 없고 언제나 일정량을 얻을 수 있으므로 사용 범위가 매우 넓고, 현재 사용 중인 펌프의 80 ~ 90% 이상이 원심 펌프이다.

원심 펌프는 흡입측의 공기가 배제되거나 흡입 측에 액체가 미리 채워져 있어야만 연속적으로 액체를 송출하는 특성이 있다.

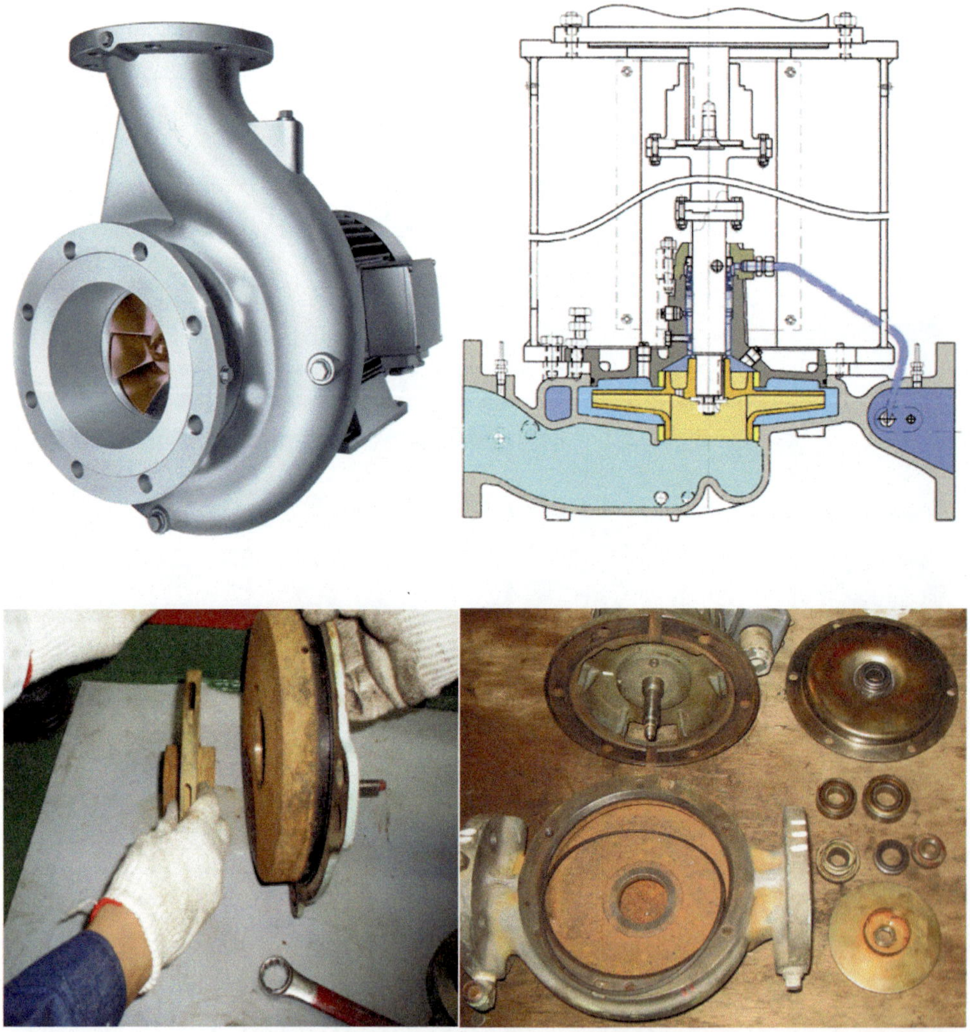

그림 13.4 원심펌프의 사진과 도면

(1) 펌프의 분류

1) 원심펌프에 안내날개의 유무에 따른 분류: 볼류트 펌프, 디퓨져 펌프

안내날개(Guide Vane, Diffuser)는 회전차의 바깥 둘레에 그 입구를 둔 것으로, 회전차에서 나온 유체의 속도 에너지를 압력 에너지로 바꾸는 역할을 한다. 벌류트 펌프(Volute Pump)는 회전차의 바깥 둘레에 안내 날개가 없는 것으로, 양정이 낮은 곳에 사용되며, 터빈 펌프(Turbine or Diffuser Pump)는 회전차 바깥 둘레에 안내 날개를 가지는 원심펌프로서, 비교적 양정이 높은 곳에 사용된다.

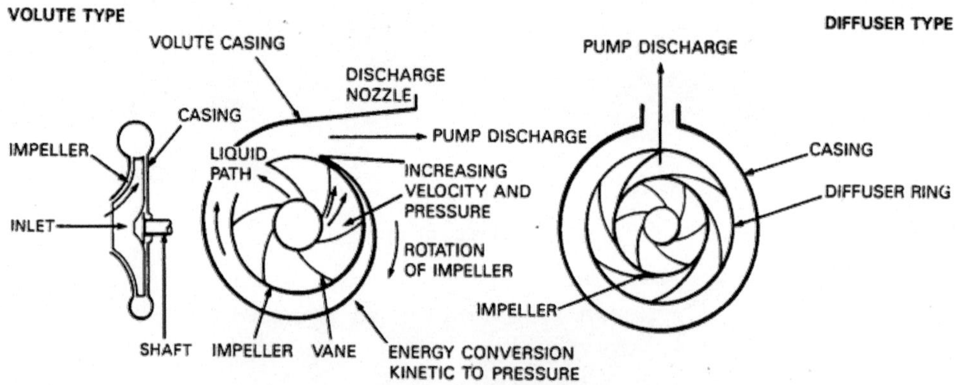

그림 13.5 벌류트 펌프와 터빈 펌프

2) 흡입방식에 따른 분류: 단흡입 펌프, 양흡입 펌프

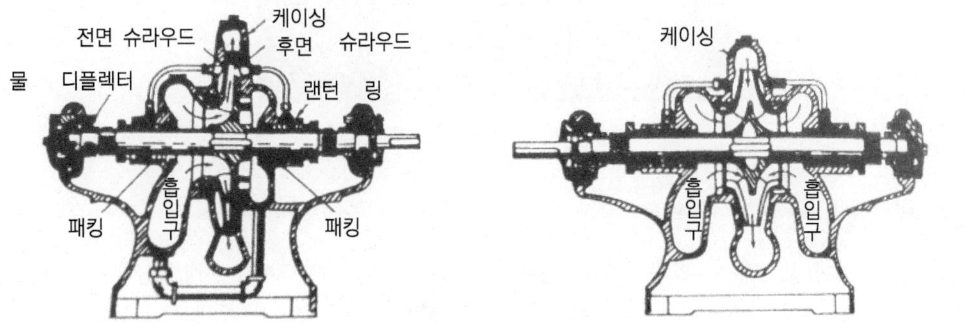

그림 13.6 단흡입 및 양흡입 펌프

3) 단(Stage)수에 따른 분류

펌프 한대에 회전차 1대를 가지는 단단펌프, 회전차 여러 개를 같은 축에 배치해서, 제1단에서 나온 액체는 제2단에 흡입되어 순차적으로 다음 단에 연결되는 다단 펌프로 분류된다.

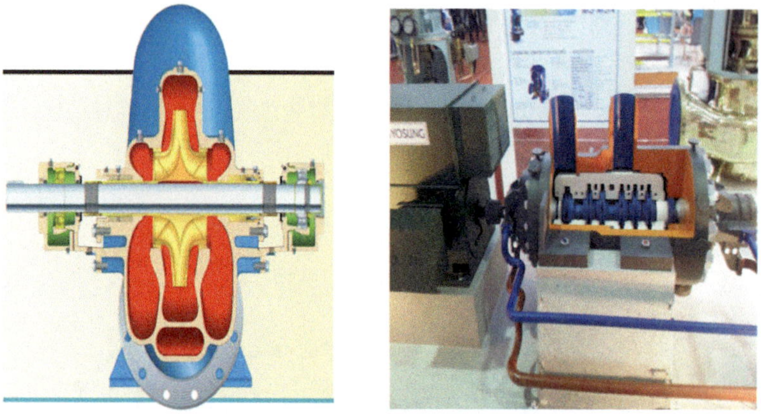

그림 13.7 단단펌프 및 다단펌프 단면도

그림 13.8 원심 다단펌프

4) 펌프축의 방향에 따른 분류

펌프축이 수평일 때는 횡축펌프(Horizontal Pump), 펌프축이 수직일 때는 종축 펌프(Vertical Pump)라고 한다. 보통 펌프는 대부분 횡축 펌프지만, 선박에서는 설치장소가 좁아서 종축 펌프를 사용하는 경우가 많다.

그림 13.9 원심 횡축 펌프

그림 13.10 원심 종축 펌프

(2) 원심 펌프의 구성요소

A : Bearing houseing
B : Seal Box
C : Discharge nozzle
D : Casing wearing
E : Impeller wearing
F : Impeller Eye
G : Inlet nozzle

그림 13.11 원심펌프의 구조

1) 회전차(Impeller)

유체를 흡입하고, 속도 에너지를 증가시키는 구성요소로서 펌프의 성능, 효율 등은 회전차에 의해서 결정된다고 해도 지나친 표현이 아니며, 회전차의 형상에 따라 밀폐형, 개방형으로 분류할 수 있다.

2) 케이싱(Casing)

임펠러 주위를 감싸며, 속도에너지를 압력에너지로 전환하는 역할을 한다. 회전차로부터 유출된 유체를 모아서 송출관으로 배출시키는 역할을 하는 외통이다. 회전차에서 나온 유체가 가지고 있는 속도 에너지의 손실을 될 수 있는 한 적게 하여 압력 에너지로 변환시킴과 동시에 이 유체를 모아서 송출관으로 배출시키는 역할을 할 목적으로 나선형 단면을 가진 와류실을 설치한다.

3) 베어링(Bearing)

임펠러 축을 고정시키고 하중을 지지할 목적으로 설치한다.

4) 글랜드 패킹(Gland Packing)

케이싱과 펌프 축 사이 유체 누설, 공기 누입 방지할 목적으로 설치한다.

여러 개로 분할 제작된 펌프 케이싱의 접합면과 같이 상대 운동이 없는 두 개의 부품 사이에 끼우는 것을 시트 패킹이라고 하며, 펌프 축이 케이싱을 통과하는 곳과 같이 상대운동이 있는 두 개의 부품 사이의 기밀을 유지하는 데 사용되는 것을 글랜드 패킹이라 한다. 글랜드 패킹의 구조나 패킹의 종류는 펌프의 압력, 취급하는 액체의 종류에 따라 여러 가지가 있으며, 패킹을 여러장 충전하는 방식의 패킹 충전식이 있다. 이 경우 글랜드 커버를 세게 죄면 주설은 감소하지만, 과대한 마찰로 인하여 펌프의 기계적 손실이 커지고, 패킹 및 축의 마멸이 증가하게 된다. 따라서 이러한 형식의 패킹은 약간의 누설을 허용하여 패킹의 과열을 방지하면서 사용해야 한다.

글랜드 패킹 방식은 누설을 완전히 방지하는 것은 불가능하므로 이에 대응하여 기계실 실(Mechanical Seal)을 최근에는 많이 사용하고 있다. 이 실은 축과 함께 회전하는 피동 링과 글랜드에 고정된 시트 링은 완전히 밀착시켜 그 접촉면에서 미끄럼 운동을 하면서 기밀을 유지하는 구조로 되어 있다.

5) 마우스링(Mouth Ring or Wear Ring)

임펠러로부터 송출되는 액체가 흡입측으로 역류하는 것을 방지하기 위하여 케이싱과 회전차 입구에 설치되는 것으로, 웨어링이라 부르기도 한다.

6) 축 추력방지장치

단흡입 펌프의 경우 회전차의 전면 슈라유드와 후면 슈라우드에 작용하는 압력이 다르기 때문에 흡입측인 전면 슈라우드 쪽으로 축 추력이 발생하게 된다. 펌프 운전 등 이러한 축 추력이 발생하면 케이싱과 회전차가 접촉하여 동력 소모의 증가, 펌프 재료의 마멸 등이 일어난다. 축 추력의 방지책으로 소용량 펌프에서는 스러스트 베어링을 사용하는 것만으로 해결이 가능하지만 일반적으로 평형공을 설치하거나, 양흡입형 회전차를 사용하는 방법, 후면 슈라우드에 날개를 부착하는 방법, 자기 평형방식방법, 평형원판 방식을 사용한다.

7) 호수장치

터보형 펌프는 흡입측에 공기가 있거나 비어 있는 상태에서 운전을 하면 거의 액체를 흡입할 수 없고 송출도 할 수 없는 특성이 있다. 따라서 펌프의 시동에 앞서 호수장치를 사용하여 펌프 케이싱에 물을 채워야 한다. 펌프 케이싱에 물을 채우는 방법으로는 다음과 같다.

① 회전차를 항상 수면보다 낮게 두는 방법으로 선박의 해수 펌프와 같이 기관실 최하층에 설치하여 흘수의 변화에 관계없이 항상 수면 하에 위치하게 함으로써 별도의 호수장치가 필요 없게 된다.

② 풋밸브와 호스 콕을 사용하는 방법: 펌프의 정지 중에는 흡입관 아래에 있는 풋 밸브가 자동적으로 닫히도록 하고, 펌프 케이싱에 있는 호수 콕을 통하여 물을 채우면서 케이싱 상부에 있는 공기 빼기 콕을 통하여 물이 나올 때까지 충분하게 공기를 빼는 방법이다.

③ 펌프 케이싱을 진공으로 하는 방법: 이 방법은 진공 펌프, 이젝터 등을 이용하여 펌프 케이싱 내의 공기를 배출함으로써 펌프 케이싱을 진공 상태로 만들고 이 진공에 의해서 흡입 수면 아래에 있는 물을 흡입할 수 있도록 하는 방법으로 선박에서는 비상소화펌프, 잡용수 및 소화펌프, 발라스트 펌프 등이 이 방법을 사용하고 있다.

13.3.2 축류펌프

이 펌프는 주로 저양정, 대유량용으로 사용되며, 토목 공사용, 드라이 도크의 배수용 등에 사용되고 선박에서는 터빈의 주순환수 펌프로 사용되고 있다. 이 펌프는 관내에서 프로펠러형 회전차가 회전함으로써 발생하는 양력에 의해 유체는 회전차 속으로 축방향에서 유입하여 회전차를 지나 축방향으로 유출된다.

축류펌프는 입구부와 출구부의 단면적이 동일한 펌프로서 축방향으로 유입하여 축방향으로 유출하기 때문에 원주 속도의 변화가 발생하지 않는다.

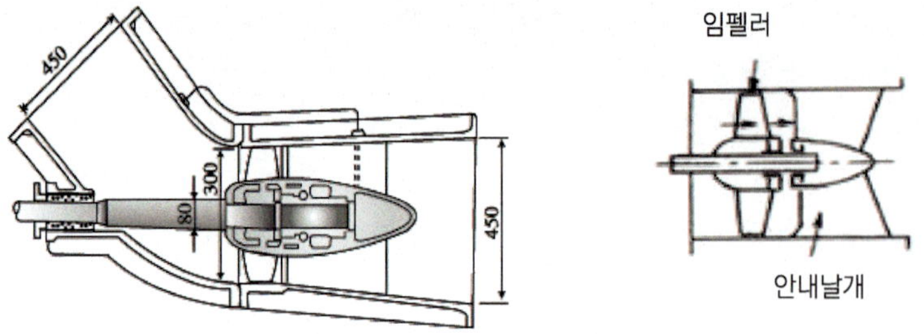

그림 13.12 축류 펌프

13.3.3 사류 펌프

사류펌프는 원심펌프와 축류펌프의 중간 형태를 갖고 있어 원주속도 및 상대속도를 하여 가압한다.

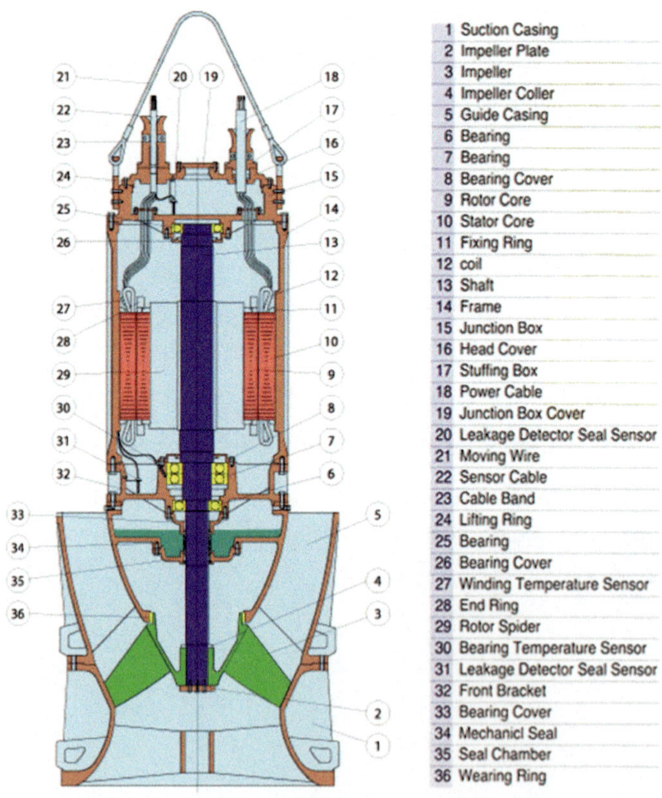

그림 13.13 사류펌프의 단면도

그림 13.14 사류펌프의 임펠러와 유체의 흐름방향

13.4 용적형 펌프

용적형은 일정한 공간, 즉 실린더 또는 케이싱 내에 유체를 가두고 피스톤, 플런저 등을 왕복 운동시키거나 또는 기어, 베인 등을 회전시킴으로써 유체를 밀어내는 방식이다.

이 펌프는 용적이 주기적으로 증감하는 공간을 이용하고, 용적이 증가하는 사이에 일정량의 유체를 흡입하고, 용적이 감소하는 사이에 유체를 토출측에 내보내는 작용을 하는 것으로, 회전수에 비례하여 유량은 비례하나 압력은 거의 일정한 특성을 갖고 있다.

용적의 증감 방법에 의해 회전식과 왕복식으로 구분된다.

회전펌프는 케이싱 내에서 1개 또는 여러 개의 회전자의 회전에 의하여 유체를 이송하는 펌프이다.

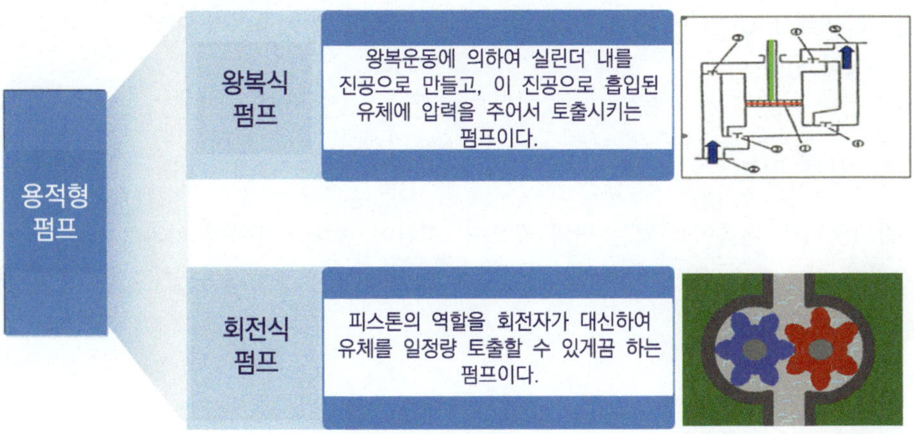

그림 13.15 용적형 펌프의 분류

13.4.1 회전식 펌프(기어펌프)

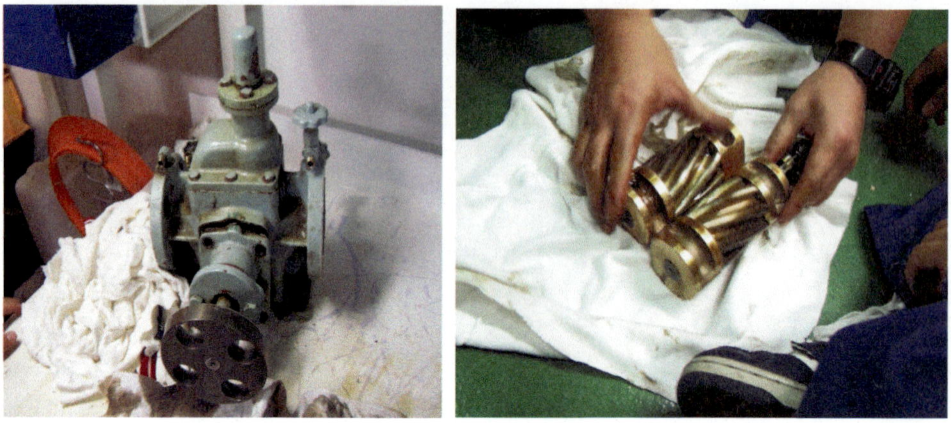

그림 13.16 기어펌프의 실제사진과 기어

기어펌프란 케이싱 속에 구동기어가 종동기어를 구동시키면서 서로 맞물고 회전하면 펌핑작용이 일어나서 기름을 흡입측에서 송출측으로 밀어 내는 펌프이다. 저압 소용량에 적합하고, 소형의 것에서는 1750 RPM까지 회전한다. 흡입 양정이 크고 고점도 액체의 이송에 적합하다.

기어펌프는 평치차 펌프와 헬리컬 기어 펌프로 분류할 수 있다.

(1) 평 치차펌프

두개의 외치 평기어가 케이싱 내에서 맞물리는 구조로 되어 있고 그림 13.17의 오른쪽의 펌프이며 펌프의 케이싱 안에서 서로 맞물려 회전하는 2개의 기어 사이로 흡입된 액체는 기어의 맞물림에 의해서 압출되어 송출측으로 운송된다. 고압으로 사용하기 어려우며, 저속이다. 바이패스 구멍이 있다.

(2) 헬리컬 치차 펌프

그림 13.17의 왼쪽에서 보는 바와 같으며, 평기어 펌프에 비하여 이의 맞물림이 좋아 정숙한 운전이 되며 고속 운전이 가능하다. 기름은 물론 물이나 윤활성이 없는 액체를 이송하는 데에도 이용할 수 있다.

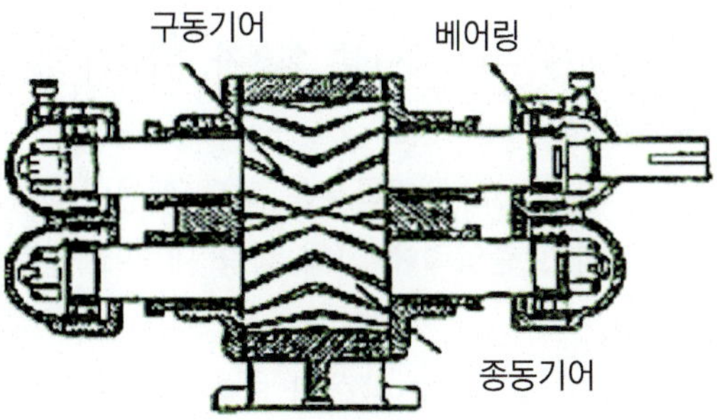

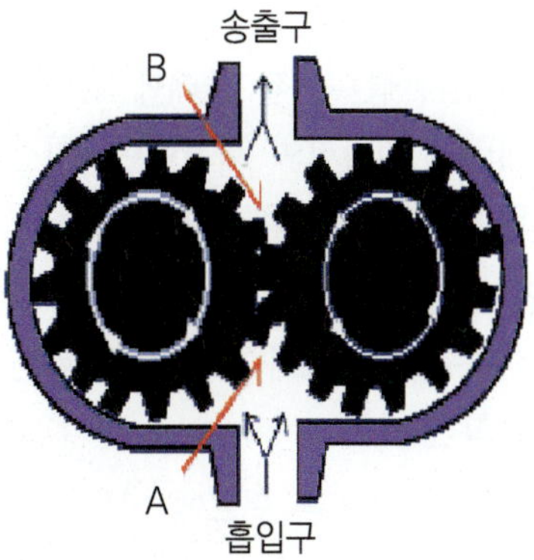

그림 13.17 기어펌프의 구성요소와 유체의 흐름도

그림 13.18 평치차 기어와 헬리컬 기어

13.4.2 회전식펌프(슬라이딩 베인펌프)

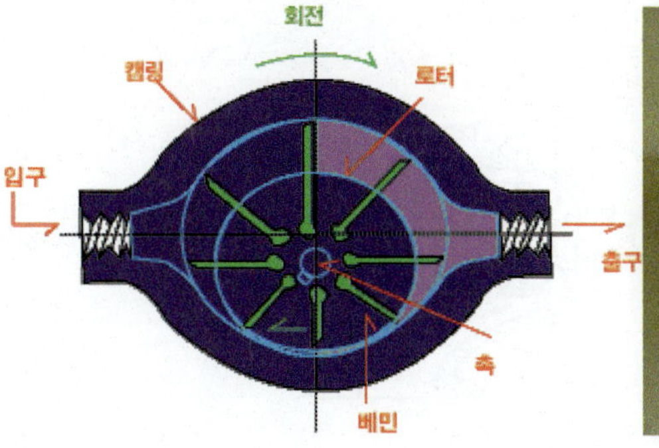

그림 13.19 베인 펌프

베인펌프라 불리는 슬라이딩 베인펌프는 원통형 케이싱에 내접하여 원주형의 회전자가 회전한다. 회전자에는 바깥 둘레에 홈이 있고, 그 내부에서 평판형의 베인이 원심력에 의하여 케이싱의 내면에 밀착하여 회전한다. 회전자가 회전함에 따라 케이싱, 회전자, 베인의 양 측면에 의하여 밀폐된 공간 내의 액체가 송출구로 압송된다.

베인 펌프의 로터에는 베인홈이 있고, 반경 방향으로 윤활작용을 하는 베인이 끼워져 있다. 로터는 구동축에 의해 회전하고, 베인은 원심력과 토출압력에 의해 캠링 내벽에 접촉력을 발생시키며 회전한다.

기어펌프나 피스톤 펌프에 비해 맥동이 적으며 기어의 마모에 의해 토출량이 저하되지 않는다.

슬라이딩 베인 펌프는 구조가 간단하며 저속 운동을 한다. 점도가 높은 유체에 주로 사용한다. 다소 진동이 있으며 갑판 보기의 액압 구동용으로 사용된다.

13.4.3 회전식 펌프(스크류 펌프)

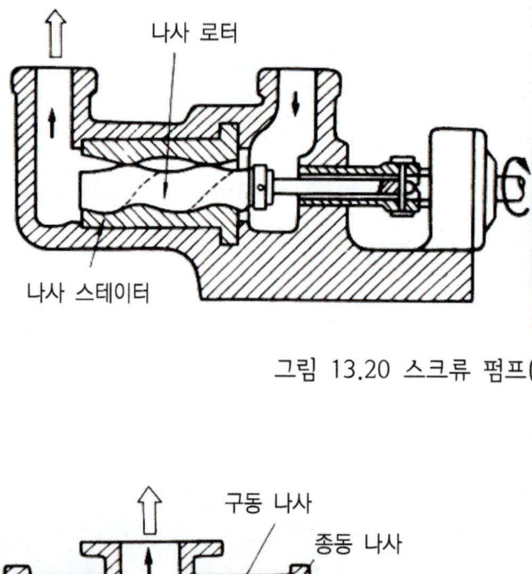

그림 13.20 스크류 펌프(Mono Pump)

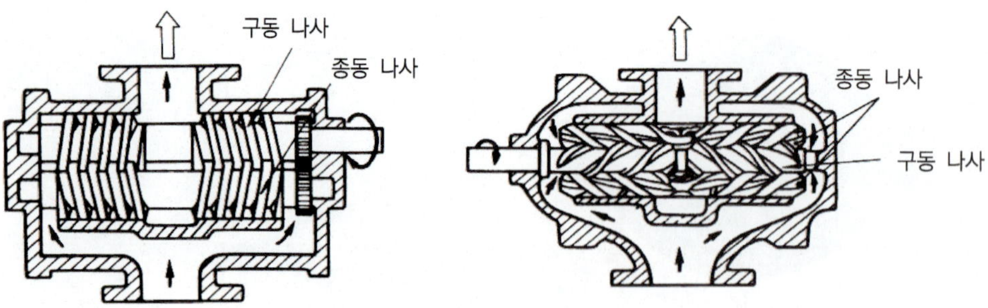

그림 13.21 스크류 펌프(Quimby Pump, IMO Pump)

그림 13.22 이모펌프

스크류 펌프는 나사 모양의 회전자를 케이싱 속에서 회전시켜서 케이싱과 나사 골 사이에 갇힌 유체를 축방향으로 이송하는 펌프를 말한다. 회전자의 수는 1 ~ 3개이다. 스크류 펌프는 운전이 정숙하고 유체를 연속적으로 이송하므로 송출측에 맥동이 적으며 고속운전에 적합하므로 부피에 비하여 큰 유량을 얻을 수 있는 이점이 있다.

운전시에 펌프의 입,출구밸브를 필히 열어야 하며, 유량조절은 모터의 회전속도를 줄이거나, 릴리프 밸프의 설정압력조정, 흡입측 밸브의 열림 정도를 조절할 수 있다. 유체의 온도가 높으면 유입속도를 작게 한다.

펌프의 종류는 다음과 같다.

① 모노 펌프(Mono Pump): 회전자가 한 개. 빌지펌프나 오수펌프

② 퀌비 펌프(Quimby Pump): 회전자가 두 개로 가장 오래됨.

③ 이모 펌프(IMO Pump):회전자가 세 개, 현재 가장 많이 사용됨.

13.4.4 회전식 펌프(로브 펌프, 가변토출 펌프)

(1) 로브펌프

작동원리는 기어펌프와 원리는 같지만, 단지 기어의 잇수를 적게한 것이라 할 수 있다. 피치(Pitch)가 작은 여러 개의 기어 대신에 피치가 큰 기어 2 ~ 3개로 구성된다. 대용량으로 사용 가능하며, 액체보다 기체에 주로 사용하며, 로오브의 수가 적으므로 맥동을 하고 그로 인하여서 진동이 심하다.

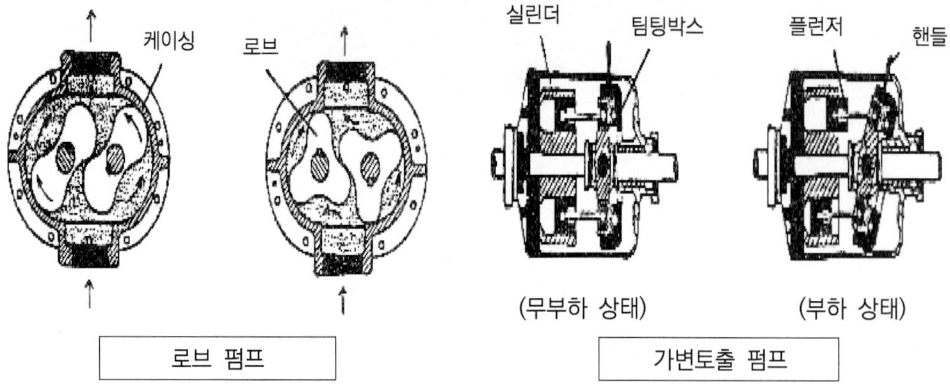

그림 13.23 로브 펌프와 가변토출 펌프

(2) 가변토출펌프

임의로 행정을 변경 조절하여 유량 조절 및 유출방향을 변경할 수 있는 펌프로, 소용량·고압에 적합하다. 액압 실린더와 조합하여 조타장치, 하역윈치, 윈드라스, 무어링 윈치, 및 캡스턴 등에 많이 사용되며, 항상 관내는 액으로 충만 되게 하기 위해서 펌프보다 약간 높은 위치에 팽창탱크를 설치하여야 한다.

- Hele-Shaw Pump-부동링의 위치로 흡입방향을 자유로이 변경가능하며, 관제봉의 위치에 따라 행정 조절이 가능하다. 조타장치의 액압구동용으로 널리 사용한다.
- William Janney Pump-효율이 좋으나, 구조가 복잡해서 분해조립이 어려운 특징이 있다.

13.4.5 왕복식 (피스톤 펌프, 버킷펌프)

왕복 펌프는 흡입 밸브와 송출 밸브를 장치한 실린더 내에서 피스톤 또는 플런저를 왕복 운동 시켜 송수하는 펌프이다. 실린더 내에 피스톤의 왕복 운동에 의해 일정량의 액체가 흡입·토출된다. 소용량·고양정 펌프로 사용되며 피스톤의 수가 적을수록 맥동이 크다. 또 먼지 등의 이물질에 민감한 특징을 가지고 있다.

왕복동 펌프의 특징은 구조상으로 볼 때 저속 운전이 될 수밖에 없고 같은 유량을 내는 원심펌프에 비해 대형이 된다. 또한, 송출 압력은 원심펌프와 같이 회전수에 제한을 받지 않고 소유량·고압력에 적합하다. 그리고 송출압력이 매우 클 경우에는 피스톤 대신 플런저를 사용한다.

왕복펌프를 분류하면 피스톤 펌프, 버킷펌프, 플런저 펌프가 있다.

왕복펌프의 송출유량은 피스톤 또는 플런저의 위치에 따라서 변동하므로 송출유량 및 송출압력을 균일하게 유지하기 위해서는 공기실을 설치한다.

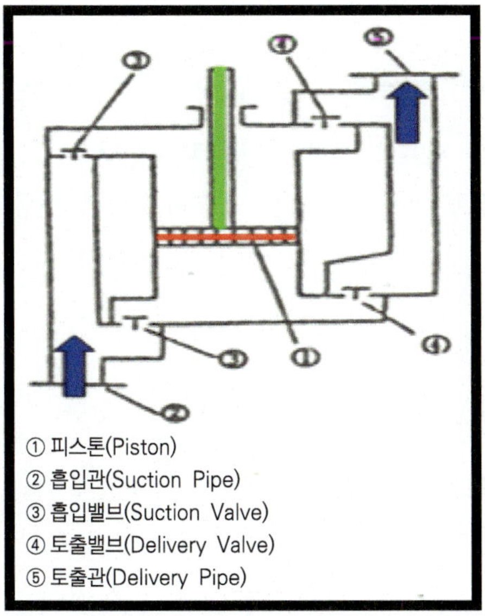

피스톤 펌프

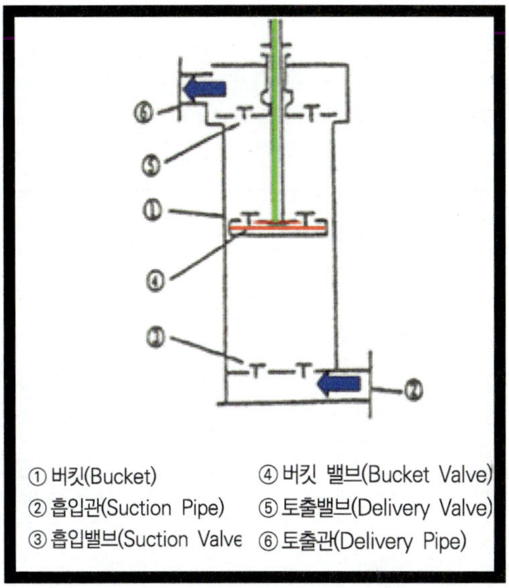

버킷 펌프

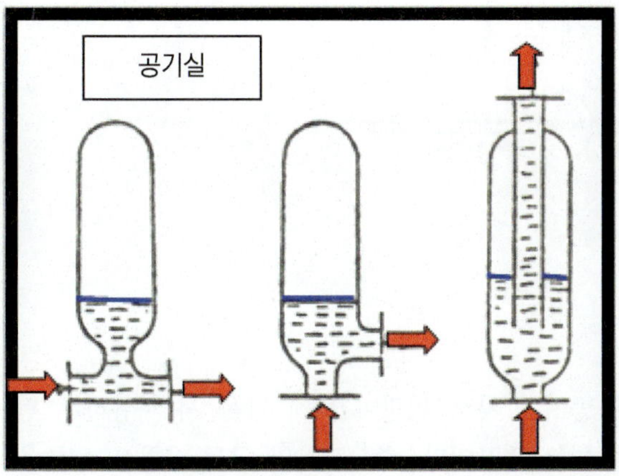

그림 13.24 왕복동 펌프

공기실은 왕복펌프의 배출량은 피스톤의 위치에 따라 변동하므로 배출량, 배출압력을 균일하게 하기 위해서 토출측의 실린더에 접근시켜서 설치하고 펌프에서 강하게 밀어낼 때는 토출유체로 공기실의 공기를 압축하고 압력이 약하게 되었을 때 공기의 압력으로 유체를 내밀게 한다.

13.5 특수 펌프

펌프의 작동원리를 기준으로 분류하면 터보형 펌프와 용적형 펌프가 아닌 펌프를 일반적으로 특수 펌프라 부르며, 진공펌프, 마찰펌프, 제트 펌프, 수격펌프, 기포펌프 등이 해당된다.

13.5.1 제트 펌프

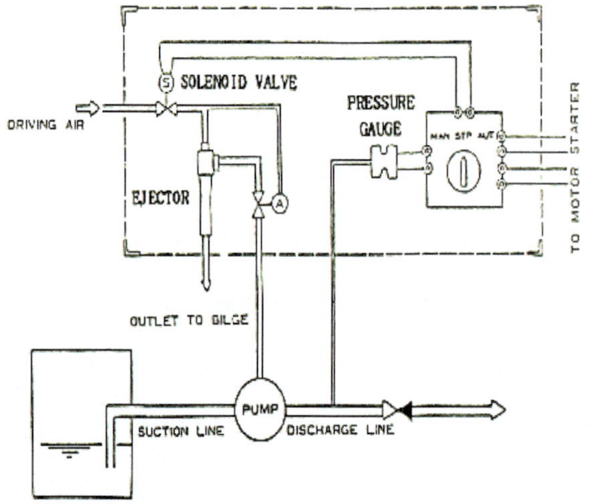

그림 13.25 제트펌프

선박에서 비상소화펌프와 같은 곳에 공기가 차서 펌핑이 되지 않을 시 사용하는 펌프로 입구 측에 있는 공기를 제거하는 역할을 하는 펌프이다. 즉, 고압의 구동 유체를 노즐을 통하여 고속으로 분사시키면 분류의 압력이 저압으로 되는 것을 이용한다.

13.5.2 마찰 펌프

마찰 펌프는 원판의 둘레에 다수의 짧은 반지름 방향의 직선 깃을 가진 로터를 동심원 외통의 내부에서 회전하여 액체를 송출하는 펌프이다. 마찰 펌프는 일명 재생 펌프 또는 와류 펌프라고도 하며, 제작회사의 명을 따서 Wesco펌프라고도 한다.

펌프의 작동 원리는 두 가지로 생각할 수 있다.

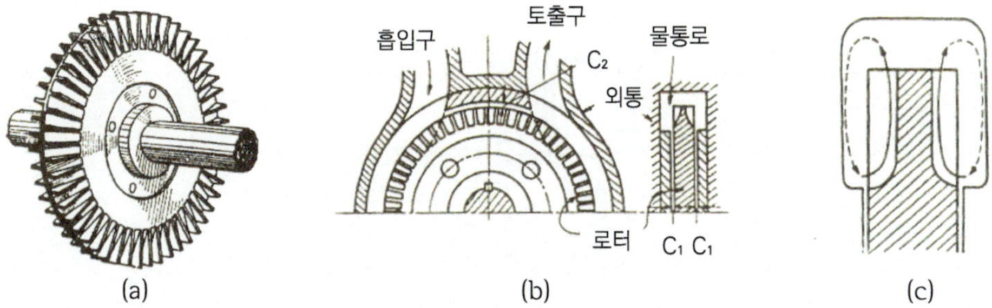

그림 13.26 마찰펌프의 도면과 원리

첫째, 다수의 깃에 의하여 연속적으로 원심력에 의하여 와류를 만들어 그 에너지에 의하여 액을 송출한다고 생각하는 경우이고, 둘째는 홈이 헝클어져서 마찰을 일으킴으로써 액체에 선회작용을 일으키고 따라서 액체가 흐름을 일으킨다고 생각하는 경우이다.

13.5.3 점성펌프(Viscosity Pump)

점도가 높은 유체의 점성을 이용하여 층류 마찰작용으로 펌프 작용을 일으키는 것을 점성펌프라고 한다.

13.5.4 기포 펌프(Air Lift Pump)

압축공기를 공기관을 통하여 양수관 속으로 혼입 시키면 양수관속은 물보다 가벼운 액체와 기체의 혼합체로 되므로 부력의 원리에 따라 관외의 물에 의하여 양수관 입구의 물을 밀어 올린다. 구조가 간단하고 고장의 염려가 적으며 수중에 다른 이물질이 포함되어도 지장이 없지만 효율이 낮은 결점이 있다.

13.5.5 와류 펌프(Vortex Pump)

원판의 둘레에 다수의 짧은 반지름 방향의 직선 깃을 가진 로터를 동심원 외통의 내부에서 회전하여 액체를 송출하는 펌프이다. 마찰 펌프는 일명 재생 펌프 또는 와류펌프라고도 하며, 제작회사의 명을 따서 Wesco펌프라고도 한다.

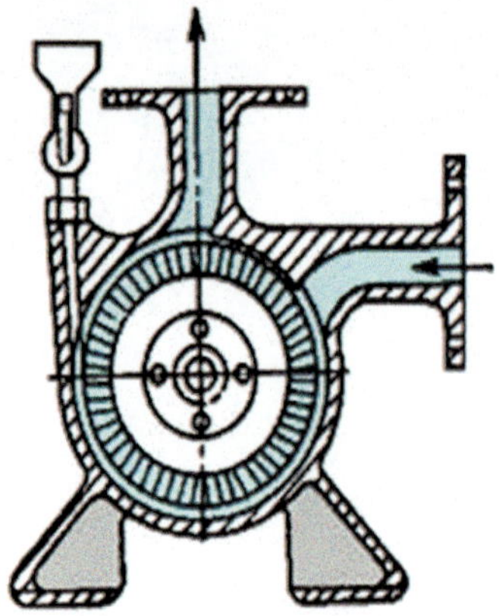

그림 13.27 와류펌프

CHAPTER 14

갑판 기계

14.1 양묘 및 계선장치

선박의 계류를 위하여 닻(Anchor)을 취급하는 기기를 양묘장치라고 하며, 계류용 밧줄을 취급하는 기기를 계선장치라고 한다. 양묘 및 계선장치는 갑판 상에 설치되어 있으며, 정박, 묘박 등 계류 시에만 사용을 하고 항해 중에는 거의 사용하지 않는다. 또한 사용 환경이 비교적 가혹하고 즉시 운전이 가능한 상태를 유지하여야 한다. 따라서 갑판 상에 설치된 기계는 최소한의 정비만으로 유지되어져야 한다.

14.1.1 양묘장치

(1) 앵커(Anchor)와 앵커 체인(Anchor Chain)

닻은 정박할 때뿐만 아니라 좁은 해역에서 선박을 회전시키거나 긴급하게 감속을 시키는 경우 사용하는 보조 수단이며, 또한 부두에 접이안시 보조기구로 사용된다.

1) 앵커(Anchor)

앵커는 구조에 따라 스톡 앵커(Stock Anchor)와 스톡리스 앵커(Stockless Anchor)로 나눌 수 있다. 스톡 앵커는 스톡이 있는 앵커를 말하며, 투묘할 때 파주력(把駐力, Holding Power)은 크지만 격납이 불편하므로 소형선에 주로 사용된다. 스톡리스 앵커는 스톡이 없는 앵커로서 스톡 앵커에 비하여 파주력은 떨어지지만 투묘 및 양묘 시 취급하기 쉽다. 또한 앵커가 해저에 있는 경우 앵커 체인과 엉키지 않고, 수심이 얕은 곳에서 앵커 암(Anchor Arm)이 선저를 손상시키지 않기 때문에 중·대형선에 널리 사용된다.

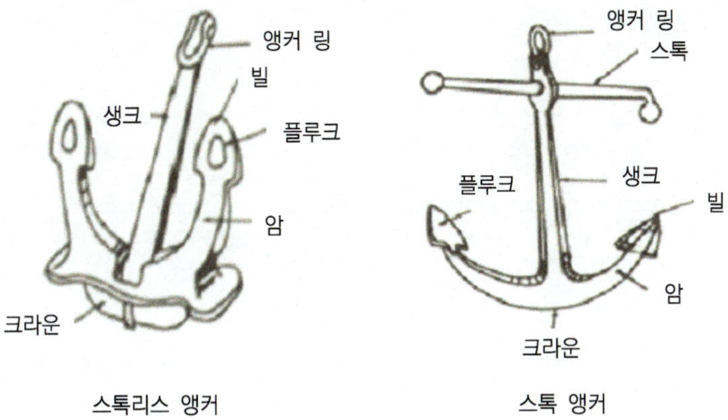

그림 14.1 앵커의 종류

그림 14.2 한바다호 앵커

그림 14.3 앵커와 앵커 체인

2) 앵커 체인(Anchor Chain)

앵커 체인은 배가 정박할 때 선체와 바다 속의 앵커 사이를 연결하게 되며, 매우 큰 하중을 견딜 수 있어야 한다. 따라서 주강(Steel Casting)으로 제조하거나 강봉(Steel Rod)을 전기 용접하여 만든다. 기준 길이는 1연(Shackle)으로서 길이가 25 m이다. 미국과 영국의 경우 15패덤이 기준 길이가 되며 약 27.5 m이다. 1패덤은 두 팔을 좌우로 벌렸을 때 한쪽 손끝에서 다른 쪽 손끝까지의 길이를 의미하며, 1 패덤(Fathom)은 약 1.83 m이다. 일반적으로 화물선은 8~12섀클을 갖추고 있다.

앵커 체인은 그 형태에 따라 스터드가 있는 것과 스터드가 없는 것으로 나눌 수 있으며, 스터드가 있는 것이 강도와 꼬임을 방지하는 측면에서 유리하다. 각 연의 체인과 체인을 연결하는 경우 스트레이트 섀클(Straight Shackle)이 사용되고, 체인과 앵커를 연결하는 데는 바우 섀클(Bow Shackle)이 사용된다.

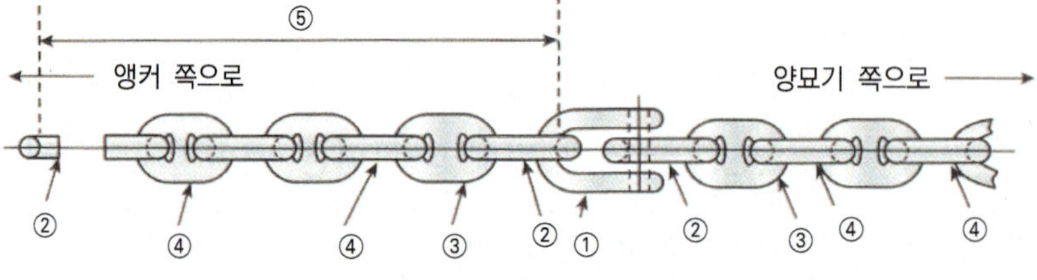

① 연결용 섀클 ② 단말 링크 ③ 확대 링크 ④ 보통 링크
⑤ 앵커 체인 1련의 길이

그림 14.4 앵커 체인의 구성

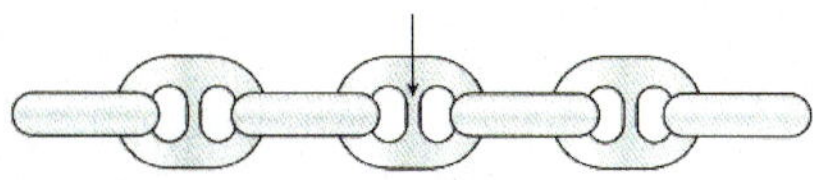

(a) 스터드 앵커 체인

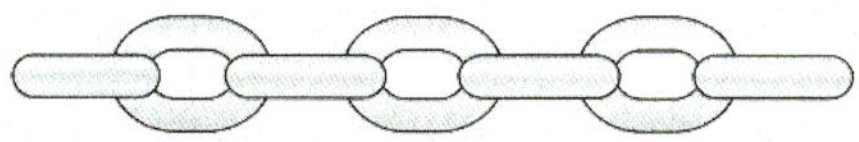

(b) 스터드리스 앵커 체인

스트레이트 섀클　　　　바우 섀클

그림 14.5 앵커 체인과 섀클

(2) 양묘기(Windlass)

양묘기(Windlass)는 앵커를 감아올리거나 투묘 작업 및 선박을 부도에 접안시키는 경우 계선용 밧줄(Mooring Rope)을 감는데 사용되는 기기이다. 일반적으로 선수부 최상 갑판에 설치되며, 구동 원동기의 종류에 따라 증기식, 전동식, 전동 유압식으로 나눌 수 있다.

그림 14.6 윈드라스

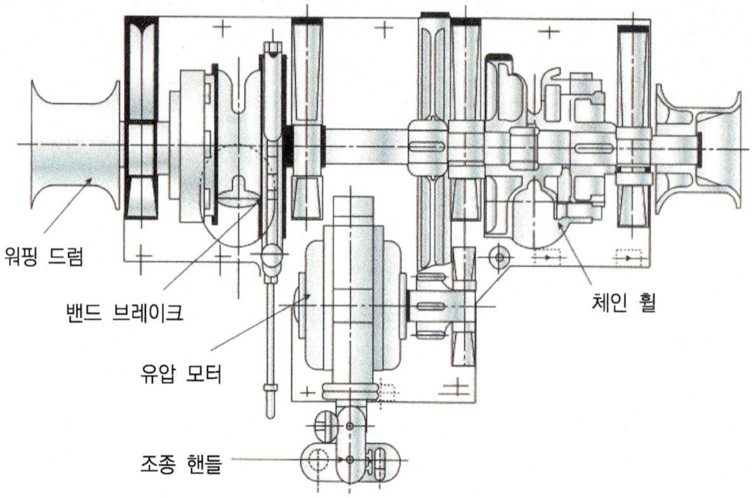

그림 14.7 전동 유압식 윈드라스

양묘기는 다음과 같이 구성되어 있다.

① 체인 드럼(Chain Drum) : 앵커 체인이 홈에 꼭 낄 수 있는 구조로 되어있어 드럼의 회전에 의하여 풀거나 감아들이게 된다.

② 클러치(Clutch) : 회전축에 원동기의 동력을 전달하는 역할을 한다.

③ 밴드 브레이크(Band Brake) : 회전축에 원동기의 동력이 차단되었을 때 회전축의 회전을 억제하는 역할을 한다.

④ 워핑 드럼(Warping Drum) : 회전축에 연결된 계선용 드럼으로 체인 드럼을 통하지 않고 계선용 밧줄을 직접 조종할 수 있다.

양묘기는 일반적으로 다음과 같은 기능과 성능을 갖추어야 한다.

① 양묘와 투묘의 조작 및 변환이 손쉽게 이루어질 수 있어야 한다.

② 앵커를 내리는 경우 앵커와 앵커 체인의 무게에 의하여 앵커가 내려가므로 앵커 체인의 움직임을 멈출 수 있는 제동 기능이 있어야 한다.

③ 앵커를 올리는 경우 하중의 변동이 심하기 때문에 앵커와 앵커 체인을 특정한 속도로 감아올릴 수 있어야 한다.

④ 원동기는 양 현의 앵커와 각 3연의 앵커 체인을 매분 9 m의 속도로 감아올릴 수 있는 출력을 갖추어야 한다.

14.1.2 계선장치

계선(繫船)은 앵커에 의한 정박과 부두 안벽에 의한 계류, 부이(Buoy)에 의한 계류가 있다. 부두의 안벽에 계류하는 경우 선박을 안벽에 붙이기 위하여 계선줄(Mooring Rope)을 사용하게 되며, 이 계선줄을 감아 들이거나 풀어주는 장치를 계선장치라고 한다. 계선장치에는 무어링 윈치(Mooring Winch)와 캡스턴(Capstan) 및 자동 장력 계선장치가 있다.

계선용 윈치는 계선 부하의 약 1.5배에 달하는 최대부하가 될 때까지 계선줄을 감아 들인 후 구동용 원동기의 제동기나 윈치 자체의 제동기로 계선줄을 그 상태에서 지지할 수 있어야 한다. 또한 계선줄은 제동기를 풀거나 인위적으로 조작하지 않는 한 느슨해지지 않아야 한다.

그림 14.8 윈드라스와 무어링 윈치

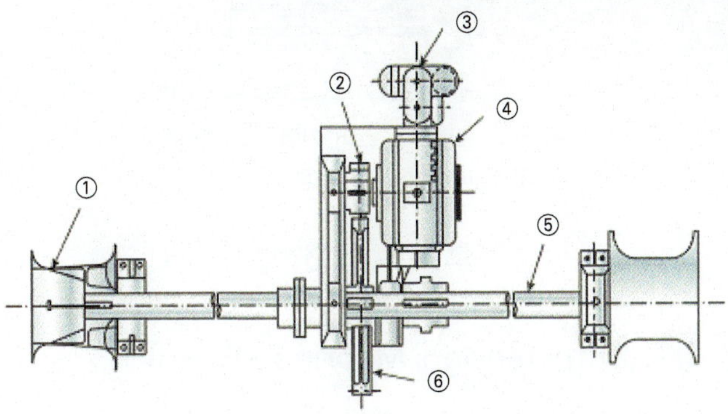

① 워핑 드럼 ② 피니언 ③ 조종 밸브
④ 유압 모터 ⑤ 수평축 ⑥ 대기어

그림 14.9 무어링 윈치

(1) 무어링 윈치(Mooring Winch)

무어링 윈치는 워핑 드럼(Warping Drum)의 축을 회전시켜 계선줄을 감을 수 있도록 되어 있다. 윈치의 구동 원동기 종류에 따라 증기식, 전동식 및 전동 유압식으로 나눌 수 있다.

(2) 캡스턴(Capstan)

워핑 드럼이 수직축에 설치된 계선 장치를 캡스턴(Capstan)이라 하며, 무어링 윈치를 갑판에 설치하는데 있어 공간적으로 제약을 받는 경우에 사용된다. 직립한 드럼을 수직축으로 회전시키고, 이 드럼에 계선줄을 감아 한쪽을 잡아당기면 계선줄은 드럼을 조이게 되므로 마찰에 의하여 잡아당겨진다. 일반적으로 갑판 아래 부분에 설치가 되며, 구동장치로는 전동기, 유압모터, 증기 기관이 사용된다. 캡스턴은 보통 웜 기어 장치에 의하여 감속되기 때문에 감속비가 상당히 큰 반면, 동력 전달 효율이 떨어진다. 또한 드럼 아랫부분에 래칫 기어(Ratchet Gear)를 설치하여 역전을 방지한다.

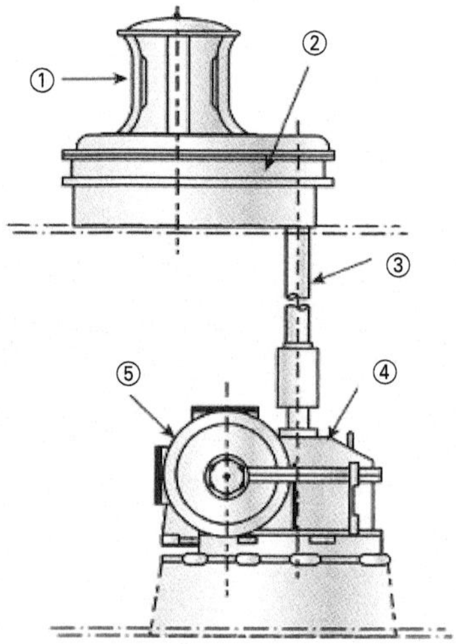

① 워핑 드럼 ② 스퍼 기어 ③ 수직축
④ 웜 기어 박스 ⑤ 전동기

그림 14.10 캡스턴

(3) 자동 장력 계선 장치(Auto-tension Mooring Winch)

자동 장력 계선 장치(Auto-tension Mooring Winch)는 윈치나 캡스턴에 감긴 계선줄에 작용하는 장력의 최대치를 일정한 값 이하로 설정하여 자동으로 장력을 조종하는 기기이다. 기존의 계선 장치인 윈치로 계선줄을 감아 들여 선박을 계류한 경우 풍랑, 조수간만의 차, 선박의 흘수 변화 등의 영향으로 계선줄에 과도한 장력이 걸려 계선줄이 끊어지거나, 계선줄이 느슨해져 선박이 안벽에서 떨어지는 경우가 발생하기도 한다. 이러한 경우 자동 장력 계선 장치를 사용하면 이를 방지할 수 있다. 자동 장력 계선 장치 또한 구동 원동기의 종류에 따라 증기식, 전동식, 유압식으로 나눌 수 있다.

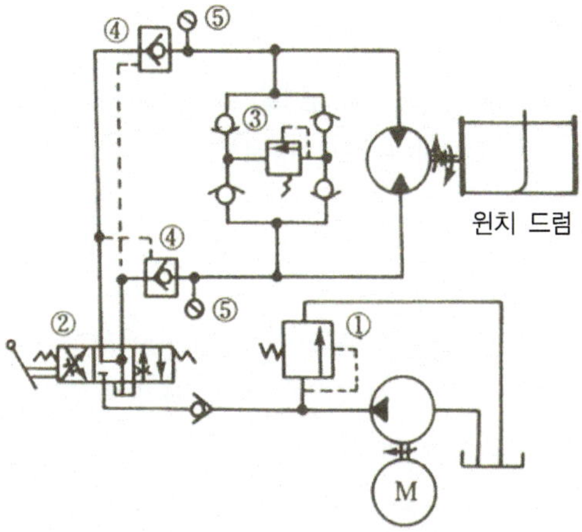

① 저압 릴리프 밸브 ② 방향 및 유량 제어 밸브
③ 고압 릴리프 밸브 ④ 파일럿 조작 체크 밸브 ⑤ 압력계

그림 14.11 유압식 자동 장력 계선 장치

14.2 조타장치

14.2.1 조타장치의 기능

타(Rudder)는 타두재(Rudder Stock)에 설치되어 있으며, 선박을 일정한 침로로 항진시키거나 침로를 바꾸는 역할을 한다. 그리고 이러한 타를 움직이는 일련의 기계장치를 조타장치(Steering Gear)라고 한다. 타는 일정한 침로를 유지하는 능력 및 선회성이 좋고, 수류의 저항과 파도의 충격에 충분히 강해야 한다. 또한 항주(航走)중에는 저항이 작아야 한다.

선박 설비 기준에 따르면 60 m 이상의 선박에는 동력 조타 장치를 설치하도록 규정되어 있다. 동력에 의한 조타 장치를 상용으로 하는 선박은 타 장치(Rudder Gear)의 제동 장치 또는 제동 체인과 예비(비상용) 조차 장치를 갖추어야 한다. 조타 장치는 선박이 만재 흘수 상태에서 연속 최대 속력으로 항진하는 중 한쪽 현 최대 타각인 35°에서 반대쪽 현 30°까지 28초 이내에 회전할 수 있는 능력이 요구된다. 또한 계절에 따른 온도 변화나 기상 변화에 따른 온도 변화 및 해상 상태에 의한 영향이 없어야 한다.

14.2.2 조타장치의 구성요소

인력으로 조타하는 경우 조타륜과 그 움직임을 직접 타에 전달하는 기구나 장치로 구성되어 있으나 동력 조타의 경우 다음 4가지 요소로 구성된다.

(1) 조종 장치(Controlling Gear)

선교(브릿지, Bridge)에 있는 조타륜(Steering Wheel)에서 동력 장치를 제어하는 부분이다. 조타륜에서 발생한 조타신호를 방향과 조타각에 따라 타가 움직이도록 조타기실에 있는 원동기 출력 제어 장치까지 전달하는 역할을 한다.

조종 장치는 조타 신호의 전달 방법에 따라 기계식(Mechanical Type), 유압식(Hydraulic Type), 전기식(Electric Type), 전기 유압식(Electro-hydraulic Type)이 있다. 기계식은 주로 소형선에 사용되고 있으며, 중·대형선에는 전기식 또는 전기 유압식이 사용된다.

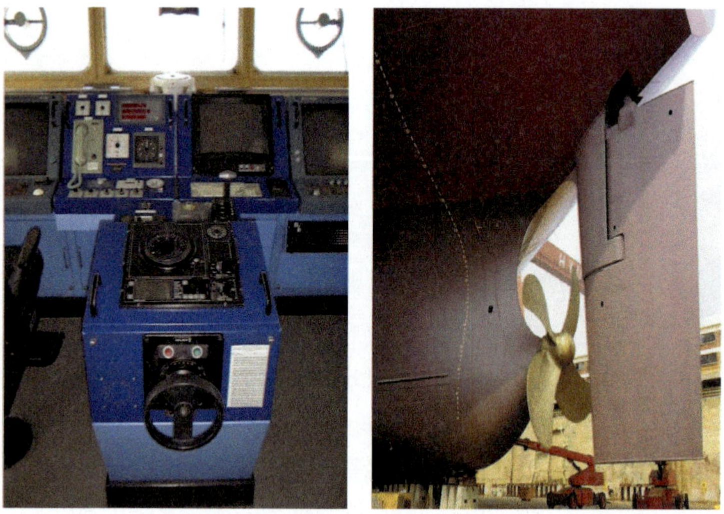

그림 14.12 조타륜(Steering Wheel)과 타(Rudder)

(2) 추종 장치(Hunting Gear 또는 Follow-up Gear)

추종 장치는 조타륜의 신호에 따른 제어 신호가 동력 장치에 전달되어 타가 회전하게 됨에 따라 타가 필요한 각도만큼 회전하였을 때 그 신호를 피드백(Feed Back)하여 자동적으로 타를 움직이는 장치를 정지시킴과 동시에 타를 그 위치에 고정시키는 역할을 하는 장치이다. 추종 장치에는 기계식 장치와 전기식 장치가 있다. 기계식 추종 장치는 기계식 조종 장치, 유압식 조종 장치 및 전기 유압식 조종 장치와 같이 사용되고, 전기식 추종 장치는 전기식 조종 장치와 같이 사용된다.

(3) 타 장치(Rudder Gear)

원동기의 기계적 에너지를 축, 기어, 체인, 유압 등에 의하여 타에 전달하는 장치로서 타를 수류, 파도에 대항하여 조종하고 배에 회두력을 주게 된다. 타 장치에 요구되는 사항으로는 다음과 같다.

① 기구(Mechanism)가 간단하고 조타 기계에서 발생한 동력을 확실하고 효과적으로 전할 수 있어야 한다.

② 타가 갑작스러운 충격을 받더라도 조타 기계 등에 충격이 전달되지 않도록 완충 장치(Buffer Gear)가 있어야 한다.

③ 타각이 양쪽 현 모두 일정 한도(약 35°)이상 되지 않도록 제한 장치를 갖추어야 한다.

④ 황천시에도 필요에 따라 예비 장치와 쉽게 교환할 수 있어야 한다.

이론적으로는 타각이 45°일 때 회두력이 최대가 되지만 속력 감쇠 작용이 커 최대 유효 타각 이상으로 돌려도 의미가 없으며, 오히려 조타 장치에 파손을 초래할 수 있다. 따라서 약 35° 정도로 타각을 제한하는 장치가 필요한데 이러한 장치를 타각 제한 장치라고 한다. 타 장치는 동력 전달 방식에 따라 체인 드럼식(Chain Drum type), 기어식(Gear Type), 나사식(Screw Type) 및 유압식(Hydraulic Type)으로 나눌 수 있다.

그림 14.13 타 장치(Rudder Gear)

(4) 원동기(Prime Mover)

타가 회전하는 데 필요한 동력을 발생시키는 장치로서 증기 왕복동 기관식(Steam Reciprocating Engine Type), 전동기식(Electric Motor Type), 전동 유압식(Electro-hydraulic Type)으로 나눌 수 있다. 증기식의 경우 초기에 많이 사용되었으며, 선박이 직류 전원을 사용하면서 전동기식이 사용되었고, 선박 전원이 교류로 바뀐 이후 주로 전동 유압식이 많이 사용되고 있다.

전동 유압식 원동기는 전동기에 의하여 가변 용량형 유압 펌프를 구동하고, 펌프에서 발생한 유압으로 유압 실린더를 구동시켜 타에 회전력을 제공한다. 전동기는 항해 중 항상 유압 펌프를 구동하고 있어야 하며, 조종 장치에 의하여 유압유의 유출 방향과 유량을 제어하여 타를 조종한다. 대형선의 경우 전동기와 펌프를 각각 2조 설치하고 1조는 예비 장치로 두고 있다.

그림 14.14 원동기 및 타장치

14.2.3 자동조타장치(Auto Pilot System)

선박이 대양으로 항해하는 경우 침로를 일정하게 유지한 채 항해하는 것이 일반적이다. 그러나 파도, 바람, 해류 등의 영향으로 선체 및 타에 외력이 작용하게 되고 이로 인하여 미세하게 침로가 바뀌므로 일정한 침로를 유지하기 위해서는 지속적으로 타각을 조금씩 조절하여야 한다. 즉, 주어진 침로와 선박의 진행 방향을 비교하고 조타륜을 작동하여 선박의 진행 방향을 침로에 맞게 수정하여야 한다. 또한 조타수는 항해사의 지시에 따라 수동으로 계속 조타륜을 조작하여야 한다. 이와 같은 노력을 덜어주는 장치가 자동 조타 장치(Auto Pilot System)이다.

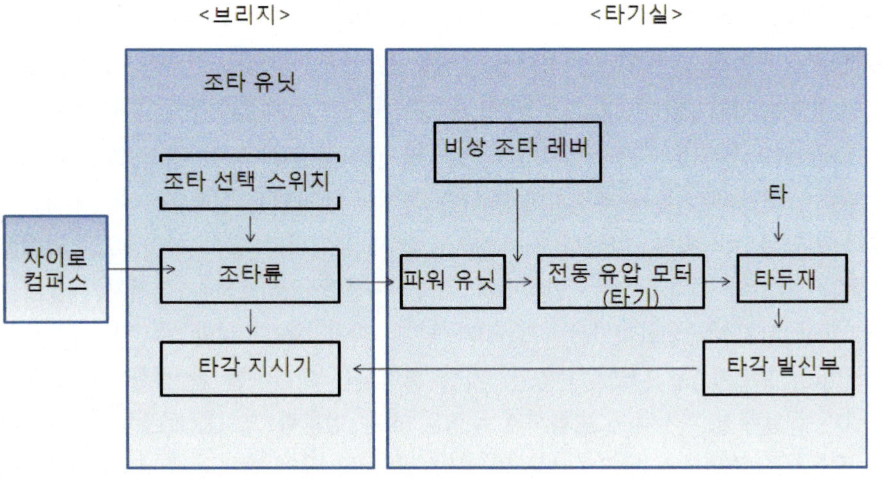

그림 14.15 조타 장치 계통도

자동 조타 장치는 선박의 침로를 검출하여 설정한 침로와 비교하여 오차를 구하고 오차를 없애도록 조타 신호를 내보내는 일종의 피드백 제어 시스템(Feedback Control System)이다. 선박의 침로는 자기 컴퍼스(Magnetic Compass) 또는 자이로 컴퍼스(Gyrocompass)를 사용하여 검출한다. 선박이 타를 중립 위치에 두고 침로를 유지하면서 항해중 외력에 의해 주어진 침로로부터 일정 각도만큼 이탈하게 되면 자동 조타 장치는 이탈각이 '0'이 되는 방향으로 타가 움직이도록 조타 신호를 보내게 된다. 조타 신호는 조종 장치에 전달되고 조종 장치에 의하여 원동기의 출력이 조절됨에 따라 타가 소정의 각도만큼 움직여 선박의 침로를 수정하게 된다. 또한 선박의 침로가 주어진 침로와 같아지게 되면 조타신호는 '0'이 되고 타가 그 위치에 고정된다. 외력이 제거되면 고정된 타의 위치에 따라 선박은 다시 주어진 침로로부터 벗어나게 되고 자동 조타 장치는 조타신호를 보내 타를 반대방향으로 움직여 주어진 침로로 복귀되도록 한다. 이와 같이 자동 조타 장치는 선박이 진행하고 있는 침로와 설정 침로를 비교하여 오차를 수정하기 위하여 끊임없이 조타신호를 내보내 타각을 미세하게 조절한다.

14.2.4 사이드 스러스터(Side Thruster)

선수 또는 선미 부근의 수면 아래 가로 방향으로 터널을 만들어 내부에 고정 피치 프로펠러 또는 가변 피치 프로펠러를 설치하고, 이것을 원동기로 구동함으로써 좌·우현쪽의 횡방향 추력을 작용시켜 선수 또는 선미를 좌·우현 횡방향으로 움직이게 하는 장치를 사이드 스러스터(Side Thruster)라 한다. 이 장치의 설치 위치에 따라 선수에 설치된 경우 바우 스러스터(Bow Thruster)라고 하고 선미에 설치된 것을 스턴 스러스터(Stern Thruster)라고 하기도 한다. 사이드 스러스터가 설치된 선박의 경우 사이드 스러스터만으로 선수 또는 선미를 선회시킬 수 있고 선체 전체를 횡방향으로 움직일 수도 있으므로 선박을 안벽에 붙이거나 안벽에서 떼어낼 때 조선이 용이해진다. 사이드 스러스터는 선박이 정지해 있거나 2~4노트 정도의 미속 항행인 경우 선체의 운동 성능을 향상시킬 수 있고, 선속이 빨라지면 사이드 스러스터의 효과는 크지 않다.

사이드 스러스터의 종류는 나선형 스러스터(Screw Thruster)와 분사 스러스터(Jet Thruster)가 있다. 분사 스러스터는 분사 추진기와 같이 노즐에서 분사되는 분류(Jet Stream)의 운동으로부터 추력을 얻는 방식이며, 나선형 스러스터는 분사 추진기와 같이 여러 매의 날개를 가진 회전차의 운동으로부터 추력을 얻는 방식이다. 또한 나선형 스러스터는 회전차의 날개 피치각이 고정된 고정 피치식(Fixed Pitch Type)과 날개 피치각을 조절할 수 있는 가변 피치식(Variable Pitch Type)으로 나눌 수 있다. 가변 피치식은 회전차를 한 방향으로 일정한 속도로 회전시키면서 날개의 피치각을 변화시켜 추력의 작용 방향과 크기를 조절하며, 날개의 피치각은 유압 작동기로 조절하게 되므로 별도의 유압 펌프 및 제어 밸브가 필요하다. 나선형 스러스터를 구동하는 원동기는 전동기, 유압 모터가 주로 사용된다.

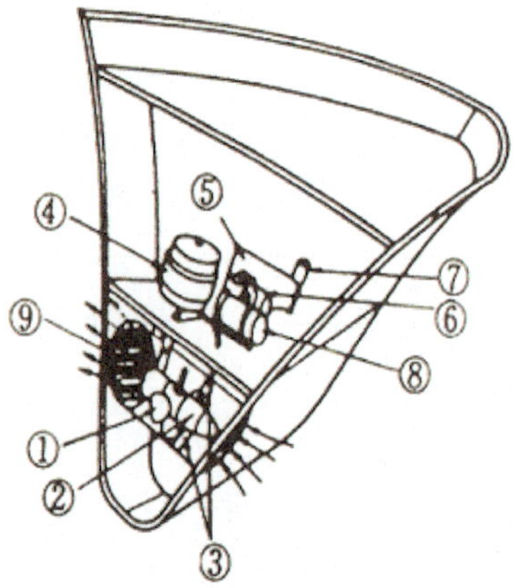

그림 14.16 사이드 스러스터의 구성

그림 14.17 바우 스러스터(Bow Thruster)

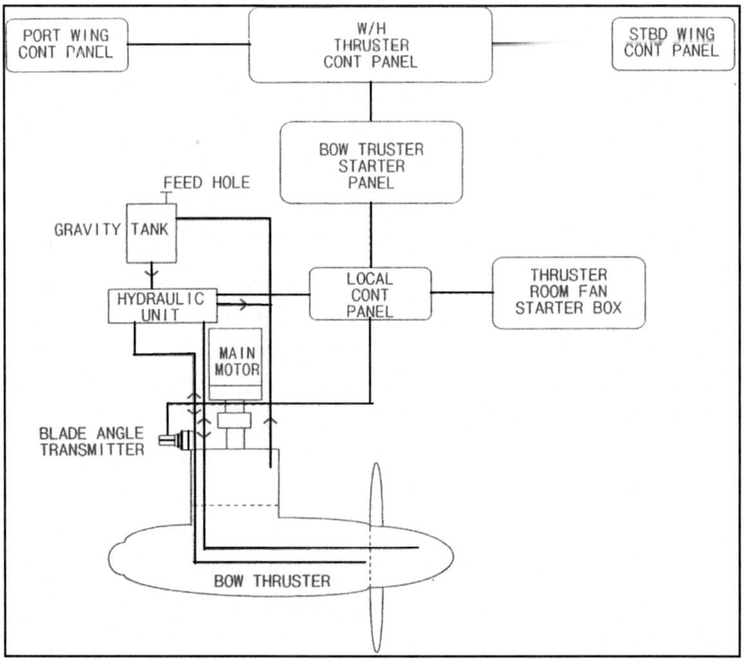

그림 14.18 사이드 스러스트 계통도

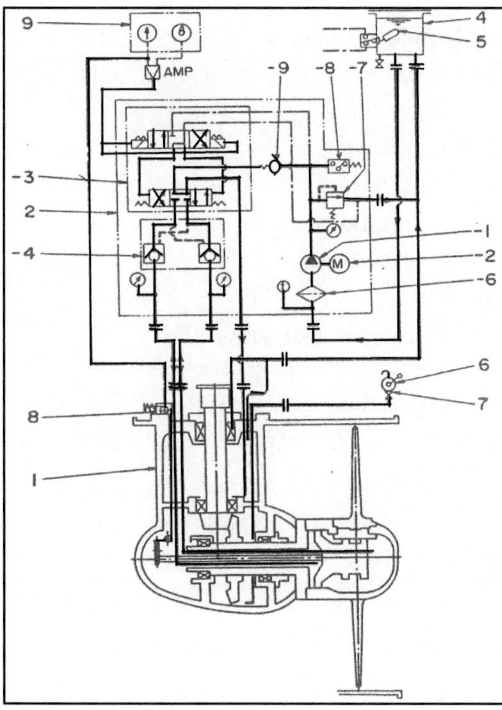

ITEM	NAME	REQ'D NO
1	THRUSTER UNIT	1
2	HYDRAULIC UNIT	1
-1	OIL SERVICE PUMP	1
-2	ELECTRIC MOTOR	1
-3	SOLENOID OPERATED VALVE	1
-4	DOUBLE PILOT CHECK VALVE	1
-6	STRAINER	1
-7	SAFETY VALVE	1
-8	PRESSURE SWITCH	1
-9	CHECK VALVE	1
4	GRAVITY TANK	1
5	FLOAT SWITCH	1
6	HAND PUMP	1
7	GLOBE VALVE	1
8	BLADE ANGLE TRANSMITTER	1
9	REMOTE CONTROL STAND	1

그림 14.19 사이드 스러스트 유압 장치도

14.3 하역장치

하역(Cargo Work)은 선박에 적화(Loading Cargo)와 양하(Discharging Cargo), 즉 화물을 싣고 내리는 작업을 말하며, 이러한 작업에 필요한 장치가 하역 장치(Cargo Handling Gear)이다. 하역에 소요되는 시간을 짧게 하면 선박 운하의 효율을 높일 수 있기 때문에 선박에는 대상 화물에 적합한 하역 설비를 갖추는 게 일반적이다. 그러나 컨테이너 전용선, 대형 광석 전용선 등은 자체 하역 설비 없이 육상 하역 설비를 이용하는 경우가 많다. 액체 화물을 운송하는 선박의 경우 화물용 펌프를 갖추어 하역 작업을 하게 된다. 하역 장치는 데릭식 하역 장치, 크레인식 하역장치, 하역용 펌프 등으로 구분할 수 있다.

(1) 데릭식 하역장치

선박의 하역 장치로 널리 사용되는 것으로 데릭 포스트(Derrick Post), 데릭 붐(Derrick Boom), 윈치(Winch), 및 로프들로 구성된다. 데릭식 하역 장치는 하나의 붐(Boom)을 움직여 화물을 다루는 가동 데릭(Slewing Derrick)방식과 두 개의 붐을 일정한 위치에 고정한 채 로프만 움직여 화물을 옮기는 고정 데릭(Union Purchasing)방식이 있으며, 사용하는 방식에 따라 윈치의 수 및 기능이 다르다. 데릭식 하역 장치는 주로 목재 운반선 및 다목적용 선박(General Cargo Ship) 등에 많이 채용된다.

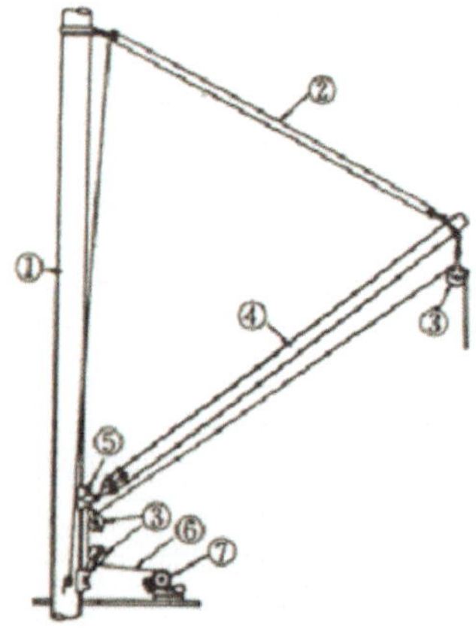

① 데릭 포스트(Derrick Post)
② 토핑 와이어(Topping Wire)
③ 데릭 블록(Derrick Block)
④ 데릭 붐(Derrick Boom)
⑤ 구스 넥 브래킷(Goose Neck Bracket)
⑥ 로프
⑦ 윈치

그림 14.20 데릭식 하역장치

(2) 크레인식 하역장치

크레인은 하역 작업이 빠르고 간편하며, 하역 준비 및 격납이 쉬워 널리 사용되고 있다. 크레인식 하역 장치의 종류는 크게 집 크레인(Jib Crane)과 같이 위치가 고정된 것과 선·수미 방향으로 이동하며 하역할 수 있는 갠트리 크레인(Gantry Crane)으로 나눌 수 있다.

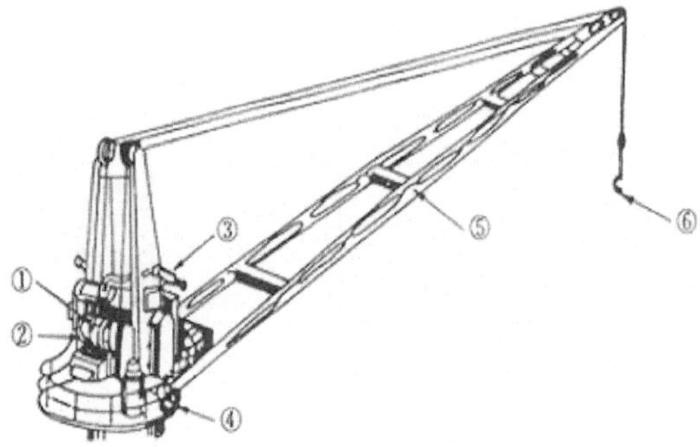

① 토핑 윈치 ② 카고 윈치 ③ 집 스토퍼(Jib Stopper)
④ 선회 윈치 ⑤ 집(Jib) ⑥ 카고 훅(Cargo Hook)

그림 14.21 크레인식 하역 장치

(3) 컨테이너 및 광석 하역장치

1) 컨테이너선 하역

일반적으로 컨테이너 전용선의 경우 육상의 하역 장치를 이용하여 적화와 양하 작업이 이루어진다. 그러나 육상의 크레인을 이용할 수 없는 항구에서는 컨테이너의 하역을 신속하게 하기 위하여 선박에 크레인을 장착하고 여기에 스프레더(Spreader)를 부착시켜 하역하는 선박도 있다.

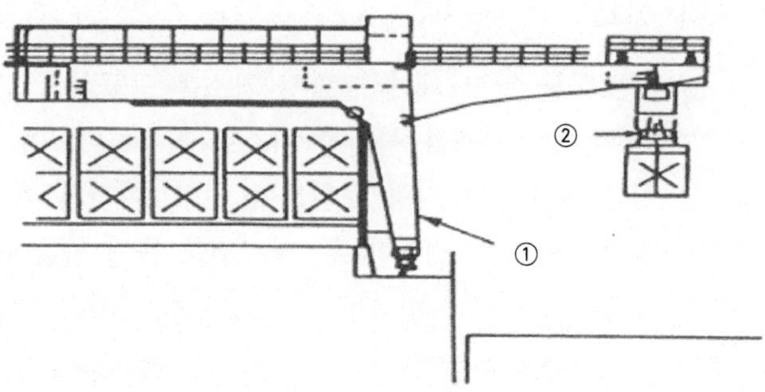

① 갠트리 크레인 ② 스프레더

그림 14.22 컨테이너선 하역 장치

2) 셀프 언로더(Self-unloader)

석탄, 광석과 같은 화물의 하역에 이용되는 설비로서 화물창을 깔때기 모양으로 하고 아래 부분에 켄베이어(Conveyer)를 설치하여 각 화물창의 화물을 선수 부근의 한 구역으로 이동시켜 이 곳에서 집중적으로 선외로 양하한다. 시멘트 전용선의 경우 이와 비슷한 하역 설비를 갖추고 있다.

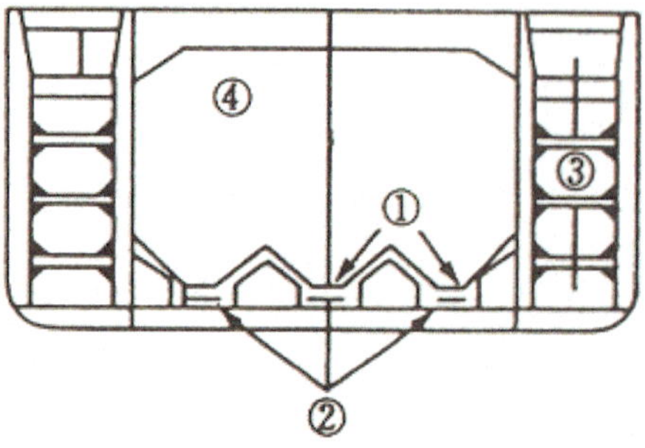

① 배출문 ② 컨베이어 ③ 밸러스트 탱크 ④ 화물창

그림 14.23 셀프 언로더

14.4 특수선의 하역장치

14.4.1 불활성 가스장치(Inert Gas System)

(1) Inert Gas System의 개요

IGS(Inert Gas System)는 화물 탱크 내에 불활성 가스를 공급하여 폭발 위험을 방지하는 장치이다. 일반적으로 보일러의 배기가스를 불활성 가스로 활용하며, 이 배기가스에는 미세한 입자, 유황 성분, 그을음 등의 불순물이 다량 포함되어 있다. 따라서 배기가스를 정화, 탈황, 냉각 과정을 거쳐 양질의 불활성 가스로 변환한 후, 블로워를 통해 화물 탱크에 주입한다.

한편, 제품선이나 LNG 운반선에서는 보일러의 연소 가스를 사용하지 않고 IGG(Inert Gas Generator)를 통해 산소 농도가 낮은 불활성 가스를 생성하는 방식을 선호한다. 또한, 순수한 질소나 이산화탄소를 불활성 가스로 사용하는 방법도 있지만, 비용이 많이 소요되는 단점이 있다.

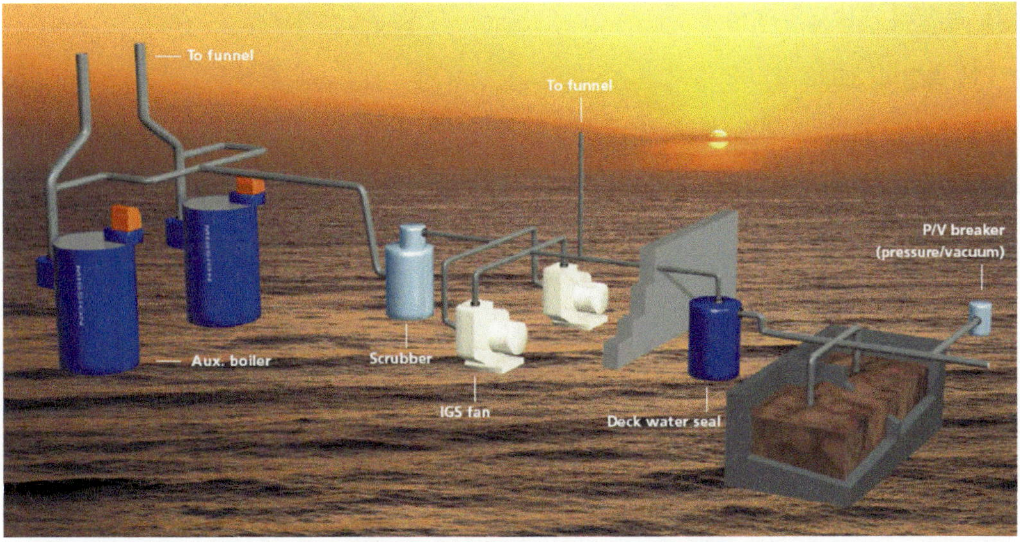

그림 14.24 Inert Gas System의 구성도 I

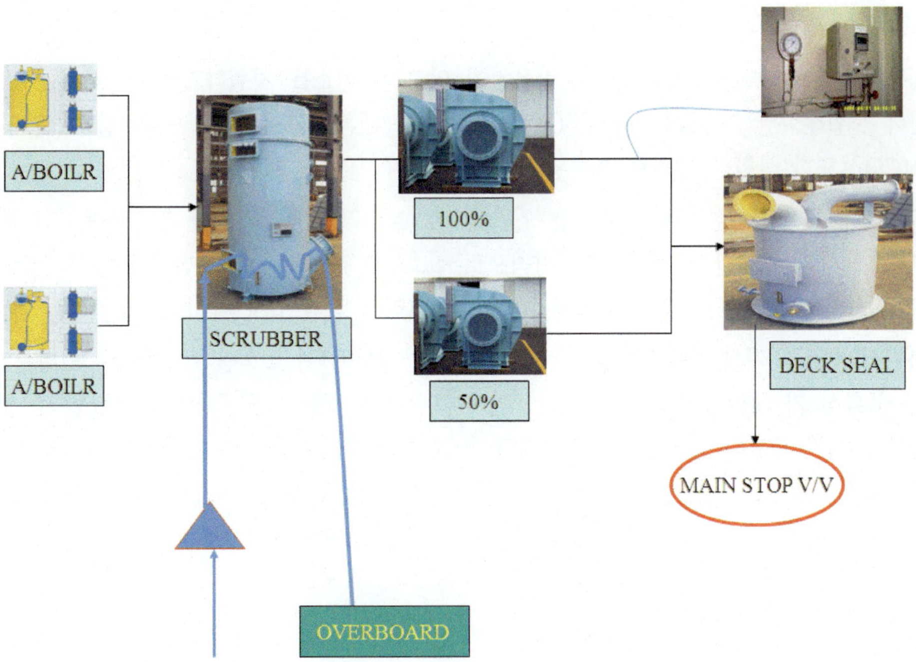

그림 14.25 Inert Gas System의 구성도 II

(2) 폭발의 3요소와 Inert Gas

1) 폭발의 3요소

폭발이 발생하려면 세 가지 요소가 충족되어야 하며, 이 중 하나라도 제거하거나 제한하면 폭발이 일어나지 않는다. 화물 탱크 내부에는 탄화수소 가스와 같은 가연성 물질이 존재하며, 발화원을 완전히 제거하는 것은 어렵기 때문에 산소 농도를 낮추는 방식이 사용된다. 이를 위해 산소 농도가 11.5% 이하로 유지될 수 있도록 불활성 가스를 주입하여 폭발 위험을 방지한다. 따라서 화물 탱크는 외부 공기와 완전히 차단되어야 하며, 탱크 내부의 압력을 대기압보다 높게 유지하여 산소가 유입되지 않도록 해야 한다.

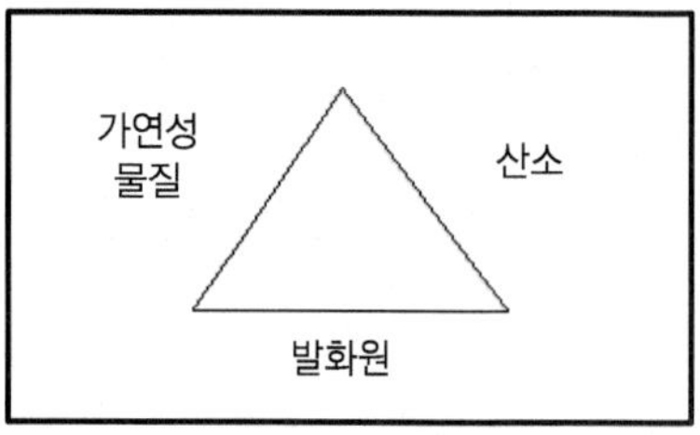

그림 14.26 화재 및 폭발의 3요소

(3) Inert gas의 성질

불활성 가스란 다른 물질과 쉽게 반응하지 않으며, 연소를 지원하지 않는 가스를 의미한다. 완전히 불활성화된 가스로는 아르곤(Ar), 헬륨(He), 네온(Ne) 등이 있으며, 질소(N_2)와 이산화탄소(CO_2) 또한 불활성 가스로 분류된다.

유조선에서 사용하는 불활성 가스는 일반적으로 보일러의 배기가스를 활용하며, 그 성분은 연소 상태에 따라 달라질 수 있지만, 대략적으로 질소(N_2) 77.0%, 이산화탄소(CO_2) 13.5%, 이산화황(SO_2) 0.3%, 산소(O_2) 4.2%, 수분(H_2O) 5.0%, 그리고 고형 입자 약 150 mg/㎥로 구성된다.

불활성 가스의 가장 큰 위험 요소는 산소 농도가 부족하여 질식을 유발할 수 있다는 점이다. 또한, 불활성 가스를 생성하는 과정에서 인체에 유해한 다량의 유독가스가 포함될 수 있으므로 각별한 주의가 필요하다. 특히, 소량이지만 독성을 가진 이산화황(SO_2)과 일산화탄소(CO) 등이 포함될 수 있으므로, 불활성 가스가 주입된 구역에 진입할 때는 반드시 가스 프리(Gas Free) 작업을 수행하고, 유해 가스를 완전히 제거한 후 안전을 확인해야 한다.

(4) 폭발과 Tank내 상태

1) 폭발

가연성 가스와 공기를 혼합하여 점화하면 불꽃은 점화점을 중심으로 퍼져 나간다. 연소가 계속되면 여러 가지 요인에 의해 연소속도는 증가한다. 이렇게 연소파면이 속도를 더하여 음속에 달하면 연소음을 발생하는 폭발연소가 된다.

2) Explosive Range Diagram

다음의 그림은 Explosive Range Diagram을 나타낸 것으로서 불연성범위도라고도 한다. 그림을 설명하면,

① Explosive range: 폭발이 일어날 수 있는 범위

② U.E.L.: 폭발 상한

③ L.E.L.: 폭발 하한

④ Non-flammable Range: 연소가 일어나지 않는 범위

⑤ Too little Oxygen: 산소농도가 11.5%이하이기 때문에 연소가 일어나지 않는 범위이다.

⑥ Over Rich: 산소농도가 11.5%이상이지만 탄화수소농도가 너무 짙어서 연소가 일어나지 않는 범위

⑦ Too Lean: 산소농도가 11.5%이상이지만 탄화수소 농도가 너무 희박하여 연소가 일어나지 않는 범위

⑧ Critical dilution line(희석한계선): 이 line 상부의 상태에서 바로 가스 free 작업을 하게 되면 어느 단계에서는 Explosive Range에 들어가게 되어 위험하다.

⑨ 산소농도 8% 이하 탄화수소가스 농도 2% 미만, 이 범위 안에서는 Gas Free를 개시하도록 규정하고 있다.

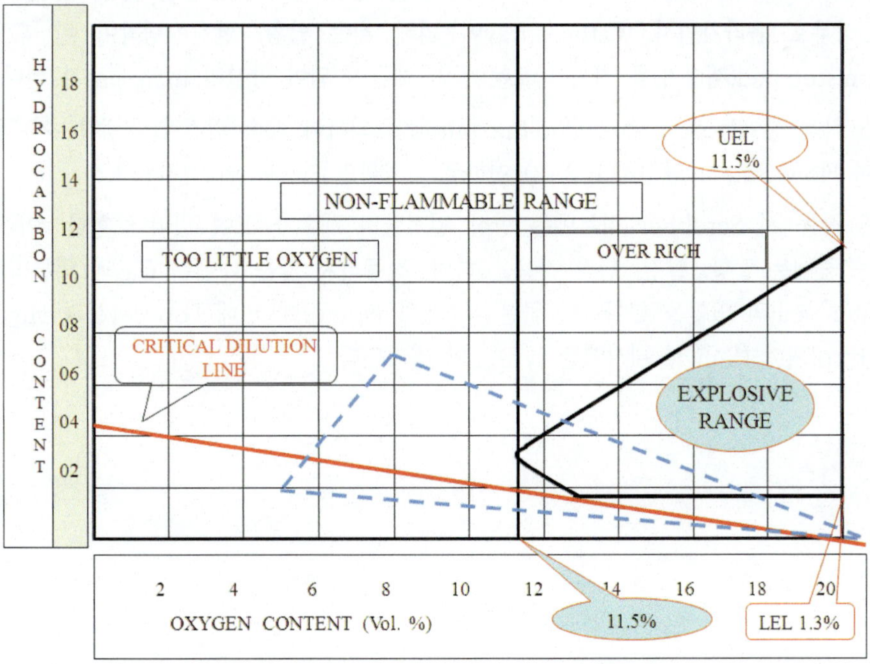

그림 14.27 Explosive Range Diagram

3) Inert Gas에 대한 규정

SOLAS 74-81년 개정조약에 따르면, Gas Free 상태를 제외한 모든 상황에서 탱크 내 산소 농도를 팔 퍼센트 이하로 유지해야 하며, 공급되는 불활성 가스의 산소 농도는 오 퍼센트 이하로 제한해야 한다. 이 규정을 위반할 경우, 하역이 거부되거나 벌금이 부과될 수 있다. 유조선은 항상 가연성 물질이 존재하며, 정전기 등의 요인으로 인해 발화원을 완전히 제거하는 것이 어렵기 때문에 선박의 안전을 보장하기 위해 입항 시 발라스트 배출을 포함한 모든 과정에서 규정에 맞는 불활성 가스를 적절히 공급해야 한다.

(5) Inert Gas System의 구성

1) boiler up-take valve

Boiler로부터 flue gas를 채취하는 valve로서 항상 고온이며 그을음과 유황성분이 많은 flue gas와 접하고 있으므로 장시간 사용하지 않을 경우 고착되는 수가 있다. 따라서 주기적인 작동 test 및 local에서 air blowing으로 valve를 작동시켜 고착을 방지해야 한다.

2) Scrubber

① Flue gas를 탈황, 탈진, 냉각시키는 작용을 한다. 즉, Boiler Up-Take valve를 통하여 들어온 Flue gas는 Scrubber 하부에 고여 있는 물을 통과하는 동안 탈황, 탈진, 냉각이 되고 상부로 올라가면서 Water spray에 의해 계속 탈황, 탈진, 냉각이 된 후 최상부의 Demister pad(제습기)를 거쳐 나오는 동안 제습이 되어 양질의 Inert gas가 된다.

② IGS 작동 중에는 Scrubber Cooling pump에 의하여 계속 일정량의 냉각수가 공급되어야 하며 Flow Rate가 규정치(1 BAR) 이하로 하강하면 System이 정지된다.

③ IGS 작동 시 Scrubber 하부에는 항상 일정량의 해수가 고여 있어야 한다. 이 물은 IGS 작동 중에는 탈황, 탈진, 냉각 작용을 하며, 작동하지 않을 때에는 Gas의 역류방지를 위한 Water seal의 역할을 한다. 이 물은 두 개의 Floater에 의해 Low level과 High level이 Control되며 High level시에는 system이 정지된다.

그림 14.28 Scrubber 외관

3) IG Blower

송풍기로서 불활성 가스를 화물유 탱크로 보내기 위한 장치이다. SOLAS 81 Reg.62에 의하면 원유선의 경우 적어도 두 대 이상의 Blower를 설치하여야 하며, 두 대의 총 용량은 본선 Cargo pump 총 용량의 125% 이상이 되어야 한다. 또한 각 Blower의 배출 Head는 Deck water seal의 물을 밀어 올릴 수 있을 정도여야 한다.

그림 14.29 IG Blower의 외관

4) 온도 검지기

Scrubber에서 배출되는 Inert Gas의 온도는 해수 온도보다 약 5도 정도 높지만, Blower를 통과하는 과정에서 압축에 의해 추가적으로 상승할 수 있다. 또한, Scrubber의 냉각 성능이 저하될 경우 온도가 더욱 높아질 위험이 있다.

온도가 높은 Inert Gas가 화물유 탱크에 주입될 경우 화재 위험이 증가하므로, Blower 출구 측에는 온도 센서를 설치하여 지속적으로 모니터링한다.

이 시스템은 온도가 60도에 도달하면 경보(Alarm)가 울리며, 65도에 도달하면 자동으로 시스템이 정지되도록 설계되어 있다.

5) O_2 Analyzer

SOLAS 81 Reg.62에 따르면, Cargo Tank에 공급되는 Inert Gas의 산소 농도는 5% 이하이어야 하며, Cargo Tank 내 산소 농도는 8%를 초과해서는 안 된다. O_2 Analyzer는 Blower에서 배출되는 가스를 샘플링하여 연속적으로 산소 농도를 측정하며, 측정된 값은 IGS Main Control Panel과 Cargo Control Room의 지시기에 표시된다.

또한, 산소 농도가 5% 및 8%에 도달하면 경보(Alarm)가 작동하도록 설정되어 있어야 한다.

6) Fresh air Inlet valve

Inert gas blower를 이용하여 화물유 탱크의 Gas free작업을 할 때 대기의 공기를 흡입하는 밸브이다. 평소에는 대기의 공기 유입을 막기 위해서 맹판(blind flange)을 부착하여 두고 사용 시에만 개방한다.

그림 14.30 O_2 Analyzer

7) Blower Outlet valve

Blower 출구 측 밸브이다. 보통 blower 운전에 따라 자동으로 open/close되지만, 수동 밸브로 된 것도 있다. 수동인 경우에는 blower 한 대만 운전하는 경우에는 다른 쪽 Blower의 밸브가 열려 있으면 이 Blower가 역회전 할 수 있으므로 출구 밸브를 잠가 두어야 한다.

8) Tank IG supply valve

IG Branch Valve는 각 Cargo Tank에 독립적으로 Inert Gas를 주입하거나 차단할 수 있도록 하는 밸브로, IG Main Line을 통해 양질의 불활성 가스가 공급될 때 사용된다.

이 밸브가 닫힌 상태에서 적재 또는 양하 작업을 진행하면, 탱크 내부의 가스 팽창 또는 진공으로 인해 심각한 손상이 발생할 수 있으므로 주의가 필요하다.

따라서 평상시 사용하지 않을 때는 밸브를 열린 상태로 유지하고, 임의로 조작되지 않도록 자물쇠로 잠가 두는 것이 원칙이다.

그림 14.31 IG Branch valve

9) Pressure Regulating valve

Inert Gas System의 운전 중 Tank내의 압력을 일정하게 유지하기 위한 자동 밸브로서 화물유 탱크의 압력이 설정치 이상 올라가면 잠가지고 Recirculation 밸브가 열려고 설정치 이하로 떨어지면 반대로 된다.

10) Recirculation Valve

탱크 내 압력이 설정된 기준 이상으로 상승하면 밸브가 열려 Scrubber로 가스를 되돌려 재순환하거나 대기로 방출하여 화물유 탱크의 압력을 일정하게 유지한다.

그러나 Recirculation이 장시간 지속되면 Scrubber 내의 해수가 외부 공기로부터 산소를 흡수하여 산소 농도가 증가하고, 동시에 온도가 상승할 수 있으므로 주의 깊게 모니터링해야 한다.

11) Deck water seal

Inert Gas System(IGS)의 운전 및 정지 시 Cargo Tank 내의 가스가 역류하여 Boiler로 유입되는 것을 방지하는 장치로서, 갑판 상에 설치된다.

이 장치는 내부에 해수를 일정 수위로 유지하여 가스의 역류를 차단하며, 하역 중뿐만 아니라 하역 종료 후 항해 중에도 해수가 지속적으로 일정한 레벨로 공급되어야 한다.

Deck Seal Water Pump는 기관실에 설치되며, 소구경 파이프를 사용하기 때문에 해수 유량이 줄어들 경우, 파이프 내부의 해수로 인한 부식 발생 가능성을 고려해야 한다.

그림 14.32 Deck Seal 외관 I

그림 14.33 Deck Seal 외관 II

12) Deck Isolating Valve

Cargo tank와 Deck water seal 사이에 설치된 수동 밸브로서 항해 중 화물유 탱크내의 탄화수소 가스가 역류하는 것을 방지한다.

13) High Velocity valve

각 화물유 탱크에 설치된 이 안전장치는 P/V Breaker와 동일한 기능을 수행하며, 탱크를 보호하는 역할을 한다.

탱크 내 압력이 정압 천사백 밀리미터 아쿠아(mmAq) 이상이 되면 내부 가스를 방출하여 과도한 팽창을 방지하며, 반대로 부압이 삼백오십 밀리미터 아쿠아(mmAq) 이하로 떨어지면 대기를 흡입하여 진공 형성을 방지한다. 이를 통해 탱크의 구조적 안정성을 유지하고, 안전한 운용이 가능하도록 한다.

그림 14.34 High Velocity 외관

14) Pressure Vacuum breaker

IG Main Line에 설치된 이 안전장치는 각 탱크에 장착된 High Velocity Valve가 정상적으로 작동하지 않을 경우 작동하여 탱크를 보호하는 역할을 한다.

이 장치는 양압이 천팔백구십 밀리미터 아쿠아(mmAq) 이상이거나 부압이 마이너스 육백삼십 밀리미터 아쿠아(mmAq) 이하일 때 작동하도록 설계되어 있다. 압력은 물의 수위를 이용하여 조정되므로, 항상 일정한 수위를 유지해야 한다. 또한, 겨울철에는 부동액을 보충하여 동결로 인한 손상을 방지해야 한다.

그림 14.35 P/V Breaker

15) Main Vent Riser valve

화물유 탱크내의 압력을 낮추기 위하여 대기 중으로 가스를 방출할 때 갑판 상에 가스가 모이지 않도록 하기 위해서 높이 설치된 Vent Riser의 밸브이다.

그림 14.36 Main Vent Riser valve

16) Purge/Excess vent valve

Flue Gas를 대기로 방출시키는 밸브로서 Delivery 밸브와 동시 작동되며 항시 Delivery 밸브와 반대방향으로 작동된다. 화물유 탱크 압력이 설정치 보다 높을 때 그리고 산소농도가 기준치이상일 경우에 Full Open 된다.

14.4.2 탱커선의 카고펌프

선박에서 액체 화물을 운송하는 선박은 양하 시 자체에 장착된 펌프를 사용하여 화물을 육상으로 이송한다. Tanker선 역시 카고 펌프를 이용하여 선박의 탱크에서 육상 탱크로 화물을 양륙한다.

이 카고 펌프는 대용량 펌프이므로 전동기로 운전하려면 상당한 발전기 용량이 필요하다. 따라서 유조선에서는 전동기 대신 터빈을 이용하여 펌프를 운전하는 방식이 채택되고 있다.

기관실에 설치된 터빈은 보일러에서 생산된 증기를 이용하여 구동되며, 격벽을 통과하는 샤프트(Shaft)를 통해 펌프룸에 장착된 카고 펌프를 작동시킨다. 기관실과 펌프룸은 안전을 위해 격벽으로 완전히 분리되어 있으며, 이 구조는 선박 운영의 안전성과 효율성을 높이는 역할을 한다.

(1) 기관실 Cargo oil pump turbine

그림 14.37 Cargo Oil Control Panel

그림 14.38 Cargo Oil Pump Turbine의 외관도

(2) Cargo Oil 펌프

유조선의 Cargo Oil Pump는 선박 내 펌프 룸에 약 세 대에서 네 대가량 설치되며, 하역 시간, 육상 탱크의 용량, 파이프의 수용 능력 등을 고려하여 한 대에서 네 대까지 운전할 수 있다. 이 펌프는 Cargo Oil Pump Turbine을 통해 작동되므로, 운전은 기관실에서 기동해야 가능하다.

그림 14.39 Cargo Oil Pump

기관실에서는 터빈을 가동하기 전에 충분한 워밍업 과정을 거친 후, 기동 절차 및 보일러 부하를 고려하여 점진적으로 기동해야 한다. 기동이 완료되면 Cargo Oil Control Room(COC)에 연락하여 적정 RPM으로 운전을 조정한다.

운전 중 기관실에서는 카고펌프의 부하 변동을 지속적으로 모니터링하며 보일러 부하를 조정해야 한다. 카고펌프는 원심펌프에 해당하며, 구조 및 성능은 앞서 설명한 원심펌프의 원리를 따른다.

카고펌프의 성능, 특성, 시간당 유량, 압력 한계 등은 반드시 Instruction Book을 참고하여 정확한 데이터를 확인한 후 적절하게 운전해야 한다.

(3) Stripping Pump

유조선에서 사용되는 Stripping Pump는 기관실에서 공급되는 증기로 작동하는 증기 왕복동 펌프가 널리 활용된다. Stripping System은 하역의 마지막 단계에서 각 화물유 탱크에 남은 기름을 완전히 제거하는 역할을 하며, 하역 시간을 단축하는 것은 이 시스템을 얼마나 효과적으로 운용하는지에 달려 있다.

왕복동 펌프의 작동 원리는 피스톤의 왕복 운동을 통해 액체에 직접 압력을 가하여 내부 용적 변화를 발생시키고, 이를 통해 액체를 이송하는 방식이다. 이 펌프에는 흡입밸브와 토출밸브가 함께 있으며, 액체의 압력에 따라 자동으로 개폐를 반복하면서 일정한 방향으로 액체를 이동시킨다. 따라서 밸브가 정상적으로 작동하지 않거나 누설이 발생할 경우, 펌프의 효율이 크게 저하될 수 있다.

그림 14.40 Stripping pump

14.4.3 LNGC의 카고펌프

(1) CARGO PUMP의 종류

LNG 운반선에서 사용되는 펌프는 중용량(5002000 m³/hr), 저양정(100160 m)의 원심펌프가 주로 적용된다. LNG는 초저온 상태의 포화 용액이며 대기압에 가까운 압력을 가지는 액체이므로, 펌프는 탱크의 가장 낮은 위치에 설치되어야 한다.

펌프의 유형에는 딥웰(deep-well)형과 서브머지드(submerged, 잠수)형이 있지만, 현재 대부분의 LNG 운반선에서는 서브머지드형이 채용되고 있다. 선박에 탑재된 카고 펌프는 각 탱크당 2대, 스프레이 펌프는 각 탱크당 1대가 설치되어 운용된다.

1) Deep-well형 Pump

이 펌프는 원래 깊은 우물에서 물을 끌어올리기 위해 개발된 것으로, 이후 액화천연가스(LNG) 이송용으로 최초로 사용된 펌프이다. 초기 LNG 운반선에서는 이 펌프가 채택되었으나, 구조적으로 여러 한계를 가지고 있었다.

펌프의 구조를 살펴보면, 펌프는 탱크 하부에 위치하고 모터는 상부에 배치되며, 두 구성 요소는 샤프트(shaft)로 연결되는 방식이다. 그러나 모터와 샤프트 사이의 메카니컬 씰(mechanical seal)에서 발생하는 누설 문제, 중간축 부근의 이상 진동 등으로 인해 운용상의 많은 어려움이 존재했다. 이러한 문제로 인해 해당 펌프의 사용에는 여러 가지 제한이 따랐다.

2) Submerged형 Pump

1964년 세계 최초의 상업용 LNG선"Methane Princes"에 잠수식 원심 다단펌프(submerged centrifugal multi stage pump)가 채용된 이래 현재 모든 액화천연가스 운반선에 이 형식의 펌프가 사용되고 있으며 다음과 같은 특징이 있다.

① 펌프와 모터가 일체화 되어 있는 구조로써 가볍고 단순하여 deep-well pump에 비하여 부품수가 적다.

② 샤프트가 없어 mechanical seal 같은 밀폐장치가 필요 없으며 운전 시 소음이 적고 공기와 완전히 차단되어 있어 누설의 위험과 폭발의 위험이 현저히 준다.

③ 펌프의 설치 및 분해가 수월하다.

④ 예냉(pre-cooling)없이 기동이 가능하다.

⑤ 모터와 축이 LNG로 냉각 윤활 되는 구조로 LNG는 점성이 낮고 충분한 윤활 효과가 없어 축의 수명이 짧아 축의 재질이 중요하게 된다.

⑥ 액화천연가스는 탄화수소로 고도의 전기적 부도체로 절연성이 좋다.

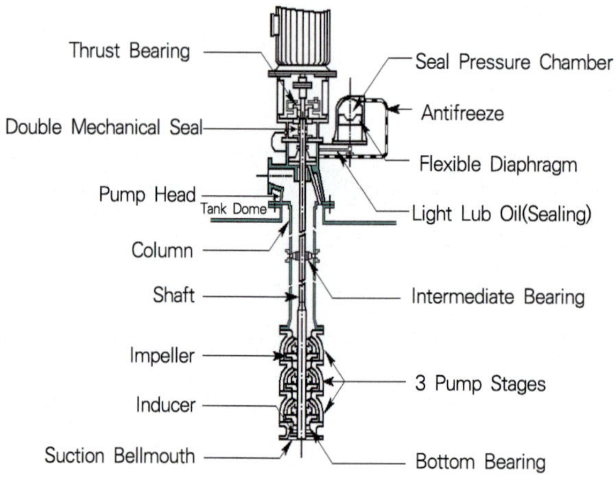

그림 14.41 Deep Well형 Cargo Pump

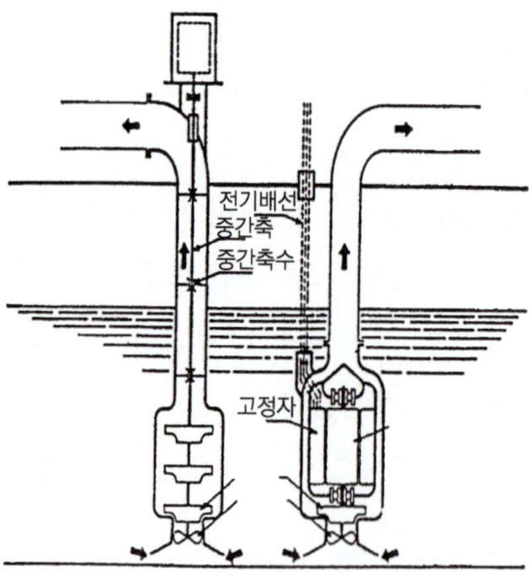

그림 14.42 Deep Well형과 Submerged형 펌프

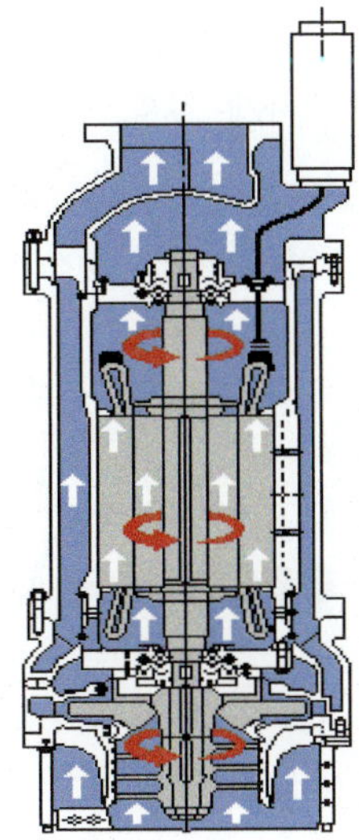

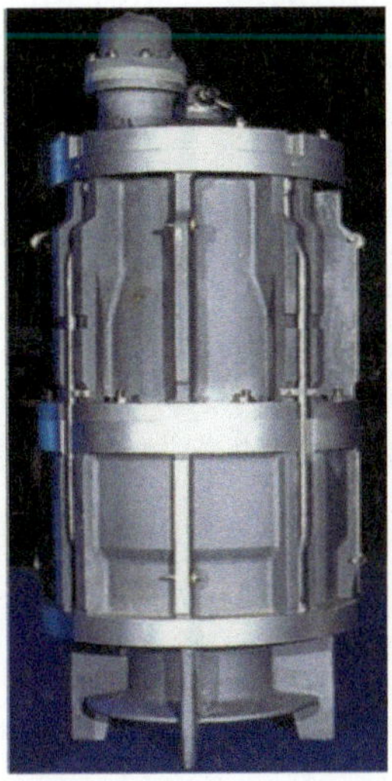

그림 14.43 Submerged Type Cargo Pump

(2) Cargo Pump 시스템 개요 및 특징

1) Cargo Pump 시스템의 개요

Cargo Pump 시스템은 극저온 액체를 저장 탱크로 안전하게 이송하기 위한 장치로, 용도에 따라 Cargo Pump와 Spray Pump로 구분된다. Cargo Pump는 생산된 LNG를 운반선의 저장 탱크로 이송하거나, 저장된 LNG를 선박에서 육상 기지로 이송하는 데 사용된다.

한편, Spray Pump는 저장 탱크의 급격한 냉각으로 인한 열 충격을 방지하고, 기화로 인한 LNG의 증발을 억제하기 위해 탱크 내부를 서서히 냉각하는 역할을 한다. 이 과정은 쿨다운(cool-down)이라 불리며, Spray Pump는 탱크 내부의 온도를 낮추어 LNG의 안정적인 이송이 가능하도록 한다.

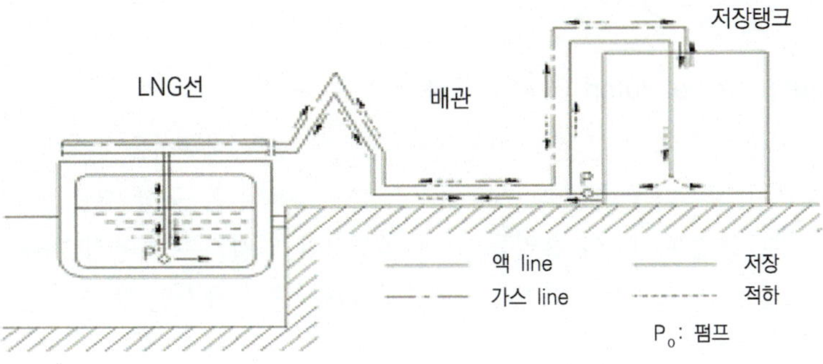

그림 14.44 LNG 이송 시스템

2) Submerged형 Cargo Pump 시스템의 특징

① 펌프 시스템은 극저온 환경에 적합하게 설계, 제작되어야 한다.

② 전동기는 컨테이너 내부에 장착된다.

③ 운전 중 극저온 액체는 컨테이너 바닥부에서 인입되어 전동기 내부를 경유하여 흘러가기 때문에 전동기를 냉각시킨다.

④ 회전축의 씰(seal)은 필요 없으나, 전기적 연결을 위한 단자 박스는 Seal이 필요하며, 가스관을 통한 가스 누출 방지를 위해 항상 질소로 세정되어 있다.

⑤ Submerged 전동기와 임펠러가 동일한 축에 일체화 구성된 형태이며, LNG가 전동기 내부를 통하여 흐르는 구조이다.

3) Submerged형 Cargo Pump 시스템의 장점

① 항상 극저온 액체에 잠기어 운전되므로 저소음이다.

② 설계 및 유지가 어려운 회전축의 Seal이 필요 없으며, 극저온 액체 특성상 어떠한 난연성 가스누출이 없다.

③ 임펠러와 전동기는 동일 축으로 연결되어 있어 커플링과 Align에 대한 문제가 제거 된다.

④ 전동기 보호 구조는 방폭형이 아니어도 된다.

4) Submerged형 Cargo Pump 시스템의 고려사항

① LNG가 전동기 내부로 유입되는 흡입부(suction part)는 펌프 기동전에 반드시 극저온 액체로 채워져 있어야 하며, 과도한 열수축 응력에 의한 손상방지를 위해 스프레이 펌프로 정교하면서도 서서히 냉각되어야 한다.

② 극저온 환경의 작업조건 모니터링은 필수적이나 매우 어려운 기술이다. 펌프 내 또는 외부에 진동 모니터를 설치한다.

5) Submerged형 Cargo Pump 전동기 구성

Submerge 전동기의 각 부품은 극저온 환경에서도 높은 내구성을 유지할 수 있도록 설계되며, 주요 소재로는 알루미늄 합금과 스테인리스강이 사용된다. 구성 요소는 LNG 유로와 연결되는 하우징 상부 조립부, LNG 흡입을 위해 임펠러와 연결되는 하우징 하부 조립부, 전원 공급을 위한 터미널 박스 조립부, 그리고 전동기의 핵심 구성 요소인 프레임, 고정자, 회전자, 베어링부로 이루어져 있다.

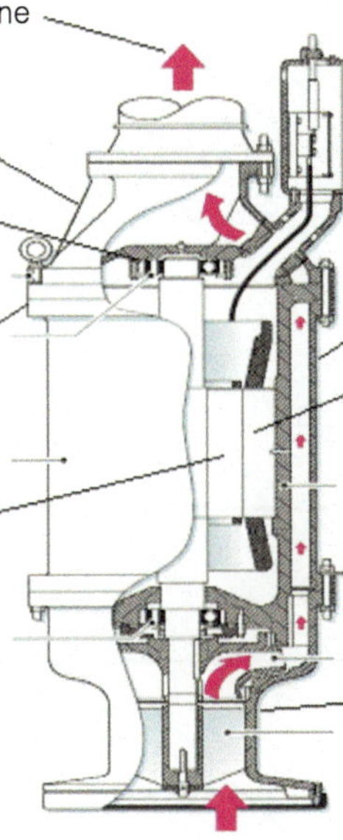

그림 14.45 Submerged형 Cargo Pump 전동기 구성

6) Submerged형 Cargo Pump 구조

① 인듀셔(inducer)

메인 임펠러에서 정상적인 양정을 생성하기 위해 필요한 흡입 양정을 보조하는 장치로, 특히 LNG 운반선의 카고 펌프에는 필수적인 구조이다. 화물 탱크 내의 LNG는 약 영하 백육십 도의 포화 상태에 있으며, 이때 펌프 흡입에 유효한 수두는 액면의 높이에 의해 결정된다. 캐비테이션을 방지하면서 액면이 거의 제로에 가까운 상태까지 양하가 가능한지는 이 인듀서의 성능에 달려 있다고 할 수 있다. 즉, 펌프의 필요 흡입 수두(Required NPSH)를 최소화하기 위한 장치이다.

② 임펠러(impeller)

양정을 높이기 위한 수차이다.

③ 디퓨져(diffuser)

임펠러에 의한 속도 수두를 효과적으로 압력 수두로 변환하는 역할을 한다.

④ 모터(motor)

초저온 환경에서의 운전은 도체의 전도율이 증가하는 특성이 있기 때문에, 이에 맞춰 특수 설계가 적용된다. 고정자에 삽입되는 절연체는 글래스 화이버 계열의 소재를 사용하여 제작되며, 상간 절연 처리를 통해 안정적인 성능을 유지하도록 구성되어 있다.

⑤ **베어링(bearing)**

LNG의 윤활 성능은 일반 윤활유에 비해 현저히 낮으며, 그 성능은 약 십 분의 일 수준에 불과하다. 더욱이, LNG는 비점이 낮아 쉽게 기화되므로 이러한 액체를 윤활제로 사용할 수밖에 없는 점이 LNG 취급 구조의 주요 과제 중 하나이다. 이에 따라, LNG 시스템에서 사용되는 베어링의 대부분은 볼 베어링 형태를 채택하고 있다.

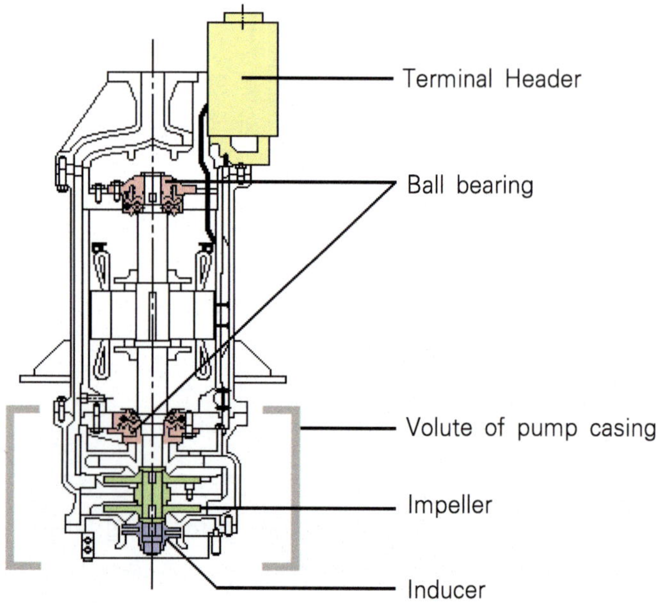

그림 14.46 Submerged형 Cargo Pump 구조

CHAPTER

15

M.G.P.S 및 I.C.C.P

15.1 M.G.P.S(Marine Growth Preventing System) 개요

MGPS는 해양생물이 서식하지 못하게 하여 해양생물로 인한 각종 필터 및 파이프의 막힘을 방지하기 위한 장치이다. MGPS System은 해수를 전기분해 하는 방식, 전극봉을 사용하는 방식이 있는데 해수를 전기분해 하는 방식은 해수가 전기분해 할 때 발생하는 염소화합물(Chlorine Compound)에 의하여 선내의 각종 Condenser, Piping, Cooler에 서식 또는 부착되는 해양 생장물의 성장을 방지하는 장치이다. 전기분해에 의하여 생성된 염소화합물이 포함된 해수가 Sea Chest내에 설치되어 있는 Nozzle을 통하여 분사되어지고 선외에서 흡입된 해수와 혼합하여 선내의 Sea Chest, Piping, Cooler, Condenser등에 부착된 생성물을 제거한다. 전기분해 방식 MGPS는 정류기, 전해조, Flow Meter, Injection Nozzle, Strainer 등으로 구성된다.

그림 15.1 MGPS 실례

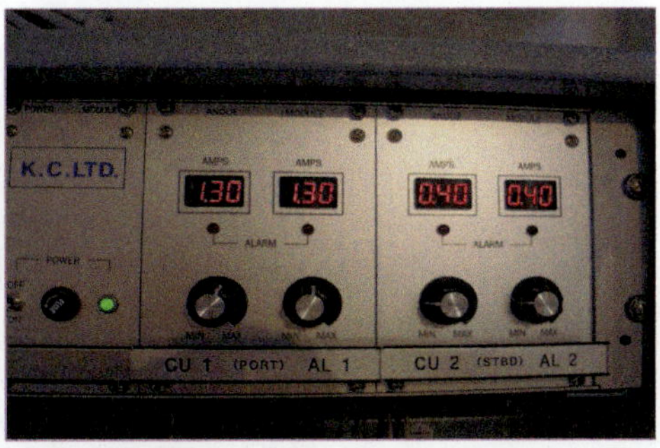

그림 15.2 MGPS 제어 판넬

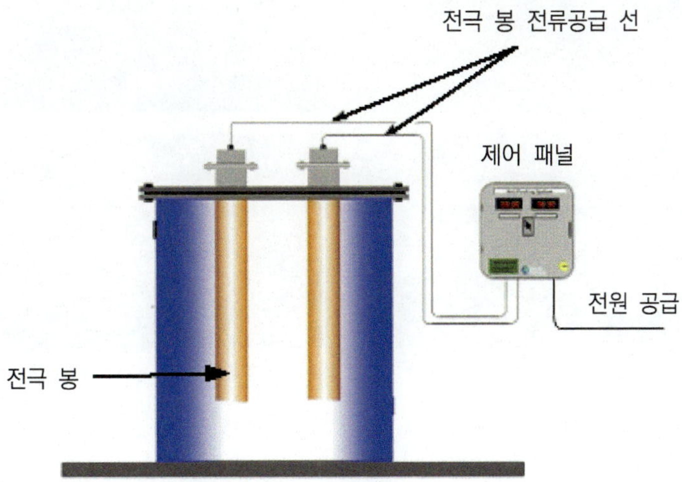

그림 15.3 M.G.P.S 시스템

전극봉을 사용하는 방법의 원리는 구리(Marine Growth : MG)와 알루미늄(Trap Corrosion : TC) 전극봉에 전류를 가하여 생성된 작은 입자들이 해수와 함께 공급되어 해수 중에 포함되어 있는 홍합과 바닷말의 유충을 살균한다. 즉, 구리 봉에서는 구리이온이 천천히 방출되어 해양생물을 살균한다. 알루미늄 봉에서는 알루미늄수산화물이 방출되어 부식이 발생할 수 있는 파이프 및 냉각기 내부에 착상하여 얇은 피막을 형성케 하여 파이프 및 냉각기 내부의 부식을 억제하고 해양생물의 부착을 방지한다.

그림 15.4 해양 동물

그림 15.5 해양 식물

15.1.1 전극봉을 사용하는 System의 정비와 관리

(1) 구조

1) Control Panel

이 장치는 2~4개의 Module로 구성되어 있으며, 전극봉에 공급되는 출력(전류)을 조절할 수 있는 Turning Knob과 Bar Graph, Switch 등으로 구성되어 있다.

2) Anode(전극봉)

전극봉은 Marine Growth(MG)와 Trap. Corrosion(TC)로 구성되어 있으며, 수명은 약 2년 정도이고 Current Setting치가 높을수록 Anode의 수명은 짧아진다.

① Marine Growth(MG): 구리로 제작되어 있으며 해양생물의 부착방지용으로 설치됨.

② Trap Corrosion(TC): 알루미늄으로 제작되어 있으며 알루미늄수산화물을 발생시켜 Pipe등에 방식층을 형성시킨다.

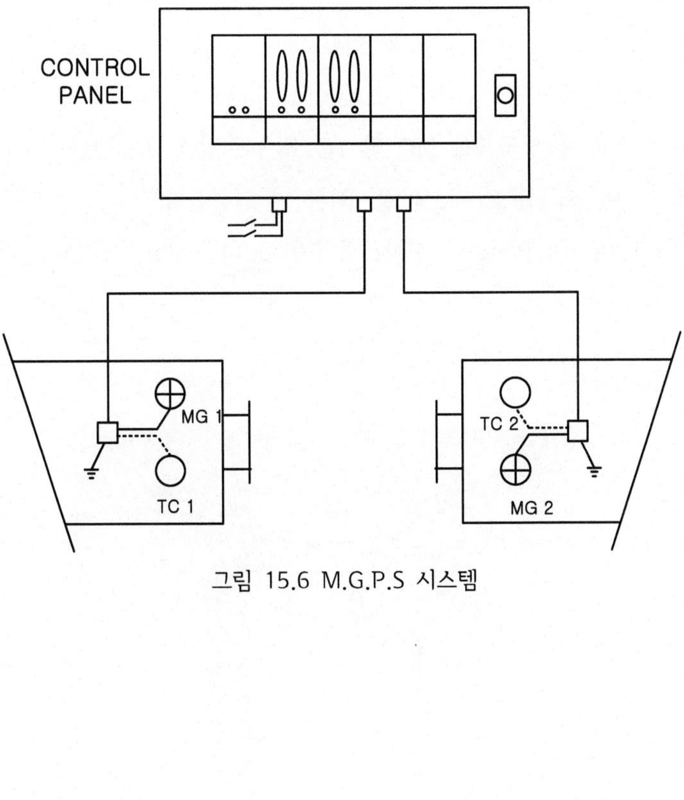

그림 15.6 M.G.P.S 시스템

15.1.2 조정

운전중 열교환기, 파이프 등에 해양생물의 부착여부를 확인하여 부착물이 있으면 공급 전류치를 약 0.2 AMP를 올려주고 부착되지 않았다면 약 0.2 AMP를 내리고 각부의 상태를 확인한다. (단, 전류 조정 시에는 MAKER에 연락하여 조정여부를 문의할 것.)

최초 MGPS 공급전류의 조정은 Maker에서 조정하여 공급하며, 과거에는 정박중과 항해중에 MGPS의 공급 전류 값이 달랐으나 요즈음은 조정하지 않는 형태로 출고되고 있다.

15.1.3 전극봉의 교환

① 전극봉의 소진은 Control Panel의 Bar Graph의 작동으로 확인할 수 있으며(Bar Graph의 불빛이 떨어진다) 소진이 확인되면 교환한다.

② 전극봉의 교환

- Control Panel의 전원 스위치 Off
- Junction에서 전극봉 Cable을 분리, 이때 단자에 MG 및 TC 표시할 것.
- Bolt, Nut를 풀고 전극봉을 떼어내고 Count Flange에 MG 및 TC 표시할 것.
- Gasket을 끼우고 새 전극봉을 MC 및 TC 표시에 맞게 조립한다.
- Junction Box에 전극봉 Cable을 잘 구분하여 연결한다.
- 해수 유입후 Control Panel의 전원스위치를 On하고 Bar Graph의 작동이 정상인가 확인한다.

③ 전극봉은 Sea Chest 또는 Strainer에 설치한다.

그림 15.7 전극 봉

15.1.4 점검

① Control Panel의 전원 Lamp가 켜지지 않는다.

- Control Panel의 Main Fuse를 점검
- Distribution Box내의 Circuit Box를 점검

② 전극봉용 Bar Graph 하나가 켜지지 않는다.

- Module내의 Anode Fuse 점검
- 해당 전극봉의 선이 단선 되었는지 확인
- Sea-Chest의 Junction Box를 점검
- Module 자체의 이상 유무를 확인하기 위하여 옆의 이상이 없는 Module과 교환하여 이상 유무를 확인한다.

③ Control Panel의 전원 Lamp는 켜져 있으나 Bar Graph의 작동이 되지 않을 때

- 모든 Module의 이상 유무를 점검
- 전극봉이 해수와 접촉되는지 확인
- 이상을 발견치 못하였을 경우 전극봉의 소진여부를 확인

15.2 I.C.C.P System(Impressed Current Cathodic Protection System)

15.2.1 부식과 방식

(1) 부식

1) 부식이란?

선체의 부식은 금속표면이 외부로부터의 화학작용에 의하여 금속이 아닌 상태로 되어 소모되어 가는 현상이다. 만약 해수 중에 철판을 한 조각 넣어 두었을 경우 이 철판 내에서 양극화 현상이 발생하여 양극과 음극으로 분리된다. 양극(Anode)에서 음극(Cathode)으로 전자가 이동하게 되면 양극(Anode)부분에서 부식현상이 발생하게 된다. 선박의 방식장치가 없을 경우 선체가 양극, 해수가 음극이 되어 선체가 부식된다. 이것은 안정한 상태의 광석에 많은 Energy를 가하여 만든 불안정한 금속이 다시 안정한 상태로 환원하는 작용에 의하여 전자의 이동이 발생하게 되는데, 특히 용접부분에서 심하게 발생하게 된다.

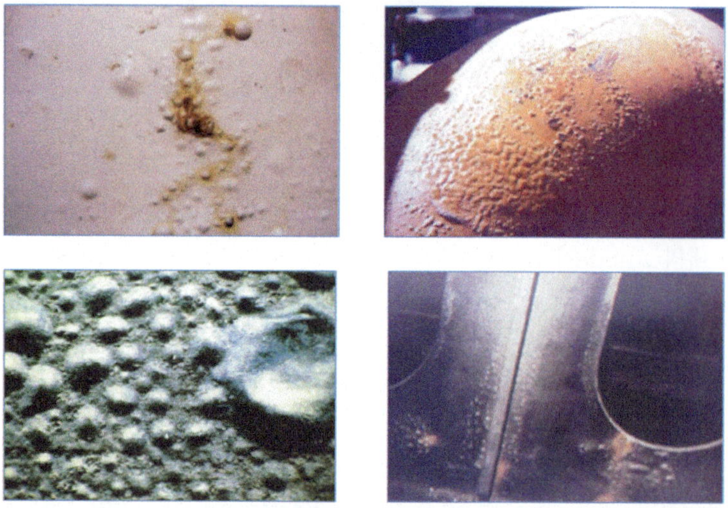

그림 15.8 부식의 증상

부식전지와 양극, 음극 - 금속이 부식되기 위해서는 금속격자에서 전자가 이탈되어야 하고, 전자가 이탈되기 위해서는 그 결합력을 이길 수 있는 에너지인 전기장이 필요하고, 그 전기장을 형성시키기 위해서는 전위차가 있어야 한다. 금속면에 전위차가 발생하여 전자가 움직이면 전지가 형성되어 전류가 흐르고 전류가 흐르면 그만큼의 금속원자가 금속표면에서 이탈되는데 이를 부식전류라 한다. 그리고 부식전류를 흐르게 하는 전원을 부식전지라 한다.

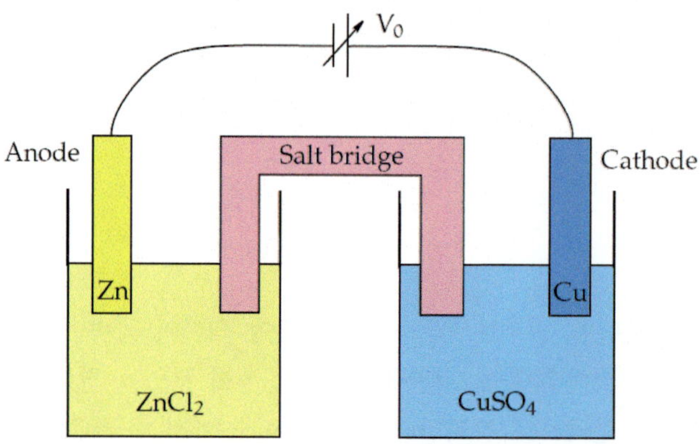

그림 15.9 부식 과정

2) 철의 부식도

다음 그림에 나타낸 철의 부식도는 금속의 부식을 어떻게 방지할 것인가를 판단할 수 있게 한다.

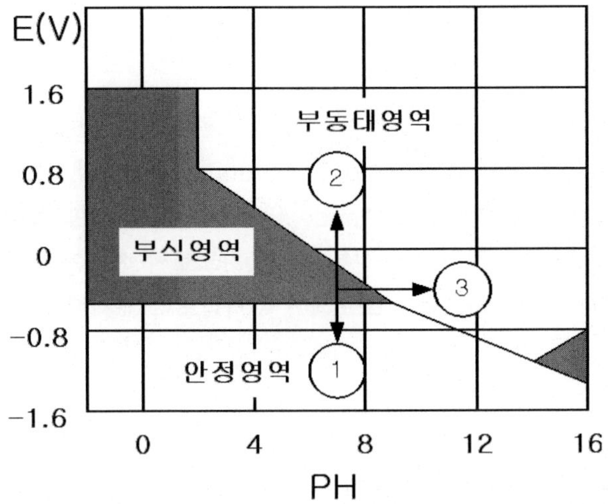

그림 15.10 철의 부식도

위의 그림에서 부식을 방지하기 위한 방법은 다음과 같다.

① Fe의 전위를 낮추어서 그 안정역으로 가져가거나(음극방식법)

② Fe의 전위를 높여서 부동태 영역으로 가져가거나(양극방식법)

③ 용액의 PH(알칼리도)를 높여서 부동태 영역으로 가져가면 되는 것을(알칼리성 부식억제제의 첨가법) 알 수 있다.

3) 부식의 방지

부식을 방지하기 위하여 전자의 이동을 차단하면 되는데 구체적인 방법은 다음과 같다.

① 내식성 재료의 사용

② 금속이나 비금속의 피복법(대표적인 것이 Painting)

③ 환경 처리법

그 외 전기화학적 방식법(음극방식법 : Cathodic Protection System) 등이 있으며 해수중에서는 Painting과 Cathodic Protection System을 병행하여 사용하는 것이 가장 보편적으로 사용되는 방법이다

(2) 방식

선박에서 주로 사용하고 있는 방식법으로 음극방식(Cathodic Protection)을 적용하고 있으며 음극방식의 경우 반드시 전해물(전해질, Electrolyte)이 필요하다. 음극방식에는 다음의 종류가 있다.

1) 희생양극법(Sacrificial Anode Cathodic Protection System)

철보다 이온화 경향이 높은 금속(Zinc 합금, Aluminum 합금, Magnesium 합금)을 희생양극(Sacrificial Anode)으로 사용하여 Anode 역할을 대신하게 함으로써 음극방식을 얻는 방법이다. 희생양극이 Anode로 작용하여 전류를 방출하므로써 선체는 음극방식이 되고 희생양극은 Steel의 방식을 위하여 부식되므로써 소모되어 주기적으로 교체해 주어야 한다.

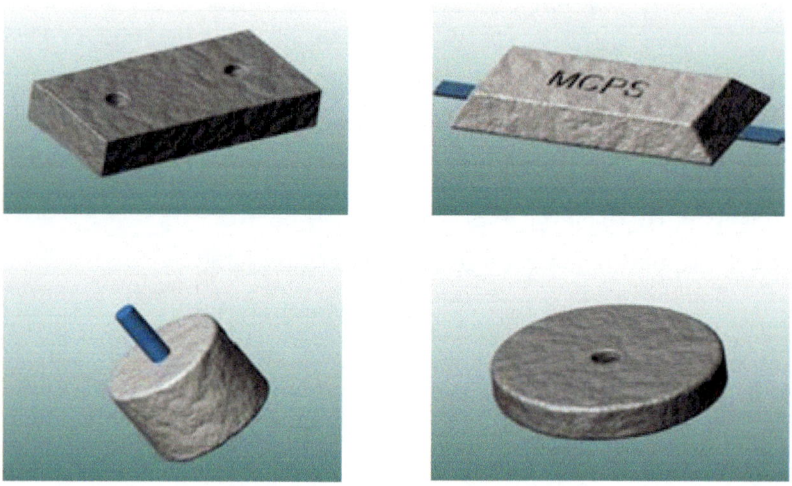

그림 15.11 선박에서 사용하는 ZINC

2) Impressed Current Anode

모든 철판에 존재하는 Natural Voltage(-500 ~ 500 mV/CSE)를 방식전위(-850 mV/CSE)로 바꾸어 방식효과를 얻기 위하여, 외부에서 전류를 가하는 방식으로서, 전도체에 전원을 연결하여 Steel을 방식할 만한 전류를 Anode(양극)를 통하여 흘려보내 선체를 음극으로 만들어 부식을 방지하는 방법이다. 전류를 내보내는 Anode는 부식에 잘 견디는 특성을 가진 것을 사용함으로써 음극방식 과정에서 용해되거나 부식되지 않아야 하는데, 이와 같은 불용성 양극으로는 백금(Pt), 티타늄(Ti), 또는 백금이 도금된 티타늄이 주로 사용되고 있으며 Anode 재질로 가장 적당한 것은 백금이다.

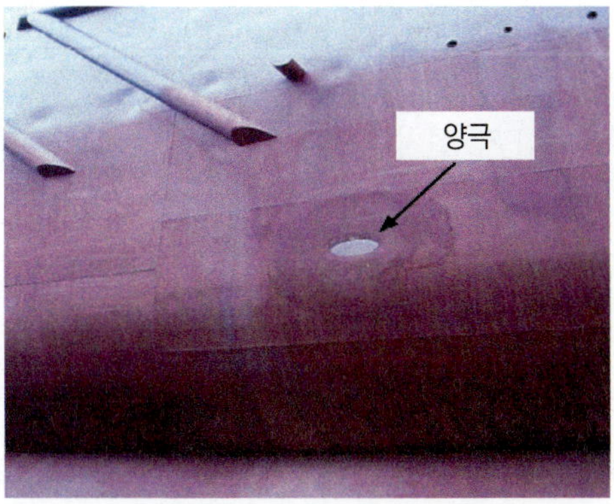

그림 15.12 I.C.C.P 시스템

15.2.2 I.C.C.P SYSTEM

(1) I.C.C.P System의 필요성

부식방지(Cathodic Protection)를 위해서는 일반적으로 Coating을 하게 되고 더 나아가서는 Cathodic Protection을 하게 된다. Coating이란 부식방지를 위한 가장 일반적인 방법으로 채택되고 있으며 실제 해수에 접하고 있는 선체외판에는 우수한 품질의 Tar Epoxy와 Anti-Corrosion Paint를 수회 도장을 한다. 그러나 아무리 우수한 도료라도 기간경과에 따른 국부손상은 불가피하며 또한 선체에 설치되는 Propeller 및 Rudder등의 장비에 사용되는 금속재질이 선체외판과는 서로 상이하여 바닷물에 노출되는 선체외판의 부식속도는 가속되고 따라서 관련 장비의 설치가 요구 되었다. 그리하여 이 같은 Coating에 의한 부식방지방법의 부족함을 보완하기 위한 장치로 희생양극에 의한 Cathodic Protection을 고안하게 되었으며 선체외판 주요 부위에 아연양극과 같은 희생양극을 부착하여 음극방식을 하게 되었다.

그림 15.13 I.C.C.P 제어 판넬

그림 15.14 현장 설치 예

그러나 이 또한 일정기간 내 소모된 희생양극(Zinc, Aluminum, Magnesium Anode)을 매 Docking 시마다 교체하여야 한다는 불편함과 비용발생 원인해소 요구에 따라 희생양극방식을 대체하기 위한 장치로서 I.C.C.P가 설치되게 되었다.

(2) I.C.C.P System의 원리와 개요

본선의 배전반으로부터 공급된 전류는 자동정류기(Power Supply Unit)를 거쳐 System에 필요한 전원(DC 24 V)으로 변환되어 선체외판에 부착되는 양극(Anode)을 통하여 흘러 보내진다. 이때 흐르는 전류의 양은 선체와 바닷물 사이의 전위차(Potential difference)에 영향을 주게 되는데 설치된 감지전극(Reference Electrode Cell)에 의하여 측정되며 이 Data는 자동정류기를 제어하기 위해 Feed Back되어 부식방지를 위한 가장 이상적인 방식전위 수준으로 전류량을 조정, 유지시켜준다. 즉, 적정 방식전위를 유지하기 위해 적정 방식전류를 흘리도록 전류량을 제어하여 선체의 부식방지를 도모한다는 원리이다.

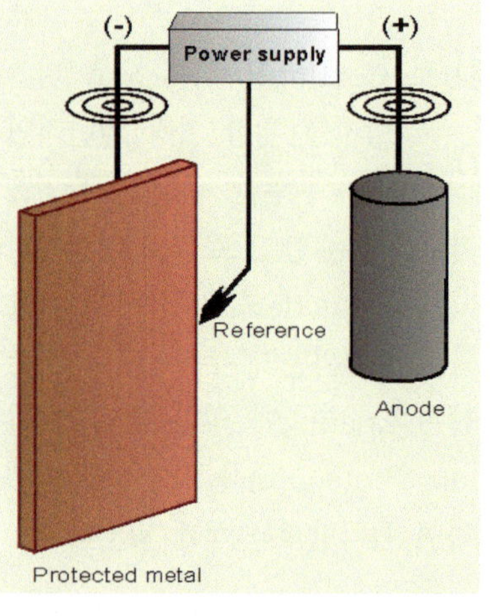

그림 15.15 I.C.C.P 시스템 원리

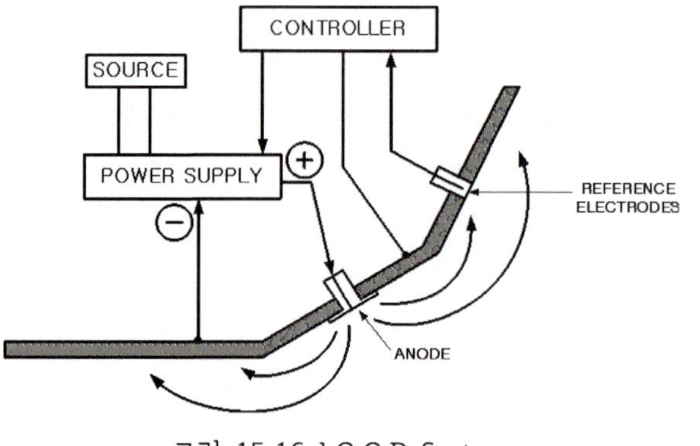

그림 15.16 I.C.C.P System

(3) System의 구성

이 System은 Power Supply Unit(전원 자동정류 공급기), 양극(Anode), 감지전극(Reference Electrode Cell), Propeller Shaft Earthing Assembly(프로펠러 축 접지장치), Rudder Stock Bonding Assembly(방향타 축 접지장치)로 구성되어 있다.

(4) Anode(양극)

Anode의 기능은 DC 방식전류를 해수로 흘려보내는 역할을 한다. 일반적으로 선수의 경우 50 ~ 75 Amp, 선미의 경우 50 ~ 300 Amp. 용량의 것이 많이 사용된다.

(5) Reference Electrode(감지전극)

감지전극의 정상치는 약 220 mV 정도이며 이 전위차의 의미는 Anode에서 흘린 전류에 의하여 형성된 선체와 해수간의 전위차이다. 이 전위차가 정상치를 벗어날 경우 장치에서 자동적으로 Anode의 전류치를 조정함으로써 방식을 위한 최적전위차를 유지시킨다.

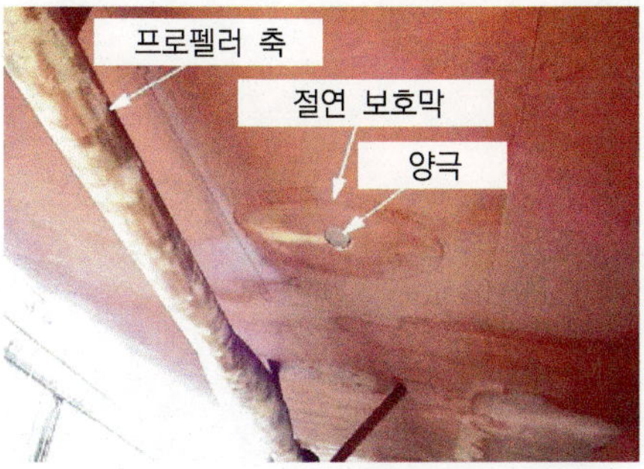

그림 15.17 I.C.C.P 시스템

(6) Bonding(접속)

Rudder의 방식을 위하여 Rudder Stock과 Main Ship Structure사이에 Flexible Cable형태의 Rudder Stock Bonding장치가 설치되어 있다.

그림 15.18 Rudder Stock Bonding 장치

Propeller와 Shafting 장치의 방식 및 Shaft와 Bearing의 전기적인 Arc 발생을 방지하기 위하여 Propeller Shaft에 접지장치인 Slip-Ring Assembly가 부착되어 있다. 선체와 Shaft간의 방식원리는, 기관이 정지된 상태에서는 Shaft가 선체와 전기적으로 통전된 상태이지만 기관의 운전중에는 Shaft와 Shaft Bearing상에 유막이 형성되므로 Shaft의 회전에 의하여 발생하는 와전류로 인해 Shaft가 선체보다 높은 전위차를 가지게 되어 부식의 진행이 빨리 되는데 이를 방지하기 위하여 선체와 접지시킴으로써 전위차를 줄여서 부식을 억제하는 것이다. 또한 Slip-Ring Assembly의 Brush Set는 전류를 Propeller Blade로 흘리기 위한 저 저항 통로를 형성한다.

그림 15.19 Shaft Earth Device 장치

CHAPTER 16

Ballast water Management

16.1 선박평형수에 의한 피해

선박평형수(Ballast Water)란 화물적재 상태에 따라 선박의 균형을 잡기위해서 평형수 탱크에 주입하거나 배출하는 바닷물로서 선박이 항구에 도착해 선박에 짐을 실을 때 다른 해역에서 실고 온 평형수를 배출하게 된다. 이때 해양생물도 배출되게 되어 생태계를 교란하게 된다.

선박평형수를 통해 질병 또는 유해물질이 이동하면서 해양연안국가들은 직접적 피해를 입게 된다. 1991년 20세기 최초로 평형수를 통해 페루에 콜레라가 전파되어 10만명이 감염되고, 그 중 약 1만여 명이 사망하였으며, 2011년 국내와 일본을 오간 선박 5척이 평형수 샘플 중 3척에서 방사성 물질인 세슘이 검출되었다.

간접적으로는 선박평형수를 통해 이동한 해양생물에 의해 생태계가 교란되어 경제적 손실이 발생한다. 해양생물은 선체 및 해수 파이프에 부착되어 평형수 배출시 이동이 가능하다.

미국에서 외래종으로 인한 손실과 방제에 드는 비용은 매년 약 1,200억 달러로 추정되며, 1985년 카스피해가 원산지인 유럽얼룩말 홍합이 평형수를 통해 미국 오대호에 유입되어 이를 제거하는데 막대한 예산이 소요되었다. 1980년경 미국의 대서양 연안이 원산지인 해파리가 흑해와 아조프해안으로 이동해 지역 어획량이 1984년부터 약 10년간 1,000분의 1로 감소하였다.

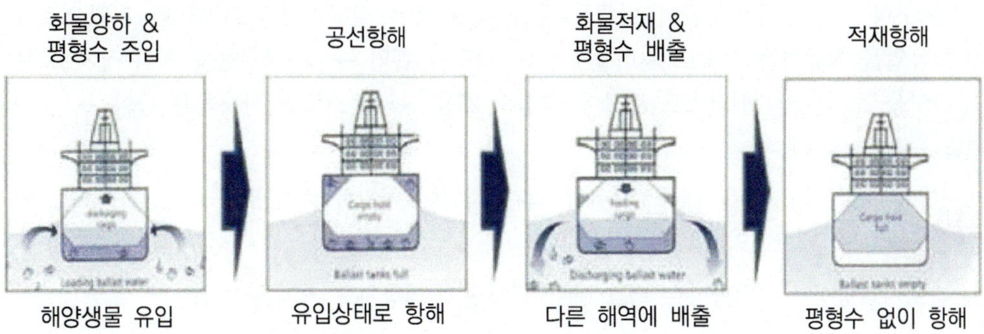

그림 16.1 선박평형수에 의한 해양생물의 이동경로

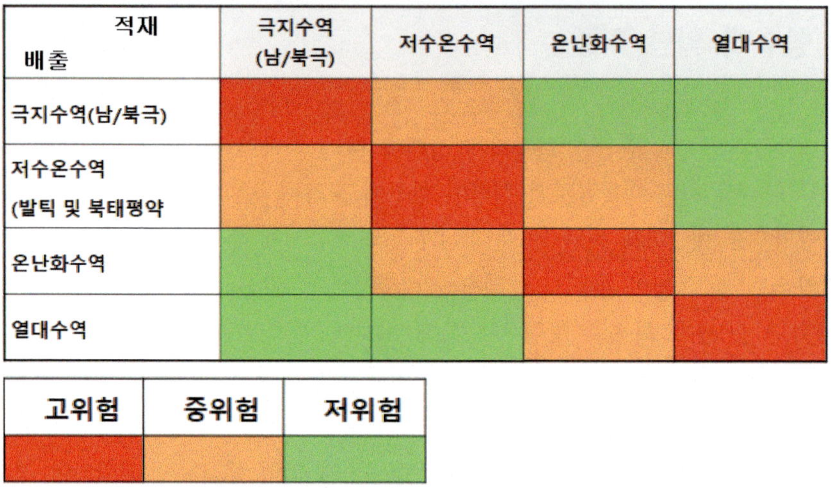

그림 16.2 선박평형수로 인한 외래종의 유해성 평가표

16.2 선박평형수 처리장치 기술의 개요

선박평형수 안의 수중생물과 미생물 등을 제거 또는 살균처리함으로써 타 지역으로부터 외래종 유입을 차단하는 기술로 처리절차는 ① 바닷물 흡입 → ② 바닷물을 처리 장치로 보냄 → ③ 바닷물 소독 →④ 밸러스트 탱크에 평형수 채움 → ⑤ 소독된 바닷물을 중화 → ⑥ 외부로 배출 순서로 처리된다.

처리방식에는 바닷물을 배에 유·출입 되는 시점에 처리하는 '관로처리방식'과 주입 후 항해 중에 처리하는 '탱크처리방식'이 있다.

- 관로처리방식 : 선박평형수 탱크 용량이 크면 처리장치도 커지는 단점
- 탱크처리방식* : 항해시간에 맞춰 처리속도를 조절해야 하는 단점
  * 탱크처리방식은 선박의 안정성을 해칠 수 있어 현재는 거의 사용되지 않음

살균방식은 크게 전기분해, 오존분사, 자외선투사(UV), 화학약품처리 방식이 있으며 여러 방법이 혼합되어 사용되기도 한다. 그 중 전기분해는 배관에 정류기를 통해 저전압 고전류(최대 15 V, 3,000 A)를 전극에 공급하고 그 사이로 평형수를 통과시킨다.

- 직접소독 : 전극 간 전위차에 의해 세포가 붕괴되어 소독되는 방식
- 간접소독 : 전기분해 시 순간적으로 발생되는 소독물질(라디칼*)이 세포를 파괴
- 소독물질 중 염소성분은 물속에 4~5일간 잔류하며 미생물 발생을 지속적으로 억제

* 주로 전기화학적 반응에 의해 생성되는 반응성이 매우 좋은 물질을 일컫는 말로, 소금물을 전기분해 하는 경우에는 차아염이온(OCl^-), 산화수소수(H_2O_2) 등이 생성

오존분사방식은 배관에서 오존을 2~2.5 ppm 농도로 평형수에 직접 분사하는데 오존 용해도를 높이는 것이 관점이다. 자외선투사는 배관에 설치한 자외선등(10~12개) 사이로 평형수를 통과시키는 방식이며, 화학약품처리는 소독약품을 배관에 직접 분사한다.

표 16.1 선박평형수 처리방식의 장·단점

구분	장점	단점
전기분해	• 뛰어나고 지속적인 살균력 • 전력소모가 작아서 소형선박에 가능 • 현장에서 산화제를 만들거나 싣고 다니면서 평형수를 처리 가능	• 극판 및 선체 부식 우려 • 설비비 고가
오존분사	• 뛰어난 살균효과 • 선박의 설계변경 필요 없음	• 설비비 고가
자외선 투사	• 저렴한 비용과 간단한 설비 • 대용량 가능 • IMO승인이 필수적이지 않음 • 좁은 선박 내부에도 설치가 가능하며, 설비(램프) 수명이 긴 편	• 생물의 변이 및 생존 가능 • 지속성 없음 • 혼탁한 수질에서 효과 감소 • 전력사용량이 많아서 소형선 탑재에 부적합
화학약품	• 별도의 기술개발이 필요 없음	• 화학제의 잔류 문제가 존재 • 약품 구입비가 많이 듬

참고: 수질정화를 위한 수중 복합 방전 장치(국가핵융합연구소 & (주)피앤아이비)

16.3 한나라호 선박평형수관리장치

16.3.1 선박평형수 처리장치 시스템의 이해

선박평형수 처리장치는 전처리 장치인 Filter unit 와 후처리 장치인 UV Unit로 구성되어 있다. Ballast Mode, De-Ballast Mode, Bypass Mode, Eductor Mode로 운전이 가능하다.

주 처리는 Ballasting을 통해 이루어지며 De-ballasting 동안 2차 처리가 이루어진다. Ballasting 시 50 μm 이상의 큰 미생물과 침전물들은 Filter에 의해 걸러지는 반면 50 μm 미만의 필터를 통과한 작은 미생물들은 UV Unit을 통해 살균 처리 된다. De-ballasting 운전 중, 선박평형수를 다시 한 번 살균처리 함으로써 미생물의 배출을 최소화 하고 선박평형수 관리법을 충족하고 있다. 이 때 Filter Unit은 거치지 않고 UV Unit만 거쳐서 선외로 배출된다.

Filter Unit은 Ballast pump의 후단에 설치되며, Ballasting 동안 50 μm 이상의 미생물과 입자들을 걸러내어 선외로 바로 배출한다. Filter Element의 스크린 사이즈 보다 큰 물질들은 필터를 통과하지 못하고 Filter Element 내부에 쌓이게 되며 입·출구의 압력차이가 증가하게 된다. Back-flushing은 입·출구의 압력 차이를 감지하여 자동으로 실시되며 내부에 쌓인 물질들을 선외로 배출시킨다.

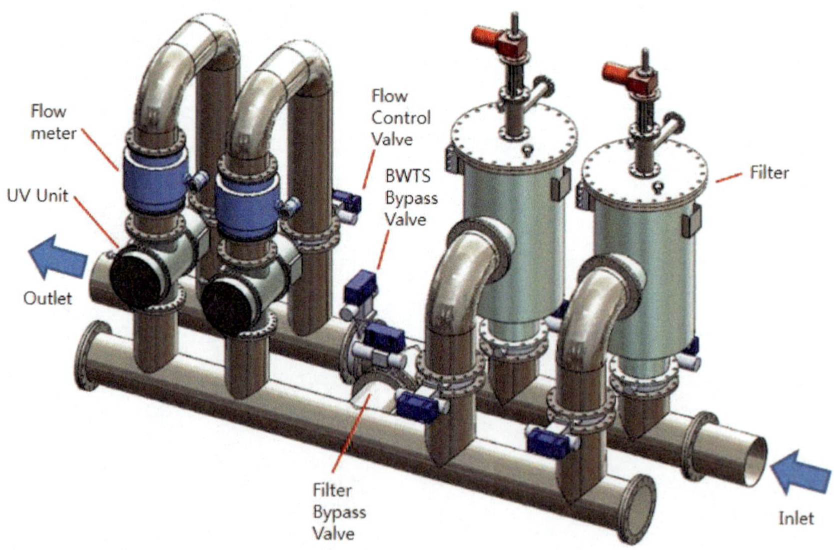

그림 16.3 선박평형수 처리장치의 구성도

UV Unit은 높은 살균력을 지니는 중압 UV Lamp이며, 미생물의 세포 재생성을 억제함으로써 미생물의 번식과 군집화를 막는다. 각 UV Lamp는 석영관 내부에 설치되며 선박평형수의 침투로부터 보호되어 전기적 문제의 발생을 막는다. UV Unit은 3단계(최소, 중간, 최대)로 출력을 제어할 수 있으며 수질 조건과 상관없이 필요한 UV 조사량을 유지하기 위해 UV 강도 센서를 갖추고 있다.

Control Panel은 신호처리를 위한 장치로 PID 제어의 기반을 둔 PLC(Programmable Logic Controller)에 의해 작동 된다. 사용자 중심의 직관적인 화면을 제공하고 터치패널을 통해 BWMS의 모든 장치 및 기능을 제어할 수 있다. 또한 운전상태 및 주요 센서에 의해 측정되는 데이터 값을 저장하는 것과 동시에 실시간 모니터링을 가능하게 한다.

UV Power Supply Panel은 UV Unit에 적절한 전원을 공급하는데 필요한 모든 장치 및 부품으로 구성되어 있다. UV Power Supply Panel은 수질의 변화에 따라 일정한 UV 강도를 유지할 수 있도록 UV Lamp의 출력을 자동으로 조절하고 UV 램프 보호 및 전원 공급 장치의 안정성을 확보하기 위한 장치들로 구성되어 있다.

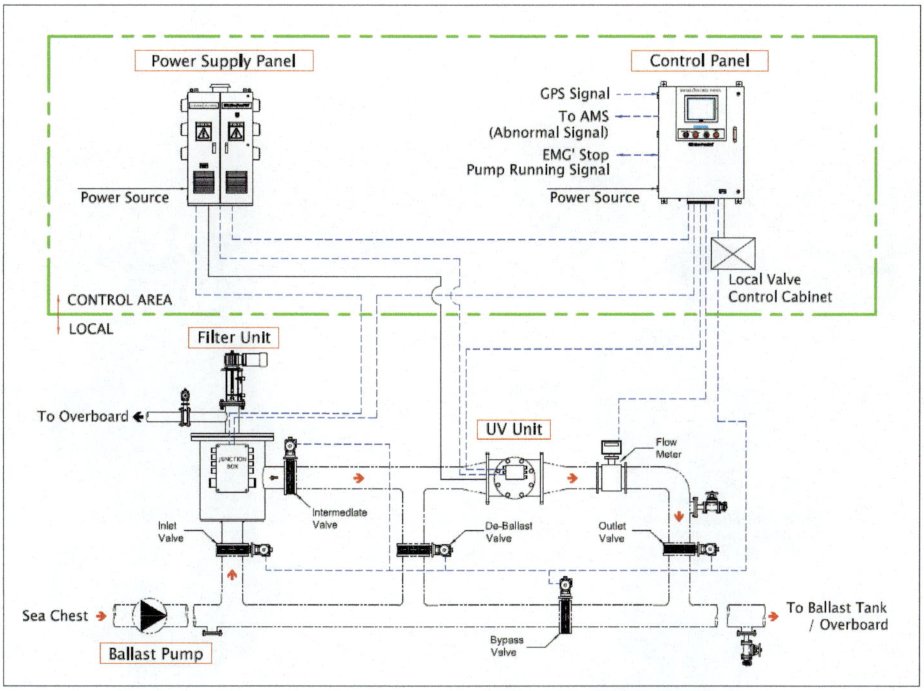

그림 16.4 선박평형수 처리장치의 구성 및 배관도

16.3.2 선박평형수 처리장치 시스템 구성요소

(1) Filter Unit

Filter Unit은 UV Unit의 전처리 장치로써 설치된다. Ballasting시 기본 작동 하며, De-ballasting시에는 여과 장치를 거치지 않는다. Filter Element(Screen)를 통과할 수 있는 미생물 및 입자의 최대 크기는 50 ㎛이며, 50 ㎛이상의 미생물과 입자들은 자동 역 세척 기능인 Back-flushing을 통해 지역수로 재배출된다. 흡입 스캐너는 전기모터에 의해 나선형으로 회전하고 동시에 수직 운동을 하며 Filter 스크린 표면의 이물질들을 제거한다. Filter Chamber는 처리용량에 따라 다양한 제품군을 이루고 있으며, 각 Chamber들은 단일 또는 다수의 Filter element를 가지고 있다. Filter Unit은 Filter Elements, Sensors 그리고 Back-flushing을 위한 장치들로 구성된다.

Filter Element는 Filter의 내부에 설치되며, 높은 압력을 견디고 본래의 형태를 유지할 수 있도록 설계 되었으며, 스테인레스 스틸과 Hastelloy 재질로 만들어 진다.

Sensor part는 Pressure Transmitter의 압력 측정 센서는 Filter Unit의 입구와 출구에 각각 1개가 설치되며, 두 센서들 사이의 압력 차이로 인해 자동 역세척 기능인 Back-flushing이 작동 된다. Limit Switch는 Suction Scanner의 상/하 축 방향 움직임의 최대 폭을 제한하기 위해 설치되며, Scanner 상부 조립체와 함께 설치된다.

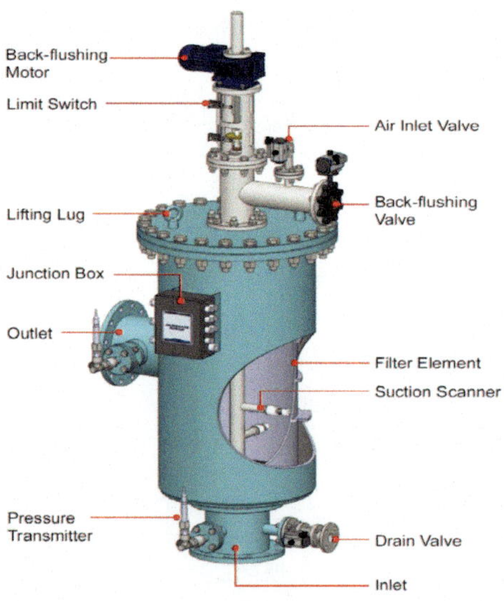

그림 16.5 표준모델 필터

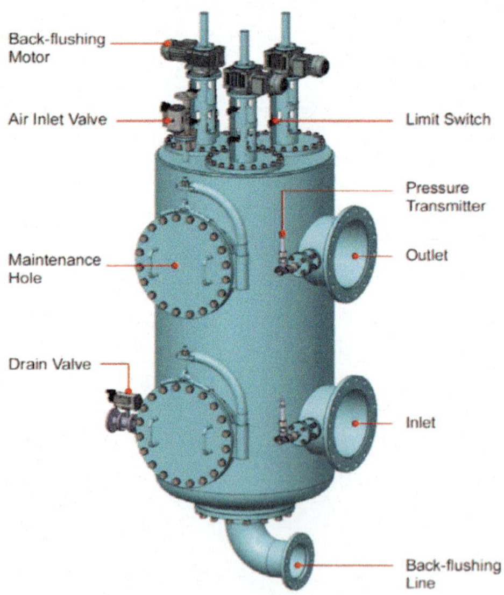

그림 16.6 대용량 모델 필터

Back-flushing part는 Filter Element 내부에 위치한 Suction Scanner는 이물질 제거를 위한 여러 개의 흡입 스캐너들이 있다. 나선형으로 회전하며 상/하 축의 방향으로 이동하여 스크린 내부 표면의 이물을 빨아들인다. Filter Element의 막힘 현상으로 인한 입/출구의 압력차가 형성되면 Back-flushing 자동 밸브가 열린다. 동시에 Suction Scanner의 운전이 이뤄지고 이물질이 제거된다.

(2) UV Unit(Chamber)

유입된 선박평형수 내에 존재하는 미생물을 사멸시키기 위하여 고강도의 자외선을 사용하는데, UV Lamp를 유체방향의 수직이 되도록 설치하여 자외선을 효과적으로 조사할 수 있도록 설계 하였다. 이러한 설계 방식은 제품의 경량화 소형화에 다양한 이점을 가져오며 특히 투과도가 낮거나 빠른 유속의 유체를 처리하는데 효과적인 성능을 보인다.

유량이 증가함에 따라 UV Lamp나 Chamber의 크기를 크게 하여 더 큰 유량은 다수의 Camber를 조합하여 사용한다. 모든 필수적인 모니터링 장비는 일체형이며, 분리된 전력/컨트롤 모듈은 UV Chamber와 원격 또는 근접하여 설치된다.

UV 조사량이 물에 일정량 꾸준히 투여되어야 살균처리가 가능하다. 이 UV System은 불안정한 전원의 공급을 사전 차단하고 안정적인 전원의 공급이 가능하도록 설계되었다.

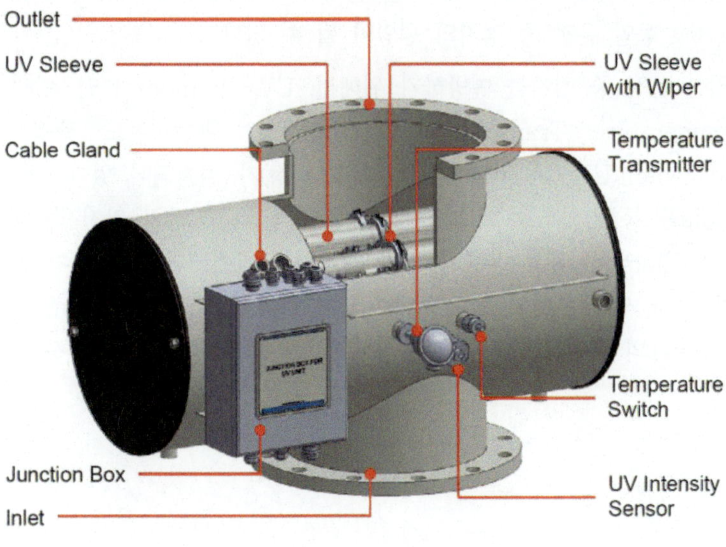

그림 16.7 UV Unit의 구성요소

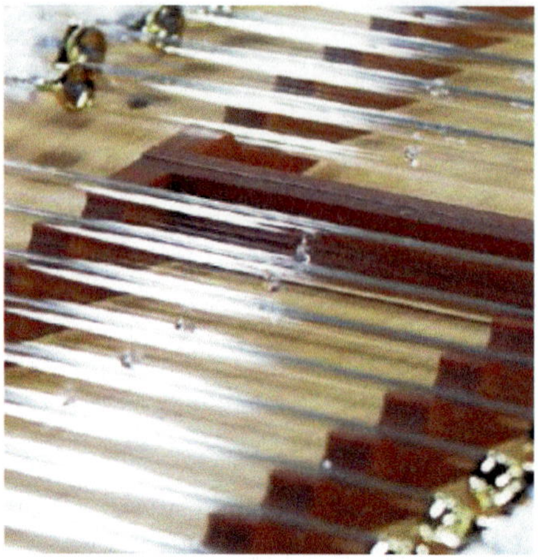

그림 16.8 UV Lamp

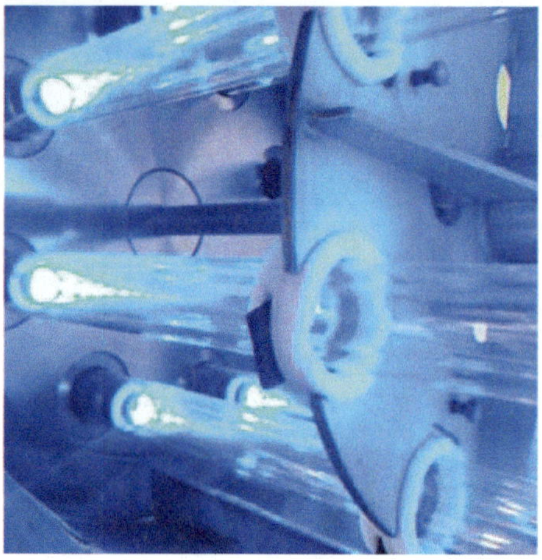

그림 16.9 UV sleeve with Wiper

Temperature Transmitter와 **Temperature Switch**는 램프의 수명은 대략 4,000시간이지만 제품 성능을 유지하기 위해 주기적인 점검이 필요하다. UV Lamp는 운전 동안 많은 열이 발생하며 제품 온도상승의 주요 원인이다. 이러한 제품의 특성 때문에 UV System의 보호를 위하여 운전 후 냉각 과정이 요구된다. 처리수가 통과하기 때문에 간접적으로 냉각효과를 가져오지만 그 효과는 제한적일 수 밖에 없으며 지속적인 제품 성능의 유지를 위해 적절한 유량의 조절이 요구된다. 장기적으로 고온으로 인한 문제가 추후 발생할 가능성이 높으며, Ballasting과 De-ballasting 동안 운전 중 정지의 원인이 될 수 있다.

고온으로 인한 운전 중 정지를 예방하기 위해서, UV Chamber의 안, 밖의 온도를 미리 감지하고자 Temperature Transmitter(UV Chamber 내부 온도 측정 및 신호전달)와 Temperature Switch(UV Chamber 외부 온도 측정)가 설치되어 있다. 대부분의 가열된 공기는 Vent Hole을 통해 외부로 배출 되지만, 온도 센서들은 2차 안전장치 역할을 위해 설치된다. 만약 UV Chamber 내부 온도가 평균 설정치를 넘어서면, 1차로 경고 신호를 보내고 2차로 시스템을 정지 시키는 제어 방법이 적용되어 있다. 추가적으로, Temperature Switch를 통해 UV Chamber의 표면온도를 상시 감지하며 접촉으로 인한 신체의 상해를 예방하고자 하였다.

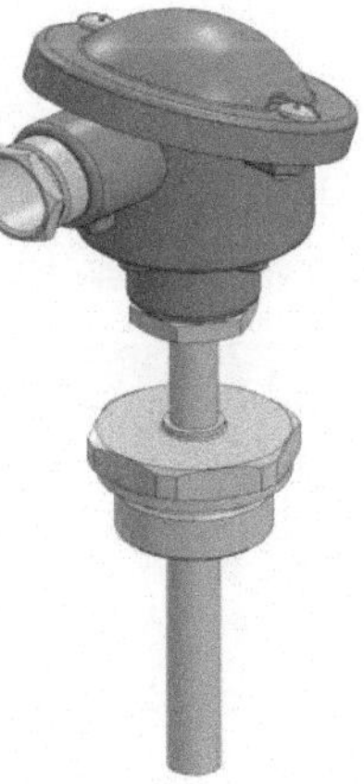

그림 16.10 Temperature Transmitter

그림 16.11 Temperature Switch

Flow Switch(방폭 모델 적용) 방폭 모델의 경우, 일반 모델과 다르게 온도 측정 센서의 설치 대신 유량 측정 센서를 적용하여 BWMS 운전 시 최소 요구 유량을 확인한 후 시스템을 작동 할 수 있게 하였다. 만약 잠재된 손상 또는 문제 때문에 UV Chamber의 내부 온도가 상승하게 되면 곧 외부 온도의 상승으로 이어지며 이로 인한 제품 주변의 폭발성 물질이 발화되는 조건을 형성할 수 있으므로 방폭 모델은 외부의 온도를 감지하는 기능 보다 내부 온도의 상승을 원천 차단하는 것이 보다 효과이다. 그러므로 운전 중 제품 외부 온도 상승을 억제하기 위해서 최소 요구 유량을 반드시 만족해야한다.

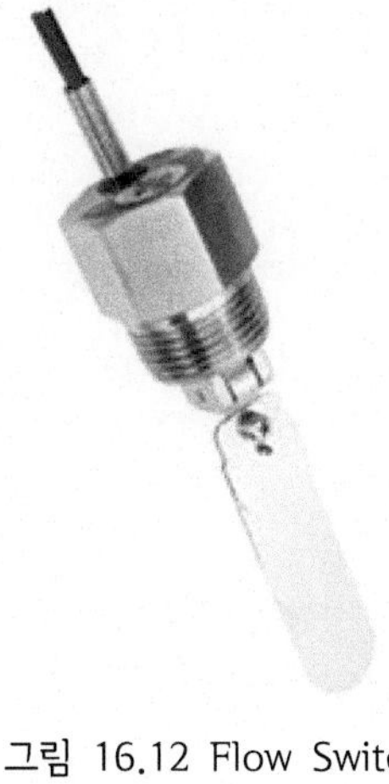

그림 16.12 Flow Switch

(3) Control Panel

Control Panel은 이 장치의 자동제어를 제공하는 주요 장치로서 PID 제어의 기반을 둔 PLC(Programmable Logic Controller)에 의해 작동된다. 사용자 중심의 직관적인 화면 구성과 터치패널을 통해 BWMS의 모든 장치 및 기능을 제어하고, 운전상태 및 주요센서에 의해 측정되는 데이터 값을 저장하는 것과 동시에 실시간 모니터링을 수행 합니다. UV Power Supply Panel 안에 설치 된 전기 안정기는 3.5 kW의 전력 값을 송출하지만 실제 UV Lamp의 강도 조절은 Control Panel의 PLC에 의해 자동 제어 되며 UV 강도 센서의 측정치를 바탕으로 산출된 값이 사용된다.

작업자는 터치 스크린을 이용하여 BWMS의 운전이 가능하고, 각 처리 과정에서 필요한 최소의 작동을 통해 시스템을 제어할 수 있다. 제품에 설치된 모든 센서의 작동 과정을 실시간으로 모니터링 함으로써 시스템의 상태를 점검할 뿐만 아니라 유지보수에 필요한 정보들을 저장하여 사용자가 편리하게 시스템 운용 과정을 확인 할 수 있게 하였다.

그림 16.13 Control panel(외관)

(4) UV Power Supply Panel

UV Power Supply Panel의 주요 기능은 UV Lamp를 안정적으로 작동하기 위하여 충분한 전력을 공급한다. Panel 내부에 장착된 콘덴서는 UV Lamp의 강도를 조절하는데 이용되며, UV Lamp의 정상 작동 여부 또한 검출 가능하다. Panel 내부 온도 센서는 비정상적인 온도상승(과열)이 있을 경우, 운전자에게 신호를 주고 비상상황에 System을 차단 할 수 있도록 모니터링을 돕는 역할을 한다. 수질 조건의 변화에 따라 효과적인 성능을 제공하기 위해 UV 조사량을 3단계로 나누어 자동으로 조절할 수 있게 하였다.

그림 16.14 UV Power supply panel(외관)

CHAPTER

17

SCR

17.1 질소화합물(NOx)

17.1.1 질소화합물의 특성

① 공해문제로 중요한 것은 일산화질소(NO), 이산화질소(NO_2) =〉 NOx

- NO : 연소에 의해 발생
- NO_2 : 대기 방출된 NO가 산화되어 이차적으로 발생함

② NOx의 생성인자 : 공기 중의 N, O_2 / 연료유 중의 유기질소

- 연소 온도의 함수
- 연료유의 유기질소량의 함수
- 고온에 노출된 시간의 함수

③ NOx로부터 피해 : 폐암유발 산성비, 호흡기 질환

17.1.2 질소화합물 배출기준 및 검증방법

(1) 단계별 배출기준

① Tier I는 2000년 1월 1일부터 2011년 1월 1일까지 건조된 선박에 적용되며 NOx의 배출 중량상한은 엔진속도에 따라 3단계에 따라 시행됨. NOx의 단계별 배출중량 상한은 〈그림 6.5〉와 같다. Tier II는 2011년 1월 1일 이후부터 건조된 선박에 적용되었고, 2016년 1월 1일 이후부터는 신조선에 Tier III가 적용되고 있음

② Tier II의 NOx 규제기준은 선박엔진의 연소 프로세스 최적화 기술에 의해서 결정되었으며, 선박엔진의 연료공급 타이밍, 압력, 속도(가속도), 연료 노즐 면적, 배기밸브 타이밍, 실린더 압축용적 등을 주요인자로 적용한 결과임

③ Tier III의 NOx 규제기준은 연소 프로세스 최적화기술에 선택적 환원 촉매(SCR, Selective Catalytic Reduction)과 배기재순환(EGR, Exhaust Gas Recirculation) 기술의 추가가 필요한 규제치로써 이를 달성하기 위해선 시스템의 설비추가가 필요함. 다만 Tier III의 경우 ECA[44]에 한해서 적용되고, 전장 24m미만의 선박 중 레저용으로 개발된 선박이나 정격 출력이 750 kW 미만의 추진력을 갖는 선박의 경우 Tier III 규제대상에서 제외됨

44) 배출통제지역은 IMO와 관련 국가의 승인 하에 설정되고 운영된다. 배출통제지역은 선박에서 발생하는 질소산화물(NOx), 황산화물(SOx), 그리고 미세먼지(PM)의 배출을 방지하고 통제하기 위해 배출통제지역 주변 당사국으로부터 IMO에 통보된 지역을 말하며 주로 인간 및 주변 환경에 미치는 영향이 높은 해역에 대해 설정함.

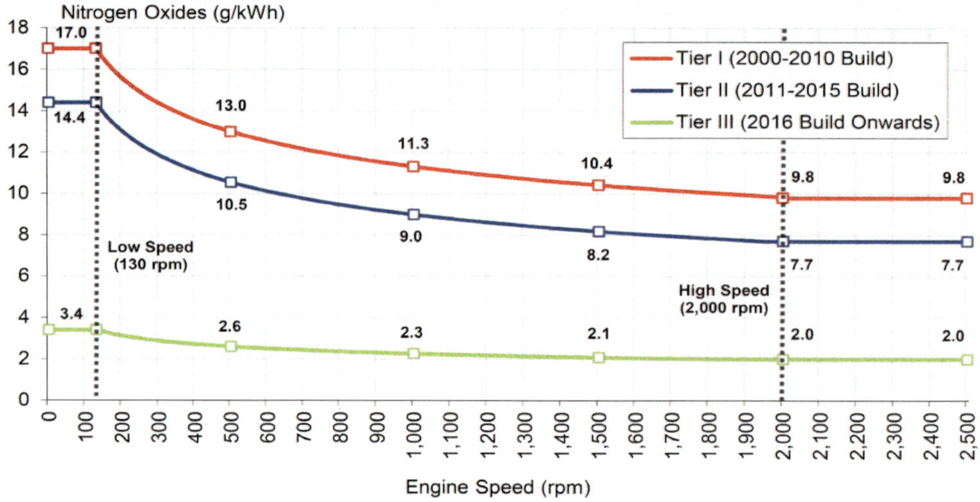

그림 17.1 MARPOL 조약부속서 VI의 제 13규칙 (질소산화물 NOx)

(2) Tier II

- 적용시기 : 2011년 1월 1일 이후 건조된 선박에 탑재되는 디젤 엔진
- 이 기준은 In – engine design modification으로 적용할 것

표 17.1 질소산화물 Tier II

RPM	Tier I	Tier II
n이 130 rpm 이하일 때	17.0 g/kWh	14.4 g/kWh
n이 130 이상 2000 rpm 미만일 때	45.0 x $n^{(-0.2)}$ g/kWh	44*$n^{(-0.23)}$ g/kWh
n이 2000 rpm 이상일 때	9.8 g/kWh	7.7 g/kWh

(3) Tier III

- 적용시기 : 2016년 1월 1일 이후 건조된 선박에 탑재된 130 Kw초과의 디젤 엔진
- NOx 배출통제 이외 해역은 Tier II 기준 적용
- NOx 배출통제 지역은 다음 표와 같은 기준 적용(Tier I에 비해서 80% 저감)

표 17.2 Tier III 기준

RPM	Tier I	Tier III
n이 130 rpm 이하일 때	17.0 g/kWh	3.4 g/kWh
n이 130 이상 2000 rpm 미만일 때	$45.0 \times n^{(-0.2)}$ g/kWh	$9 \times n^{(-0.2)}$ g/kWh
n이 2000 rpm 이상일 때	9.8 g/kWh	2.0 g/kWh

(4) NOx 배출통제해역에서의 Tier III 기준적용(Res. MEPC.176(58) - 2010.7.1

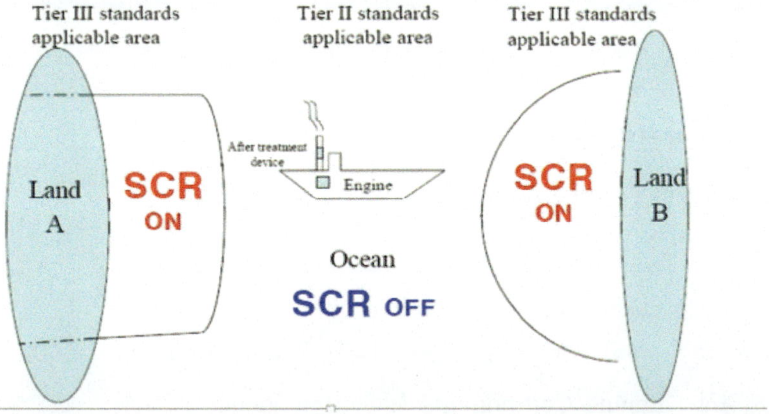

그림 17.2 질소산화물 배출통제해역에서의 Tier III 기준 적용

(5) 디젤엔진 NOx 승인절차

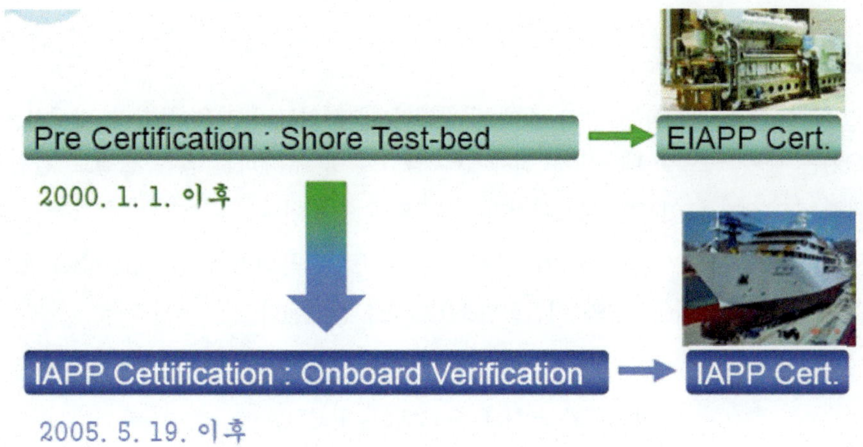

그림 17.3 디젤엔진 질소산화물 승인절차

(6) IAPP 발급(NOx 관련) 위한 선상 NOx 적합성 검증 종류

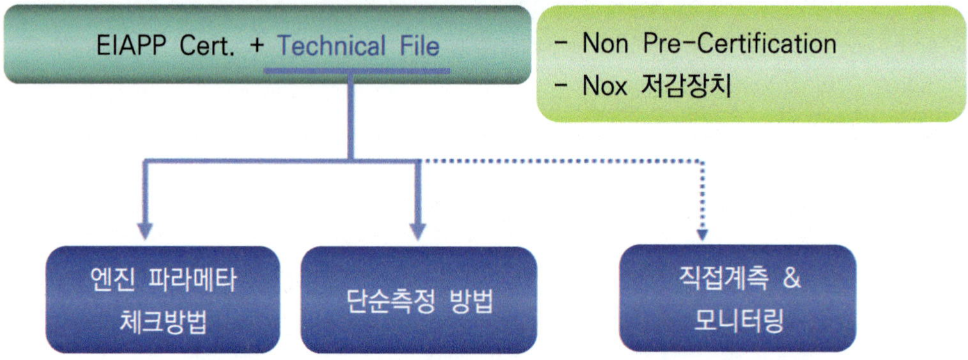

그림 17.4 IAPP 발급위한 선상 NOx 적합성 검증 종류

(7) 선상파라메터 체크방법

- 목적 : 최초승인과 동일하게 조정상태가 유지됨을 검증
- 검증절차

  ① 서류심사 : EIAPP Cert. + Technical File
  (교체, 조정, 개조, 변경을 일자별로 기록한 Record Book & 기술서)

  ② 실제검사 : Engine Components & Setting Values

17.1.3 SCR(Selective Catalytic reduction, 선택적 환원 촉매)

(1) SCR의 정의와 원리

SCR은 질소산화물을 저감하는 방식 중에 하나이다. 화석연료의 사용에 따라 발생하는 질소산화물 (NOx)은 대기 중으로 배출되기 전에 N_2 와 O_2 등 유해하지 않은 물질로 환원, 분리시켜주기 위해 촉매장치를 이용한 환경설비가 바로 SCR 장치이다.

UDC에서 분사된 우레아 수용액$(NH_2)_2CO$이 환원제로 사용되며 SCR Chamber 입구에서 고온의 배출가스가 암모니아(NH_3)와 이산화탄소(CO_2)로 분해된다.

$$(NH_2)_2CO + H_2O \rightarrow 2NH_3 + CO_2$$

분해된 암모니아는 SCR 챔버 내 촉매표면에서 NOx와 화학적으로 반응하여 질소 분자와 물로 변환되어 대기 중으로 방출된다.

$$4NO + 4NH_3 + O_2 \rightarrow 4N_2 + 6H_20 \text{ (지배방정식)}$$

$$6NO_2 + 8NH_3 \rightarrow 7N_2 + 12H_2O$$

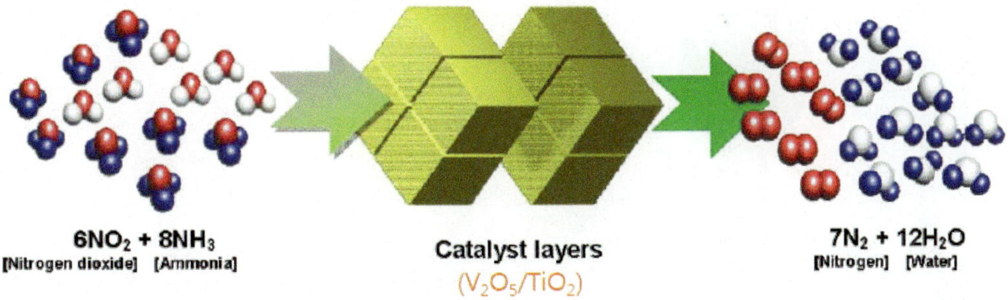

그림 17.5 SCR 변환 과정

(2) SCR System 계통도

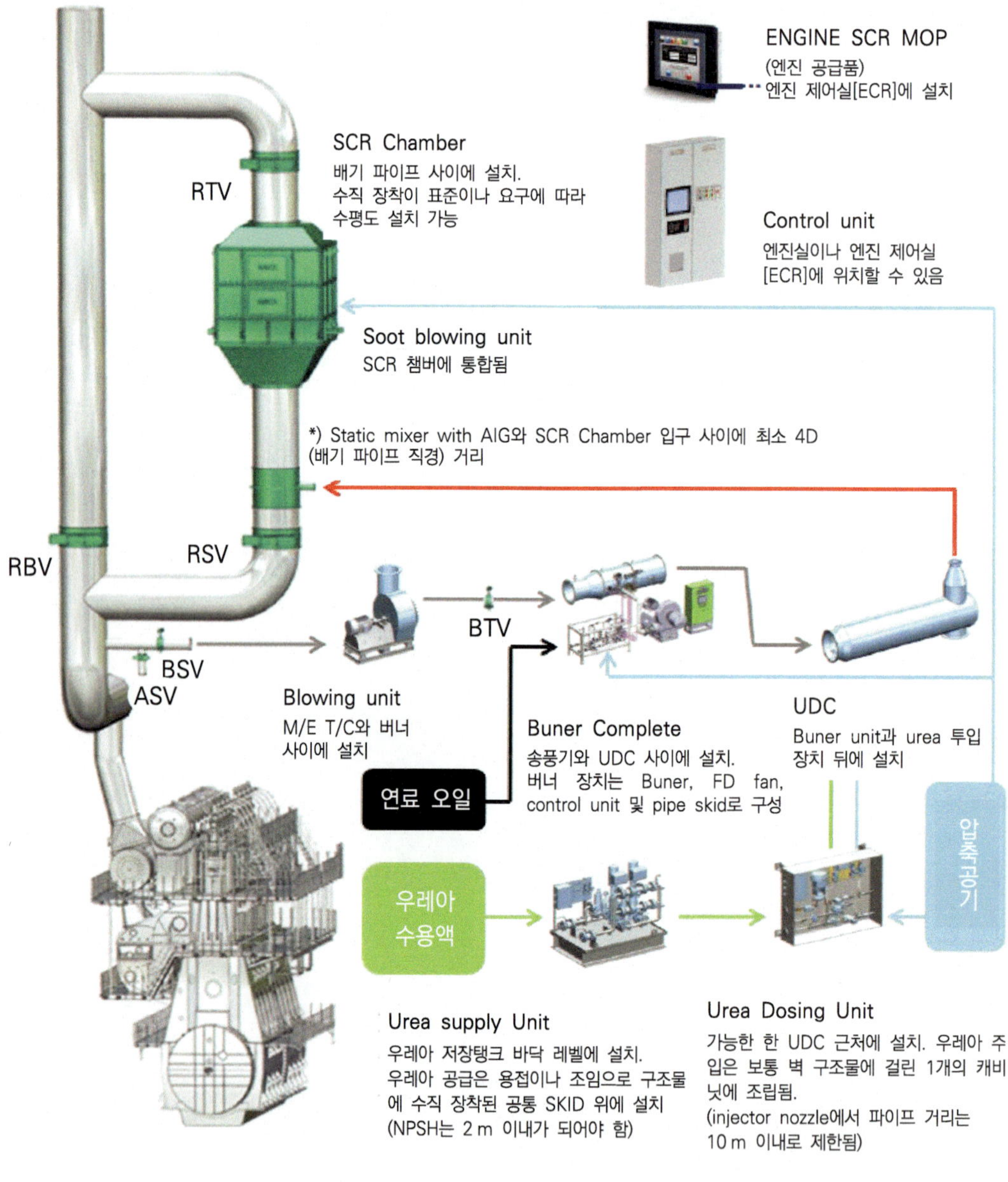

CHAPTER

18

선박전기시스템

18.1 직류기의 원리와 구조

18.1.1 직류발전기의 원리

직류발전기는 전기가 잘 통하는 도체를 자기장 가운데서 기계적인 운동을 시킴으로써 발생하는 교류 전압, 전류를 정류하여 방향이 변하지 않는 전압, 전류 즉, 직류 전압, 전류를 얻는 장치이다. 발전기는 기계 에너지를 전기 에너지로 변환하는 전기기기이며 이것을 그림으로 나타내면 그림 18.1과 같다. 전동기는 발전기와 정반대의 작용을 한다.

도체가 자기장 가운데서 운동할 때는 패러데이의 전자유도법칙에 의해 도체가 단위시간당 쇄교하는 자속 수에 비례하여 도체에 기전력이 유도되며, 따라서 도체에 전류가 흐르게 된다. 그림 18.2는 자기장 가운데서 도체를 운동시켰을 때에 도체에 발생하는 유도전압의 방향을 나타내는 그림이며, 이것을 플레밍의 오른손법칙이라고 한다.

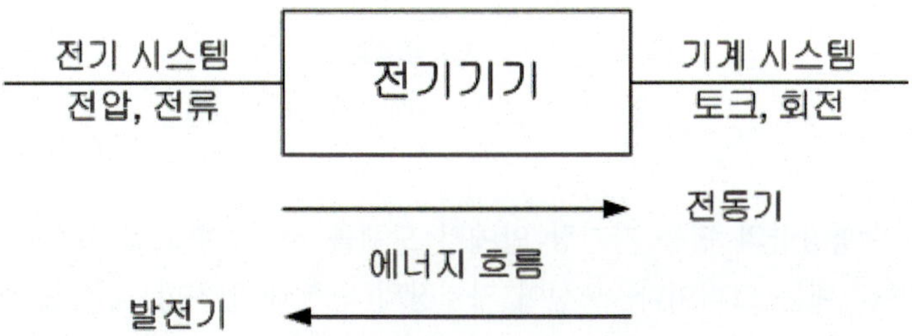

그림 18.1 전기시스템과 기계시스템 사이의 변환

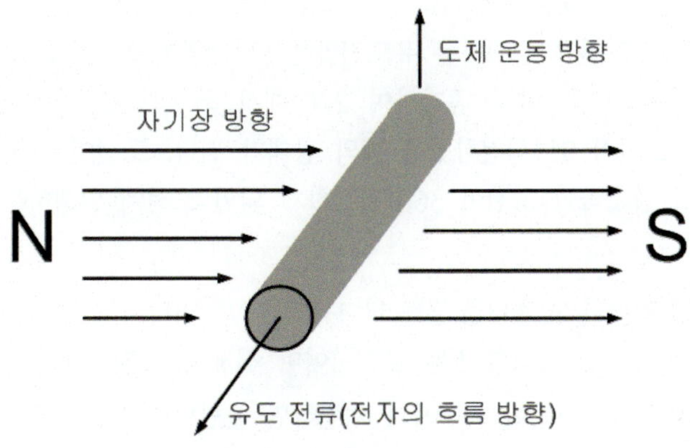

그림 18.2 플레밍의 오른손법칙

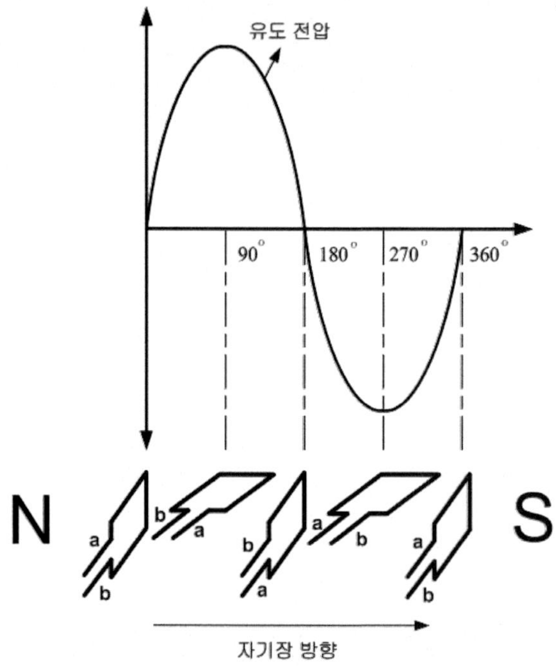

그림 18.3 도선의 회전에 의한 유도전압

그림 18.3은 수평방향의 평등 자기장 안에서 도체를 시계방향으로 회전시켰을 때 도체에 유도되는 전압을 나타내는 그림이다. 도선이 자기장의 방향과 일치할 때는 도체가 자기장을 쇄교하지 못하므로 유도되는 전압은 영이 된다. 도선이 회전하면 도선의 자기장 쇄교율은 높아지고 따라서 유도전압도 커지게 되며, 그 크기는 코일이 90°회전하였을 때 최대가 된다. 도선이 90°를 초과하여 회전하게 되면 유도전압은 감소하며 도선이 180°회전하게 되면 도선이 자기장을 쇄교하지 못하므로 도선에 발생하는 유도전압은 다시 영이 된다. 도선이 계속하여 회전하면 도선에 발생하는 유도전압은 다시 증가하여 270°에서 최대의 유도전압이 발생하는데 이때의 유도전압의 방향은 도선이 90°회전하였을 때와 반대가 된다. 도선이 다시 회전하게 되면 도선의 유도전압은 다시 감소하며 도선이 360°회전하게 되면 도선에 발생하는 유도전압은 다시 영이 된다.

그림 18.4는 교류발전기의 원리를 간략히 나타낸 그림이다. 그림에서 s는 s는 슬립링이며 브러시와 습동접촉을 한다. 그리고 b는 브러시이며 실제의 발전기에는 탄소 또는 흑연제품을 사용한다. 그림에서 알 수 있듯이 회전자가 회전하면 슬립링과 브러시를 거쳐 부하에 교류전력이 가해진다.

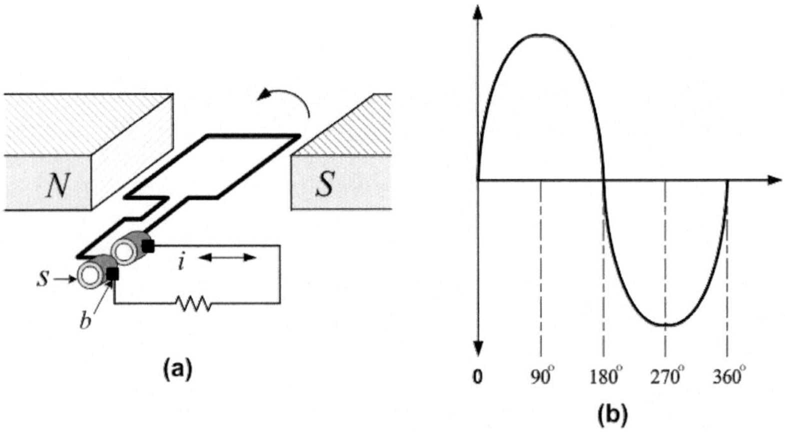

그림 18.4 교류발전기의 원리

교류발전기에서는 2개의 슬립링을 사용하지만 직류발전기에는 1개의 슬립링을 사용한다. 그림 18.5와 같이 1개의 슬립링을 2등분하여 서로 절연시키고 브러시를 연결하면 브러시를 통한 전압은 항상 일정하게 된다. 2등분된 슬립링은 정류자(Commutator)라 하고 2등분된 각 편을 정류자편(Commutator segment)이라고 한다. 그리고 자계 내에서 운동하여 전압이 유도되는 코일 및 코일을 지지하는 부분 전체를 전기자(Armature)라고 한다.

그림 18.5에서 발생한 직류파형을 보면 방향이 일정한 직류는 만들어지지만 그 값이 영에서 최대치까지 변동이 대단히 심한 직류가 된다. 이와 같은 직류파형을 맥류(Pulsating current)라고 한다. 그림 18.5에서는 1개의 코일과 2개의 정류자편을 사용한 직류발전기를 나타내었는데 4개의 코일과 4개의 정류자편을 사용하면 전기자에는 2개의 코일이 직렬로 연결된 회로가 2개 병렬로 존재하게 되어 발생되는 직류 전압파형은 상당히 개선된다. 만약 코일 및 정류자의 수를 수십 개로 증가하면 발생되는 단자전압의 맥동은 대단히 감소하게 되며 사실상 그 값은 일정한 값이라고 간주할 수 있게 된다. 이와 같은 전압을 직류전압이라 하고 직류전압을 발생하는 발전기를 직류발전기라고 한다.

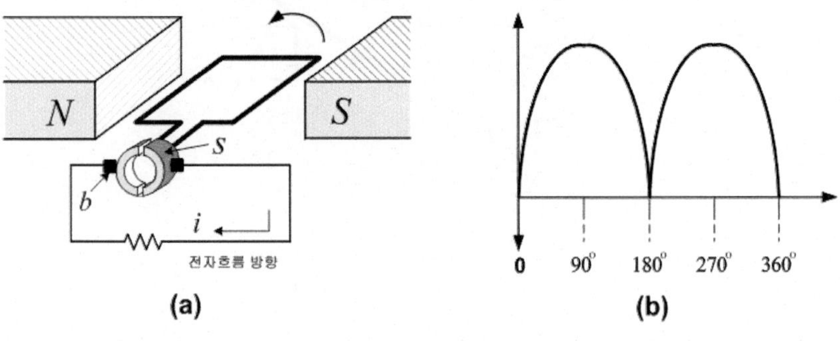

그림 18.5 직류발전기의 원리

18.1.2 직류전동기의 원리

자기장 가운데 놓여있는 도체에 전류가 흐르면 이 도체에는 자기장의 강도와 전류와의 곱에 비례하는 힘을 받는데 이때의 힘의 방향은 자기장의 방향과 직각을 이룬다. 자속밀도가 $B[Wb/m^2]$인 자기장에서 이 자기장과 직각방향으로 놓여있는 길이 $l[m]$의 도체에 $i[A]$의 전류가 흐르고 있다면 이 도체에는 다음과 같은 힘이 발생한다.

$$F = ilB[N] \quad \text{(식 18.1)}$$

식 18.1에서 힘의 방향은 플레밍의 왼손법칙으로 설명할 수 있고 이것을 그림으로 나타내면 그림 18.6과 같다. 그림에서 전류의 방향은 전자흐름의 방향이다.(관습적인 전류의 방향은 전자흐름의 방향과 반대방향이 된다.)

이번에는 자기장 내에서 직류전류가 흐르는 도선을 그림 18.7과 같이 위치시키면 전류가 흐르는 도선에는 위에서 설명한 것과 같은 힘이 발생하게 되며, 자기장 내로 들어가는 전류 도선과 자기장에서 나오는 전류 도선에는 전류의 흐름이 반대가 되어 이 도선에는 회전력이 발생하게 된다.

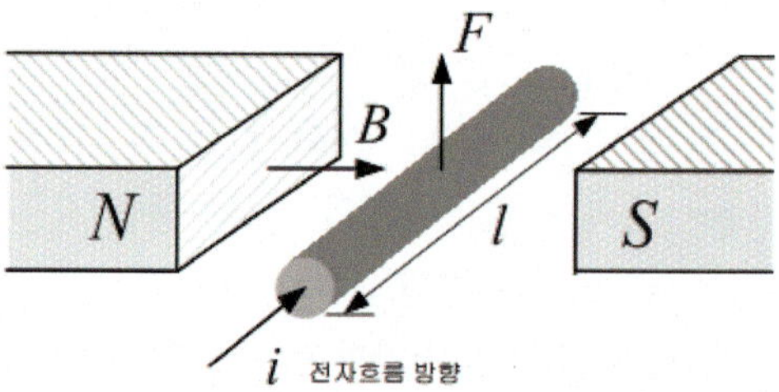

그림 18.6 플레밍의 왼손법칙

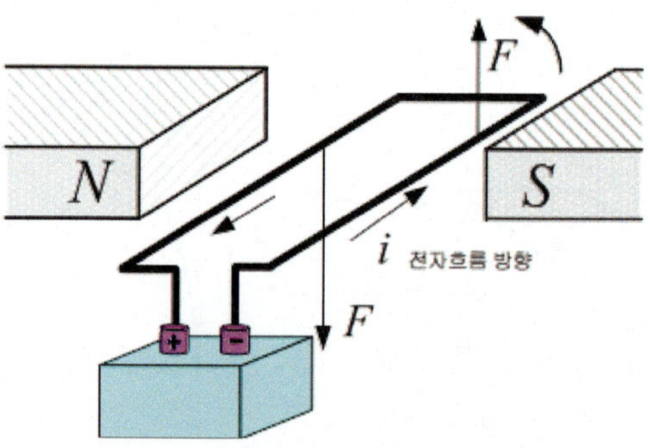

그림 18.7 직류전동기 회전원리(1)

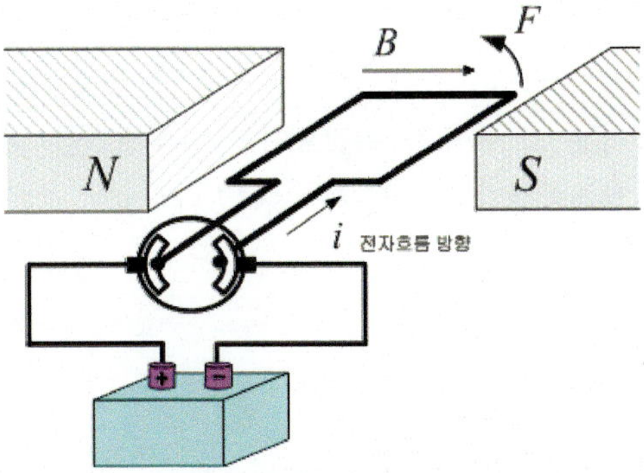

그림 18.8 직류전동기 회전원리(2)

그러나 그림 18.7의 도선에는 회전력은 발생하지만 도선이 고정되어 있어 도선은 회전하지 못한다. 도선을 회전시키고 또 연속적인 회전력을 얻기 위하여 그림 18.8과 같은 방법으로 도선에 직류전류를 흘려주면 도선에 흐르는 전류가 주기적으로 바뀌게 되며, 도선은 연속적인 회전력을 얻을 수 있게 된다.

직류전류가 양극에서 시작하여 음극으로 흐른다고 가정하면(관습적인 전류의 흐름방향) 그림 18.9에서 전기자는 힘 F가 작용하여 반시계방향으로 회전한다(플레밍의 왼손법칙). 힘 F에 의하여 전기자 권선이 90°회전했을 때 브러시와 정류자의 작용에 의해 전기자에 흐르는 전류의 방향이 반대로 되며 따라서 전기자 권선에는 동일한 방향의 힘 F가 계속해서 작용하게 되어 전기자 권선은 같은 방향으로 회전을 계속하게 된다. 전기자 권선이 90°회전할 때마다 전기자에 흐르는 전류의 방향을 반전시키는 것을 정류(commutation)라고 한다.

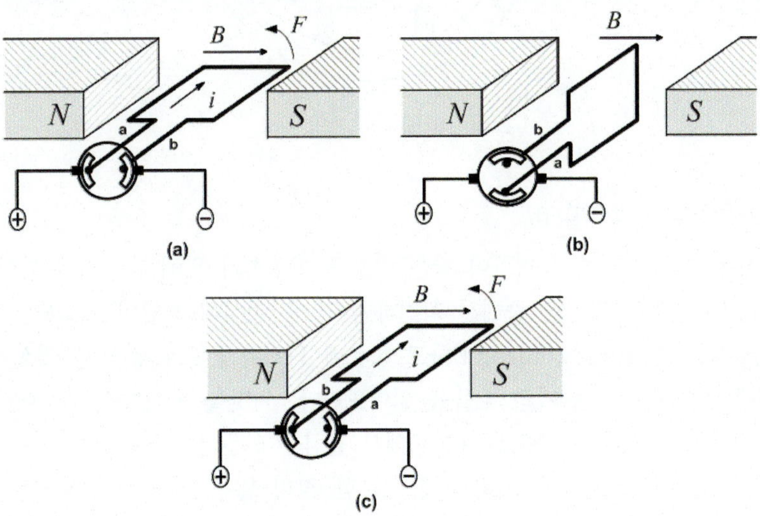

그림 18.9 직류전동기의 회전

직류전동기는 앞에서 설명한 것처럼 회전하며 전력을 공급받아 기계적 에너지로 변환하는 장치라고 정의할 수 있다.

직류발전기와 직류전동기는 그 구조가 똑같으며 직류발전기를 직류전동기로 사용할 수도 있고 반대로 직류전동기를 직류발전기로도 사용할 수 있다.

18.1.3 직류기의 구조

직류기의 주요부분은 전기자(Armature), 계자(Field magnet) 및 계철(Yoke) 3부분이다. 계자는 자속을 만드는 부분이고 전기자는 이 자속과 상대적인 운동을 하여 전압을 유도하는 전기자선륜(Armature coil)과 이것을 지지하는 전기자철심 및 축의 총칭이다. 그리고 계철은 계자와 계자 사이를 연결하여 자기회로를 형성하고 동시에 기기 전체의 골격을 이루는 부분이다.

그림 18.10에서 A는 전기자, g는 공극(Air gap), F는 계자철심(Field core), Y는 계철, C는 계자선륜(Field coil), Φ는 이들 각부를 통하는 자속(Magnetic flux)이다.

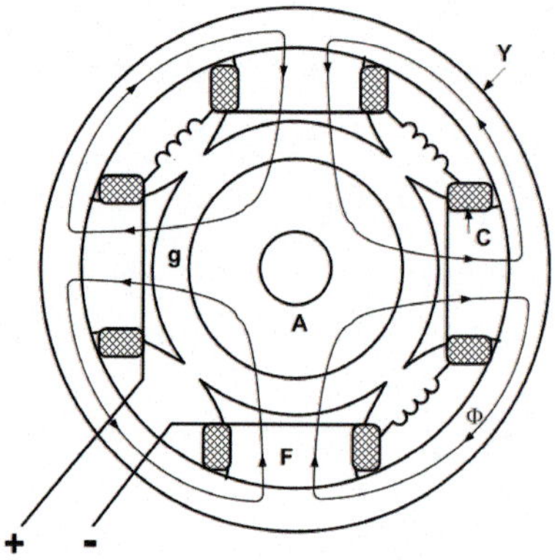

그림 18.10 직류기의 구조

(1) 전기자철심(Armature core)

전기자철심은 자속에 대해서 저항이 작은 자로를 형성하기 위해 철을 사용한다. 그런데 철도 도체이기 때문에 이것이 자기장 중에서 회전하면 전기자철심에 전압이 유도되어 전류가 흐르게 된다. 이 전류를 와전류(Eddy current)하고 하는데 와전류가 흐르게 되면 철심에 열이 발생하여 전력손실이 발생하며 직류기의 효율을 떨어뜨린다. 이것을 방지하기 위하여 얇은 전기강판(Electrical sheet steel)을 적층(Laminate)해서 철심을 만든다. 이렇게 하면 철심 내에 유도되는 전압으로 와전류가 흐르더라도 강판 한 장 한 장이 얇은 절연피막으로 덮여 있기 때문에 전기자를 통째로 철로 만들었을 때보다 흐르는 와전류는 대단히 감소하여 직류기의 효율이 높아지고 전기자의 온도상승도 방지할 수 있게 된다.

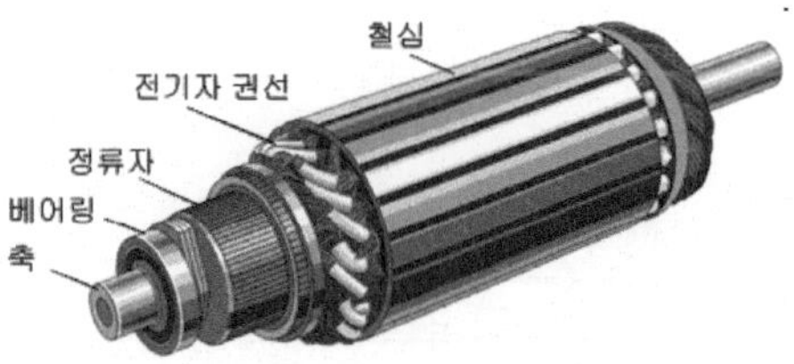

그림 18.11 직류 전동기의 전기자

전기강판은 규소의 포함율에 의해서 B급(1.2%), C급(1.6%), D급(3%), T급(4.3%) 등의 구별이 있다. 소형회전기에는 B급, 대형회전기에는 D급이 주로 사용되고 T급은 변압기에 사용되는데 강판의 규소 함유량이 많아지면 히스테리시스 손실이 감소하게 된다. 와류손실과 히스테리시스 손실과의 합을 철손(Iron loss)이라고 하며 강판의 규소 함유량이 많아지면 철손을 감소시킬 수 있지만 투자율이 작아지고 재질도 약해지는 단점이 발생한다.

그림 18.11은 직류전동기의 전기자 구조를 나타내는 그림이다. 전기강판을 적층하여 전기자 철심을 만들고 홈에는 전기자 권선이 감겨있다. 그리고 브러시와 습동접촉을 하는 정류자가 있으며 전기자 권선은 이 정류자에 연결되어 있다. 축의 지지와 회전을 위해 축에 베어링을 장착한다.

(2) 자계와 계철

자계는 전기자 도체의 운동부분에 강력한 자계를 만들어 주는 것이 목적이며 철심(Pole core)과 자극편(Pole piece) 및 이것을 여자(Excite)시키는 계자권선(Field winding)으로 구성되어 있다. 계철(Yoke)은 계자 상호간에 자기적으로 연결함과 동시에 기계적으로 직류기의 외형을 형성한다. 그 재료는 주철 또는 주강을 사용하는데 주강은 주철에 비해서 자기적 특성이 우수하기 때문에 주강을 사용하면 계철의 단면적을 작게 할 수 있어 기기의 중량이 감소된다.

(3) 정류자 및 브러시

정류자편(Commutator segment)은 경도가 높고 도전율이 높은 경동으로 만들고 전기자 권선과 동수의 정류자편을 양질의 마이카나이트(Micanite)로 서로 절연하여 슬리브(Sleeve)에 원통형으로 조립하여 정류자를 제작한다.

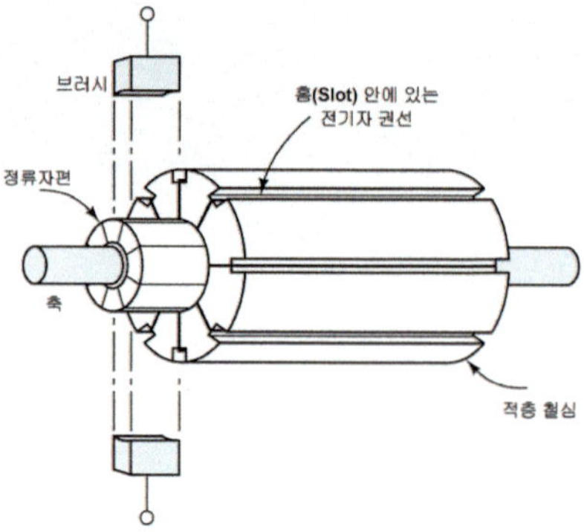

그림 18.12 정류자 및 브러시

브러시는 정류를 양호하게 하기 위해서 정류자와의 접촉 저항이 큰 탄소 브러시(Carbon brush) 또는 흑연 브러시(Graphite brush)를 사용하여 제작하며 스프링에 의해 적당한 장력으로 정류자 표면에 접촉 시킨다.

18.2 전기자 권선법(Armature Winding)

18.2.1 개요

전기자 철심에 코일을 권선할 때 일정한 법칙에 따라서 권선하지 않으면 유도된 전압이 서로 상쇄가 되어 직류기의 역할을 수행할 수 없게 되는 경우가 발생하므로 주의해야 한다. 교류기기에 있어서는 개로권(Open circuit winding)이라고 하여 발전기에 부하가 없을 때에는 전기자 회로는 개로되는 권선법을 사용하고 있으나 직류기에 사용하는 권선법은 폐로권(Closed circuit winding)으로서 전기자 권선 자신이 폐로로 되어 있다. 전기자를 권선하려면 먼저 코일을 다이아몬드 형으로 필요한 권수만큼 감아서 충분히 절연한 후에 전기자 홈에 배치하는데 적합한 모양으로 정형한다. 이와 같이 정형한 코일을 형권코일(Formed coil)이라고 한다.

코일단자를 연결하는 방법에 따라서 직류기의 전기자 권선법은 중권(Lap winding)과 파권(Wave winding) 두 가지로 크게 구별할 수 있다.

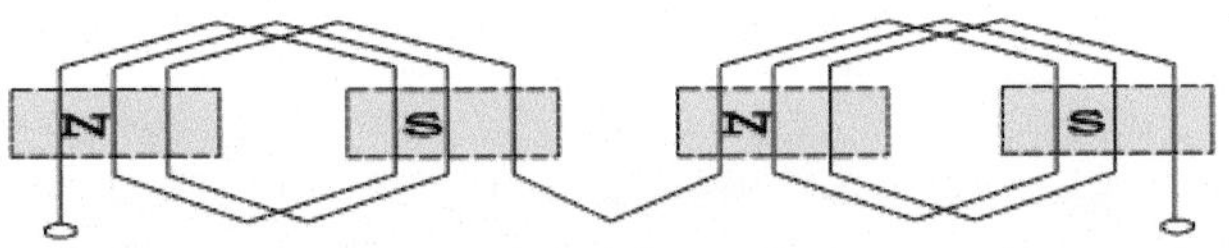

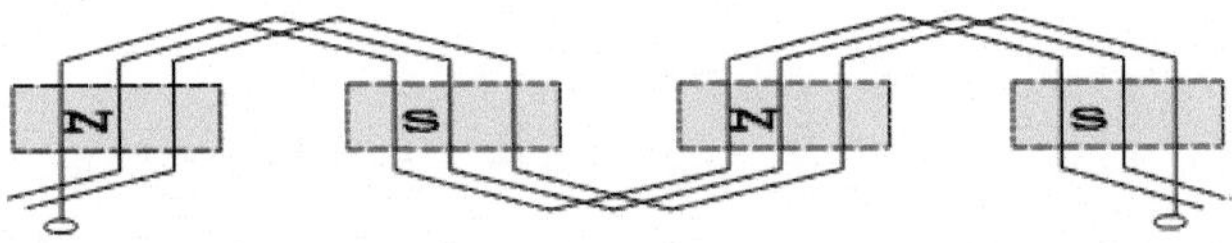

그림 18.13 권선법 (a) 중권, (b) 파권

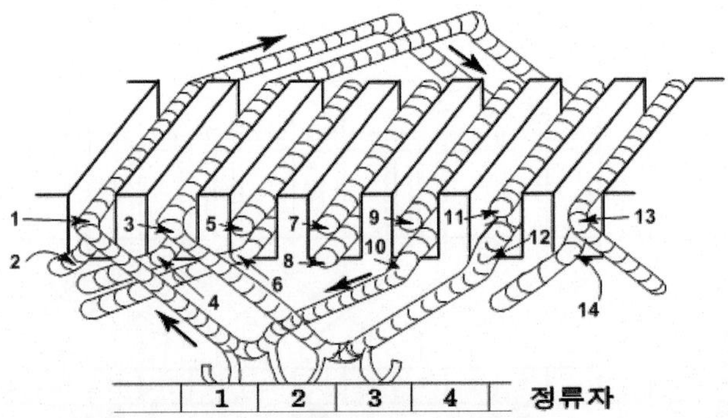

그림 18.14 중권의 권선법

코일변을 전기자 홈에 끼우는 방법은 그림 18.14와 같이 한 변은 홈의 상부에 끼우고 다른 한 변은 홈의 하부에 끼운다. 따라서 각 홈에 코일변을 상하 2층으로 끼우므로 이와 같은 권선법을 2층권(Double layer winding)이라고 한다.

교류발전기에 있어서는 각 홈에 코일변이 한 개씩 들어가는 경우가 있으며 그와 같은 권선법은 단층권(Single layer winding)이라고 한다.

18.2.2 중권(Lap winding)

중권은 그림 18.14 또는 그림 18.15에서 볼 수 있듯이 전기적으로 서로 연결되어 있는 2개의 코일은 실제의 위치가 서로 연접해서 겹쳐져 있다. 그리고 한개 코일의 양 단자는 서로 연접해 있는 정류자편에 연결되어 있다.

정류자편 1에서 출발하여 연결된 코일변을 따라가 보면 코일변 1과 10을 거쳐서 이웃한 정류자편 2에 들어가고 다시 코일변 3과 12를 거쳐서 정류자편 3으로 들어간다. 이와 같은 방법으로 각 코일은 서로 겹쳐가며 전진하고 최후에 코일변 8을 통해 최초의 정류자편 1로 돌아와 전체로 한 개의 폐회로를 형성한다. 그림에서 각 홈의 하부에 끼우는 짝수 코일변은 점선으로 표시되어 있다.

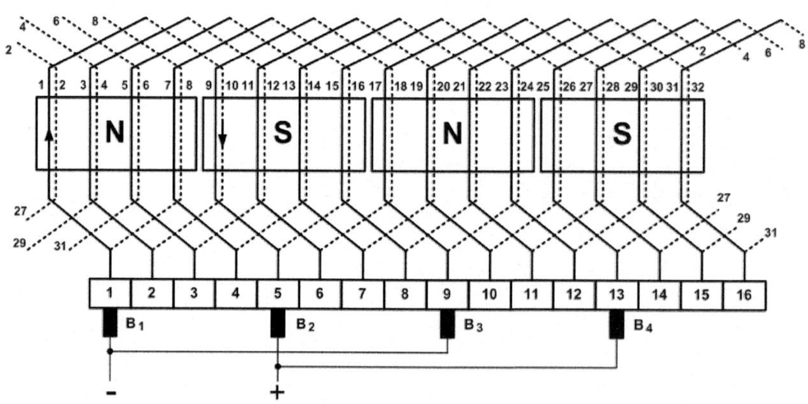

그림 18.15 4극 발전기의 중권 권선

18.2.3 파권(Wave winding)

파권에 있어서 전기적으로 연결되어 있는 2개의 코일은 위치에 있어 대략 극간격의 2배 떨어져 있고, 한 코일의 양단자는 대략 극간격의 2배 떨어진 위치에 있는 정류자편에 연결되며, 권선은 파형으로 앞으로 전진하는 모양이 된다. 그림 18.16은 파권의 예인데 그림에서 정류자편 1에서 출발하여 코일 단자가 연결된 순으로 코일변 1, 10, 19, 28과 같이 따라가면 파형(波形)을 그리면서 항상 전진하고 전기자를 일주한 후에 최초에 출발한 정류자편의 다음 정류자편 2로 들어간다. 다시 전진을 계속하면 전기자 주위를 수회 돌아서 모든 코일변을 거친 후에 최초 출발점인 정류자편 1로 돌아온다. 이와 같이 파권인 때에도 역시 전체로 한 개의 폐회로를 형성한다.

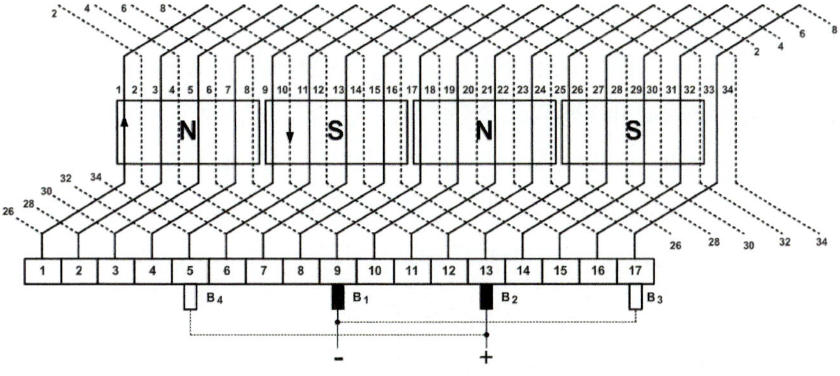

그림 18.16 4극 발전기의 파권 권선

18.3 전기자 반작용

직류기의 전기자에 전류가 흐르게 되면 전기자에는 이 전류로 인한 자장이 생긴다. 그러므로 직류기가 회전하게 되면 계자전류에 의한 주자극의 자기장과 이 전기자 전류에 의한 전기자 자기장이 같은 장소에 발생하게 되므로 주자계가 어느 정도 영향을 받게 된다. 이와 같이 전기자 자계가 주자계에 끼치는 영향을 전기자 반작용(Armature reaction)이라고 한다. 부하상태에 있어서의 직류기는 이 두 종류의 자속이 동시에 존재하므로 이것을 합성하면 그림 18.17과 같은 분포상태로 된다. 즉 주자극에 의한 자속분포는 왜곡되고 중성선은 발전기에 있어서는 전기자의 회전방향으로, 전동기에 있어서는 전기자의 회전방향과 반대방향으로 이동하여 새로운 중성선을 생성한다.

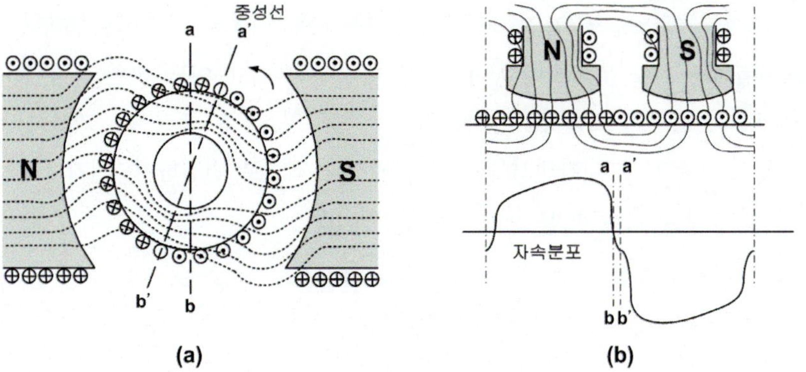

그림 18.17 합성 자속과 분포

원래의 중성선 ab를 무부하 중성선(No load neutral line) 또는 기하학적 중성선(Geometrical neutral line)이라고 하고 새로운 중성선 $a'b'$를 부하 중선선(Load neutral line) 또는 전기적 중성선(Electrical neutral line)이라고 한다.

전기적 중성선에 브러시를 위치시키면 전기자 자계는 그림 18.18(a)와 같이 되고 이것을 벡터로 표시하면 그림 18.18(b)와 같이 브러시 축방향의 벡터 F_A로 된다. 이 벡터 F_A는 자계에 의한 주자계에 직각방향의 성분 F_C와 평형방향의 성분 F_D로 분해할 수 있다. F_C는 교차성분이라 하며 이 성분이 주자계의 분포를 왜곡시키는 것인데 이 작용을 교차자화작용(Cross magnetizing action)이라고 한다. F_D는 계자에 의한 주자계와 반대방향이므로 감자성분이라 하며 이것이 계자에 의한 주자계의 강도를 감소시키고 따라서 유도 기전력도 감소되므로 이 작용을 감자작용(Demagnetizing action)이라고 한다.

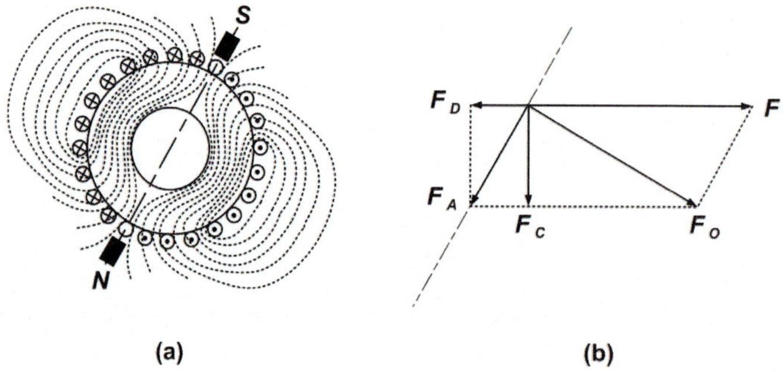

그림 18.18 전기자 전류에 의한 자속 및 주 자계와의 합성 자계

18.4 보극 및 보상권선

정류 개선법에서 가장 효과적이고 또 가장 많이 사용되고 있는 방법은 보극(Inter pole)을 사용하는 것이다. 보극은 그림 18.19와 같이 주자극 N, S의 중간 즉, 기하학적 중선선에 소자극 n, s를 설치하고 그 여자권선을 전기자 권선과 직렬로 연결하여, 전기자 자속 Φ_a와 반대 방향으로 크기가 같은 자속 Φ_c를 발생하게 한 것이다.

이와 같이 하면 보극의 강도는 항상 전기자 반작용에 비례해서 증감하므로 부하의 대소에 관계없이 언제나 전기자 반작용을 상쇄할 수 있다.

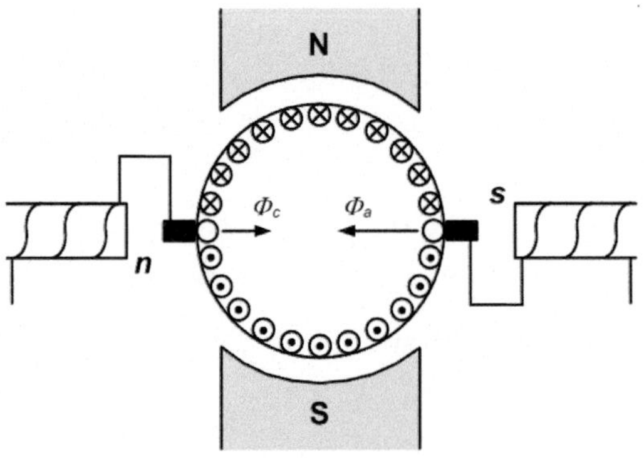

그림 18.19 보극의 작용

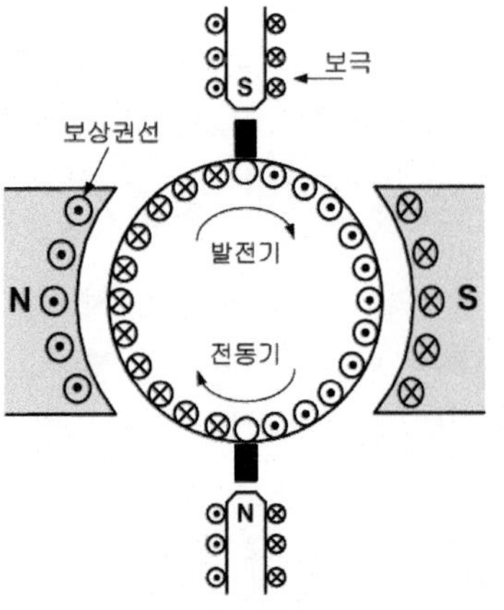

그림 18.20 보상 권선

보극에 의해서 전기자 반작용을 상쇄할 때에는 그 작용이 보극의 바로 아래 즉, 브러시가 있는 장소에만 한정되며 전기자 전 원주에는 미치지 못한다. 그런데 부하의 변화가 급격한 경우에는 자기유도에 의한 전압이 정류중인 코일뿐만 아니라 원주상의 모든 코일에 유도되어 정류자편 사이의 전압이 높아진다. 이것이 브러시 부근에 생기는 전도성 가스를 통해서 아크 방전을 발생하고, 이 아크 방전은 브러시 부근만 아니라 정류자의 전 원주에 퍼져서 정, 부의 브러시 사이를 아크 방전으로서 단락하게 된다. 이것을 섬락(Flash over)이라고 하는데 직류기에 있어서 대단히 해로운 현상이다. 이것을 방지하기 위해서는 정류대 이외에는 작용이 미치지 못하는 보극 만으로서는 불충분하며 보상권선(Compensating winding)을 사용해야 한다.

보상권선은 그림 18.20과 같이 주자극이 전기자에 면하고 있는 극편면에 권선하며, 전기자와 직렬로 연결하고 전기자 전류와 반대방향으로 전류를 통하게 한다. 그리고 보상권선의 암페어 턴 수를 전기자와 같게 해 놓으면 부하의 대소에 상관없이 전기자 지자력은 전원주에 걸쳐서 항상 상쇄된다. 그러므로 전기자는 완전히 무유도성으로 되어 급격한 부하의 변화에 대해서도 자기유도에 의한 유도전압은 없어진다.

위의 정류에 관해서는 발전기를 예를 들어 설명하였는데 전동기에 대해서도 회전방향이 반대일 뿐 그 외에는 다를 것이 없다. 보상권선을 하려면 구조가 복잡하고 가격이 고가로 되므로 보통의 경우에는 보극만을 설치하는데 부하의 변동이 급격하고 사용조건이 가혹한 전동기에 대해서는 보극과 보상권선을 같이 설치해야 한다.

18.5 직류발전기의 종류 및 특성

18.5.1 직류발전기의 종류

발전기의 주자극에는 영구자석을 사용할 수도 있고 전자석을 사용할 수도 있는데 전자는 소형의 특수 발전기에 사용할 뿐이고 대부분은 보통 후자인 전자석을 사용한다. 발전기의 계자권선에 전류를 흘려서 전자석이 되게 하는 것을 여자(Excitation)라고 말하며 따라서 계자전류(Field current)를 여자전류(Exciting current)라고도 한다. 발전기는 이 여자전류를 취하는 방법 즉, 여자방식에 의해서 분류하는 것이 보통이며 이 방식에 의해서 직류발전기를 분류하면 다음과 같은 종류가 있다.

(1) 타려발전기(Separately excited generator)

여자전류를 다른 직류전원 즉, 축전기 또는 다른 직류 발전기 등에서 취하고 있는 발전기를 타려발전기라고 한다.

(2) 자려발전기(Self excited generator)

발전기는 자기 자신이 기전력을 유도하는 것이므로 이것을 이용하여 자기의 계자권선에 전류를 통하게 할 수 있다. 이와 같은 발전기를 자려발전기라고 한다. 그런데 이 자려발전기에서도 여자전류를 취하는 방법에 여러 가지 방법이 있다. 즉, 부하에 가는 전류와 별도로 취하는 방법, 부하전류를 그대로 여자전류로 사용하는 방법, 이 두 가지 방법을 병용하는 방법 등이 있으며 그 방법에 의해서 자려발전기는 다음과 같이 나뉜다.

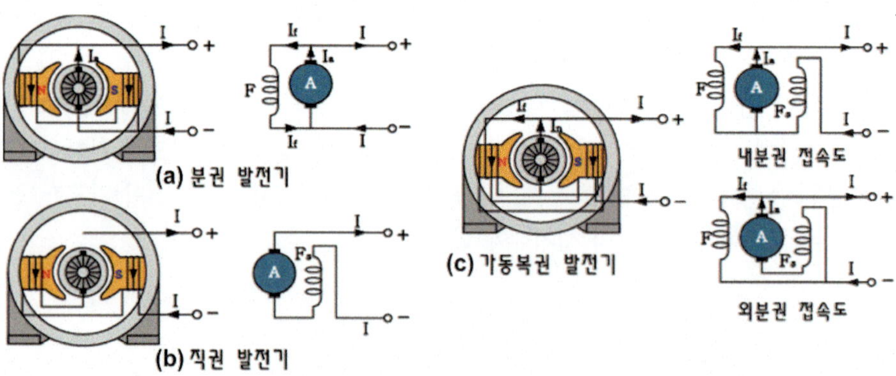

그림 18.21 자려발전기의 종류

1) 분권발전기(Shunt generator)

여자전류를 부하전류와 별도로 취하는 방법인데 그림 18.21(a)와 같이 계자권선이 전기자권선과 병렬로 연결되어 있다. 이 때 여자전류는 계자회로만을 통할 뿐이므로 될 수 있는 대로 전류를 작게 해주고 그 대신 권수를 많게 하여 필요한 기자력을 일으키게 한다. 이 때의 계자권선을 분권계자권선(Shunt field winding)이라고 한다.

2) 직권발전기(Series generator)

직권발전기는 그림 18.21(b)와 같이 계자권선을 전기자권선과 직렬로 연결하여 부하전류를 그대로 여자전류로 사용하는 것이다. 이 때의 여자전류는 상당히 크므로 계자권선은 굵은 선을 사용하고 권수는 적게 하며 직권계자권선(Series field winding)이라고 한다.

3) 복권발전기(Compound generator)

그림 18.21(c)와 같이 분권계자권선과 직권계자권선을 모두 가지고 있어 부하전류와는 관계없는 일정전류와 부하전류와 동일한 전류와의 두 전류로서 여자하는 발전기를 복권발전기라고 한다. 이 두 계자권선의 자극방향이 동일한 것을 화동복권발전기(Cumulative compound generator), 반대방향인 것을 차동복권발전기(Differential compound generator)라고 한다. 그리고 그림 18.21(c)에서 볼 수 있듯이 전기자와 직권계자가 직렬로 연결된 양단에 분권계자가 병렬로 연결된 것을 외분권복권발전기(Long shunt compound generator)라 하고 전기자와 분권계자가 병렬로 연결된 것에 다시 직권계자가 직렬로 연결된 것을 내분권복권발전기(Short shunt compound generator)라고 한다.

18.6 직류전동기의 종류와 특성

18.6.1 직류전동기의 종류

직류전동기도 직류발전기와 같이 여자방식에 의해서 분류하면 다음과 같은 종류가 있다.

(1) 타려전동기(Separately excited motor)

전기자 전류의 전원과 별개의 전원에서 계자전류가 공급되며 이 계자권선은 가는 도선으로서 권수가 많다

(2) 분권전동기(Shunt motor)

계자권선이 전기자와 병렬로 연결되어 있으며 이 분권계자 권선은 가는 도선으로서 권수가 많다.

(3) 직권전동기(Series motor)

계자권선이 전기자와 직렬로 연결되어 있으며 이 직권 계자권선은 굵은 도선으로서 권수가 적다.

(4) 복권전동기(Compound motor)

분권계자 권선과 직권계자 권선을 모두 가지고 있으며 이들 자계권선의 자속방향이 같은 방향인지 또는 반대방향인지에 따라서 다음 2종류의 전동기가 있다.

① 화동복권 전동기(Cumulative compound motor)

② 차동복권 전동기(Differential compound motor)

앞에서 설명한 것처럼 각종 직류전동기에 있어서 계자권선의 결선법은 각 전동기에 대응하는 각종 직류발전기의 계자권선의 결선법과 동일하다. 그러므로 발전기를 전동기로 사용할 수도 있고 또 전동기를 발전기로 사용할 수도 있다. 그러나 복권 직류기의 경우에는 화동복권 발전기를 그대로 전동기로 사용하면 직권계자 권선의 전류방향이 반대로 되므로 차동복권 전동기로 된다.

직류전동기 중에서 분권전동기, 직권전동기, 복권전동기는 계자전류가 전기자 전원과 동일 전원으로부터 공급되고 있는 전동기로서 타려전동기에 대해서 자려전동기(Self excited motor)라고 한다.

18.6.2 직류전동기의 용도

분권전동기는 대략 전류에 비례하는 토크를 발생하고 또 가장 넓은 범위로 속도를 조정할 수 있는 전동기이다. 그리고 그 조정된 속도에 있어서는 부하변동에 대하여 대략 일정한 속도를 갖게 된다. 그러므로 송풍기, 펌프, 공작기계 등의 운전에 있어서 그다지 큰 기동토크를 필요로 하지 않고 동시에 대략 일정한 속도를 필요로 하는 경우에 사용된다.

직권전동기는 전차, 크레인 등과 같이 큰 기동토크를 필요로 하고 일정한 속도를 필요로 하지 않는 경우에 사용된다. 전동기의 사용목적상 단속사용(Intermittent service)이 많고 따라서 정격도 연속정격이 아닌 1시간 정격, 반시간 정격 등의 단시간 정격이 많다. 직권전동기가 가장 많이 사용되는 곳은 전기철도이다. 전차는 정류기가 설치되어 있고 이 직류전원으로 직류직권 전동기를 구동시켜 전차를 움직인다.

차동복권 전동기는 정속도 전동기인데 그 정속도 특성은 동기전동기에 미치지 못하므로 중요한 정속도 운전에는 동기전동기를 사용하고 대략적인 정속도 용도에는 직류분권 전동기가 사용되므로 차동복권 전동기의 용도는 별로 넓지 않다.

화동복권 전동기는 분권전동기로서는 기동토크가 부족할 때 또는 부하의 변화가 심하여 분권전동기로서는 전류의 변화가 너무 크게 되는 경우에 사용된다.

직류전동기는 일반적으로 속도제어가 용이하고 각종 용도에 적응성이 넓은 양호한 전동기이기는 하지만 일반 송, 배전이 교류를 사용하고 있기 때문에 직류전동기를 사용하려면 특별히 정류 장치를 필요로 하는 불리한 점이 있다. 그러므로 직류 전원을 많이 사용하는 곳이나 또는 다른 사정에 의해서 직류전원을 용이하게 사용할 수 있는 경우를 제외하고는 교류전동기로 대체되는 경향이 있다.

18.7 교류발전기의 동작원리

18.7.1 동기전동기와 동기발전기

(1) 동기전동기

동기전동기의 구조는 동기발전기(교류발전기)와 동일하다. 동기전동기의 회전 방법은 우선 회전자에 직류를 공급하여 자장(전자석)을 만든다. 그 후 고정자에 3상 교류를 공급하여 회전자장(회전하는 자석)을 만들어 전동기를 회전시킨다. 단, 동기전동기는 시동시 기동토크가 없기 때문에 일정 회전수까지는 기동장치로 회전시켜야 한다. 회전자와 고정자 자장(자석)의 작용으로 전동기는 회전하며 입력전원인 고정자 3상 교류의 주파수와 일치되어 전동기는 동기속도로 회전한다. 유도전동기와 달리 슬립은 발생하지 않는다. 회전자의 전류를 조정하면 전력계통의 역률을 바꾸어 줄 수 있으므로 전력계통의 역률개선을 목적으로 사용하기도 한다.

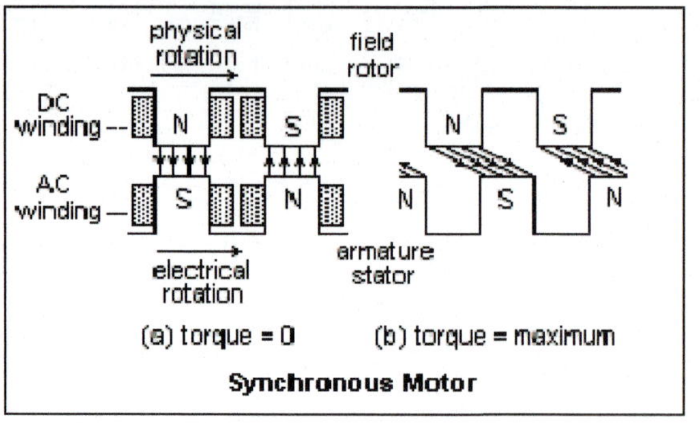

그림 18.22 동기전동기 회전원리

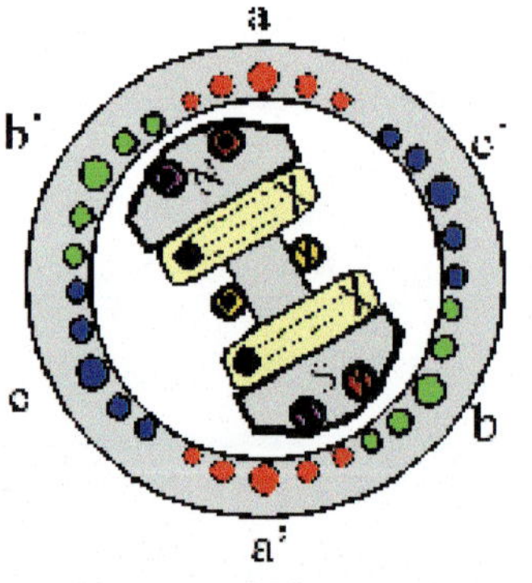

그림 18.23 동기전동기의 구조

(2) 동기발전기

동기발전기 고정자권선의 극수는 회전자의 자극수와 일치시켜 고정자에 배치하며 균일한 3상 전압을 발생하게 된다. 자극이 설치되어 있는 회전자는 원동기에 의해 일정한 속도로 회전하며 계자권선(회전자에 감겨있는 권선으로 직류를 공급하여 자장을 형성한다)에는 직류전류를 공급하여 여자시킨다. 회전자에는 한 개 혹은 그 이상의 단락권선을 가지고 있어 발전기 상태 변화시(부하변화시) 안정성을 증가시키는데 이를 제동권선이라고 한다. 발전기의 회전자에는 원통형과 돌극형이 있는데 원통형은 고속회전 발전기(터빈 발전기)에 사용되며 돌극형은 저속회전 발전기(디젤 발전기)에 사용된다.

그림 18.24 동기발전기의 구조

회전자를 여자시키고(전자석) 원동기로 회전자를 일정한 회전속도로 회전시키면 발전기의 고정자에는 일정한 전압이 발생하게 된다. 발생되는 전압의 주파수는 원동기의 회전속도에 비례하게 된다. 만약 회전자의 극수가 10극이고 원동기가 720[rpm]으로 회전한다면 발전기 고정자에는 주파수가 60[Hz]인 전압이 발생한다. 극수, 주파수 및 원동기 회전수의 관계를 식으로 표시하면 식 18.2와 같다.

$$n = \frac{120f}{P} \qquad \text{(식 18.2)}$$

여기서 n 은 회전수(RPM), P는 극수, f는 주파수이다.

발생되는 전압의 크기는 회전자 자장의 세기에 비례한다. 따라서 계자권선에 흘려주는 직류전류의 크기를 변화시키면 발전기 출력 전압을 조정할 수 있다. 발전기에서는 자동으로 전압의 크기를 조절하여 주는데 이 장치가 바로 AVR(Auto Voltage Regulator)이다. 모든 전기기기에서 전류가 흐르게 되면 전압은 강하한다. 발전기에서도 부하가 증가하면 출력 전류도 증가하게 되고 반대로 발전기 단자전압은 떨어지게 된다. 이때 AVR에서 여자전류를 크게 하여 강하된 단자전압을 회복시켜 준다.

AVR에서 여자전류를 증가시켜주면 회전자 자장의 세기가 강하여 지고 고정자에 흐르는 전류로 발생하는 고정자 자장과의 상호작용으로 원동기에 가해지는 부하도 증가하여 순간적으로 원동기의 회전속도는 강하하게 된다. 원동기에서는 조속기(가버너)가 설치되어 있어 원동기 회전속도가 떨어지게 되면 조속기가 작동하여 원동기에 공급하는 연료의 양을 증가시켜 원동기의 하강한 속도를 보상하여 다시 정상 회전수로 원동기가 운전될 수 있도록 한다. 발전기 SET에서는 발전기의 AVR과 원동기의 조속기가 중요한 역할을 담당하게 된다. 다시 설명하면, 발전기 부하가 증가 → 발전기 단자전압 순간 하강 → AVR에서 계자전류 증가 → 원동기속도 순간 하강 → 원동기 조속기 작동 → 원동기 연료공급 증가의 순서로 진행한다.

발전기 계자권선의 여자방식에는 슬립링과 브러시를 사용하는 방법과 브러시를 사용하지 않는 브러시리스 방법이 있다. 최근에는 거의 브러시리스 방법이 사용되는데 이 방법은 회전자와 동축에 회전전기자 발전기를 부착하고 여기서 발생한 교류를 다이오드를 사용하여 정류시켜 직류를 발생하여 계자권선을 여자시킨다.

그림 18.25는 브러시리스 발전기 시스템을 나타낸다. 발전기 출력측의 교류를 정류기를 사용하여 직류로 변환하며 변환된 직류전류가 여자기의 외측 고정부분으로 공급되고 있다. 여자기의 외측은 직류전류를 받아들여 전자석이 되며 이 자석 사이를 코일 U, V, W가 회전하면 이 코일에는 교류가 발생한다. 발생된 교류를 회전정류기를 거치면 다시 직류로 변환되는데 이 직류전류를 사용하여 발전기 회전자의 계자권선을 여자시켜 전자석을 만들어 주게 된다. 그리고 회전자의 계자권선으로 만들어진 전자석이 회전하게 되면 고정자에서는 3상 U, V, W의 교류가 발생하게 된다. 브러시리스 발전기는 브러시가 없기 때문에 유지보수가 거의 필요 없고 신뢰성이 높기 때문에 요즈음의 발전 시스템에는 거의 브러시리스형 발전시스템을 사용한다.

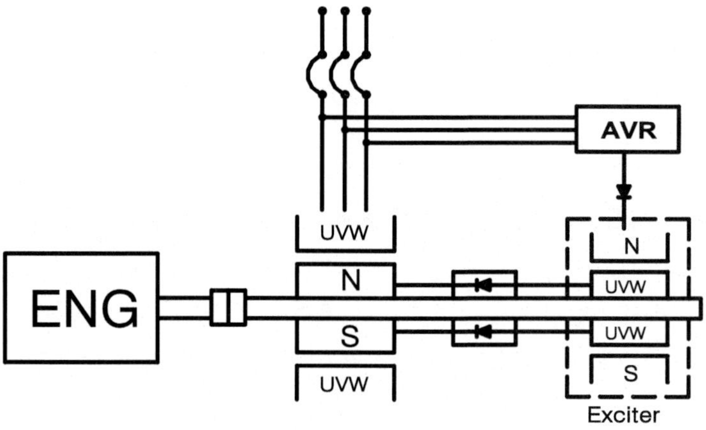

그림 18.25 브러시리스(Brushless) 발전기 시스템

(3) 발전기 병렬운전

전력시스템의 부하에 따라 발전기를 병렬운전할 경우가 발생한다. 이때에는 전력시스템에 발전기를 동기(병렬)시켜야 하는데 발전기를 병렬시키기 위해서는 다음 4가지의 조건을 만족시켜야 한다.

① 전력시스템과 병렬투입 발전기간의 전압의 크기를 일치시켜야 한다.

② 전력시스템과 병렬투입 발전기간의 전압의 위상을 일치시켜야 한다.

③ 전력시스템과 병렬투입 발전기간의 주파수를 일치시켜야 한다.

④ 전력시스템과 병렬투입 발전기간의 파형을 일치시켜야 한다.

발전기를 병렬운전할 경우에는 특별한 주의가 요망된다. 만약 발전기 병렬운전시에 전압의 위상이 정확히 맞지 않은 상태에서 병렬운전을 하면 순간 큰 토크가 발생하여 발전기의 축, 고정자, 회전자 등 각부에 손상을 입힐 수 있다.

발전기들이 병렬운전을 하고 있을 경우 필요에 따라 각 발전기의 부하를 변경할 필요가 발생한다. 이때에는 발전기를 구동하는 원동기의 조속기를 조작하여 발전기의 부하를 조정할 수 있다. 원동기 조속기를 조작하여 원동기에 공급되는 연료량을 조정하면 발전기가 담당하는 부하를 증가 또는 감소시킬 수 있다. 더 자세한 내용은 다음 단락에서 설명하도록 한다.

18.8 유도전동기

유도전동기의 고정자는 고급 강철로 성층되어 있고 3상권선을 수용하기 위해 안쪽 둘레에 슬롯을 가진다. 권선들은 120°의 간격으로 고정자에 고르게 배치되어 공극 주위로 정현파의 자속을 발생한다. 시간에 따라 정현적으로 변하는 전류가 흐르게 되면 방사상으로 정현파의 공극자속이 발생하며 이 자속은 고정자전류의 회전속도와 같은 동기속도로 회전하게 된다.

유도전동기의 가장 일반적인 회전자 형식은 농형회전자이다. 농형회전자는 회전자 외주에 있는 슬롯에 동이나 알루미늄으로 된 도체나 봉이 삽입되어 있다. 이들 도체는 대부분 균일한 토크를 발생하고 운전중의 소음을 줄이기 위해 회전자 위에 비스듬하게 설치되며 회전자 끝에서 서로 단락 되어있다. 그림 18.26은 유도전동기의 외관을 나타낸다.

그림 18.26 유도전동기의 외관

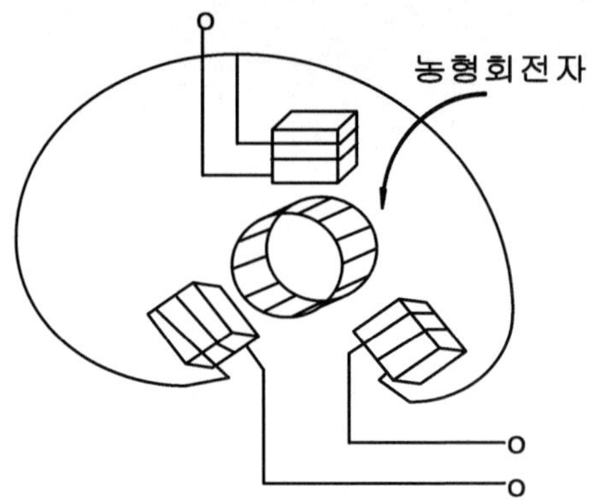

그림 18.27 유도전동기의 구동원리

유도전동기의 고정자에 3상 전원을 연결해 주면 고정자에는 동기속도로 회전하는 회전자장(회전하는 자석)이 발생한다. 이 회전자장으로 인해서 회전자에는 전류가 발생하게 된다. 즉, 고정자에 전원을 연결하면 전자석이 동기속도로 회전하는 것과 같은 현상이 생기고 이 전자석의 영향으로 회전자에도 전압이 유도되고 그렇기 때문에 회전자에 전류가 흐르게 된다. 전류가 흐르게 되면 전자석이 생성되는데 고정자의 전자석과 회전자의 전자석간의 상호작용으로 전동기는 회전하게 되는 것이다.

그림 18.28는 3상 공급 전압을 나타낸다. 각 상은 그림과 같이 전기적으로 120°의 위상차를 갖는다. 고정자 권선에 3상 교류전압을 인가하면 회전자기장이 발생하고 이 자기장이 회전자 도체를 통과함으로써 회전자 도체에는 기전력이 유도되어 전류가 흐르면 토크가 발생하여 회전자는 회전한다.

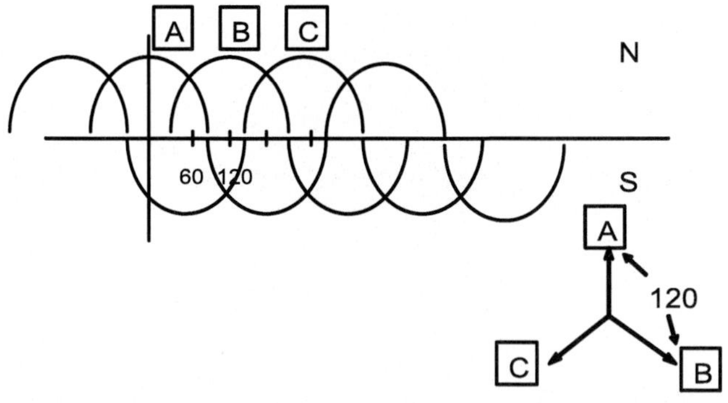

그림 18.28 유도전동기의 3상 공급 전원

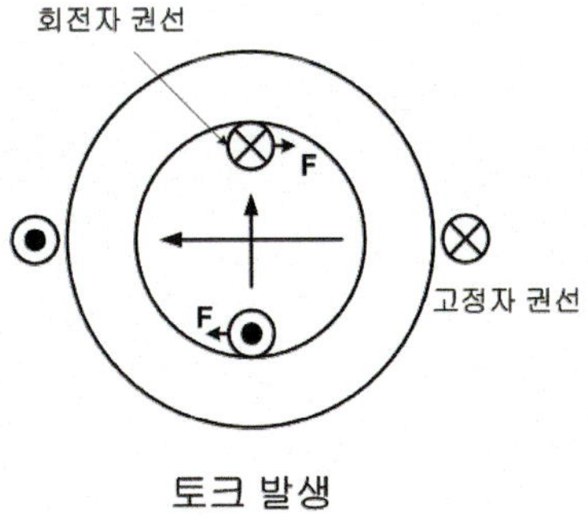

그림 18.29 회전력 발생

$$N = N_S(1pzzz - S) = \frac{120f}{P}(1 - S)[rpm] \quad (식\ 18.3)$$

여기서 N은 전동기 회전속도, N_S는 동기속도, S는 슬립, f는 주파수, P는 극수이다.

그림 18.30은 유도전동기의 회전방향을 나타낸다. 회전방향은 회전자장(회전하는 자석)의 방향과 일치하며 따라서 회전자장의 방향을 바꾸어주면 전동기는 역전하게 된다. 회전자장의 방향을 바꾸어 주려면 3선 중 2선의 위치를 바꾸어 주면 된다. 유도전동기의 가장 큰 특징은 반드시 슬립(회전자장과 회전자의 미끄러짐. 즉, 고정자의 회전하는 자석의 속도보다 회전자의 회전속도가 느리다)이 존재한다는 것이다 슬립이 존재하여야 유도전동기 회전자에 토크가 발생한다. 그 이유는 회전자장이 회전자에 설치되어 있는 도체를 쇄교(자기장이 도체를 끊고 지나가는 것)하여야만 회전자에 전류가 발생하기 때문이다. 따라서 유도전동기의 회전자가 동기속도로 회전하는 것은 불가능하다. 만약, 유도전동기의 회전자가 동기속도(고정자에서 회전하는 자석의 속도)로 회전한다면, 회전자장과 회전자에 상대속도가 발생하지 않고, 그럼으로써 회전자에 설치되어 있는 도체에 전류가 발생하지 않아 유도전동기의 회전자에는 토크가 전혀 발생하지 않게 된다.

그림 18.30 유도전동기의 회전방향

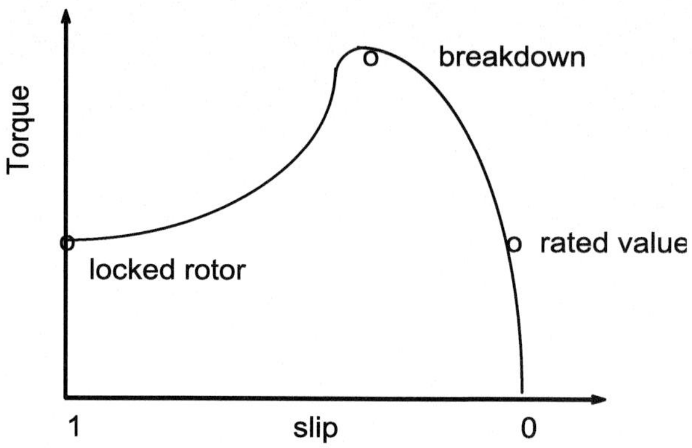

그림 18.31 슬립과 토크와의 관계

슬립을 다시 설명하면, 전동기에 부하를 걸 때 전동기 회전속도 N이 동기속도 N_S보다 느린 정도이며 이것을 식으로 나타내면 다음과 같다.

$$S = \frac{\text{동기속도} - \text{회전자속도}}{\text{동기속도}} = \frac{N_S - N}{N_S}$$

$$S = \frac{N_S - N}{N_S} \times 100\ [\%] \qquad \text{(식 18.4)}$$

무부하시의 유도전동기는 슬립은 거의 없이 회전 한다($S \fallingdotseq 0$) 그러나 부하가 증가하면 슬립도 같이 증가하게 되고 정격 부하보다 큰 부하가 인가되면 유도전동기는 정지하게 된다. ($S = 1$)

그림 18.31은 유도전동기의 슬립과 토크와의 관계를 도시한다. 그림에서 알 수 있듯이 유도전동기의 기동 토크는 작으며 정격 회전수에서는 약간의 슬립을 갖지만 부하가 증가하면 슬립이 증가하여 토크도 커진다.

유도전동기에서는 역기전력의 개념도 중요하며, 이를 설명하면 다음과 같다.

① 고정자의 회전자장으로 회전자에 전류가 유도된다.

② 회전자의 전류로 인한 자기장과 고정자의 회전자장의 상호작용으로 회전자가 회전한다.

③ 회전자에는 전류가 흐르기 때문에 회전자가 회전하면 회전자의 전류로 생긴 자기장도 같이 회전하므로 고정자 코일에 영향을 미쳐 고정자에 공급되는 전압과 반대방향의 전압을 발생시키는데 이를 역기전력이라 한다. (직류전동기도 마찬가지로 역기전력이 발생한다)

④ 역기전력 때문에 전동기가 정상 회전수가 되면 입력전류가 제한된다.(회전자가 큰 부하로 인해 회전하지 못하게 되면 고정자에는 역기전력이 작용하지 못하여 큰 전류가 흘러 전동기는 소손하게 된다.)

유도전동기는 고정자와 회전자간에 기계적인 접촉부분이 없어 구조가 강인하고 견고하여 유지보수가 거의 필요 없고 구조가 간단하고 재료가 저렴하여 직류전동기에 비해 가격이 싸다. 그리고 선박과 같은 작동 환경이 열악한 곳에서도 고장이 거의 발생하지 않는 높은 신뢰성으로 인하여 요즈음은 대부분 유도전동기를 사용한다.

18.9 변압기

18.9.1 이상 변압기

이상적인 변압기는 입력권선과 출력권선에 손실이 없는 변압기이다. 입력 전압 그리고 출력 전압, 입력 전류 그리고 출력 전류 사이의 관계는 두 가지 간단한 특성이 주어진다. 그림 18.32에 보여지는 변압기는 1차측에 N_1회 권선이 감겨있고, 2차측에 N_2회 권선이 감겨 있다.

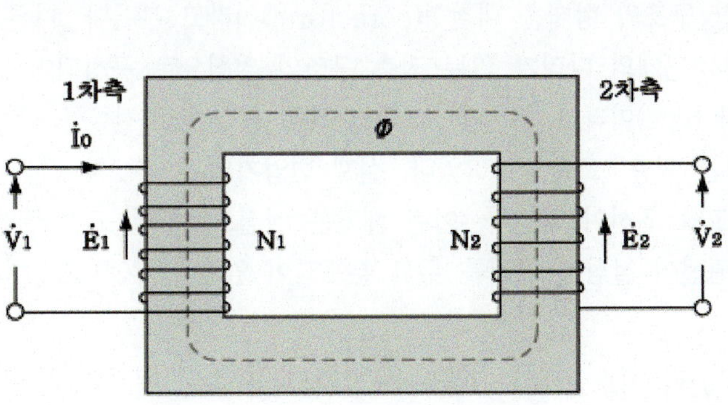

그림 18.32 변압기 동작원리

변압기 1차측에 공급되는 전압 V_1 그리고 2차측에 생성된 전압 V_2사이에는 다음의 관계가 있다.

$$\frac{V_1}{V_2} = \frac{N_1}{N_2} \quad \text{(식 18.5)}$$

여기서 a를 변압기의 권수비라고 하면 $a = N_1/N_2$로 나타낼 수 있다. 변압기 1차측에 흐르는 전류 I_1과 2차측에 흐르는 전류 I_2 사이에는 다음의 관계가 있다.

$$N_1 I_1 = N_2 I_2,\ \frac{I_1}{I_2} = \frac{1}{a} \quad \text{(식 18.6)}$$

이상적인 변압기의 권수비는 전압과 전류의 크기 뿐 아니라 그들의 각에도 관계된다. 1차측 코일의 양단 전압이 정(+)이라면 2차 전압의 극성은 실제 변압기에서 변압기를 개방하고 권선을 시험해 보면 2차의 극성을 알 수 있다.

18.9.2 변압기의 형태와 제작

변압기의 일차적 목적은 어떤 전압의 교류전력을 같은 주파수의 다른 전압을 갖는 교류전력으로 변환시키는 것이다. 변압기들은 많은 다른 목적으로도 사용된다.(전압 측정, 전류 측정, 그리고 임피던스 변환)

전력 변압기는 두 가지 형태의 철심 중 한 형태로 조립되어 있다. 한 형태의 구조는 직사각형의 적층구조의 철 조각들로 간단히 구성되어 있는데 직사각형의 두 쪽에 변압기의 권선이 감겨져 있다. 이러한 구조의 형태를 내철형(core form)이라고 부른다. 다른 형태는 중앙 다리에 권선이 감겨져 있는 3개의 다리가 있는 적층 구조의 철심으로 구성되어 있다. 이런 형태의 구조를 외철형(shell type)이라고 부른다. 각각의 경우 철심은 와전류를 극소화시키기 위해 전기적으로 절연된 얇은 적층구조를 하고 있다. 실제 변압기의 1차, 2차 권선은 저압권선은 안쪽에 그리고 그 위에 고압 권선이 감긴다. 이런 배열은 철심으로부터 고압 권선의 절연문제를 해결해주며 두 개의 권선이 철심에 거리를 두고 분포되어 있는 경우보다도 매우 적은 누설 자속이 발생한다.

전력 변압기는 전력 시스템에서 그들이 어떻게 사용되는가에 따라서 다양한 다른 이름으로 불린다 변압기가 발전기의 출력 단자에 연결되어 있고 전송 전압(110 kV)가지 승압하는데 사용되면 때때로 단위 변압기(unit transformer)라고 부른다. 전송 전압에서 배전 전압(2.3 ~ 34.5 kV 범위)으로 강압하는 전송선의 다른 쪽에 있는 변압기를 변전용 변압기(substation transformer)라고 부른다. 마지막으로 배전 전압을 가지고 실제로 사용되는 전력(110, 208, 220 V 등)의 최종 전압으로 강압하는 변압기를 배전용 변압기(distribution transformer)라 부른다. 모든 이런 장치는 근본적으로 같은 것이다. 단지 이들 사이의 차이점은 어디에서 사용되는가에 따라 생긴다.

다양한 전력 변압기 이외에, 두 가지 특별한 목적의 변압기들이 전기기기 그리고 전력 시스템에 사용된다. 이런 특별한 변압기들도 첫 번째는 높은 전압을 검침하고 이 전압에 직접 비례하는 낮은 2차전압을 만들기 위해 특별히 고안된 장치이다. 이런 변압기를 계기용 변압기(potential transformer)라고 부른다. 이런 전력 변압기는 1차전압에 직접 비례하는 2차전압을 만든다.

계기용 변압기와 전력 변압기 사이의 차이점은 계기용 변압기는 단지 매우 적은 전류를 조작하기 위해 고안되었다는 점이다. 두 번째 형태의 특수 변압기는 1차전류에 직접 비례하지만 1차보다 매우 적은 7차전류를 만들기 위해 고안된 장치이다. 이 장치를 변류기(current transformer)라고 부른다.

18.9.3 변압기의 구조

변압기는 자기회로를 구성하는 철심, 전기회로를 구성하는 권선이 쇄교한 것이 본체를 이루며, 위에도 말을 했듯이 권선의 상대적인 위치관계에 따라 내철형과 외철형으로 크게 구별된다.

(1) 철심

철심은 자속의 통로이므로 투자율이 크고 철손이 적은 것을 사용해야 한다. 철심에는 보통 규소함유량이 4% 전후의 두께 0.35 mm ~ 0.5 mm의 규소강판 또는 규소강대를 서로 겹쳐서 성층한 것을 사용한다.

규소강판은 크게 나누어 냉간압연 규소강대와 방향성 규소강대가 있으나, 변압기에는 압연방향의 투자율이 크고, 철손이 작은 방향성 규소강대가 많이 사용되고 있다. 이 규소강대를 압연방향에 루프상으로 감은 철심을 권철심이라고 하며, 여자전류를 작게 할 수 있고, 경제성도 좋기 때문에 주상변압기용 철심으로 많이 사용되고 있다.

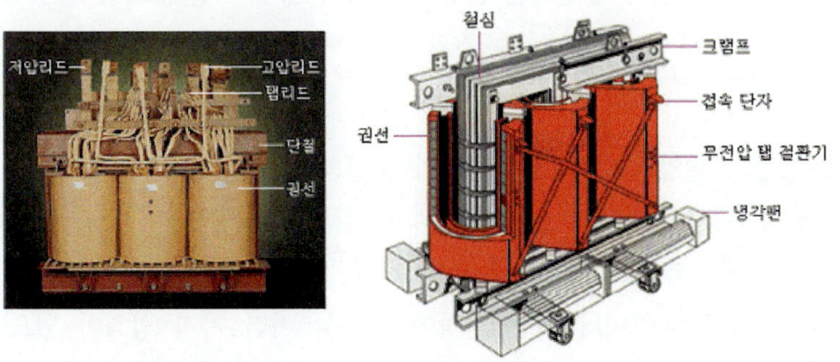

유입 변압기 내부 구조　　몰드 변압기 내부 구조

그림 18.33 변압기의 구조

(2) 권선

변압기의 권선법은 크게 나누어 직권과 형권이 있다. 직권은 철심에 절연하고 그 위에 직접 저압권선을 감는다. 다음에 고압과 저압의 권선 사이를 절연하고 그 위에 고압권선을 감는 것으로 철심과 권선 사이, 권선 상호간의 공극이 적기 때문에 특성이 좋다. 그러나 철심 또는 도선이 큰 것에는 부적당하고 권선의 절연처리도 곤란해서 고압용에는 적당하지 않기 때문에 소용량의 내철형 변압기 이외에는 사용하지 않는다.

많은 변압기에서는 형권권선을 이용하는 것이 보통이다. 형권권선은 권형 또는 절연통 위에 권선을 감고 절연처리를 하여 조립하는 것이 보통이다.

원통형 권선은 대부분 평권으로 감지만 대전류의 것은 평각선을 반경방향으로 다수 병렬로 나란히 속하게 한 것을 나선형으로 감는 나선형 권선을 이용한다. 원판형 권선은 외측에 평각도체의 평권 2개를 합쳐서 내측으로 접속하여 쌍자코일로 한다. 이것을 각 코일 사이에 간격편을 끼워서 소요되는 수만큼 겹치고 구출선을 차례로 접속하여 직렬로 해서 권선을 조립한다.

장방형 판권선은 원판형 권선을 장방형의 권형으로 감은 쌍자코일이다. 장방형 판권선은 주로 외철형 변압기의 권선에 이용한다.

권선의 1차권선과 2차권선의 배치는 절연을 고려하여 저압측을 철심에 가까운 쪽에 배치하고 고압측을 철심에서 멀리 되도록 배치한다.

(3) 부싱

변압기권선의 구출선은 외함을 관통하여 외부로 나오며, 구출선과 외함은 변압기의 사용전압에 견디도록 충분히 절연되어야 한다. 이와 같이 절연에 사용하는 것을 부싱이라고 한다. 30 kV 이하의 낮은 전압인 것에는 단일부싱을 이용하고, 77 kV 정도의 것까지 컴파운드 부싱을 이용한다. 고전압인 경우에는 자기제 애자관과 중심도체 사이에 절연통을 넣어 기름을 채워 절연한 유입 부싱과 도체의 주위에 절연지와 금속박을 교대로 동일한 축에 감아서 콘덴서를 형성하여 절연물에 걸리는 전위를 균일화한 콘덴서 부싱이 많이 사용되고 있다.

(4) 냉각방식

변압기는 대용량의 변압기일수록 손실에 의한 열의 발산이 곤란하기 때문에 냉각효과를 높이는 대책이 필요하다. 극히 소용량은 자연냉각이라도 온도상승을 억제하는 것이 가능하지만 대용량이 되면 강제적으로 냉각하는 구조로 할 필요가 있다.

변압기의 냉각방식은 용량이나 사용 환경에 의해서 여러 가지 방식이 있으나 크게 나누면 건식 변압기와 유입변압기로 나누어지고, 냉각효과를 좋게 하기 위해서 다음과 같은 냉각방식이 있다.

건식변압기는 변압기 본체를 그대로 공기중에 놓거나 공기 또는 불활성가스를 봉입한 용기중에 변압기 본체를 수납해 두는 구조이다. 자연순환식은 냉각매체인 기체의 자연대류에 의해서 열을 발산하는 것이다. 기체를 강제 순환시키는 풍냉식은 송풍기로 냉각매체인 공기를 직접 불어 냉각하는 것이다.

유입변압기는 절연류을 채운 외함 내에 변압기 본체를 두고, 절연유를 냉각매체로써 냉각하는 것이다. 자연순환식은 건식의 경우와 같이 기름의 자연대류에 의해서 냉각한다.

유입풍냉식에서는 외함 또는 외함의 외측에 장치한 라디에이터에 송풍기로 공기를 내뿜어 냉각효과를 높이는 것이다. 유입수냉식은 외함 내에서 기름이 대류하지만 외함내의 상부에 동파이프를 설치하여 파이프에 냉각수를 순환시켜서 냉각하는 방식이다.

강제순환식의 각 방식에는 라디에이터를 외함으로부터 떨어진 위치에 두고 라디에이터와 외함 사이에 펌프로 기름을 강제순환시키고 라디에이터를 냉각, 풍냉 혹은 수냉하므로써 기름을 강제 냉각하는 방식이 이용된다.

(5) 변압기유와 콘서베이터

변압기의 절연과 냉각을 위해 외함에 넣어 사용하는 절연유를 변압기유라고 하며 광유를 사용한다. 변압기유는 다음과 같은 조건을 갖출 필요가 있다.

① 절연내력이 높은 것
② 점도가 낮고, 유동성이 좋고, 냉각작용이 좋을 것
③ 인화점이 높고 안정성이 높을 것
④ 절연재료나 금속과 화학반응을 일으키지 않을 것
⑤ 고온에서도 석출물이 생기거나 산화하지 않을 것

변압기기의 온도상승이나 계절적인 온도변화에 의해서 변압기유가 팽창, 수축하기 때문에 변압기가 호흡작용을 한다. 이 때문에 기름이 수축할 때 흡입 외기중에 수분이 포함하면 기름에 수분이 혼입하여 절연내력이 저하하고, 또한 고온시에는 기름이 공기에 접촉하면 산화하여 점도가 높게 되고 불용해성의 석출물이 생긴다. 이러한 악영향을 막기 위해서 그림에 나타내는 것처럼 외함을 기름으로 채우고, 공기와 접촉하는 부분을 외함의 외부로 꺼내어 공기와 접촉하는 면적을 작게 하여 이 부분만으로 호흡작용을 할 수 있도록 하는 콘서베이터를 이용한다.

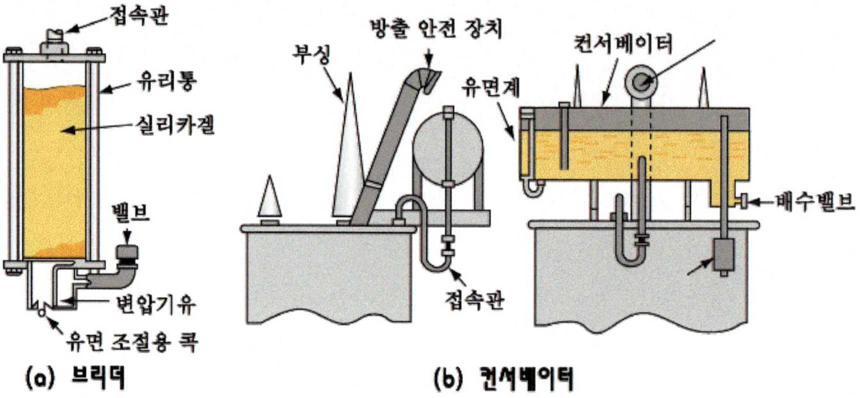

그림 18.34 변압기유의 열화방지

콘서베이터를 이용하는 것은 외함에 기름을 충만시키기 때문에 변압기 본체에 고장이 생긴 경우에 가스의 발생 등으로 내부의 압력이 높게 되어 외함을 폭발시킬 우려가 있기 때문에 안전관을 설치한다.

표 18.1 냉각 방식의 분류와 표시기호

냉 각 방 식	표 시 기 호	권선,철심의 냉각매체		주위의 냉각매체	
		종 류	순환방식	종 류	순환방식
건식자냉식	AN	공 기	자 연		
건풍냉식	AF	공 기	강 제		
건식밀폐장식	무무	공기(가스)	자 연	공 기	자 연
유입자냉식	ONAN	기 름	자 연	공 기	자 연
유입풍냉식	ONAF	기 름	자 연	공 기	강 제
유입수냉식	ONWF	기 름	자 연	물	강 제
송유자냉식	OFAN	기 름	강 제	공 기	자 연
송유풍냉식	OFAF	기 름	강 제	공 기	강 제
송유수냉식	OFWF	기 름	강 제	물	강 제

(6) 절연의 종류

전기기기의 권선이나 그 밖의 도전부분에 한 절연은 그 내열특서에 따라 Y종, A종, E종, B종, F종, H종 및 C종으로 구별된다.

① Y종 절연 - 목면, 천, 종이 등으로 구성되며 바니시를 함침시키지 않고, 또 기름에 담드지 않을 것.

② A종 절연 - 목면, 천, 종이와 같은 자연식물성 및 동물성 섬유 재료로 구성되며 함침시키고 또는 기름에 담근 것을 말한다.

③ E종 절연 - 면, 또는 종이를 적층시킨 것을 합성수지, 바니시 등으로 담근 것.

④ B종 절연 - 운모, 석면, 유리섬유 등의 재료를 접착재료와 함께 사용한 것을 말한다.

⑤ F종 절연 - 운모, 석면, 유리섬유 등의 재료를 실리콘 알키드 수지 등의 접착 재료와 함께 사용하여 구성한 것.

⑥ H종 절연 - 운모, 석면, 유리섬유 등의 재료를 규소수지 또는 이와 동등한 성질을 가진 재료로 된 접착재료를 함께 사용해서 구성한 것.

⑦ C종 절연 - 생운모, 석면, 자기 등을 단독으로 사용하여 구성한 것.

표 18.2 각종 절연의 허용 최고 온도

절연의 종류	허용최고온도(℃)	절연의 종류	허용최고온도(℃)
Y	90	F	155
A	105	H	180
E	120	C	180을 초과
B	130		

18.10 선박용 전력 시스템

18.10.1 선박용발전시스템

(1) 브러시리스 발전 시스템

그림 18.35에 브러시리스 발전기 시스템을 다시 나타낸다.

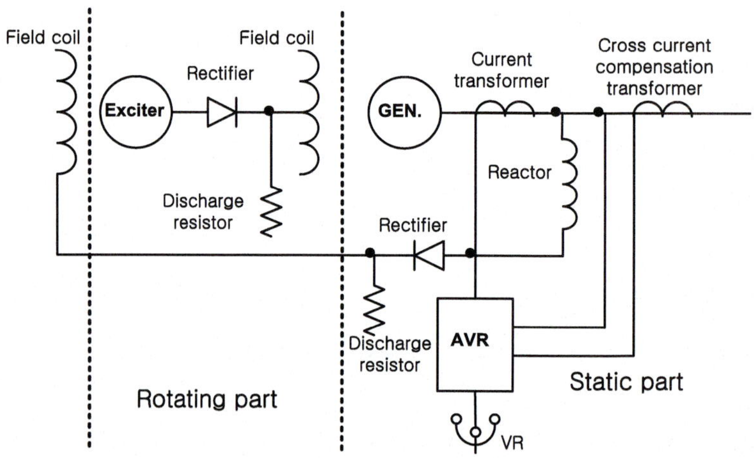

Field Coil	계자코일
Exciter	여자기
Rectifier	정류기
Discharge Resistor	방전저항
Current Transformer	변류기
Cross Current Compensation Transformer	횡류보상 변류기
Reactor	리액터
AVR	자동전압 조정기
VR	전압조정기

그림 18.35 브러시리스 발전기 시스템

그림에서 발전 시스템은 고정부분과 회전부분으로 나눠지는데 고정부분에는 변류기, 리액터, 정류기, 정류기 보호저항, AVR, 횡류보상 변류기, 계자권선 등이 있고, 회전부분은 여자기, 계자권선, 회전 정류기, 정류기 보호저항 등으로 구성된다. AVR에는 VR이라는 가변저항이 있는데 이 VR을 조정하면 발전기 출력전압을 수동으로 조정할 수 있다.

그림 18.36은 브러시리스 발전기의 내부 결선도를 도시하고 있다.

발전기가 정지하게 되면 Space Heater가 작동하여 발전기 내부에서 습기가 발생하는 것을 방지해 준다. 발전기의 여자기를 여자시키기 위해서는 대전력이 요구되는데 이 여자전원을 발전기 자신이 생산한 전력을 이용하고 있으며 이 방식을 자여자 방식이라고 부른다. 무부하시의 여자전력은 Reactor를 사용하며, 부하시의 필요 여자전력은 CT(Current Transformer)를 사용하여 공급한다. 공급된 여자전력은 정류기를 거쳐 정류되며 이 정류된 직류로 계자코일을 자화시킨다. 그렇게 되면 회전하고 있는 회전자의 Exciter에 교류가 발생하게 되고 다시 정류기에서 직류로 변환시켜 계자권선에 자장을 발생시키게 되며 발전기의 고정자가 전력을 생산할 수 있게 한다.

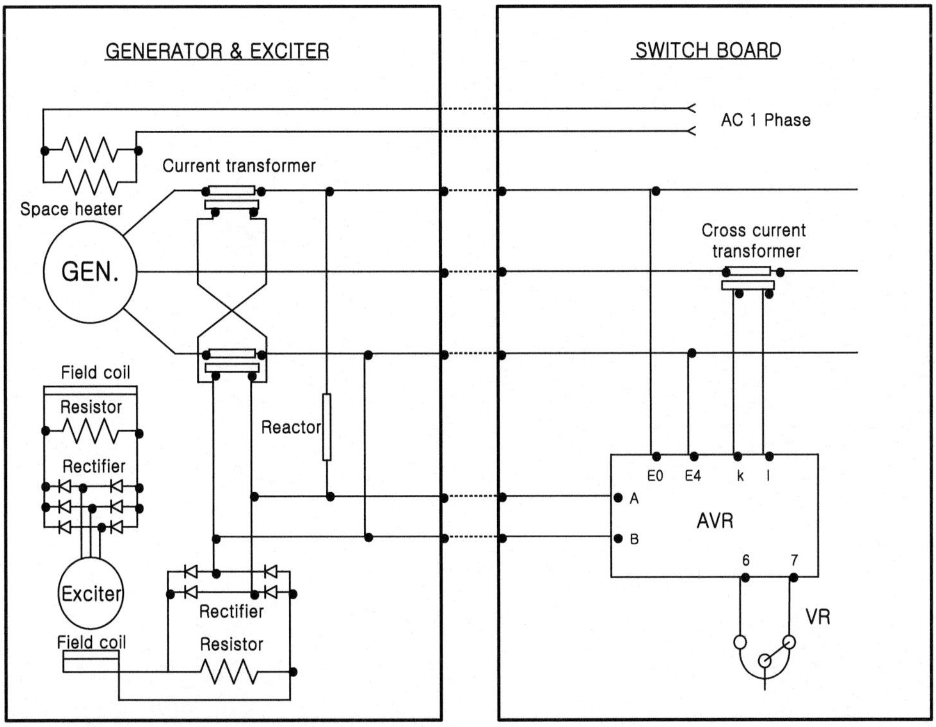

그림 18.36 브러시리스 발전기 내부 결선도

Switch Board안에는 AVR이 있다. 이 AVR은 발전기의 출력 전압을 일정한 값으로 유지시키는 역할을 하며, 그것을 위해 여자기에 공급되는 전류를 조정한다. 쉽게 설명하면 AVR은 일종의 By-Pass 밸브라고 생각하면 된다. 여자기에서 필요한 직류전류보다 공급된 전류가 많으면 AVR에서 잉여 전류를 By-Pass시키고 여자기에서 필요한 직류전류가 부족하게 되면 AVR에서 By-Pass시키는 전류를 감소시켜 여자기로의 공급 전류를 증가시켜준다. AVR은 발전기 출력 전압을 항상 감지하고 있으며 이것을 설정된 전압과 비교하여 발전기 출력 전압을 항상 설정된 값으로 유지시킨다.

CCT(Cross Current Transformer)는 발전기가 단독으로 운전하고 있을 경우에는 사용하지 않고 발전기가 병렬운전하고 있을 경우, 횡류를 보상하기 위해 사용된다. 앞에서 말했지만 VR을 수동으로 조작하면 발전기의 설정 전압 값을 변경시킬 수 있다.

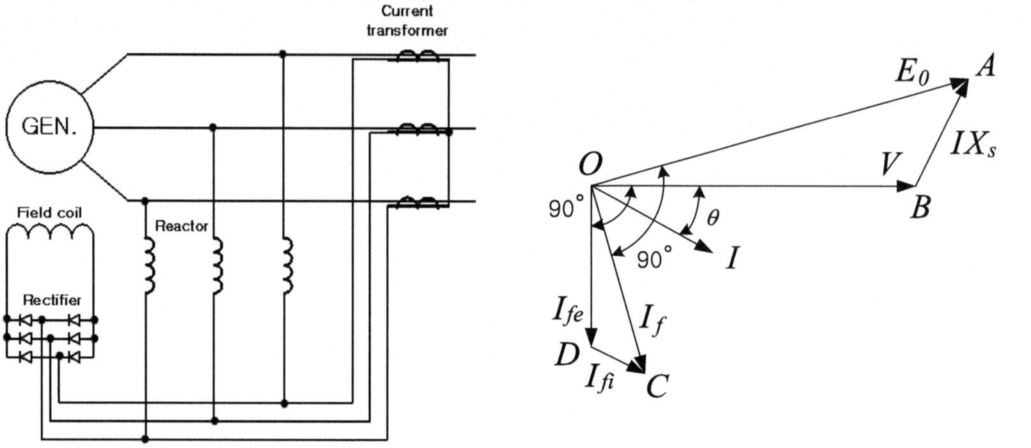

그림 18.37 자여자 발전기 기본회로

그림 18.37은 자여자 발전기 기본회로를 보여준다.

그림에서 볼 수 있듯이 CT(Current Transformer)와 Reactor를 정확히 설계하고 이상적인 상태라고 가정하면 발전기에는 AVR이 필요 없게 된다. 그러나 발전기에는 자기포화, 누설리액턴스, 온도변화에 의한 권선저항 변화, 원동기의 속도변화 등이 있기 때문에 발전기에서는 AVR이 필요하게 된다. 그림 18.37의 벡터도를 보면, 무부하시는 리액터에 의한 전류 I_{fe}에 의해 여자기가 여자되며, 발전기에 부하전류 I가 흐르게 되면 부하 전류와 동상인 CT의 전류 I_{fi}가 흘러 I_{fe}와 합해져서 전체 여자전류 I_f가 되어 여자기를 여자시켜 준다. 이 상태에서 부하전류 I가 증가하면 단자전압 V는 순간 강하하지만 CT의 전류 I_{fi}가 증가하고 따라서 여자전류 I_f가 증가하게 되고 기전력을 증가시키므로 단자전압 V는 다시 설정치로 복귀하게 된다.

(2) SCR 반파분류형 AVR의 원리

SCR 반파분류형 AVR의 원리는 SCR을 사용하여 반파의 도통시기를 변경하여 여자기에 공급하는 전류를 조정하는 것이다. 이것은 SCR에 의한 분류회로를 만들고 SCR의 게이트에 가하는 점호펄스의 위상을 제어함으로써 여자전류를 적당한 값으로 조정하여 발전기의 단자전압을 항상 일정한 값으로 유지한다. SCR을 사용하면 다음과 같은 특징이 있다.

① 전압변동률이 대단히 작다.
② 응답속도가 대단히 빠르다.
③ 소형, 경량으로 AVR을 제작할 수 있다.

그림 18.38에 SCR 반파분류형 AVR의 원리를 나타낸다.

그림 18.38의 SCR의 도통시기를 변경하면 여자전류를 조정할 수 있다. 제어기준은 반파의 120° 부근이며 이 위치에서 정격전압을 발생하도록 제작된다. 그림 18.39는 SCR 반파분류형 AVR의 결선도이다. 각 회로를 설명하면 다음과 같다.

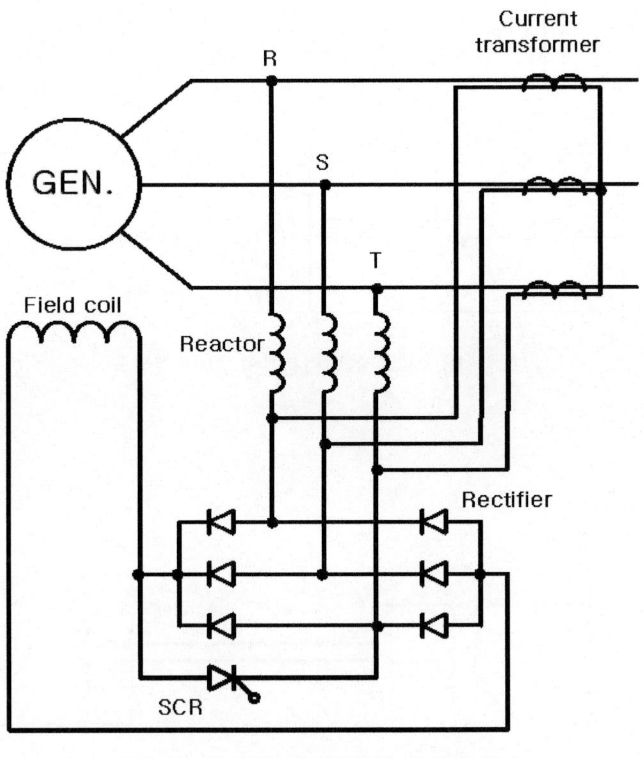

그림 18.38 SCR 반파분류형 AVR의 원리

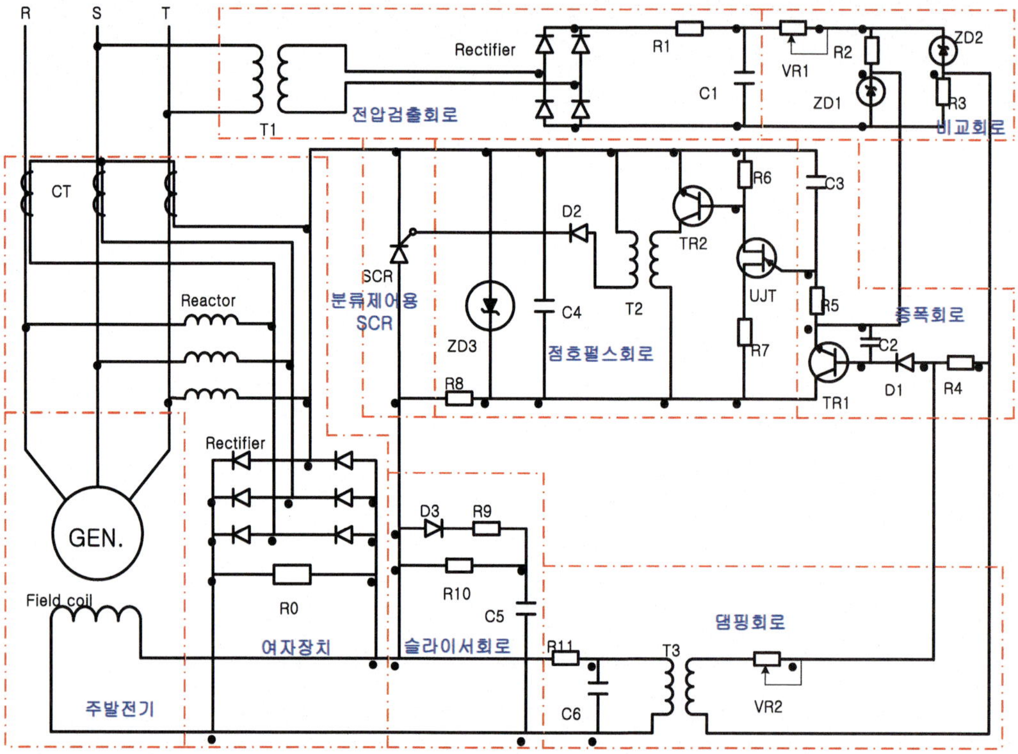

그림 18.39 SCR 반파분류형 AVR 결선도

1) 전압검출 회로

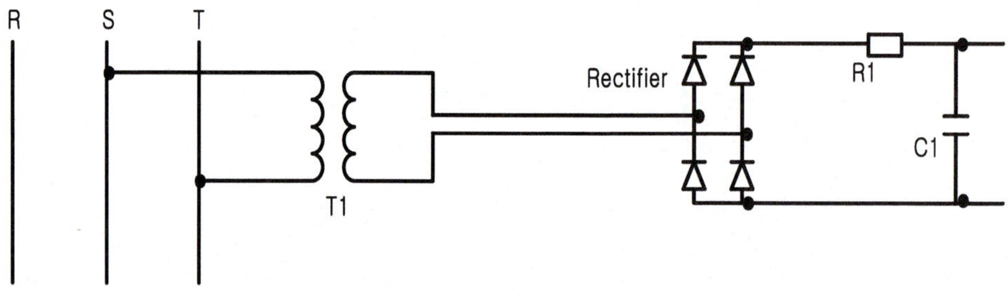

그림 18.40 전압검출 회로

발전기 단자전압이 변압기 T1에 의해 강압된 후 단상 전파정류기에 의해 정류 되고 저항 R1, 축전기 C1으로 구성된 평활회로를 거쳐 맥동이 작은 직류전압으로 되어 비교회로의 입력 신호가 된다.

2) 비교회로

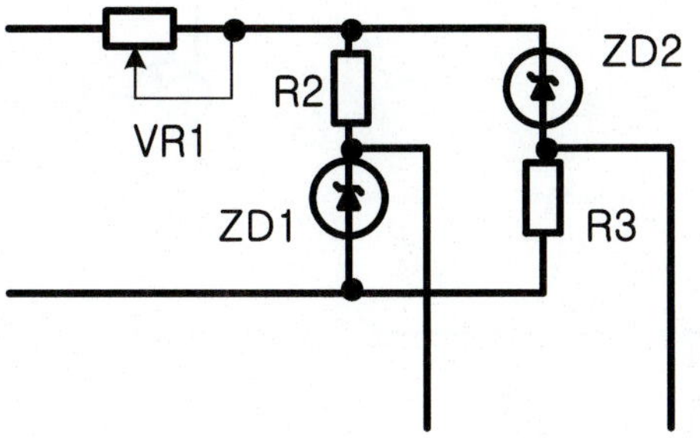

그림 18.41 비교회로

제너다이오드와 저항에 의해 구성된다. ZD1의 단자전압은 제너전압을 유지하고 저항 R3 양단의 전압은 비교회로 입력전압에 따라 선형으로 변화한다. 비교회로의 출력은 증폭기에 가해지며 가변저항 VR1을 조정하면 비교회로의 출력을 변경하여 전압설정을 할 수 있다.

3) 점호펄스 회로

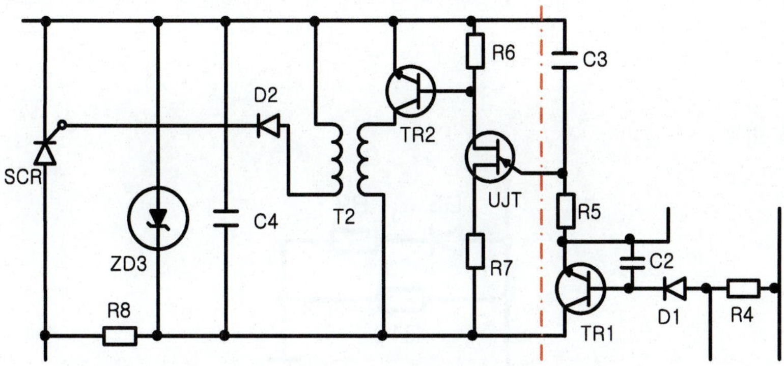

그림 18.42 점호펄스 회로

비교회로의 오차신호는 트랜지스터에서 증폭되어 저항 R5를 거쳐 커패시터 C3를 충전한다. C3가 충전되면 UJT가 도통되며 동시에 C3가 급속히 방전하여 저항 R6 양단에 펄스를 발생시킨다. 이 펄스로 TR2는 도통되고 펄스트랜스 2차에 SCR점호 펄스가 발생한다. 발전기 운전중 어떤 원인으로 발전기 단자전압이 증가하게 되면 비교회로의 출력이 증가하게 되고 증폭용 트랜지스터 TR1의 내부저항을 감소시켜 축전지 C3는 더욱 급속히 충전된다. 그 결과 UJT도통 시기도 빨라지게 되며 결국 SCR의 점호 각도를 앞당기게 된다. 그리고 SCR을 통하는 분류전류가 증가하게 되며 따라서 발전기 단자전압은 하강하게 된다.

4) 댐핑회로

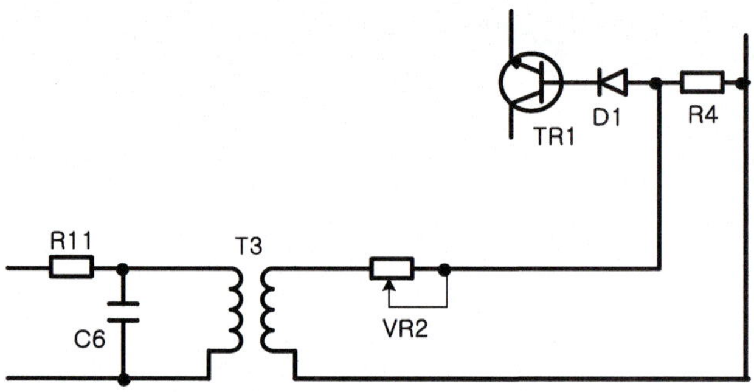

그림 18.43 댐핑회로

비교회로, 점호펄스회로 등은 응답속도가 대단히 빠른데 비해 발전기 계자회로의 시정수는 커서 발전기가 불안정한 상태로 될 우려가 있다. 이를 방지할 목적으로 CR회로(C6, R11, T3)에 의한 댐핑회로를 구성하여 여자장치의 출력전압을 R4에 의해서 증폭용 트랜지스터 TR1의 베이스에 귀환시킨다. VR2는 댐핑조정용 저항이며 이 댐핑회로를 사용하여 제어회로의 안정성을 높여준다.

5) 슬라이서 회로

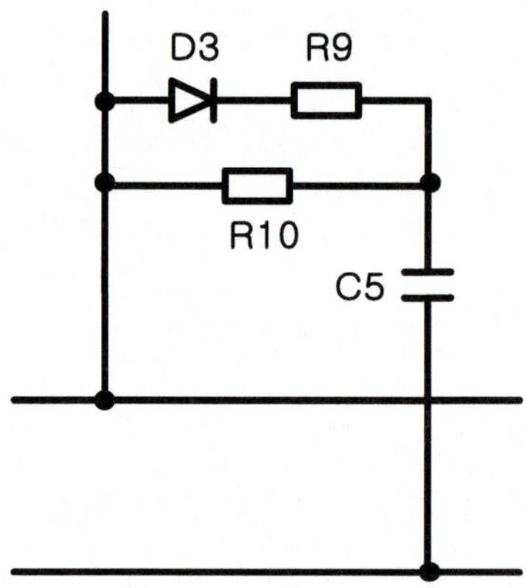

그림 18.44 슬라이서 회로

발전기 부하가 급격하게 증가할 경우에는 계자전류도 급격히 증가한다. 그런데 계자권선은 인덕턴스가 크기 때문에 그 양단에 과대한 전압이 발생하여 정류기가 파손될 우려가 있다. 따라서 계자권선에 저항 R9과 커패시터 C5를 설치하여 과전압을 흡수한다. 전압 강하시는 저항 R10을 통하여 커패시터 C5의 전하를 방전한다.

18.10.2 Auto Synchronizer System

(1) 발전기 병렬운전

발전기 병렬운전시의 조건을 다시 한번 나열하면 다음과 같다.

① 발전기간의 전압의 크기를 일치시켜야 한다.
② 발전기간 전압의 위상을 일치시켜야 한다.
③ 발전기간의 주파수를 일치시켜야 한다.
④ 발전기간의 파형을 일치시켜야 한다.

발전기 병렬조건 중 ①, ②, ③의 조건이 만족하지 않을 때 발생하는 현상을 나타내면 다음의 표와 같다.

병렬 조건	발생 현상
전압의 크기가 같을 것	무효횡류 발생
전압의 위상이 같을 것	유효횡류 발생
주파수가 같을 것	난조 발생

그림 18.45는 발전기간 전압차이 발생시의 벡터도를 나타낸다.

다른 조건은 일치하고 발전기간 전압차이만 발생한다면 발전기 사이에는 그림 18.45와 같은 전압 E_c가 발생한다. 발전기는 리액터 성분이 크기 때문에 횡류 I_c는 전압 E_c에 약 90°각도로 흐르게 된다. 이 횡류 I_c는 단자전압 E_1, E_2에도 90°각도로 되기 때문에 역률이 0이 된다. 따라서 이것을 무효횡류라고 부른다. 횡류의 크기는 식 18.7과 같다.

$$I_c = \frac{E_2 - E_1}{2Z_s} \cong \frac{E_c}{2X_s} \qquad \text{(식 18.7)}$$

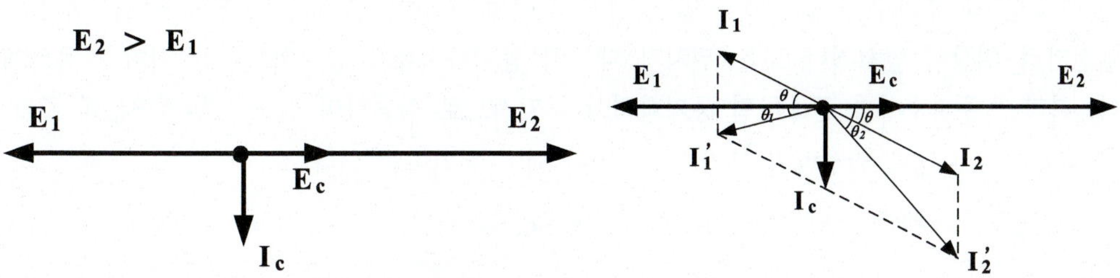

그림 18.45 발전기간 전압차이 발생 시의 벡터도

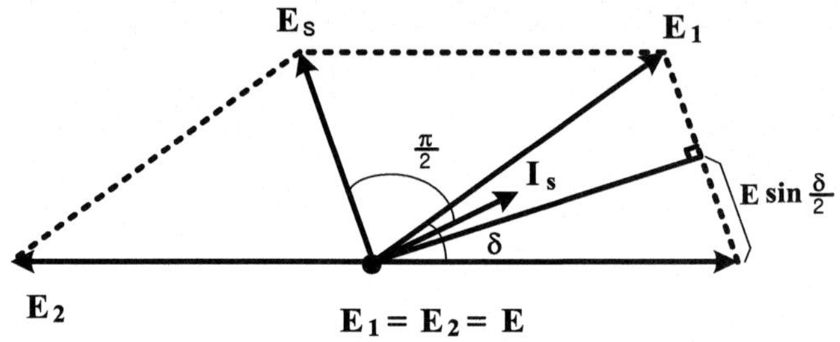

그림 18.46 발전기간 전압 위상차이 발생시의 벡터도

무효횡류가 흐르게 되면 원래 흐르던 전류 I_1, I_2와 합해져서 I_1', I_2'가 되어 역률이 바뀌게 된다.

그림 18.46은 발전기간 전압의 위상차가 발생했을 경우의 벡터도이다.

다른 조건은 일치하고 전압의 위상차가 δ만큼 발생했을 때는 그림 18.46과 같이 전압 E_s가 발생한다. 그리고 전압 E_s와 90°각도로 전류 I_s가 흐른다. 이 전류 I_s는 전압 E_1, E_2와 90°의 각도를 이루지 않아 역률은 0이 되지 않는다. 따라서 어떤 전력을 가지게 되어 일을 하므로 I_s를 유효횡류라고 한다. 또 이 전류는 발전기 사이의 동기화를 유지시키는 역할을 하므로 동기화전류라고도 부르는데, 동기화전류에 의해 발전기의 부하를 변경시킬 수 있게 된다. 즉, 발전기 부하를 증가시키려고 할 때에는 원동기의 조속기를 조정하여 발전기의 속도를 올려 기전력의 위상을 앞서게 해주면 되고 반대로 부하를 감소시키려고 할 때에는 원동기의 조속기를 조정하여 발전기의 속도를 낮추어 기전력의 위상을 뒤지게 하면 된다. 유효횡류 I_s의 크기는 식 18.8과 같다.

$$I_s = \frac{E_s}{2Z_s} = \frac{2E\sin\frac{\delta}{2}}{2Z_s} = \frac{E}{Z_s}\sin\frac{\delta}{2} \qquad \text{(식 18.8)}$$

발전기간의 주파수가 틀리게 되면 발전기 사이의 위상이 일치된 순간 이외에는 항상 어느 발전기의 위상이 앞서거나 또는 뒤지기 때문에 동기화전류가 통하여 동기화력이 작용하게 된다. 따라서 주파수차가 근소하면 동기화력이 주기적으로 작용하여 난조가 발생하는데 주파수차가 $\pi/2$ [rad] 정도 발생하면 동기화력이 0이 되어 동기이탈 된다.

발전기간의 부하분담 방법을 표로 나타내면 다음과 같다.

유효전력	무효전력
원동기 조속기 조작 ◆ 증속 - 전력증가(연료증가) ◆ 감속 - 전력감소(연료감소)	AVR에서 조절

그림 18.47은 자동 동기장치(Auto Synchronizer)의 블록선도를 나타낸다. 발전기가 병렬조건이 되면 자동적으로 발전기를 병렬운전 시키는 장치이다.

그림 18.47에서 주파수 판별회로가 모선전압과 투입발전기 전압을 비교하여 투입발전기 전압의 주파수가 빠르면 High 신호가 조속기 출력 감소회로로 출력되어 발전기 원동기의 연료를 감소시켜 전압의 주파수를 느리게 한다. 반대로 투입발전기 전압의 주파수가 느리게 되면 Low 신호가 조속기 출력 증가회로로 출력되어 원동기의 연료를 증가시키게 되어 전압의 주파수가 빨라지게 된다.

삼각파 발생회로에서는 모선전압과 투입발전기 전압을 비교하여 위상차가 0°이면 크기가 0, 위상차가 180°이면 크기가 1인 삼각파를 발생한다. 그리고 미분회로를 거치는데 삼각파가 미분회로를 거치면 구형파가 된다. 미분회로에서의 출력은 구동시간 제어회로, 투입가능 주파수 범위 설정회로, 투입시간 설정회로로 입력된다.

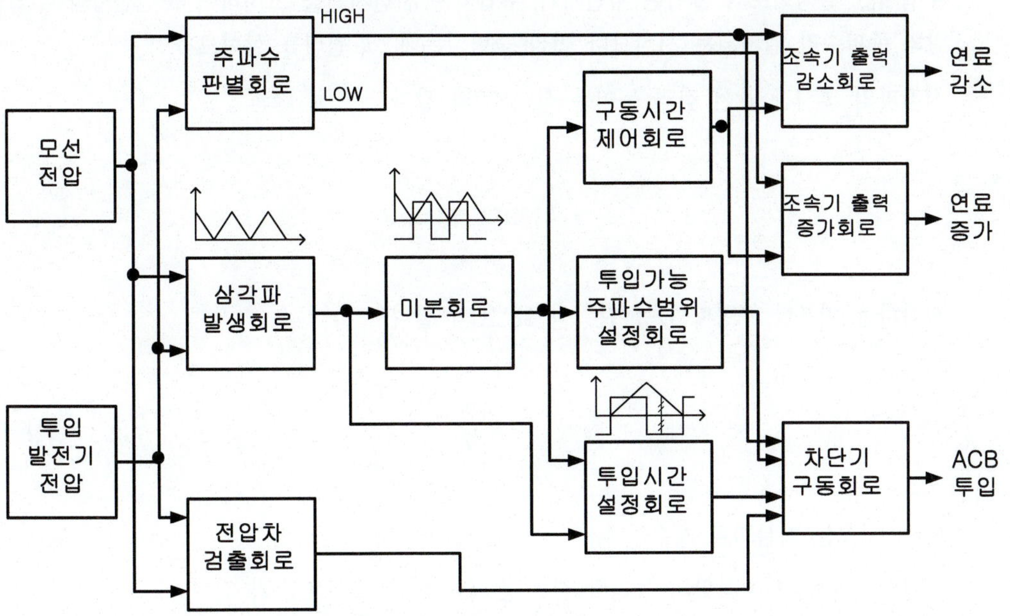

그림 18.47 Auto Synchronizer System

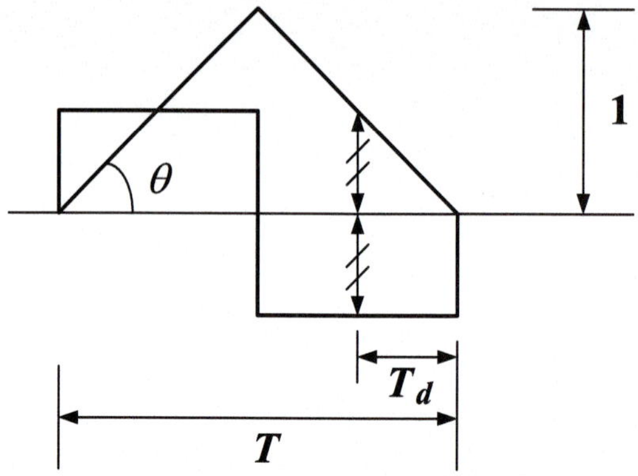

그림 18.48 차단기 투입시간 설정 원리

차단기 구동회로가 동작하기 위한 조건은 모두 4가지이다. 첫째는 모선에 투입하는 발전기의 주파수가 약간 빨라야 하며, 둘째는 모선과 투입발전기의 주파수가 투입가능 주파수범위에 있어야 하며, 셋째는 모선과 투입발전기간의 전압차가 없어야 하며, 넷째는 투입시간 설정회로에서 투입 신호가 발생하여야 한다. 모든 동기투입 조건이 만족하게 되면 차단기 구동회로가 동작하는데 차단기 투입 신호가 발생한 시점과 실제로 차단기가 투입되어 전력을 공급하는 시점은 차단기의 기계적인 움직임으로 인해 약간의 시간 지연이 발생한다. 동기투입 신호가 발생하여 실제로 차단기가 투입되는 시간의 기준은 보통 100[ms]이내이다.

투입시간 설정회로의 출력은 차단기가 투입되는 시간지연을 고려하여 모선전압과 투입발전기 전압의 주파수가 일치되는 시점보다 미리 출력되는데 그 원리를 살펴보자.

삼각파의 t시간 앞선 점의 높이는 식 18.9와 같다.

$$t\tan\Theta = \frac{2}{T}t \qquad \text{(식 18.9)}$$

삼각파를 미분한 구형파의 높이는 식 18.10과 같다.

$$k\frac{2}{T} \qquad \text{(식 18.10)}$$

여기서 k는 미분회로 계수이다.

구형파의 높이와 삼각파의 높이가 같은 점의 시간은 식 18.11과 같다.

$$k\frac{2}{T} = \frac{2}{T}T_d \quad \text{(식 18.11)}$$

식 18.11에서 미분회로 계수 k값을 차단기가 투입할 경우의 시간지연 값인 T_d와 똑같게 해주면, 차단기 투입시간 설정회로가 삼각파의 높이와 구형파의 높이가 같은 점에서 출력을 내보내면 시간지연 T_d후에 정확히 동기투입을 하게 된다.

18.10.3 Load Sharing System

(1) 3상 전력계측

2개의 단상전력계를 사용하면 3상 전력을 측정할 수 있는데 이 방법을 2전력계법이라고 한다. 그림 18.49는 2전력계법을 도시한다.

전력계 1이 a상과 c상의 전압과 전류를 이용하여 단상전력을 측정하고 전력계 2는 b상과 c상의 전압과 전류를 계측하여 단상전력을 측정하고 있다. 전력계 1과 전력계 2의 값을 더해주면 3상 전력을 구할 수 있는데 그 원리도를 그림 18.50에 도시한다.

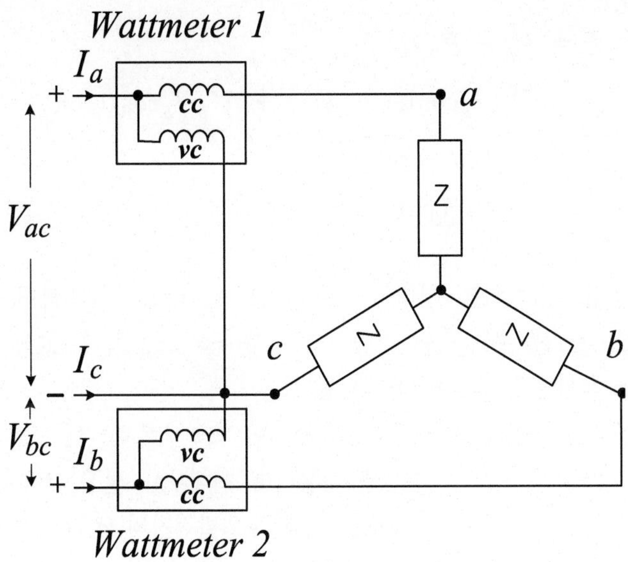

그림 18.49 2전력계법

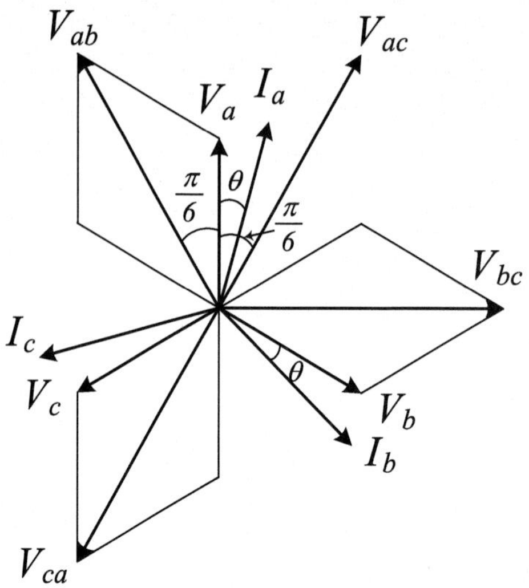

그림 18.50 2전력계법의 원리

그림에서 2전력계법의 원리를 알 수 있는데, 상전압 a, b, c가 120°간격으로 배치되어 있고 상전류는 역률각 Θ만큼 뒤져 흐르고 있으며 선간전압이 상전압 백터의 차로 표시되어 있다. 2전력계법의 원리를 수식으로 표시하면 식 18.12와 같다.

$$\begin{aligned} P &= P_1 + P_2 \\ &= V_{ac}I_a\cos(\Theta - 30^o) + V_{bc}I_b\cos(\Theta + 30^o) \\ &= 2\,VI\cos\Theta\cos 30^o \\ &= \sqrt{3}\,VI\cos\Theta \end{aligned} \quad \text{(식 18.12)}$$

발전기가 병렬운전 하고 있는 상태에서 발전기들의 전력을 계측하면 자동 부하분담 장치(Load Sharing System)를 사용하여 자동적으로 부하를 조정할 수 있게 된다. 자동 부하분담 장치의 블록선도를 도시하면 그림 18.51과 같다.

투입발전기의 전력을 검출하여 무부하 검출회로와 최대부하 설정회로를 거치는데 무부하 검출회로는 병렬운전중 발전기를 분리할 때 사용하며 최대부하 설정회로는 병렬운전중 또 다른 발전기를 기동하는 신호로 사용된다. 모선전력과 투입발전기의 전력차를 검출하여 투입발전기의 분담전력이 설정 전력 값보다 작으면 전력을 증가시켜야 하는데 전력을 증가하기 위해 조속기 출력 증가회로를 사용하여 원동기의 연료를 증가시켜 분담전력을 증가시킨다. 반대로 투입발전기의 분담전력이 설정 전력치보다 높으면 전력을 감소시켜야 하는데 조속기 출력 감소회로로 신호를 보내 원동기의 연료를 감소시켜 분담전력을 감소시킨다.

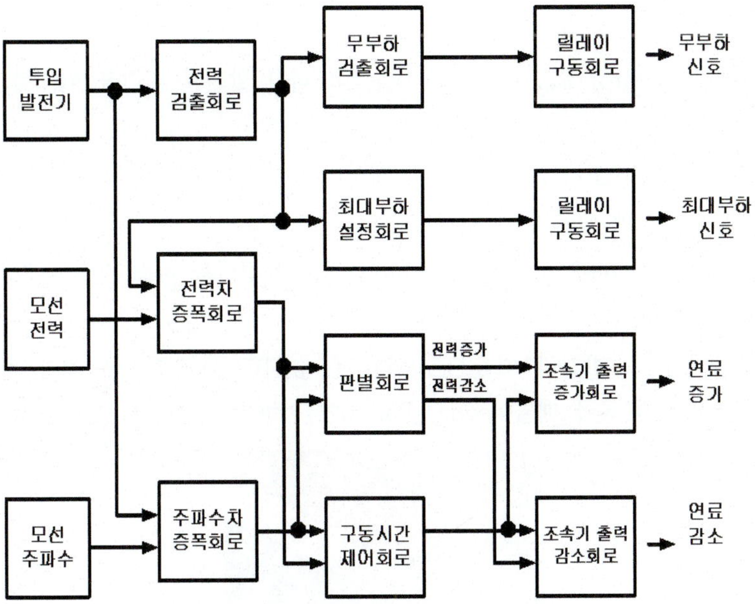

그림 18.51 Load Sharing System

18.10.4 주 배전반(Main Switchboard)

(1) 주 배전반(Main Switchboard)

발전기를 제어하고 발전기에서 발전된 전력을 받아 각 부하에 배전하는 패널(Panel)을 일정 장소에 모아 놓은 것을 말한다. 대용량의 발전기가 대부분인 육상에서는 발전소에서 발전기를 제어하고 승압 하여 송전, 다시 변전소에서 수전하여 감압 배전하고 있으나, 선박에서는 발전반, 배전반이 집중화되어 있다. 선박에서는 동기패널(Synchronizing Panel)을 중심으로 양쪽에 발전기 패널(Generator Panel) 및 공급 패널(Feeder Panel)을 배치하도록 디자인한다.

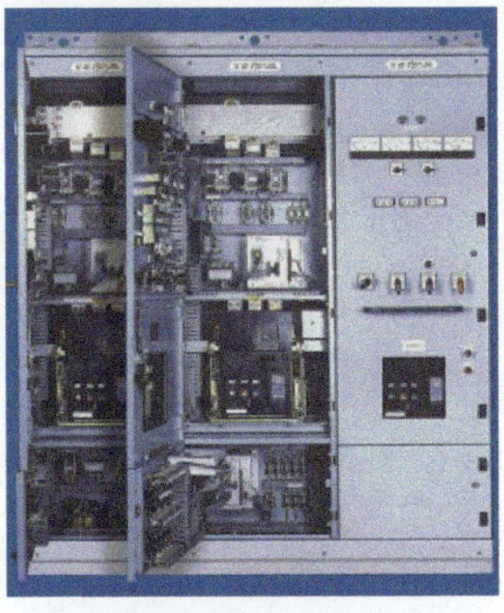

그림 18.52 주 배전반

(2) 주 배전반의 구성 및 기능

① 발전기 패널(Generator Panel) : 발전기를 제어하고 발전된 전력을 ACB를 통하여 받아들이는 패널

② 동기 패널(Synchronizing Panel) : 2대 이상의 발전기를 설치하여 병렬 운전할 경우 발전기를 동기화 시키는데 필요한 패널

③ 공급 패널(Feeder Panel) : 발전기를 통하여 입력된 전력을 버스 바(Bus Bar)를 통하여 각 부하로 배전하는 패널

④ 버스 바(Bus Bar) : 발전기 패널(Generator Panel)로부터 전력을 받아 주 배전반(Main Switchboard)의 각 공급 패널(Feeder Panel)에 전력을 공급하는 통전로

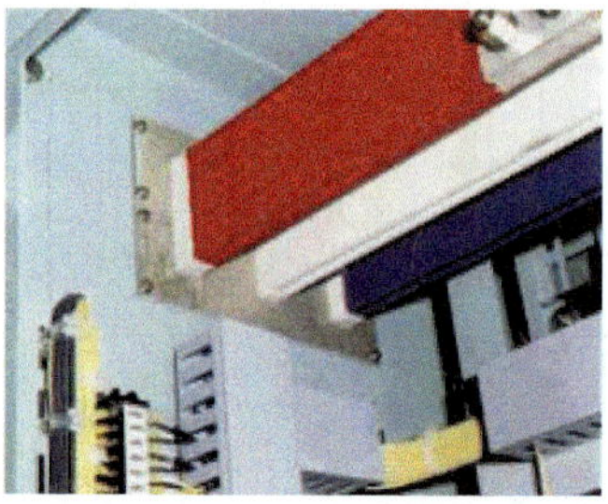

그림 18.53 버스 바

(3) 주 배전반(Main Switchboard) 구성부품

① 기중 차단기(Air Circuit Breaker(ACB)) : 발전기의 보호에 사용되어 지며 발전기와 배전반의 연결에 사용됨. 대용량 부하에도 사용 될 수 있다.

② Molded Case Circuit Breaker(MCCB) : 주로 전동기나 소용량 부하에 사용한다.

③ Vacuum Circuit Breaker(VCB) : 중간 전압(Medium Voltage System)에 적용하며, 발전기의 보호에 사용한다.

(4) 전력공급 계통의 보호장치

회로 계통의 이상 혹은 고장에 의한 단락 전류(Short Circuit Current) 혹은 과전류(Over Current) 등으로 부터 전기 장비를 보호.

① 단락회로 보호(Short Circuit Protection)

② 선택적 차단을 겸비한 과전류 보호(Overcurrent Protection with Preferential Trip)

③ 역전력 보호(Reverse Power Protection)

④ 부족전압 보호(Under Voltage Protection)

⑤ 접지 보호(Earth Fault Protection)

(5) 선내 배전계통의 보호방식

① 선택 보호(Selectivity Protection) : 계통의 전기기기 또는 회로에 단락 전류(Short Circuit Current)가 흐르면 고장회로에 직접 관계가 있는 회로만 계통으로부터 분리, 기타 건전한 회로는 연속 급전이 가능한 보호 장치

② 후비 보호 (Cascade Protection) : 케스케이드로 접속 되어진 상위(B1)와 하위(B2)의 보호 장치에서 상호 보완으로 회로의 최대 추정 단락 전류 영역에 있어서 선택 보호가 가능한 방식

③ 선택 보호 방식을 적용하는 회로

- 발전기용 보호장치(ACB)와 급전용 보호장치(MCCB)
- 선박의 추진(Propulsion) 및 안전에 관련된 중요 기기
- 변압기(Transformer)의 1차측과 2차측 급전반
- 자동화 장치
- 주요 통신 장치

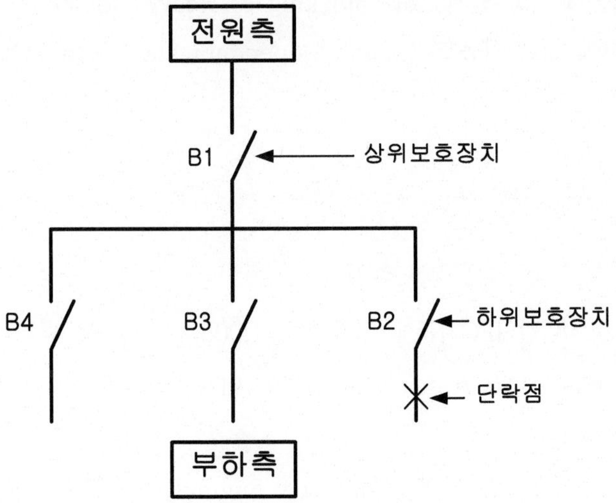

그림 18.54 보호장치의 케스케이드 접속

(6) 전기 용어

① 절연 등급(Insulation Class) : 전기 계통의 기기가 최대 연속 운전할 수 있는 온도 등급

등급	최대 연속 운전 온도(℃)
A	105
E	120
B	130
F	155
H	180

※ 절연등급(Insulation class) = 외기 온도 + 상승 허용 온도 + 오차

② 전력 관리 시스템(Power Management System)

- 발전기 자동 대기 기동(Automatic Stand-by Start of Generator)
- 자동 동기화(Automatic Synchronizing)
- 자동 부하분담(Automatic Load Sharing)
- 자동 부하 이송(Automatic Load Shifting)
- 중 부하 전동기 기동 방지(Start Blocking of Heavy Motor)
- 발전기 부하에 의한 기동/정지(Load Dependant Start/Stop of Generator)

18.10.5 선내 전력 시스템

(1) 고압 시스템(High Voltage System)

고압(High Voltage)이란 IEC기준에 의거하여, 1,000 V(1 kV)를 넘는 전압을 말한다.

고압 시스템(High Voltage System)을 사용하는 이유는 다음과 같다.

① 선박의 대형화

② 주기(Main Engine)와 보조 엔진(Auxiliary Engine)용 보기들의 용량 증가

③ 냉동 컨테이너(Reefer Container) 등 화물 관련 부하의 증가

④ 발전기(Generator)의 총 용량(Total Capacity)이 10,000 kW 초과 시 선내 전선에 과도한 전류가 흐름

고압 시스템(High Voltage System)의 종류로는 3,300 V, 6,600 V, 7,200 V, 11,000 V 등이 있으며, 일반 선박에서 주로 사용하는 시스템은 6,600 V(6.6 kV)/3,300 V Bow thruster이다.

고압 시스템(High Voltage System) 설치 시 저압(Low Voltage)에 비해 추가 설치되는 장비들은 High Voltage Switchboard with Relevant Equipment, Step Down High Voltage Transformers, High Voltage Cargo Switchboards가 있다.

고압 스위치보드(High Voltage Switchboard)의 크기 결정에는 다음과 같은 사항들이 고려된다.

① 단락 전류 값 및 부하들에 따라 결정됨

② 단락이 발생되더라도 1초 동안 견딜 수 있는 스위치보드 구조를 가져야 함

③ 고압(High Voltage)과 저압(Low Voltage)사이는 완전 분리됨

또한 스위치보드 실(Switchboard Room)에는 어떠한 파이프도 지나가면 안 되며, 환기구는 측면에 배치되어야 한다.

(2) 저압 시스템(High Voltage System)

저압(Low Voltage)이란 IEC 기준상 990 V이하 전압을 말하며, 일반 선박에서는 450 VAC 전압이하를 말한다. 저압 시스템(Low Voltage System)은 일반적으로 메인 스위치보드(Main Switchboard)로 연결된 발전기 용량(3대 또는 4대)의 총합이 10,000 kW이하인 경우에 적용되는 전력 공급 시스템(Power Feeding System)을 의미한다.

저압 시스템(Low Voltage System)의 종류로는 680 VAC, 600 VAC, 450 VAC, 380 VAC, 220 VAC, 24 VDC 등이 있으며, 일반 선박에서 주로 사용하는 시스템은 450 VAC, 220 VAC, 24 VDC이다.

대형선에서 저압 시스템(Low Voltage System) 적용 시 단점은 아래와 같다.

① 발전기 용량(Generator Capacity)의 증가로 크기가 대형화

② 전선 길이 증가에 따른 설계 및 현장 작업의 어려움

③ 스위치보드에 설치될 자재의 한계(차단기, 버스 바 등)

저압 스위치보드(Low Voltage Switchboard) 크기 결정에는 다음과 같은 사항들이 고려된다.

① 단락 전류 계산 값 및 부하들에 따라 결정

② 단락 회로가 발생되더라도 1초 동안 견딜 수 있는 스위치보드 구조를 가져야 함

③ 차단기 및 버스 바의 크기 대형화에 따른 스위치보드 자체의 충분한 환기가 고려가 되어야 함

또한 스위치보드(Switchboard) 실에는 어떠한 파이프도 지나가면 안 되며, 환기구는 측면에 배치되어야 한다.

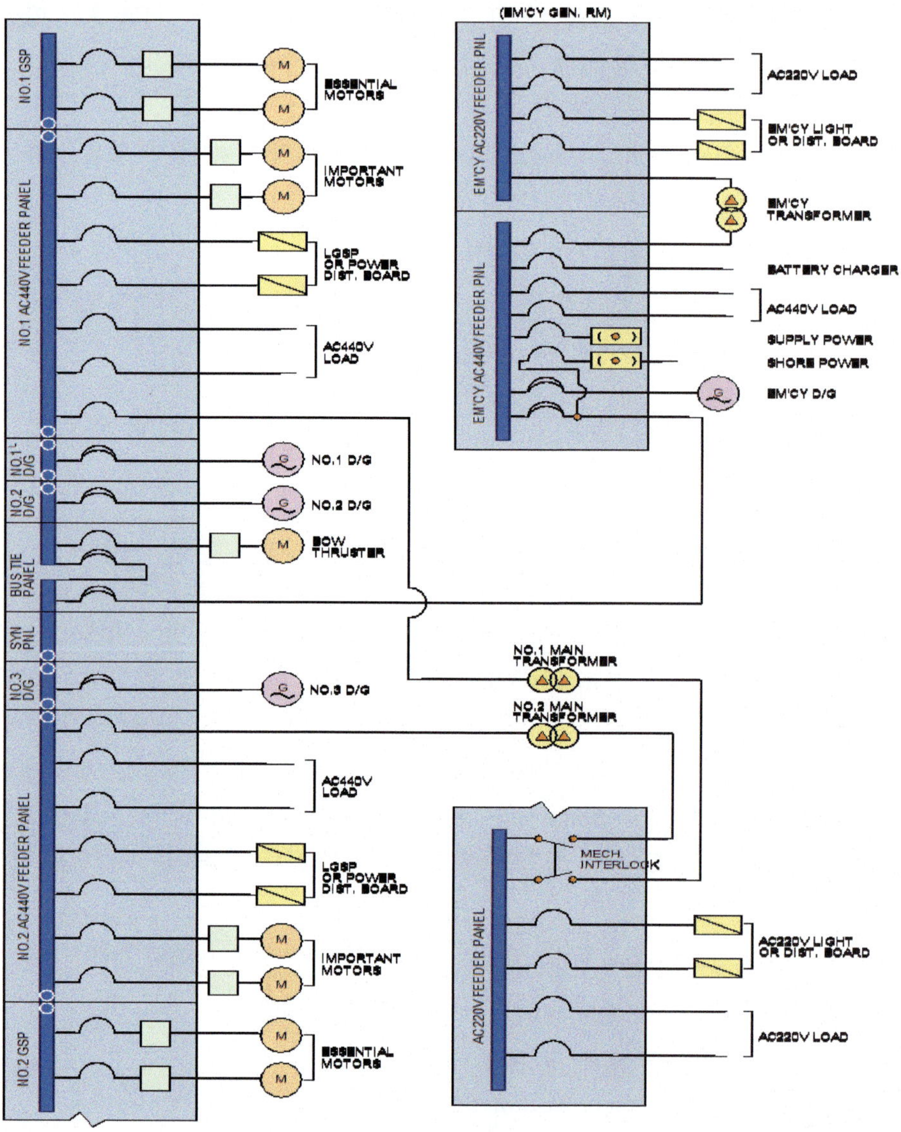

그림 18.55 선박 전력 시스템

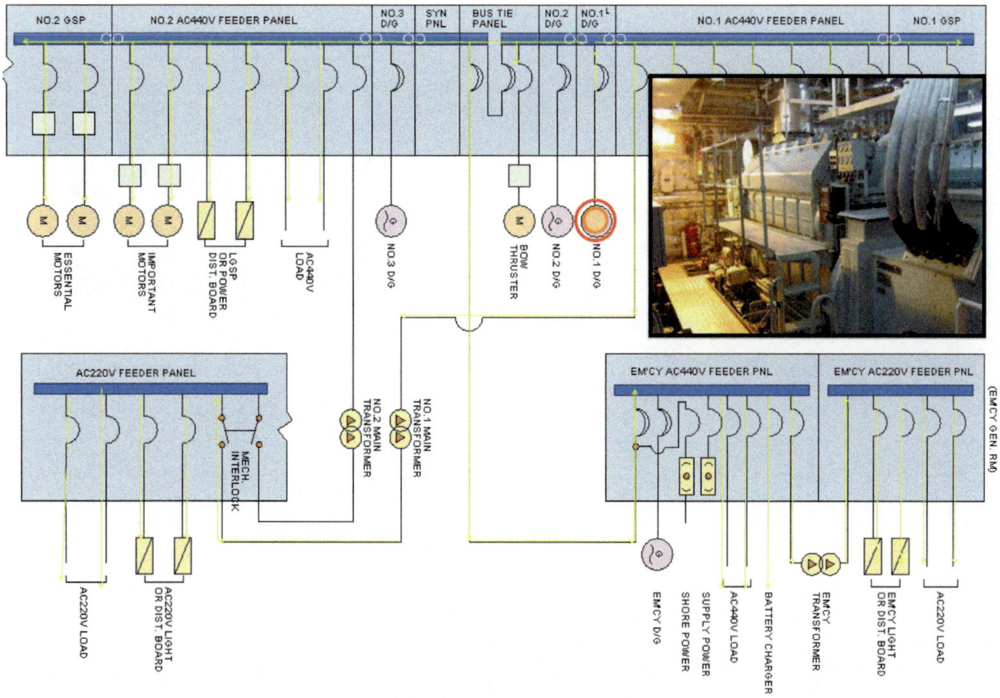

그림 18.56 선박 전력 공급 상태

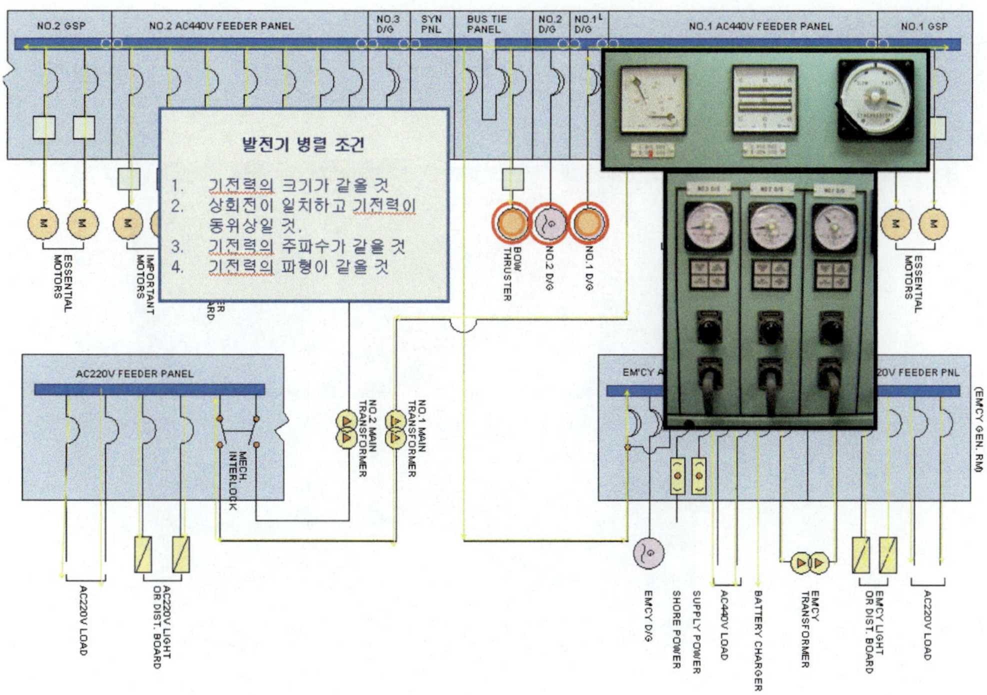

그림 18.57 발전기 병렬운전

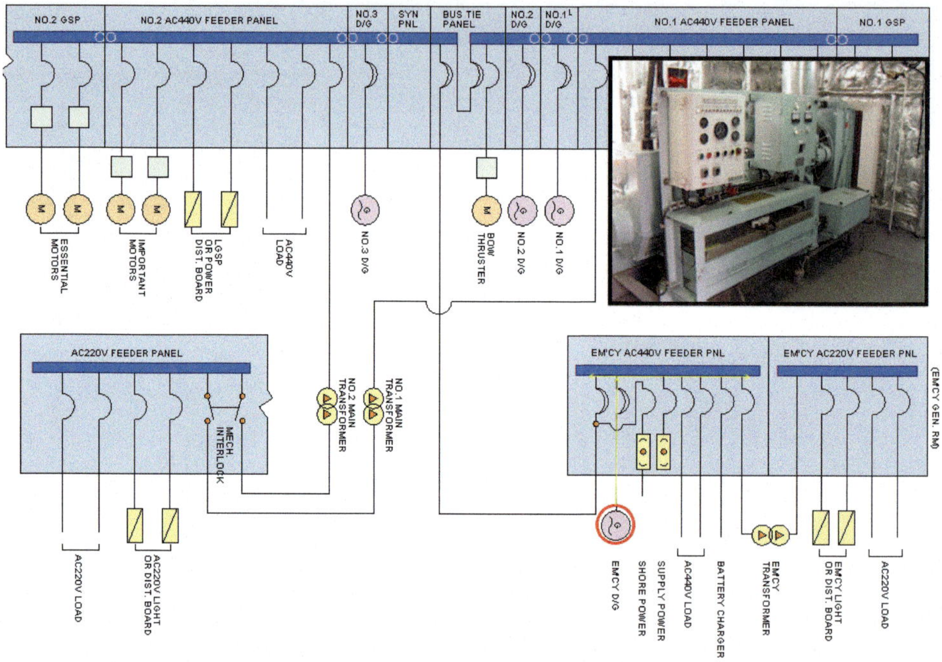

그림 18.58 비상 발전기 운전

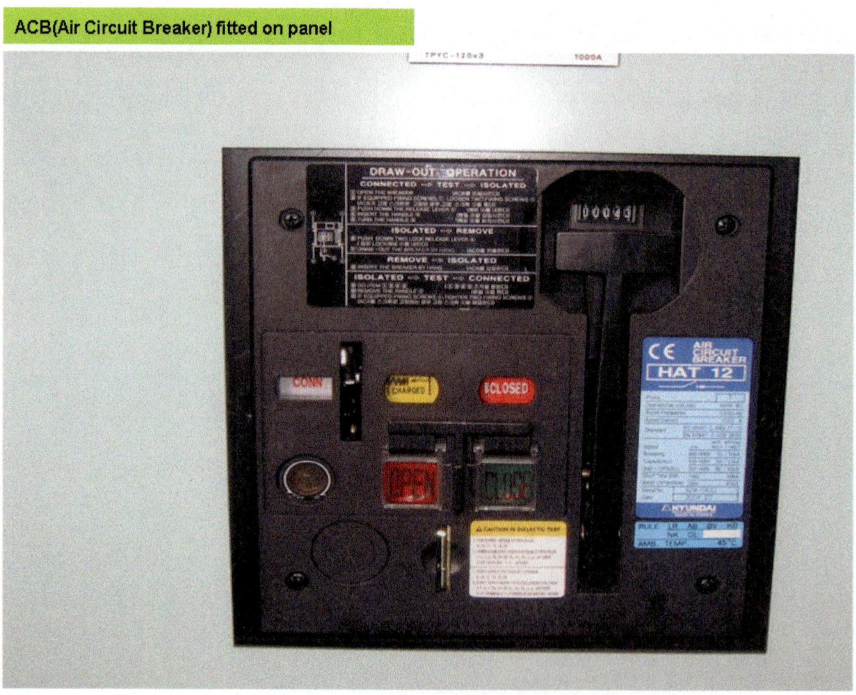

그림 18.59 기중 차단기(ACB)

(3) 비상 스위치보드(Emergency Switchboard)

주 발전기(Main Generator)가 정상적으로 운전 시에는 주 스위치보드(Main Switchboard)로부터 전원을 공급받아 선급 및 사양서에서 요구하는 주요 장비들에 전원을 공급하며, 발전기 이상으로 전력이 공급되지 못할 경우(Black Out) 45초 이내에 비상 발전기(Emergency Generator)가 자동으로 기동되어 비상 스위치보드(Emergency Switchboard)에 연결된 주요 장비들에 전원을 공급 한다.

스위치보드(Switchboard) 상부로는 어떠한 파이프나 환기구도 지나가면 안 되며, 환기구는 측면에 배치되어야 한다.

(4) 경보 감시 시스템(Alarm & Monitoring System)

선내에 설치되어있는 주기(Main Engine), 보조 엔진(Auxiliary Engine) 관련 주, 보기 및 주요 장비들에 대해 24시간 운전 상태를 감시(Monitoring)하며 사전에 설정된 설정 값을 초과 시 경보를 발생하여 사전에 필요한 안전 조치를 취하도록 하는 시스템이다.

다음과 같은 주요 기능이 있다.

① 현재 기기의 상태를 파악 할 수 있는 감시(Monitoring) 기능

② 설정 값(Setting Value) 초과 시 경보 발생 기능

③ 필요 시 각종 기기를 제어 할 수 있는 제어 기능

④ 야간에도 모든 정보를 당직자에게 넘겨 확인 할 수 있도록 하는 기능(Extension)

⑤ 주 발전기(Main Generator)를 원격제어 할 수 있는 기능(사양서 요구 시)

주기 선교 제어 시스템(Main Engine Bridge Maneuvering System)은 경보 감시 시스템(Alarm & Monitoring System)과 별개로 기관 제어실 제어 콘솔(Engine Control Console) 및 선교(Bridge)에 설치되는 시스템으로, 단지 주기(Main Engine)만을 제어하는 시스템이다. 주간에는 기관실에서 주요 제어 기능을 감시(Monitoring)하나, 야간에는 선교(Bridge)에서 모두 수행 할 수 있다.

화재 검출 시스템(Fire Detection System)은 경보 감시 시스템(Alarm & Monitoring System)과 별개로 설치되며, 선내 화재를 감지하여 선교(Bridge)에 정보를 전달하며 초기에 진압토록 하는 시스템이다.

(5) 기관 제어 콘솔(Engine Control Console)

주기(Main Engine)와 관련된 각종 제어 및 감시 장치(Control & Monitoring Equipment)들을 한곳에서 상시 편리하게 운전 및 검사할 수 있도록 모아 놓은 장비를 말한다. 또한 부가적인 장비들로, 관련 시스템들의 오작동을 검출하여 엔지니어에게 사전에 정보를 제공하는 경보 감시 시스템(Alarm & Monitoring System) 장비들도 함께 배치된다.

주요 장비는 다음과 같다.

① 각종 Instrument

② Main Engine Remote Control System ECR Panel

③ Main Engine Telegraph

④ Main Engine Indicating Panel

⑤ Engine Governor System Control Unit

⑥ Main Engine Safety Panel

⑦ Main Engine Basic Alarm Panel

⑧ Main Engine Maneuvering Handle

⑨ Change-Over Panel

⑩ Alarm & Monitoring System CRT, Keyboard & Printer

⑪ 기타

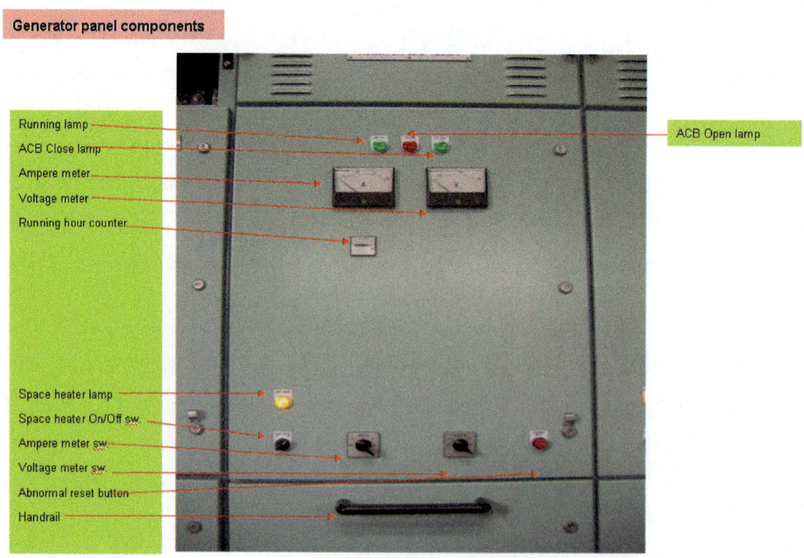

그림 18.60 발전기 패널

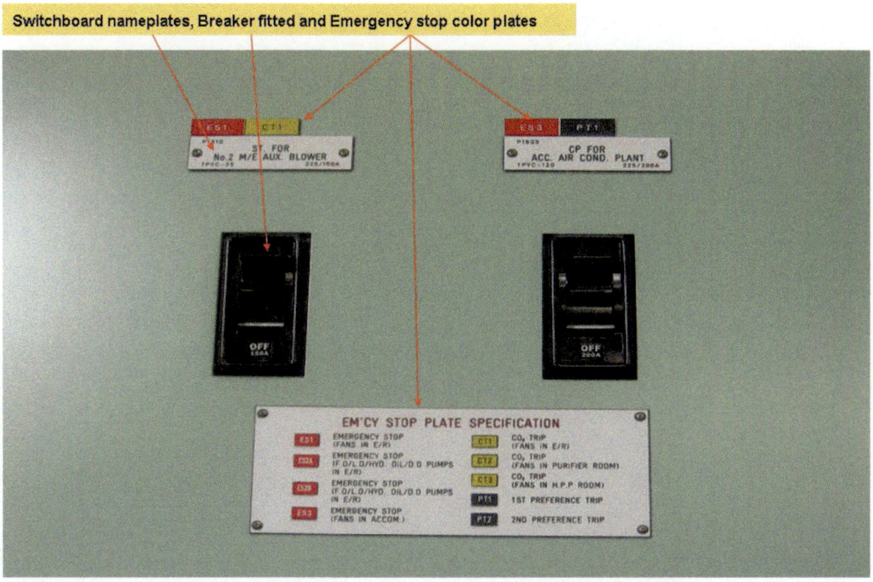

그림 18.61 스위치보드 명판

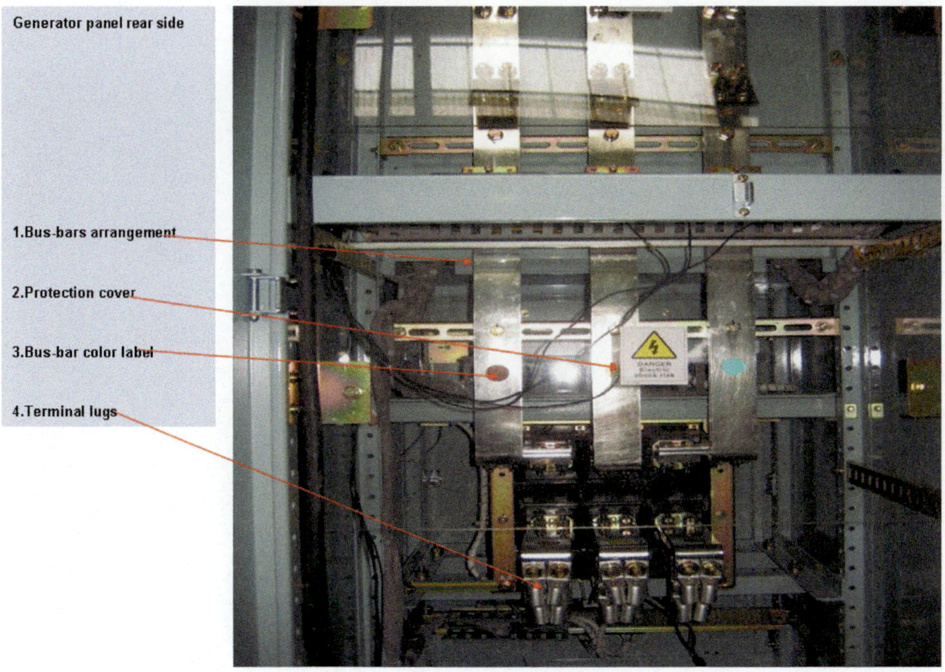

그림 18.62 발전기 패널 내부

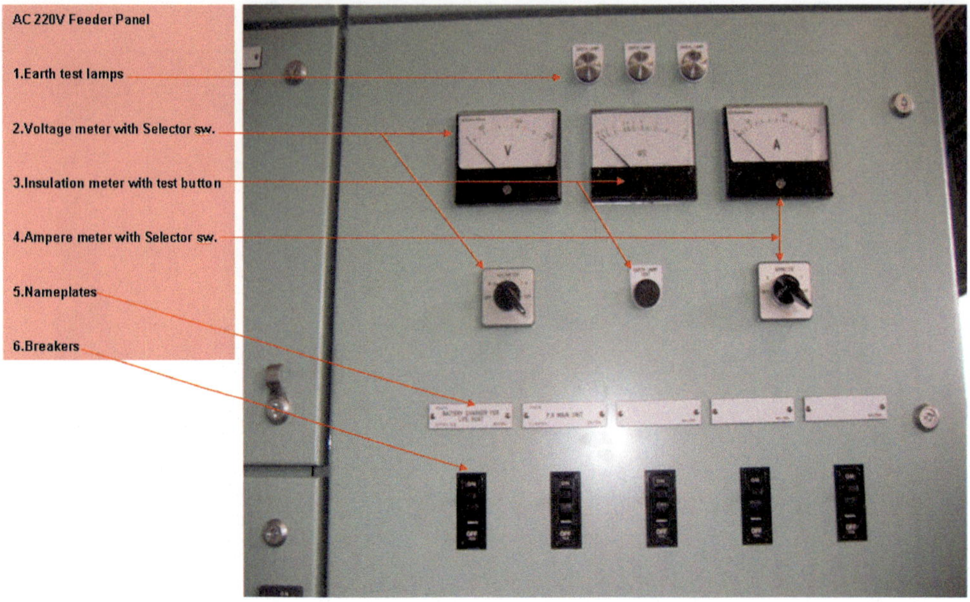

그림 18.63 220 V 공급 패널

부록

부록 I 기관 로그북

(1) 한바다호 로그북

Specification of Machinery

Hull	
IMO No. / Official No.	: 9300960 / BSR-050948
Keel Laik/Launched / Delivered Date	: 2004.12.24 / 2005.04.20 / 2005.12.08
Builder & Hull No.	: STX SHIP BUILDING CO., LTD / B-5001
Gross / Deadweight / Net Tonnage	: 6686TON / 2636.0TON / 2005TON
Loa / Lbp x Bm x Dm	: 117.2m / 104.00m x 17.80m x 10.85m
Light Draft & Displacement	: 3.986m / 3798.588TON
Summer Draft & Displacement	: 5.9m / 6434.6TON
Class & Notation(Hull / Machinery)	: KR / KR S1-Special purpose ship, Training, HMS, KRM1, UMA3
Main Engine	
Maker, Model, Type	: MAN B&W, 6L42MC/ME(Dual Mode), 2stroke single acting crosshead turbo charged reversible type marine diesel engine
Manufact. Date & Serial No.	: 2004.12 / SB6L42-4153
M.C.R(B.H.P x R.P.M x Speed)	: 8130 BHP x 176RPM x 19.0Knots
N.C.R(B.H.P x R.P.M x Speed)	: 6910.5 BHP x 166.7RPM x 17.5Knots
Stroke/Critical R.P.M	: 1360mm
T/C(Maker, Model, No. of set)	: ABB, TPL73B, 1set
Governer(Maker, Model)	: Woodward PGA-EG 58
B.M.S / A.M.S(Maker, Model)	: KONGSBERG, Datachief C20
Generator Engine	
Maker, Model x No. of Set	: HHI, HiMSEN 6H21/32 x 3sets
Rating(B.H.P x R.P.M)	: 1396 BHP(1027kw) x 900RPM
No. of cylinder / Dia. x Stroke	: 6cyl / 210 x 320mm
T/C & Governor(Maker, Model)	: KBB, HPR 4000 / Woodward, UG-8
Electric Generator(Maker, Model)	: HHI, HFC6 508-84K-EH
Output(Kw or KVA)	: 1200KVA
Volt. & Amp.	: AC450V & 1539.6A
Aux. Boiler / E.G.E	
Maker, Model, Type	: KANGLIM, MA02P32
Max. Evaporation(Ton/Hour)	: 2.0 Ton/h
Design Steam Condition(kg/㎠ x ℃)	: 9.0kg/㎠ x 250℃
Water Quantity	: 4.31㎥
Propeller	
Maker, Type & No. of Blades	: HAE YANG METAL Co., LTD, NACA a & 4 Blades
Material	: RALBC3
Diameter & Weight(Meter/Ton)	: 4000mm / abt 5270kg
Mean Pitch(Meters)	: 3943.2mm
Envieronmental Equipmet(Maker/Model/Capacity)	
Oily Water Separator	: GEORIM Engineering Co., LTD / POS-N2 / 2.0㎥/h
Sewage Plant	: EVAC/창원환경주식회사, SEACLEAN II 150CE-S,150Persons, 4500ℓ/day
Incinerator	: Hyundai-Atlas / MAXI 25 SL-1 / 180,000Kcal/h
Emergency Equipmet(Maker/Model/Capacity)	
Em'cy Generator / Engine	: NEWAGE INTERNATIONAL LIMITED, UC.M274H1, 200KVA / CUMMINS ENGINE CO., LTD, 6CTA8.3-DCM, 252HP x 1800RPM(188kw)
Battery Charger	: KOC ELECTRIC, KAC, AC440V-DC24V 150A
Em'cy Fire Pump	: SHINSHIN MACHINERY CO., EHC65B, 40㎥/h
Em'cy Air Compressor	: (No.2 Air-Compressor) BUMHAN INDUSTRIES CO., LTD, LT-2158, 132㎥/h

ENGINE ROOM LOG BOOK

DATE ______________ DAY ______________ ON VOYAGE NO. ______________

Watch Time				12-16	16-20	20-24	00-04	04-08	08-12
Engineer Sign									
Running Hours/Mode									
Total Revolutions									
R.P.M									
Load									
Governor Index									
Pressure(kg/㎠)	Speed Set. Air								
	Main Cooling S.W								
	F.O								
	Main L.O								
	Pistion Cooling Oil								
	Air Cooler F.W In								
	J.C.F.W								
	Control Air								
	Scav. Air Receiver								
	Air Tank No.1/2								
	Alpha Lubricator								
	Hyd. Oil Pump								
Temperature(℃)	E/R								
	S.W								
	F.O								
	Scav. Air	Cooler	In						
			Out						
		Receiver							
	AirCooler F.W		In						
			Out						
	J.C.F.W	Cooler	In						
			Out						
		In							
		Out	1/2						
			3/4						
			5/6						
	L.O Cooler		In						
			Out						
	Piston Cooling Oil	In							
		Out	1/2						
			3/4						
			5/6						
	Exhaust Gas		1/2						
			3/4						
			5/6						

Watch Time			12-16	16-20	20-24	00-04	04-08	08-12
Turbo Charger	RPM×1000							
	Working Gas Temp.	In						
		Out						
	L.O	Inlet Press						
		Outlet Temp						
	Press Drop	Air Filter						
		Air Cooler						
L.T Cooler In/Out		S.W Press						
		F.W Temp						
Inter. Shaft B'rg Temp.		1/2						
		3/4						
Axial vibration								
Thurst B'rg Temp.								
Stern?Tube	L.O Temp.	FWD						
		AFT						
	Air Press	P4						
		LS21						
F.W Generator	L.P Type	Vacuum						
		Salinity						
		Shell Temp						
	R.O Type	Salinity						
		High Press						
Ref. Machine	Press	Suction						
		Disch.						
	Temp.	Meat						
		Fish						
		Veg.						

From Noon to Noon		
Hrs. Sea Voy.		
Hrs. In Port		
Distance	Sea Voy.	
	In Port	
	By Prop.	
	By Obs.	
Slip(%)		
Ave. Speed		
Mean RPM		
Total Rev.		
Main Air Compressor		
No.1		
No.3		

Working Hours		N to N	aft O/H	Total
M/E	Total			
	MC			
	ME			
G/E	No.1			
	No.2			
	No.3			
Purifier F.O	No.1			
	No.2			
Purifier	D.O			
Purifier L.O	No.1			
	No.2			
	No.2			
	No.4			

PAGE ____________

STAY IN PORT OF ____________ FROM ____________ TO ____________

Watch Time				12-16	16-20	20-24	00-04	04-08	08-12
Generator Engine		Engine No.							
Generator Engine		Load(kw)							
Generator Engine		Ampere(A)							
Generator Engine		Engine RPM							
Generator Engine		T/C RPM							
Generator Engine	Pressure	L.O filter	Before						
Generator Engine	Pressure	L.O filter	After						
Generator Engine	Pressure	F.O							
Generator Engine	Pressure	J.C.F.W In							
Generator Engine	Pressure	L.O before T/C							
Generator Engine	Pressure	Cooler C.F.W In							
Generator Engine	Pressure	Scav. Air							
Generator Engine	Pressure	S/By( ) G/E L.O							
Generator Engine	Temperature	D/G R'M							
Generator Engine	Temperature	Scav. Air							
Generator Engine	Temperature	Cooling Water (L.T)	In						
Generator Engine	Temperature	Cooling Water (L.T)	Out						
Generator Engine	Temperature	J.C.F.W	In						
Generator Engine	Temperature	J.C.F.W	Out						
Generator Engine	Temperature	L.O In							
Generator Engine	Temperature	F.O In							
Generator Engine	Temperature	Gen. AFT BRG							
Generator Engine	Temperature	Exh. Gas	1/2						
Generator Engine	Temperature	Exh. Gas	3/4						
Generator Engine	Temperature	Exh. Gas	5/6						
Generator Engine	Temperature	Exh. Gas T/C Outlet							
Generator Engine		L.O Sump T(1/2/3)							
Boiler		Steam Press							
Boiler		Water Level							
Boiler		F.O Temp							

Watch Time		12-16	16-20	20-24	00-04	04-08	08-12
M/E	Exp. TK(H.T)						
M/E	L.O Sump TK						
M/E	Cyl. Oil Meas. TK						
G/E Exp. TK(L.T)							
Soot Drain Box							
F.O Sett. TK /Serv. TK	Temp.						
F.O Sett. TK /Serv. TK	Level						
D.O Sett. TK/Serv. TK							
Atmospheric	Temp.						
Atmospheric	Press						
Wind Direction&Force Weather&Sea Condition		⬠	⬠	⬠	⬠	⬠	⬠

		D.O	F.O	Cyl.Oil	Sys. Oil M/E	Sys. Oil G/E
On Hand						
Received						
Total						
At Sea	M/E					
At Sea	G/E					
At Sea	BLR					
Port	M/E					
Port	G/E					
Port	BLR					
Total Cons.						
Remain						

Flowmeter		
M/E F.O		
G/E	F.O	
G/E	D.O	
BLR F.O		
M/E Cyl. Oil		
F.W.G	L.P	
F.W.G	R.O	
BLR F.W		

Autofilter Counter	
M/E F.O Autofilter	
Main L.O Autofilter	
M/E Hyd. L.O Autofilter	
G/E F.O Autofilter	

Articles

Maintenance & Inspection

CHIEF ENGINEER ____________

(2) 한나라호 로그북

Specification of Machinery

Hull	
IMO No. / Official No.	: 8874196/BSR930563
DATE OF BUILD	: 1993.12.21
Builder	: DAESUN BUILDING CO., LTD
Gross / Deadweight / Net Tonnage	: 3640TON / 2142TON / 1121TON
Loa / Lbp x Bm x Dm	: 102.7m / 93.00m x 14.50m x 9.50m
Light Weight	: 2240TON
Summer Draft & Displacement	: 5.414m /4345.06TON
Class & Notation(Hull / Machinery)	: KR /KRS1-SPECIAL PURPOSE SHIP/TRAINING KRM1/UMA2
Main Engine	
Maker, Model, Type	: MAN B&W, SSHI-MAN-B&W 6L35MC, 2stroke single acting, direct reversible crosshead diesel engine with exhaust turbocharger
Manufact. Date & Serial No.	: 1994.12.08/ SB395
M.C.R(B.H.P x R.P.M x Speed)	: 4000 BHP x 200RPM
N.C.R(B.H.P x R.P.M x Speed)	: 3400 BHP x 189.5RPM
Stroke/Critical R.P.M	: 1050mm
T/C(Maker, Model, No. of set)	: VTR354-32
Governer(Maker, Model)	: Woodward PGA-EG 58
B.M.S / A.M.S(Maker, Model)	: KONGSBERG, Datachief C20
Generator Engine	
Maker, Model x No. of Set	: SSHI-MAN-B&W 5T23LH-4E
Rating(B.H.P x R.P.M)	: 725 BHP x 720RPM
No. of cylinder / Dia. x Stroke	: 5cyl / 225 x 300mm
T/C & Governor(Maker, Model)	: MAN B&W NR15/R151 / No.1 G/E -Hydraulic mechanical governor No.2 G/E -Digital governor
Electric Generator(Maker, Model)	: Hyundai Electrical Engineering/ HFA6-502-14K
Output(Kw or KVA)	: 600KVA(480KW)
Volt. & Frequency	: AC450V & 60Hz
Aux. Boiler / E.G.E	
Maker, Model, Type	: KANGLIM,AQ12, Vertical oil fuel water tube boiler forced draft
Actual evaporation	: 6000kg/hr
Design press.	: 9.0㎏/㎠
Normal working press.	: 7.0㎏/㎠
Propeller	
Maker, Type & No. of Blades	: SIL-LA METAL INDUSTRY CO.,FIXED PITCH & 4 Blades
Material	: RALBC3
Diameter	: 3550mm
Mean Pitch(Meters), Pitch Ratio	: 2665mm/0.751
Envieronmental Equipmet(Maker/Model/Capacity)	
Oily Water Separator	: KOMEX OWS-10BI, 2.0kg/hr, Korea Maritime Development Co.
Sewage Plant	: Eltech International corporation/ 12MX
Incinerator	: OSV-20A, 180,000kcal/hr, Hyundai Industrial Machinery Co.
Emergency Equipmet(Maker/Model/Capacity)	
Em'cy Generator / Engine	: Horizontal, self-exciting brushless, Drip proof type UCM274E, 125KVA(100KW) /SSHI-CUVVINS NTA-495-G1, 188PS x 1800RPM
Battery Charger	: KOC ELECTRIC, KAC, AC440V-DC24V 150A
Em'cy Fire Pump	: SHINSHIN MACHINERY CO.,SVS-100,110/55㎥/hr x 25/75m x 37KW
Em'cy Air Compressor	: CMA-5/ Consolidated Maritime Inc., F.A 4.5㎥/hr x 30㎏/㎠ x 2.2KW

ENGINE ROOM LOG BOOK

DATE ______________ DAY ______________ ON VOYAGE NO. ______________

Watch Time			12-16	16-20	20-24	00-04	04-08	08-12
Engineer Sign								
Running Hours								
Total Revolutions								
R.P.M								
Load								
Governor Index								
Pressure(kg/㎠)	Main Cooling S.W							
	F.O							
	Main L.O							
	Pistion Cooling Oil							
	Camshaft L.O							
	J.C.F.W							
	Control Air							
	Receiver	Scav. Air						
		Exh. Gas						
	Air Tank	No.1						
		No.2						
Temperature(℃)	E/R							
	S.W							
	F.O							
	Scav. Air Cooler	In						
		Out						
	Scav. Air	Receiver						
	AirCooler S.W	In						
		Out						
	J.C.F.W Cooler	In						
		Out						
	J.C.F.W	In						
	J.C.F.W Out	1/2						
		3/4						
		5/6						
	L.O Cooler	In						
		Out						
	Piston Cooling Oil	In						
	Piston Cooling Oil Out	1/2						
		3/4						
		5/6						
	Exhaust Gas	1/2						
		3/4						
		5/6						

Watch Time			12-16	16-20	20-24	00-04	04-08	08-12
Turbo Charger	RPM×1000							
	Working Gas Temp.	In						
		Out						
	L.O	Temp.						
		Level						
	Blower L.O	Temp						
		Level						
	Blower	Air Filter Drop						
	Press Drop	Air Cooler						
		Scav. Exh.						
	Cool.F.W Out Temp.							
Axial vibration								
Thurst B'rg Temp.								
Stern Tube	L.O Temp.	FWD						
		AFT						
	L.O Level	FWD						
		AFT						
F.W Generator	No. 1 (L.P)	Vacuum						
		Salinity						
		Shell Temp						
	No. 2 (R.O)	Salinity						
		High Press						
Ref. Machine	Press	Suction						
		Disch.						
	Temp.	Meat						
		Veg.						
		Lobby						

From Noon to Noon		
Hrs. Sea Voy.		
Hrs. In Port		
Distance	Sea Voy.	
	In Port	
	By Prop.	
	By Obs.	
Slip(%)		
Ave. Speed		
Mean RPM		
Total Rev.		
Distill. W.Q'ty	No.1	
	No.2	

Working Hours			N to N	aft O/H	Total
M/E					
D/G	No.1				
	No.2				
T/G					
Purifier	F.O	No.1			
		No.2			
	D.O				
	L.O	No.1			
		No.2			
Main Air Comp'r	No.1				
	No.2				
Con.Air Comp'r					

PAGE ______

STAY IN PORT OF ______ FROM ______ TO ______

Watch Time				12-16	16-20	20-24	00-04	04-08	08-12
Generator Engine	Engine No.								
	Running Hour								
	Load(kw)								
	Ampere(A)								
	Pressure	Aux.Cool.S.W							
		F.O							
		L.O							
		J.C.F.W							
		Scav. Air							
		Aux.Air Tank							
	Temperature	D/G Rm							
		Scav.Air							
		Air Cooler S.W	In						
			Out						
		J.C.F.W Cooler	In						
			Out						
		J.C.F.W	In						
		J.C.F.W Out	H/No						
			L/No						
		L.O Cooler	In						
			Out						
		L.O	In						
		Gen.AFT B'rg							
		Exh Gas	H/No.						
			L/No.						
		T/C	RPM × 1000						
		T/C Working Gas	In						
			Out						
	L.O Sump TK Level								
Boiler	Steam Press								
	Water Level								
	F.O Temp								

Watch Time			12-16	16-20	20-24	00-04	04-08	08-12
M/E	Exp. TK							
	LO Sump TK / Cam LO Sump TK							
	Cyl. Oil Daily. TK							
F.O Sett.Tk / F.O Serv.Tk		Temp.						
		Level						
D.O Sett. TK/Serv. TK								
Flow Meter	M/E							
	D/G							
	Boiler							
	F.W Generator							
Atmos.		Temp.						
		Press.						
Wind Drection & Force Weather & Sea Condition								
Distance								

		D.O	F.O	Cyl.OIL	Sys.Oil M/E	Sys.Oil G/E
On Hand						
Received						
Total						
At Sea	M/E					
	G/E					
	Boiler					
In Port	M/E					
	G/E					
	Boiler					
Total Cons.						
Remain						

Articles

Maintenance & Inspection

CHIEF ENGINEER ______

부록 II 기관실습 자기평가항목

[1) 보조기계 관련 평가항목

1. 조타기의 구조 및 점검항목에 대해 알 고 있는가?
2. 비상조타요령을 숙지하고 있는가?
3. 공기압축기의 목적은 무엇이며 운전방법 및 작동원리(밸브, Unloading Valve, 기동/정지 시퀀스 도면)는 알고 있는가?
4. 청정의 원리와 목적은 숙지하고 있는가?
5. 청정기의구조, 운전방법 및 효율 극대화 방안은 숙지하고 있는가?
6. L. O 청정기의 오작동으로 인한 주기관 Sump Tank내 수분침투에 관하여 이해하고 있는가?
7. 청정기의 Bowl, Shaft를 분해시 주의사항을 알고 있는가?
8. Auto Filter의 구조 및 작동원리를 이해하고 있는가?
9. Auto Filter의 비상운전 및 개방점검시 주의 사항을 알고 있는가?
10. Auto Filter내에 설치되어 있는 Magnetic Filter의 구조 및 설치목적을 알고 있는가?
11. 발전기 엔진의 Pipe Line은 숙지하고 있는가?
12. 조수기의 원리를 이해하고 운전할 수 있는가?
13. 조수기의 ppm 조정방법을 알고 있는가?
14. 조수량의 저하원인에 대해 설명할 수 있는가?
15. 냉동 사이클 및 냉매의 특성을 이해하고 있는가?
16. 에어컨 Compressor의 구조를 이해하고 있는가?
17. 에어컨 Unloader System을 설명할 수 있는가?
18. 에어컨 & 냉동기의 Pumping Down 목적을 이해하고 방법을 숙지하고 있는가?
19. 냉매 보충방법 및 교대운전을 할 수 있는가?
20. 에어컨 & 냉동기의 기동 Sequence를 이해하고 있는가?
21. 냉동장치의 냉매가스 누설검지 방법을 숙지하고 있는가?
22. 냉동기에서 저압 고압 압력을 기록하고 있는 이유와 이상이 있을시 적절한 조치를 취할 수 있는가?
23. 불응축가스의 의미와 Pumping Down 및 Purge를 시행 할 수 있는가?
24. 냉동기의 고압이 상승하면 제일 먼저 점검할 사항을 나열 하고, 조치를 취 할 수 있는가?

25. 제상의 종류와 목적을 이해하고 각각의 제상방법을 이해하고 있는가?
26. 냉동기 교대 운전은 시행 할 수 있는가?
27. 냉동기 냉매를 충전 할 수 있는가?
28. 냉동기 냉동기유를 보충 할 수 있는가?
29. 냉동기 및 Air-Con의 고압 Trip이 일어나는 원인과 조치방법은?
30. 냉동기 및 Air-Con 내에서 불응축가스가 미치는 영향과 불응축 가스의 배출방법을 알고 있는가?
31. 냉동장치에서 제상을 하는 이유와 일반적인 제성방법을 알고 있는가?
32. Air Dryer의 시스템을 이해하고 운전방법을 이해하고 있는가?
33. 펌프를 터보형과 용적형으로 분류하고 실습한 선박의 펌프를 분류 할 수 있는가?
34. 펌프를 기동시 주의 사항 및 개방정비를 할 수 있는가?
35. 원심펌프 및 기어펌프 운전시 주의할 점 및 운전요령을 알고 있는가?
36. F. W. Hyd. Tank에 Air를 주입하는 이유를 알고 있는가?
37. 해양생물부착방지장치(MGPS)가 필요한 이유와 작동원리를 알고 있는가?
38. MGPS의 전류량의 조절은 유량에 따라 어떻게 조절해야 되는지 알고 있는가?
39. ICCP 및 Shaft Grounding Device 의 설치목적 및 작동원리를 알고 있는가?
40. Sterilizer 설치목적 및 정비요령에 대하여 숙지하고 있는가?
41. Noon Report, Abstract Log를 작성할 수 있는가?
42. 유수 분리기를 운전 할 수 있는가?
43. 소각기를 운용 할 수 있는가?
44. 각종 Pump에 사용되는 Mechanical Seal의 용도를 이해하고, 정비를 할 수 있는가?
45. 조수기의 원리와 운전을 시행 할 수 있는가?
46. 오수처리장치로 유입되는 것은 어떠한 것들이며, Overflow시 어디로 유입되는가?
47. 구명정기관을 수동, 자동으로 운전을 시행 할 수 있는가?
48. 보일러의 Surface 및 Bottom Blow의 의미와 시행을 해 보았는가?
49. 원심 펌프 정비 시 회전방향에 따라 Impeller 방향이 맞게 구분 할 수 있는가?
50. 보일러 Electric Ignitor의 용도 와 간극 조정방법 및 필히 조치할 사항을 이해하는가?
51. 보일러의 주요 구성부분을 이해하고 작동원리를 설명할 수 있는가?
52. 보일러의 운전 Sequence를 이해하고 있는가?

53. 보일러의 자동, 수동, 비상점화에 대하여 숙지하고 있고 작동할 수 있는가?
54. Burner 개방정비를 할 수 있는가?
55. 보일러 급수조절계통에 대하여 숙지하고 DPT 내부 보일러수 Drain Out & Filling 방법을 알고 있는가?
56. 절탄기의 구조 및 수세하는 절차에 대하여 알고 있는가?
57. Soot Fire가 발생했을 때 조치방법에 대하여 알고 있는가?
58. Soot Blower의 구조 및 작동방법을 숙지하고 있는가?
59. 보일러 Drum 내부의 기수공발, Foaming, Priming을 설명할 수 있는가?
60. 보일러의 물 관리를 하는 목적과 방법에 대하여 알고 있는가?
61. 보일러 Water Test 항목과 방법을 숙지하고 Report를 작성/분석할 수 있는가?
62. 장기간 휴지중이던 보일러의 기동요령을 숙지하고 있는가?
63. 보일러 배기가스의 색이 검은색 또는 흰색일 때의 원인과 조치사항을 알고 있는가?
64. Aux. Boiler에서 ACC란 무엇인지 설명할 수 있는가?
65. 장기간 휴지중이던 보일러의 기동요령을 숙지하고 있는가?
66. Steam Line Warming 및 Drain 의 필요성과 요령에 대해 알고 있는가?
67. 보일러의 안전장치의 종류와 Test 방법을 알고 있는가?
68. 보일러에서 저수위, 고수위 경보발생시 조치사항에 대해 설명할 수 있는가?
69. Burner 점화실패 후 재점화시 주의사항은?
70. Soot Fire 발생원인과 조치방법은?
71. 보일러의 Bunker change-Over방법을 알고 있는가?
72. 보일러 수위를 나타내는데 필요한 DPT의 원리는 무엇인지 알고 있는가?

(2) 주기관 관련 평가항목

1. 주기관 관련 파이프라인을 이해하고 찾아보았는가?
2. 주기관의 각부 명칭과 역할을 알고 있는가?
3. 주기관 시동을 위한 워밍을 할 수 있는가?
4. 입, 출항 Check List를 이해하고 작성할 수 있는가?
5. 주기관의 시동 과정을 이해하고 있는가?
6. 주기관의 전, 후진 과정을 이해하고 있는가?

7. 주기관 Crash Astern의 개념과 작동원리를 알고 있는가?
8. 주기관 제어시스템을 이해하고 있는가?
9. 주기관 비상운전 방법을 알고 있는가?
10. 주기관 관련 Alarm 발생원인 규명 및 대처 방법을 이해하는가?
11. 인디케이터 선도와 수인선도를 촬취할 수 있는가?
12. 인디케이터 선도와 수인선도를 이용하여 주기관의 성능을 분석하고, 마력을 계산할 수 있는가?
13. 주기관 Turbo-Charger Cleaning 방법을 알고 있는가?
14. Turbo-Charger Surging을 이해하고, 방지 방법을 알고 있는가?
15. 주기관 Governor의 작동원리를 이해하고 있는가?
16. Crank Shaft Deflection을 계측하였는가?
17. Exhaust Valve를 Overhaul 하고 테스트 하였는가?
18. Fuel Valve를 Overhaul 하였는가?
19. Cylinder Head를 Overhaul 하였는가?
20. Piston을 Overhaul 하였는가?
21. Scavenging Air Chamber 내부 점검 및 소제 작업을 하였는가?
22. Crank Chamber를 점검하였는가?
23. Stern Tube System을 알고 있는가?
24. Shaft Grounding System을 알고 있는가?
25. 주기 실린더 라이너의 저온부식과 고온부식에 대해 설명할 수 있는가?
26. 주기관 Warming Up 및 시동준비를 할 수 있는가?
27. 기관 냉각수 관리방법 및 관리 이유를 이해하는가?
28. 주기관 및 발전기 Turning 작업을 시행할시 반드시 확인할 사항을 알고, 그 의미를 이해하는가?
29. 주기관 System유와 Cylinder유 및 기타 잡유의 사용개소를 아는가?
30. 주기관 정비시 냉각수 Drain Out의 의미와 실제 Drain Out시 조치 사항을 이해하고, 시행 할 수 있는가?
31. M/E Scav. Air Drain Tk의 Sounding 방법에 대해 이해고, Sounding을 실시하고, Sounding Table로 실량을 계산 할 수 있는가?

(3) 발전기 관련 평가항목

1. 발전기 엔진의 Starting Air & Control Air System을 이해하고 있는가?
2. 발전기 엔진의 Safety Device의 종류 및 Test방법을 알고 있는가?
3. 발전기 엔진의 비상운전법은 숙지하고 있는가?
4. 발전기 배기가스 온도 상승(하강) 원인 및 진단방법을 숙지하고 있는가?
5. 발전기 Turbo-Charger Surging 원인 및 대응방법을 숙지하고 있는가?
6. 발전기 Pmax 또는 Pcomp가 낮거나 높을시 원인 진단 및 대책을 숙지하고 있는가?
7. Black Out시 대처 방법
8. 발전기 연료 펌프 개방정비를 숙지하고 있는가?
9. 발전기 연료펌프 분사 시기 조정방법을 숙지하고 있는가?
10. 발전기 연료 밸브 개방정비 및 압력조절을 할 수 있는가?
11. 발전기의 Overspeed Trip Device 고장으로 발전기가 정지되지 않을 경우 응급조치방법을 알고 있는가?
12. 발전기 시동 및 병렬운전을 시행할 수 있는가?
13. Tappet Clearance의 의미와 실제 조정을 할 수 있는가?
14. 동점도(cSt)의 의미와 여기에 따른 주기관, 발전기 등 연료유의 적정온도를 결정 할 수 있는가?
15. 증기 cycle 및 증기의 특성을 이해하고 있는가?
16. 터빈발전기를 운전하기 전에 주의해야 할 사항에 대하여 숙지하고 있는가?
17. 터빈발전기에서 안전장치의 종류와 Test 방법을 알고 있는가?

(4) 선내 전기 관련 평가항목

1. 교류전압을 측정할 수 있으며 퓨즈의 단선여부를 확인할 수 있는가?
2. 교류전류를 측정할 수 있는가?
3. 유도전동기의 절연저항을 계측할 수 있는가?
4. 형광등에서 안정기, 커패시터 및 글로우 램프의 역할을 이해하는가?
5. PID 제어란 무엇인지 이해하는가?
6. 유도전동기 기동법 Y-Δ 기동의 필요성에 대해 알고 있는가?
7. 유도전동기의 회전원리를 이해하는가?

8. 유도전동기에서 역기전력을 알고 있는가?
9. 교류발전기의 동작 원리를 알고 있는가?
10. 교류발전기에서 동기속도를 알고 있는가?
11. 브러시리스 발전기란 무엇인지 알고 있는가?
12. 자여자발전기의 여자원리를 설명할 수 있는가?
13. 교류발전기의 AVR에 대하여 설명할 수 있는가?
14. 발전기 병렬운전 조건은? 또한 병렬운전 조건이 만족되지 못할시 발전기에 발생하는 현상은?
15. 발전기 원동기 가버너의 Speed Droop과 병렬운전 중인 발전기사이의 부하분담 관계에 대하여 설명할 수 있는가?
16. 선박의 전력시스템 계통에 대하여 설명할 수 있는가?
17. 비상정지시스템(Emergency Stop Device)에 대하여 설명할 수 있는가?
18. 부하의 선택차단이란?(Preferential Trip)
19. 순차 기동 시스템이란?(Sequential Starting)
20. 선박 자동화에 대하여 개략적으로 설명할 수 있는가?
21. 발전기를 저부하로 장시간 운전시 문제점은 무엇인가?
22. 육전 연결시의 방법과 주의사항에 대해 이해하고 있는가?
23. Pump를 구동하는 Motor에 있어서 OCR Trip은 왜 일어나는지 알고 있는가?
24. 전기 Tester기와 절연저항[Mω] Tester기를 사용 할 수 있는가?
25. Magnetic Contactor, Aux Relay 및 Timer의 A, B접점(순시, 한시)을 이해하는가?
26. 선내 Battery 및 Ups(24V)의 관리 지침을 이해하고, 관리를 이행 했는가?
27. 비상 발전기의 역할과 ESBD에서 전원이 공급되는 중요기기를 어느 정도 알고 있는가?
28. Sequence 도면에서 Select Switch의 접점 작동을 도면으로 이해를 할 수 있는가?
29. MSBD의 대략적인 Power System을 이해하고, 220V, 440V Feed Panel 및 Group Start Panel를 구분 할 수 있는가?
30. MSBD의 ACB(기중차단기)의 역할과 여기에 관계된 각종 Safety 조건을 설명 할 수 있는가?
31. 선내 Battery의 비중 Check 및 관리 사항을 이해하고 시행 하였는가?
32. 선내에 설치된 형광등의 회로를 이해하고, 정비를 시행 할 수 있는가?
33. 삼상 유도전동기 원리를 이해하고 Motor의 각 부분을 구분 및 정비를 시행 할 수 있는가?

(5) 당직 및 직무일반 관련 평가항목

1. UMA 또는 M0 Check List를 작성하고 기기의 정상운전 상태를 파악할 수 있는가?
2. 입항 전 준비하여야 할 사항은 어떠한 것이 있는가?
3. 입항 후 점검하여야 할 사항은 무엇인가?
4. 출항 전 준비하여야 할 사항은 어떠한 것이 있는가?
5. 출항 후 점검하여야 할 사항은 무엇인가?
6. 항해 중 발전기가 정지한 경우 조치하여야 할 사항에 대하여 알고 있는가?
7. 황천항해에 대비하여 준비하여야 할 사항들에 대하여 알고 있는가?
8. 3등기관사의 일반적인 임무는 무엇인가?
9. 항해중 및 정박중 3등기관사의 임무는 무엇인가?
10. Propeller Speed와 Ship's Speed 와의 관계 및 Slip을 이해하고 있는가?
11. Propeller Pitch와 Rpm을 설명할 수 있는가?
12. 정박당직 및 항해당직 인계인수 사항들은 무엇인가?
13. 기관장 지시록(C/E's Standing Order)은 어떤 것인지 알고 있는가?
14. 정박중 및 항해중 준수해야 할 기관당직 수칙을 이해하고 있는가?
15. 당직중 선교에 보고해야 할 사항은 어떠한 것이 있는가?
16. 정박중 및 항해중 기관당직 수칙은 무엇인가?
17. 기관일지의 기사란을 작성할 수 있는가?
18. 무인화 운전중 기관당직 수칙은 무엇인가?
19. 기관당직중 Alarm 발생시 가장 먼저 취해야 할 조치와 보고사항을 설명할 수 있는가?
20. 개인용 보호 장구에는 어떠한 것이 있는가?
21. 정비작업시준수하여야할안전수칙은어떠한것이있는가?
22. 기관일지의 기재요령을 알고 있는가?
23. 기관적요일지(Ab-Log)의 기재요령을 알고 있는가?
24. 기관정비기록(Maintenance Record)의 기재요령을 알고 있는가?
25. 선내에서 발생하는 Bilge 및 Sludge를 구분하고 각 용도에 맞는 Pump를 이용하여 각 Tank로 이송을 할 수 있는가?
26. 각종 Pump에 사용되는 Mechanical Seal의 용도를 이해하고, 정비를 할 수 있는가?
27. 전기 Tester기와 절연저항[Mω] Tester기를 사용 할 수 있는가?

28. Magnetic Contactor, Aux Relay 및 Timer의 A, B접점(순시, 한시)을 이해하는가?
29. 화학제품 취급시 주의사항에 대해 알고 있는가?
30. 각종 V-Belt 점검시 주의할 점 및 교환방법을 알고 있는가?
31. 본선 폐기물의 종류는 무엇이 있으며, 그 보관 및 처리방법에 대해 이해하고 있는가?
32. ISM Code의 목적을 알고 있는가?
33. SOPEP은 무엇인지 설명할 수 있는가?
34. PSC, ISPS의 개념을 이해하고 수검요령을 숙지하고 있는가?
35. 비상발전기의 점검항목을 설명할 수 있는가?
36. 비상발전기 작동법 및 Black Out시 대처법을 이해하고 있는가?
37. Lifeboat Engine을 관리하고 운전할 수 있는가?
38. Bilge의 선외배출 규정을 알고 있는가?
39. Oil Record Book 기재요령을 알고 있는가?
40. PSC 검사시 준비사항을 숙지하고 있는가?
41. ISPS Code에 대하여 알고 있는가?
42. ISM Code에 대하여 알고 있는가?
43. 유수 분리기를 운전 할 수 있는가?
44. 소각기를 운용 할 수 있는가?
45. 선내에서 발생하는 Bilge 및 Sludge를 구분하고 각 용도에 맞는 Pump를 이용하여 각 Tank로 이송을 할 수 있는가?
46. MARPOL Annex 1~V를 설명할 수 있는가?
47. 유류 수급시 3기사의 업무는 무엇인가?
48. Bottom Sounding 및 Top Sounding 방법을 숙지하고 있는가?
49. 연료유창의 연료유의 양을 계산 할 수 있는가?
50. 혼합 비중을 계산하고 의미를 설명할 수 있는가?
51. 기관실의 각종 Tank의 일일 발생량을 기록 하고, 정기적으로 점검하는 이유를 이해하는가?
52. 각종 Control Panel의 Reset Button의 작동의 의미를 Sequence로 이해를 하고 있는가?
53. Sewage Treatment의 기능과 운전 방법 및 입출항시 밸브 조작의 의미를 이해하며 운전을 시행 했는가?
54. Quick Closing V/V의 의미와 수동으로 Open 및 Close를 시행 할 수 있는가?

55. 선박에서 실시하는 ISM 및 PMS의 의미와 그 시스템에 대한 대략적인 이해도가 있는가?
56. 각종 연료유 및 공기 Tank의 Drain을 배출 하는 의미와 주기적으로 배출을 시행 했는가?
57. 기관실 순찰시 주요 점검사항에 대해 설명할 수 있는가?
58. 선박에서 사용되는 각종 Solenoid V/V의 작동 원리와 NO와 NC의 의미를 이해하고 있는가?
59. 각종 F. W, D. W. F. W의 압력탱크(Hyd. Tk)의 역할과 Air Charging의 이유를 이해하는가?
60. 온수기(Calorifier)의 역할과 Hot Cir. P/P의 역할에 대해 이해을 하고 운전을 할 수 있는가?
61. 살균기의 역할과 적외선 Lamp 교환 시 주의 사항을 이해하고 교환 할 수 있는가?
62. 각종 Grease의 사용처를 이행하고 여기에 맞는 주도(Penetration)를 결정하고, 사용하는 것을 파악 하였는가?

(6) 공구 사용법 관련 평가항목

1. 측정용 공구에는 어떠한 것이 있으며, 적절한 사용방법을 알고 있는가?
2. 일반용 공구에는 어떠한 것이 있으며, 적절한 사용방법을 알고 있는가?
3. 절삭용 공구에는 어떠한 것이 있으며, 적절한 사용방법을 알고 있는가?
4. 측정용 공구의 Calibration 방법에 대하여 알고 있는가?
5. 습합용 Compound의 적절한 선택방법과 사용방법을 알고 있는가?
6. 전기용접기의 사용방법을 알고 있는가?
7. 선반의 사용방법을 알고 있는가?
8. 유압용 Jack의 사용방법을 알고 있는가?
9. PMS와 관련하여 적절한 정비주기를 설정할 수 있는가?
10. 선내에서 사용 되는 Torque 렌치의 사용 방법을 이해하고, 사용 할 수 있는가?

(7) 기부속 관련, 입거관리 및 작업안전 관련 평가항목

1. 기부속 관리 방법을 알고 있는가?
2. 입거작업 중 안전수칙 및 주의사항은 알고 있는가?
3. 입거 중 일일작업의 진행절차를 알고 있는가?
4. 입거작업의 시행이유와 전체 진행절차를 알고 있는가?

5. 입거작업요구서(Dock Indent)의 구성요소를 알고 있는가?
6. 입거작업 중 당직자의 업무 인계인수 및 보고사항을 알고 있는가?
7. 입거작업 시작 전 준비사항은 무엇인가?
8. 출거시 및 출거후 점검하여야 할 사항은 무엇인가?
9. 검사의 종류에 대하여 알고 있는가?
10. 입거 중 수행하여야 할 검사는 어떠한 것이 있는가?
11. Hot Work 작업시 주의사항에 대해 알고 있는가?
12. 고압개소(증기, 연료유, 냉매등) 작업시 주의사항에 대해 알고 있는가?
13. 저온(냉매) 작업시 점검 및 주의사항에 대해 알고 있는가?
14. 고위치 작업시 주의사항에 대해 알고 있는가?
15. 선반 및 용접 작업시 주의사항에 대해 알고 있는가?
16. 밀폐구역 작업시 주의사항에 대해 알고 있는가?
17. 기관실 Bilge Alarm이 울렸을 때 취해야 할 조치사항을 알고 있는가?
18. Spare(기부속) 정리 및 여기에 따른 각 Instruction Book을 혼자 찾아 볼 수 있겠는가?
19. 선내에서 사용되는 각종 베어링의 치수 및 형태를 치수기호로 이해하고 청구를 시행 하는가?

부록Ⅲ 용어 정리

(1) 선박관련 규정 및 법규

1. IMO(International Maritime Organization)

국제해사기구

2. ISM Code(International Safety Management Code)

국제해사기구(IMO(International Maritime Organization))에서는 선박구조·설비 강화를 위한 국제협약을 채택하는 등 주로 선박자체의 물리적인 측면을 중시하여 왔으나, 1987. 3월 Herald of Free Enterprise호의 전복사고 이후 해양사고의 대부분이 인적과실에 의해 발생하고 있다는 점을 인식하고, 해운선사의 육· 해상 모든 부서에 안전관리체제를 수립·시행토록하는 국제안전관리규약을 제정하여 1994. 5월 해상인명안전협약(SOLAS)의 제9장으로 신설하여 강제화하였음

※ ISM Code(International Safety Management Code)

해운선사 및 선박의 안전관리 조직·절차 등에 대한 국제적 통일기준에 관한 규약

일반기업체의 품질향상을 목적으로 하는 ISO 9000시리즈를 원용하여 ISM Code에서는 해상안전 및 해양환경보호를 위해서는 해운선사의 안전관리 체제가 일정수준이상이어야 한다는 것이며, ISO 9000 시리즈에 의한 품질경영체제 수립이 기업체의 자발적이고 임의적인 사항인 반면 ISM Code는 해운선사의 안전관리체제의 수립·시행을 강제화하고 있음

3. SOLAS 1974: 국제해상인명안전협약(Safety Of Life At Sea)

국제해상인명안전협약은 상선의 안전에 관한 협약 중 일반적으로 가장 중요한 협약으로 여겨지고 있다.

4. MARPOL 73/78

국제해양오염방지협약(International Convention for the Prevention Of Pollution from Ship, 1973 as Modified by the Protocol of 1978 thereto)

5. STCW

선원의 자격, 교육, 훈련, 경력, 해기능력 등에 관한 국제협약(Standards of Training Certification & Watchkeeping for Seafarers)

6. PSC

항만국통제(Port State Control) : 자국항만에 입항하는 외국선박에 대하여 항만국의 검사관이 선원 및 선박의 안전과 자국의 해양환경을 보호할 목적으로 선박의 시설과 선원의 자격 등이 국제협약에서 정한 안전기준에 적합한지 여부를 점검하고 식별된 결함사항에 대해 그 경중에 따라 시정지시나 출항정지 명령을 하는 것을 말한다.

7. 편의치적제도

등록선박의 관리책임을 세수 증대만을 목적으로 하는 편의치적 국가와 자국의 규제와 세금을 회피하고자 하는 선박소유자간 이해가 맞아떨어져 생긴 제도이다.

8. ISPS

선박 및 항만 안전에 관한 코드 (International Ship and Port Facility Security Code) Code로서 2001.9.11 항공기 테러이후 LNG 및 LPG 등을 포함한 해상화물 운송 선박 및 항만시설에 대한 해상 테러 대비하여 만든 제도

9. 기름기록부 (Oil Record Book)

선박에서 발생하는 기름, 유성혼합물, 빌지, 슬러지 등의 처리를 한 후 그 내용을 기록하는 일지

10. SOPEP(Shipboard Oil Pollution Emergency Plan)

선상 기름 오염비상계획서로 해양오염이 발생하였을 때 신속히 대처할 수 있도록 계획된 서류

11. Docking Indent

입거 시에 작성되는 서류

12. USCG(The United States Coast Guard)

미국 해양 경찰로 군사 조직의 일원이면서 해사법과 관련한 업무, 해원에 대한 지원, 수색 및 구조 임무, 그밖에 다른 국가의 연안경비대가 하는 임무들을 수행한다.

13. UMA(Unattached Machinery Area)

선박기자재의 자동화로 야간에 기관실을 무인 당직 체제로 유지하는 제도로 한국선급에서 UMA로 부른다.

14. 선급

보험금과 보험료를 책정하기 위해 대상 선박의 선체 상태, 선령, 의장품의 양부를 조사하며 등급을 정하는 일을 하는 곳이다.

15. 국제선급연합(International Association of Classification Societies: IACS)

한국선급을 비롯해 세계 11개 선급이 등록되어 있는 국제선급연합이며, IACS는 각국의 선급에 대한 검사를 보고 있으며 이 검사 결과에 따라 그 선급의 위상이 정해진다.

△ ABS (American Bureau of Shipping)-미국선급

△ NK (Nippon Kaiji Kyokai)-일본선급

△ BV (Bureau Veritas)-프랑스선급

△ LR (Lloyd's Register of Shipping)-영국선급

△ DNV (Det norske Veritas)-노르웨이선급

16. IOPP(International Oil Pollution Prevention Certificate)

국제기름오염방지증서

17. CMS(Continuous Machinery Survey)

선급 KR 에서 규정한 것으로 계속검사로 정기검사에서 시행하는 항목을 년차별로 나누어서 검사하는 제도

18. PMS(Planed Maintenance System)

예방정비제도로 해당 선박에 설치된 기기들의 수리, 유지 등을 사고가 발생하기 전에 계획표대로 작업을 시행하는 것

19. 저온부식

황산가스가 보일러 및 주기관의 저온 전열면 (공기예열기,절탄기, 연돌, 주기관 내부 등)에 접촉하여 노점 이하로 온도가 내려가면 응축되어 황산에 수용액이 되고, 이것이 금속면을 심하게 부식시키는 것을 저온부식이라 한다.

20. 고온부식

중유에 함유되어 있는 바나듐 (V)이 연소 시에 5산화바나듐 (V_2O_5)으로 산화되어 고온 전열면(과열기 등)에 융착 후 응고와 승화를 반복하는 동안 금속표면을 박리시키며, 이러한 현상을 고온부식 또는 바나듐 침식이라 한다.

21. NOx, SOx

대기 중으로 배출되는 SO_2, SO_3등을 합하여 황산화물이라고 부르며, 불연성분인 질소가 고온이 되면 일산화질소 (NO)나 이산화질소 (NO_2)와 같은 질소산화물이 되며 최근에 대기오염에 지대한 관심이 되고 있다.

(2) 선박구조 및 특수 선박의 종류

1. 만재흘수선

선체 측면의 중간부분에 표식이 그려지는데 이것을 “Plimsoll Mark"라 한다. 이들의 선도와 문자는 IMO (International Maritime Organization, 국제해사기구) 와 행정당국이 정한 건현규칙에 합당하여야 하며 선박에 안전하게 적하할 수 있는 깊이를 나타낸다.

이들은 담수와 해수에서 항해하는데 있어서의 만재 흘수선이 있으며 이들은 각각 열대와 하기 및 동기로 나누어진다. 국제 건현규칙에 의하면 하절기 해수 건현흘수는 “구조흘수”(Scantling Draft)와 같으며 선체의 치수를 결정할 경우의 선체 흘수에 해당한다.

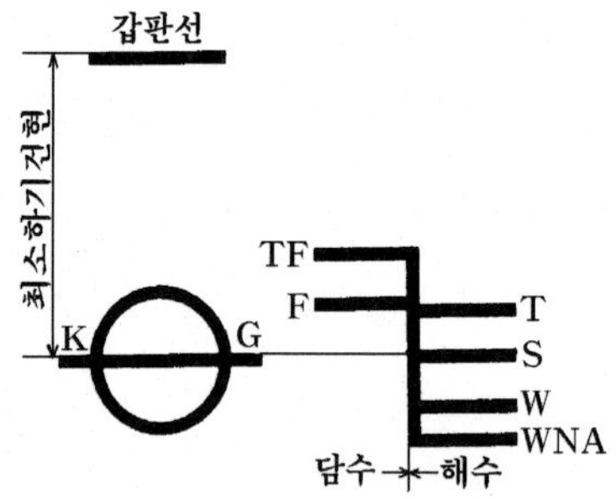

TF : 열대 담수 만재흘수선
F : 하기 담수 만재흘수선
T : 열대 만재흘수선
S : 하기 만재흘수선
W : 동기 만재흘수선
WNA : 동기 북 대서양 만재흘수선
KG : 한국정부, 한국 선급협회에 입급한 선박은 KR로 표시

부록그림Ⅲ.1 만재흘수선

2. LOA (Length Over All)

선박의 전장, 선체의 최대의 길이, 선체의 최 전단부터 최 후단까지를 수평으로 계측한 길이를 가리키며 이 길이를 사용할 때는 반드시 전장임을 표시하여야 한다.

3. 재화 중량 톤수(Dwt Dead Weight Tonnage)

만재 배수량으로부터 선체와 기관만의 무게(경하 중량이라 한다)를 뺀 나머지를 재화중량이라 하며, 적하 외에 연료, 급수, 음료수, 물 밸러스트, 창고물품, 승조원, 수하물 등의 무게를 포함하고 있는데 적하가 대부분이므로 화물선의 적하능력을 나타내는데 이용된다.

4. 총톤수(Gross Tonnage)

무게와는 관계없으며 배의 총 용적을 나타내는 수치이다. $100ft^3$($2.83m^3$)를 1톤으로 한다. 상선의 크기는 총톤수로 나타내는 일이 가장 많으며 항로보조, 또는 설비관계나 직원관계 법규의 기준이 된다. 총톤수부터 배의 운항에 필요한 공간을 뺀 것을 순톤수(純噸數, Net Tonnage)라 하며 세금징수의 기초가 된다.

그 이외에도 운하 항행 요금의 기초로서 각각 독자적인 수에즈 운하 톤수, 파나마 운하 톤수 등이 있다.

5. 배수 톤수 (Displacement Tonnage, DT)

선박 전체의 무게를 말하며 톤(Ton)의 단위로 나타낸다. 무게를 배수톤수로 나타내는 이유는 배의 무게를 직접 잴 수 없으므로 배의 무게는 배가 배제한 물위 무게와 같다는 Archimedes의 원리를 이용하여 선박이 배제한 해수의 무게로부터 계산하기 때문이다. 선박의 무게는 적하나 연료의 다소에 따라 변하므로 같은 배라도 언제나 변동한다. 따라서 만재배수량이 선박의 크기를 나타내며, 이는 선박의 운동성능에 관계하는 톤수이다.

6. FORE & AFT Peak Tank

트림을 조정하기 위한 선수 및 선미의 물탱크를 가리키며 선박이 충돌할 경우 연료나 화물유가 누설하는 것을 방지할 수 있다.

7. 흘수(Draft)

수면에서 기선까지의 깊이로 통상적으로 수면하에 있는 선박의 깊이를 가르킨다.

8. 트림(Trim)

선박의 종 방향의 경사로 선수흘수와 선미흘수의 차이를 말한다. 선미트림이라면 선미로 선박이 기울어진 상태이다.

1) 선미트림 : 선미흘수가 선수흘수보다 큰 상태
2) 선수트림 : 선수흘수가 선미흘수보다 큰 상태
3) 등 흘수(Even Keel) : 선수흘수와 선미흘수가 같은 상태

9. 힐링(Heeling)

선박이 좌측흘수와 우측흘수의 차이를 가리킨다.

10. Midship

선박의 중앙부

11. Starboard

선박의 오른쪽을 가리킨다. Starboard는 Steerboard란 용어에 그 기원을 두고 있다. Steerboard는 9~11세기 사이에 북유럽을 주름잡았던 바이킹의 선박에서 유래하고 있으며, 그 당시에는 지금과 같이 선박의 타(Rudder)가 선박의 선미 중앙에 있지 않고 선미 오른쪽에 있었다.

Steerboard가 왜 Starboard로 와전 되었는지 정확한 근거는 없으나 일단 발음하기가 쉬워서 그렇게 불렀다는 설이 있으며, 또 다른 주장으로 부두에 접안 되어 있는 선박의 왼편과는 달리 항상 바다 쪽을 향하고 있는 선박우현에는 밤에 별밖에 볼 것이없다 하여 옛 뱃사람들이 그렇게 불렀다는 설이 있다.

12. Port

선박의 좌현을 가리키며,선박을 부두에 접안 시킬 때에는 타가 있는 우현으로 접안이 곤란했으며 좌현으로 접안 할 수밖에 없었다. 그래서 타가 있는 선박의 우현을 Steerboard라 불렀으며, 항상 항구(Port)에 접안 되어 있는 좌현을 Port라 불렀다.

좌현을 원래부터 Port라고 불렀던 것은 아니다. 처음에는 항구에 접안 되어 있는 왼편으로 사람과 짐이 오고 간다 하여 Loading Board의 줄임말로 Larboard라 불렀다. 그러나 Larboard와 Starboard가 발음상 비슷해 조타명령 시 조타수가 오인할 수 있어 미국해군에서 1846년 선박의 좌현을 Port라고 공식적으로 명명하였다.

13. Forecastle

약자로, f'cle. 배에서 쉽게 쓰는 말로 선수를 가르킨다.

14. Ballast Water

평형수라고 하며, 선박에 설치된 큰 Tank에 넣어지는 해수를 말하여 선박의 무게 중심을 조절할 때 사용한다. 이는 선박의 침하량이나 선박의 안정성에 아주 큰 영향을 미친다.

선박은 화물을 싣고 나르는데 화물이 선박에 적재되지 않은 상태를 공선상태라 하고, 화물이 가득 적재된 상태를 만재 상태라 한다.

공선 상태에서는 선박이 물위에 너무 많이 노출 되며 선박의 추진 기관이 수면 위로 노출되어 선박의 복원성에 문제가 되며 풍압면적이 많아 선박의 항해에 좋지 못한 영향을 준다.

따라서 선박이 공선 상태일 때 선박의 Ballast Tanks에 해수를 집어 넣어 선박을 가라앉히게 되면 선박은 안정성을 가지게된다.

다른 한편으로 화물이 실리면 너무 많이 배가 침하되게 되므로 선박의 Ballast Tanks에 있는 물을 펌프를 이용하여 바다로 버려야 한다.

최근에 Ballast Water가 문제되는 이유는 선박은 여러 해안을 항해한다. 그러면서 화물의 적· 양하 작업을 하면서 Ballast Tank에 물을 싣고 또는 퍼내기도 한다. 그러면 다른 나라 항구에 있는 물을 Ballast Tank에 넣고 또는 빼고 할 때 많은 미생물들이 Ballast Tank에 들어가 살다가 선박이 항구에 입항하면 그 많은 미생물 또는 해파리 등 여러 바다 생물들이 연안국에 침투하게 된다.

선박이 한 두대면 문제가 되지 않지만 하루에 수 백대의 선박이 입· 출항하면서 각국의 바다는 생태계에 막대한 지장을 초래한다.해결방안으로는 각국은 자국의 항구에 입항하기 전 공해상에서 Ballst Water Change를 한 후 입항하도록 해야 하며, 이를 국제협약으로 법제화 하고 있다.

15. 빌지 웰(Bilge Well)

각종 펌프의 실로부터 누수나 누유, 본선 장치의 보수 정비 시 누출되는 물이나 기름 등 각종 폐수들이 흘러 들어가는 곳으로, 빌지 바닥에 위치하며, 모이면 기관실 내의 빌지 펌프에 의해 빌지 탱크에 수집되게 된다. 레벨이 높아지면 경보를 울릴 수 있는 장치가 설치되어야한다.

16. DUble Hull, Duble Bottom

SinGle Hull은 선체 표면 철판이 한 겹인데 이런 경우 최외곽의 한 겹이 Damage를 입으면 해수가 안으로 들어갈 수 도 있고 또한 오일탱커의 경우에는 기름이 유출 될 수 도 있다. 이러한 문제점을 보완한 것이 더블헐 이다.

17. Doulbe Hull의 개요 및 효과

IMO(International Maritime Organization)의 국제협약으로, MARPOL에서 1992년 3월에 채택하여 1993년 7월에 발효된 규정으로 5,000 DWT 이상의 Tanker선은 Double Bottom 과 선체 측면에 선체 깊이 전체에 걸친 Wing Tank를 설치하여야 한다.

18. Duble Bottom

이중저는 상하, 전후, 좌우를 구획으로 하여 다수의 상자형으로 형성되어 있다.

우리나라 선급 및 강선 규칙은 길이 100 m이상인 선박은 선수격벽에서 선미격벽까지 전통 이중저를 설치하도록 하고 있다.

19. CBM 단위의 의미

Cubic Meter의 약어로 포장물품의 가로(길이)*세로(폭)*높이를 나타내는 수치로, 1 M x 1 M x 1 M = 1 CBM이 된다. LNG선의 경우 화물을 CBM으로 계산한다.

20. Metric Ton

1 Metric Ton은 1,000 kg이며 중량 단위임.

21. 컨테이너선에서 1TEU

길이 20피트, 높이 8피트, 폭 8피트 짜리 컨테이너 1개를 말하는 것입니다. T : Twenty-foot, E : Equivalent, U : Units의 약자이며, 통상적으로 선박에 적재하는 컨테이너는 2 TEU이므로 8000 teu라면 2 teu짜리 4000개를 적재할 수 있는 선박을 가리킨다.

22. Ro-Ro Ship

짐을 실은 트럭이나 트레일러 또는 자동차와 같이 바퀴가 달린 화물을 싣고 다니는 선박을 말한다. 자동차선 등

23. FPSO(Floating Production Storage Offloading)

부유식 원유생산 · 저장· 하역설비를 말한다. 석유시추선이 해당됨

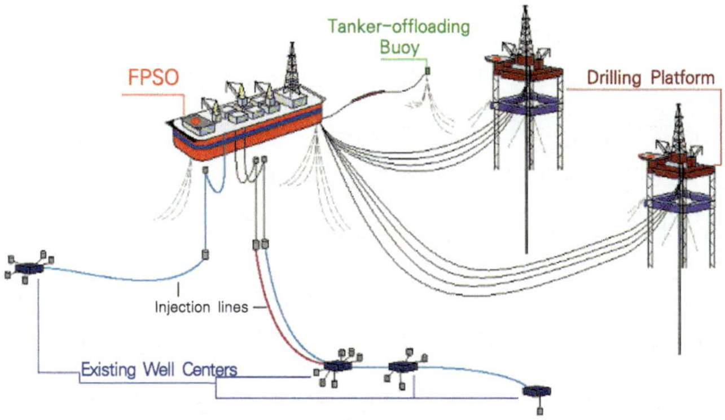

24. Drill Ship

드릴십은 해상플랫폼 설치가 불가능한 깊은 수심 해역이나 파도가 심한 해상에서 원유,가스를 시추할 수 있는 선박형태 시추설비로 선박의 기동성과 심해 시추능력을 겸비한 조선과 해양 플랜드 기술이 복합된 선박이다.

25. Floating Dock

일명 해상독크라 하며, 해상크레인을 이용해 메가블록을 플로팅도크(Floating Dock)로 탑재시키는 신기술을 말한다. 짧은 시간에 배를 건조하기 위해 육상에서 6~8 거대한 블록을 만든 후 이들을 바지선 위의 해상크레인으로 플로팅 도크에 올린 후 조립하는 공법이다. 별도의 독크를 만들지 않아도 선박을 건조하거나 수리할 수 있다.

26. Floting dock의 선박건조과정

플로우팅 도크의 발라스트를 메가블럭의 무게만큼 배출한다. 이때 플로우팅 도크의 평형을 잡아주는 기술이 중요한데, 갑판과 측벽에 좌우 대칭 및 전후 대칭형으로 배열되는 발라스트 탱크가 있고, 발라스트 탱크의 수위를 조절하기 위한 펌핑 시스템이 있다. 배가 건조되면 발라스트를 채워 플로우팅 도크를 침수시키고 건조된 선박을 진수한다.

27. 육상건조공법

도크가 아닌 육상에서 배를 조립해 만든 뒤 배를 밀어서 바다에 띄우는 방식으로, 육상에서 완성된 선박을 레일 위로 밀어서 바다에 떠 있는 바지선으로 옮기는 과정을 거치고 선박을 실은 바지선을 수심이 깊은 바다로 옮긴 뒤, 바지선을 잠수시켜 선박을 바다에 띄우는 공법이다.

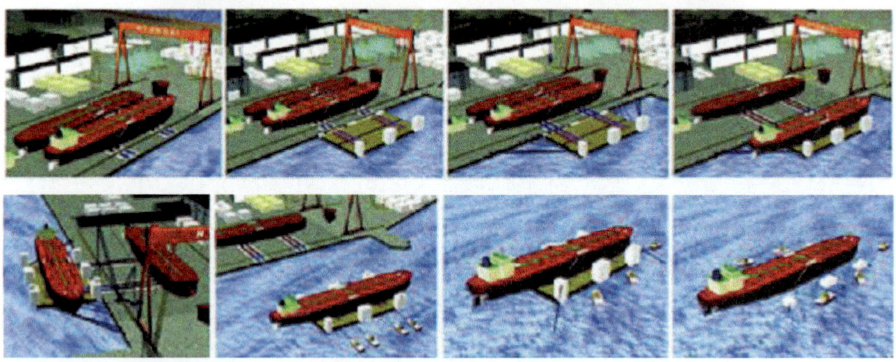

28. 에어스키딩공법

에어스키딩 공법은 육상에서 건조한 선박을 바다에 띄우기 위해 바지선으로 이동시키는 방법으로 질소 등 가스를 배 밑에서 뿜어 배를 1㎜ 정도 공중에 띄운 후에 옆에서 미는 방법이다. 균일하게 압력을 가할 수 있어 배를 옮길 때 휘지 않다는 게 장점이다.

29. 도시마력 (Indicated Horse Power, IHP)

엔진의 실린더 내에서 발생하는 마력이고 그의 값은 지압선도의 면적을 계측하여 구하며, 지시마력이라고도 한다.

30. 정미마력 (Net Horse Power, NHP)

엔진 실린더 내에서 발생한 도시마력은 크랭크축에 전달되는데 그 사이에 피스톤 및 베어링 등 각부의 마찰에 의하여 동력의 손실이 발생한다. 이들 손실을 뺀 것이 정미마력이며, 이 마력을 측정하는 데는 동력계를 이용한다. 축마력(Shaft Horse Power, SHP) 또는 제동마력(Brake Horse Power, BHP)이라고도 한다. 내연기관에서는 제동마력, 증기터빈에서는 축마력을 이용한다.

31. 기계효율 (Mechanical Efficiency, η_m)

제동마력과 도시마력의 비를 기계효율이라 하며, 이 값은 엔진의 형식이나 크기에 따라 다르지만 대략 0.85~0.87 정도이다.

32. 전달마력 (Delivered Horse Power, DHP)

엔진의 정미마력이 프로펠러에 전달될 때까지 중간 베어링, 선미관 등에서 마찰손실이 발생하는데, 이 손실마력을 정미마력에서 뺀 것이 전달마력이다. 프로펠러에 전달되는 최후의 마력이다.

33. 전달효율 (Delivery Efficiency, η_d)

추진축계를 통하여 프로펠러에 전달된 출력, 즉 전달마력과 주기관 출력단에서의 정미마력(BHP, 또는 SHP)과의 비이다.

34. 유효마력 (Effective Horse Power, EHP)

배를 전진시키기 위해서는 선체저항에 이겨서 배를 전방으로 추진시켜야 하는데, 이 추력은 선체저항과 같은 값을 갖는다. 이 추력을 가하면서 배를 전진시키므로 끊임없이 일정한 동력이 공급된다. 이 동력(배를 전진시키기 위한 동력)을 마력으로 나타낸 것을 유효마력이라 한다.

35. 추진마력 (Thrust Horse Power, THP. 또는 Propulsive Horse Power, PHP)

추진마력이란 배를 전진시키기 위하여 프로펠러가 발생하는 동력이다.

36. 프로펠러 효율과 효율비

일반적으로 선박의 프로펠러는 복잡하고 불균일한 분포상태의 반류 중에서 작용하는 외에 타의 정류작용으로도 그의 성능이 변화하므로 프로펠러가 정지하고 있는 수중에서 단독으로 작용하는 경우와는 그 성능이 크게 변화한다. 프로펠러 효율(Propulsive Efficiency, η_p)은 추진마력(PHP)을 전달마력으로 나눈 값으로서 표시된다. 프로펠러를 배로부터 떼여내서 단독으로 수중에서 작용시켰을 때 추진마력과 프로펠러에 공급된 마력(전달마력)과의 비율을 프로펠러 단독효율(Propeller Efficiency, Open : η_p)이라 하며 프로펠러를 배에 장치한 경우의 추진마력과 전달마력과의 비를 프로펠러 선후효율(Propeller Efficiency, Behind : η'_p), 또는 프로펠러 실제효율이라 한다.

$$\text{프로펠러 선후효율 } \eta'_p = \frac{\text{PHP}}{\text{DHP}}$$

37. 선체효율 (선각효율, Hull Efficiency, η_h)

선체효율이란 유효마력과 추진마력과의 비이며, 이 값은 선형과 프로펠러의 위치에 따라 상당히 차이가 있으며, 일반적으로 속력이 크게 될수록 η_h의 값은 작아진다.

38. 추진효율

추진효율(Propulsive Efficiency)은 추진계수(Propulsive Coefficient, P.C.)라고도 한다. 추진효율은 프로펠러 효율과 혼동되기 쉬우므로 주의를 요하며, 일반적으로 프로펠러와 선체와의 관계는 추진효율로 표시된다. 배의 속도를 V_s라 하고 이 때의 선체저항 R , 프로펠러에 요하는 마력을 P 라 하면 추진효율은 다음과 같이 표시된다.

$$\text{추진효율 P.C.} = \frac{R\,V_s}{P}$$

즉, 추진효율이란 배를 추진하는 유효마력과 추진기관이 발생한 정미마력(축마력 또는 제동마력)과의 비이다.

$$\text{추진효율} = \frac{\text{유효마력}}{\text{추진마력}} \times \frac{\text{추진마력}}{\text{전달마력}} \times \frac{\text{전달마력}}{\text{정미마력}} = \frac{\text{유효마력}}{\text{정미마력}}$$

$$= \text{선체효율}(\eta_h) \times \text{프로펠러선후효율}(\eta'_p) \times \text{전달효율}(\eta_d)$$

$$= \text{선체효율}(\eta_h) \times \text{프로펠러효율비}(\eta_r) \times \text{프로펠러단독효율}(\eta_p) \times \text{전달효율}(\eta_d)$$

즉, 프로펠러효율은 "프로펠러 자체의 효율"이란 점에 중점을 두나 추진효율은 "배를 프로펠러로 추진할 때의 효율"이란 사실이 포함된다. 추진효율을 유효마력과 전달마력과의 비로 표시할 경우도 있는데, 이 경우에는

$$\text{추진효율} = \text{선체효율}(\eta_h) \times \text{프로펠러 효율비}(\eta_r) \times \text{프로펠러 단독효율}(\eta_p)$$

추진효율의 값은 일반적으로 0.6~0.8정도이다.

(3) LNG선 및 Oil tanker선 관련

1. LNG 선의 Membrane Type과 Moss Type

멤브레인형 LNG선은 선체에 직접 방열자재를 설치, 탱크를 만든 것으로, 원래 「두께가 얇은 막」이라는 뜻으로 두께가 더 얇은 멤브레인을 사용하면 보다 많은 LNG를 운송할 수 있다.

모스타입은 원형 탱크로 멤브레인에 비해 내압 작용 시 견디는 힘이 강하다는 점이 있고 멤브레인형과 비교했을 때 스트리핑이나 카고 작업 시 유리하다. 하지만 화물운송량이 적고, 건조가격이 비싼 단점이 있다.

2. LNG-RV (액화천연가스 재기화)선

LNG를 영하 163도로 냉각, 액화시켜 부피가 600분의 1로 줄어든 상태로 저장해 운반하는 일반 LNG선에 추가로 액화된 LNG를 다시 기화할 수 있는 설비를 갖춘 선박이다.

LNG운반선이 액화상태의 LNG을 운반만 하는 단순한 기능이라면 RV선은 액화천연가스를 대규모 기화설비를 갖춰 선상에서 액체상태의 천연가스를 기체로 바꿔 육상에 있는 소비시설로 직접 공급할 수 있는 능력을 갖고 있다. 육상에 LNG 설비가 없는 경우 유용하게 사용할 수 있다.

3. 재기화 장치

해수를 유입시켜 해수가 갖고 있는 온도를 이용하여 LNG를 기화시키는 장치이다.

4.LNG BOG의 재액화 장치

LNG에서 운항 중 자연적으로 기화되는 천연가스를 재액화시켜 화물탱크에 저장할 수 있는 장치

5. LEL(Lower Explosion Limit) 폭발하한선

연료와 공기 혼합물 모두가 가연성 혹은 폭발성이 있는 것은 아니다. 연소가 진행될 수 있는 최저 농도와 최고 농도가 있다. 폭발 상한선 (UEL, Upper Explosive Limit)은 연료의 농도가 너무 높아 외부로부터 산소의 공급이 이루어져야만 연소가 가능한 한계점을 나타내며, 폭발하한선은 외부로부터 연료의 공급이 없이는 지속적인 연소가 일어날 수 없는 연료의 농도를 나타낸다.

따라서 휘발유의 경우 LEL은 1.4% 또 UEL은 7.6% 인데 이것은 휘발유와 공기 혼합물은 바로 그 두 농도 사이에서만 연소가 가능 하다는 것을 의미한다. 휘발유 농도가 1.4% 이하이거나 7.6% 이상일 때는 점화를 시켜도 연소가 일어날 수 없다.

이와 같이 LEL은 가연성 물질을 취급할 때 주의해야 할 중요한 척도로서, 어느 공정이든 가연성 LEL의 25%이하로 희석시켜 화재위험을 최소화해야 하는 보험회사의 규정도 있다. 또한 LEL 수치는 절대적인 것이 아니고 온도, 압력 및 용기의 구조에 따라 변할 수 있다.

6. BOG(Boil-Off Gas)

LNG Carrier의 경우 운송과정에서 자연 발생하는 LNG의 Boil Off Gas(증발가스)를 이용하여 Main Boiler의 연료로 사용하고 있으며, Boiler에서 발생된 Steam을 이용하여 주추진력 및 발전기의 구동 등에 사용하고 있다.

7. 슬롭탱크(Slop Tank)

슬롭탱크는 탱크클리닝이나 카고(Cargo) 적· 하역 작업시 발생하는 슬러지 및 찌꺼기를 저장하는 탱크입니다. 유조선에서는 슬롭탱크도 화물탱크로 활용하고 있습니다. 주로 적· 역 작업 중에 가장 마지막 순서로 하역이 이루어 지는데 왜냐하면 각 카고탱크에서 하역이 끝나갈 무렵엔 바닥에 슬러지 찌꺼기가 쌓이게 되는데 이것을 스트리핑하여 슬롭탱크로 이송한 후 슬롭탱크에서 최종적으로 하역을 하게 된다.

(4) 주기관 control 관련

1. Revolution counter

주기관의 회전수를 측정하는 기기.

2. RPM

회전하면서 일을 하는 장치가 1분 동안 몇 번의 회전을 하는지 나타내는 단위. 즉, 분당회전수를 가리킨다.

3. Maneouvering Zone

단어의 사전적인 의미로 표현을 하자면 "기동 구역"이란 뜻으로 Telegraph Control Lever가 Navigation Full이 아닌 입· 출항시에 운전하는 구역을 말한다. 이 구역에서는 주기관을 자유롭게 사용할 수 있어야 한다. Engine Speed 종류에는 Astern(후진), Ahead(전진), Dead Slow(최저 속도), Slow, Half, Full이 있다.

4. Navigation Full

사전적의미로는 "전속력항해"를 뜻한다. Telegraph Lever를 보면 전진 방향에서는 Navigation Full이란 주기관을 입· 출항시에 자유롭게 사용하는 것을 더 이상 하지 않을 경우 Aheed Full Rpm 이상으로 상승시켜 운전하는 구역을 말한다.

5. Crash Astern

선박은 자동차와 달리 조종능력이 상당히 제한되어 있다. 따라서 만약 선박이 항해 중에 전방에 또 다른 선박과의 충돌을 감지하여 사고를 피하기 위해 선박을 멈추게 하거나 방향을 틀기 위해서는 자동차처럼 브레이크로 멈추는 장치가 없기 때문에 추진기인 프로펠러를 반대방향으로 돌려서 멈출 수 밖에 없다. 이렇게 추진기를 반대로 돌린다고 하여도 선박에 따라 다르지만 약 1 NM(1.8 km)정도를 전진한 후에 정지하게 된다.

크래쉬 어스턴이란 즉, 추진기와 타를 이용한 조종기술로서 선박을 급정지할시 추진기를 반대로 돌리는 것을 말한다. Navigation Full RPM에서 선박의 충돌을 막기 위해 주기관을 ahead로 운전하던 것을 후진으로 운전하는 것을 말하며 급작스럽게 후진을 놓더라도 타력이 있어서 계속 전진으로 운전된다. 전진 RPM 얼마 이하가 되면 브레이킹 에어가 들어가서 주기관을 정지하고 후진 기동이 가능하도록 하는 과정을 말한다.

6. Distributor

메인엔진을 30 bar의 공기로 시동을 할시 Firing Order에 따라 정해진 순서의 실린더에 공기를 넣어 주게 된다. 이때 30 bar의 시동공기를 각 실린더에 Firing Order에 알맞은 순서로 들어 갈 수 있게 컨트롤해 주는 것을 Distributor라고 한다. 만약 메인엔진이 전진 방향에서 후진방향으로 엔진의 운전상태를 바꾸려고 할 시, 크랭크의 회전방향과 반대쪽으로 디스트리뷰터를 통해 공기가 들어가서 크랭크가 반대방향으로 회전을 하게 된다.

7. Telegraph

Engine Control Room에는 Telegraph Control Lever가 있는데 이 Lever의 포지션에 따라 메인엔진의 운전상태가 변화하게 된다.

8. Load Up/Down Program

주기관의 회전수를 증가시킬때 급작스런 변동을 막기위해서 Program에 의해서 주기관의 회전수를 상승시키거나 감속하는 것을 말하며 브릿지 콘트롤일때 사용한다.

9. Bridge Control

주기관을 브릿지에서 조종하는 것으로 Bridge에서 Remote Control 중 Stop, Start, Reversing (Ahead Or Astern) Speed Setting 신호는 Bridge의 핸들을 조정함으로 전기적 신호가 기관실로 전해져 수행된다.

10. 주기관 Em'cy Control

주기관 조종이 브릿지, ECR에서 불가할 경우 비상스탠드에서 조종하는 것을 말한다.

11. 주기관 Shut Down

주기관 운전 중에 중요사항에 문제가 발생했을 경우 연료의 공급을 차단 시켜 메인엔진을 정지시키는 것으로 Puncture Valve 에 공기 신호를 보내서 연료를 차단한다.

12. 주기관 Slow Down

주기관 운전중에 일부 항목에 문제가 발생하였을 경우 주기관 회전수를 Slow까지 감속하는 것을 말한다.

13. Pneumatic Control(공기압 제어)

송풍기나 압축기로써 얻은 공기압원을 동력원으로 하여 동력의 전달 제어를 공기압으로써 하는 시스템이 공기압 시스템이고 거기에 사용하는 각종의 제어 밸브, 공기압 실린더(Pneumatic Cylinder), 공기압 모터(Pneumatic Motor) 등의 액추에이터, 필터, 루브리케터 등의 요소기기가 공기 제어이다.

(5) 전기 및 비상기기 관련

1. MSBD(Main Switchboard) 주배전반(主配電盤)

발전기를 제어하고 발전기에서 발전된 전력을 받아 각 부하에 배전하는 패널을 일정 장소에 모아 놓은 것을 말한다.

2. ESBD(Emergency Switchboard)

비상 배전반

3. ACB(Air Circuit Breaker)

기중 차단기이며, 발전기에서 생산한 전력을 부하를 투입할 경우에 사용한다.

4. AVR(Automatic Voltage Regulator)

자동전압조정기로 교류전압의 불규칙한 전압변동을 자동적으로 조정하여 발전기 출력 전압이 항상 일정한 전압을 유지할 수 있도록 하는 장치이다.

5. Group Starter Panel

기관실 펌프 등의 각 전동기 기동 스위치를 그룹으로 모아서 한 곳에 설치한 패널이다.

6. MCCB

배선용 차단기(개폐기구, TRIP장치)로 과부하, 지락, 결상과 같은 이상 현상이 발생하였을 경우 회로를 차단하는 배선 보호용 스위치이다.

7. 메거 테스터(Megger Tester)

절연저항 검사 장비로 전기기계의 누설전류로 인한 감전사고 예방 및 전기기계를 보호하기 위해 선내 절연저항을 계측하는데 사용한다.

8. Sequential Starter(순차시동)

정전(Black Out) 후 다시 발전기가 기동되고 전기가 공급될 때 선박운항에 필수적인 기기에 대해 각 기기의 저장된 타이머를 사용하여 자동적인 기동이 가능하도록 하기위한 설비이다. 정전 후 모든 부하가 동시에 기동될 경우 순간적으로 발전기에 과부하가 걸려 발전기가 트립(Trip) 될 수 있기 때문에 시간을 두고 순차적으로 부하를 기동 한다.

9. Preferential Trip(우선 정지)

발전기에 과부하 등 이상 현상이 발생하였을 경우 추진 장치에 영향이 작은 부하 순으로 부하를 차단시켜 선박 내 전원이 모두 차단되는 것을 방지한다. PT1, PT2 등이 있으며 과부하가 걸렸을 시 PT1부터 동작한다.

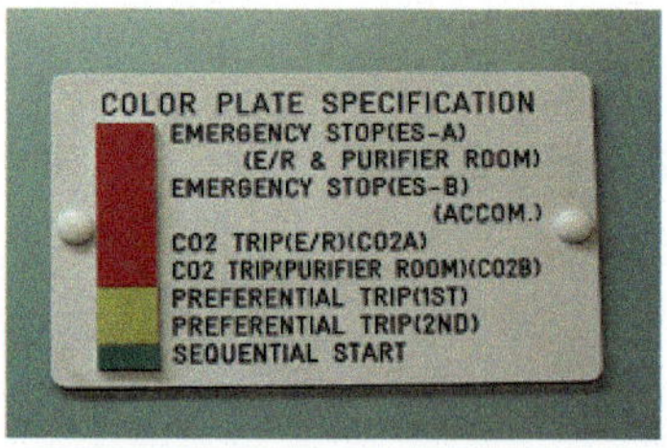

10. Thermostat

온도를 계측하는 장치

11. 압력 스위치(Pressure Switch)

압력 변동에 따라서 접점이 개폐(Open/Close) 되는 스위치(Switch)로서 냉동기의 저압 스위치(Low Pressure Switch), 고압 스위치(High Pressure Switch) 등이 있다.

12. 타코미터(Tachometer)

회전 속도계로서 주기관의 경우 플라이 휠이나 크랭크샤프트의 끝에 달려 있어 분당 회전수(RPM)를 알 수 있다

13. 비상발전기(Emergency Generator)

기관실 이외의 장소에 발전기를 설치하여 주 발전기의 전원이 상실되었을 경우를 대비해서 설치된 발전기이다.

14. 공기압 제어기(Pneumatic Controller)

기관실의 압축공기를 이용하여 제어를 하는 장치이다.

15. PID 제어기(PID Controller)

비례 제어기(Proportional Controller), 적분 제어기(Integral Controller) 및 미분 제어기(Derivative Controller)를 사용하여 제어를 수행하는 장치이다.

16. 동기 속도(Synchronous Speed)

전동기 고정자 회전자기장의 속도이다. 발전기는 항상 일정한 주파수의 전원을 공급하게 되는데 전동기 극수에 따라 동기속도가 결정된다.

17. 맨 머신 인터페이스(Man Machine Interface)

제어 시스템과 오퍼레이터와의 인터페이스 장치이다. 마이크로프로세서와 CRT, 키보드 등으로 구성된다.

18. 유효 횡류

발전기가 병렬운전 중 발전기 사이의 전압에 위상차이가 발생하면 발전기 사이에 유효 횡류가 흐른다. 이 유효 횡류를 사용하여 발전기 사이의 부하 이동을 할 수 있다.

19. 무효 횡류

발전기가 병렬운전 중 발전기 사이의 전압 크기에 차이가 발생하면 발전기 사이에 무효 횡류가 흐른다. 자동 전압 장치(AVR)가 발전기 전압을 조정하여 무효 횡류가 흐르는 것을 막아준다.

20. BMS(Bridge Maneuvering System)

선교(Bridge)에서 기관실 기기를 원격 조정할 수 있는 일련의 장치들을 말한다.

21. 시퀀스 제어(Sequence Control)

미리 정해진 순서나 시간 지연 등을 통해서 각 단계별로 순차적인 제어동작을 수행하여 전체 시스템을 제어하는 방법이다.

22. 동기 배전반(Synchronizing Panel)

2대 이상의 발전기를 설치하여 병렬 운전할 경우 발전기를 동기화(Synchronizing) 시키는데 필요한 패널이다.

23. I.C.C.P(Impressed Current Cathodic Protection System)

선박 선체의 부식을 방지하기 위한 장치로 희생 양극방식을 대체하기 위해서 설치한다.

24. M.G.P.S(Marine Growth Preventing System)

기관실 Sea Chest 등에 해양 생물이 서식하지 못하게 하여 각종 필터 및 파이프의 막힘을 방지하여 해수 공급을 원활하게 하는 장치이다.

25. 보조 계전기(릴레이)

용량이 작고 많은 접점을 이용한 계전기이다.

26. 한시 계전기(타이머)

시간 지연회로가 첨부된 계전기이다.

27. 전자접촉기(MC, Magnetic Contactor)

용량이 큰 전력회로의 제어용 접점을 이용한 계전기이다.

28. 전자개폐기(MS, Magnetic Switch)

전자접촉기에 열동 계전기를 첨부한 계전기이다.

29. 열동 계전기(과부하 계전기, Over load relay)

회로에 과전류가 흐를 경우 과전류로 인한 열을 감지하여 회로를 차단시키는 장치이다. 일반적으로 서멀 릴레이(Thermal Relay)가 사용된다.

30. 비상소화펌프(Emergency Fire Pump)

기관실 이외의 지역에 설치된 펌프로 기관실에 화재가 발생하여 기관실 펌프를 운전하지 못할 경우를 대비해서 설치된 펌프이다.

31. ES-A Button

기관실 화재 발생시 ES-A Button을 누르면 E/R의 각종 유류 Pump, Fan 및 Aux. Blower 등이 정지되어 기관실 통풍 및 연료가 차단된다.

32. ES-B Button

화재 시 ES-B Button을 누르면 거주구역에 있는 Fan을 정지시킨다.

33. ES-C Button

화재 시 ES-C Button을 누르면 화물구역의 Hold Fan을 정지시킨다.

34. 비상 차단 밸브(Quick Closing Valve)

화재 제어실(Fire Control Room)에 있는 밸브를 개방(Open)하여 압축 공기를 사용하여 유류탱크 출구밸브를 자동적으로 잠근다. 기관실 화재 발생시 유류 탱크 출구밸브를 차단시켜 화재의 확산을 방지한다.

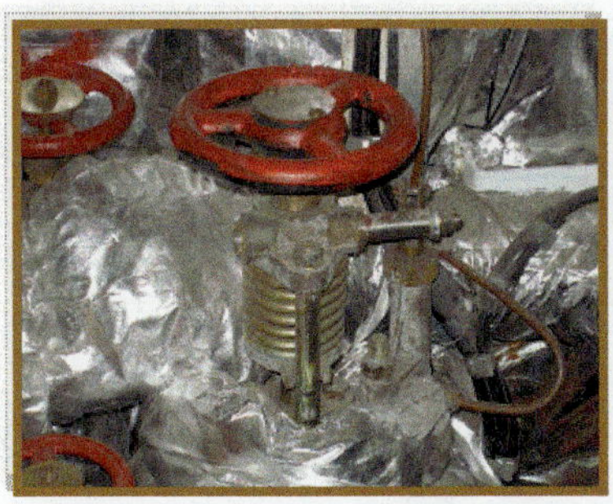
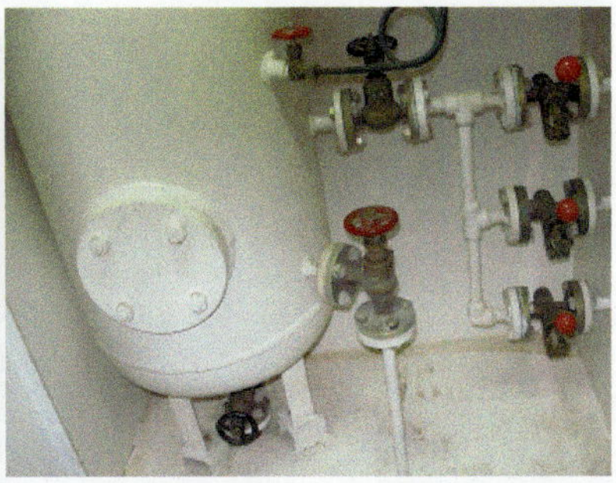

35. EEBD(Emergency Escape Breathing Device)

비상 대피 호흡 장비이다.

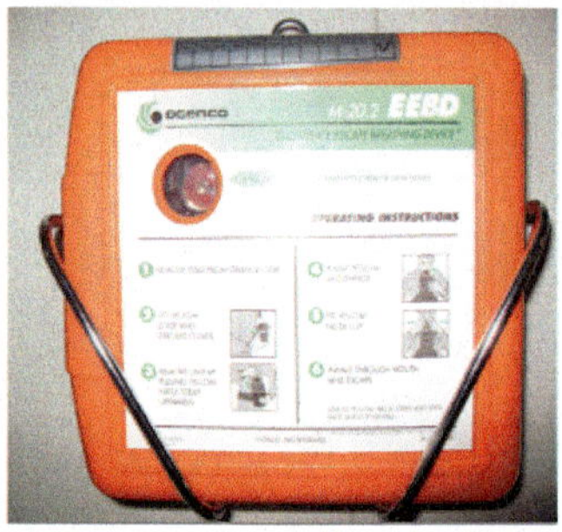

36. 비상 빌지관

기관실 침수발생시 독립 빌지관으로 기관실 빌지 배출이 어려울 경우(용량 부족) 기관실의 최대 동력 펌프인 주 냉각 해수 펌프(M.C.S.W Pump)를 사용하여 기관실 빌지를 선외로 배출하도록 설치된 라인이다.

37. 공통 빌지관

보통 유수분리기(O.W.S)를 거쳐 선외로 빌지를 배출하는 라인으로 빌지 펌프로 빌지를 이송하는 라인이다.

38. 독립 빌지관

기관실 침수 발생시 유수분리기(O.W.S)를 거치지 않고 선외로 직접 빌지를 배출할 수 있는 라인으로 보통 G/S Pump를 사용하도록 설계되어 있다.

39. Escape Trunk

기관실 화재 발생시 탈출하기 위한 통로로 기관실과 공기가 통하지 못하도록 밀폐되어 있다.

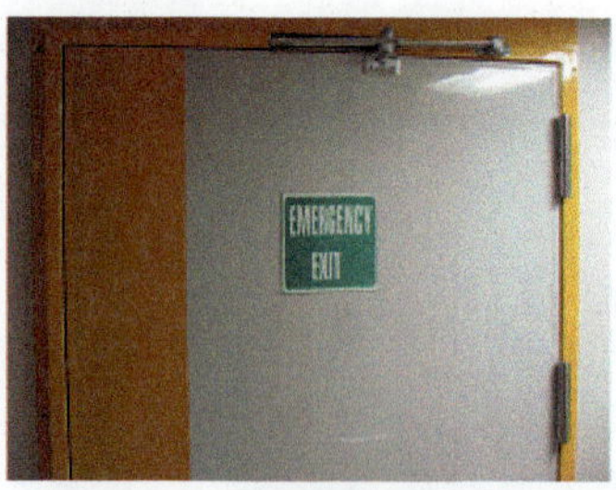

40. Dead Man Alarm

기관실이 UMA(Unattached Machinery Area) 상태일 경우 기관실을 순찰하기 위해서는 기관실 출입구에 있는 dead man alarm 장치를 작동시켜야 한다. 이 장치는 일정 시간을 설정할 수 있는 장치이며 기관실 순찰자는 이 설정 시간 내에 기관실 곳곳에 설치되어 있는 Dead Man Alarm 리셋 스위치를 리셋 시켜야 한다. 만일 설정 시간을 초과하여 Dead Man Alarm 장치를 리셋하지 못하게 되면(당직자가 다쳤을 경우 등) 선교(Bridge)에 경보를 발생시키고 추가로 일정한 시간이 더 지나면 거주구역 전역에 경보가 발생하게 된다. Dead Man Alarm 장치의 시간 설정(Setting)은 선박 실정에 맞도록 조정한다.

(6) 보일러 및 증기 관련

1. Differential Pressure Transmitter(DPT)

차압전송기라고 보일러의 운전 중 수위를 감지하는 장치이다. 수위에 따라 발생되는 고·저압차(P)를 비교 검출하는 Diaphragm이 설치되어 있으며, HP(LP + P)측은 항상 일정하고 LP측은 보일러 수위에 따라 변하며(P) 이 차이를 전위로 변환시키는 장치이다. 즉, P를 수위의 높이 개념으로 설명하면 실제 수위와 Condensate Reservoir의 응축 수 사이 수위차가 많으면 많을수록(보일러 수위가 낮아질수록) Diaphragm에 작용하는 힘은 HP측이 커져서 보일러의 수위는 낮게 나타나게 된다.

2. 보일러의 Forced Draft Fan

연소용 공기를 강제로 연소실에 공급하는 장치, 대부분 원심식 송풍기 사용하고, 댐퍼(Damper)를 송풍기의 입·출구 부분이나 연돌 등에 설치하여 연소용 공기공급량 또는 연소가스량 등을 조절하거나 바이패스(By-Pass) 또는 차단시키는 목적이다.

3. 보일러의 ACC (Automatic Combustion Control System)

자동연소 제어장치로 보일러의 부하변동에 대응하여 F.O. 및 Air의 공급량을 자동적으로 조절하여 Steam Drum 압력을 일정하게 조절함과 동시에 연소효율을 높게 유지할 목적으로 설치되었다. 자동 연소제어는 F.O. 공급량을 제어하는 연소량의 제어와, 완전연소를 위한 연소의 질적 제어를 동시에 수행한다. 보일러의 부하변동은 발생 Steam의 압력변화로 나타나며, 압력은 Transmitter에서 검출하며 이에 따라 F.O 공급량을 조절하여 연소량을 제어하게 된다.

4. 보일러의 BMS (Burner Management System)

보일러 상부에 설치된 하나의 버너를 수동과 자동으로 조작한다. 제어 장치는 논리 제어 프로그램 할 수 있는 기기로 되어 있어 ACC와 연계되어 Furnace purge, 버너의 순차적인 자동 운전을 수행한다. 버너의 정지와 기동에서 ACC에 연소 공기량과 F.O량을 자동으로 조절하는 명령을 전달한다. 비상시, 이 제어 시스템은 보일러의 보호를 위하여 버너에 공급되는 연료의 공급을 차단하기도 한다.

5. Economizer Pressure Drop

Economizer로 들어가는 배기가스의 압력과 Economizer에서 나오는 배기가스의 압력 차를 통해 Economizer의 Soot Blow와 Economizer 수세주기를 결정한다.

차압은 Monometer를 통해 확인하며, 여기서 차압이 크다는 것은 Economizer에 다량의 carbon이 축적 됐음을 의미하며, 이런 경우 전열면에서 열교환이 원활히 이루어 지지 않아 효율을 떨어뜨린다.

6. Cascade Tank 적정온도

보일러 효율을 고려하면 보일러 드럼내로 들어가는 물의 온도가 최대한 높으면 좋지만, Cascade Tank내의 물은 대기압 하에 존재하게 되므로 100도씨에서 끓게 되므로, 물이 끓으면 기포가 발생하고 기포는 Feed Pump의 공회전 및 캐비테이션을 발생하여 펌핑 효율을 저하시킬 수 있다. 그렇기 때문에 보통 끓지 않는 범위 내에서 가장 높은 온도로 유지시켜 주는 것이 중요한 것이다.

뿐만 아니라 온도를 높게 유지시켜주게 되면 산소에 대한 물의 용해도를 낮추므로 용존산소가 배출되어 산소에 의한 관련 계통의 부식도 제어할 수 있다. 통상적으로 75도 정도 유지가 적절하다.

7. Economizer

디젤기관의 배기는 많은 열에너지를 가지고 있으므로 이러한 배기를 그대로 밖으로 버린다면 많은 에너지 손실을 가져올 것이다. 그러므로 디젤기관을 주 기관으로 사용하는 대부분의 선박에서는 항해 중에 이렇게 버려지는 열량을 재이용 할 목적으로 배기보일러를 설치하여 배기의 폐열로 증기를 발생시킨다. 이렇게 하여 만들어진 증기는 선내 난방용, 취사용, 연료유 및 청수 가열용 등 여러 용도로 사용될 수 있으므로 기관실 전체의 열효율을 높일 수 있다.

8. Soot Fire

Soot Fire는 Economizer 가열 면에 퇴적된 Soot에 발생하는 2차 연소의 한 종류로서 Economizer 가열면의 Carbon 퇴적물이 소제상태가 불량하거나 기관의 운전상태가 나쁜 악 조건 하에서 발생한다.

9. EConomizer에 있는 Manometer

Manometer U-Tube의 입구와 출구의 차압을 측정해서 차압의 상승 시 Soot Blower를 실시하여야 하며, 이것은 Economizer의 입·출구 차압을 측정하여 오염정도를 확인하기 위한 것이다.

10. Economizer 수세 후 중화

저온 부식(황산 부식)을 방지하기 위하여 중화하여 준다. 중유 중의 S(황)성분이 연소하면서 SO_2를 발생하고, 이 SO_2가 산화되어 SO_3을 형성한다. 이 SO_3가 연소가스 중의 수증기의 노점을 상승시킨다. 이 때, 연소가스 중에 수증기의 노점보다 낮은 부분이 심한 산 부식을 일으킨다.

11. Economizer Fin Type, Plain Type

Plain Type은 평활관을 사용하는 평활관 형으로 그을음 등으로 인한 오염을 감소시키기 때문에 오염이 심할 경우에 적합하다.

Fin Type은 핀(Fin)을 부착한 형으로 핀에 의한 열전달 면적이 커져서 열전달 효율이 상승하지만 핀 표면에 그을음이 쉽게 부착할 수 있다는 단점이 있다.

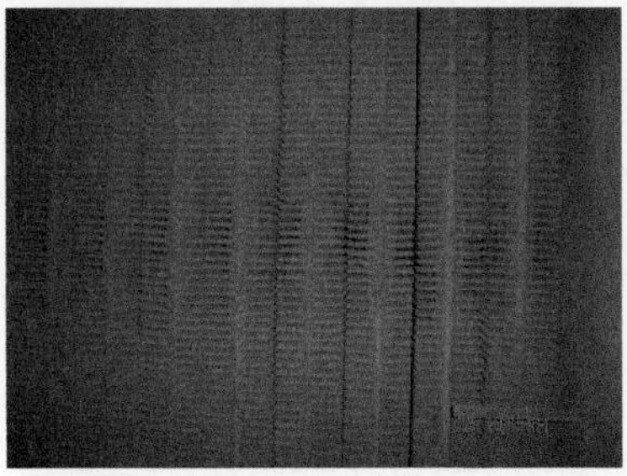

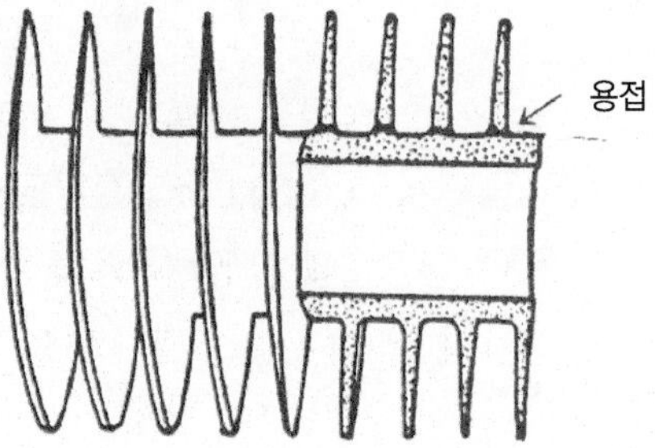

12. Soot Blower

선박에서는 연소 시 그을음이 많이 생기는 저질의 중유를 보일러·주기관 연료로 사용한다. 그로 인해, 연소가스가 닿는 열 전달면에 그을음, 재 등이 붙어 열 전달 효율성을 저하시킨다. 이러한 보일러 효율성 저하는 연료 소비량 증가로 이어지기 때문에, 보일러 운전 중에는 규칙적으로 열 전달면에 부착되어 있는 그을음을 주기적으로 제거해 주어야 한다. 수트블로워는 보일러 및 Economizer에 설치된다.

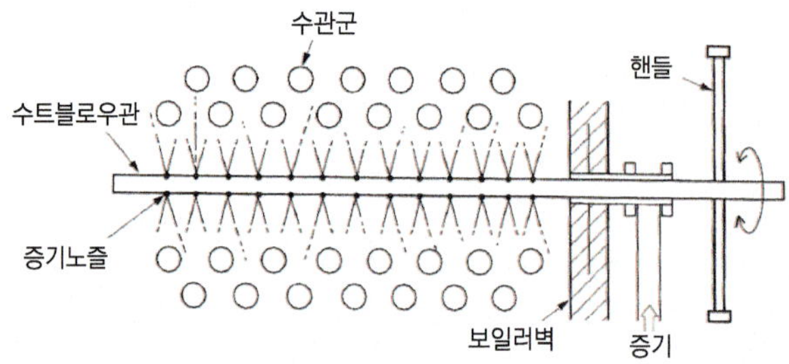

13. Drain Trap

증기가 각종 연료유 가열, 온수 가열 등의 일을 한 후 드레인으로 전환되는데 완전히 드레인 되지 않은 것이 드레인 라인에 합류하면 수격현상을 발생하므로 합류하기 전에 완전히 드레인으로 만드는 역할을 한다.

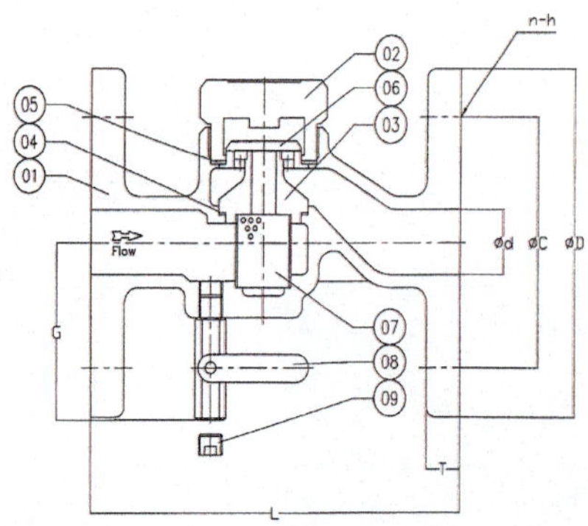

14. Y-Strainer

Y형으로 생긴 스트레이너이다. 내부에는 원통형의 스크린이 들어있고, 유체는 스크린의 내부로 유입되어 스크린을 통과한 후 출구 측으로 통과한다. Pipe의 중간에 설치하여 기계로 이물질이 유입되는 것을 방지하는 스트레이너이다.

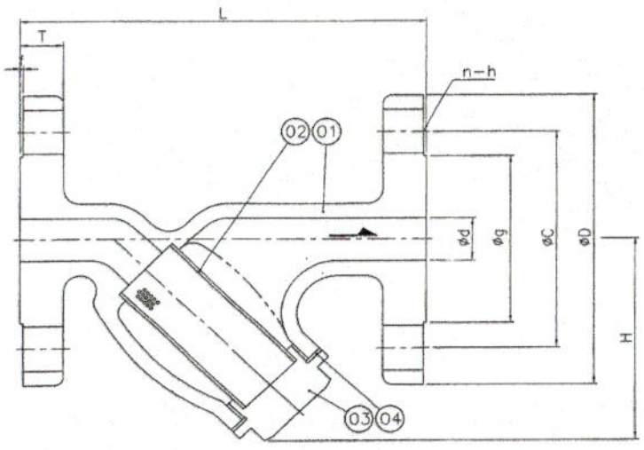

15. 수격현상(Water Hammering)

수격작용은 증기 시스템에서 발생하는 Water Hammering 현상으로 배관 내부에 존재하고 있는 수분이 스팀이 이동할 때 함께 밀려 Pipe 내부를 심하게 타격하여 소음을 발생시키는 현상이다. 물방울이 처음에는 작더라도, 스팀과 함께 이동하는 작은 물방울들이 합쳐지게 되어 나중에는 큰 물방울이 만들어지게 되어, 이 큰 물방울들이 Pipe 내부를 심하게 타격하여 나중에는 배관의 파손까지도 초래한다. 이를 방지하기 위해서 증기시스템에 Drain Trap 등을 설치하여 Pipe 내의 수분을 없앤다. 또한 장기간 정지 후 최초 운전 시에는 수격현상을 방지하기 위해서 증기 입구 밸브를 서서히 열어준다.

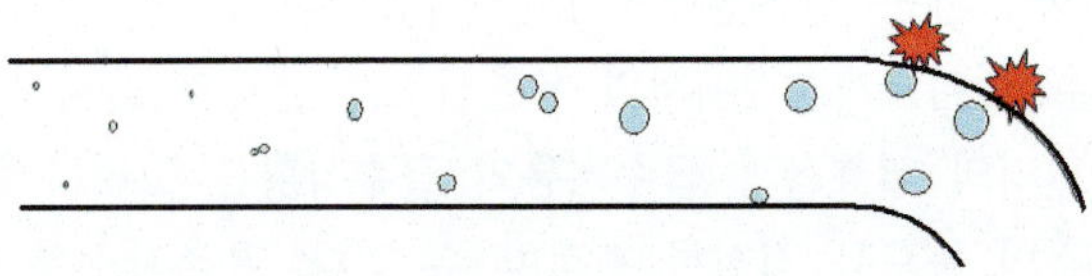

16. Steam Tracing Line

연료와 같이 보온의 필요성이 있는 파이프라인에 5~10 mm 정도의 얇은 Steam Line을 감아놓아 파이프를 따뜻하게 보온하여 주는 것을 말한다. 이는 유체가 파이프를 지나가면서 주위의 공기와의 열교환을 통해 온도가 낮아짐으로써 점도가 높아지는 것을 막기 위해 설치한다.

17. 기수공발(Carry Over)

기수공발은 Priming, Foaming 및 증기거품(Steam Bubble)이 수면에서 파열될 때 생기는 작은 물방울이 주증기 밸브로 방출되는 증기에 수분이 혼입되는 현상을 말한다. 이러한 현상이 발생하면 증기의 순도저하, 과열기의 부식, 열팽창 파열 및 침식이 발생할 수 있다. Carry Over의 원인은 물리적·화학적원인으로 분류된다. 물리적 원인으로는 ① 증발수 면적이 불충분할 경우, ② 보일러 수면이 높을 경우, ③ 부하의 급격한 증가 또는 압력이 급강하 하는 경우, ④ 증기 분리기의 고장, 화학적 원인으로는 ① 나트륨 염류가 많을 경우, ② 부유 또는 용해 고형물이 많을 경우, 규산나트륨이 농축되었을 경우, ④ 유지류 등의 유기물이 많을 경우 등이다. 기수공발을 방지하기 위해서는 보일러의 적절한 운전, 증기분리기의 점검, 유지류의 제거, 적절한 Blow Down, 적절한 보일러 관수 처리 등이다.

18. 프라이밍(Priming)

물이 비등할 때 기포가 전열면에서 상승하여 수면에서 파괴되고 수면을 교란하여 수분이 증기와 함께 배출되는 현상으로 증기유량이 급증한 경우 또는 Drum 수면이 변동한 경우에 발생하며 어느 정도 연속해서 발생한다.

19. 포밍(Foaming)

전열면에서 발생한 기포가 파괴되지 않고 계속 증가하여 이것이 증기와 같이 배출되는 현상으로, 거품의 발생은 유지분 등의 유기물이 존재할 경우에 발생하기 쉽다.

20. 용존산소 제거방법

대기 중의 청수(중성)에는 상온상태에서 8 ppm내외의 산소가 용존하고 있으며 이 산소에 의해 수중부식이 발생한다. 개방계에서의 용존산소는 온도가 올라갈수록 용존산소의 농도는 낮아진다. 따라서 보일러의 열효율과 급수계통의 급수상황을 고려하여 급수의 온도를 적절히 유지함으로써 용존산소의 농도를 적절히 조절할 수 있다. 용존산소를 제거하기 위한 방법은 산소제거제(하이드라이진)를 투입하거나 증류(물을 가열하고 감압하여 용존산소를 제거하는 방법)등이 있다.

(7) 보기관련

1. 펌프의 분류

2. 원심펌프

임펠러를 회전시켜 원심운동에 의해 유체에 원심력을 주고, 이것을 압력(양정)으로 변환시킨다.

3. 축류펌프

축류펌프는 프로펠러 펌프의 일종으로 관속에 프로펠러형태의 날개를 가지며 소용돌이형 실을 가지고 있지 않은 것이 특징이다. 배수/관개의 경우와 같이 저양정/대수량을 보낼 때 사용된다. 또한 냉각용 해수를 대량으로 필요로 하는 경우에 사용되는 예가 있다. 축류펌프는 날개가 항공기의 프로펠러와 유사하고, 그 양정은 주로 날개가 물에 주는 양력에 의해 발생한다. 날개를 가변익으로 하여 수량이나 양정의 변화에 대해 그다지 효율이 저하하지 않도록 하는 것도 가능하다. 다만 구조는 복잡하게 되고, 가격이 비싸진다.

원심펌프와 축류펌프의 중간에 위치하는 것이 사류펌프이다.

4. 메카니컬 씰(Mechanical Seal)

Mechanical Seal이라 함은 기계적 구조를 갖춘 Seal Face을 일반적으로 칭하는 것이며 회전부와 고정부가 접촉하여 Sealing면을 형성한 후 완벽한 누설방지를 하고자 함이다. 회전력을 이용, 유체나, Gas등을 이송할 때 Shaft Casing 사이에 대기 압력과 접하는 곳이 있으며, 이 접하는 부위의 누설을 가장 효과적으로 Sealing하는데 그 주 목적이 있다. 용도는 주로 액을 이송하는 교반기, Pump, Compressor, Mill Mixer등이며, 화학식품, 산업기계 전반에 걸쳐 사용된다.

5. NPSH(유효흡입수두)

펌프가 운전을 시작하면 반드시 속도에 의한 압력손실이 생기기기 때문에 밀어 넣는 힘에서 뺀다. 이것이 관로의 압력손실이다. 액의 통행에 방해가 되는 증기를 발생시킬 수 없게 하기 위해서는 어떻게 하면 좋은 것일까? 액을 냉각하든가 힘을 빼고 밀어 넣는 방법 외에는 없다. 만일 증기가 발생하여도 그것을 상회하는 누르는 힘이 있으면 액은 날개에 밀어 넣어져 유동은 멈추지 않게 된다. 따라서 들어가는 힘에서 증기 압력을 뺀 값, 증기 압력 이상의 압력을 가리켜 NPSH라고 하는 것이다.

6. 공동현상

공동현상은 날개 등에서 발생하는 기포(Cavity)가 붕괴할 때 발생하는 반복 수격 작용(워터해머)에 의해 금속 표면이 도려내지는 현상이다. 펌프 날개 입구 부근의 압력(흡입헤드)이 양액의 증기압보다도 낮아지면 양액이 기화해서 공동을 일으키는 현상이다.

7. 해수 라인의 Cross Over Line

High Sea Chest와 Low Sea Chest를 연결하는 주 해수관으로 모든 해수 공급은 여기서 시작된다.

8. 염도(Salinity)

조수기의 생성된 염도의 함유정도를 나타내는 단위이다.

9. R.O(Reverse Osmosis) Type Fresh Water Generator

역삼투식 조수기는 역삼투 현상을 이용하여, 반투막 용기 내에 고농도 액이 해수를 공급하고, 여기에 펌프로 가압함으로써 저농도액인 청수를 얻는 장치로 역삼투식 조수 장치는 증발식 조수 장치에 비하여 설치 공간이 적고, 동력 소모가 작은점 (디젤 기관 냉각열 회수기인 증발식 조수기와 유사한 정도) 운전의 간편함 등의 이점이 반면, 정기적으로 반투막을 교체해야 하는 점 등의 취약점도 있다.

10. 삼투현상과 역삼투현상의 원리

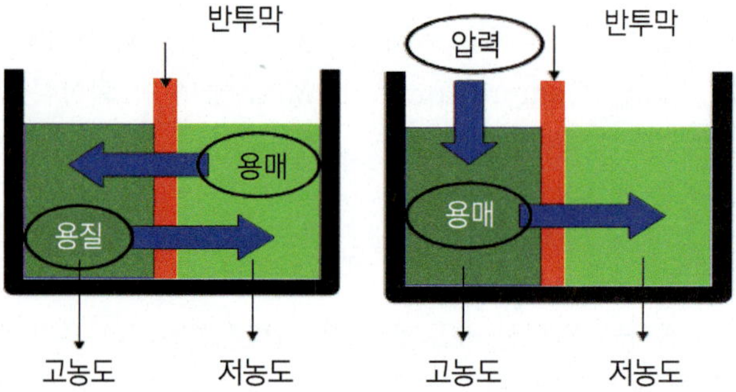

※ 삼투압 : 농도가 다른 두 액체를 반투막으로 막아놓았을 때, 농도가 낮은 쪽에서 농도가 높은 쪽으로 용매가 옮겨가는 현상에 의해 나타나는 압력이다.

※ 역삼투압 : 투압보다 강한 압력을 고농도쪽에 가하면 반대로 반투막을 통해 고농도 속의 용매가 저농도 쪽으로 이동하게 되는 현상.

11. LP(Low Pressure) F.W.GEN 원리

조수기는 기본적으로 해수를 끓여 이 수증기를 냉각시켜 물을 만드는 기기이다. 그런데 이 물을 어떻게 끓여 수증기를 만들고 냉각시켜 물을 만드느냐가 조수기의 성능을 좌우하게 된다. 우리들이 일상적으로 생활하는 공간의 압력을 대기압이라고 하는데, 이 대기압에서 물이 끓는 온도는 100℃이다. 이와 같이 100℃에서 물을 끓이는데는 많은 열이 필요하나 선박에서는 이 열을 기관을 냉각하고 나오는 냉각수의 폐열을 이용하고 있다. 그런데 대부분의 주기관 냉각수 출구 온도는 85℃ 이하이므로 대기압하에서 물을 끓이는데는 부족한 열이다. 그러므로 기관의 냉각수 폐열을 이용하여 물을 낮은 온도에서 끓이기 위해서는 압력을 대기압보다 낮게 즉 진공 상태를 유지하면 쉽게 증발시킬 수 있다는 것을 알 수 있다.

12. M.G.P.S(Marine Growth Preventing System)

해양생물 성장억제 장치로 해수를 sea chest로 바로 흡입하여 선내의 각종 Condenser, Piping, Cooler 등에 해양 자생물들이 부착되어 효율을 저해할 수 있기 때문에 이를 자생을 막기위해 설치된 장치이다.

13. Calorifier

선내에서 필요한 온수를 만드는 기기

14. Capillary Tube

15. 공기 건조기(Air Dryer)

공기 중 존재하는 수분을 제거하기 위한 기기로 Air Tank로부터 오는 공기에는 습기와 유성 기포를 포함하고 있으므로 Control System에 사용할 때에 많은 장해를 일으킬 수 있다. 선박에는 건조한 공기를 사용하기 위해 냉동 사이클을 이용한 시스템을 사용하고 있다.

16. Mineralizer

조수기에 의해 발생된 물은 PH값, 거칠기, 미네랄 성분의 미포함 등의 이유로 식용수로는 사용되기에는 부족하므로 미네랄라이저를 사용함으로써 미네랄 성분을 보충 할 수 있다.

17. 스테릴라이져(Sterilizer)

조수기에 의해 생성된 물에는 배의 세균과 박테리아를 가지고 있다. 그러므로 이러한 물은 적절한 방법에 의해 식용수로 만들기 위하여 살균되어야 하고, 이를 위해서 바이러스(대장염 세균과 박테리아)를 없애기 위해서 U.V. Sterilizing Type는 U.V. Lamp를 갖추고 있다.

18. Seawage Treatment(분뇨 처리기)

분뇨처리장치는 선박에서 발생되는 분뇨를 전해 장치로 유입하여 전해판 내에서 전기 화학적으로 처리하는 전기분해방식으로서 정부가 제정한 해양환경관리법과 동 시행 규칙에 따라 선박용으로 적합하게 설계, 제작된다.

19. Incinerator(소각기)

선박에서 발생하는 폐유, 쓰레기 등을 소각하기 위해 설치된 기기

20. ICCP(Impressed Current Cathodic Protection System)

외부 강압전류에 의한 부식 방지장치이며, 선체의 부식을 방지하기 위하여 미량의 전류를 흘려주는 장치이다.

21. Corrosion(부식)

금속이 물이나 토양과 같은 전해질 속에 놓이게 되면 그 표면의 용존산소, 농도차, 온도차등 주위 환경 조건의 차이와 금속자체에 함유된불순물, 잔존 응력, 표면 부착물 등의 금속 측 원인에 의하여 그 표면에 국부적으로 전위차가 생기게 되고 그 결과 수많은 양극부와 음극부가 형성된다. 이때, 양극부에서 음극부로 전류(부식전류)가 흐르게 되는데 이 과정에서 양극부의 금속이 이온 상태로 용출 되어 점차 전해질 속으로 용해 되어간다. 이러한 전기화학 반응을 일반적으로 "부식(Corrosion)"이라고 합니다. 선주사로부터 많은 각광을 받고 있다.

22. Safety V/V 의 목적

미리 정하여진 압력 이상이 될 때 보일러나 라인의 안전을 위해 안전밸브가 열리도록 설계되어 있다.

23. Plate Type Cooler(평판식 열 교환기)

다수의 평판을 일정 간격으로 배치하고 그의 통로 하나 길러서 마다 각각의 유체를 통하도록 고안된 형식의 열교환기를 평판식 열교환기라 한다. 이 형식에서는 흐름의 방향이 직교류, 또는 역류의 어느 것으로도 만들 수 있다. 평판식 열교환기는 압력손실이 적은 것이 특징이며 보일러용 예열기에서 많이 볼 수 있다.

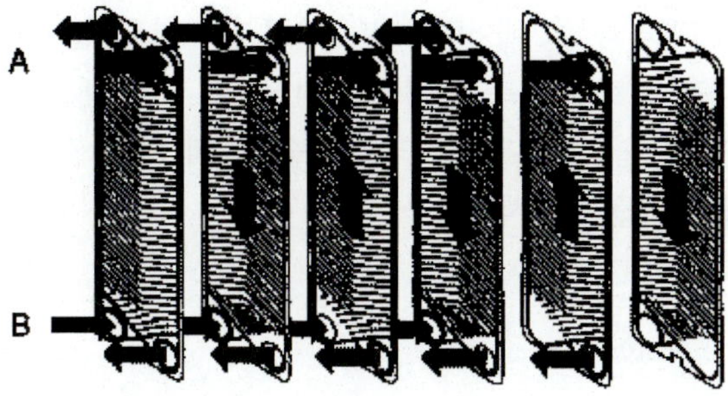

24. Shell Type Cooler

원통 다관식 쿨러는 동체 내부에 많은 전열관을 갖추고 이들의 관벽을 거쳐서 동체측 유체와 관내 유체간에 열교환을 행하는 것이다.

동체와 동체 덮개 판에 의하여 대기와 절연하고 입구 관으로부터 출구까지 저지판으로 안내되며 그 사이에 전열관과 접촉하여 관내 유체와 열교환을 행한다. 충돌판은 동측 유체의 입구 유속이 특히 커서 전열관을 손상시킬 염려가 있는 경우에 설치한다. 전열관은 동체에 고정되는 고정 관판과 유동 관판과의 사이에 설치된다.

관내 유체는 분배함 관 입구로부터 들어오고 여기서 흐름의 통과수를 조절하기 위하여 설치된 분할판에 따라 전열관을 통과하여 유동두로 나가고 반전하여 분배함으로 돌아온다. 이 전열관 왕복을 필요한 회수만큼 반복한다음 마지막으로 분배함 출구로부터 열교환기 밖으로 나간다.

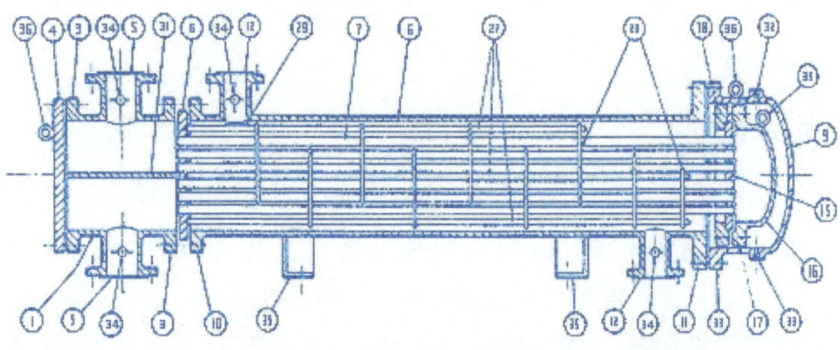

25. Rudder Bonding

Rudder의 부식을 방지하기 위해서 Rudder Stock와 선체사이에 Flexible Cable 형태의 접속장치가 설치되어 있다.

26. Shaft Earth Device

이 장치는 프로펠라 축과 선체 사이의 전기적 접촉을 안전하게 하여 프로펠러의 비아연 도금 화를 막아주고 프로펠러와 축 베어링도 부식으로부터 보호 할수 있도록 한다. 이 장치는 은 합금 슬립링이 슬립링을 프로펠러 축 주위에 고정시키기 위한 밴드 그리고 브러쉬와 브러쉬 홀더로 구성되어 있으며 은 합금으로 된 브러쉬는 슬립링과 계속 접속 작동하면서 선체와 프로펠러 축의 전기적 연결 상태를 유지시켜준다.

27. 게이트 밸브(Gate Valve)

Port부가 문(Gate)과 같이 생겨 Gate 밸브라 하며 개폐(On-Off)용으로 사용하므로 Stop 밸브라고도 한다. Globe밸브에 비하여 면간 거리가 짧고 중량이 적어 대구경에도 사용할 수 있으나 Lift가 길어 넓은 공간을 차지한다. Gate밸브의 특징은 완전히 열렸을 때는 유체저항이 없어 압력손실이 거의 없다. 그러나 유속이 빠른 유체일 때 조금 열린 상태에서 Disc의 진동과 소음현상이 일어나 Seat가 마모된다. 따라서 일반적인 Gate밸브는 유량조절용으로는 부적합하며 완전개폐용에 적당하다.

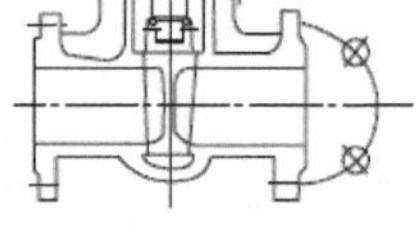

28. 볼 밸브(Ball Valve)

Plug가 구(Ball)형으로 되어 있으며 가운데에 유체의 통로가 나있다. 특성은 90°만 회전시켜도 밸브의 개폐가 가능하며 Globe밸브에 비하여 중량이 작다. 또한 체적이 작아 좁은 공간에도 설치할 수 있으며 조절범위(Rangeability)가 대단히 크다. 요즈음 조절밸브로 볼밸브 사용이 증가하는 추세인데 이는 고온고압용 금속 Seat의 등장과 Ball과 Stem을 통합하여 조절성능을 향상시킨 One Piece Ball의 출현 때문이다. 그러나 Ball밸브는 Ball의 회전각도에 따라 유량이 심하게 변하므로 미세한 유량과 압력제어에는 적당치 않으며 밸브의 압력회복계수가 낮아 차압이 클 경우 와류현상과 소음이 발생하기 쉽다. 볼밸브중 Ball의 형태를 V자형으로 만들어 Rangeability를 크게하고 Slurry 및 고형물질을 포함한 유체에 사용토록 한 V-Notch와 Ball에 다공판을 설치하여 소음에 대처토록 한 Quiet Ball(대구경 고압스팀라인 이용)형도 있다 .

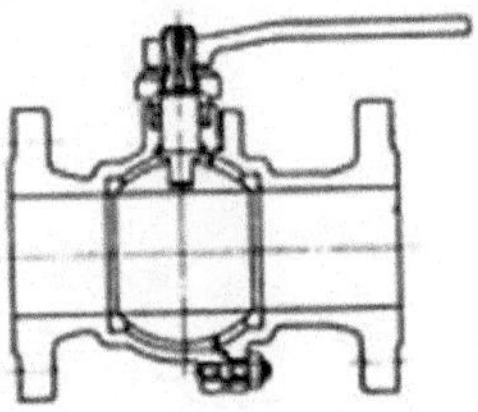

29. Butterfly Valve

회전 운동식(Rotary Motion)밸브의 대표적인 형식이다. 중량이 가볍고 크기가 작아 취급하기 좋다. 유량특성이 좋고 유체저항이 적어 대구경(10" 이상)밸브의 유체제어에 적당하다. Seat를 고무, Teflon등을 사용하면 완전 누출을 막을 수 있으나 고온에는 견디지 못하여 저온에 사용한다. 또한 금속 Seat를 사용하면 어느정도 고온에서도 사용할 수 있으나 고압에는 적당하지 않다. 구조의 특성으로 인해 2" 이하의 적은 밸브는 제조가 곤란하다. On-Off일 때는 90° 회전변을 유량조절용으로는 60°회전변을 사용하는데 60°이상되면 유량이 기하급수적으로 증가하여 구동하는데 힘이 많이 필요하므로 70°이상에서 유량조절에는 적당하지 않다.

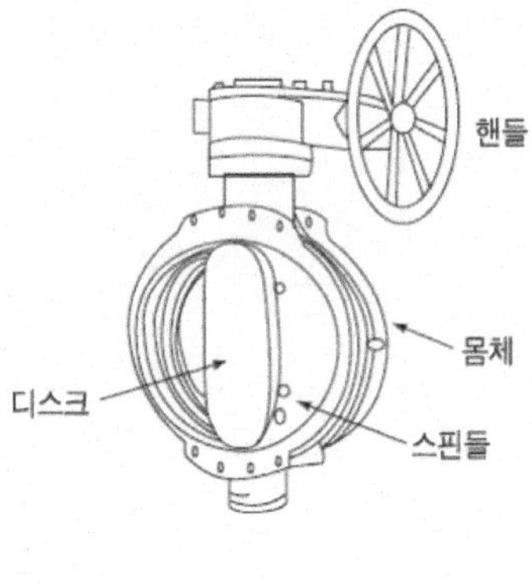

30. 역지밸브(Check Valve)

관 안의 유체가 거꾸로 흐르는 것을 막는 밸브로써 빌지 흡입관, 공기탱크의 충전 밸브, 보일러의 급수밸브 등에 사용하며, 또한 위치나 압력이 높은 곳으로 유체를 보낼 때 역류 방지용으로 사용한다.

31. 정지밸브(Stop Valve)

원모양의 발브 본체를 갖추고 출입구의 중심선이 일직선상에 있으며 유체의 흐름은 위로 흐르는 S자 모양이 되는 밸브 유체가 밸브 디스크를 돌아서 흐르게 되므로 게이트 밸브에 비해 저항이 크다. 중간 열림 상태에서 유량조절에 적합하다.

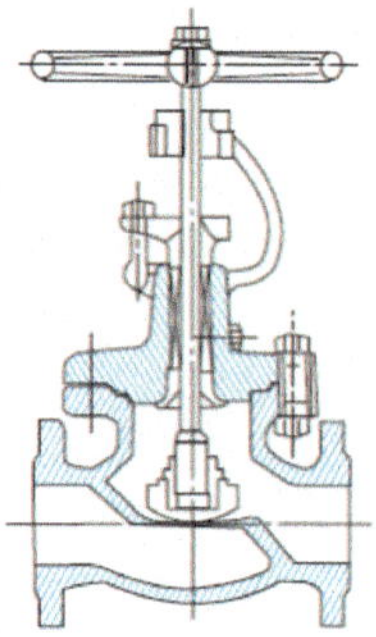

32. Angle Valve

밸브 본체의 입구와 출구의 중심선이 직각으로, 유체의 흐름방향이 직각으로 변하는 형식의 조절밸브이다.

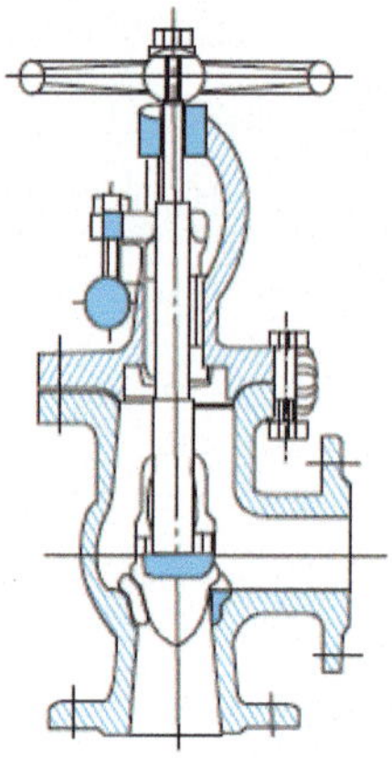

(8) 연료유 및 윤활유 관련

1. 인화점(Flash Point)

임의의 불꽃을 가까이 하였을 때 순간적으로 불꽃이 생길 수 있을 정도의 '유증기'를 발생시키는 최저온도로, Bunker 수급 시 Tanker내부의 온도가 인화점이상의 온도가 되면 화재의 원인이 되므로 SOLAS에 인화점 60℃ 이하의 유류는 수급받지 못하도록 규정되어 있다.

2. TBN(Total Base Number)

전알카리가로 유황분을 많이 포함한 연료유를 사용하는 디젤 기관용 Cylinder. Oil과 System. Oil은 연소에 의해서 생기는 황산이나 기름의 산화로 생기는 유기산 슬러지 등의 장해를 예방하기 위해 고 염기성의 청정분산제를 많이 첨가해서 사용한다. 그러므로 디젤 기관용 윤활유의 염기가(TBN)는 유중의 산중화성 뿐만 아니라 윤활유의 청정 분산성을 판단하는 중요한 항목이다.

3. 발화점(Ignition Point)

외부의 불꽃이나 열을 가까이 하지 않아도 스스로 타기 시작하는 온도

4. 연료변의 분사 4대 조건

1) 무화

연료의 미립화를 말하며 유립의 가열은 표면적에 비례하고 용적에 반비례하므로 1회의 분사량이 같을 경우 유립의 크기가 작을수록 표면적은 증가하고 화학변화가 일어나는 속도는 크게 되어 착화와 연소가 빨라진다.

2) 관통

분유가 실린더 내를 뚫고 나가는 상태이며 완전연소가 신속히 행하여지기 위하여서는 기름의 미립자가 신선한 공기와 접촉하면서 연소실의 구석까지 도달하는 관통력이 큰 것이 필요하다. 관통력을 크게 하기 위하여서는 유립의 운동량을 크게 하지 않으면 안 되며 운동량은 질량에 비례하므로 유립 반경의 3승에 비례한다. 또한 진행할 때 받는 공기의 저항은 유립의 표면적에 비례하므로 유립 반경의 제곱에 비례하게 된다. 따라서 위에서 설명한 것으로부터 유립이 작게 될 수 록 운동량에 비하여 받는 저항은 크게 되고 관통력은 감소하며 결국 무화와 관통력은 조속한 완전 연소를 행하는데 있어서 서로 상반하는 조건이 된다.

3) 분산

분무가 퍼지는 상태, 이 상태가 양호하면 유립은 연소실 전체의 공기와 접촉할 수 있게 된다. 일반적으로 분유가 연소실을 진행하는 경우에 원추 상으로 퍼지게 되는데 이 퍼지는 원추각도를 크게 하면 분산은 더욱 좋아지나 도달거리는 감소한다. Dr. O. Holfelder의 실험에 의하면 이 분사의 원추각은 연소실내 및 분사밸브의 양압력에 비례하여 넓어지게 되므로 결국 분산과 무화는 서로 관련을 갖는 한편, 분산과 관통은 상반하는 성격을 갖게 된다. 따라서 이 세 가지 상태를 전부 만족하는 분유는 불가능하므로 각 연소실의 형상과 그의 공기의 운동 상태에 의하여 가장 좋은 노즐직경, 또는 분사각 등을 정하여야 한다.

4) 분포

실린더 내 각부에 공급된 연료와 그 부분의 공기와의 혼합비가 균등하게 되어있음을 가리킨다. 완전연소를 기대한다면 대부분의 연료가 아무리 완전연소 하였다고 하여도 일부라도 불완전한 연소한 부분이 있어서는 안 된다. 그러기 위하여서는 공급된 연료는 실린더내 전체에 걸쳐서 공기와 충분히 균일하게 혼합하여야 하며 이 상태에서 비로소 완전연소를 기대할 수 있다. 따라서 무화, 관통 및 분산은 결국 이 분포상태를 좋게 하기 위한 요건이라 볼 수 있다.

5. 실린더 오일(Cylinder Oil)

내연기관의 실린더 윤활, 냉각 등의 목적으로 사용되는 오일. 유막강도, 내스카핑(Scuffing)성, 내마모성, 산중화성, 청정분산성 등이 요구되며 규정상으로 전염기값(TBN) 25이상이며 시판 되고 있는 오일은 일반적으로 70전후이다.

6. 시스템 오일(System Oil)

기관의 실린더 내부를 제외한 나머지 윤활부분에 사용되는 윤활유로 베어링, 피스톤 냉각 등에 사용된다.

7. M.D.O(Marine Diesel Oil)

디젤유

8. H.F.O

Heavy Fuel Oil 중유

(9) 주기관 및 디젤 발전기 엔진에 관한 사항

1. Firing Order

피스톤 폭발 순서를 가리키며, 타펫간극 조정이나 디플렉션 계측시에 Firing Order를 숙지하면 작업시 편리하다.

2. Axial Vibration Damper

Crankshaft의 비틀림 진동을 감쇠시킨다.

3. Main Bearing

Crank Arm의 양쪽에 설치되는 Bearing으로 Bed의 격벽위에 설치되어 있어 Crankshaft를 지지하고 Cylinder 중심선과 직각인 중심선에서 Crankshaft를 회전시키는 역할을 한다.

4. Cam Shaft

Cylinder내에서 폭발이 일어나면 그 힘에 의해 Piston과 Connecting Rod가 왕복운동을 하며 Crankshaft를 회전시키는데, Crankshaft가 회전하면 Timing Gear에 의해 Camshaft가 회전하게 된다. Camshaft에는 흡기 Valve와 배기 Valve, 그리고 연료pump를 조절하는 세 개의 Cam이 있는데 각 Cam은 회전하면서 Valve들의 개폐시기와 연료분사 Pump의 Pumping Timing을 조절한다.

5. Indicator Cock

테스트 콕이라고 하며, Cylinder Head에 취부된 Cock으로써 기관의 운전 중에 연소실에서의 연소 상태를 관찰하거나 최고압력계를 부착하여 최고압력을 계측하는 곳이다. 기관휴지 시에는 Cock을 개방해 둔다.

6. Air Running

압축공기를 이용하여 피스톤을 밀어 엔진을 작동 시킨다. 엔진내의 불연소 가스 배출과 기관의 이상 유무를 판단 할 수 있다. 예를 들어 실린더라이너가 소손되었을 경우 에어러닝 시에 물이 분출되는 것을 볼 수 있다.

7. Fuel Oil Leakage Detector

발전기 엔진에 설치되어 있는 장치로 Float 센서가 내장 되어 있어 Leakage Oil양이 너무 많을 경우 알람 발생.

8. Puncture Valve

연료 분사 펌프의 톱 커버위에는 펑쳐밸브가 설치되어 있으며, 펑처밸브는 공기압식, 전기식으로 작동되는 피스톤으로 구성되어있다. 셧 다운(Shut Down) 장치가 작동 하거나, 연료유 누설 경보(Fuel Oil Leakage Alarm)가 울리거나,"Stop" 명령이 내려지며, 작동 공기(Control Air)가 펑처밸브의 피스톤 상부로 전달되고, 피스톤이 아래쪽으로 눌려지면서 연료 분사 밸브로 연료가 공급되지 않는다. 펑처밸브가 작동하면 연료유가 보어를 통하여 펌프 하우징으로 되돌아가고, 실린더 내부로 연료가 분사되지 않는다.

9. Pre-Lubricating Oil Pump

발전기 엔진이 정지시 운전되어 항상 적정한 윤활상태를 유지시킨다.

10. Tappet Clearance

실린더 헤드 상에 설치된 흡·배기 밸브를 로커암 레버에 의해 구동하는 구조의 경우에는 흡·배기 밸브의 완전한 개폐와 타이밍 조절을 위해서 타펫트 간격이 필요하다. 이는 롤러가 캠원에 접하고 있으면 운전 중에 각부 소재의 열팽창으로 밸브가 닫히지 않게 될 우려가 있기 때문이다.

타펫트 간격은 각 기관의 크기와 온도상태에 따라 약간씩 차이가 있으나 디젤발전기관은 보통 0.3 mm 내외 정도이다.

11. 다이얼 게이지 (Dial Gauge)

다이얼 게이지는 스핀들의 직선운동을 랙(Rack)과 피니언(Pinion)을 사용하여 회전운동으로 바꾸고, 기어와 피니언을 사용하여 이 운동을 증폭하여 지침에 전달한다. 다이얼 게이지에는 보통 100등분된 눈금을 가진 원판이 있어 지침이 1눈금 이동하면 스핀들의 1/100 mm진행을 나타내게 된다. 다이얼 원판은 어떤 위치에서도 지침의 눈금이 0과 조절되도록 회전한다. 이 공구는 길이를 측정하기도 하지만 평면도 검사, 진원도 검사에 이용하는 경우가 많다.

12. 두께 게이지(Thickness Gauge, Feeler Gauge)

베어링 간격이나 Tappet Clearance를 측정하는 공구로서 Feeler Gauge라고도 하며, 두께가 0.03~0.5 mm등의 여러 가지 치수의 강판을 조합하여 1벌로 만든 것이다. 이 강판을 1개 혹은 몇 개를 조합하여 측정하고자 하는 간격에 넣어 빠듯한 느낌이 날 때 이 강판의 두께가 측정치가 된다. 보통 강판 표면에 그 두께가 명시되어 있다.

13. 토크 렌치(Torque Wrench)

렌치의 중앙부에 토크를 측정할 수 있게 되어있으며, 볼트와 너트의 조립 시 일정한 힘을 적용하여야 하는 경우 사용하는 공구이다. 토크렌치가 제일 많이 쓰이는 곳은 바로 실린더 헤드라는 엔진의 윗 부분 조립과 실린더 블럭내에 피스톤 조립시, 크랭크축 조립 시에 사용된다.

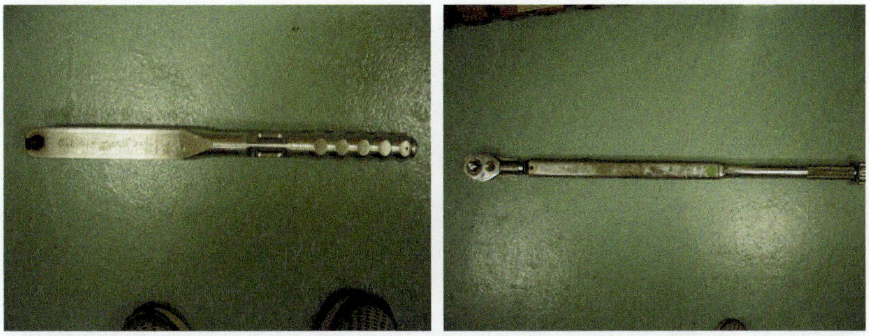

14. P-max, P-comp

P-max.는 실린더 내의 최고 폭발 압력이고, P-comp는 실린더내의 압축압력을 말한다.

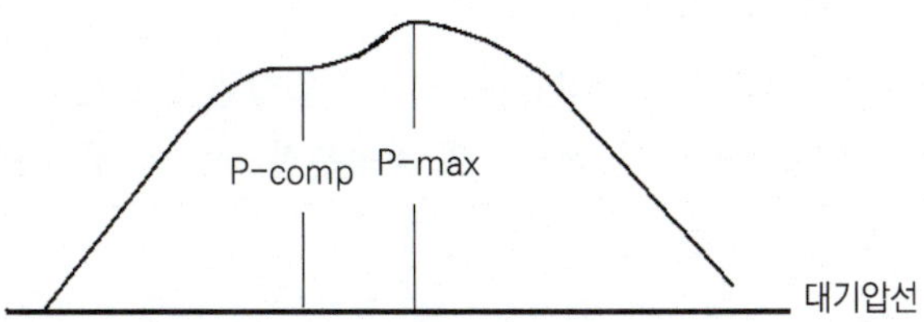

15. Fuel Injection Timing

연료 분사 시기는 실린더 최고 압력에 영향을 준다. 이 실린더 최고 압력은 엔진 메이커에서 정확히 맞추어 놓았으므로 조정하지 않는 것이 바람직하다. 그러나, 새로운 연료 분사 펌프를 설치하였거나 각 실린더별 압력차이가 허용치를 벗어나면, 분사 시기를 확인하고 조정하는데 스러스트 플레이트의 두께를 조정하면 된다.

16. Crank Arm Deflection

Crank Arm Deflection을 하는 이유는 선박의 적하상태나 메인 베어링의 마모 등으로 인하여 crank arm은 회전 시 개폐작용을 하고 심하면 크랭크 샤프트가 절단되는 대형사고도 발생할 수 있다. 이를 막기 위해 안전하게 운전 가능한 범위인가를 확인하기 위해서 실시한다.

17. 터보차져의 Surging

T/C를 일정한 회전속도로 운전하는 경우에 토출측의 죄임 밸브를 죄여가면 공기유량은 줄어들고, 압력이 높아지는데 어느 정도 이상을 죄이면 유량과 압력에 심한 주기적인 변동이 일어나서 공기의 유량은 불안정하게 되고 이상 굉음을 일으키며 운전이 불가능하게 되거나 T/C의 손상을 일으킬 수가 있으며, Surging의 간접적 발생원인으로는 1) 고부하로 Torque는 증가하며 기관의 평균유효압력이 증가하여 Surging 영역으로 들어간다.2) 흡배기밸브 또는 소배기공, Air Cooler, Economizer 등의 오손이 증가하여 저항이 증가한 경우 3) Propeller가 Racing하거나 흘수가 낮을 때 Surging이 발생하기 쉬움. 4)T/C Nozzle Ring의 손상으로 면적이 축소되고 저항이 증가한 경우 5) 선저의 기관을 급격히 정지하거나, 회전수를 T/C는 관성으로 인하여 계속 회전하나 기관의 급기소모는 줄어들어 Blower 출구측이 닫힌 것과 같을 때 Surging을 일으킨다.

18. 터보차져의 동압식/정압식

정압식 과급기는 각 실린더의 배기가스를 배기집합관에 집합한 후에 과급기에 보내준다. 그러나 이용 가능한 에너지의 양이 적으므로 저속운전 또는 시동 시 소기량을 보충하기 위한 보조블로워(Auxiliary Blower)를 설치하여야 한다.

동압식 과급기는 각 실린더의 배기가스를 배기 집합관에 집합시키지 않고 배기밸브에서 나오는 즉시 터보챠져로 공급된다. 과급기의 회전이 불균일한 단점이 있다.

19. Trunk Piston Type, X-Head Piston Type

피스톤의 동력전달 구조에 따른 분류의 방법으로 크로스헤드형은 크로스헤드가 있어 피스톤의 폭발력을 크로스헤드를 거쳐 커넥팅로드를 지나 크랭크 축으로 힘의 전달이 이루어진다. 하지만 트런크 피스턴형은 피스톤 폭발력을 커넥팅로드를 거쳐 크랭크 축에 전달된다.

20. Piston Ring 플래터닝 현상

피스톤을 실린더 라이너에 삽입하였을 경우에 링의 전주 각 위치에 있어서의 압력분포는 다르며, 회전수가 대략 2.000 RPM이상이 되면 링이 링 홈에서 진동을 일으켜 실린더 벽, 또는 홈의 상하 면으로부터 유리하려는 플래터 현상이 일어난다고 한다. 이 경우에 절구는 가장 약한 부분이기 때문에 플래터 발생의 원이 되기 쉽다.

21. scavenging air

소기 공기

22. Lubricator

실린더 오일 주유기

23. TDC(Top Dead Center)

상사점으로, 피스톤이 행정의 최상단에 있을 때를 가르킨다.

24. BDC(Bottom Dead Center)

하사점으로, 피스톤이 행정의 최하단에 있을 때

25. Stroke(행정)

피스톤이 실린더내 상단에서 하단까지, 하단부터 상단까지의 동작, 또는 거리를 말한다.

26. Air Cooler(공기 냉각기)

내연기관의 출력을 증대시키기 위하여 실린더 내에 더 많은 공기를 주입하는 것을 과급이라 한다. 과급을 하기 위한 장치에는 배기터빈과급기와 공기 냉각기(air cooler)를 들 수 있다. 공기냉각기는 과급기내에서 온도가 높아진 공기를 냉각시켜 실린더에 공급하는 장치로 과급기와 소기실 사이에 설치된다. 공기가 냉각되면 공기의 밀도를 높일 수 있어 더 많은 양의 공기를 실린더 내부로 공급할 수 있게 되며, 또한 연소실의 온도도 내릴 수 있다.

27. 주기관 Stuffing Box

Main Engine Stuffing Box는 Crank Case내의 깨끗한 윤활유가 Scavenging Air Space로 유입되는 것을 방지하고 소기와 소기 Chamber내의 Dirty Oil(Sludge)이 Crank Case로 유입되는 것을 막아 기밀을 유지해주는 역할을 한다.

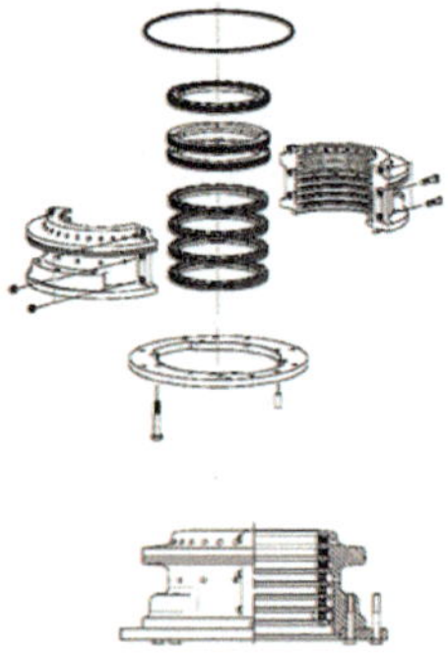

28. M/E Crank Chamber Oil Mist Detector

M/E Crank Chamber Oil Mist Detector는 큰 열을 받은 크랭크드라이브 또는 피스톤 부속으로부터 디젤기관들을 보호한다. Crank Chamber의 유증기 감지하여 엔진 Chamber 폭발 방지한다.

Crank Chamber는 윤활유가 각 베어링을 윤활시켜주고 떨어지는 곳 이다. 그 윤활유가 흘러서 Sump Tk로 들어가서 각 베어링에 윤활유가 공급될 때 베어링이 비정상적인 이유에 의해 온도가 올라가게 되면 윤활유가 증발하여 유증기가 많이 생기게 된다.

Chamber 내부에 유증기가 많이 발생된 상태에서 베어링의 어느 한 지점의 온도가 발화점 이상으로 순간적으로 올라가면 Crank Chamber는 폭발 하게 된다. 폭발시 Chamber Cover 또는 Relief V/V가 날아간다. 밖으로 뿜어져 나온 유증기가 Turbo Charger 같은 고온의 장비에 접촉하게 되면 화재가 발생 할 수도 있다.

29. 피스톤의 Compression Ring

연소실의 기밀 유지 및 피스톤의 열을 실린더에 전달하는 역할을 한다.

30. 피스톤의 Oil Scraper Ring

윤활유가 연소실로 들어가는 것을 긁어내리는 역할과 실린더 라이너 벽에 윤활유를 고르게 분포시킴

31. Crank Shaft

Piston의 왕복운동을 축회전운동으로 바꾸는 축으로 Crank Pin, Crank Arm, Journal로 나눌 수 있다. Crank Pin이란 Crankshaft와 Connecting Rod를 연결해주는 부위를 말하며, Piston에서 전달된 힘에 의해 Connecting Rod가 수직으로 왕복운동을 하면 Crank Arm 부분이 회전을 하여 Crankshaft 전체가 회전운동을 하게 된다. Crank Arm에는 질량에 의한 불평형적인 원심력을 보강해주기 위해 양쪽으로 두 개의 Counter Weight가 각각 두 개의 유압 Stud에 의해 체결되어 있다. 각각의 Crank Arm은 Journal이라는 Crankshaft의 중심축에 의해 연결되어 있다.

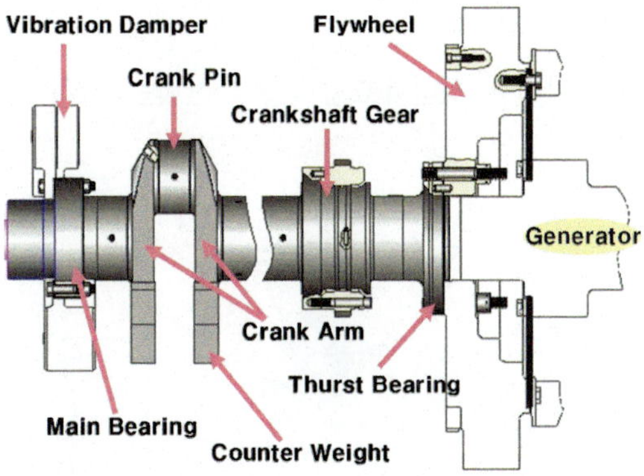

32. Counter Weight

Crank Arm의 무게 중심을 잡아줌으로써 불평형적인 원심력을 고루 배분해준다.

33. Thrust Bearing

Crankshaft가 회전하면서 발생하는 추력이 Engine 본체에 주는 영향을 완화시킨다. M/E의 경우 Propeller에 의해 생긴 추력을 선체에 전달하여 앞으로 나아가야 하지만 발전기의 경우 그와 같은 필요가 없을뿐더러 그 정도의 큰 추력이 발생하지 않으므로 Thrust Bearing의 역할이 그리 크게 중요하지 않다.

34. Flywheel

Cylinder 내의 압력이 불규칙적으로 변동됨에도 불구하고 일정한 속도로 Crankshaft를 회전하기 위해 Crankshaft의 끝단에 달아놓은 거대한 철판이다. 중량에 의한 관성이 크기 때문에 Piston의 수직왕복 속도가 변하더라도 Crankshaft는 속도의 변화가 거의 없이 일정한 속도로 회전한다.

35. Crankshaft Gear

Idle Gear, Camshaft Gear와 함께 Timing Gear라 한다. Timing Gear는 연료분사의 타이밍과 흡·배기의 운동을 제어하며, 이것은 엔진 성능과 신뢰성을 위해 중요하다.

M/E의 경우는 Crankshaft Gear와 Camshaft Gear가 Chain으로 연결되어 있으나 G/E는 두 Shaft 사이에 Idle Gear가 Crankshaft의 회전력을 Camshaft에 전달해준다. Crankshaft Gear가 1바퀴 회전하면 Camshaft는 Idle Gear에 의해 동일한 방향으로 ½ 회전한다. Crankshaft Gear 끝에는 Turning Gear가 맞물려 있어 G/E의 Warming 시 사용된다.

36. Planimeter

P-V 선도의 면적을 계산하여 평균유효압력을 계산하는 기기이다.

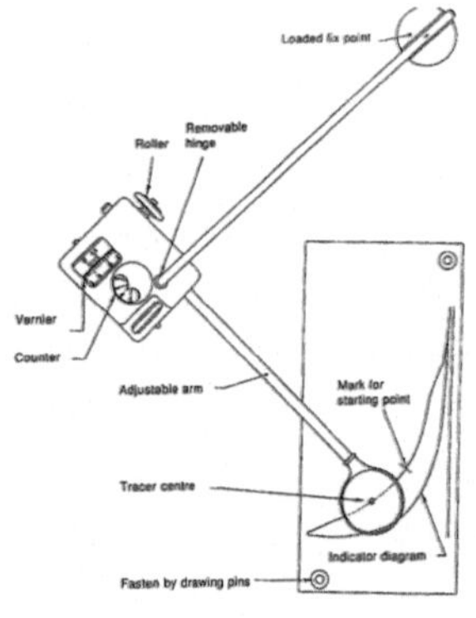

37. P-V선도

38. 수인선도

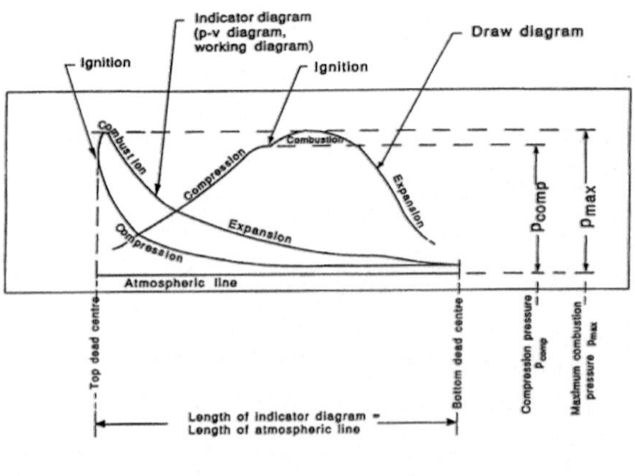

(10) 축계관련

1. Stern tube

프로펠러를 선외에 설치하면 축이 선체를 관통하면서 이 부분에 외부에서 선내로 해수가 유입되는 것을 방지하고, 선내의 오일이 선외로 배출되는 것을 방지한다.

2. Intermediate Shaft

주기관에서 발생한 동력을 회전운동으로서 선미 외부에 있는 프로펠러로 전달하고, 또한 프로펠러의 회전에 의하여 생긴 추력을 선체에 전달하는 일련의 축을 축계라 한다. 축이 길 경우 이를 지지하게 위해서 설치하는 것이 중간 베어링이다. Plumber Block이라고도 한다.

찾아보기

ㅇ

ㅈ

ㅊ

ㅋ

ㅌ

ㅍ

ㅎ

3판 선박 기관 개론

2025년 11월 30일 인쇄 발행

저 자	이상일 · 이진욱 · 이상득 · 오세진 정진아 · 정은석 · 김성완
발 행 인	송기수
발 행 처	도서출판 GS인터비전
편 집 처	도서출판 GS인터비전
편 집 인	공예서
표지디자인	디자인붐
인 쇄 처	트윈벨미디어
등록번호	제 25100-2016-000050호
I S B N	979-11-5576-518-0(93530)

주 소 서울 은평구 증산로 15길 69, 2층

전 화 02-976-7898, 02-3272-7898.

팩 스 02-6468-7898

홈페이지 gsintervision.kr

E-Mail gsinter7@gmail.com

정 가 50,000원